中 国 国 家 标 准 汇 编

2008 年修订-53

中国标准出版社　编

中 国 标 准 出 版 社

北 京

图书在版编目（CIP）数据

中国国家标准汇编：2008年修订.53/中国标准出版社编.—北京：中国标准出版社，2009
ISBN 978-7-5066-5524-8

Ⅰ.中…　Ⅱ.中…　Ⅲ.国家标准-汇编-中国-2008
Ⅳ.T-652.1

中国版本图书馆CIP数据核字（2009）第187105号

中国标准出版社出版发行
北京复兴门外三里河北街16号
邮政编码：100045

网址 www.spc.net.cn
电话：68523946　68517548
中国标准出版社秦皇岛印刷厂印刷
各地新华书店经销

*

开本 880×1230　1/16　印张 39.25　字数 1 154 千字
2009年11月第一版　2009年11月第一次印刷

*

定价 200.00 元

ISBN 978-7-5066-5524-8

9 787506 655248 >

出 版 说 明

1.《中国国家标准汇编》是一部大型综合性国家标准全集。自1983年起，按国家标准顺序号以精装本、平装本两种装帧形式陆续分册汇编出版。它在一定程度上反映了我国建国以来标准化事业发展的基本情况和主要成就，是各级标准化管理机构，工矿企事业单位，农林牧副渔系统，科研、设计、教学等部门必不可少的工具书。

2.《中国国家标准汇编》收入我国每年正式发布的全部国家标准，分为"制定"卷和"修订"卷两种编辑版本。

"制定"卷收入上年度我国发布的、新制定的国家标准，顺延前年度标准编号分成若干分册，封面和书脊上注明"20××年制定"字样及分册号，分册号一直连续。各分册中的标准是按照标准编号顺序连续排列的，如有标准顺序号缺号的，除特殊情况注明外，暂为空号。

"修订"卷收入上年度我国发布的、被修订的国家标准，视篇幅分设若干分册，但与"制定"卷分册号无关联，仅在封面和书脊上注明"20××年修订-1,-2,-3,……"字样。"修订"卷各分册中的标准，仍按标准编号顺序排列(但不连续)；如有遗漏的，均在当年最后一分册中补齐。需提请读者注意的是，个别非顺延前年度标准编号的新制定的国家标准没有收入在"制定"卷中，而是收入在"修订"卷中。

读者配套购买《中国国家标准汇编》"制定"卷和"修订"卷则可收齐上一年度我国制定和修订的全部国家标准。

3. 由于读者需求的变化，自1996年起，《中国国家标准汇编》仅出版精装本。

4. 2008年制修订国家标准共5946项。本分册为"2008年修订-53"，收入新制修订的国家标准53项。

中国标准出版社
2009年10月

目　录

ICS 77.040.30
N 51

GB

中华人民共和国国家标准

GB/T 10247—2008
代替 GB/T 10247—1988

粘度测量方法

Methods of viscosity measurement

2008-06-20 发布　　2009-01-01 实施

中华人民共和国国家质量监督检验检疫总局
中国国家标准化管理委员会　发布

前　言

请注意本标准的某些内容有可能涉及专利。本标准的发布机构不应承担识别这些专利的责任。

本标准代替 GB/T 10247—1988《粘度测试方法》。

与 GB/T 10247—1988 相比较，本标准的主要变化如下：

——增加了前言和参考文献的内容；

——增加了 2.6.2、3.6.2 再现性测量中的注；

——修改了 4.6.2、5.6.2 再现性测量中的注内容；

——修改了 4.6.1 重复性内容。

本标准的附录 A、附录 B、附录 C 和附录 E 为规范性附录，附录 D 为资料性附录。

本标准由中国机械工业联合会提出。

本标准由全国工业过程测量和控制标准化技术委员会分析仪器分技术委员会归口。

本标准起草单位：成都仪器厂、中国计量科学研究院化学计量与分析科学研究所、中国石油大学（北京）、上海精密科学仪器有限公司。

本标准主要起草人：余永惠、张传思、吕仲兰、张劲军、吴亚锋、董莉。

本标准所代替标准的历次版本发布情况为：

——GB/T 10247—1988。

粘 度 测 量 方 法

1 范围

本标准规定了毛细管法、落球法、旋转法和振动法测量流体运动粘度和动力粘度的通用方法。

本标准适用于牛顿流体的粘度测量，不适用于非牛顿流体的粘度测量。

2 毛细管法

2.1 适用性

本方法适用于实验室取样测量 $10^5\ mm^2/s$ 以下的运动粘度。

2.2 测量原理

测量一定体积的流体在重力作用下，以匀速层流状态流经毛细管所需的时间求运动粘度，其基本公式：

$$\nu = \frac{100\pi d^4 ght}{128Vl} - \frac{E}{t^2} \qquad \cdots\cdots (1)$$

式中：

ν——流体的运动粘度，单位为二次方毫米每秒(mm^2/s)；

π——圆周率；

d——毛细管内径，单位为厘米(cm)；

l——毛细管长度，单位为厘米(cm)；

h——平均有效液柱高度，单位为厘米(cm)；

V——流体流经毛细管的计时体积，单位为立方厘米(cm^3)；

g——重力加速度，单位为厘米每二次方秒(cm/s^2)；

t——体积为 V 的流体的流动时间，单位为秒(s)；

E——动能系数。

对于相对测量，公式(1)可写成

$$\nu = Ct - \frac{E}{t^2} \qquad \cdots\cdots (2)$$

式中：

C——用标准粘度液(以下简称标准液)标定的粘度计常数，单位为二次方毫米每二次方秒(mm^2/s^2)。

如果 $E/t^2 \ll Ct$(见附录 B)，则公式(2)可写成

$$\nu = Ct \qquad \cdots\cdots (3)$$

2.3 设备和材料

2.3.1 粘度计

玻璃毛细管粘度计需经校准。本标准列出四种可供选用的玻璃毛细管粘度计，它们是平开维奇粘度计(简称平氏粘度计)，坎农-芬斯克粘度计(简称芬氏粘度计)、乌别洛特粘度计(简称乌氏粘度计)、逆流型坎农-芬斯克粘度计(简称逆流粘度计)，详细规格见附录 A。

2.3.2 恒温槽

恒温槽的深度应能满足 2.4.3.2 的要求。槽壁应由透明材料做成，或有观察窗。在设定温度下，恒温槽温度波动度，对于精密的粘度测量(以下简称精密型)，应不超过±0.01 ℃；对于工业的粘度测量(以下简称工业型)，应不超过±0.1 ℃。温场均匀性分别不大于 0.02 ℃、不大于 0.2 ℃。

2.3.3 温度计

采用经校准并修正，分度值不大于0.01 ℃(精密型)及0.1 ℃(工业型)的水银温度计或其他测温设备。

2.3.4 密度计

采用经校准并修正，其分度值为0.001 g/cm³ 的密度计。

2.3.5 计时器

采用经校准并修正，其分辨率不大于0.1 s，测量误差不大于0.05%的秒表或其他计时设备。

2.3.6 其他

电烘箱或吹风机、真空泵或其他抽气设备，粘度计夹子、线坠或其他调垂直装置、乳胶管、能有效清洗粘度计的溶剂或洗液等。

2.4 测量步骤

2.4.1 准备

2.4.1.1 试样的处理

对于含有机械杂质的试样应事先过滤。

2.4.1.2 粘度计的选择

选择适当内径的粘度计，使得流动时间在200 s以上。平氏粘度计、乌氏粘度计和芬氏粘度计的最细内径的流动时间分别不得小于350 s、300 s和250 s，详见附录A。

2.4.1.3 粘度计的清洗及干燥

粘度计在使用前用适当的非碱性溶剂清洗并干燥。对于新购置、长期未使用过的或沾有污垢的粘度计，要用铬酸洗液浸泡2 h以上，再用自来水、蒸馏水洗净及烘干。

2.4.2 装液

2.4.2.1 按2.4.2.2和2.4.2.4装液，试样温度应控制在试验温度±2 ℃的范围内。

2.4.2.2 对于平氏粘度计及芬氏粘度计(见图A.1、图A.2)，把其倒转过来，让管N插入试样中，将试样吸入至计时球的下标线F，迅速倒转粘度计并擦净管口。

2.4.2.3 对于乌氏粘度计(见图A.3)，把试样从管L装入下储器A，使液面处于上、下装液标线G与H之间。

2.4.2.4 对于逆流粘度计(见图A.4)按2.4.2.1方法将试样吸到刻线G，迅速倒转粘度计，密闭管N(采用套上带水止夹的乳胶管等方法)以防试样流入计时球。

2.4.3 安装

2.4.3.1 把装好试样的粘度计的管N(乌氏粘度计的管N与M)套上干净的乳胶管。

2.4.3.2 用粘度计夹具或支架把粘度计固定在恒温槽中，让恒温槽液面高于计时球C(逆流粘度计的上储器D)20 mm以上，使粘度计底部高于恒温槽底20 mm以上。

2.4.3.3 调节粘度计使毛细管垂直(对于芬氏粘度计，使计时球C及下储器A处于同一垂线上)。

2.4.4 恒温

测量之前，粘度计在恒温槽中、在测量温度下恒温至少15 min。对粘度大的试样适当延长恒温时间。

2.4.5 测量

2.4.5.1 对于平氏粘度计和芬氏粘度计，将管N与抽气设备(真空泵，洗耳球或注射器等)连通，把试样吸入计时球，至上标线E以上约5 mm处，使管N与大气相通，试样自然流下，测量试样弯月面最低点通过计时球上下标线E、F的时间。不重装试样，重复测量两次流动时间，取平均值。两次测量的流动时间之差应不大于平均值的0.2%(精密型)及0.5%(工业型)。

2.4.5.2 对于乌氏粘度计，密封管M，将管N与抽气设备相连，将液体吸至计时球上标线E以上约5 mm处，使管M及N均与大气相通，液体自然流下，测量与取值同2.4.5.1。

2.4.5.3 对于逆流粘度计，使管N与大气相通，液体自然流下，测量液面的上缘从计时球C的下标线E升至上标线F所需的时间。对于每一种试样要作两次平行测量(测量第一次，粘度计要清洗烘干后，再作第二次测量，或用两支粘度计各测量一次)。两次测量的流动时间之差应不大于平均值的0.35%(精密型)及1.0%(工业型)，否则应重新测量。取两次流动时间的平均值为测量结果。

2.5 结果计算

2.5.1 运动粘度的计算

把按2.4.5方法测量的流动时间代入公式(3)计算运动粘度。

在精密度测量时，可按附录B对结果进行修正。

2.5.2 动力粘度的计算

用公式(4)计算试样的动力粘度。

$$\eta = \nu\rho \qquad \cdots\cdots(4)$$

式中：

η——试样的动力粘度，单位为毫帕秒(mPa·s)；

ρ——与测量运动粘度相同的温度下试样的密度，单位为克每立方厘米(g/cm^3)。

2.6 精密度

2.6.1 重复性

同一操作者，在同一实验室，用同一台粘度计，对同一试样作两次平行测量，两次测量结果之差应不大于平均值的0.35%(精密型)或1.0%(工业型)。

2.6.2 再现性

不同操作者，在不同实验室，用相同类型的不同粘度计，对同一试样测量，测量结果之差应不大于平均值的0.7%(精密型)或2%(工业型)。

注：为了得到可靠的再现性结果，需要在相同试验温度下，对同一试样进行测量。

2.7 测量报告

报告运动粘度或动力粘度两者的试验结果，分别对测量值或计算值给出四位有效数字(精密型)和三位有效数字(工业型)，并注明是依据本标准进行试验。按附录E规定填写。

3 落球法

3.1 适用性

本方法适用于实验室取样测量，量程较宽，特别适合高粘度试样在低剪切速率下的粘度测量。

3.2 测量原理

3.2.1 直落式

通过测量球在液体中匀速自由下落一定距离所需的时间求动力粘度，见公式(5)：

$$\eta = \frac{100d_1^2(\rho_0 - \rho)gt_1}{18l_1}f \qquad \cdots\cdots(5)$$

式中：

d_1——球的直径，单位为厘米(cm)；

ρ_0——球的密度，单位为克每立方厘米(g/cm^3)；

ρ——液体的密度，单位为克每立方厘米(g/cm^3)；

l_1——球的下落距离，单位为厘米(cm)；

t_1——球下落l_1距离所需时间，单位为秒(s)；

f——对于管壁影响的修正系数。

$$f = 1 - 2.104\frac{d_1}{D} + 2.09\left(\frac{d_1}{D}\right)^3 - 0.95\left(\frac{d_1}{D}\right)^5$$

式中：

D——试样管的内径，单位为厘米(cm)；

对于相对测量，公式(5)可写成

$$\eta = K(\rho_o - \rho)t_1 \qquad (6)$$

式中：

K——球的常数(用标准液标定)，单位为毫帕秒立方厘米每克($mPa \cdot s \cdot cm^3 \cdot g^{-1}$)。

3.2.2 滚落式

通过测量固体球在充满试样的倾斜管子中沿管壁滚动，下落一定距离所需的时间计算粘度。此方法只适用于作相对测量。按公式(6)计算粘度。

3.3 设备和材料

3.3.1 测量球

直落式采用直径为 1 mm～4 mm 的若干种轴承钢球，滚落式采用直径为 11 mm～15.8 mm 的不锈钢、合金钢或玻璃球。

3.3.2 试样管

试样管的计时标线间隔不应小于 50 mm，直落式的试样管的直径必须是测量球直径的 5 倍～10 倍。

3.3.3 恒温槽

直落式恒温槽的深度应满足 3.4.2.1 要求。槽体必须由透明材料制成，或有观察窗，如图 1 所示。滚落式的保温套由恒温槽循环提供恒温液，如图 2 所示。在设定温度下，恒温槽温度波动度应不超过±0.1 ℃。

3.3.4 温度计

采用经校准并修正过的，其分辨率不大于 0.1 ℃水银温度计或其他测温设备。

3.3.5 计时器

同 2.3.5。

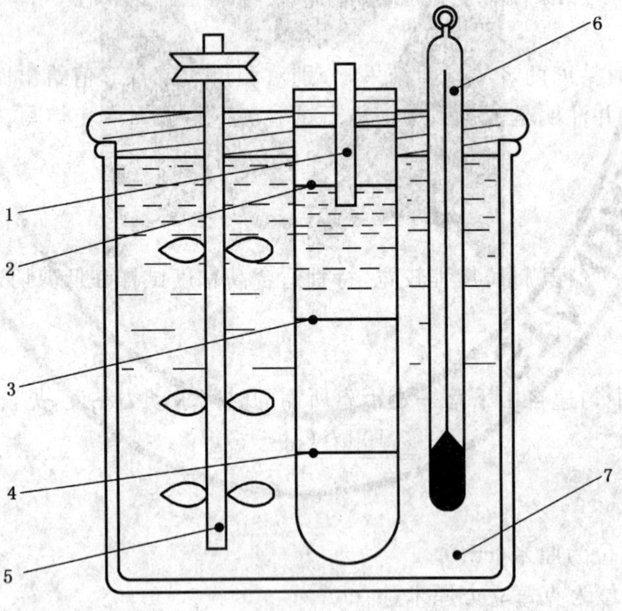

1——导向管；
2——试样面；
3——上标线 m_1；
4——下标线 m_2；
5——搅拌器；
6——温度计；
7——恒温槽。

图 1　直落式恒温槽示意图

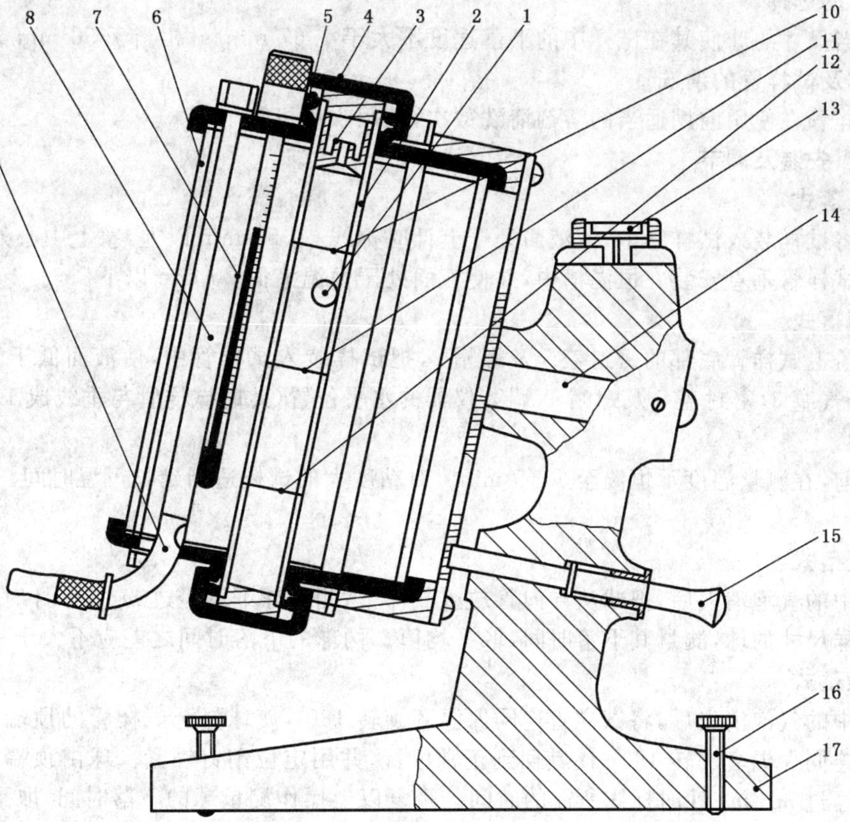

1——球；

2——试样管；

3——排气塞；

4——螺帽；

5——密封盖；

6——保温套；

7——温度计；

8——进水管；

9——出水管；

10——计时标线 m_1；

11——计时标线 m_3；

12——计时标线 m_2；

13——水准泡；

14——转轴；

15——定位销钉；

16——水平螺钉；

17——支架。

图 2　滚落式恒温槽示意图

3.3.6　其他

吹风机、小球夹具、管刷、有机溶剂等。

3.4　测量步骤

3.4.1　准备

3.4.1.1　试样的处理

同 2.4.1.1。

3.4.1.2 球的选择

选择适当尺寸的球使其在试样中的下落速度不大于1.67 mm/s(相当于50 mm/30 s)。

3.4.1.3 球及试样管的清洗

球及试样管在使用前用适当的溶剂清洗数次,并用吹风机吹干。

3.4.2 装液、安装及调节

3.4.2.1 直落式

按图1将试样装入试样管中,使液面处于上计时标线 m_1 50 mm以上,塞上中心处带有垂直导向管的塞子。把试样管垂直安装在恒温槽中,并使液面处于恒温液面20 mm以下。

3.4.2.2 滚落式

按图2盖上试样管底部的密封盖5及螺帽4,把试样装入试样管中,使液面低于管端约15 mm,放入球,盖上排气塞3,密封盖5及螺帽4,调节仪器的水平位置(此时试样管与垂线成10°角)。

3.4.3 恒温

测量之前,在测量温度下恒温至少15 min。对粘度大的试样适当延长恒温时间。

3.4.4 测量

3.4.4.1 直落式

待试样中的气泡消失后,把球从导向管放入试样中,测量球下落经过 m_1、m_2 计时标线所需时间,投入第二个同样尺寸的球,测量其下落时间,取平均值。两球的下落时间之差应不大于平均值的1%。

3.4.4.2 滚落式

待试样中的气泡消失后,将试样管连同保温套旋转180°,使球降至试样管的顶端(此时顶端朝下),再把试样管连同保温套倒转180°,使其回到正常位置,并用定位销钉锁紧。球由顶端沿管壁滚动下落,测量球下落经过 m_1、m_2 计时标线所需的时间。重复以上操作测量球的下落时间,取平均值。两次下落时间之差应不大于平均值的1%。

3.5 结果计算

3.5.1 绝对法(仅直落式适用)测量结果的计算

按公式(5)计算试样的动力粘度 η,其中 d_1、D、ρ_0、l_1 的测量按附录C规定。

3.5.2 相对法测量结果的计算

把测得的平均时间 t 代入公式(6),计算试样的动力粘度 η。球的密度 ρ_0 及试样的密度 ρ 的测量分别同3.5.1及2.5.2。

3.6 精密度

3.6.1 重复性

同一操作者,在同一实验室,用同一台粘度计,对同一试样作两次平行测量,两次测量结果之差应不大于平均值的1.5%。

3.6.2 再现性

不同操作者,在不同实验室,用相同类型的不同粘度计,对同一试样测量,两次测量结果之差应不大于平均值的3%。

注:为了得到可靠的再现性结果,需要在相同试验温度下,对同一试样进行测量。

3.7 测量报告

报告动力粘度的试验结果,对测量值或计算值给出三位有效数字,并注明是依据本标准进行试验。按附录E规定填写。

4 旋转法

4.1 适用性

本方法测量范围宽,适用于实验室取样测量。

4.2 测量原理

使圆筒(圆锥)在流体中旋转或圆筒(圆锥)静止而停周围的流体旋转流动,流体的粘性扭矩将作用于圆筒（圆锥），流体的动力粘度与扭矩的关系可用公式(7)表示：

$$\eta_1 = \frac{AM}{n_1} \quad \cdots\cdots (7)$$

式中：

η_1——流体的动力粘度，单位为帕秒(Pa·s)；

M——流体作用于圆筒（圆锥）的粘性扭矩，单位为牛顿米(N·m)；

n_1——圆筒（圆锥）的旋转速度，单位为弧度每秒(rad/s)；

A——常数，单位为每立方米(m^{-3})。

在选定的转速下，流体动力粘度仅与扭矩有关，可按公式(8)求得动力粘度。

$$\eta_1 = K_1\alpha \quad \cdots\cdots (8)$$

式中：

K_1——粘度计常数，单位为帕秒(Pa·s)；

α——粘度计示值。

在选定的剪切速率下，流体动力粘度仅与剪切应力有关。根据牛顿内摩擦定律，流体的动力粘度与剪切速率关系如下，可按公式(9)求得动力粘度。

$$\eta_1 = \frac{\tau}{\dot{\gamma}} = \frac{Z\alpha}{\gamma} \quad \cdots\cdots (9)$$

式中：

τ——流体作用于圆筒（圆锥）的剪切应力，单位为帕(Pa)；

$\dot{\gamma}$——流体的剪切速率，单位为每秒(s^{-1})；

Z——粘度计测量系统常数，单位为帕(Pa)。

4.3 设备和材料

4.3.1 粘度计

根据粘度范围、剪切应力、剪切速率、准确度和试样量选择粘度计型式。常用的三种旋转粘度计型式参见附录D。

旋转粘度计需经校准。

4.3.2 恒温槽

在设定温度下，温度波动度不超过±0.1 ℃，可以对外输出循环恒温水。

4.3.3 温度计

同3.3.4。

4.3.4 其他

取样器皿、溶剂或洗液、白绸、卷筒纸等。

4.4 测量步骤

4.4.1 安装

按粘度计说明书安装，有水平要求的粘度计需调节支座螺钉达到水平。

4.4.2 清洗

用适当的溶剂清洗取样器皿、测量系统，用白绸或卷筒纸擦干（或吹干）后备用。

4.4.3 装料

目测试样无杂质和气泡后，按规定准确取样。

4.4.4 恒温

试样在测试温度下充分恒温，以保证示值稳定。参考恒温时间：锥-板、同轴圆筒、单圆筒系统依次为0.5 h、1 h、2 h。

单圆筒系统试样用料多，应注意检测试样内层的温度，使之符合要求。

4.4.5 测量

4.4.5.1 启动粘度计，待示值稳定后读数，然后关断电源。如此重复测量三次示值，其与平均值的最大偏差应不超过平均值的±1.5%，否则，应重新测量。取三次示值的平均值为该次测量结果。

4.5 结果计算

4.5.1 根据公式(8)、公式(9)计算粘度。

4.5.2 示值受电网频率影响的粘度计(见粘度计说明书)，若电网频率变化超过±1%，应对测量结果加以修正。

$$\eta_S = \eta_C \times \frac{f_B}{f_S} \qquad \cdots\cdots(10)$$

式中：

η_S——实际粘度，单位为帕秒(Pa·s)；

η_C——测量粘度，单位为帕秒(Pa·s)；

f_B——电网标称频率，单位为赫兹(Hz)；

f_S——电网实测频率，单位为赫兹(Hz)。

4.6 精密度

4.6.1 重复性

同一操作者，在同一实验室，用同一台粘度计，对同一试样作两次平行测量，其结果与平均值之差应不大于所选粘度计的固有误差。

4.6.2 再现性

不同操作者，在不同实验室，用相同类型的不同粘度计，对同一试样测量，其结果与平均值之差应不超过所选粘度计固有误差的1.5倍。

注：为了得到可靠的再现性结果，需要在相同试验温度下，对同一试样进行测量。

4.7 测量报告

报告动力粘度的试验结果，对测量值或计算值给出三位有效数字，并注明是依据本标准进行试验。按附录E规定填写。

5 振动法

5.1 适用性

本方法适用于实验室和工业过程测量1 000 mPa·s以下的粘度。

5.2 测量原理

用一定强度的磁脉冲激励测头使振动体振动。振动体置于被测流体中时，受流体粘性阻力作用振动将衰减，其衰减系数与流体的动力粘度和密度的关系可用公式(11)表示。

$$\alpha_1 = K_2\sqrt{\eta\rho} \qquad \cdots\cdots(11)$$

式中：

α_1——衰减系数，单位为毫帕秒克每立方厘米(mPa·s·g·cm^{-3})；

K_2——粘度计常数，单位为毫帕秒克每立方厘米的平方根($\sqrt{\text{mPa·s·g·cm}^{-3}}$)。

5.3 设备和材料

5.3.1 粘度计

振动粘度计需经校准。

5.3.2 恒温槽

在设定温度下，温度波动度不超过±0.1 ℃。

5.3.3 温度计

同3.3.4。

5.3.4 密度计

同 2.3.4。

5.3.5 其他

试样容器(有效容积应足够大,以避免器壁的影响)、测头支架、有机溶剂、白绸、卷筒纸等。

5.4 测量步骤

5.4.1 安装

连接粘度计和测头的电缆线,配上测头支架,使测头垂直向下。

5.4.2 清洗测头

取下保护套,用适当溶剂浸泡和清洗,再用白绸或卷筒纸擦干,装上保护套。擦拭振动体时应从根部开始向前进行,切忌造成机械变形。

5.4.3 装料

目测试样无杂质和气泡后,按规定准确取样。

5.4.4 调零

仪器通电预热 0.5 h,把测头垂直向下置于空气中,在最灵敏量程进行零位调整。

5.4.5 恒温

把振动体垂直插入试样,使其处于容器中心位置,并全部被试样淹没。试样和振动体在测量温度下恒温 0.5 h～1 h。

5.4.6 测量

5.4.6.1 从高到低依次转换量程。尽量选择低量程读数。

5.4.6.2 待示值稳定后读数,共测量三次,每两个读数之间使测头和容器相对旋转 90°(振动体不拔出)。三次示值与平均值的最大偏差应不超过平均值的±1.5%,否则,应重新测量。取两次平行测量结果的平均值。

5.5 结果计算

将测量结果代入公式(12)或公式(13)计算。

$$\eta = \frac{A_1}{\rho} \qquad \cdots\cdots(12)$$

$$\nu = \frac{A_1}{\rho^2} \qquad \cdots\cdots(13)$$

式中:

A_1——测量结果,单位为毫帕秒克每立方厘米(mPa·s·g·cm^{-3})。

5.6 精密度

5.6.1 重复性

同一操作者,在同一实验室,用同一台粘度计,对同一试样作两次平行测量,其结果与平均值之差应不超过平均值的±2.5%。

5.6.2 再现性

不同操作者,在不同实验室,用相同类型的不同粘度计,对同一试样测量,其结果与平均值之差应不超过所选粘度计固有误差的 1.5 倍。

注:为了得到可靠的再现性结果,需要在相同试验温度下,对同一试样进行测量。

5.7 测量报告

报告运动粘度或动力粘度两者的试验结果,分别对测量值或计算值给出三位有效数字,并注明是依据本标准进行试验。按附录 E 的规定填写。

附　录　A
（规范性附录）
玻璃毛细管粘度计的规格

A.1　平氏粘度计

平氏粘度计示意图见图 A.1，其尺寸及测量范围见表 A.1。

单位为毫米

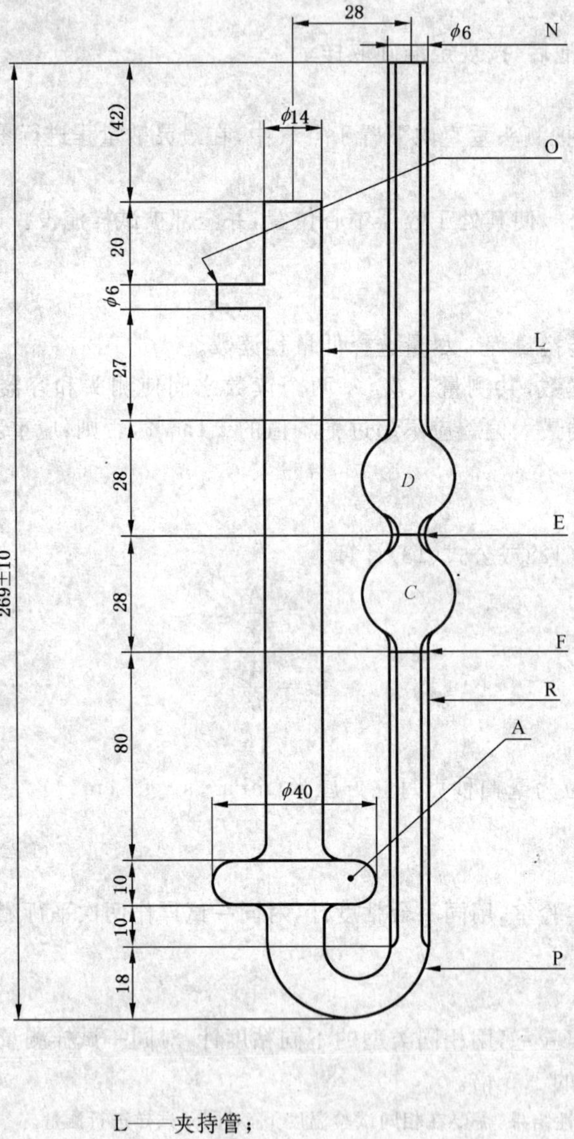

A——下贮器；　　　　　　　　L——夹持管；
C——计时球；　　　　　　　　N——通气管；
D——上贮器；　　　　　　　　O——支管；
E——上计时标线；　　　　　　P——连接管；
F——下计时标线、装液标线；　R——工作毛细管。

注：未注尺寸公差±10%。

图 A.1　平氏粘度计示意图

表 A.1　平氏粘度计的尺寸及测量范围

尺寸号	标称粘度计常数/(mm^2/s^2)	测量范围/(mm^2/s)	毛细管 R 内径/mm(±2%)	球体积/cm^3(±5%)	
				D	C
0	0.001 7	0.6[a]～1.7	0.40	3.7	3.7
1	0.008 5	1.7～8.5	0.60	3.7	3.7
2	0.027	5.4～27	0.80	3.7	3.7
3	0.065	13～65	1.00	3.7	3.7
4	0.14	28～40	1.20	3.7	3.7
5	0.35	70～350	1.50	3.7	3.7
6	1.0	200～1 000	2.00	3.7	3.7
7	2.6	520～2 600	2.50	3.7	3.7
8	5.3	1 060～5 300	3.00	3.7	3.7
9	9.9	1 980～9 900	3.50	3.7	3.7
10	17	3 400～17 000	4.00	3.7	3.7

[a] 最短流动时间为 350 s,其他均为 200 s。

A.2　芬氏粘度计

芬氏粘度计示意图见图 A.2,其尺寸及测量范围见表 A.2。

单位为毫米

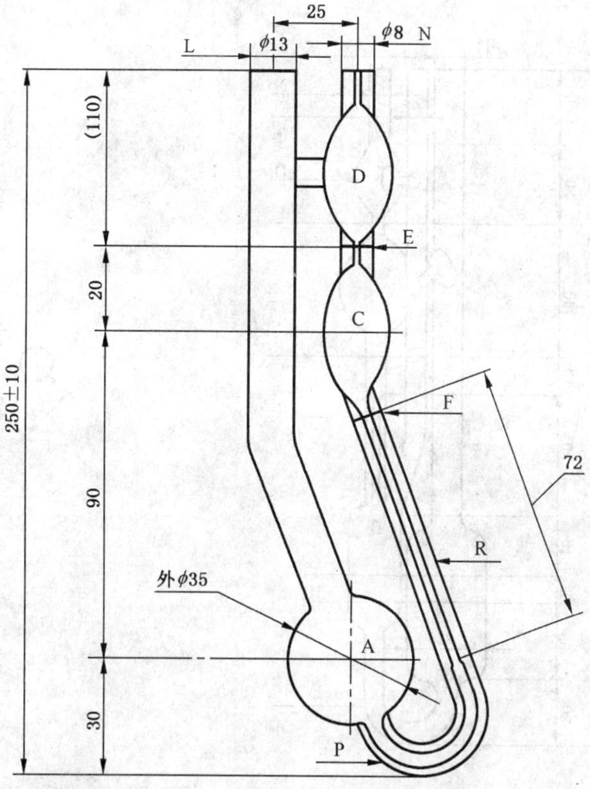

A——下贮器；
C——计时球；
D——上贮器；
E——上计时标线；
F——下计时标线、装液标线；
L——夹持管；
N——上通气管；
P——连接管；
R——工作毛细管。

注：未注尺寸公差±10%。

图 A.2　芬氏粘度计示意图

表 A.2 芬氏粘度计的尺寸及测量范围

尺寸号	标称粘度计常数/(mm^2/s^2)	测量范围/(mm^2/s)	毛细管 R 内径/mm(±2%)	管 N、管 E 和管 P 内径/mm	球体积/cm^3(±5%)	
					D	C
25	0.002	0.5[a]～2	0.30	2.6～3.0	3.1	1.6
50	0.004	0.8～4	0.44	2.6～3.0	3.1	3.1
75	0.006	1.6～8	0.54	2.6～3.2	3.1	3.1
100	0.015	3～15	0.53	2.8～3.6	3.1	3.1
150	0.035	7～35	0.78	2.8～3.6	3.1	3.1
200	0.1	20～100	1.01	2.8～3.6	3.1	3.1
300	0.25	50～250	1.27	2.8～3.6	3.1	3.1
350	0.5	100～500	1.52	3.0～3.8	3.1	3.1
400	1.2	240～1 200	1.92	3.0～3.8	3.1	3.1
450	2.5	500～2 500	2.35	3.5～4.2	3.1	3.1
500	8	1 600～8 000	3.20	3.7～4.2	3.1	3.1
600	20	4 000～20 000	4.20	4.4～5.0	4.3	3.1

[a] 最短流动时间为 250 s，其他均为 200 s。

A.3 乌氏粘度计

乌氏粘度计示意图见图 A.3，其尺寸及测量范围见表 A.3。

单位为毫米

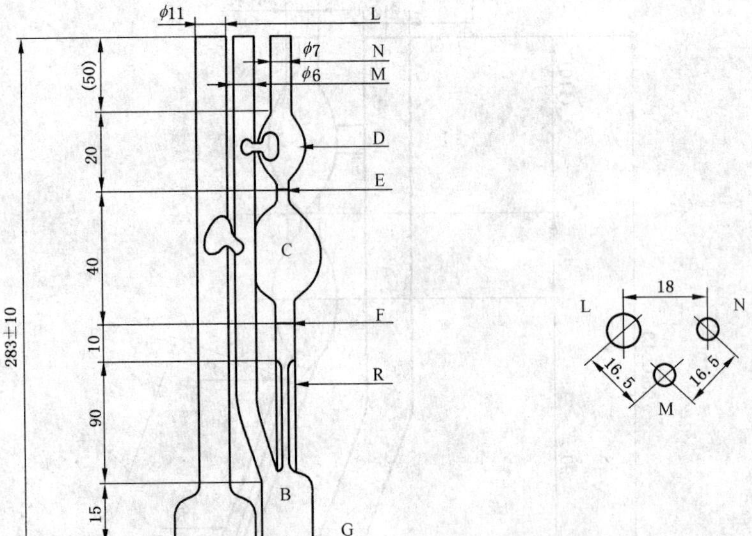

A——下贮器；
B——悬挂水平球；
C——计时球；
D——上贮器；
E——上计时标线；
F——下计时标线；
G、H——装液标线；
L——夹持管；
M——下通气管；
N——上通气管；
P——连接管；
R——工作毛细管。

注：未注尺寸公差±10%。

图 A.3 乌氏粘度计示意图

表 A.3 乌氏粘度计的尺寸及测量范围

尺寸号	标称粘度计常数/(mm^2/s^2)	测量范围/(mm^2/s)	毛细管 R 内径/mm(±2%)	球体积/cm^3(±5%)	管 P 内径/mm(±5%)
0	0.001	0.3[a]～1	0.24	1.0	6.0
0C	0.003	0.6～3	0.36	2.0	6.0
0B	0.005	1～5	0.46	3.0	6.0
1	0.01	2～10	0.58	4.0	6.0
1C	0.03	6～30	0.73	4.0	6.0
1B	0.05	10～50	0.88	4.0	6.0
2	0.1	20～100	1.03	4.0	6.0
2C	0.3	60～300	1.36	4.0	6.0
2B	0.5	100～500	1.55	4.0	6.0
3	1.0	200～1 000	1.83	4.0	6.0
3C	3.0	600～3 000	2.43	4.0	6.0
3B	5.0	1 000～5 000	2.75	4.0	6.5
4	10	2 000～10 000	3.27	4.0	7.0
4C	30	6 000～30 000	4.32	4.0	8.0
4B	50	10 000～50 000	5.20	5.0	8.5
5	100	20 000～100 000	6.25	5.0	10.0

a 最短流动时间为 300 s，其他均为 200 s。

A.4 逆流粘度计

逆流粘度计示意图见图 A.4，其尺寸及测量范围见表 A.4。

单位为毫米

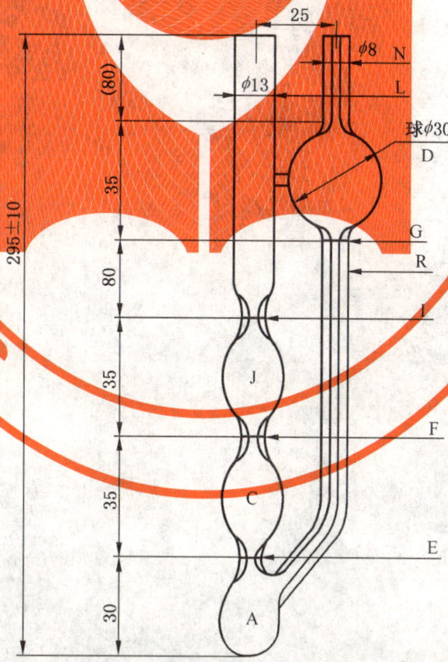

A——下贮器；
C(J)——计时球；
D——上贮器；
E、F(I)——上计时标线、下计时标线、装液标线；
G——装液标线；
L——夹持管；
N——上通气管；
R——工作毛细管。

注：未注尺寸公差±10%。

图 A.4 逆流粘度计示意图

表 A.4　逆流粘度计的尺寸及测量范围

尺寸号	标称粘度计常数/(mm^2/s^2)	测量范围/(mm^2/s)	毛细管 R 内径/mm(±2%)	管 N、管 E 和管 I 内径/mm(±5%)	球 A、球 C 和球 J 体积/cm^3(±5%)	球 D 体积/cm^3(±5%)
25	0.002	0.4～2	0.31	3.0	1.6	11
50	0.004	0.8～4	0.42	3.0	2.1	11
75	0.008	1.6～8	0.54	3.0	2.1	11
100	0.015	3～15	0.63	3.2	2.1	11
150	0.035	7～35	0.78	3.2	2.1	11
200	0.1	20～200	1.02	3.2	2.1	11
300	0.25	50～100	1.26	3.4	2.1	11
350	0.5	100～500	1.48	3.4	2.1	11
400	1.2	240～1 200	1.88	3.4	2.1	11
450	2.5	500～2 500	2.20	3.7	2.1	11
500	8	1 600～8 000	3.10	4.0	2.1	11
600	20	4 000～20 000	4.00	4.7	2.1	13
注：最短流动时间全部为 200 s。						

附　录　B
（规范性附录）
毛细管法粘度测量的误差与修正

B.1　动能修正

公式(2)中(E/t^2)称为动能修正项。设$(E/t^2)/Ct=\varepsilon_E$，表B.1列出ε_E为0.1%和0.2%时各种粘度计的所需最短流动时间(没有列出的均小于200 s)。

表B.1　动能修正

粘度计类型	毛细管内径/mm	ε_E=0.2%的最短流动时间/s	ε_E=0.1%的最短流动时间/s
平氏	0.40	348(取350)	438(取450)
芬氏	0.30	247(取250)	349(取350)
	0.44	228(取250)	287(取300)
乌氏	0.24	266(取300)	335(取350)
	0.36	203(取200)	253(取250)
	0.46	<200(取200)	233(取250)
逆流	0.31	<200(取200)	236(取250)

实测量短流动时间小于表B.1规定者应该按公式(2)进行修正。

B.2　重力加速度修正

对于自重流下式粘度计，流体的流动速度与测定地点的重力加速度有关，如果校准粘度计和使用粘度计的地点不同，就需进行重力加速度修正，修正公式是：

$$C_u = C_c = \frac{g_u}{g_c} \qquad \cdots\cdots(B.1)$$

式中：

C_c——在校准地点得到的粘度计常数，单位为二次方毫米每二次方秒(mm^2/s^2)；

C_u——在使用地点采用的粘度计常数，单位为二次方毫米每二次方秒(mm^2/s^2)；

g_c——校准地点的重力加速度，单位为厘米每二次方秒(cm/s^2)；

g_u——使用地点的重力加速度，单位为厘米每二次方秒(cm/s^2)。

B.3　流体热膨胀的修正

对于平氏粘度计、芬氏粘度计及逆流粘度计，当装液温度与测量温度不同，因热胀冷缩试样体积发生变化，从而引起液柱高度及流动时间的变化，由于液体热胀冷缩所产生的误差为ε_{TV}。

$$\varepsilon_{TV} = \frac{4V_1}{\pi D_1^2 h}\left(\frac{\rho_2 - \rho_1}{\rho_2}\right) \qquad \cdots\cdots(B.2)$$

式中：

V_1——装液体积(即在装液温度下的试样体积)，单位为立方厘米(cm^3)；

D_1——平氏粘度计与芬氏粘度计的下储器A或逆流粘度计的上储器D与液面对应的直径，单位为厘米(cm)；

ρ_1——装液温度下试样的密度，单位为克每立方厘米(g/cm^3)；

ρ_2——测量温度下试样的密度，单位为克每立方厘米(g/cm^3)。

对于平氏粘度计及芬氏粘度计，把测得的流动时间减去 ε_{TV}，对于逆流粘度计则应加上。如果将试样预先在测量的温度下恒温后再装液，则不必进行修正。乌氏粘度计不受液体热膨胀的影响，不须修正。

B.4 表面张力修正

如果在流动时间内液体上下弯月面的平均有效半径不相同，则当标准液与试样的表面张力不同，就有不同的有效液柱高度，所产生的误差为 ε_σ。

$$\varepsilon_\sigma = \frac{2}{gh}\left(\frac{1}{r_u} - \frac{1}{r_l}\right)\left(\frac{\sigma_0}{\rho_3} - \frac{\sigma}{\rho_1}\right) \qquad \text{(B. 3)}$$

式中：

r_u——上弯月面平均有效半径，单位为厘米(cm)；

r_l——下弯月面平均有效半径，单位为厘米(cm)；

σ_0——标准液的表面张力，单位为毫牛每米(mN/m)；

σ——试样的表面张力，单位为毫牛每米(mN/m)；

ρ_3——标准液的密度，单位为克每立方厘米(g/cm^3)。

当$\frac{\sigma_0}{\rho}$与$\frac{\sigma}{\rho_1}$相差较大时，应选择 r_u 与 r_l 相近的粘度计，以减小表面张力影响。

B.5 空气浮力修正

空气浮力将减小自重流下式粘度计的有效液柱高度，所产生的误差为 ε_ρ。

$$\varepsilon_\rho = \frac{\rho_a}{\rho_1} - \frac{\rho_a}{\rho_3} \qquad \text{(B. 4)}$$

式中：

ρ_a——空气密度，单位为克每立方厘米(g/cm^3)。

若标准液 ρ_3 与试样密度 ρ_1 相同，$\varepsilon_\rho=0$。

设在 20 ℃，$\rho_a=0.001\ 2\ g/cm^3$，$\rho_3=1\ g/cm^3$，ρ_1 分别为 0.8 g/cm^3、2 g/cm^3、3 g/cm^3、5 g/cm^3，则 ε_ρ 为 0.03%、0.06%、0.08%、0.1%，所以此影响在一般情况下可以忽略不计。

B.6 倾斜误差

如果平氏粘度计、乌氏粘度计和逆流粘度计的毛细管不垂直，芬氏粘度计的计时球 C 与下储器 A 的中心不在同一垂直线上，平均有效液柱高度将发生变化影响流动时间。

对于乌氏粘度计与芬氏粘度计倾斜误差 ε_θ 为：

$$\varepsilon_\theta = [1-\cos(\Delta\theta)] \qquad \text{(B. 5)}$$

对于平氏粘度计及逆流粘度计倾斜误差 ε_θ 为：

$$\varepsilon_\theta = [1-\cos(\Delta\theta)] \pm \frac{S}{h}\sin(\Delta\theta) \qquad \text{(B. 6)}$$

式中：

$\Delta\theta$——倾斜度，单位为度(°)；

S——上下液面中心的水平距离，单位为厘米(cm)。

对于乌氏粘度计及芬氏粘度计，当 $\Delta\theta$ 为 1°及 0.1°时，ε_θ 分别为 0.02%和 0.002%；对于平氏粘度计及逆流粘度计，当 $\Delta\theta$ 为 1°及 0.1°时，ε_θ 最大分别为 0.6%和 0.06%。可见，平氏粘度计及逆流粘度计的垂直安装极为重要。

B.7 残留误差

对于计时球在毛细管上方的平氏粘度计、芬氏粘度计及乌氏粘度计，在测量时间内，计时球中的液体不可能完全流完，仍有小量附着球壁上，产生残留误差 ε_{ν}。

$$\varepsilon_{\nu} = \frac{\Delta V - \Delta V_{\mathrm{o}}}{V_2} \qquad \text{(B.7)}$$

式中：

ΔV——试样的残留量，单位为立方厘米（cm^3）；

ΔV_{o}——标准液的残留量，单位为立方厘米（cm^3）；

V_2——计时球的体积，单位为立方厘米（cm^3）。

ΔV 和 ΔV_{o} 可以由实验确定，ε_{ν} 随粘度的增加而加大。当 $\nu < 1\ 000\ mm^2/s$ 时，$\varepsilon_{\nu} < 0.1\%$；当 $\nu = 1\ 000\ mm^2/s \sim 100\ 000\ mm^2/s$ 时，$\varepsilon_{\nu} = 0.1\% \sim 0.2\%$。一般不作此修正。计时球在毛细管下方的逆流粘度计不存在此误差。

B.8 玻璃热膨胀的误差

当粘度计的校准与使用不在同一温度下进行时，由于玻璃的热胀冷缩，粘度计常数将发生变化，其误差为 ε_{T_c}。

$$\varepsilon_{T_c} = \alpha_2 \Delta T \qquad \text{(B.8)}$$

式中：

α_2——玻璃的线膨胀系数，单位为每摄氏度（$℃^{-1}$）；

ΔT——粘度计的检定温度与使用温度之差，单位为摄氏度（℃）。

附 录 C
（规范性附录）
落球法所用球的直径、密度及试样管内径及计时标线之间距离的测量

C.1 直落式落球粘度计用绝对法测量粘度时，球的直径、密度及下落距离应按下述方法测量

C.1.1 球直径的测量

a) 用光学比较仪或测微仪以比较法测量。

b) 用液体静力称量法由公式(C.1)求得：

$$d=\sqrt[3]{\frac{6V_2}{\pi}}=\sqrt[3]{\frac{6(m_1-m_2)}{\pi\rho_4}} \qquad \cdots\cdots\cdots\cdots(C.1)$$

式中：

m_1——球的质量，单位为克(g)；

m_2——球所排开试样的质量，单位为克(g)；

ρ_4——球所浸入的试样在试验温度下的密度，单位为克每立方厘米(g/cm^3)。

C.1.2 球的密度测量

上式中的球的质量 m_1 与其体积 V_2 之比，即得球的密度 ρ_4。

C.1.3 试样管计时标线之间距离的测量

用万能工具显微镜或阿贝线纹比较仪测量。

C.1.4 试样管内径的测量

用内径百分表测量。

附　录　D
（资料性附录）
常用的旋转粘度计型式

D.1　同轴圆筒型

本型式的旋转粘度计的测量系统如图 D.1 所示，可以外筒固定内筒旋转（内旋式），也可以内筒固定外筒旋转（外旋式）。粘度、剪切应力和剪切速率分别由公式（D.1）、公式（D.2）、公式（D.3）、公式（D.4）、公式（D.5）和公式（D.6）确定。

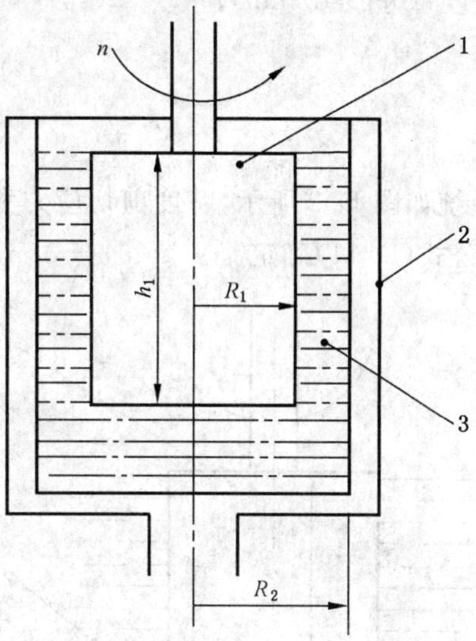

1——内筒；
2——外筒；
3——流体。

图 D.1　同轴圆筒型示意图

$$\eta_1 = \frac{M}{4\pi h_1 \omega}\left(\frac{1}{R_1^2}-\frac{1}{R_2^2}\right)=\left[\frac{0.075M_m}{\pi^2 h_1 n}\left(\frac{1}{R_1^2}-\frac{1}{R_2^2}\right)\right]\alpha = K_1\alpha \quad\cdots\cdots(D.1)$$

$$\tau = \frac{M}{2\pi R_1^2 h_1}=\frac{0.005M_m}{\pi R_1^2 h_1}\alpha = Z\alpha \quad\cdots\cdots(D.2)$$

$$\dot{\gamma} = \frac{2\omega}{1-\left(\frac{R_1}{R_2}\right)^2}=\frac{\pi}{15\left[1-\left(\frac{R_1}{R_2}\right)^2\right]}n = Bn \quad\cdots\cdots(D.3)$$

$$K_1 = \frac{0.075M_m}{\pi^2 h_1 n}\left(\frac{1}{R_1^2}-\frac{1}{R_2^2}\right) \quad\cdots\cdots(D.4)$$

$$Z = \frac{0.005M_m}{\pi R_1^2 h_1} \quad\cdots\cdots(D.5)$$

$$B=\frac{\pi}{15\left[1-\left(\frac{R_1}{R_2}\right)^2\right]} \qquad \cdots\cdots(\text{D.6})$$

式中：

M_m——粘度计设定的满度扭矩，单位为牛米(N·m)；

h_1——内筒的有效高度，单位为米(m)；

R_1——内筒的半径，单位为米(m)；

R_2——外筒的内半径，单位为米(m)；

ω——圆筒旋转的角速度，单位为每秒(s^{-1})；

n——圆筒的转速，单位为弧度每分(rad/min)；

B——剪切速率常数。

D.2 单圆筒型

本型式的旋转粘度计的测量系统如图 D.2 所示，粘度剪切应力和剪切速率分别由公式(D.7)、公式(D.8)、公式(D.9)、公式(D.10)和公式(D.11)确定。

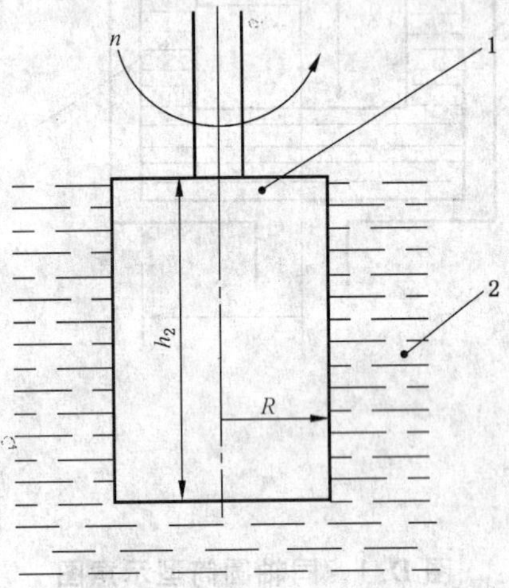

1——转筒；

2——流体。

图 D.2 单圆筒型示意图

$$\eta_1=\frac{M}{4\pi R^2 h_2\omega}=\frac{0.075M_m}{\pi^2R^2h_2n}\alpha=K_1\alpha \qquad \cdots\cdots(\text{D.7})$$

$$\tau=\frac{M}{2\pi R^2h_2}=\frac{0.005M_m}{\pi R^2h_2}\alpha=Z\alpha \qquad \cdots\cdots(\text{D.8})$$

$$\dot{\gamma}=2\omega=0.2094n \qquad \cdots\cdots(\text{D.9})$$

$$K=\frac{0.075M_m}{\pi^2R^2h_2n} \qquad \cdots\cdots(\text{D.10})$$

$$Z=\frac{0.005M_{\mathrm{m}}}{\pi R^{2}h_{2}} \quad \cdots\cdots(\text{D.11})$$

式中：

R——转筒半径，单位为米(m)；

h_2——转筒的有效高度，单位为米(m)。

D.3 锥-板型

本型式的旋转粘度计的测量系统如图 D.3 所示，可以板固定、圆锥旋转，也可以圆锥固定、板旋转。粘度剪切应力和剪切速率分别由公式(D.12)、公式(D.13)、公式(D.14)、公式(D.15)、公式(D.16)和公式(D.17)确定。

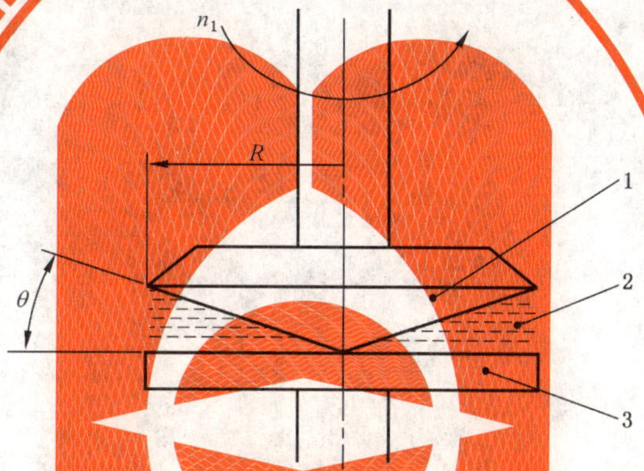

1——圆锥；
2——流体；
3——板。

图 D.3 锥-板型示意图

$$\eta_{1}=\frac{3\theta M}{2\pi R_{3}^{3}\omega_{1}}=\frac{0.45\theta M_{m}}{\pi^{2}R_{3}^{3}n_{2}} \quad \cdots\cdots(\text{D.12})$$

$$\tau=\frac{3M}{2\pi R_{3}^{3}}=\frac{0.015M_{m}}{\pi R_{3}^{3}}\alpha=Z\alpha \quad \cdots\cdots(\text{D.13})$$

$$\dot{\gamma}=\frac{\omega_{1}}{\theta}=\frac{\pi}{30\theta}n_{2}=Bn_{2} \quad \cdots\cdots(\text{D.14})$$

$$K=\frac{0.45\theta M_{m}}{\pi^{2}R_{3}^{3}n_{2}} \quad \cdots\cdots(\text{D.15})$$

$$Z=\frac{0.015M_{m}}{\pi R_{3}^{3}} \quad \cdots\cdots(\text{D.16})$$

$$B=\frac{\pi}{30\theta} \quad \cdots\cdots(\text{D.17})$$

式中：

θ——圆锥母线与板之间的夹角，单位为弧度(rad)；

R_3——圆锥半径，单位为米(m)；

ω_1——圆锥(或板)旋转的角速度，单位为每秒(s^{-1})；

n_2——圆锥(或板)的转速，单位为弧度每分(rad/min)。

附 录 E
（规范性附录）
测量报告

粘度与测量条件关系极大，为了对测量结果进行分析、研究比较，测量应有详细记录。测量报告可采用表格形式。至少应包括下面的内容：

a） 测量所依据的标准。

b） 试样名称。

c） 测量日期。

d） 操作者及测量部门。

e） 环境温度和试验温度。

f） 粘度计的类型、名称、编号及固有误差。此外，毛细管粘度计应注明内径；落球粘度计应注明球的直径；旋转粘度计应注明测量系统名称、代号及试样用量。

g） 测量结果。

h） 其他需要说明的情况。

参 考 文 献

[1] GB/T 6379.1—2004 测量方法与结果的准确度(正确度与精密度) 第1部分:总则与定义(ISO 5725-1:1994,IDT)

[2] GB/T 6379.2—2004 测量方法与结果的准确度(正确度与精密度) 第2部分:确定标准测量方法重复性与再现性的基本方法(ISO 5725-2:1994,IDT)

[3] JJF 1001—1998 通用计量术语及定义

[4] JJF 1059—1999 测量不确定度评定与表示

[5] JB/T 9357—1999 实验室旋转粘度计 通用技术条件

ICS 27.120
F 80

中华人民共和国国家标准

GB/T 10261—2008
代替 GB/T 10261—1988

核辐射探测器用直流稳压电源

Stabilized DC power supply for nuclear radiation detectors

2008-07-02 发布　　　　2009-04-01 实施

中华人民共和国国家质量监督检验检疫总局
中国国家标准化管理委员会　发布

前 言

本标准代替 GB/T 10261—1988《核仪器用高、低压直流稳压电源测试方法》。

本标准与 GB/T 10261—1988 相比主要变化如下：

——增加前言；

——引用新的规范性文件；

——增加"遥控控制率"等术语；

——增加技术要求、检验规则等产品标准的内容；

——增加资料性附录 A，内容是核仪器用直流稳压电源的特定测试方法。

本标准的附录 A 是资料性附录。

本标准由中国核工业集团公司提出。

本标准由全国核仪器仪表标准化技术委员会归口。

本标准起草单位：中核(北京)核仪器厂。

本标准起草人：王文通、刘翠。

本标准于 1988 年 12 月第一次发布。

核辐射探测器用直流稳压电源

1 范围

本标准规定了核辐射探测器用直流高压稳压电源的产品分类、要求、试验方法、检验规则以及标志、包装、运输和贮存。

本标准适用于由交流或直流供电的室内核辐射探测器用直流高压稳压电源(以下简称电源)。有关核仪器用直流稳压电源的特定测试方法见附录A。

2 规范性引用文件

下列文件中的条款通过本标准的引用而成为本标准的条款。凡是注日期的引用文件,其随后所有的修改单(不包括勘误的内容)或修订版均不适用于本标准,然而,鼓励根据本标准达成协议的各方研究是否可使用这些文件的最新版本。凡是不注日期的引用文件,其最新版本适用于本标准。

GB/T 8993—1998 核仪器环境条件与试验方法

GB/T 10257—2001 核仪器和核辐射探测器质量检验规则

GB/T 19661.1 核仪器及系统安全要求 第1部分:通用要求

EJ/T 436—1989 核仪器可靠性试验

3 术语和定义

下列术语和定义适用于本标准。

3.1

交流源电压 AC power input voltage

向电源提供能量的输入端交流电压。

3.2

影响量 influence factor

电源外部可能影响其特性的任何量。

3.3

输出效应 output effect

在其他影响量保持不变时,由于一个或几个影响量的稳态值在规定范围变化,而引起稳定输出量的变化。

3.4

交流源效应 AC power input voltage effect

由于交流源电压在规定范围内变化而引起稳定输出量的变化。

3.5

负载效应 load effect

由于负载电流在规定范围内变动,而引起稳定输出量的变化。

3.6

交流源电压及负载组合效应 AC power input voltage and load effect

由于交流源电压及负载在各自的额定使用范围内同时发生变化,而引起稳定输出量的变化。

3.7

温度效应(温度系数) temperature effect

环境温度每变化1℃时,电源稳定输出量的最大变化。

3.8

稳定性(漂移)　stability

在所有影响量保持不变时,电源在规定的预热时间之后的一段指定时间内,其稳定输出量的最大变化。

3.9

纹波和噪声　ripple and noise

叠加在电源直流输出电压上的残余交流分量,其周期波动称为纹波,随机波动称为噪声。

3.10

瞬态效应　transient effect

任何影响量发生阶跃变化之后,电源稳定输出量的响应特性。瞬态的测量包括:电源稳定输出量的过冲幅度及恢复时间。过冲幅度,既输出量的瞬态偏移的峰值与其额定值或最末值的差。恢复时间,既从影响量中的某个量阶跃变化,到稳定输出量返回并停留在工作误差带内瞬间的时间间隔。工作误差带,既处在工作误差范围内的稳定输出量的稳态值范围。

注:只有当瞬态偏移超出工作误差极限时,才使用过冲幅度这个概念。

3.10.1

交流源瞬态效应　AC power input voltage transient effect

其他影响量保持不变,源电压在其额定值的上、下限跃变后电源稳定输出量的特性。

3.10.2

负载瞬态效应　load transient effect

其他影响量保持不变,负载在空—满载状态跃变后,电源稳定性输出量的特性。

3.10.3

通、断瞬态效应　turn-on,turn-off transient effect

其他影响量保持不变,源电压在通—断状态跃变后,电源稳定输出量的特性。

3.11

效率　efficiency

电源的直流总输出功率除以输入有功功率。

3.12

浪涌电流　surge current

接通电源电压时,电源装置输入电流的最大瞬时值。

3.13

电流保护　current protection

保护电源装置和(或)连接的设备,不被过大的电流(包括短路电流)所损坏。

3.14

过压保护　over-voltage protection

当输入和(或)输出电压过高时,保护电源和(或)连接的设备,不被过高的电压损坏的措施。

3.15

过温保护　over-temper protection

保护电源或其部件不被超过规定温度所损坏。

3.16

预热时间　warm-up time

电源在规定条件下通电后,使其满足所有性能要求所需要的时间。

3.17

遥控控制率　remote control speed

电源在遥控工作模式情况下,输出电压的数值不离开偏差带时,由于遥控控制量的变化而引起输出电压的变化。

3.18

平均无故障时间(MTBF) mean time between filure (MTBF)

对可修复产品,指相邻两次故障间的平均工作时间。

3.19

绝缘试验电压 insulation test voltage

施加于规定点之间并能保持在规定时间内,不发生击穿或飞弧现象的交流或直流电压。

4 产品分类

4.1 电源按输出电压或输出电压调节范围可分为五类,见表1。

表1 电源输出电压类别

类别	输出电压或输出电压调节范围/V
1	0～50
2	0～500
3	0～1 500
4	0～3 000
5	0～5 000
注:在考核电源技术指标时,其输出电压的下限值应取其输出上限电压的10%。	

4.2 电源按输出电流或输出电流调节范围可分为八类,见表2。

表2 电源输出电流类别

类别	输出电流范围
1	0～100 μA
2	0～200 μA
3	0～500 μA
4	0～1 mA
5	0～2 mA
6	0～5 mA
7	0～10 mA
8	≥10 mA

4.3 电源的使用环境见表3。

表3 电源的使用环境

电网频率	50 Hz±1 Hz
环境温度	0 ℃～45 ℃
最大相对湿度	93%(40 ℃)
预热稳定时间	≤0.5 h

5 要求

电源按技术要求的高低分为A、B、C三级,见表4。

表 4 电源的技术性能

序号	技术要求	级别		
		A	B	C
01	负载效应	$\leqslant 5\times10^{-5}$	$\leqslant 1\times10^{-4}$	由产品标准给出
02	源电压效应	$\leqslant 5\times10^{-5}$	$\leqslant 1\times10^{-4}$	由产品标准给出
03	温度系数 V/℃	$\leqslant 1\times10^{-5}$	$\leqslant 5\times10^{-5}$	$\leqslant 5\times10^{-4}$
04	输出电压 8h 稳定性	$\leqslant 1\times10^{-4}$	$\leqslant 5\times10^{-4}$	$\leqslant 1\times10^{-3}$
05	输出电压 24h 稳定性	$\leqslant 3\times10^{-4}$/8 h	$\leqslant 1\times10^{-3}$/8 h	由产品标准给出
06	噪声与纹波(峰-峰值)/mV	≤10	≤20	≤100
07	读数误差	±3%	±3%	由产品标准给出
08	平均无故障时间(MTBF)/h	≥3 000		
09	输出电压调节范围	由产品的企业标准等技术文件给出		
10	不连续控制分辨力	$\leqslant 5\times10^{-3}$		
11	电源音频噪声/dB	≤40		
12	额定输出电流	由产品的企业标准等技术文件给出		
13	遥控控制率(V_O/V 或 V_O/R)	由产品的企业标准等技术文件给出		
14	介电强度和绝缘电阻	由产品的企业标准等技术文件按 GB/T 19661.1 给出		
15	开(关)机输出过冲	<10%		

6 试验方法

6.1 一般要求

6.1.1 电源在通电之前,应与周围空气的温度和湿度平衡。

6.1.2 电源在通电后,应按产品规定的预热时间预热后进行性能试验。

6.1.3 试验过程中,电源应按工作在额定源电压和额定输出功率状态(除特殊要求外)。

6.1.4 电源应在参考条件和标准试验条件下试验(除环境试验外),当对其性能指标不产生异议时,亦可在室温条件下试验。参考条件和标准试验条件见表 5。

表 5 参考条件和标准试验条件

影响量	参考值	参考值的公差
环境温度	20 ℃	18 ℃~22 ℃
相对湿度	65%	50%~75%
大气压强	101.3 kPa	86 kPa~106 kPa
交流供电电压	U_N(220 V 或 380 V)	(1±1%)U_N
交流供电频率	50 Hz	(1±1%)50 Hz
交流供电波形	正弦波	波形总畸变<5%
环境 γ 辐射	空气吸收剂量率 0.1 μGy/h	空气吸收剂量率小于 0.250 1 μGy/h
外界电磁场干扰	可忽略	小于引起干扰的最低值
外界磁感应	可忽略	小于地磁场引起干扰的 2 倍
放射性沾染	可忽略	可忽略

6.1.5 测试点应是离电源输出端最近的采样点。

6.1.6 对测量设备的误差要求：

在检验误差极限时，原则上要求测量仪表产生的误差与受试仪器产生的误差相比较，是可忽略的。

6.2 输出效应测试

6.2.1 测试用设备

a) 调压装置；

b) 负载装置；

c) 取样测量装置（测试高压用）：应保证流经本装置的电流不超过输出电流额定值的 1/10 倍，其温度系数比电源的温度系数高一个数量级；

d) 数字电压表（或电子电位差计）：其准确与稳定度应保证测量误差要求，至少应高于被测电源的相应指标一个数量级。

6.2.2 测试方框图

测试方框图见图 1。

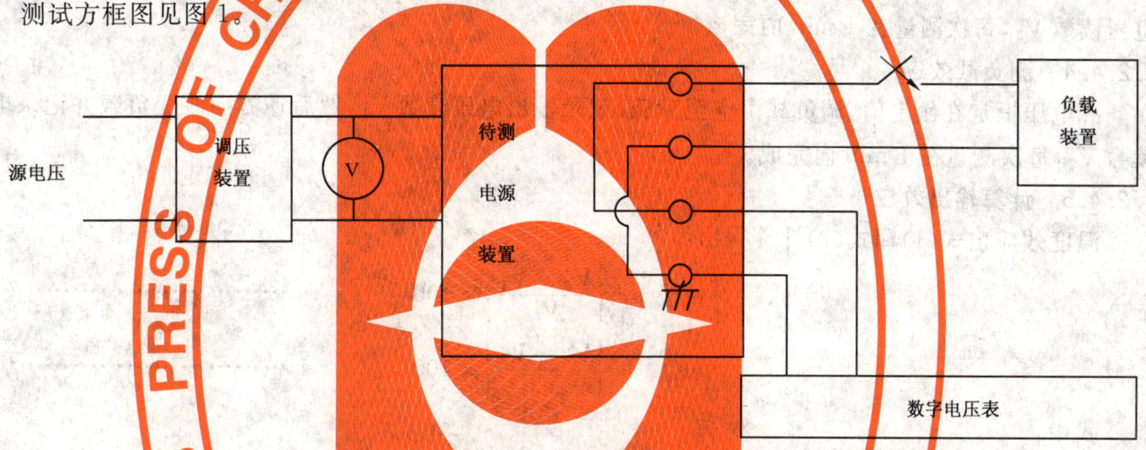

a) 500 V 以下使用的电路

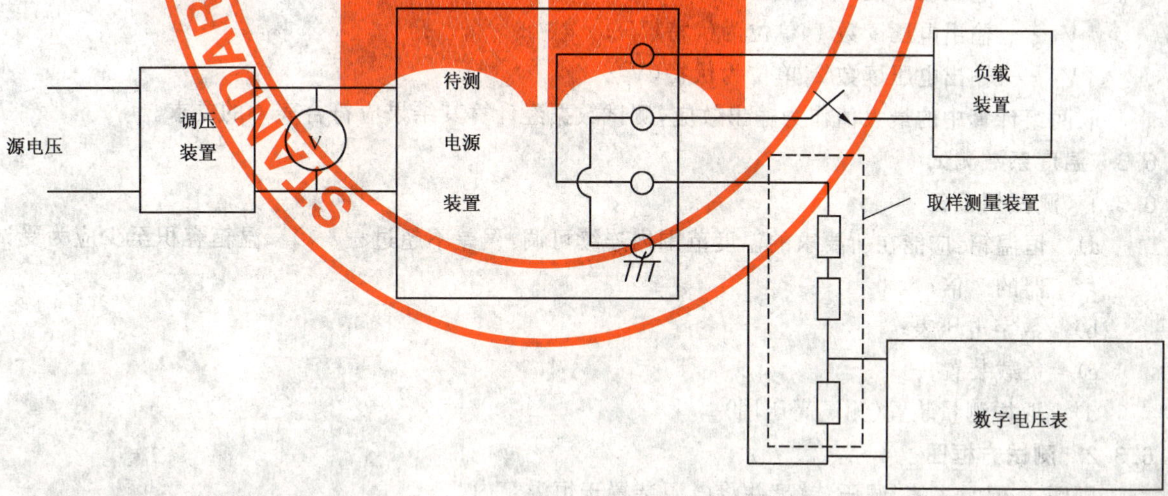

b) 500 V 以上使用的电路

图 1 电源输出效应测试

6.2.3 测试条件

a) 对于输出电压可调至零的被测电源，应分别在最高输出电压点及最高输出电压的 10%处进行测量；

b) 被测电源输出应工作于额定负载状态；

c) 有多组电源输出时，对于非受测电源的工作状态为：

——测交流源效应时，其工作应保证使电源处于额定功率状态；

——测负载效应或测组合效应时，其他组电源的负载应与被测电源的负载同方向变化。

6.2.4 测试方法

6.2.4.1 概述

按图1的a)或b)连接测试线路。调节负载使电源处于额定功率状态，经规定的预热时间后记录输出电压初始值 V_0(下同)。

6.2.4.2 测交流源电压及负载组合效应(用直流供电不做此项)

以最不利的组合方式(源电压为最大额定值及空载；源电压为最低额定值及满载)同时改变电压及负载，分别在两种状态进行测量并记录输出电压读数 V_1 和 V_2，在1 min内完成全测量过程。

6.2.4.3 测交流源效应(用直流供电不做此项)

调节源电压使其由额定值向高端变化，记录输出电压读数 V_1，然后逆方向改变源电压至低端，记录电压读数 V_2，每次测量在1 min内完成。

6.2.4.4 测负载效应

源电压恒定在额定值，调负载由空至满载，记录输出电压读数 V_1，然后逆方向改变负载并记录电压读数 V_2，每次测量在1 min内完成。

6.2.4.5 计算输出效应

温度效应由式(1)和式(2)计算得出：

$$\mathrm{eff}_{\mathrm{out}} = \left|\frac{V_0 - V_1}{V_0}\right| \times 100 \qquad \cdots\cdots(1)$$

$$\mathrm{eff}_{\mathrm{out}} = \left|\frac{V_0 - V_2}{V_0}\right| \times 100 \qquad \cdots\cdots(2)$$

式中：

$\mathrm{eff}_{\mathrm{out}}$——电源的输出效应，以%表示；

V_0——电压初始值，单位为伏特(V)；

V_1——输出电压读数1，单位为伏特(V)；

V_2——输出电压读数2，单位为伏特(V)。

取两组计算中的最大值作为输出效应，测试数据经计算其结果应符合表4的要求。

6.3 温度系数测试

6.3.1 测试用设备

a) 恒温箱：应能在所要求的温度范围内连续可调，误差不超过±2 ℃。温箱容积至少应为受试仪器的3倍；

b) 数字电压表；

c) 负载装置；

d) 取样测量装置(测试高压用)。

6.3.2 测试方框图

同图1，但需去掉“调压装置”并将电源装置于恒温箱内。

6.3.3 测试条件

电源置于恒温箱内，其他测试设备一律置于恒温箱外。

6.3.4 测试方法

a) 参考图1(a或b)连接测试线路；

b) 电源在温度 t_0 为20 ℃±2 ℃(或为室温值)的恒温箱内，经规定的通电预热时间后，测量其输出电压的初始值 V_0；

c) 然后调节恒温箱温度至电源额定使用温度的上限值 t_H(45 ℃)[或下限值 t_L(0 ℃)],在此温度下恒温 4 h 后测量电源的输出电压值为 V_H(或 V_L);

d) 计算温度系数:

温度系数 α_t 按式(3)和式(4)计算:

$$\alpha_t = \left|\frac{V_H - V_0}{V_0}\right| \times \frac{1}{t_H - t_0} \times 100 \qquad \cdots\cdots(3)$$

$$\alpha_t = \left|\frac{V_L - V_0}{V_0}\right| \times \frac{1}{t_0 - t_L} \times 100 \qquad \cdots\cdots(4)$$

式中:

α_t——电源的温度系数,以%/℃表示;

V_H——电源的输出电压上限值,单位为伏特(V);

V_L——电源的输出电压下限值,单位为伏特(V);

V_0——输出电压的初始值,单位为伏特(V);

t_H——电源额定使用温度的上限值,单位为摄氏度(℃);

t_L——电源额定使用温度的下限值,单位为摄氏度(℃)。

取两组计算中的最大值作为温度系数。其测试数据经计算应满足表 4 的要求。

6.4 稳定性测试

6.4.1 测试用设备

a) 负载装置;

b) 取样测量装置(测高压用);

c) 数字电压表;

d) 交流稳压电源。

6.4.2 测试方框图

同图 1,但需将“调压装置”换为“交流稳压电源”。

6.4.3 测试条件

a) 调节负载装置,使电源工作于额定功率状态;

b) 稳定性测量时间为 8 h 和 24 h。

6.4.4 测试方法

a) 参考图 1(a 或 b)连接测试线路;

b) 电源经规定的预热时间后,记录被测电压的初始测量值 V_0,同时记录室温值;

c) 当使用数字电压表测量时,应每隔 2 h(8 h 以内)或 4 h(8 h 以上)测量一次,并记录其读数以及源电压和室温,直至规定的测量时间止;

d) 分析测量数据,找出一系列测量值中的最大值 V_{max} 及最小值 V_{min},按式(5)和式(6)计算绝对偏差或相对偏差以%表示;

$$\Delta V = V_{max} - V_{min} \qquad \cdots\cdots(5)$$

$$x = \frac{\Delta V}{V_0} \times 100 \qquad \cdots\cdots(6)$$

其计算结果经温度系数修正后应符合表 4 的要求。

6.5 纹波和噪声测试

6.5.1 测试用设备

a) 调压装置。

b) 负载装置。

c) 高压耦合电容(测高压用):推荐其容量 C 为 1 μF,其绝缘电阻应大于 100 MΩ,耐压大于所测高压的一倍。电阻 R 的推荐为 100 kΩ。

d) 示波器或高频交流毫伏表，要求足够灵敏度和频带宽度(100 MHz以上)。

6.5.2 **测试方框图**

测试方框图见图2。

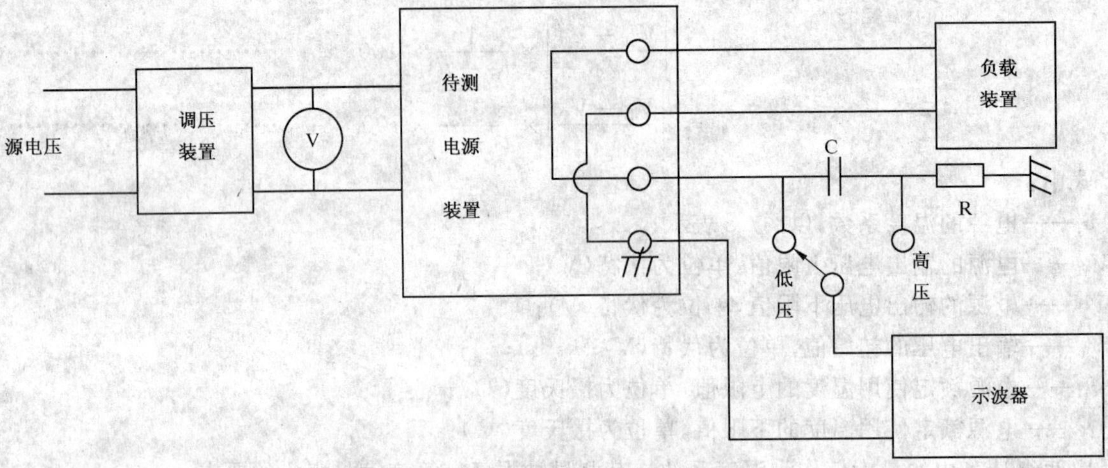

图2 纹波和噪声测试方框图

6.5.3 **测试条件**

a) 对于输出电压可调至零的被测电源应分别在最高输出电压点及最高输出电压的10%以下某点进行测量；

b) 测量线应尽量短，接地要良好。

6.5.4 **测试方法**

a) 按图2连接测试设备；

b) 被测电源经规定的预热时间后，分别在额定源电压和满负载、额定源电压的上限值和空载、额定源电压的下限值和满载下对噪声的峰-峰值进行测试。

测试结果应符合表4的要求。

6.6 **潮湿试验**

6.6.1 测试设备

6.6.2 同6.2.1。

6.6.3 测试方框图

6.6.4 同6.2.2。

6.6.5 测试条件

电源放在湿热试验箱内，测试设备放在箱外，按方框图连接好负载及测试设备。

6.6.6 测试方法

a) 接通电源，调节负载装置，使电源工作于额定工作状态，经规定的预热时间后，测量并记录电源的负载效应，环境温度，湿度，然后关闭电源。

b) 遵照GB/T 8993—1998附录D有关规定及II组试验规定试验(相对湿度93%，温度40 ℃，试验持续时间48 h)。

c) 在持续时间最后30 min，接通电源，测量记录湿热试验箱的湿度、温度。复测电源负载效应，其测量结果应满足表4的要求。

6.7 **电源工作噪声的测试**

6.7.1 **概述**

工作噪声是在压强为2×10^{-5} Pa的条件下以分贝数给出的声压，并以近似于人听觉的频响进行加权仿真。它采用精密声级计测量几组读数取其算术平均值表示。

6.7.2 **试验环境要求**

a) 室内环境声级至少要比电源与环境组合声级低 4 dB。除了门和地面外，在离电源 3 m 内不应有反射面存在，如果墙与天花板有合适的吸声结构，室内尺寸可小些。

b) 电源放置所依靠的任何接触面均应垫有 2.5 cm 厚的泡沫橡胶板。

6.7.3 **测试条件**

测试条件如下：

a) 电源输出电压置于最大额定值；

b) 无论单路、多路输出电源都应分别在空载、满载两种条件下进行测量。

6.7.4 **测试方法**

a) 在空载、参考条件下进行测试。在距离电源表面 1 m 的不同方向上依次进行测量(共五次测量)，以五次测量结果中的最大值作为空载时的噪声值；

b) 在满载情况下重复以上试验；

c) 对试验环境噪声级的测量：分别在对电源作空载工作条件下的噪声测量之前和满载工作条件下的噪声测量之后，将电源装置处于断电状态并且位置不变的条件下先后两次进行环境噪声测量、取其平均值作为环境噪声值。

6.7.5 **噪声值的计算**

a) 如果环境噪声比被测电源与环境组合的噪声值低 4 dB～10 dB，则按表 6 进行校正；

b) 电源噪声为五次测量值经修正后的算术平均值。

表 6 电源噪声值的校正

电源和环境组合声级与环境声级之差/dB	根据电源与环境组合声级求出的噪声修正值/dB
4	−2.2
5	−1.7
6	−1.3
7	−1.0
8	−0.8
9	−0.6
10	−0.4
>10	−0.0

6.8 **不连续控制分辨力的测量**

调节电源控制器，用数字电压表测量由电源控制调节器可以提供的可重现最小增量与满量程值之比。

6.9 **介电强度试验和绝缘电阻测量**

电源的介电强度试验应遵照 GB/T 19661.1 关于防电击中基本绝缘的有关规定执行：在电源输入端和机壳之间加试验电压值，时间1 min，不得出现击穿和飞弧现象。试验电压的类型和数值由产品的企业标准等技术文件按 GB/T 19661.1 和表 4 的介电强度确定。

必要时，可按 GB/T 19661.1 的有关规定测量电源的绝缘电阻。

6.10 **直流内阻的测量**

6.10.1 **测试用设备**

a) 负载装置；

b) 测量取样装置；

c) 数字电压表。

6.10.2 **测试方框图**

见图1,负载装置串入电流表。

6.10.3 **测试条件**

a) 对于输出电压可调至零的被测电源,应调到最高输出电压;

b) 被测电源工作于空载及额定负载状态。

6.10.4 **测试方法**

a) 按图1连接测试线路;

b) 调节负载装置使电源处于额定输出电压,额定输出电流经规定的预热时间预热后记录输出电压;

c) 交流源电压恒定在额定值,调节负载在空载记录输出电压 V_1,在满载时记录输出电压 V_2,输出电流 I_0,每次测量在1 min内完成;

d) 计算电源直流内阻 R_0 按式(7)计算:

$$R_0 = \frac{V_2 - V_1}{I_0} \qquad \cdots\cdots(7)$$

6.11 **输出电压调节范围及读数误差的测量**

6.11.1 **测试用设备**

a) 调压装置;

b) 负载装置;

c) 取样测量装置;

d) 数字电压表。

6.11.2 **测试方框图**

同图1。

6.11.3 **测试条件**

被测电源应工作在额定负载状态。

6.11.4 **测试方法**

a) 按图1连接测试线路,源电压恒定在额定值,调节负载使电源处于额定功率输出状态。

b) 输出电压调节范围的测量。经规定的预热时间后,调节电压调节旋钮,将输出电压平缓调到零,然后,平缓地升到额定电压。同时观察数字电压表读数,应连续可调。满度电压不得低于输出电压额定值。

c) 读数误差的测量。旋转电压调节旋钮,将输出电压平缓地调到零,然后平缓地顺序调至1~10圈,分别记录每圈所对应的数字电压表读数。即为 V_0、V_1、V_2~V_{10},某点读数误差 A_n 按式(8)计算:

$$A_n = \frac{V_n - V_{n,0}}{V_{10}} \qquad \cdots\cdots(8)$$

式中:

n——调节旋钮的刻度(圈数),为1~10;

$V_{n,0}$——为刻度 n 所对应电压标称值。

读数误差取 A_n 中最大值,应符合表4的要求。

6.12 **电源开(关)机时输出过冲的测量**

6.12.1 按图3所示连接测量装置。

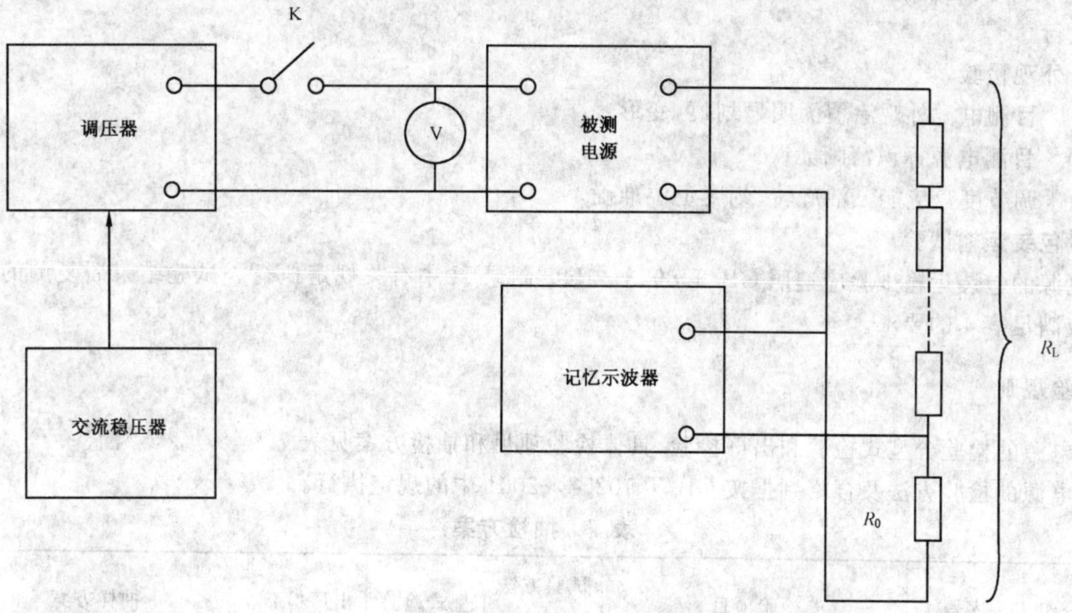

图 3 电源开(关)机输出过冲测量装置

6.12.2 测试方法

接通(断开)电源开关 K,在记忆示波器上便可观测到图 4 所示电源开(关)机输出过冲特性。ΔV_{01}、ΔV_{02}分别表示电源开(关)机时输出电压的过冲幅度。

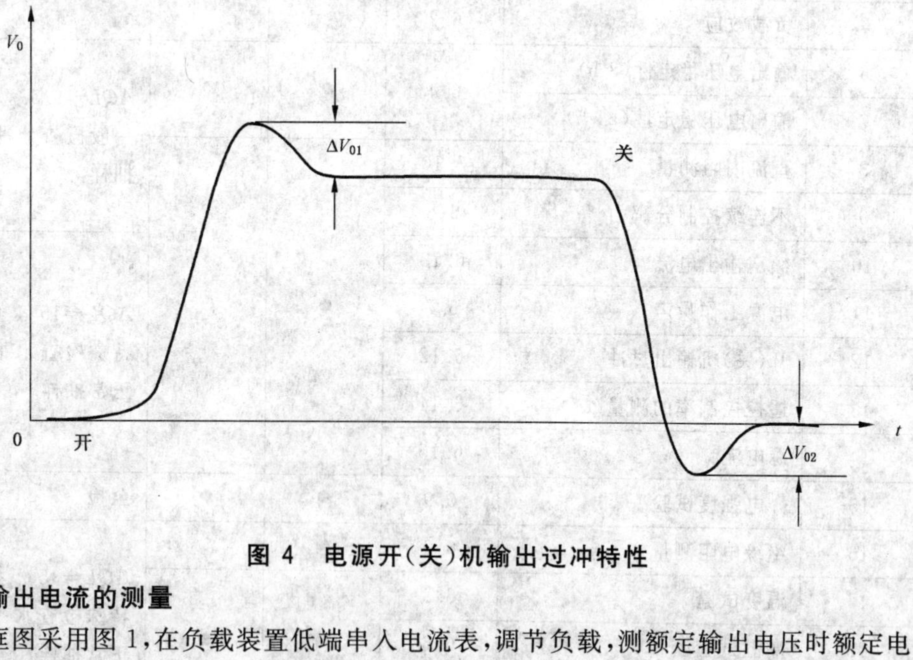

图 4 电源开(关)机输出过冲特性

6.13 额定输出电流的测量

测量方框图采用图 1,在负载装置低端串入电流表,调节负载,测额定输出电压时额定电流。

6.14 遥控控制率的测量

遥控控制率的测量由产品企业标准等技术文件规定。

6.15 源电流的测量

测量方框图采用图 1,在源电压输入端串入电流表,源电压调至标称值,在额定输出时读电流表读数。

6.16 平均无故障时间(MTBT)的试验

选用定时、定数、截尾试验方案进行可靠性试验。对于试验的判断标准,按 EJ/T 436—1989 中 5.5 规定执行。

6.17 外观检验

a) 目测电源外观涂覆无明显划痕,变形。

b) 目测电源标识清晰无误。

c) 调节度盘应能灵活旋转,刻度定位准确。

6.18 包装运输试验

电源的包装运输试验应遵照 GB/T 8993—1998 附录 H 中有关规定执行。试验结束后复测的负载效应应满足表 4 的要求。

7 检验规则

7.1 电源的检验分型式检验和出厂检验,具体检验项目和抽检方案见表 7。

7.2 电源的检验方法及合格判据按 GB/T 10257—2001 中的规定执行。

表 7 抽检方案

<table>
<tr><th>试验分组</th><th>序号</th><th>检验项目</th><th>试验方法章条号</th><th>型式检验</th><th>出厂检验</th><th>抽样方案</th></tr>
<tr><td rowspan="5">A_1</td><td>1</td><td>外观检验</td><td>6.17</td><td rowspan="5">●</td><td rowspan="5">●</td><td rowspan="5">100%检验以剔除不合格品</td></tr>
<tr><td>2</td><td>输出电压调节范围</td><td>6.11</td></tr>
<tr><td>3</td><td>输出电压准确度</td><td>6.11</td></tr>
<tr><td>4</td><td>噪声与纹波</td><td>6.5</td></tr>
<tr><td>5</td><td>负载效应</td><td>6.2</td></tr>
<tr><td rowspan="4">A_2</td><td>6</td><td>输出电压稳定性(8 h)</td><td rowspan="2">6.4</td><td rowspan="2">●</td><td rowspan="2">○</td><td rowspan="4">$AQL=6.5$
一般检查水平Ⅱ二次正常抽样</td></tr>
<tr><td>7</td><td>输出电压稳定性(24 h)</td></tr>
<tr><td>8</td><td>直流内阻测量</td><td>6.10</td><td rowspan="7">●</td><td rowspan="7">○</td></tr>
<tr><td>9</td><td>不连续控制分辨力</td><td>6.8</td></tr>
<tr><td rowspan="5">A_3</td><td>10</td><td>额定输出电流</td><td>6.13</td><td rowspan="5">$AQL=15$
特殊检查水平Ⅱ S—3 二次正常抽样</td></tr>
<tr><td>11</td><td>电源工作噪声</td><td>6.7</td></tr>
<tr><td>12</td><td>开(关)机输出过冲</td><td>6.12</td></tr>
<tr><td>13</td><td>遥控控制率的测量</td><td>6.14</td></tr>
<tr><td>14</td><td>源电流</td><td>6.15</td></tr>
<tr><td rowspan="2">B</td><td>15</td><td>介电强度试验</td><td>6.9</td><td>●</td><td>●</td><td>全检</td></tr>
<tr><td>16</td><td>绝缘电阻测量</td><td>6.9</td><td>●</td><td>○</td><td rowspan="4">$AQL=15$
特殊检查水平Ⅱ S—3 二次正常抽样</td></tr>
<tr><td rowspan="2">C</td><td>17</td><td>温度试验</td><td>6.3</td><td rowspan="3">●</td><td rowspan="3">●</td></tr>
<tr><td>18</td><td>潮湿试验</td><td>6.6</td></tr>
<tr><td>D</td><td>19</td><td>运输试验</td><td>6.18</td></tr>
<tr><td>E</td><td>20</td><td>平均无故障时间的试验</td><td>6.16</td><td>●</td><td>○</td><td></td></tr>
<tr><td colspan="7">注:●表示必检项目;○表示抽检项目。</td></tr>
</table>

8　标志、包装、运输、贮存和随行文件

8.1　标志

8.1.1　产品标志

电源上应有下列标志：制造厂名、商标、产品名称、出厂型号、出厂日期、输出电压、输出电流的额定值、源电压、源电流和源频率的标称值。

8.1.2　包装标志

包装箱上应有下列标志：制造厂名称、产品名称及型号、产品净重、毛重，应有"精密仪器"、"防雨"、"防潮"等字样或图案。

8.2　包装

8.2.1　包装要求

包装应该有内包装箱和外包装箱，对包装的一般要求应按 GB 12127 中有关规定执行。在外包装箱上应有包装标志。

8.2.2　包装配套要求

电源内包装箱里应有：产品合格证、包装单、使用说明书、随机附件清单及其他有关技术资料。

8.3　运输

电源在外包装条件下应允许以汽车、火车、飞机、轮船等工具运输。

8.4　贮存

电源应贮存在温度为 0 ℃～35 ℃、相对湿度不超过 85％、通风良好、清洁卫生的房间里。

附　录　A
（资料性附录）
核仪器用直流稳压电源的特定测试方法

A.1　瞬态响应测试

A.1.1　测试用设备

a）　源电压阶跃装置：采用能实现源电压由其额定值的下限值至上限值的跃变，或实现源电压由其额定值至额定值的下限值以及由额定值至额定值的上限值跃变的机械装置，在此跃变过程中必须保证源电压不过零值和源电压不出现上冲或下冲，跃变时间应不大于电源恢复时间的1/10倍；

b）　源电压通、断跃变装置：确保源电压不产生过冲；

c）　负载通、断跃变装置；实现空、满载的跃变。推荐采用电子负载装置；

d）　示波器；能显示单个跃变过程，推荐采用存储示波器或长余辉示波器；

e）　负载装置。

A.1.2　测试方框图

测试方框图见图A.1。

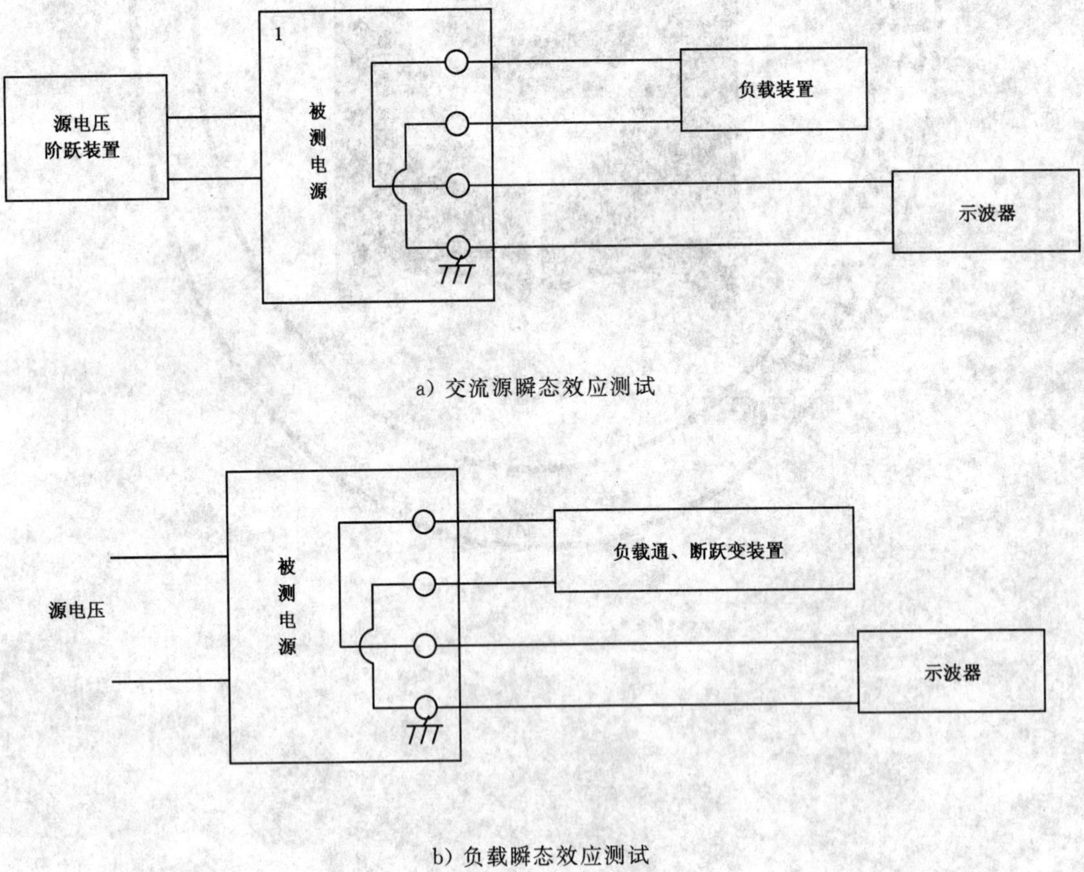

图A.1　瞬态效应测试

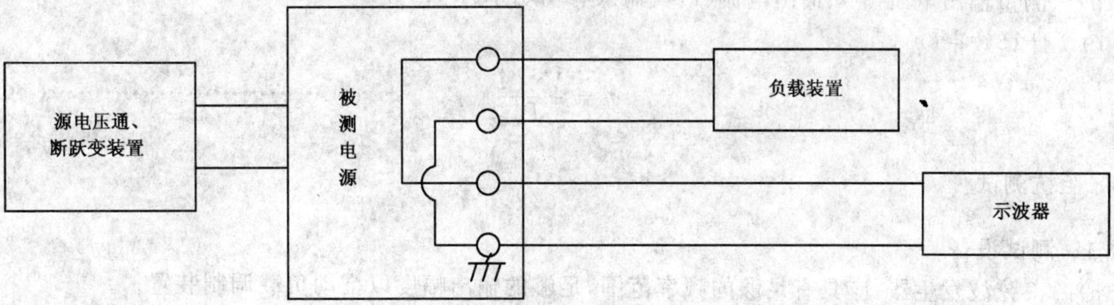

c) 源电压通、断效应测试

图 A.1（续）

A.1.3　测试条件

若输出电压可调，应调至最高输出电压。

A.1.4　测试方法

A.1.4.1　交流源瞬态效应测试

按图 A.1a)连接测量设备。用示波器分别观测当源电压分别由其额定值跃升到额定值的上限，和由额定值跃至额定值的下限时，用示波器观测输出电压的瞬态响应特性。

A.1.4.2　负载瞬态效应测试

按图 A.1b)连接测量设备。用示波器分别观测当负载分别由空载跃变到满载和由满载跃变到空载时，用示波器观测输出电压的瞬态响应特性。

A.1.4.3　源电压通断效应测试

按图 A.1c)连接测量设备。用示波器分别观测当源电压分别阶跃接同通和阶跃断开时，用示波器观测输出电压的瞬态响应特性。

A.2　效率测试

A.2.1　测试用设备

a)　直流电压表、直流电流表、瓦特表；

b)　负载装置。

A.2.2　测试方框图

测试方框图见图 A.2。

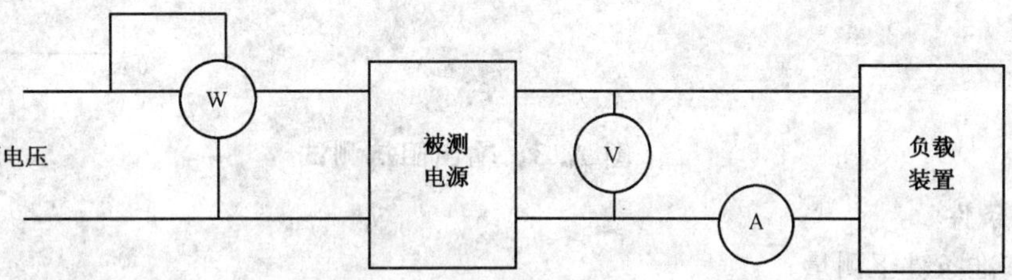

图 A.2　效率测试

A.2.3　测试条件

a)　在输出电压的最大值点及满负载的 50%以下某点测试；

b)　若输出电压可调至“0”，则应分别调在最大值及最大值的 50%以下某点、负载调至满载的 50%以下进行测试。

A.2.4　测试方法

a)　按图 A.2 连接测试线路；

b) 测量输出电压(V)、输出电流(I)及输入有功功率(P);

c) 计算效率(η):

$$\eta = \frac{V \times I}{P} \quad \cdots\cdots (A.1)$$

A.3 阻抗测试

A.3.1 测试设备

a) 正弦波发生器,应具有足够的频率范围,足够的输出幅度以推动负载调制装置;

b) 负载调制装置:应能在整个频率范围内调频,有足够大功率并能将流过它的交流电流与直流分量分离开;

c) 二踪示波器:应具有足够的频带宽度和灵敏度;

d) 监流器 R_m:应为非电抗电阻器,在高调频下的阻抗值与低频下的阻抗值之差,应小于其直流电阻值的1/10;

e) 负载电阻:当负载调制装置与之并联时,应能调节至可吸收50%的额定电流。

A.3.2 测试方框图

测试方框图见图A.3。

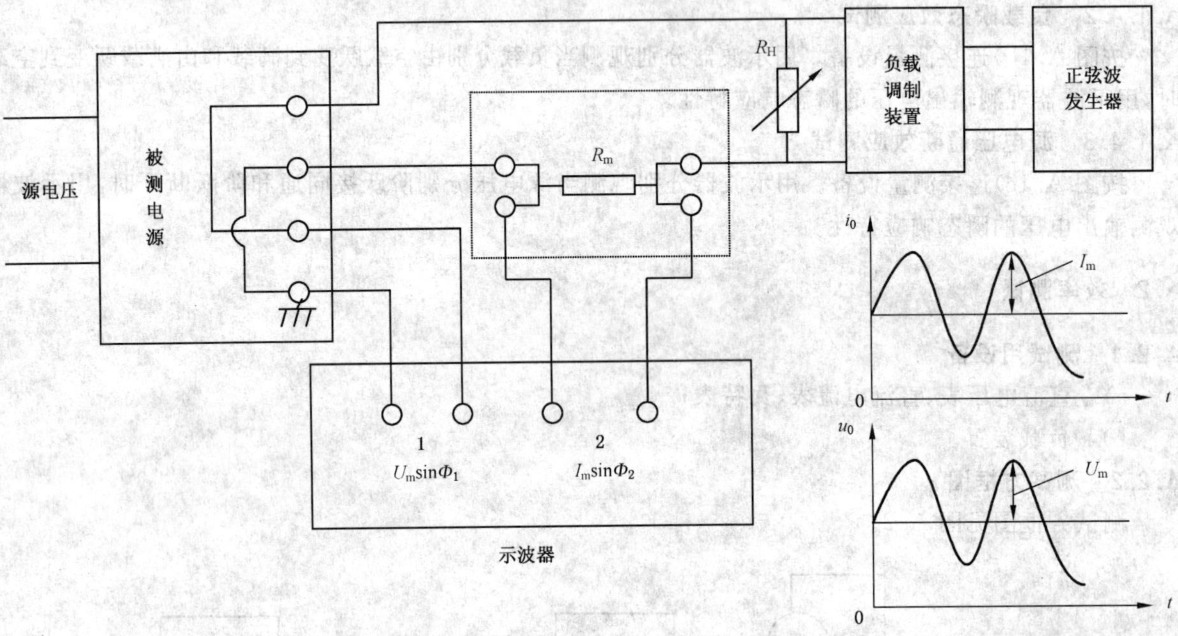

图 A.3 输出阻抗测试

A.3.3 测试条件

a) 在基准条件下测量;

b) 若输出电压可调,则应调至最大输出电压点测;

c) 测量点(选择调制信号的频率点)应足够多,以清晰地显示阻抗与频率关系曲线。

A.3.4 测试方法

a) 按图A.3连接测试线路,电源装置开机预热一定时间;

b) 将调制频率调至最低点,调负载电阻 R_H 使直流负载电流为其额定值的50%,然后调交流调制最大幅度值为额定输出电流的50%,用示波器监测输出电流 i_0,同时观测响应电压 u_0;

c) 在整个频段内逐点改变频率,调 I_m 不变,观测响应电压 U_m;

d）计算在相应频率下的输出阻抗；$Z=\frac{U_m}{I_m}$，在坐标纸上绘出 Z-f 曲线。

A.4 浪涌电流测试

A.4.1 测试用设备

a）负载装置；

b）示波器；

c）其他。

A.4.2 测试方框图

测试方框图见图 A.4。

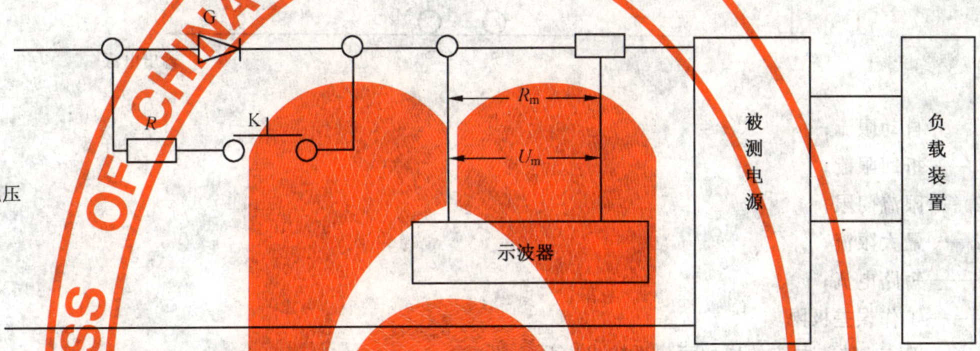

G——硅整流器，反向电压大于 600 V，额定电流大于 5 A；

R——线绕电阻，电阻约 0.1 Ω，功率约 6 W；

R_m——阻值应保证示波器能观测到电压波形；

K——开关或按键，额定电压大于 250 V，额定电流大于 1 A。

图 A.4 浪涌电流测试

A.4.3 测试条件

R_m 应调节到使示波器足够准确地观测 U_m 波形。

A.4.4 测试方法

a）按图 A.4 连接测试线路，闭合开关 K；

b）然后将开关短时间打开，用示波器观测 U_m 的最大峰值；

c）为了避免电源装置的变压器过热，此实验的持续时间不得超过 1 s；

d）该试验至少重复三次，并记录 U_m 的最大峰值 U_M；

e）计算浪涌电流 I_M：

$$I_M=\frac{U_M}{R_M} \qquad \cdots\cdots(A.2)$$

A.5 保护性能测试

A.5.1 限流保护试验

通过在电流增加时，降低电压的方式提供限流的电源应做如下试验：

a）当输出电流等于 110％的额定电流值或预定电流值时输出电压应比 100％的电流时的值低；

b）当输出端短路或接以最小允许负载电阻时，输出电流应小于 150％的额定电流或预定电流值。

A.5.2 折回特性试验

通过折回特性（见图 A.5）提供限流的电源，应做如下试验：

a）当输出电流等于 110％额定电流或预定电流值时，输出电压应比 100％的电流时的值低；

b) 当输出端接一从无穷大到零之间任何值的电阻器时，输出电流应小于125%的额定电流或预定电流值；

c) 当输出端短路时，输出电流应小于100%的额定电流或预定电流值。

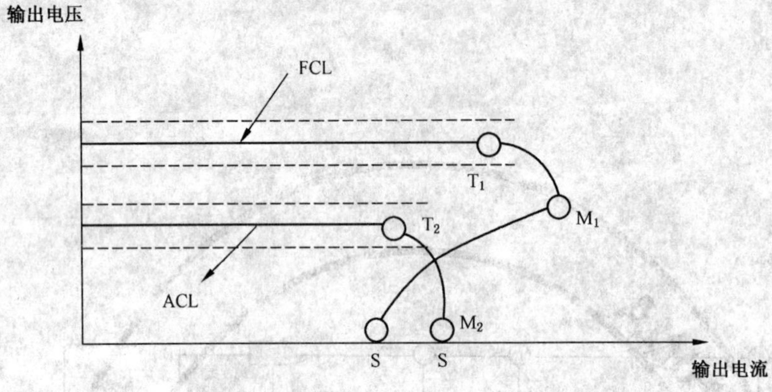

ACL——自动限流；

FCL——折回限流；

T1、T2——限流门限；

M1、M2——最大限流；

S——短路电流；

--------工作误差极限

注1：自动限流，随着电流的增加而降低输出电压。

注2：折回限流，随着负载电阻的降低而降低电压和电流。

注3：限流门限，负载电阻再减小时，输出电压将超出工作误差极限时的输出电流。

注4：最大限流，被限定的电流最大值。

注5：短路电流，将稳压电源输出端短路时所能提供的稳态电流值。

图 A.5 限流类型

A.5.3 短路保护

试验只适用于具有过压保护的电源。

a) 对于短路保护的电源：将输出短路试验 24 h；

b) 对于有限流保护的电源：将输出端短路，试验时间等于产品标准所规定的短路保护时间。

ICS 27.120.30
F 46

中华人民共和国国家标准

GB/T 10265—2008
代替 GB/T 10265—1998

核级可烧结二氧化铀粉末技术条件

Specification for nuclear grade sinterable uranium dioxide powder

2008-06-19 发布 2009-04-01 实施

中华人民共和国国家质量监督检验检疫总局
中国国家标准化管理委员会 发布

前　言

本标准修改采用 ASTM C753:2004《核级可烧结二氧化铀粉末标准规范》(英文版)。

本标准依据 ASTM C753:2004 重新起草,在附录 A 中列出了本标准章条编号和 ASTM 标准章条编号的对照一览表。

考虑到我国实际情况,本标准在采用 ASTM 标准时进行了修改。这些技术性差异用垂直单线标识在它们所涉及的条款的页边空白处。在附录 B 中给出了技术性差异及其原因的一览表以供参考。

本标准代替 GB/T 10265—1998《核级可烧结二氧化铀粉末技术条件》。

本标准与 GB/T 10265—1998 相比,主要变化如下:

a) "范围"的内容作部分修改(见第 1 章);

b) 引用的标准改变(见第 2 章);

c) 氧铀比由"2.05～2.18"改为"2.02～2.18"(见 3.1.2);

d) "核要求"合并至"化学要求"中,并在"化学要求"中增加"清洁度"(1998 年版的 3.2 和 3.1;本版的 3.1);

e) "表 2　当量硼含量因子"部分修改(1998 年版的 3.2.2;本版的 3.1.6);

f) "颗粒尺寸"中"0.40 mm"改为"425 μm"(1998 年版的 3.3.1;本版的 3.2.1);

g) "粉末批要求"中"批定义"内容修改(见第 5 章);

h) "取样"内容全修改(见 6.1);

i) 增加了"证明文件"(见第 7 章);

j) "包装、标志、运输、贮存"内容作部分修改(1998 年版的第 7 章;本版的第 8 章);

k) 可烧结性试验中增加了外观检查,并对部分内容作了修改(见附录 C);

l) 增加本标准条款和 ASTM C753:2004 标准条款的对照一览表(见附录 A);

m) 增加本标准与 ASTM C753:2004 标准的技术性差异及其原因的一览表(见附录 B)。

本标准的附录 A、附录 B、附录 C 是资料性附录。

本标准由中国核工业集团公司提出。

本标准由全国核能标准化技术委员会归口。

本标准起草单位:中核建中核燃料元件有限公司。

本标准主要起草人:吴云、汪邦武、杨晓东、彭青山。

本标准所代替标准的历次版本发布情况为:

——GB/T 10265—1988、GB/T 10265—1998。

核级可烧结二氧化铀粉末技术条件

1 范围

本标准规定了核级可烧结二氧化铀粉末(简称二氧化铀粉末)的技术要求、检验规则和包装、运输等要求。

本标准适用于制备核反应堆使用的芯块的任何^{235}U富集度的二氧化铀粉末。

本标准特指无任何其他添加物(如润滑剂、粘结剂、造孔剂)的二氧化铀粉末。

本标准不包括防止临界安全事故和职业健康的要求,使用者有义务建立适当的安全和职业健康制度并在使用前确定符合法规的要求。

2 规范性引用文件

下列文件中的条款通过本标准的引用而成为本标准的条款。凡是注日期的引用文件,其随后所有的修改单(不包括勘误的内容)或修订版均不适用于本标准,然而,鼓励根据本标准达成协议的各方研究是否可使用这些文件的最新版本。凡是不注日期的引用文件,其最新版本适用于本标准。

GB 11806 放射性物质安全运输规程(GB 11806—2004,IAEA Safety Standards Series No. TS-R-1,2003,IDT)

GB/T 13696—2007 ^{235}U丰度低于5%的浓缩六氟化铀技术条件

GB 18871 电离辐射防护与辐射源安全基本标准

EJ/T 564 核电厂物项包装、运输、装卸、接收、贮存和维护要求

3 技术要求

3.1 化学要求

3.1.1 铀含量

铀含量最小值为87.0%(质量分数,干基)。

3.1.2 氧铀比(O/U)

二氧化铀粉末的氧铀比(O/U)一般控制在2.02～2.18。

3.1.3 杂质元素和含量限值

单个基于铀质量的杂质元素含量不应超过表1规定的限值,表1所列杂质元素含量的总和不应超过1 500 μg/gU。若单个元素分析结果低于分析方法所能检测的最小限值,则按其最小限值加到总杂质含量中。

3.1.4 水分含量

水分含量不应超过二氧化铀粉末质量的0.4%。

3.1.5 同位素含量

应实测^{234}U、^{235}U、^{236}U的含量,以质量分数报出结果。^{235}U同位素富集度低于5%的二氧化铀粉末按GB/T 13696—2007中4.1执行,高于5%富集度的由买卖双方商定。

表 1 杂质元素和最大含量限值

单位为微克每克铀

元素	最大限值	元素	最大限值	元素	最大限值	元素	最大限值
Al	250	Cu	250	Ni	200	Sn	250
C	100	F	100	N	200	Ti	250
Ca+Mg	200	Fe	250	P	250	W	250
Cl	100	Pb	250	Si	300	V	250
Cr	200	Mn	250	Ta	250	Zn	250
Co	100	Mo	250	Th	10		

3.1.6 当量硼含量

3.1.6.1 用于热中子反应堆时，总当量硼含量(EBC)不应超过 4.0 μg/gU。总当量硼含量是单个杂质元素当量硼含量之和。表 2 列出了计算总当量硼含量时所应考虑的元素和这些元素在中子速度为 2 200 m/s 条件下测定的吸收截面值。计算当量硼含量所需特定元素和其吸收截面值取决于各反应堆的特性，表 2 仅作为一个例子。特定元素及其当量硼含量由供需双方确定。

3.1.6.2 单个杂质元素当量硼含量等于该元素的当量硼含量因子与其含量之积(μg/gU)。

3.1.6.3 上述限定不适用于快中子反应堆。

表 2 当量硼含量因子

元素	中子吸收截面/b	原子量	当量硼因子	元素	中子吸收截面/b	原子量	当量硼因子
Al	0.23	26.98	0.000 1	Ge	2.3	72.59	0.000 4
Ag	63.3	107.87	0.008 3	Hf	104.1	178.49	0.008 3
Ar	0.68	39.95	0.000 2	Hg	372.3	200.59	0.026 3
As	4.5	74.92	0.000 8	Ho	64.7	164.93	0.005 6
Au	98.65	196.97	0.007 1	H	0.33	1.01	0.004 6
B	764	10.81	1.000 0	In	193.8	114.82	0.023 9
Br	6.9	79.91	0.001 2	I	6.2	126.90	0.000 7
Cd	2 520	112.41	0.317 2	Ir	425.30	192.22	0.031 3
Ca	0.43	40.08	0.000 2	Kr	25.00	83.80	0.004 2
Cs	29	132.91	0.003 1	K	2.1	39.10	0.000 8
Cl	33.5	35.45	0.013 2	La	8.97	138.91	0.000 9
Cr	3.07	52.00	0.000 8	Li	70.6	6.94	0.143 9
Co	37.2	58.93	0.008 9	Lu	76.4	174.97	0.006 2
Cu	3.78	63.54	0.000 8	Mn	13.3	54.94	0.003 4
Dy	940	162.50	0.081 8	Mo	2.55	95.94	0.000 4
Er	159.2	167.26	0.013 5	Na	0.53	22.99	0.000 3
Eu	4 565	151.97	0.425 0	Nd	50.5	144.24	0.005 0
Fe	2.56	55.85	0.000 6	Ni	4.49	58.69	0.001 1
Gd	48 890	157.25	4.399 1	Nb	1.15	92.91	0.000 2
Ga	2.9	69.72	0.000 6	N	1.90	14.01	0.001 9

表 2（续）

元素	中子吸收截面/b	原子量	当量硼因子	元素	中子吸收截面/b	原子量	当量硼因子
Os	16.00	190.20	0.001 2	Te	4.70	127.60	0.000 5
Pd	6.90	106.42	0.000 9	Tb	23.4	158.92	0.002 1
Pt	10.30	195.08	0.000 7	Tl	3.43	204.37	0.000 2
Pr	11.5	140.91	0.001 2	Th	7.37	232.04	0.000 4
Re	89.70	186.21	0.006 8	Tm	105	168.93	0.008 8
Rh	145.20	102.91	0.020 0	Ti	6.1	47.88	0.001 8
Ru	2.56	101.07	0.000 4	W	18.4	183.85	0.001 4
Sm	5 670	150.36	0.533 6	V	5.08	50.94	0.001 4
Sc	27.20	44.96	0.008 6	Xe	23.90	131.29	0.002 6
Se	11.70	78.96	0.002 1	Yb	35.5	173.04	0.002 9
Sr	1.28	87.62	0.000 2	Y	1.28	88.91	0.000 2
S	0.52	32.06	0.000 2	Zn	1.11	65.39	0.000 2
Ta	20.6	180.95	0.001 6				

3.1.7 清洁度

粉末应无肉眼可见异物，例如金属微粒和油污。

3.2 物理要求

3.2.1 颗粒尺寸

所有二氧化铀粉末应通过 425 μm 的标准筛。颗粒尺寸的分布和确定方法由供需双方协商确定。

3.2.2 比表面积

二氧化铀粉末比表面积由供需双方协商确定。

3.2.3 松装密度

二氧化铀粉末的松装密度取决于制造工艺，除非供需双方另有商定，松装密度最小应为0.625 g/cm^3。

3.2.4 可烧结性

二氧化铀粉末可烧结性由供需双方协商确定。附录C所描述的可烧结性试验可作为参考。

4 试验方法

二氧化铀粉末的化学和物理要求等方面的检验方法应按国家有关标准方法或供需双方协商确定的方法进行。

5 粉末批要求

5.1 批定义为化学和物理性能都均匀一致的一定数量的二氧化铀粉末。

5.2 在二氧化铀粉末的制造过程中要始终保持批次的均匀一致性。

6 检验规则

6.1 取样

6.1.1 取样计划应当以批次粉末为基础，从而确保符合本技术条件。

6.1.2 取样计划和程序由供需双方协商确定。取样计划的分析证据应当形成文件，作为制造质量保证和核材料控制及职责义务程序的一部分。

6.1.3 二氧化铀粉末暴露在潮湿的空气中可能会吸湿含有大量水分而导致易察觉的缺陷。因此样品、称量和处理样品都要确保在具有批次代表性的条件下。

6.2 产品的判定

6.2.1 产品应按批提交验收。

6.2.2 供方应向需方提供质量证明书，内容应包括第3章所列技术要求的条款。

6.2.3 供方可对收到的产品进行复验，复验结果与本标准不符时，由供需双方协商解决。

6.3 仲裁

供需双方对检验结果有争议时，应当选定双方认定的第三方仲裁。

7 证明文件

7.1 供方应提供给需方文件证明：

a) 同位素含量和原材料批次名称；

b) 粉末满足所有第3章至第6章的要求。

7.2 依照要求下列检验数据应当提供：

a) 铀同位素含量；

b) 铀含量；

c) 单个杂质含量；

d) 水分含量；

e) 可烧结试验结果；

f) O/U；

g) 颗粒尺寸分布；

h) 松装密度。

8 包装、标志、运输、贮存

核级可烧结二氧化铀粉末产品的包装、标志、运输、贮存应符合GB 11806、GB 18871和EJ/T 564的规定。其中每个包装容器或包装箱的盖子和侧面应当至少注明下列内容：

a) 卖方名称；

b) 产品名称；

c) 容器材料；

d) 批次号；

e) 出厂编号(或合同号)及容器编号(或箱号)；

f) 容器(或箱体)尺寸；

g) 毛重、皮重及粉末净重；

h) ^{235}U 富集度；

i) 出厂日期；

j) 放射性标志。

附　录　A
（资料性附录）
本标准章条编号和 ASTM 标准章条编号的对照

本标准章条编号与 ASTM C753:2004 章条编号对照见表 A.1。

表 A.1　本标准章条编号与 ASTM C753:2004 章条编号对照

本标准章条编号	对应的 ASTM 标准章条编号
1	1
3.1	4
3.1.1～3.1.7	4.1～4.7
3.2	5
3.2.1	5.1
3.2.3	5.2
3.2.4	5.3
5.1～5.2	6.1～6.2
6.1.1～6.1.3	6.3～6.5
6.3	7.3
7	8
8	9
C.1	X1.1
C.2.1～C.2.4	X1.2.1～X1.2.4
C.3.1	X1.3.2
C.3.2	X1.3.1
C.4	X1.4.1
C.5	X1.4.2

附 录 B
（资料性附录）
本标准与 ASTM C753:2004 标准的技术性差异及其原因

本标准与 ASTM C753:2004 的技术性差异及其原因见表 B.1。

表 B.1 本标准与 ASTM C753:2004 技术性差异及其原因

本标准的章条编号	技术性差异	原　因
2	本标准引用我国有关标准，ASTM C753:2004 引用有关国际标准。	根据我国制造经验，执行我国有关标准。
3.1.1	本标准规定铀含量最小值为 87.0%，ASTM C753:2004 规定协商确定。	根据我国制造经验。
3.1.2	本标准规定氧铀比（O/U）一般控制在 2.02～2.18，ASTM C753:2004 规定协商确定。	根据我国制造经验。
3.1.5	本标准同位素含量按 GB/T 13696:2007 中 4.1 执行，ASTM C753:2004 按有关国际标准执行。	执行我国国家标准。
3.2.1	本标准规定二氧化铀粉末应通过 425 μm 的标准筛，ASTM C753:2004 规定通过 425 μm(No. 40)标准筛。	标准筛的规格型号各国有所不同。
3.2.2	本标准增加比表面积要求，ASTM C753:2004 未作要求。	粉末比表面积是表征粉末烧结性的一个重要指标。
C.2.1	本标准附录 C 规定至少 10 个生坯块，ASTM C753:2004 附录 X1 规定至少 15 个生坯块。	根据我国制造经验。

附 录 C
（资料性附录）
可烧结性试验

C.1 目的

可烧结性试验的目的是为了检验二氧化铀粉末的可烧结性。

C.2 试验用芯块的制备

C.2.1 按6.1取样规则进行取样，在所取粉末中加入适量的添加剂，将其冷压成至少10个生坯块，其密度为二氧化铀理论密度的50%～55%。每个生坯块密度与需要试验的生坯块密度平均值的偏差应在二氧化铀理论密度的±0.5%之内。

C.2.2 试验生坯芯块尺寸应接近产品生坯芯块尺寸，高度与直径之比为1或稍大。应记录压机类型、压制条件（包括压制压力、保压时间、模具锥度、润滑情况）及每个芯块的生坯密度。

C.2.3 生坯芯块在氢气或裂解氨的气氛中烧结，预设温度（典型的烧结温度为1 625 ℃～1 750 ℃，温度控制在±25 ℃）并保温2 h～6 h。实际烧结温度和烧结时间由供需双方协商确定。应记录烧结炉类型、烧结气氛（包括露点）、烧结温度和烧结时间。

C.2.4 本试验的所有参数一旦确定，对合同中所有批都要采用所确定的参数。实际的烧结程序由供需双方协商确定。

C.3 密度测定

C.3.1 芯块密度可用浸没技术或者供需双方协商一致的等效方法测量。

C.3.2 生坯芯块和烧结芯块几何密度的测定按下述步骤测定，测定结果应用浸没技术测量证明，但不包括基准芯块的测定。

——直径：用千分尺或相当的测量器具沿芯块高度以等同间隔各测四个读数，求平均值，精确到0.005 mm；

——高度：用千分尺或相当的测量器具从芯块的一端至另一端，在垂直等分面上各测三个读数，求平均值，精确到0.005 mm；

——质量：精确到0.001 g；

——密度：计算每个芯块的密度，精确到0.01 g/cm³。

C.4 密度的技术要求

任何一个烧结块的密度不能低于二氧化铀理论密度的94%，其密度与需要试验的烧结块密度平均值的偏差应在±2.0%之内。^{235}U富集度低于5%的二氧化铀理论密度以10.96 g/cm³计算。

C.5 外观检查

烧结芯块应使用无心磨床进行磨削或者由买卖双方协商确定，并进行芯块目测检查外观缺陷，例如：凹陷、包容物、掉盖、裂纹、掉块等等。

ICS 27.120.30
F 46

GB

中华人民共和国国家标准

GB/T 10266—2008
代替 GB/T 10266—1998

烧结二氧化铀芯块技术条件

Specification for sintered uranium dioxide pellets

2008-06-19 发布　　　　2009-04-01 实施

中华人民共和国国家质量监督检验检疫总局
中国国家标准化管理委员会　发布

前　言

本标准修改采用 ASTM C 776:2006《烧结二氧化铀芯块标准规范》(英文版)。

本标准根据 ASTM C 776:2006 重新起草。在附录 A 中列出了本标准章条编号与 ASTM C 776:2006 章条编号的对照一览表。

考虑到我国实际情况,在采用 ASTM C 776:2006 时,本标准做了一些修改。有关技术性差异已编入正文中并在它们所涉及的条款的页边空白处用垂直单线标识。在附录 B 中给出了这些技术性差异及其原因的一览表以供参考。

本标准代替 GB/T 10266—1998《烧结二氧化铀芯块技术条件》。

本标准与 GB/T 10266—1998 相比,主要变化如下:

a) 对“引用标准”按照 GB/T 1.1 进行了修改,增加引用了 EJ/T 689(见第 2 章);
b) 增加了放射性核素要求(见 3.2.1.1);
c) 对芯块受晶粒尺寸与孔隙形态的影响程度进行了修改(见 3.3.3);
d) 对“表面裂纹”的数值进行了修改,删除了芯块端部的径向裂纹长(见 3.3.4.1);
e) 对“掉块”的数值进行了修改,增加了最大线性尺寸掉块(见 3.3.4.2);
f) 将“磨削介质”改为“磨削媒介”(见 3.3.5);
g) 对“辐照稳定性”进行了修改,明确热稳定性试验应采用行业标准(见 3.5);
h) 对“试验和检验”进行了修改,增加了时间限制(见 6.3);
i) 增加了质量证明文件(见第 7 章);
j) 对包装容器的标签内容进行了修改(见 8.2);
k) 对“芯块承载能力试验”按照 ASTM C 776:2006 进行了修改(1998 年版的附录 A;本版的附录 C)。

本标准的附录 A、附录 B 和附录 C 均为资料性附录。

本标准由中国核工业集团公司提出。

本标准由全国核能标准化技术委员会归口。

本标准起草单位:中核建中核燃料元件有限公司。

本标准主要起草人:颜学明、邓话、杨晓东、彭青山。

本标准所代替标准的历次版本发布情况为:

——GB/T 10266—1988、GB/T 10266—1998。

烧结二氧化铀芯块技术条件

1 范围

本标准规定了烧结二氧化铀芯块(以下简称"芯块")的技术要求、芯块批、取样、试验和检验以及包装和运输的要求。

本标准适用于核反应堆用各种^{235}U富集度的芯块。

本标准不包括防止临界事故的有关内容以及安全、卫生等方面的要求。使用本标准同时应遵守国家对核材料管制、运输、处理和使用等有关规定。

2 规范性引用文件

下列文件中的条款通过本标准的引用而成为本标准的条款。凡是注日期的引用文件,其随后所有的修改单(不包括勘误的内容)或修订版均不适用于本标准,然而,鼓励根据本标准达成协议的各方研究是否可使用这些文件的最新版本。凡是不注日期的引用文件,其最新版本适用于本标准。

GB/T 10265 核级可烧结二氧化铀粉末技术条件(GB/T 10265—2008,Specification for nuclear grade sinterable uranium dioxide powder,ASTM C 753:2004,MOD)

GB 11806 放射性物质安全运输规程(GB 11806—2004,IAEA Safety Standards Series No. TS-R-1,2003,IDT)

GB/T 13696 ^{235}U丰度低于5%的浓缩六氟化铀技术条件

EJ/T 689 烧结UO_2芯块热稳定性试验方法

3 技术要求

3.1 化学要求

所有化学分析样品应具有代表性并符合第5章的规定。所有化学分析方法应采用国家标准或行业标准,或经供需双方一致同意的方法进行。

3.1.1 铀含量

铀含量最小值为87.7%(质量分数,干基)。

3.1.2 杂质含量

单个杂质元素最大含量限值不应超过表1的规定。表1所列杂质元素含量的总和不应超过1 500 μg/gU。如果某种元素的分析报告值低于分析方法所能检测的最小限值,那么在计算杂质总量时应采用该最小限值。

表1 杂质元素和最大含量限值

单位为微克每克铀

杂质元素	最大含量限值	杂质元素	最大含量限值
Al	250	H	1.3(总氢)
C	100	Fe	500
Ca+Mg	200	Ni	250
Cl	25	N	75
Cr	250	Si	500
Co	100	Th	10
F	15		

3.1.3 氧铀比

芯块的氧铀比应控制在1.99～2.02。

3.1.4 水分含量

水分含量包括在总氢限值内，见表1。

3.2 核要求

3.2.1 同位素含量

3.2.1.1 对于^{235}U富集度低于5％的芯块，应采用GB/T 13696规定的同位素要求和放射性核素要求，除非供需双方另有商定。

3.2.1.2 对于未按3.2.1.1规定进行分析的芯块，其同位素要求由供需双方共同商定。

3.2.2 当量硼含量

3.2.2.1 对于热中子反应堆，总当量硼含量应不超过4.0 μg/gU，总当量硼含量是单个元素当量硼含量之和。

3.2.2.2 表2列出了在计算总当量硼含量时通常所考虑的元素和这些元素中子速度为2 200 m/s条件下测定的吸收截面值。计算当量硼含量所需的特定元素及其吸收截面值，取决于各反应堆的特性，表2仅作为一个例子。特定元素及其当量硼含量由供需双方商定。

3.2.2.3 杂质元素的当量硼含量等于该元素当量硼因子与含量之积，单位为μg/gU。

3.2.2.4 上述限定不适用于快中子反应堆。

表2 当量硼因子

元素	中子吸收截面/b	原子量	当量硼因子	元素	中子吸收截面/b	原子量	当量硼因子
Ag	63.3	107.87	0.008 3	Ge	2.3	72.59	0.000 4
Ar	0.68	39.95	0.000 2	H	0.33	1.01	0.004 6
As	4.5	74.92	0.000 8	Hf	104.1	178.49	0.008 3
Au	98.65	196.97	0.007 1	Hg	372.3	200.59	0.026 3
B	764	10.81	1.000 0	Ho	64.7	164.93	0.005 6
Br	6.9	79.91	0.001 2	Sc	27.20	44.96	0.008 6
Ca	0.43	40.08	0.000 2	Se	11.70	78.96	0.0021
Cd	2 520	112.41	0.317 2	Sm	5670	150.36	0.533 6
Cl	33.5	35.45	0.013 2	Sr	1.28	87.62	0.000 2
Co	37.2	58.93	0.008 9	Ta	20.6	180.95	0.001 6
Cr	3.07	52.00	0.000 8	Tb	23.4	158.92	0.002 1
Cs	29	132.91	0.003 1	Te	4.70	127.60	0.000 5
Cu	3.78	63.54	0.000 8	Th	7.37	232.04	0.000 4
Dy	940	162.50	0.081 8	Ti	6.1	47.88	0.001 8
Er	159.2	167.26	0.013 5	I	6.2	126.90	0.000 7
Eu	4 565	151.97	0.425 0	In	193.8	114.82	0.023 9
Fe	2.56	55.85	0.000 6	Ir	425.30	192.22	0.031 3
Gd	48 890	157.25	4.399 1	K	2.1	39.10	0.000 8
Ga	2.9	69.72	0.000 6	Kr	25.00	83.80	0.004 2

表 2（续）

元素	中子吸收截面/b	原子量	当量硼因子	元素	中子吸收截面/b	原子量	当量硼因子
La	8.97	138.91	0.000 9	Re	89.70	186.21	0.006 8
Li	70.6	6.94	0.143 9	Rh	145.20	102.91	0.020 0
Lu	76.4	174.97	0.006 2	Ru	2.56	101.07	0.000 4
Mn	13.3	54.94	0.003 4	S	0.52	32.06	0.000 2
Mo	2.55	95.94	0.000 4	Sb	5.1	121.75	0.000 6
N	1.90	14.01	0.001 9	Tl	3.43	204.37	0.000 2
Na	0.53	22.99	0.000 3	Tm	105	168.93	0.008 8
Nb	1.15	92.91	0.000 2	V	5.08	50.94	0.001 4
Nd	50.5	144.24	0.005 0	W	18.4	183.85	0.001 4
Ni	4.49	58.69	0.001 1	Xe	23.90	131.29	0.002 6
Os	16.00	190.20	0.001 2	Y	1.28	88.91	0.000 2
Pd	6.90	106.42	0.000 9	Yb	35.5	173.04	0.002 9
Pr	11.5	140.91	0.001 2	Zn	1.11	65.39	0.000 2
Pt	10.30	195.08	0.000 7				

3.3 物理要求

3.3.1 几何参数

芯块几何参数由需方规定，几何参数包括芯块直径、高度、垂直度，有时还包括表面粗糙度等其他几何参数。

3.3.2 芯块密度

芯块的密度由需方规定。天然同位素含量的二氧化铀芯块的理论密度为 10.96 g/cm^3。采用几何方法或经供需双方商定的方法来测定。

3.3.3 晶粒尺寸与孔隙形态

芯块的性能可能会受其晶粒尺寸与孔隙形态的影响，这些性能应由供需双方商定。

3.3.4 芯块的完整性

检查芯块的完整性，其准则是保证在燃料棒装填时，芯块不发生过度损伤。验收试验方法包括与芯块外观标样的目视对比（一倍）或供需双方认可的其他方法，例如承载能力试验。承载能力试验方法参见附录 C。

3.3.4.1 表面裂纹

a） 轴向裂纹长（包括延伸至芯块端部的裂纹）：小于二分之一高度；

b） 周向裂纹长：小于三分之一周长。

3.3.4.2 掉块

a） 圆柱面掉块

1） 圆柱面掉块：小于芯块圆柱面表面积的 5%；

2） 最大线性尺寸：最大线性尺寸应能确保在使用过程中使燃料性能保持稳定，其限值由供需双方商定。

b） 芯块端部掉块：小于芯块端部面积的 1/3（可按芯块端部缺损 1/3 圆周检测）。

3.3.5 芯块外观质量

成品芯块表面应无肉眼可见的夹渣和异物，如油污与磨削媒介。

3.4 标识

应采用标记或编码标识芯块的^{235}U富集度。

3.5 辐照稳定性

为了评价芯块辐照稳定性，应采用 EJ/T 689 进行热稳定性试验。

4 芯块批的要求

4.1 符合 GB/T 10265 规定的同一批二氧化铀粉末，采用同一组工艺参数制得的芯块定义为一个芯块批。

4.2 一个芯块批的标识应在整个生产过程中保留。在整个工艺过程中应保证批料的同一性，不得混料。

5 取样

5.1 取样、称重以及样品处理都必须在确保样品可代表该批的条件下进行。满足验收准则的取样计划应经供需双方商定。

5.2 需方有权从每个芯块批中选取一个有代表性的样品，并测定其化学性能、核性能或物理性能。

5.3 批样品应有足够数量的芯块，以便能在供方工厂进行质量检查和必要情况下的仲裁试验，以及需要时在需方工厂进行验收试验。

5.4 必要时，在需方工厂进行验收试验的批样品应装入一个单独的容器里，批号的标记要清晰，并可先于或随该批芯块一起装运。仲裁样品应标识清晰，并保存在供方工厂，直到被需方正式验收该批芯块止。

6 试验和检验

6.1 供方应按照第 5 章所述要求测试样品，以确保芯块满足第 3 章要求。全部试验应在经供需双方商定的技术基础上进行。

6.2 在供需双方达成一致的时间期内，供方应保存所有结果，并在被要求时提供所有结果，以证明芯块满足第 3 章所述要求。

6.3 需方可用供方提供的样品或者需方工厂里所取的样品进行验收试验。验收应基于一个芯块批，而且视满足第 3 章或根据合同文件修改后的所要求的材料性能而定。

6.4 如果对分析结果出现争议，应确定一个供需双方一致同意的第三方作为仲裁方。

7 质量证明文件

7.1 供方应提供给需方文件证明：

a) 同位素含量和原材料批次名称；

b) 芯块满足所有第 3 章至第 6 章的要求。

7.2 依照要求下列检验数据应当提供：

a) 铀同位素含量；

b) 铀含量；

c) 杂质含量；

d) 氧铀比；

e) 水分含量；

f) 几何参数；

g) 芯块密度；

h) 晶粒尺寸与孔隙形态；

i) 芯块的完整性；

j) 辐照稳定性。

8 包装与运输

8.1 芯块必须包装在密封的容器中，以防损失、损坏及沾污。包装的具体要求由供需双方商定。

8.2 每个包装容器的顶盖和侧面上都应贴有满足正确运输和规定要求的标签，至少应包括以下内容：

a) 产品名称；

b) 供方名称；

c) 物料批号；

d) 容器编号；

e) ^{235}U 富集度；

f) 总重、皮重、净重；

g) 铀重量；

h) 订单号或合同号。

8.3 运输应执行 GB 11806 有关规定。

附　录　A
（资料性附录）
本标准章条编号与 ASTM C 776:2006 章条编号对照

本标准章条编号与 ASTM C 776:2006 章条编号对照见表 A.1。

表 A.1　本标准章条编号与 ASTM C 776:2006 章条编号对照

本标准章条编号	对应的 ASTM C 776:2006 章条编号
1	1 的部分内容
2	2 的部分内容
—	3
3	4
4	5
5	6
6	7
7	—
8.1	8.1
8.2	8.2
8.3	—
—	9
—	10
附录 A	—
附录 B	—
附录 C	附录 A

附 录 B
（资料性附录）
本标准与 ASTM C 776:2006 技术性差异及其原因

本标准与 ASTM C 776:2006 的技术性差异及其原因见表 B.1。

表 B.1 本标准与 ASTM C 776:2006 技术性差异及其原因

本标准的章条编号	技术性差异	原 因
2	引用了采用国际标准的我国标准，而非国际标准。	以适合我国实际情况。
3.1	将“所用的化学元素分析方法应当与测试方法 C696（最新版）中规定的一致。”改为“所有化学分析方法应采用国家标准或行业标准。”	因我国已制定了相应的国家标准或行业标准。
3.2.1.1	删除“如果卖方能够证明符合标准规范 C996，例如，通过卖方的质保记录，则标准规范 C996 所要求的特殊同位素测定可以放弃。”	因我国均采用相应的国家标准进行分析。
3.2.2	增加表 2“当量硼因子”	使本标准内容更加完整。
8.3	增加了“芯块运输应执行 GB 11806 有关规定。”	保留原国家标准的内容，强调芯块运输应严格执行国家标准。

附　录　C
（资料性附录）
芯块承载能力试验

C.1　芯块承载能力试验

从每批生产的芯块中随机取样(数量按统计学原理确定)进行轴向应力试验。每组样品应由10个成品芯块组成。成品芯块必须承受一个大于芯块装载过程中所承受的最大应力的125%的轴向应力，在此压力下不产生超过供需双方商定的最大线性尺寸的掉块。

ICS 77.120.70
H 12

中华人民共和国国家标准

GB/T 10267.3—2008
代替 GB/T 10267.3—1988

金属钙分析方法
第3部分：原子吸收分光光度法直接测定铁、镍、铜、锰、镁

**Methods for analysis of calcium metal—
Part 3: Direct determination of iron, nickel, copper, manganese and magnesium in calcium metal by atomic absorption spectrophotometry**

2008-07-02 发布　　2009-04-01 实施

中华人民共和国国家质量监督检验检疫总局
中国国家标准化管理委员会　发布

前言

GB/T 10267《金属钙分析方法》分为以下五个部分：

——第1部分：氯离子选择性电极法测定氯；

——第2部分：微量硅的光度法测定；

——第3部分：原子吸收分光光度法直接测定铁、镍、铜、锰、镁；

——第4部分：8-羟基喹啉-三氯甲烷萃取分光光度法测定铝；

——第5部分：蒸馏-奈斯勒试剂光度法测定氮。

本部分为GB/T 10267的第3部分。

本部分代替GB/T 10267.3—1988《金属钙分析方法　原子吸收法直接测定铁、镍、铜、锰、镁》。

本部分与GB/T 10267.3—1988相比，主要差异如下：

——增加了规范性引用文件；

——将盐酸溶样改为硝酸溶样；

——将自配标准储备溶液改为标准溶液；

——调整了测定范围；

——调整了标准溶液和试样溶液的浓度。

本部分由中国核工业集团公司提出。

本部分由全国核能标准化技术委员会(SAC/TC 58)归口。

本部分起草单位：中核北方核燃料元件有限公司。

本部分主要起草人：冯海宁、李爱军、赵海生、迟新国。

本部分所代替标准的历次版本发布情况为：

——GB/T 10267.3—1988。

金属钙分析方法 第3部分：原子吸收分光光度法直接测定铁、镍、铜、锰、镁

1 范围

GB/T 10267的本部分规定了金属钙中铁、镍、铜、锰、镁的测定方法。

本部分适用于用电解蒸馏法制备的金属钙中铁、镍、铜、锰、镁的测定。

测定下限：铁20 μg/g；镍20 μg/g；铜10 μg/g；镁20 μg/g；锰10 μg/g。

2 规范性引用文件

下列文件中的条款通过GB/T 10267的本部分的引用而成为本部分的条款。凡是注日期的引用文件，其随后所有的修改单(不包括勘误的内容)或修订版均不适用于本部分，然而，鼓励根据本部分达成协议的各方研究是否可使用这些文件的最新版本。凡是不注日期的引用文件，其最新版本适用于本部分。

GB/T 4864 金属钙及其制品

3 原理

金属钙试样用硝酸溶解，并根据待测元素含量适当进行稀释，在选定的条件下，采用背景校正和基体匹配法，用原子吸收分光光度计直接进行待测元素的测定。产品中共存元素浓度上限的2倍不影响测定。

4 试剂

除非另有说明，本方法所用水均为去离子水，所用试剂均为分析纯试剂。

4.1 基准氧化钙：99.99%。

4.2 硝酸：1+1，用优级纯硝酸(ρ=1.42 g/mL)与水进行配制。

4.3 铁标准溶液：ρ(Fe)=1 000 μg/mL，2% HNO_3 介质，市售。

4.4 镍标准溶液：ρ(Ni)=1 000 μg/mL，2% HNO_3 介质，市售。

4.5 铜标准溶液：ρ(Cu)=1 000 μg/mL，2% HNO_3 介质，市售。

4.6 锰标准溶液：ρ(Mn)=1 000 μg/mL，2% HNO_3 介质，市售。

4.7 镁标准溶液：ρ(Mg)=1 000 μg/mL，2% HNO_3 介质，市售。

4.8 铁、镍、铜、锰的混合标准溶液：分别取4.3、4.4、4.5、4.6标准溶液各1.00 mL，置于100 mL容量瓶中，加2 mL硝酸(4.2)，用水稀释至刻度混匀，备用，此溶液中铁、镍、铜、锰的浓度为10 μg/mL。

4.9 镁元素标准溶液：ρ(Mg)=4 μg/mL。取10.00 mL镁标准溶液(4.7)，置于100 mL容量瓶中，加2 mL硝酸(4.2)，用水稀释至刻度混匀配成100 μg/mL的溶液，再取2 mL 100 μg/mL的溶液于50 mL容量瓶中，加1 mL硝酸(4.2)，用水稀释至刻度混匀，备用。

4.10 钙基体溶液：ρ(Ca)=100 mg/mL。称取14.00 g基准氧化钙(4.1)置于200 mL烧杯中，用10 mL硝酸(3.2)溶解转入100 mL容量瓶中，加2 mL硝酸(4.2)，用水稀释至刻度混匀。

4.11 钙基体溶液：ρ(Ca)=20 mg/mL。取10 mL钙基体溶液(4.10)于50 mL容量瓶中，加1 mL硝酸(4.2)，用水稀释至刻度混匀。

5 仪器与设备

5.1 原子吸收分光光度计。

5.2 分析天平,分度值为 0.1 mg。

6 取样

6.1 试样

按 GB/T 4864 取样方法执行。

6.2 试料

将试样混匀后,称取 2 g,准确至 0.001 g,作为试料。

7 分析步骤

7.1 标准溶液浓度系列配制

7.1.1 取铁、镍、铜、锰的混合标准溶液(4.8)0 mL,0.50 mL,1.00 mL,2.00 mL,3.00 mL,4.00 mL,5.00 mL,分别置于 7 个 50 mL 容量瓶中,各加 1 mL 硝酸(4.2),5.0 mL 钙基体溶液(4.10),并用水稀释至刻度混匀,配成标准系列溶液,见表 1。

7.1.2 取镁元素标准溶液(4.7)0 mL,1.00 mL,2.00 mL,3.00 mL,4.00 mL,5.00 mL,分别置于 6 个 50 mL 容量瓶中,各加硝酸(4.2)1 mL,钙基体溶液(4.11)10 mL 用水稀释至刻度混匀,配成标准系列溶液,见表 1。

表 1 标准溶液浓度系列 单位为微克每毫升

元素	浓度						
	N_0	N_1	N_2	N_3	N_4	N_5	N_6
Fe、Ni	基体空白	—	0.20	0.40	0.60	0.80	1.00
Cu、Mn	基体空白	0.10	0.20	0.40	0.60	0.80	1.00
Mg	基体空白	—	0.08	0.16	0.24	0.32	0.40

7.2 工作曲线绘制

仪器预热后,根据预先选择好的最佳测定条件,测量标准系列的吸光度,用氘空心阴极灯校正背景或用其他方法进行校正。然后从各吸光度减去基体空白的吸光度,所得到的差值为纵坐标,相应浓度为横坐标绘制工作曲线。

7.3 测定

7.3.1 将试料(6.2)置于 200 mL 烧杯中,盖上表面皿,缓慢滴加硝酸(4.2)待样品完全溶解后,再加 2 mL 硝酸 (4.2)转入 200 mL 容量瓶中,用水稀释至刻度,混匀,与混合标准溶液系列一起测量铁、镍、铜、锰的吸光度。

7.3.2 再从 200 mL 容量瓶中取 10 mL 置于 25 mL 容量瓶中,用水稀释至刻度,混匀,做为样品溶液,与镁标准溶液系列一起测量镁的吸光度。

7.3.3 用氘空心阴极灯校正背景或其他背景校正的方法,在相同的测量条件下,测出样品溶液的背景吸光度,并从样品吸光度减掉背景吸光度,将所得的差值从工作曲线上查出样品溶液中待测元素的浓度。

8 分析结果计算

8.1 铁、镍、铜、锰在金属钙中的质量分数 w_a 以 μg/g 表示,按式(1)计算:

$$w_a = \frac{\rho_a}{m_0} \times 200 \quad \cdots\cdots(1)$$

式中：

w_a——铁、镍、铜、锰的质量分数，单位为微克每克(μg/g)；

ρ_a——工作曲线上查得待测元素浓度，单位为微克每毫升(μg/mL)；

m_0——试料质量，单位为克(g)。

8.2 镁在金属钙中的质量分数 w_b 以 μg/g 表示，按式(2)计算：

$$w_b = \frac{\rho_b}{m_0} \times 500 \quad \cdots\cdots(2)$$

式中：

w_b——镁的质量分数，单位为微克每克(μg/g)；

ρ_b——工作曲线上查得的镁的浓度，单位为微克每毫升(μg/mL)；

m_0——试料质量，单位为克(g)。

9 精密度

当称取试样 2.000 g 时，本方法测定的相对标准偏差(RSD)优于 10%。

ICS 27.120.30
F 46

中华人民共和国国家标准

GB/T 10268—2008
代替 GB/T 10268—1988

铀矿石浓缩物

Uranium ore concentrate

2008-06-19 发布 2009-04-01 实施

中华人民共和国国家质量监督检验检疫总局
中国国家标准化管理委员会 发布

前　言

本标准修改采用 ASTM C967:2002a《铀矿石浓缩物》。

本标准和 ASTM C967:2002a 相比，主要技术差异是：在杂质含量不罚款限值中，钛 0.02%宽于 ASTM C967:2002a 中的 0.01%，钒、碳、钍要求严于 ASTM C967:2002a 标准要求。

本标准代替 GB/T 10268—1988《铀矿石浓缩物》。

本标准和 GB/T 10268—1988 相比主要变化如下：

——增加了前言；

——原"主题内容与适用范围"改为"范围"，并对内容进行了修改；

——增加了"规范性引用文件"；

——增加了"术语和定义"；

——4.1.1.1 中八氧化三铀中铀含量(质量分数)由大于 75%调整到大于 80%；

——4.1.3 增加了对硝酸不溶铀的含量控制要求；

——4.1.4 增加了对可萃取有机物的含量控制要求；

——4.1.5 中杂质含量限值要求中的"标准值"改为"不罚款限值"，"最大限值"改为"不拒收限值"(见表 1)；

——4.1.5 表 1"不罚款限值"中的磷、氟、铁、钙、锆、镁六项元素严于原标准要求；

——4.1.5 表 1"不拒收限值"中卤素、氟、铁、砷、钙 5 项元素保持原标准要求，水分和其他元素采用了 ASTM C967:2002a 标准中的"不拒收限值"；

——4.2.2 中增加了对铀矿石浓缩物流动性的要求；

——"5　验收规则"中删除了对称重的要求。

GB/T 11848.1～11848.16《铀矿石浓缩物的化学分析和原子吸收光谱分析方法》是本标准的支持性文件。

本标准由中国核工业集团公司提出。

本标准由全国核能标准化技术委员会归口。

本标准起草单位：中核二七二铀业有限责任公司。

本标准主要起草人：冯明良、周夏生、黄代富。

本标准所代替标准的历次版本发布情况为：

——GB/T 10268—1988。

铀矿石浓缩物

1 范围

本标准规定了铀矿石浓缩物的一般技术要求、验收规则、测试方法、包装、标志、运输和贮存等要求。

本标准适用于铀含量(质量分数,干基)超过65%的铀矿石浓缩物。

本标准不包括辐射防护和职业健康方面的要求,遵守本标准并不减轻使用者了解和遵守所有适用的国际、国家以及地方有关拥有、运输或使用核原料的法律法规的责任。

2 规范性引用文件

下列文件中的条款通过本标准的引用而成为本标准的条款。凡是注日期的引用文件,其随后所有的修改单(不包括勘误的内容)或修订版均不适用于本标准,然而,鼓励根据本标准达成协议的各方研究是否可使用这些文件的最新版本。凡是不注日期的引用文件,其最新版本适用于本标准。

GB/T 4960.3 核科学技术术语 核燃料与核燃料循环

GB/T 11848.1～11848.16 铀矿石浓缩物的化学分析和原子吸收光谱分析方法

GB 11806 放射性物质安全运输规程

GB/T 13701 单标准气体质谱法铀同位素分析

3 术语和定义

GB/T 4960.3中确定的以及下列术语和定义适用于本标准。

3.1

铀矿石浓缩物 uranium ore concentrate

用物理或化学方法处理铀矿石及其他含铀物料制得的含铀高的粗制产品,铀矿石浓缩物产品包括八氧化三铀和黄饼两种产品。

4 技术要求

4.1 化学要求

4.1.1 铀矿石浓缩物中铀含量(质量分数,干基)

4.1.1.1 八氧化三铀的铀含量应大于80%。

4.1.1.2 黄饼的铀含量应大于65%。

4.1.2 同位素百分含量为天然铀的同位素含量,^{235}U的丰度为0.710 5%±0.000 5%(质量分数)。

4.1.3 硝酸不溶铀:不溶于硝酸的铀的含量应小于0.10%(质量分数,铀基)。

4.1.4 可萃取有机物:可萃取有机物含量应小于0.10%(质量分数,湿基)。

4.1.5 杂质含量应低于表1中所规定的最高含量限值。

4.1.6 供方应给需方提供铀矿石浓缩物中所存在的有毒元素[Hg、Cd、Cr(Ⅵ)、Pb、Ni、Be、Ag]的含量。

4.2 物理要求

4.2.1 粒度:所有产品样品都应能通过孔径为6.35 mm的筛网。

4.2.2 流动性:铀矿石浓缩物应有良好流动性。

4.2.3 铀矿石浓缩物中不允许引入铀矿石水冶处理以外的夹杂物。

表 1 杂质及其最高含量限值

序号	杂 质	最高含量限值(质量分数,铀基)		备 注
		不罚款限值[a]	不拒收限值[b]	
1	As	0.05	0.10	
2	B	0.005	0.10	
3	Ca	0.05	1.00	
4	C	0.10	0.50	以 CO_3^{2-} 计
5	F	0.01	0.10	
6	卤素[c]	0.05	0.10	以 Cl 为代表测定
7	Fe	0.15	1.00	
8	Mg	0.02	0.50	
9	水分[d]	2.0	5.0	
10	Mo	0.10	0.30	
11	P	0.10	0.70	
12	K	0.20	3.00	
13	Si	0.20	2.50	以 SiO_2 计
14	Na	0.50	7.50	
15	S	1.00	4.00	以 SO_4^{2-} 计
16	Th	0.50	2.50	
17	Ti	0.02	0.05	
18	V	0.05	0.30	
19	Zr	0.01	0.10	

a 对于杂质含量高于表中限值的浓缩物可附加罚款。

b 表中限值条件可由供需双方协商。

c 不包括 F。

d 由取样实验室测定结果为准。

5 验收规则

5.1 取样

5.1.1 铀矿石浓缩物由同一生产线连续生产的 36 桶为一批。也可由供需双方协商确定批次组成和数量。

5.1.2 铀矿石浓缩物每批应逐桶取样,制成一个集合样,每个样品的取样量应满足第 4 章中所叙述各项测试的要求。取样、制样方法也可由供需双方协商确定。

5.2 测试

应按照 GB/T 11848.1～11848.16、GB/T 13701 或由供需双方商定的方法进行测试。

5.3 质量证明文件

5.3.1 铀矿石浓缩物的交接清单,包括:批数、桶数、重量、出厂日期等。

5.3.2 称重明细表,包括:批号、桶号、皮重、总重、净重等。

5.3.3 测试报告。

6 包装、标识、运输和贮存

6.1 包装

铀矿石浓缩物应采用容积为 210 L 并配有钢盖的圆柱形标准钢桶装运，桶盖要有防水密封环及锁合密封装置，该桶的结构设计应能保证在桶盖打开时，桶的顶端应为完全开启状态。

6.2 标识

应在容器桶盖和两侧用中文作如下标识：产品名称、供方名称、合同号、批号、桶号、总重、皮重及放射性运输标志。

6.3 贮存

铀矿石浓缩物应贮存在干燥、通风的专用仓库。

6.4 运输

6.4.1 铀矿石浓缩物装卸应采用机械作业，如用手工作业应符合放射性作业有关规定。

6.4.2 铀矿石浓缩物运输应符合 GB 11806 标准要求。

ICS 65.060.80
C 84

中华人民共和国国家标准

GB/T 10280—2008
代替 GB/T 10280—1999,GB/T 10281—1999

林业机械　便携式风力灭火机

Forestry machinery—Portable pneumatic fire extinguisher

2008-12-01 发布　　2009-06-01 实施

中华人民共和国国家质量监督检验检疫总局
中国国家标准化管理委员会　发布

前言

本标准代替 GB/T 10280—1999《便携式风力灭火机　技术条件》、GB/T 10281—1999《便携式风力灭火机　台架试验方法》。

本标准与 GB/T 10280—1999、GB/T 10281—1999 相比主要变化如下：

a) 修改了标准名称，纳入了 GB/T 10281 的有关内容；

b) 修改了规范性引用文件；

c) 增加了术语和定义；

d) 将型号编制方法中的“主参数”由“2.5 m 处风速 22 m/s”改为“有效风力灭火距离和出口风量”；

e) 在整机性能要求中增加了“有效风力灭火距离”、“出口风量”、“灭火临界风速点的风速值”、“风筒长度”和“整备质量”的要求；

f) 删除了 GB/T 10280—1999 中“完整风机全压效率”的要求内容；

g) 可靠性试验中“连续运转时间”由原来的 24 h 变为 5 h，并增加二次起动的要求；

h) 删除了 GB/T 10281—1999 中的“风机性能试验”的内容；

i) 对增加的整机性能要求中的条款给出了相应的试验方法；

j) 修改了抽样判定原则；

k) 修改了原附录 A 的部分内容。

本标准的附录 A 为规范性附录。

本标准由全国林业机械标准化技术委员会提出并归口。

本标准负责起草单位：中国龙江森林工业（集团）总公司。

本标准参加起草单位：山东华盛农业药械股份有限公司、黑龙江省兴隆林业局、陕西西北林业机械股份有限公司、国家林业局哈尔滨林业机械研究所。

本标准主要起草人：吕敬群、孟祥彬、孙聚安、孟庆良、张志义、刘磊、杨雪峰。

本标准所代替标准的历次版本发布情况为：

——GB/T 10280—1988、GB/T 10280—1999；

——GB/T 10281—1988、GB/T 10281—1999。

林业机械　便携式风力灭火机

1　范围

本标准规定了便携式风力灭火机的术语和定义、型号编制方法、技术要求、试验方法、检验规则、标志、标签、使用说明书及包装、运输与贮存等内容。

本标准适用于以小型汽油机为动力的便携式风力灭火机。

2　规范性引用文件

下列文件中的条款通过本标准的引用而成为本标准的条款。凡是注日期的引用文件，其随后所有的修改单(不包括勘误的内容)或修订版均不适用于本标准，然而，鼓励根据本标准达成协议的各方研究是否可使用这些文件的最新版本。凡是不注日期的引用文件，其最新版本适用于本标准。

GB/T 191　包装储运图示标志(GB/T 191—2008,ISO 780:1997,MOD)

GB 4351.1　手提式灭火器　第1部分:性能和结构要求(GB 4351.1—2005,ISO 7165:1999,NEQ)

GB/T 6072.3　往复式内燃机性能　第3部分:试验测量(GB/T 6072.3—2003,ISO 3046-3:1989,IDT)

GB/T 6388　运输包装收发货标志

GB/T 9480　农林拖拉机和机械、草坪和园艺动力机械　使用说明书编写规则(GB/T 9480—2001,ISO 3600:1996,EQV)

GB 10282　林业机械　便携式风力灭火机　使用安全规程

GB/T 10283　林业机械　便携式风力灭火机　手把振动的测定

GB/T 10284　林业机械　便携式风力灭火机　噪声的测定

GB 10395.1　农林拖拉机和机械　安全技术要求　第1部分:总则(GB 10395.1—2001,ISO 4254-1:1989,EQV)

GB/T 13264　不合格品率的小批计数抽样检查程序及抽样表

GB/T 13384　机电产品包装通用技术条件

JB/T 5135.3　通用小型汽油机　技术条件

JB/T 10563　一般用途离心通风机技术条件

3　术语和定义

下列术语和定义适用于本标准。

3.1

便携式风力灭火机　portable pneumatic fire extinguisher

单人携带并操作，由小型汽油机驱动风机，从喷射筒口喷出的风量和风速能满足扑灭A类火灾中的低强度森林地表火的灭火机具。

注：A类火灾的定义见GB 4351.1。

3.2

低强度火　low-intensity fire

火焰高度小于1.5 m、火强度小于3 140 kJ/m的火。

3.3

整备质量　machine mass

风力灭火机进入工作状态时的全部质量。

3.4

灭火临界风速　critical wind speed for fire-fighting

用风力可以灭火的最低风速。

3.5

出口风量　exit wind quantity

喷射筒出口处的风量。

3.6

有效风力灭火距离　efficient distance for pneumatic fire extinguisher

所测灭火临界风速点到喷射筒出口的水平直线距离。

4　型号编制方法

4.1　型号组成：

6 M F-□-□ □

- □——改型代号(用大写英文字母 A、B…… 表示)
- □——出口风量
- □——有效风力灭火距离
- F——“风”力灭火
- M——灭火机械
- 6——林木保护机械类

4.2　风力灭火机的主参数用有效风力灭火距离和出口风量表示。有效风力灭火距离(单位为 cm)取前两位有效数字；出口风量(单位为 m^3/s)取小数点后两位有效数字。

4.3　示例：6MF-16-41A(“16”表示有效风力灭火距离为 160 cm～169 cm；“41”表示出口风量为 0.41 m^3/s)。

5　技术要求

5.1　汽油机

5.1.1　风力灭火机配用的汽油机应符合 JB/T 5135.3 的规定，其实测功率应不小于标定功率。

5.1.2　风力灭火机实测转速应不小于标定转速。

5.2　风机

5.2.1　风机蜗壳内表面应平整光滑，不允许有瘪坑、裂纹等缺陷。

5.2.2　叶轮配重应整齐、牢固、可靠，配重或去重后不允许有毛刺，用金属棒轻敲轮缘不允许有异声。

5.2.3　叶轮应逐个进行静平衡试验，其不平衡量应不大于叶轮许用不平衡量。

5.2.4　叶轮应进行超转速性能试验，试验后叶轮不应有变形、裂痕、损坏和松动。

5.2.5　风机其他要求应符合 JB/T 10563。

5.3　整机性能

5.3.1　在标定转速下安全有效风力灭火距离应不小于 150 cm。

5.3.2　在标定转速下灭火临界风速点的风速值为 22 m/s。

5.3.3　在标定转速下出口风量应不小于 0.40 m^3/s。

5.3.4　从风机轴心到喷射筒出口的距离应不大于 1 m，其中背负风力灭火机应不大于 1.5 m。

5.3.5　在标定转速下做翻转试验，均应正常工作。

5.3.6 耐久性试验应不少于 120 h,试验后不应有变形、裂痕和损坏。

5.3.7 在环境温度为－10 ℃～＋55 ℃时应能正常工作。

5.3.8 起动时间不应超过 30 s。

5.3.9 一次加油连续工作时间不应少于 25 min。

5.3.10 灭火机整备质量应不大于 10 kg,其中背负风力灭火机应不大于 15 kg。

5.4 装配质量

5.4.1 零部件(包括外购件、外协件)须经检查合格后方可装配。

5.4.2 整机装配应正确、完整,运动件应转动灵活,无干涉、阻滞等异常现象。

5.5 外观质量

5.5.1 塑料零件表面应光滑,无裂痕和缩孔等缺陷。

5.5.2 冲压件应完整,无裂纹和毛刺。

5.5.3 铸件应无缩孔、疏松和变形等缺陷。

5.5.4 焊接件焊缝应平整,无烧穿、裂痕和漏焊等缺陷。

5.5.5 镀件镀层应均匀,附着牢固,表面平整。

5.6 安全

5.6.1 在标定转速下各部件联接和密封应牢固可靠,工作中不漏电、漏油。

5.6.2 除消声器安装在灭火机前面的情形外,安装于其他位置的消声器应具有保护罩,操作者可能接触到的汽缸保护罩的温度不应对操作者构成危害。

5.6.3 标定转速下,按 GB/T 10284 的规定测出的风力灭火机操作者耳旁噪声 A 计权声压级值应不大于 105 dB(A)。

5.6.4 标定转速下,按 GB/T 10283 的规定测出的风力灭火机手把处的振动加速度应不大于 30 m/s^2。

5.6.5 背带应牢靠,在使用过程中不应有松动及脱落,背带应防火耐高温。

5.6.6 风机进风口处安装防护网,防护网应符合 GB 10395.1 的规定。

5.7 连续运转可靠性

在标定转速下连续运转首次出现故障的时间应大于 5 h,5 h 后转速下降不应超过标定转速的 5%。二次起动后应正常工作。

6 试验方法

6.1 试验条件

燃油、润滑油应符合 JB/T 5135.3 的要求,试验在常温常压下进行。

6.2 试验用仪器

试验用仪器应在检定的有效期内,在试验前应进行检查和校准。

a) U 形管液柱压力计:管内径 6 mm～10 mm,最小刻度 1 mm,精度±0.4%;

b) 毕托管:外径不大于 8 mm;

c) 转速表或测速仪:精度±0.5%;

d) 扭矩仪或测功机用指针秤:精度±1.5%;

e) 测功机:测功机精度±1.0%;

f) 温度计:最小刻度 0.5 ℃,精度±1.0%;

g) 气压计:最小刻度 10 Pa,精度±1.0%;

h) 干湿度计:最小刻度 0.5 ℃,精度±1.0%;

i) 风速仪:最小刻度 0.2 m/s,精度±1.0%;

j) 尺:精度±1.0 mm/m;

k) 台秤:精度±0.1 kg。

6.3 转速试验及功率测定

起动后，测最高转速和汽油机功率。

6.4 风机叶轮静平衡试验

用静平衡机或静平衡架测定叶轮不平衡量。

叶轮许用不平衡量按式(1)计算：

$$U = 60\ 161m/n \qquad \cdots\cdots(1)$$

式中：

U——叶轮许用不平衡量，单位为克(g)；

m——叶轮质量，单位为千克(kg)；

n——叶轮标定转速，单位为转每分(r/min)。

6.5 风机超转速性能试验

在超转速试验台上进行，叶轮在1.3倍标定转速下运转。间隔起动三次，每次间隔2 min，每次运转不少于5 min。

6.6 翻转试验

手持风力灭火机在标定转速下运转平稳后，自水平位置上、下、左、右倾斜90°各一次，背负风力灭火机在标定转速下运转平稳后，向前、后、左、右倾斜45°各一次，各位置停留时间均不得少于10 s。

6.7 整机耐久性试验

制造厂对设计定型的或选用的风机每两年做一次120 h变工况(1 min标定转速，3 min二分之一标定转速)耐久性试验，发动机允许按GB/T 6072.3的有关规定进行停机保养。

6.8 有效风力灭火距离试验

将风力灭火机按扑火作业时的状态，水平固定在室内的台架上，喷射筒中心距地面高度不小于1 m，前方10 m内不得有障碍物，左右两侧2 m内均不得有影响射流的障碍物。在标定转速下，沿喷射筒的水平轴线方向测定灭火临界风速值为22 m/s的点至喷射筒出口的距离为有效风力灭火距离。

6.9 出口风量试验

在室内测定，风力灭火机按林火作业时的状态水平固定在台架上，风筒中心距地面不小于1 m，前方不得有障碍物，左右2 m内不得有影响射流的障碍物。在标定转速下，用一个能上下左右调整的可移动支架固定毕托管，测定射流动压值(也可用其他科学的方法测定)。距风筒出口10 mm处测定与风筒出口等截面各点动压值，垂直和水平方向各测10点，并换算为标准状态值。各点风速计算见式(2)，平均风速见式(3)，风量计算见式(4)。

$$v_i = \sqrt{2p_{d_i}/\rho} \qquad \cdots\cdots(2)$$

式中：

v_i——相应p_{d_i}处风速，单位为米每秒(m/s)；

p_{d_i}——所测点的动压值，单位为帕(Pa)；

ρ——空气密度，单位为千克每立方米(kg/m^3)。

$$v = \left(\frac{\sum_{i=1}^{20}\sqrt{v_i}}{20}\right)^2 \qquad \cdots\cdots(3)$$

式中：

v——平均风速，单位为米每秒(m/s)；

v_i——相应p_{d_i}处风速，单位为米每秒(m/s)。

$$Q = A_1 \times v \qquad \cdots\cdots(4)$$

式中：

Q——风量，单位为立方米每秒(m^3/s)；

A_1——灭火风筒出口处截面积，单位为平方米(m^2)；

v——平均风速，单位为米每秒(m/s)。

6.10　起动性能试验

试验前按使用说明书的规定进行必要的准备，并使机器在环境温度下放置 1 h 以上。按使用说明书规定的方法起动，重复三次，每次间隔 2 min，记录每次成功起动的时间，取平均值。

6.11　一次加油连续工作时间试验

在标定转速下测定。

6.12　噪声试验

噪声试验按 GB/T 10284 进行。

6.13　振动试验

振动试验按 GB/T 10283 进行。

6.14　连续运转可靠性试验

在外接油箱的条件下，以标定转速连续运转，连续运转时间应不少于 5 h，不得出现任何故障，停机前检测发动机的标定转速。去掉外接油箱重新加油二次起动。

7　检验规则

7.1　检验分类

风力灭火机检验分为出厂检验和型式检验。

7.2　出厂检验

7.2.1　风力灭火机出厂前，须逐台进行检验，检验项目全部合格后方可签发合格证，准予出厂。

7.2.2　出厂检验项目应包括：

a)　常温起动性能；

b)　标定转速；

c)　标定转速下风机翻转性能；

d)　装配质量；

e)　外观质量。

7.3　型式检验

7.3.1　有下列情况之一时需做型式检验：

a)　新产品或大量改进后投产时；

b)　当停产一年以上，恢复生产时；

c)　正常生产时，每两年进行一次；

d)　国家质量监督检验机构或行业管理部门提出要求时。

7.3.2　型式检验项目及不合格分类见表 1。

表 1　不合格项目分类表

不合格分类		检验项目
类	项	
A	1	有效风力灭火距离
	2	出口风量
	3	连续运转可靠性试验

表 1（续）

不合格分类		检验项目
类	项	
B	1	安全防护（不得漏油、漏电）
	2	起动性能
	3	风机超转速试验
	4	叶轮静平衡试验
	5	装配质量
	6	翻转试验
	7	发动机功率和标定转速
	8	一次加油连续工作时间
	9	耳旁噪声
	10	手感振动
	11	整备质量
	12	外观质量
	13	热防护罩
	14	标志
	15	使用说明书
	16	包装

7.4 抽样方案和判定原则

7.4.1 产品由使用方整批接收时，其抽样方案由生产方和使用方协商确定。

7.4.2 产品由第三方检查时，抽样方案应符合 GB/T 13264 的规定，检查程序如下：

a) 采用一次抽样方案，样本在整批中随机抽取；

b) 批量 $N=25$，样本大小 n_0、合格判定数 Ac、不合格判定数 Re、生产方风险质量 P_0、使用方风险质量 P_1 详见表 2；

表 2 抽样判定

不合格分类	A	B
项目数	3	16
样本数	2	
P_0,P_1	2.5%,67%	24%,95%
Ac Re	0 1	1 2

c) 根据样本检查结果作出合格或不合格的判定。型式检验项目单位产品不合格的判定及批合格或不合格的判定：如果样本中不合格项目少于或等于 Ac，则判定该单位产品及批产品合格；如果不合格项目多于或等于 Re，则判定该单位产品及批产品不合格，抽样判定详见表 2。

8 标志、使用说明书、包装、运输和贮存

8.1 标志

8.1.1 产品标志应清晰、耐久，置于产品外部醒目位置。

8.1.2 产品标志应包括标牌、安全操作标识和其他防伪标识等。

8.1.3 产品标牌应包括以下内容：

——产品型号、名称；

——产品注册商标；

——主要技术参数(有效风力灭火距离和出口风量)；

——生产厂名；

——出厂编号及生产日期。

8.2 使用说明书

8.2.1 按 GB/T 9480 和 GB 10282 的规定编写。

8.2.2 产品技术参数(见附录 A)以检测报告参数值为准，应在使用说明书或有关技术文件中给出。

8.3 包装

8.3.1 出厂前应采取防锈措施，包装应牢固、可靠、防潮，装箱后应固定稳妥。

8.3.2 包装和包装箱应符合 GB/T 191、GB/T 6388 和 GB/T 13384 的规定。

8.3.3 出厂随机附件、备件、工具和技术文件应齐全，技术文件包括：

——产品合格证；

——产品说明书；

——装箱单。

8.3.4 如用户另有要求，可按合同执行。

8.4 运输和贮存

8.4.1 在运输和贮存过程中，不得碰撞、受潮、受压。

8.4.2 应贮存在干燥、通风的仓库中，不得露天堆放，并应避免与腐蚀性物质混放。按说明书规定在正常贮存保养状态下，在两年内应能正常使用。

附 录 A
（规范性附录）
风力灭火机主要技术参数

A.1 整机

A.1.1 型号。

A.1.2 有效风力灭火距离，cm。

A.1.3 灭火机出口风量，m^3/s。

A.1.4 整备质量，kg。

A.1.5 外形尺寸：长×宽×高，mm。

A.1.6 油箱容积，L。

A.1.7 耳旁噪声，dB(A)。

A.1.8 手把振动加速度，m/s^2。

A.2 配套动力

A.2.1 型号。

A.2.2 排量，mL。

A.2.3 燃油牌号。

A.2.4 标定功率，kW。

A.2.5 润滑油牌号。

A.2.6 燃油与润滑油容积混合比。

A.2.7 火花塞型号。

ICS 65.060.80
C 84

中华人民共和国国家标准

GB 10282—2008
代替 GB 10282—1999

林业机械 便携式风力灭火机使用安全规程

Machinery for forestry—Portable pneumatic fire extinguisher—Safety code of practice

2008-12-23 发布 2009-05-01 实施

中华人民共和国国家质量监督检验检疫总局
中国国家标准化管理委员会 发布

前　言

本标准第3章为强制性，其余为推荐性。

本标准代替GB 10282—1999《便携式风力灭火机　使用安全规程》。

本标准与GB 10282—1999相比主要变化如下：

——第1章中增加了“和便携式风力喷水灭火机”；

——增加了第2章规范性引用文件；

——将3.1的“一般要求”改为“基本要求”，并增加了“对不符合上述标准的风力灭火机具，有权拒绝使用”的内容；

——在3.2中增加了“风力喷水灭火机的作业准备要求”等内容；

——在3.3中增加了“操作者根据火场实际情况，在保证自身安全的条件下，可选用风力灭火或风力喷水灭火。”的要求。

本标准由全国林业机械标准化技术委员会提出并归口。

本标准负责起草单位：中国龙江森林工业（集团）总公司。

本标准参加起草单位：黑龙江省沾河林业局、黑龙江省兴隆林业局、黑龙江省第二森林调查规划设计院、陕西西北林业机械股份有限公司。

本标准主要起草人：吕敬群、孟祥彬、徐永华、孟庆良、王华章、张志义、刘磊。

本标准所代替标准的历次版本发布情况为：

——GB 10282—1988、GB 10282—1999。

林业机械　便携式风力灭火机 使用安全规程

1　范围

本标准规定了便携式风力灭火机的使用安全要求。

本标准适用于便携式风力灭火机和便携式风力喷水灭火机。

2　规范性引用文件

下列文件中的条款通过本标准的引用而成为本标准的条款。凡是注日期的引用文件，其随后所有的修改单(不包括勘误的内容)或修订版均不适用于本标准，然而，鼓励根据本标准达成协议的各方研究是否可使用这些文件的最新版本。凡是不注日期的引用文件，其最新版本适用于本标准。

GB/T 10280　林业机械　便携式风力灭火机

LY/T 1719　林业机械　便携式风力喷水灭火机

3　使用安全规程

3.1　基本要求

3.1.1　扑火队严禁装备非标准风力灭火机具。操作者发现不符合 GB/T 10280 和(或)LY/T 1719 的风力灭火机具，有权拒绝使用。

3.1.2　操作者应经过培训，方可上岗。

3.1.3　操作者在使用前应认真阅读所使用灭火机具的使用说明书，熟悉其性能和操作方法。

3.1.4　下列人员不准使用灭火机具：

a)　未成年人及老年人；

b)　病残体弱的人；

c)　酒后或服用兴奋剂、麻醉剂者。

3.1.5　操作者在灭火现场作业时，应穿灭火防护服、防护靴、戴防火安全帽(防护眼镜)和防护手套。

3.2　准备

3.2.1　操作者在扑火作业前对所使用的风力灭火机(风力喷水灭火机)要定期检查，发现故障要及时排除。

3.2.1.1　电器系统应确保正常，无漏电和短路现象。

3.2.1.2　供油系统应确保油路畅通，无漏油现象。

3.2.1.3　风力灭火机应按 GB/T 10280 的规定做起动试验，在 30 s 内应顺利起动成功。

3.2.1.4　风力灭火机应按 GB/T 10280 的规定，自水平向上、下、左、右倾斜 90°(背负灭火机应前、后、左、右倾斜 45°)均能正常工作。

3.2.1.5　如用风力喷水灭火机，还应保证储水器和水管连接件无松脱及渗漏，连接可靠，储水器背带牢靠，喷水量符合标准。

3.2.2　随机备用的燃油应按使用说明书规定的混合比混合均匀后装入专用容器内，并放置在阴凉安全处。

3.2.3　应在避开火源的安全地点加油，附近不得有明火，严禁吸烟。

3.2.4　应使用专用的加油容器及漏斗加油。

3.2.5 加油完毕应立即将风力灭火机表面残油擦拭干净。

3.2.6 旋紧油箱盖，任意翻转风力灭火机应无渗漏现象。

3.2.7 若加油时燃油洒在地上，需将风力灭火机移到安全处方可起动。

3.3 灭火作业

3.3.1 操作者根据火场实际情况，在保证自身安全的条件下，可自行选用风力灭火或风力喷水灭火。

3.3.2 在灭火作业时，要以小组为单位。

3.3.3 异物进入风机壳内要及时清除；对于风力喷水灭火机，要保证储水器和输水管畅通。

3.3.4 在灭火过程中需添加燃油时，除遵守 3.2.3～3.2.6 规定外，还应停机，尽量在上风或侧风处加油。

3.3.5 奔赴火场或转场时，风力灭火机应排空油箱内的燃油。

3.3.6 风力灭火机用于其他用途的作业时，按有关安全规程执行。

3.4 保养与存放

3.4.1 停机后，按使用说明书进行保养，置于阴凉干燥环境中，严禁碰撞、挤压。

3.4.2 防火期应定期对风力灭火机进行检查、保养及试运转。

3.4.3 风力灭火机长期贮存时，应做到：

a) 放尽燃油箱和化油器中的燃油；

b) 按使用说明书要求进行保养，使其达到完好状态；至少每季度检查、起动一次；

c) 装箱或架空入库保管，注意防潮。

ICS 65.060.80
C 84

中华人民共和国国家标准

GB/T 10283—2008
代替 GB/T 10283—1999

林业机械 便携式风力灭火机 手把振动的测定

Forestry machinery—Portable pneumatic fire extinguisher—Measurement of vibration at the handles

2008-12-06 发布

2009-06-01 实施

中华人民共和国国家质量监督检验检疫总局
中国国家标准化管理委员会 发布

前　　言

本标准代替 GB/T 10283—1999《便携式风力灭火机　手传振动的测定》。

本标准与 GB/T 10283—1999 相比主要变化如下：

——修改了标准的中文名称和英文名称；

——修改了规范性引用文件(1999 年版的第 2 章，本版的第 2 章)；

——增加了被测定参数(本版的第 3 章)；

——修改了测定规范(1999 年版的第 4 章，本版的第 5 章)；

——增加了测定程序(本版的第 6 章)；

——增加了测定结果的有效性(本版的第 7 章)；

——修改了数据的取得和处理(1999 年版的第 5 章，本版的第 8 章)。

本标准由全国林业机械标准化技术委员会提出并归口。

本标准起草单位：国家便携式林业机械质检中心。

本标准主要起草人：王振东、赵大伟、李凯捷、才丽华、魏娜。

本标准所代替的历次版本发布情况为：

——GB/T 10283—1988、GB/T 10283—1999。

林业机械　便携式风力灭火机
手把振动的测定

1　范围

本标准规定了以内燃机为动力的便携式风力灭火机(以下简称灭火机)手把振动的测定方法。

本标准适用于便携式风力灭火机手把振动的测定。

本标准也适用于便携式风力喷水灭火机的手把振动的测定。

本标准可用于产品的型式试验,其试验结果可用于同一型式不同型号机器的特性比对。

本标准规定的测定方法所测得的结果虽然是在模拟实际操作机器情况下获得的数据,但这些数据与真实结果非常接近,代表了机器实际工作状况时的特性。

2　规范性引用文件

下列文件中的条款通过本标准的引用而成为本标准的条款。凡是注日期的引用文件,其随后所有的修改单(不包括勘误的内容)或修订版均不适用于本标准,然而,鼓励根据本标准达成协议的各方研究是否可使用这些文件的最新版本。凡是不注日期的引用文件,其最新版本适用于本标准。

GB/T 13823(所有部分)　振动与冲击传感器的校准方法

GB/T 14412　机械振动与冲击　加速度计的机械安装

ISO 5349-2:2001　机械振动　人体手传振动的测量和评价　第2部分:在工作现场测量实用指南

ISO 8041　人对振动的反应　检测仪器

ISO 16063　振动和冲击传感器的校准方法

注:ISO 16063与GB/T 13823内容并不相互覆盖,均规范了不同的振动和冲击传感器的校准方法。

3　被测定的参数

3.1　手持式灭火机

两个手把上三个互相垂直方向上的计权加速度 a_{hwx}、a_{hwy}、a_{hwz}。

两个手把上各自的加速度总和值 a_{hv}(a_{hv}是计权加速度 a_{hwx}、a_{hwy}、a_{hwz}平方和的方根值,下同)。

3.2　背负式灭火机

单个手把上三个互相垂直方向上的计权加速度 a_{hwx}、a_{hwy}、a_{hwz}。

单个手把的加速度总和值 a_{hv}。

4　测量仪器

4.1　要求

振动测试系统应符合ISO 8041的规定。

4.2　加速度计

测定一个位置的加速度计的总质量(包括支座,不包括电缆)应不大于25 g,详见ISO 5349-2:2001中6.1.5。

注:加速度计是将振动转换为电信号的传感器。可采用三维坐标的加速度计,在 x、y、z 坐标方向同时进行测量。

4.3　加速度计的安装

加速度计和机械式滤波器(如果使用)应采用紧固装置,可靠地固定在手把上。具体要求见GB/T 14412和ISO 5349-2:2001。

对于装有弹性减振层(例如橡胶垫)的手把,应使用合适的加速度计支座并将其安装在弹性减振层表面。安装加速度计的支座表面应是刚性且平整的。在测试频率范围内,支座的质量、尺寸和形状对加速度计产生的信号不应有显著影响,详见 ISO 5349-2:2001 中 6.1.4.2。

4.4 校准

在测试前后均应对测试系统进行检查及校核,保证测试过程中的精度符合 ISO 8041 的规定。加速度计应按 GB/T 13823 和 ISO 16063 的规定进行标定。

4.5 转速计

转速计的精度应在读数的±1.5%以内。试验期间测量转速时,不应影响操作。

5 测定规范

5.1 灭火机

供测定用的灭火机应是制造厂正常生产的,装有风筒及背带的新机器,油箱至少装有半箱燃油。

按说明书要求试运转机器,调整化油器,预热发动机,使其满足试验要求。

5.2 测量位置和方向

对于手持式灭火机:操作者正常操作机器,在机器两个手把握持部位测量 x、y、z 三个轴向振动的计权加速度。

对于背负式灭火机:操作者正常操作机器,在位于机器灭火风筒上的手把握持部位测量 x、y、z 三个轴向振动的计权加速度。加速度计安装在操作者握持手把的拇指内侧的对面。

加速度计重心距手把表面的距离不应超过 20 mm。

加速度计的安装位置和测量方向见图 1。

单位为毫米

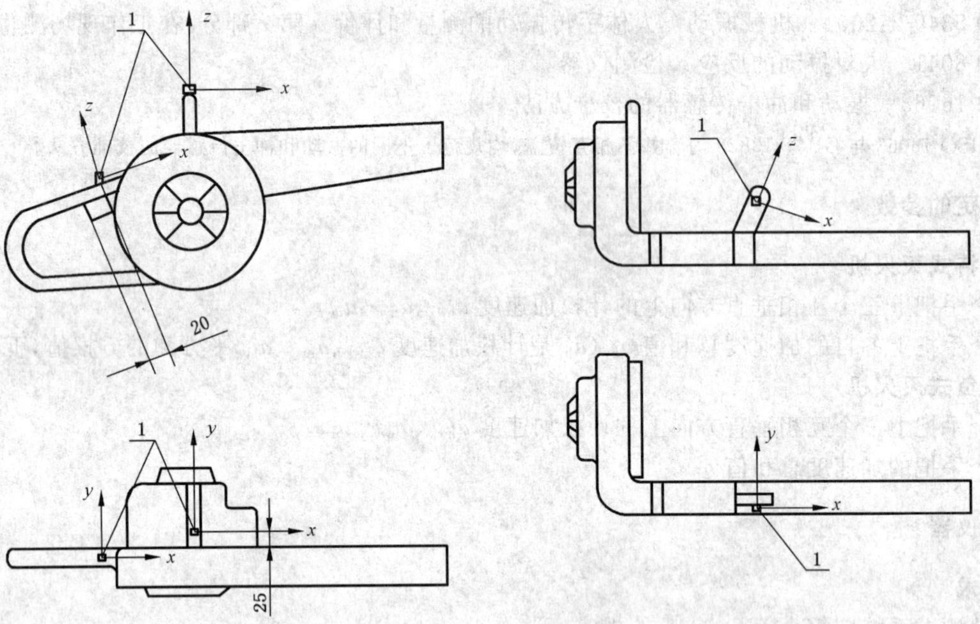

手持式灭火机　　背负式灭火机

1——加速度计。

图 1 加速度计安装位置和测量方向

加速度计的安装位置尽可能地接近操作者的手而又不妨碍正常握持机器。

如果图 1 中的尺寸 25 mm 不能保证,加速度计应置于手把握持部位的右侧。

如果图 1 中的尺寸 20 mm 不能保证,加速度计应置于手把握持部位的前端。

5.3 测定工况

测定工况为灭火机满负荷工况。在测定时,油门扳机开到最大,灭火机应在标定转速下运转,转速波动应保持标定测试转速±210 r/min 以内。

5.4 灭火机的操作

由于操作者可能会影响对机器的振动测定，应让经过培训能正确使用机器的人员来操作。

对于手持式灭火机：用背带将灭火机侧挂在操作者身上，并用双手握住前、后手把，如图 2。

对于背负式灭火机：用背带将灭火机背负在操作后背上，并用右手握住位于风筒上的手把，如图 2。

图 2 灭火机的操作

6 测定程序

以满负荷运转工况测定机器的手把振动。

在规定的操作条件下，为获得有效的数据，试验至少进行四次。两次测试之间应有间隔，以获得稳定的怠速转速。

采集四个振动周期的数据总时间不小于 20 s。每一有效信号持续时间不小于 2 s，同时发动机转速应稳定在测定工况转速±210 r/min 以内。

测量过程连续进行，直到测定结果的有效性满足本标准第 7 章的要求为止。

7 测定结果的有效性

对每个手把上的一组测定数据，当其计权值的变异系数 C_v 不大于 0.4 或者标准差 S_{n-1} 不大于 0.4 m/s^2 时方为有效。

若测定数据的变异系数 C_v 和标准差 S_{n-1} 均大于 0.4，则应重新测定，直到满足要求为止。

本标准中变异系数 C_v 定义为一组测定值标准差与均值之比，见式(1)：

$$C_v = \frac{S_{n-1}}{\overline{X}} \quad \cdots\cdots(1)$$

式中：

C_v——变异系数；

S_{n-1}——为$\sqrt{\frac{1}{n-1}\sum_{i=1}^{n}(X_i-\overline{X})^2}$；

$\overline{X}$——为$\frac{1}{n}\sum_{i=1}^{n}X_i$（$X_i$ 为第 i 次测定的值）；

n——测定值的序号。

8 数据的取得和处理

振动数据的测试和处理程序见图 3。

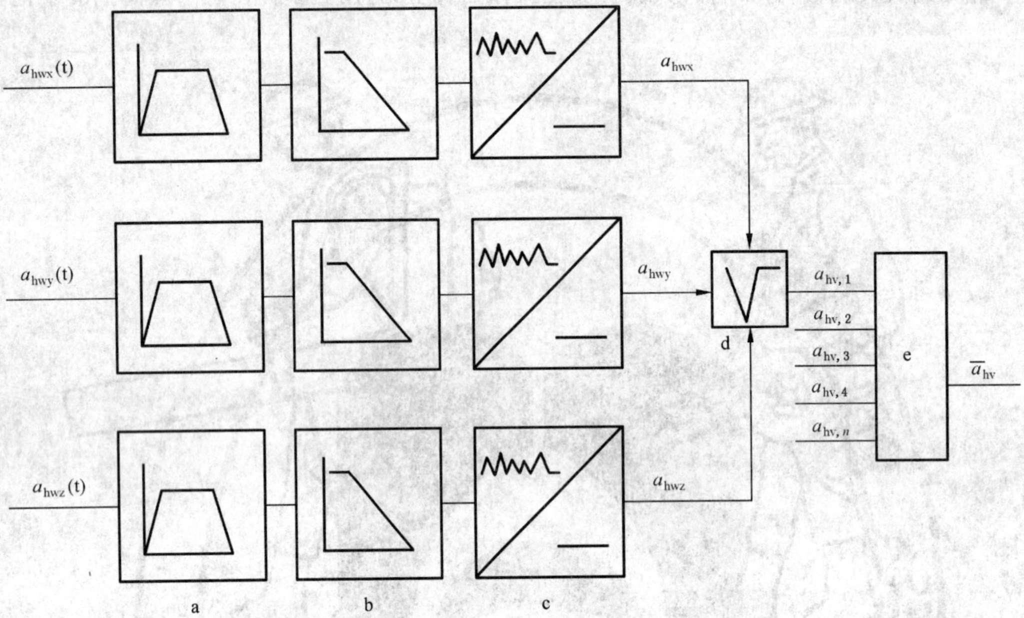

a——带通记录；
b——计权滤波；
c——均方根值；
d——三个方向加速度的合成值；
e——数据的平均值。

图 3 振动数据的测试和处理程序

a) 测量手把上三轴向计权加速度 a_{hwx}、a_{hwy}、a_{hwz}；
b) 计算确定三轴向加速度平方和的方根值 a_{hv}；
c) 重复 a)和 b)至少三次；
d) 计算算术平均值 $\overline{a}_{hv}$；
e) 重复 a)、b)及 d)，至变异系数 C_v 或标准差 S_{n-1} 满足要求为止(见本标准第 7 章)；
f) 给出测定结果，以表 1 的算术平均值的最大值作为灭火机手把振动的评定值。

表 1 手把振动测定算术平均值

操作工况	计算数据和有效性数据	发动机标定转速/(r/min)	前手把/后手把 试验序号				
			1	2	3	4	n
满负荷	a_{hv}/(m/s²)						
	$\overline{a}_{hv}$/(m/s²)		—	—	—		
	S_{n-1}/(m/s²)		—	—	—		
	C_v		—	—	—		
注：在 C_v 或 S_{n-1} 不大于 0.4 时记录被测定的 a_{hv}，并计算 $\overline{a}_{hv}$。计算 $\overline{a}_{hv}$ 时，至少是四次测定的 a_{hv} 值的平均。							

9 测定报告

9.1 试验用灭火机

a） 关于灭火机的描述，包括生产厂家、型号和序列号；

b） 测试时样机转速。

9.2 测量仪器

a） 测量用的仪器，包括名称、生产厂家、型号和系列号；

b） 加速度计固定方式；

c） 仪器系统校准方法；

d） 加速度计校准仪器最近的检定日期和地点。

9.3 振动和其他数据

a） 加速度计安装位置（如需要可提供附图）；

b） 符合表1规定的测定值和算术平均值；

c） 空气温湿度；

d） 测定日期和地点；

e） 测试单位；

f） 测试人员。

ICS 65.060.80
C 84

中华人民共和国国家标准

GB/T 10284—2008
代替 GB/T 10284—1999

林业机械　便携式风力灭火机噪声的测定

Forestry machinery—Portable pneumatic fire extinguisher—Measurement of noise

2008-12-06 发布　　2009-06-01 实施

中华人民共和国国家质量监督检验检疫总局
中国国家标准化管理委员会　发布

前言

本标准代替 GB/T 10284—1999《便携式风力灭火机 耳旁噪声的测定》。

本标准与 GB/T 10284—1999 相比主要变化如下：

——修改了标准的中文名称和英文名称；

——修改了规范性引用文件(1999 年版的第 2 章,本版的第 2 章)；

——增加了被测定参数(本版的第 3 章)；

——删除了测量单位(1999 年版的第 3 章)；

——修改了测量仪器及精度(1999 年版的第 4 章,本版的第 4 章)；

——修改了声学环境(1999 年版的第 5 章,本版的第 5 章)；

——修改了测定规范(1999 年版的第 6 章,本版的第 6 章)；

——增加了声功率级的测定(本版的第 7 章)；

——增加了耳旁噪声的测定(本版的第 8 章)；

——增加了测试程序(本版的第 9 章)；

——增加了数据记录和试验报告(本版的第 10 章)；

——删除了数据的读取和处理(1999 年版的第 7 章)；

——删除了测定报告(1999 年版的第 8 章)。

本标准由全国林业机械标准化技术委员会提出并归口。

本标准起草单位:国家便携式林业机械质检中心。

本标准主要起草人:王振东、赵大伟、李凯捷、才丽华、魏娜。

本标准所代替标准的历次版本发布情况为：

——GB/T 10284—1988、GB/T 10284—1999。

林业机械　便携式风力灭火机 噪声的测定

1　范围

本标准规定了以内燃机为动力的便携式风力灭火机(以下简称灭火机)声功率级和耳旁噪声的测定方法。

本标准适用于便携式风力灭火机产品的型式试验,其试验结果可用于同一型式不同型号机器的特性比对。

本标准也适用于便携式风力喷水灭火机的噪声测定。

本标准规定的测定方法所测得的结果虽然是在模拟实际操作机器情况下获得的数据,但这些数据与真实结果非常接近,代表了机器实际工作状况时的特性。

2　规范性引用文件

下列文件中的条款通过本标准的引用而成为本标准的条款。凡是注日期的引用文件,其随后所有的修改单(不包括勘误的内容)或修订版均不适用于本标准,然而,鼓励根据本标准达成协议的各方研究是否可使用这些文件的最新版本。凡是不注日期的引用文件,其最新版本适用于本标准。

GB/T 3767—1996　声学　声压法测定噪声源声功率级　反射面上方近似自由场的工程法

GB/T 3785　声级计的电、声性能及测试方法

GB/T 17181　积分平均声级计

GB/T 17248.2　声学　机器和设备发射的噪声　工作位置和其他指定位置发射声压级的测量　一个反射面上方近似自由场的工程法

3　测定的参数

A 计权和各频带(若需要)时间平均声压级,测定要求应符合 GB/T 3767－1996 和 GB/T 17248.2 的规定。

A 计权和各频带(若需要)声功率级及耳旁噪声。

4　测量仪器及精度

4.1　声级计

使用性能应符合 GB/T 3785 中规定的Ⅰ型声级计,声级计和传声器间用延伸电缆连接。

4.2　传声器

传声器直径应不大于 13 mm。为避免风噪声干扰,允许安装防风罩,但对测量结果的影响不得超过±0.5 dB(A)。

4.3　转速计

转速计的测量误差应在读数的±1％内。

4.4　仪器校准

每次测量前,应使用准确度不低于±0.5 dB(A)的声学校准器对整个测量系统(包括电缆)进行校准。校准前应使测量仪器的温度达到环境温度。

5 声学环境

5.1 测试场地

测试场地应为半径 20 m 以上的平坦开阔地，场地内不得有任何障碍物，场地中心区地面应具有良好的吸声性能。可选择草地、林地或其他类似环境，地面覆盖物的高度为 50 mm±20 mm。地面可以覆盖雪，但不得有冰层。

5.2 背景噪声

在测定位置上，背景噪声 A 计权声级至少应比所测量的噪声值低 10 dB(A)。

5.3 环境条件

环境条件应在测量仪器制造厂规定的限度内。

环境温度应在－10 ℃～＋30 ℃之间，风速应低于 5 m/s。

风速超过 1 m/s 时，应使用防风罩。

6 测定规范

6.1 灭火机

被测的灭火机应是制造厂正常生产的产品。

按说明书要求试运转机器，调整化油器，预热发动机，使其满足试验要求。

6.2 测定工况

测定工况为灭火机满负荷工况。在测定时，油门扳机开到最大，灭火机应在标定转速下运转，转速波动应保持标定测试转速±210 r/min 以内。

6.3 灭火机的固定和方位

6.3.1 灭火机在测试支架上的固定

用一测试支架固定灭火机，如图 1 所示，支架应保持灭火机方位不变，并且不产生声反射。推荐采用有一定缓冲能力的支架，以免引起共振和回响现象。

单位为毫米

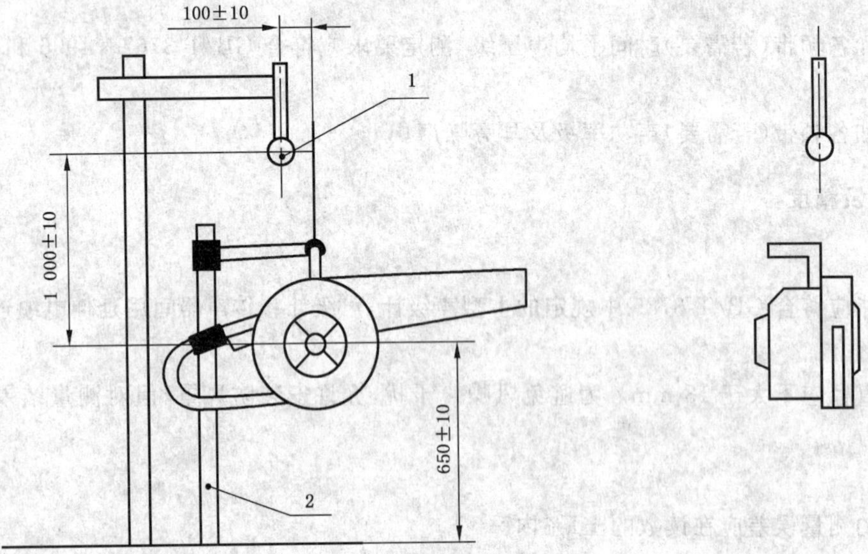

手持式灭火机

图 1 灭火机测试装置

单位为毫米

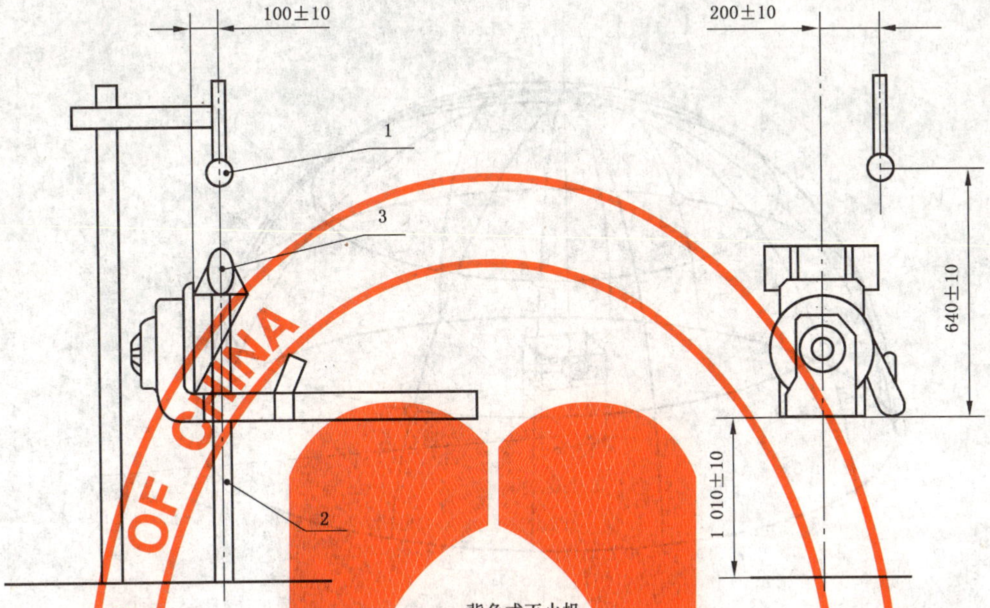

背负式灭火机

1——传声器；
2——测试支架；
3——背带支架。

图 1（续）

如图 1 所示，灭火机固定后，风筒中心线处于水平状态。

6.3.2 A 计权声功率级测定时机器的坐标

对于手持式灭火机，测定时，风筒头部指向 X 轴正方向，灭火机前手把位于半球面中心的正上方。

对于背负式灭火机，测定时，风筒头部指向 X 轴正方向，灭火机背负支架位于半球面中心的正上方。

6.3.3 耳旁噪声测定时传声器的位置

对于手持式灭火机，测定时，传声器位于前手把后部 10 mm 的上方，距机器旋转中心 1 000 mm±10 mm，并处于发动机与风机连接平面内（见图 1）。

对于背负式灭火机，测定时，传声器位于灭火机背负支架中线前侧 100 mm±10 mm、右侧 200 mm±10 mm 和距背负支架底部 640 mm±10 mm 的右上方（见图 1）。

7 声功率级的测定

按 GB/T 3767—1996 和下面所列修改或增加的要求测定声功率级。

a) 传声器布置为如图 2 和表 1 所规定的 6 个传声器位置；

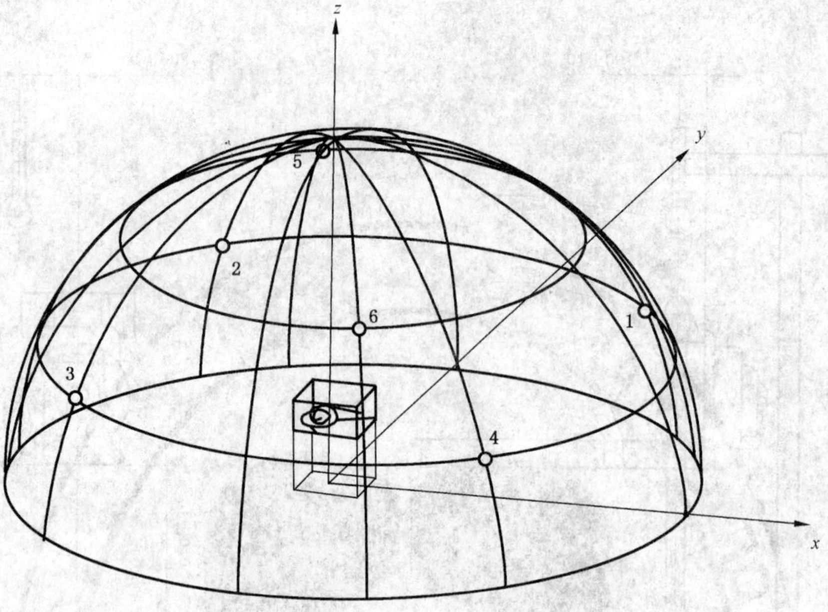

图 2 传声器在半球面上的位置

表 1 传声器位置坐标

编号	x	y	z
1	$0.65r$	$0.65r$	$0.38r$
2	$-0.65r$	$0.65r$	$0.38r$
3	$-0.65r$	$-0.65r$	$0.38r$
4	$0.65r$	$-0.65r$	$0.38r$
5	$-0.28r$	$0.65r$	$0.71r$
6	$0.28r$	$-0.65r$	$0.71r$

b) 测量表面为半径 r 等于 4 m 的半球面。若能保证与用此半球面的测试结果误差在 0.5 dB(A)之内，可减小测量表面半径 r。若减小测量表面半径，则其最小不能小于包络被测机器的参考长方体对角线的 2 倍；

注：在消声室内，如达不到 4 m 的半径空间，可减小测量表面半径。

c) 具体类型灭火机的固定和方位应符合第 6 章的规定；

d) 按 GB/T 3785 的规定使用声级计“慢”档时间特性进行测量，或者按 GB/T 17181 的规定使用积分平均声级计测量更佳；

e) 若各组测试数据相差不超过 2 dB(A)时，GB/T 3767—1996 规定的修正因子 K_{2A} 可认为等于零。

8 耳旁噪声的测定

a) 具体类型灭火机的固定和方位应符合第 6 章的规定；

b) 按 GB/T 3785 的规定使用声级计“A 计权网络”慢档时间特性进行测量；

c) 传声器与灭火机的相对位置和方向应符合第 6 章的规定。

9 测试程序

以满负荷运转工况测定机器的噪声。

a) 试验至少间隔进行四次(间隔期灭火机低速运转),在测试前应使转速稳定,并达到规定的要求。采集四个周期的噪声数据总时间不小于 20 s,每一有效信号持续时间不小于 2 s,同时灭火机转速应稳定在标定工况转速±210 r/min 以内;

b) 测试数据变化范围不应超过 2 dB(A)。否则,重新测试,直到测试数据变化范围均不超过 2 dB(A)为止。

各传声器最终测定值为满足上面要求的四次或四次以上连续有效数据的算术平均值。

10 数据记录和试验报告

10.1 试验用灭火机

a) 关于灭火机的描述,包括生产厂家、型号和序列号;

b) 测试时样机转速。

10.2 声学环境

a) 若室外测定,画出标示灭火机相对于周围物体的位置,并给出测定环境的物理参数(包括地表面的特性);

b) 若室内测定,画出并标示灭火机及室内物体位置,并描述墙、天棚和门的吸音特性;

c) K_{2A}数值。

10.3 测量仪器

a) 测量用的仪器,包括名称、生产厂家、型号和序列号;

b) 仪器系统校准方法;

c) 声学校准仪器最近的检定日期和地点。

10.4 声学和其他数据

a) 背景噪声;

b) 符合表 2、表 3 和表 4 要求的测定值和均值;

表 2 A 计权发射声压级测定——测量值、平均值和测定值记录表

测定工况	灭火机转速/(r/min)	耳旁噪声测量值 L'_{pA}/dB(A)					算术平均值 $\overline{L'_{pA}}$/dB(A)	修正因子 K_{1A}/dB(A)	测定值 L_{pA}/dB(A)
		1	2	3	4	n			
满负荷									

声压级按下式计算:

$$L_{pA} = \overline{L'_{pA}} - K_{1A}$$

式中:

K_{1A}——GB/T 17248.2 中规定的修正因子。

表 3 A 计权声功率级测定——A 计权声压级的测量记录表

序号	测定工况	发动机转速/(r/min)	L'_{pA1}/dB(A)	L'_{pA2}/dB(A)	L'_{pA3}/dB(A)	L'_{pA4}/dB(A)	L'_{pA5}/dB(A)	L'_{pA6}/dB(A)	$\overline{L'_{pA}}$/dB(A)
1	满负荷								
2	满负荷								

表 3（续）

序号	测定工况	发动机转速/(r/min)	L'_{pA1}/dB(A)	L'_{pA2}/dB(A)	L'_{pA3}/dB(A)	L'_{pA4}/dB(A)	L'_{pA5}/dB(A)	L'_{pA6}/dB(A)	$\overline{L'_{pA}}$/dB(A)
3	满负荷								
4	满负荷								
n	满负荷								
平均声压级 $\overline{L'_{pA}}=$ dB(A)									
$L'_{pA1}\sim L'_{pA6}$ 为在各传声器位置处测得的时间平均特性声压级。 $\overline{L'_{pA}}$ 为按 GB/T 3767—1996 中式(6)计算的平均声压级。 L'_{pA} 仅当需要时，方在报告中给出。 测试过程中，可以对数据自动进行平均处理。									

表 4 A 计权声功率级测定——声功率数据

平均声压级 $\overline{L'_{pA}}$/dB(A)	修正因子 K_{1A}/dB(A)	表面声压 $\overline{L_{pAf}}$/dB(A)	表面级 L_s/dB(A)	声功率级 L_{WA}/dB(A)
$\overline{L'_{pA}}=$				
环境修正因子，$K_{2A}=$ dB(A)				
表面声压级按下式计算： $\overline{L_{pAf}}=\overline{L'_{pA}}-K_{1A}-K_{2A}$ 式中： K_{1A}——GB/T 3767—1996 中 8.3 规定的背景噪声修正因子； K_{2A}——环境修正因子[在此等于零（见本标准第 7 章中的“e)”)]。 具体操作工况声功率级按下式计算： $L_{WA}=\overline{L_{pAf}}+L_s$ 式中： L_s——为 $10\lg\frac{s}{s_0}$($s_0=1\ m^2$；s 是半球面的表面积，单位为 m^2），单位为分贝[dB(A)]。				

c) 备注；

d) 空气温度和风速；

e) 测定日期和地点；

f) 测试单位；

g) 测试人员。

ICS 91.120.10
Q 25

中华人民共和国国家标准

GB/T 10294—2008/ISO 8302:1991
代替 GB/T 10294—1988

绝热材料稳态热阻及有关特性的测定 防护热板法

Thermal insulation—Determination of steady-state thermal resistance and related properties—Guarded hot plate apparatus

(ISO 8302:1991,IDT)

2008-06-30 发布　　2009-04-01 实施

中华人民共和国国家质量监督检验检疫总局
中国国家标准化管理委员会　发布

前　言

本标准等同采用ISO 8302:1991《绝热——稳态热阻及有关特性的测定——防护热板法》(英文版)。

本标准代替GB/T 10294—1988《绝热材料稳态热阻及有关特性的测定　防护热板法》。

本标准与GB/T 10294—1988相比主要变化如下：

——增加了引言；

——增加了热均质材料、热各向同性体、试件的平均导热系数、试件的热传递系数、材料的表观导热系数、稳态传热性质、室内温度、操作者、数据使用者、装置设计者等定义；

——增加了更为详细的符号和单位汇总表(见1.4)；

——增加了影响传热性质的因素(见1.5.1)；

——在原理中归纳了装置、构造和测试参数(见1.6)；

——归纳了由于装置产生的限制(见1.7)；

——归纳了由于试件产生的限制(见1.8)；

——增加了热电偶用于测量21 K～170 K的温度时，标准误差的限制(见2.1.4.1.4)；

——增加了热电偶的连接形式及其产生的测量误差(见2.1.4.1.2)；

——增加了厚度测量的详细方法(见2.1.4.2)；

——增加了对热电偶的连接方式的说明(见2.1.4.1.2)；

——增加了在设计流体冷却的金属板时应注意的问题(见2.1.2)；

——说明平整度测定的最小值为25 μm(见2.4.1)；

——增加了测定与温差的关系(见3.4.3)；

——测定报告有所细化，如"对于在试件和装置面板间插入薄片材料或者使用了水汽密封袋的试验，在测定报告中应标明的参数(见3.6.14)"；

——增列了本标准阐述的装置性能和试验条件的极限数值(见附录A)；

——根据经验给出了对E型和T型热电偶建议的(专用级)误差极限(见表B.1)；

——增加了保护型热电偶的推荐使用温度上限(见表B.2)；

——实验室环境的条件发生变化，7.2.2第二段中"293±1 K"改为"296 K±1 K"；

——增加了附录NA。

本标准的附录A为规范性附录，附录B、附录C、附录D和附录NA为资料性附录。

请注意本标准的某些内容有可能涉及专利，本标准的发布机构不应承担识别这些专利的责任。

本标准由中国建筑材料工业联合会提出。

本标准由全国绝热材料标准化技术委员会(SAC/TC 191)归口。

本标准负责起草单位：南京玻璃纤维研究设计院。

本标准主要起草人：张游、曹声韶、王佳庆、王玉梅、葛敦世、曾乃全、成钢。

本标准所代替标准的历次版本发布情况为：

——GB/T 10294—1988。

引　言

0.1　标准结构

本标准分为三个章节，叙述了使用和设计防护热板装置所需要的所有信息：

1　概述；

2　装置和误差分析；

3　试验过程。

操作者若以试验为目的，可能仅注意第3章，但为了得到准确的结果，操作者还需要熟悉另外两章，他必须对概述有较深刻的认识。第2章直接针对装置的设计者，但为了制造出好的装置，他也要关注其他两章。这样，本标准方法将会较好地达到目的。

0.2　传热与测量的性质

大部分传热性质的试验是针对低密度的多孔材料进行的。在这种情况下，材料内部的真实传热情况可能包含辐射、固相和气相热传导和(在某些情况的)对流传热三种方式的复杂组合，以及它们的交互作用和传质(尤其是含湿材料)。对于这些材料，通过测量热流量、温度差及尺寸，利用公式计算得到的试件的传热性质(常误称为导热系数)，可能并不是材料自身的固有性质。根据ISO 9288，该性能应被称作“传递系数”，因为它可能取决于测试条件(传递系数在其他地方常被称为表观导热系数或有效导热系数)。在相同的测试平均温度下，传递系数可能在很大程度上取决于试件的厚度或温差。

辐射传热是传递系数受试件厚度影响的首要因素。因此，不仅材料本身性质会影响试验结果，而且与试件接触的表面的热辐射特性亦会影响试验结果。辐射传热还导致传递系数与温度差有关。当温差超过限定的范围时，各种材料及各种测试平均温度的这种影响可用实验检测。因此，当同时提供接触表面的辐射特性时，热阻就能较好地描述试件的热性能。当试件中存在有对流的可能性时(如低温下轻质的矿物棉材料)，装置的方向、试件的厚度、温差等都可影响传递系数和热阻。对于这种情况，虽然在第3章试验过程中未包括这些试验条件的细节，也至少要详尽描述试件的几何形状和边界条件。另外，评估测量结果时，尤其在实际应用测量结果时应有足够的相关知识。

在测量过程中试件含湿量对传热的影响也是一个复杂的因素。因此，干燥试件仅需根据标准程序进行试验。对于含湿材料的试验，需有其他注意事项，本标准不包括这些内容。

当按本标准方法确定的传热性质用于预测实际使用情况下的特定材料的热品质时，尽管其他因素如施工工艺会产生影响，但对所提及的物理原理的知识也是极为重要的。

0.3　所需背景

为了得到正确的结果，防护热板装置的设计和正确的操作，以及试验结果的解释是一项复杂的工作，需要格外引起注意。建议防护热板装置的设计者、操作者、试验结果的使用者应对被评估的材料、产品和系统内的传热机理应有完整的知识，并有相关的电气和温度测量经验，特别是对弱电信号测量有一定的了解。也应具备良好的实验室实践技能。

设计者，操作者和数据的使用者对上述各领域知识要求的深度可能不同。

0.4　设计、尺寸和国家标准

世界各地存在着很多不同的符合各自国家标准的防护热板装置设计，并且不断研究、发展以提高设备和测量技术。因此,要求一种特定设计或尺寸的装置是不实际的,尤其是总体要求可能相差很大时。

0.5 指南

由于发现不同形式的装置得到可比较的结果,本标准给新装置的设计者提供的温度和几何尺寸的范围都足够大。建议新装置的设计者仔细阅读附录 D 中参考文献。在新装置完工后,建议采用现有的、热阻不同的一种或多种参考材料进行试验。

为了获得准确结果,本标准仅对设计和操作防护热板装置提出必需的强制性要求。

附录 A 列出了本标准阐述的装置性能和试验条件的极限数值。

本标准还包含推荐的操作程序和实践知识,以及建议的试件尺寸,这些会提高一般测量水平,有助于改善实验室间对比和合作测量程序。

绝热材料稳态热阻及有关特性的测定
防护热板法

1 概述

1.1 范围

本标准规定了使用防护热板装置测定板状试件稳态传热性质的方法以及传热性质的计算。

本方法是测量传热性质的绝对法或仲裁法，只需要测量尺寸、温度和电功率。

符合本标准试验方法的报告，试件的热阻不应小于 0.1 $m^2 \cdot K/W$，且厚度不超过 1.7.4 的要求。

试件的热阻下限可以低到 0.02 $m^2 \cdot K/W$，但不一定在全部范围内达到 1.5.3 所述的准确度。

如果试件仅满足 1.8.1 的要求，试验结果表示试件的热导率和热阻或传递系数。

如果试件满足 1.8.2 的要求，试验结果可表示被测试件的平均可测导热系数。

如果试件满足 1.8.3 的要求，试验结果可表示被测材料的导热系数或表观导热系数。

1.2 规范性引用文件

下列文件中的条款通过本标准的引用而成为本标准的条款。凡是注日期的引用文件，其随后所有的修改单（不包括勘误的内容）或修订版均不适用于本标准，然而，鼓励根据本标准达成协议的各方研究是否可使用这些文件的最新版本。凡是不注日期的引用文件，其最新版本适用于本标准。

ISO 7345:1987　绝热——物理量和定义

ISO 9229:1991　绝热——材料、产品和体系——词汇

ISO 9251:1987　绝热——传热条件和材料性能——词汇

ISO 9288:1989　绝热——辐射传热——物理量和定义

ISO 9346:1987　绝热——传质——物理量和定义

1.3 术语、定义、符号和单位

ISO 7345 或 ISO 9251 确立的以及下列术语和定义适用于本标准：

物理量	符　号	单　位
热流量	Φ	W
热流密度	q	W/m^2
热阻[1)]	R	$m^2 \cdot K/W$
热导率	Λ	$W/(m^2 \cdot K)$
导热系数[2)]	λ	$W/(m \cdot K)$
热阻系数	γ	$m \cdot K/W$
孔隙率	ξ	
局部孔隙率	ξ_p	

1）某些情况下，可能需要考虑温差被热流量除，没有特殊的符号来表示此物理量，有时也被称为阻值。

2）在大多数情况下，$\vec{q}$ 和 grad$T$ 的方向不同（$\vec{\lambda}$不是由单一常数 λ 确定，而是由常数矩阵确定）。此外，试件内部位置变化、温度变化以及时间变化都会引起导热系数的变化。

多孔体　porous medium

均质体　homogeneous medium

均质多孔体　homogeneous porous medium

非均质体　heterogeneous medium

各向同性体　isotropic medium

各向异性体　anisotropic medium

稳定体　stable medium

1.3.1

热均质体　thermally homogeneous medium

导热系数($\vec{\lambda}$) 不是物体内部位置的函数，但可以是方向、时间和温度的函数。

1.3.2

热的各向同性体　thermally isotropic medium

导热系数($\vec{\lambda}$)不是方向的函数，但可以是物体内部位置、时间和温度的函数，每一点的($\vec{\lambda}$) 由单一的 λ 值确定。

1.3.3

热稳定体　thermally stable medium

导热系数 λ 或($\vec{\lambda}$)不是时间的函数，但可以是物体内的坐标、温度和方向的函数。

1.3.4

试件的平均导热系数　mean thermal conductivity of a specimen

由热均质和各向同性(或具有垂直于表面的对称轴的各向异性)的、在测量的精度和测量时间内是热稳定的、且导热系数 λ 或($\vec{\lambda}$)为常数(或与温度成线性函数关系)的材料制成由两个平行的等温表面和与表面垂直的边缘形成的板状物体，在边缘绝热的边界条件下，在稳定状态下确定的传热性质。

1.3.5

试件的传递系数　transfer factor of a specimen

传递系数 $T=\frac{qd}{\Delta T}=\frac{d}{R}$，单位为 W/(m·K)。它取决于试验条件，表征试件与传导和辐射复合传热的关系。也常称为试件的测量、等效、表观或有效导热系数。

1.3.6

材料的表观导热系数　thermal transmissivity of a material

表观导热系数 $\lambda_t=\frac{\Delta d}{\Delta R}$，单位为 W/(m·K)。这里 $\Delta d/\Delta R$ 与厚度 d 无关。它与试验条件无关，表征绝热材料与传导和辐射复合传热的关系。表观导热系数可看作是在传导和辐射复合传热情况下，传递系数在厚试件中达到的极限值，也常称为材料的等效或有效导热系数。

1.3.7

稳态传热性质　steady-state heat transfer property

与下列性能之一有关的通用术语：热阻、传递系数、导热系数、热阻系数、表观导热系数、热导率和平均导热系数。

1.3.8

室温　room temperature

通用术语，指人在该环境的温度下感到舒适的测量平均试验温度。

1.3.9

环境温度　ambient temperature

通用术语，指试件边缘或整个装置周边的温度。对于封闭装置为箱内温度，不封闭的装置则为实验室温度。

1.3.10

操作者 operator

负责试验操作和出具试验结果报告的人。

1.3.11

数据使用者 data user

应用和解释测量结果以判定材料或系统性能的人。

1.3.12

设计者 designer

为满足装置在指定试验条件下要求的预定性能，研究装置的构造细节和为验证装置的预期准确度而确定试验程序的人。

1.4 符号和单位(见表1)

表1 符号和单位

符号	描述	单位
A	在选定的等温面上测得的计量面积	m^2
A_g	隔缝面积	m^2
A_m	计量区域面积	m^2
b	从隔缝中心线算起的防护宽度	m
c	不平衡系数	m
c_p	热板的比热容	J/(kg·K)
c_s	试件的比热容	J/(kg·K)
d	试件的平均厚度	m
$d_1, d_2, \cdots, d_5$	指定试件 s_1, s_2, s_3, s_4, s_5 的厚度	m
d_p	金属板的厚度	m
e	边缘数量	—
E_A	计量面积的误差	—
E_d	厚度误差	—
E_e	边缘热损失误差	—
E_E	电功率值的误差	—
E_g	不平衡误差	—
E_s	不对称误差	—
E_T	温度差的误差	—
E_Φ	热流量的误差	—
g	隔缝宽度	m
h_t	单位温度差下的热流密度	$W/(m^2 \cdot K)$
$2l$	隔缝中心到隔缝中心的计量部分边长	m
m_c	状态调节后的相对质量变化	—
m_d	干燥后状态调节产生的相对质量变化	—
m_r	干燥后相对质量变化	—

表 1（续）

符　　号	描　　　述	单　　位
m_w	试验后相对质量变化	—
M_1	来样时试件质量	kg
M_2	干燥后试件质量	kg
M_3	状态调节后试件质量	kg
M_4	试验后试件质量	kg
M_5	试验前试件质量	kg
P	周长	m
q	热流密度	W/m^2
q_e	边缘热流密度	W/m^2
γ	热阻系数	m·K/W
R	热阻	$m^2 \cdot K/W$
R_e	边缘绝热热阻	$m^2 \cdot K/W$
t	时间	s
T	传递系数	W/(m·K)
T_1	试件热面温度	K
T_2	试件冷面温度	K
T_a	环境温度(试件周边的温度)	K
T_e	试件的边缘温度	K
T_m	平均温度，通常为$(T_1+T_2)/2$	K
V	体积	m^3
y	加热单元厚度	m
Z_1	边缘结构的误差参数	—
Z_2	周围温度的误差参数	—
Z_3	不平衡的误差参数	—
Δd	厚度的增量	m
ΔR	热阻的增量	$m^2 \cdot K/W$
ΔT	温差，通常为(T_1-T_2)	K
ΔT_g	隔缝的温差	K
Δt	时间间隔	s
ΔT	传递系数的增量	W/(m·K)
ε	辐射率	—
λ	导热系数	W/(m·K)
λ_g	隔缝材料的导热系数	W/(m·K)
λ_t	表观导热系数	W/(m·K)
Λ	热导率	$W/(m^2 \cdot K)$

表 1(续)

符　号	描　述	单　位
ξ	孔隙率	—
ξ_p	局部孔隙率	—
Φ	热流量	W
Φ_e	边缘热损失的热流量	W
Φ_{e1}	边缘热流量	W
Φ_g	不平衡热流量	W
Φ_T	试验时流经试件的热流量	W
Φ_W	各种导线引起的热流量	W
ϕ_0	单位温度不平衡引起的隔缝热流量	W/K
ρ_d	干试件的密度	kg/m^3
ρ_p	装置的热板或冷板的密度	kg/m^3
ρ_s	经状态调节后的试件的密度	W/m^2
σ_n	斯蒂芬-波尔兹曼常数	5.67 $W/(m^2 \cdot K^4)$

1.5 意义

1.5.1 影响传热性质的因素

试件的传热性质可能：

——由于材料或其样品成分的改变而改变；

——受含湿量和其他因素的影响；

——随时间而改变；

——随平均温度而改变；

——取决于热经历。

因此必须认识到，在特定应用下选用代表材料传热性质的典型数值时，应考虑以上影响因素，不应未作任何变化而应用到所有使用情况。

例如，使用本试验方法得到的是经干燥处理试件的热性能，然而实际使用时可能是不现实的。

更基本的是材料的传热性质与许多因素如平均温度和温度差有关。这些关系应在典型的使用条件下测量或者试验。

1.5.2 取样

确定材料传热性质需有足够数量的试验信息。只有样品能代表材料，且试件能代表样本时，才能以单次试验结果确定材料的传热性质。选择样品的步骤一般应在材料规范中规定。试样的选择也可在材料规范中做部分规定。因为取样超出本标准方法的范围，当材料规范不包含取样时，应参考有关的文件。

1.5.3 准确度和重复性

评价本方法的准确度是复杂的，它与装置的设计、相关的测量仪器和被测试件的类型有关。然而按照本标准方法建立装置和操作，当试验平均温度接近室温时，测量传热性质的准确度能达到±2%。

装置设计时足够的注意，经过广泛的检查并与别的类似装置相互参照测量后，在装置的整个工作范围内，应能达到大约±5%的准确度。用单独的装置，在工作范围的极端值，通常较易得到这个准确度。试件保留在装置内，不改变试验条件，随后测量的重现性通常远优于1%。对同一参考试件，取出后经过较长一段时间重新安装，试验的重复性通常优于±1%。数值增大是由于试验条件的微小变化，例如热和冷板对试件的压力(影响接触热阻)、试件周围空气的相对湿度(影响试件的含湿量)等。

这些重现性水平是确定方法误差所要求的和质量控制所希望的。

1.6 原理

1.6.1 装置原理

防护热板装置的原理是:在稳态条件下,在具有平行表面的均匀板状试件内,建立类似于以两个平行的温度均匀的平面为界的无限大平板中存在的一维的均匀热流密度。

1.6.2 装置类型

根据原理可建造两种型式的防护热板装置:

a) 双试件式(和一个中间加热单元);

b) 单试件式。

1.6.2.1 双试件装置

双试件式装置中,由两个几乎相同的试件中夹一个加热单元,加热单元由一个圆或方形的中间加热器和两块金属面板组成。热流量由加热单元分别经两侧试件传给两侧冷却单元(圆或方形的、均温的平板组件)(图 1a))。

1.6.2.2 单试件装置

单试件装置中,加热单元的一侧用绝热材料和背防护单元代替试件和冷却单元(图 1b))。绝热材料的两表面应控制温差为零。只要满足本标准中其他所有适用的要求,用单试件装置可以实现准确的测量和按本标准方法出报告,但报告中应详细说明与通常双试件装置的热板的变化。

1.6.3 加热和冷却单元

加热单元由分离的计量部分和围绕计量部分的防护部分组成,它们之间有一隔缝,在计量部分形成一维均匀的稳态热流密度。冷却单元可以是连续的平板,但最好与加热单元类似。

1.6.4 边缘绝热和辅助防护单元

边缘绝热和(或)辅助防护单元的引入是必要的,尤其是当试验温度低于或高于室温时。

1.6.5 防护热板装置的定义

“防护热板”术语应用于整个已装配的装置,因此,又叫做“防护热板装置”。装有试件的装置的总体特征见图 1。

1.6.6 热流密度的测量

当在计量单元达到稳定传热状态后,测量热流量 Φ 以及此热流量流过的计量面的面积 A,即可确定热流密度 q。

1.6.7 温度差的测量

试件两侧的温度差 ΔT,由固定于金属板表面和(或)在试件表面适当位置的温度传感器测量。

1.6.8 热阻或传递系数的测量

当满足 1.8.1 的条件,热阻 R 可由 q、A 和 ΔT 计算得出,若已测定试件厚度 d,还可计算出传递系数 T。

1.6.9 导热系数的计算

当满足 1.8.2 的条件,已测定试件的厚度 d,可计算出试件的平均导热系数 λ。

1.6.10 装置的适用范围

本方法的应用范围,受装置在试件中维持一维稳态均匀热流密度的能力和以要求的准确度测量功率、温度和尺寸的能力所限制。

1.6.11 试件的范围

本方法的应用亦受试件的形状、厚度和结构的均匀一致(当使用双试件装置时)、试件表面平整和平行度的限制。

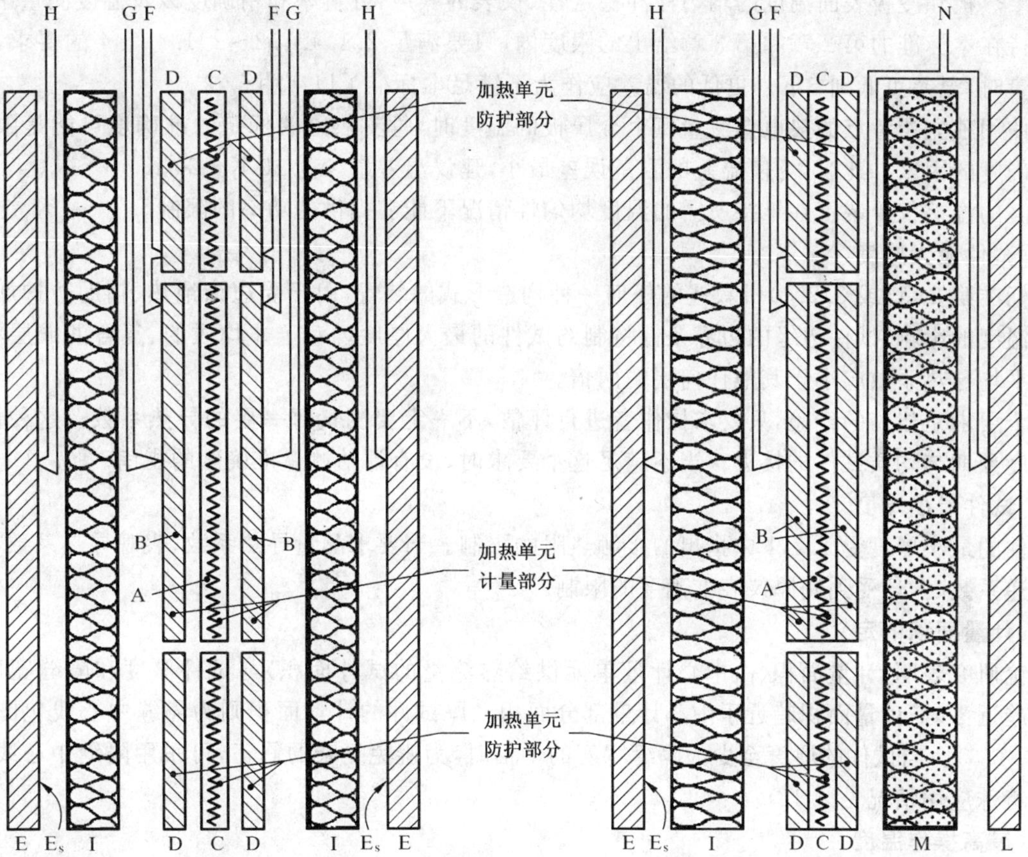

a) 双试件装置　　b) 单试件装置

A——计量加热器；
B——计量面板；
C——防护加热器；
D——防护面板；
E——冷却单元；
E_s——冷却单元面板；
F——温差热电偶；
G——加热单元表面热电偶；
H——冷却单元表面热电偶；
I——试件；
L——背防护加热器；
M——背防护绝热层；
N——背防护单元温差热电偶。

图1　双试件和单试件防护热板装置的一般特点

1.7　由于装置产生的限制

1.7.1　接触热阻的限制

当试验硬质(材料非常硬，以至于在热板和冷板的压力下也不可改变形状)高热导率的试件时，即使试件和装置表面有很小的不均匀性(表面不完全平整)就可导致试件与热板、冷板之间的接触热阻分布不均。

这将造成试件内部热流分布不均匀和热场变形，且难于精确测量表面温度。当试件热阻低于 $0.1\ m^2 \cdot K/W$ 时，表面温度的测量需要使用特殊的方法。金属板的表面应机械加工或切削平整、平行且不能有应力。

1.7.2　热阻的上限

可测热阻的上限受供给加热单元的功率的稳定性、测量功率仪表的精确度以及试件和加热单元的计量部分和防护部分之间由于温度不平衡误差引起的热量损失(或吸热)程度的限制(见后面的分析)。

1.7.3 温差的限制

如果热板和冷板表面温度的均匀性和稳定性、仪表的噪声、分辨率和精确度以及温度测量中的限制均能维持在本标准的第2章和第3章给出的限度内,只要满足2.1.4.1.2~2.1.4.1.4的要求,采用温差法测量时,温差可低到5 K。更低的温差应作为不满足本标准予以申明。

当使用独立参考点的热电偶测量每个金属板的温度时,每支热电偶标定的准确度可能是限制温差测量准确度的因素。此时,为使温差的测量误差最小,建议温差最少为10 K~20 K。

更高的温差仅受装置在维持所需的温度均匀性情况下能够提供的功率的限制。

1.7.4 试件最大厚度

本标准第2章(或3.2.1)所叙述的任何一种构造形式的装置,由于受边缘绝热、辅助防护加热单元和环境温度的影响,试件边缘的边界条件将制约试件的最大厚度。对于非均质的、复合的或层状试件,每层的平均导热系数应小于其他任何层的两倍。

这个要求是粗略的经验,只要求操作者进行评估,不一定要测量每一层的导热系数。这种情况下,其准确度预期与均质试件的接近。当不满足这个要求时,没有评估测量准确度的指南。

1.7.5 试件最小厚度

试件的最小厚度受1.7.1中指出的接触热阻的限制。当要求测量导热系数、表观导热系数、热阻系数或传递系数时,还受到测厚仪表准确度的限制。

1.7.6 计量面积的定义

理论研究表明,计量面积(由中心计量单元供给热流量的试件面积)与试件厚度和隔缝宽度有关。当厚度趋近零时,计量面积趋近于中心计量部分面积。厚试件的计量面积则为隔缝中心线包围的面积(见2.1.1.3)。当试件的厚度至少为隔缝宽度的十倍时,为避免复杂的修正,可采用隔缝中心线包围的面积。特殊应用情况见3.1c)。

1.7.7 最高操作温度

加热和冷却单元的最高运行温度受表面氧化、热应力及其他能降低板面平整度和均质性的因素的限制,还受电绝缘材料的电阻率变化限制。绝缘材料的电阻率的变化影响所有电气测量的精确度。

1.7.8 真空状态

在真空状态下使用防护热板装置时应格外注意。如在高真空条件下运行,应仔细选择装置使用的材料,避免材料过量释放气体。在安装加热器和温度传感器的引线时应非常细心,使附加的热流量和测温误差最小。否则,在真空条件下,尤其是较低温度时会产生严重误差。

1.7.9 装置尺寸

防护热板装置的总尺寸受试件尺寸控制。试件的尺寸(或直径)通常为0.2 m~1 m。小于0.3 m的试件可能不代表整个材料的性质。当试件大于0.5 m时,要维持试件和金属板的表面平整度、温度均匀性、平衡时间以及装置的总造价在可接受的限度内都将发生困难。

为便于实验室之间比较和总体上改进合作测量,推荐的标准尺寸系列如下:

a) 直径(或边长)为0.3 m;

b) 直径(或边长)为0.5 m;

c) 直径(或边长)为0.2 m(仅用于测定均质材料);

d) 直径(或边长)为1.0 m(用于测定厚度超过0.5 m装置允许厚度的试件)。

1.8 试件的限制

1.8.1 热阻、热导率或传递系数

1.8.1.1 试件均匀性

测量非均质试件热阻或热导率时,试件内部和计量区域表面的热流密度可能既非单向又不均匀。试件中会存在热场变形,导致严重误差。试样靠近计量区域的部位,尤其靠近计量区域边缘时影响最

大。在这种情况下很难给出本方法适用性的指南。主要问题是边缘热损失误差和不平衡误差等不能预测的误差，随着试件中不均匀性位置的变化以不能预料的方式变化，因而使3.4中提出的所有检查可能受到系统误差的影响，系统误差会掩盖不同试验的真实差别。

在某些试件中，在微小距离上可能会出现结构变化。这对于许多绝热材料是真实的。

另一些试件，在与热板和冷板接触的试样两个表面之间可能存在直接的热短路。当与试件两表面接触的导热较快的材料被热阻低的通道连接时，影响最大。

1.8.1.2 温差的影响

热阻或热导率经常是试件两侧温差的函数。在报告中必须说明报告值适用的温差范围或者清楚地注明报告值用单一温差测定的。

1.8.2 试件的平均导热系数

为测定试件的平均导热系数(或表观导热系数)(见1.3.4)，应满足1.8.1的要求。试件应是ISO 9251中定义的均质或均质多孔体。均质多孔体试件内任何非均质性的尺寸应小于试件厚度的十分之一。此外，在任意平均温度，其热阻应与试件两侧的温差无关。

材料的热阻取决于所有相关的热传递过程。热传导、辐射和对流是主要机理，然而这三者之间相互作用会产生非线性影响。因此，尽管对这些机理研究得十分透彻，但实际分析或测量时仍很困难。

所有传热过程的程度与试件两侧的温差有关。许多材料、制品和系统在典型的使用温度差时，可能呈现复杂的关系。在这种情况下，使用一个典型的使用温度差进行测定，然后在一定温差范围内测定近似关系是合适的。在较宽的温差范围内可能是线性关系。

某些试件虽然符合均质性的要求，但却是各向异性。如试件内平行于试件表面方向测定的导热系数分量与垂直于表面的方向测定的导热系数分量不同。对于这种试件，可能造成较大的不平衡误差和边缘热损失误差。如两个测定值的比值小于2，并在装置内对各向异性试件分别测定不平衡误差和边缘热损失误差，则可以按本标准方法出试验报告。

1.8.3 材料的导热系数、表观导热系数或热阻系数

1.8.3.1 总则

为测定材料的导热系数或热阻系数，必须满足1.8.2的要求。此外，为保证材料是均质或均质多孔，且测量结果能代表整个材料、产品或系统，必须有足够的抽样。试件的厚度应大于当厚度进一步增加时材料、产品或系统的传递系数变化不大于2%时的厚度。

1.8.3.2 与试件厚度的关系

所有的传热过程中，只有传导产生的热阻与试件厚度成正比。其他传热过程具有较复杂的关系。试件越薄、密度越小，热阻与传导以外的传热过程越有关系。由于传递系数与试件厚度有关，所以不满足导热系数和热阻系数(两者都是材料的固有特性)定义的要求。对于这些材料，可能希望测定应用条件下的热阻。可以相信所有材料都有一个热传递系数与厚度有关的厚度下限。低于此厚度时，试件可能有独特的传热性质，但不是材料的性质。因此，需通过测量确定这个最小厚度。

1.8.3.3 可确定材料传热性质的最小厚度的确立

如果不知道此最小厚度，则需要估计此最小厚度。

无确定的方法时，3.4.2中指出的粗略过程可用于确定最小厚度和观察材料在可能使用的厚度范围内是否出现最小厚度。

重要的是要区别测量时在面板下放置测温传感器引起的附加热阻、不良的试件表面引起的附加热阻和由试件内部传导与辐射传热模式结合引起的附加热阻。三者都能以同样方式影响测量结果，并且三者经常是叠加的。

1.8.4 翘曲

对于热膨胀系数大的材料要特别注意，有温度梯度时将会过度翘曲。这将损坏装置和引起附加的

接触热阻。后者造成严重的测量误差。测量这种材料，可能需要专门设计的装置。

2 装置和误差评估

2.1 装置的描述和设计要求

本章叙述的主要是双试件装置的要求。用于单试件装置的设计要求能容易地确定。

2.1.1 加热单元

2.1.1.1 概述

加热单元包括计量单元和防护单元两部分。计量单元由一个计量加热器和计量面板组成。防护单元由一个(或多个)防护加热器及相应数量的防护面板组成。面板通常由高导热系数的金属制成。

加热单元和冷却单元面板的工作面不应与试件及环境发生化学反应。工作表面应加工成平面，表面平整度应定期检查。

在任何操作条件下，工作面的平整度均应优于0.025%。例如在图2中，假定一个理想平面与板的表面在P点接触，表面上任何其他点B与理想平面的距离AB与A点到参考接触点P的距离AP之比应小于0.025/100。

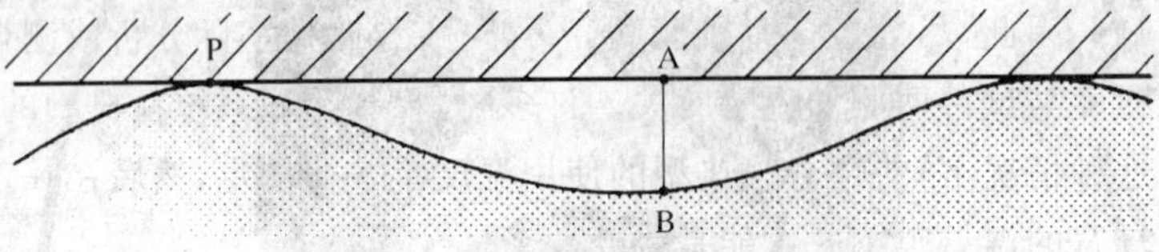

图2 表面偏离真实平面

2.1.1.2 材料

选择加热单元的材料时应考虑其在最高工作温度时的性能。设计加热单元时应保证提供预期使用所需的热流密度和适宜的特性。加热单元的结构应使加热单元工作时每个表面的温度不均匀性不大于试件两侧温差的2%。

对于双试件装置，计量单元和防护单元的两个表面的平均温度之间的差值应小于0.2 K，至少在试件的热阻大于0.1 $m^2 \cdot K/W$，并且试验平均温度接近室温时应满足以上要求。

加热单元的结构应保证工作表面在工作温度下不会翘曲或变形。

在工作温度下，所有面板的工作表面的总半球辐射率应大于0.8。

2.1.1.3 隔缝和计量面积

加热单元的计量单元与防护单元之间应有隔缝。隔缝在面板平面上所占的面积不应超过计量单元面积的5%。

加热器加热丝的间距和分割计量单元与相邻的防护单元的隔缝的设计应满足2.1.1.2中板面温度均匀性的要求。

除非其他计算或试验方法确定的计量面积更精确，计量面积应为隔缝中心线包围的面积。某些特殊情况见3.1c)。

2.1.1.4 隔缝两侧的温度不平衡

应采用适当的方法，如多接点的热电堆，来检测计量面板和防护面板间的平均温度不平衡。

当计量单元与防护单元之间存在温度不平衡时，一些热量会在二者之间流过，部分经过试件(热流量与温度不平衡和试件的导热系数有关)，部分经过隔缝本身(热流量只取决于温度不平衡)。在测量高热阻试件时，这种热不平衡引起的穿越隔缝的热流量必须严格的限制。

虽然对此问题可提供的定量资料很少，但已知在方形防护热板装置里，沿整个隔缝的温度不平衡是不很均匀的。当仅用有限的温差热电偶时，建议检测平均温度不平衡的最有代表的位置是沿隔缝距计量单元角的距离等于计量单元边长四分之一的地方，应避开角部和轴线位置(见图3和参考文献[5])。

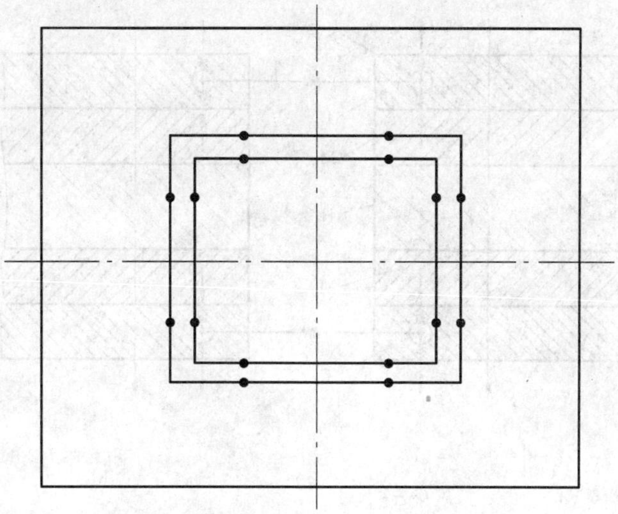

图 3　推荐的不平衡传感器位置

2.1.1.5　不平衡传感器

如果温度不平衡传感器装在金属板和试件间的支承片上(见图 4a))或在金属面板与试件接触的面的沟槽里,那么传感器与金属面板以及试件表面之间,装在计量面上的传感器和装在防护单元的传感器之间都会存在热阻(图 4a))。所有类似情况均是这个原理。

装置工作时,传感器的温度是计量单元与防护单元金属面板之间热平衡和从金属面板到试件的热流密度的复合结果。只有在金属面板与传感器之间的热阻与其他指出的热阻相比可以忽略或从热板流到试件的热流量不流过传感器(图 4b)或图 4c))时,才能得到正确的平衡。当传感器装在金属面板和电加热器之间时,亦应同样考虑。

因此,当在金属面板的沟槽里装设传感器时,无论面对试件还是面对加热器,除非在所有的使用条件下对所述的热阻进行细致的实验和分析校核,否则应避免用薄片或类似的方法固定不平衡传感器。

加热单元面板上的隔缝和穿过隔缝的机械连接的存在,使与试件接触的金属面板内产生小的温度梯度。因此传感器应置于能记录沿隔缝边上存在的温度不平衡,而不是在计量单元和防护单元金属面板上某些任意点间存在的不平衡。建议隔缝边缘到传感器的距离应小于计量单元边长(或直径)的 5%。

实际上温度平衡具有一定的不确定性,因此隔缝的热阻应该尽量高。一般规则是计量单元和防护单元间的机械连接应尽量少,尽可能避免金属的或连续的连接。所有电线应斜地穿过隔缝,并且应该尽量用细的、低导热系数的导线,尽量避免用铜导线。

2.1.2　冷却单元

冷却单元表面尺寸至少应与包括防护单元的加热单元的尺寸相同。它应维持在恒定的低于加热单元的温度。板面的温度不均匀性应小于试件两侧温差的 2%。根据冷却单元要求的温度,可采用恒温的流体、电加热器、在冷面的加热单元的最外表面与辅助冷却器之间插入具有均匀热阻的绝热材料,或者这些方法结合起来使用。

为得到温度均匀性,在设计流体冷却的金属板时应特别注意(见文献[5]和[24])。需在最大热载荷与使用给定的冷却液体流量情况下,对进、出口处流体的温度差进行评估。大多数流体通道,在进出口处流体的温度差比面板的温度不均匀性大。逆流式螺旋通道能得到最好的结果,但在此情况下流体与金属板之间的热阻应足够高(见文献[5] 和[24]),否则面板的温度不均匀性甚至比流体在进出口处的温差还要大。

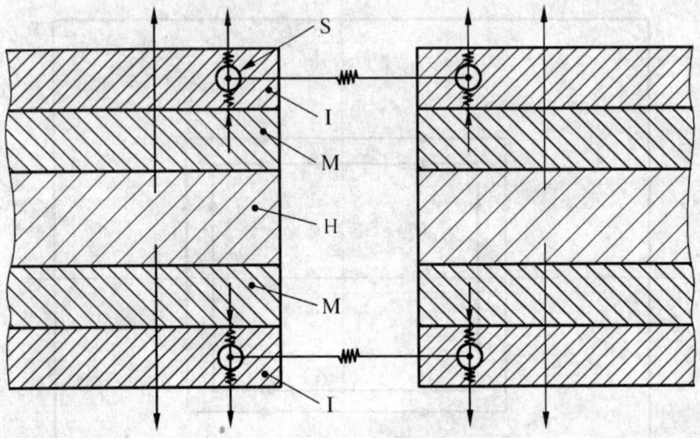

a)

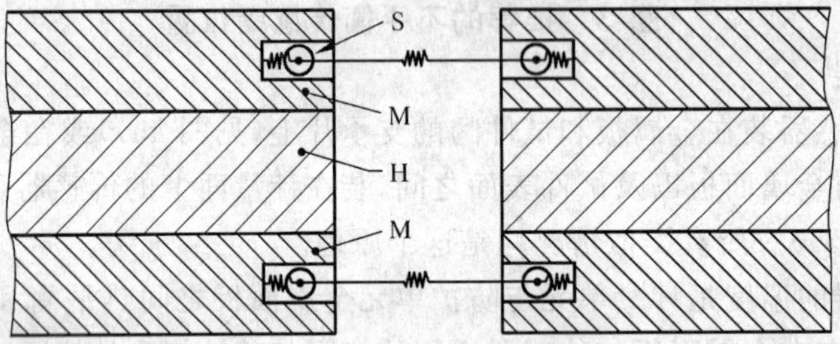

b)

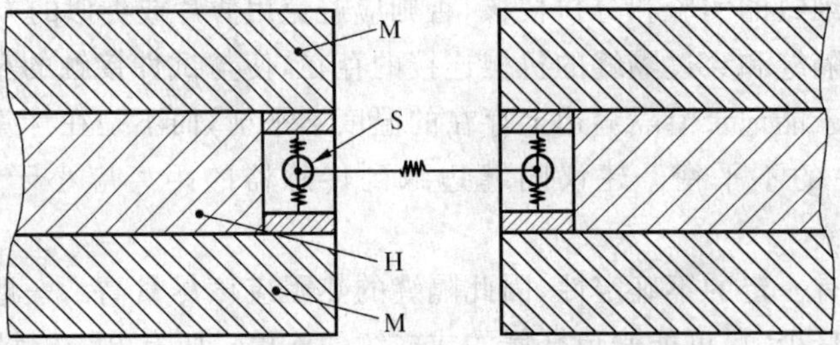

c)

I——由于支撑片产生的隔热层；
H——加热器；
M——加热单元金属面板；
S——不平衡传感器。

图 4　传感器和有关热阻示意图

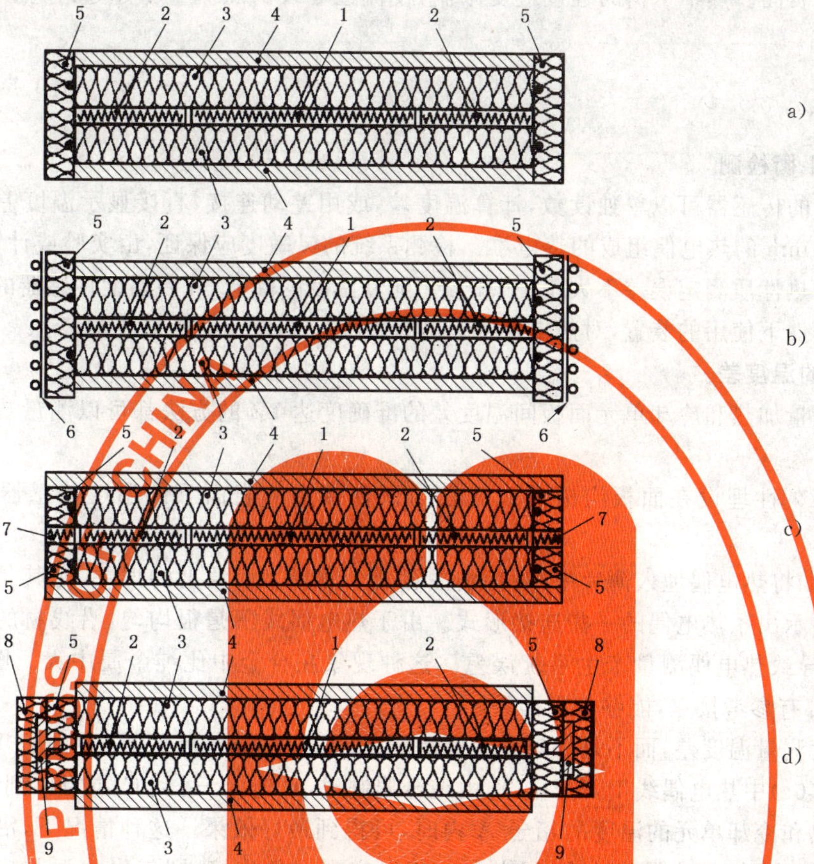

1——热板计量单元;
2——热板防护单元;
3——试件;
4——冷却单元;
5——边缘绝热(点是温度传感器);
6——外部匀温防护套或外部温度梯度防护套;
7——外防护单元;
8——外部防护绝热;
9——外部T形防护套。

图5 可限制边缘热损失的结构型式

2.1.3 边缘绝热和边缘热损失

由于加热单元和试件的边缘绝热不良,导致试件中的热流偏离一维热流。而且加热单元和试件边缘的热损失会在防护单元的面板内引起侧向温度梯度,因而造成更加背离所求的理想一维传热模式。

由试件边缘的热损失引起的边缘热损失误差,只有在简化的边界条件下,才能对均质的、各向同性的不透明试件进行计算。如果环境温度与试件平均温度相同,这些误差将为最小。关于这类误差的计算,见2.2.1和参考文献[4]、[5]、[10]、[11]、[19]、[28]和[37]。

其他的边缘热损失误差几乎没有分析资料。因此,应限制防护部分及试件外边缘的热损失。可以通过采用边缘绝热、控制环境温度、增加外防护套或线性温度梯度的防护套,或者这些方法结合使用来限制边缘热损失。图5列出四种可能的构造。

加热单元边缘热损失的一个很重要途径是沿加热器和温度传感器的导线散热。因此需要在加热单元附近提供一个温度相同的等温表面，所有导线应牢固地固定在这个表面上，这个等温面可以是辅助防护单元或其他合适的表面。热不平衡的程度应受限制，使流经导线的热流量不超过理想一维条件下穿过试件热流量的10%。

2.1.4 测量装置

2.1.4.1 温度测量

2.1.4.1.1 温度不平衡检测

测量温度不平衡的传感器可以单独读数，计算温度差，或用差动连接，直接显示温度差，效果更好。常采用直径小于0.3 mm的热电偶组成的热电堆。检测系统的灵敏度应保证，由实验或计算确定的、隔缝温度不平衡引起的热性质测定误差不大于±0.5%。随着温度的降低，许多温度传感器的灵敏度急剧降低，因此，在低温条件下使用的装置，对热电堆测量和控制系统的设计应特别注意。

2.1.4.1.2 装置内的温度差

任何能够保证测量加热和冷却单元面板间温度差的准确度达1%的方法都可以测量装置内测点的温度。

表面温度常用永久性埋设在面板沟槽内或放在与试件接触的表面下的温度传感器如热电偶来测量。

采用其他方法(如将热电偶埋入薄片中)要特别注意减少测量表面温度的误差，尤其是当试验低热阻的试件时。图6中示出了热电偶的一些连接形式。由于热电偶线不是很均匀，沿线材的温度梯度会产生小的热电势，常导致热电偶测量产生系统误差。这种现象在合金中比纯金属中大。图6a)中每支热电偶在水浴R中都有参考接点，能够分别读数。

当要求高准确度测量温度差，而不是加热和冷却单元的绝对温度时，可按图6b)或图6c)的温差连接法。当图6b)或图6c)中热电偶线1_c，2_c，1_h，2_h由纯金属制成，且连接H_1到C_1或H_2到C_2的热电偶线处于温度接近加热和冷却单元的温度的箱子A内时，可得到最好效果。这种情况下，沿着导线的温度差最小。相反，如果将图6a)中导线1和1'夹在一起以实现温差连接，则就失去温差连接的大多数优势。

图6b)的接法容许平均各温差测点的系统误差。而图6c)中的连接方法则把加热单元和冷却单元间的金属连接减至最小。

温度传感器可以与金属面板完全电绝缘或整个回路仅有一点与金属面板接地(因此，在温差连接法中，只有一个热电偶接点可以接地)。所需的绝缘电阻值取决于温度传感器是由加热单元或冷却单元的接地的金属面板屏蔽，还是只是与其他电路绝缘。后者的绝缘电阻常要求大于100 MΩ，应计算和实验证明其他线路不会影响传热性质测量的准确度。

在计量单元面板每侧设置的温度传感器的数量应不少于$N\sqrt{A}$或2(取大者)。此处$N=10/\text{m}$，A为计量单元一个表面的面积，以平方米计。

推荐将一个传感器设置在计量面的中心。冷却单元面板上设置温度传感器的数量与计量单元的相同，位置与计量单元相对应。

2.1.4.1.3 试件的温差

由于试件与装置的面板之间的接触热阻的影响，试件的温差用不同的方法确定。

下面推荐一些方法，其中一些方法产生的误差描述于文献[6]中。然而，在某些情况，试验方法的选择还有待操作者的判断。

a) 表面的平整度符合面板要求的均匀平面，且热阻大于0.5 $m^2\cdot K/W$的非刚性试件(见1.7.1)，温差由永久性埋设在加热和冷却单元面板内的温度传感器(通常为热电偶)测量。

b) 刚性试件(见1.7.1)可以用适当的均质的薄片插入试件与面板之间。由薄片-刚性试件-薄片组成的复合试件的热阻按2.1.4.1.3a)的方法确定，如薄片的热阻已知时，可计算出试件两侧的温差(本方法的限制见3.2.2.2.1)。

c) 另一种测量刚性试件两侧温差的方法是与试件表面齐平或在试件表面的沟槽内装设热电偶。这种方法还可与在试件和面板之间插入低热阻的薄片配合使用。

2.1.4.1.4 温度传感器的型式和安装

安装在金属面板内的热电偶，其直径应不大于 0.6 mm，较小尺寸的装置，宜用直径不大于 0.2 mm 的热电偶。放在试件表面或置入试件表面内的热电偶直径应不大于 0.2 mm。低热阻试件表面的热电偶宜埋入试件的表面内，否则必须用直径更细的热电偶。

用于测量试件热面和冷面温度的热电偶，必须用标定过的或由供应商检定过的热偶线材制作，线材的误差极限应满足表 B.1 中专用级的要求。当热电偶用于测量 21 K～170 K 的温度时，标准误差应限制在±1%。有关热电偶在低温范围的安装、灵敏度、准确度的信息，请参见文献[7]～[9]。

因温度传感器周围热流的扭曲、传感器的漂移和其他特性引起的温差测定误差应小于±1%。

使用其他温度传感器时，亦应满足上述要求。

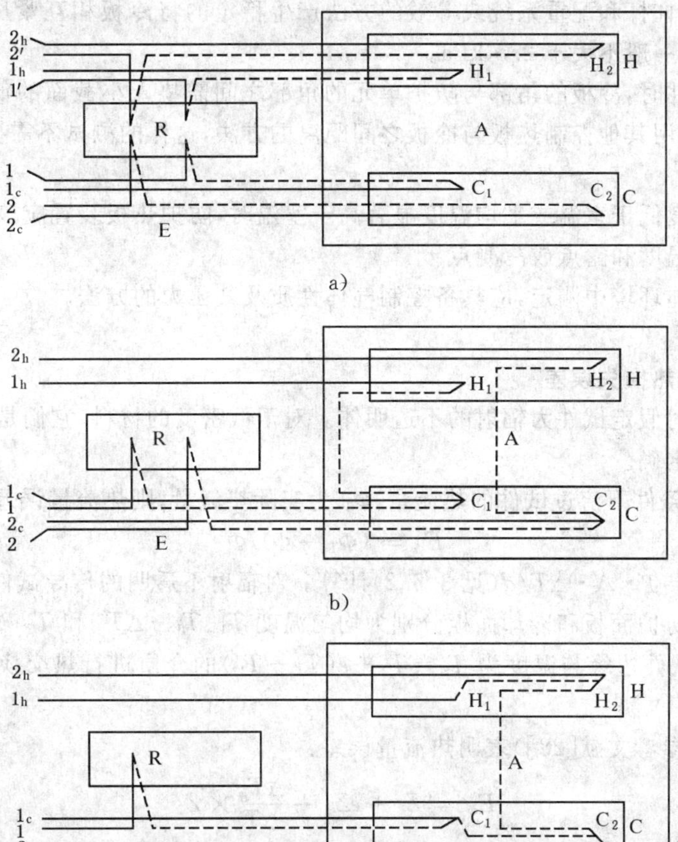

H——加热单元；

H_1,H_2——加热单元上的热电偶接点；

C——冷却单元；

C_1,C_2——冷却单元上的热电偶接点；

R——参考点恒温水浴，通常为冰水混合水浴；

A——装置箱体，通常调节温度至测试的平均温度；

E——环境，通常指实验室空气。

图 6 热电偶连接形式

2.1.4.2 厚度测量

测量试件厚度方法的准确度应小于 0.5%。由于热膨胀或板的压力，试件的厚度可能变化。建议尽可能在装置里、在实际的测定温度和压力下测量试件厚度。可用装在冷板四角或边缘的中心的垂直于板面的测量针或测微螺栓测量试件厚度。有效厚度由试件在装置内和不在装置内时(冷板用相同的力相对紧压)测得距离的差值的平均值确定。

2.1.4.3 电气测量系统

测量系统的设计与加热器的设计、使用的测温传感器和温差传感线路有关。这些线路的输出范围随装置的工作范围而变化,很可能变化达几个数量级。这需要高线性、宽量程(多数字位显示)或低线性、多量程的测量仪器。按使用者的总体要求选择。

测量温度和温差系统的灵敏度和准确度应不低于温差的 0.2%。测量加热器功率的误差,在全范围内均应在 0.1%之内。

2.1.5 夹紧力

应配备施加可重现的恒定夹紧力的装置,以改善试件与板的热接触或在装置的板之间保持准确的间距。

可采用恒力弹簧、杠杆和配重系统或等效的方法产生稳定的将冷板相互紧压的力。就大多数绝热材料而言,施加的压力一般不大于 2.5 kPa。

测定可压缩的试件时,冷板的角部与防护单元的角部之间需垫入小截面的低导热系数的支柱以限制试件的压缩,亦可采用其他控制热板与冷板之间距离的方法,这样的测试不需要恒压装置。

2.1.6 围护

当冷却单元的温度低于室温或平均温度显著高于室温时,防护热板装置应该放入封闭容器中,以便控制箱内环境气体的温度和露点或冷凝点。

如需要在不同气体环境中测定,应具备控制气体性质及其压力的方法。

2.2 误差分析

2.2.1 不平衡和边缘热损失误差

大部分误差计算时假定试件为辐射的不透明体。对于低密度的材料,它们是辐射的半透明体,此时一些计算公式可能不准确。

若 Φ 是理想一维条件下流过试件的热流量,Φ_T 为实际热流量,则热流量误差 E_Φ 按下式计算:

$$E_\Phi = (\Phi_T - \Phi)/\Phi$$

热流量 Φ 可用 $\Phi = T \cdot A \cdot \Delta T/d$(见 3.5.2)计算。对辐射不透明的传导试件,用 λ 代替 T。

假设:计量面板、防护面板和冷却面板分别为均匀温度 T_1、$T_1 - \Delta T_g$ 和 T_2;试件为均匀的各向同性体,其导热系数为 λ;试件边缘与温度为 $T_e = T_2 + e(T_1 - T_2)$ 的介质进行热交换。此处 e 为无量纲数,$e = (T_e - T_2)/(T_1 - T_2)$。

理论分析(Bode,参考文献[28])表明热流量误差:

$$E_\Phi = Z_1 + eZ_2 + \frac{\Delta T_g}{\Delta T} \times Z_3$$

式中,Z_1,Z_2 和 Z_3 为与试件尺寸、隔缝和防护单元的宽度、试件的导热系数、表面传热系数、试件的边缘以及越过隔缝的热连接有关的参数。

当隔缝两侧温差 ΔT_g 等于零时,实际热流量 Φ_T 只受对应于边缘热损失误差的热流量 Φ_e 的影响。因此 Z_3 是与不平衡误差 E_g 有关的参数。

Z_1,Z_2 和 Z_3 的计算需要很复杂的级数展开。当表面传热系数趋向无限大时,边缘热损失误差 E_e 可由以下近似式(见参考文献[11])表达:

$$E_e = \frac{\Phi_e}{\Phi} = Z_1 + eZ_2 = \left\{ \frac{d}{\pi l}\left[e\ln \frac{\cosh\left(\pi \dfrac{b+l}{d}\right)+1}{\cosh\left(\pi \dfrac{b}{d}\right)+1} + (1-e)\ln \frac{\cosh\left(\pi \dfrac{b+l}{d}\right)-1}{\cosh\left(\pi \dfrac{b}{d}\right)-1} \right] \right\}^2 - 1$$

式中:

b——防护部分宽度(从隔缝中心量起),单位为米(m);

d——试件厚度,单位为米(m);

l——从隔缝中心到中心的计量部分宽度(或直径)的二分之一,单位为米(m)。

只有测定条件与模型相符时,这个简化公式才能给出正确的结果,例如它不适用于对辐射为半透明的试件、对辐射不透明的或半透明的各向异性或非均质试件。这个公式只推荐用于设计装置时使边缘热损失的影响最小,决不能用于修正测量数据。

当 e 值接近 0.5 时,边缘热损失误差最小。不过要使试件边缘温度精确地维持在平均测定温度(对应于 $e=0.5$)是困难的。因此计算时 e 值应不大于 0.25。

通过不平衡误差公式 $E_g=(\Delta T_g/\Delta T)Z_3$,热流量误差 $\Phi_g=E_g\Phi$ 可由下式表示:

$$\Phi_g = (\phi_0 + \lambda \cdot c) \times \Delta T_g$$

式中:

$\phi_0 \Delta T_g$——由于导线和连接件等的热传导而引起的通过隔缝的热流量;

$\lambda \cdot c\Delta T_g$——穿过单个试件或两个试件(双试件导热仪)的热流量。

由上式整理可得:

$$Z_3 = \frac{d}{A}\left(\frac{\phi_0}{\lambda} + c\right)$$

系数 c 不是严格的常数,在近似的边界条件下,考虑双试件装置中流过两个试件的热流量,理论估计的 c 值为(见参考文献[12]):

$$c = \frac{16l}{\pi} \times \ln \frac{4}{1 - e^{-(2\pi g/d)}}$$

式中:

g——隔缝的宽度,单位为米(m)。

热板的结构尺寸和材料已知时,用基本传热公式可算出 ϕ_0 值。ϕ_0 和 c 也能够用实验检验(见参考文献[1]及 2.4.4)。以上分析中假设 2.1.1.4 中所述的矩形装置中沿隔缝方向温度不平衡的不均匀和 2.1.1.5 中所述的平衡传感器安装引起的问题可忽略。如果不能忽略,相应的误差应计入 E_g 中。

2.2.2　不对称条件引起的误差

如果两块试件不是完全相同,则温差会略有差别。假定两块试件的导热系数相等,并与温度无关,则因非对称条件导致的误差 $E_s=\Delta\lambda/\lambda$ 可写成:

$$E_s = \frac{\Delta\lambda}{\lambda} = \left[\frac{d_A - d_B}{2d}\right]^2 + \frac{(T_{1A} - T_{2A}) - (T_{1B} - T_{2B})}{2(T_1 - T_2)} \times \frac{d_A - d_B}{2d}$$

其中下标 A 表示第一块试件测试量,B 代表第二块试件测试量,无下标的是平均值。

如果两块试件的导热系数不同或与温度有关,则确定 E_s 的公式就更加复杂。其他的传热性质可以推导出类似的表达式。如果满足 3.2.1 和 3.3.6 的要求,E_s 可以忽略。

2.2.3　其他误差

测量误差中还包括测量尺寸和低电压量的误差,设计者和操作者都应考虑这些误差。主要有:

a) E_E:施加在计量部分的电功率的测量误差。

b) E_A:确定切割的和非切割试件、加热单元的计量面积及隔缝尺寸的测量误差。

c) E_T:温度和温差的测量误差:与温度传感器标定的准确度、测量装置的准确度和噪声、温度传感器位置不确定性、温度传感器与试件间的接触热阻的不确定性有关。

d) E_d:厚度的测量误差:与测量仪器的准确度、试件平均厚度的不确定度(由于不知道试件和面板的表面平整度)有关。如果厚度不是在试验状态下测量,还与测定条件的不一致有关。

2.2.4　总误差

在 2.2.3 中叙述的误差中大部分是系统误差。因而总误差是相加的,但它们同时作用在一个方向(增加或减小所测定的热性质)的概率是有限的。正确的定义最大或然误差需要复杂的统计分析。如果没有一项误差远远大于其他误差,则最大或然误差在总误差的 50%~75%之间。

2.3 装置设计

2.3.1 装置所要求的性能

设计防护热板装置前，首先应明确下列参数：

a) 被测试件的最大和最小厚度；

b) 试件的最大和最小热阻；

c) 试件的最大和最小温差；

d) 防护部分平衡系统的灵敏度；

e) 冷却单元的最低温度；

f) 加热单元的最高温度；

g) 在最差条件下，测量性质允许的最大误差(装置的整体准确度)；

h) 周围环境气氛。

2.3.2 初步选择装置的尺寸

初步试探时取计量单元的边长(或直径)为试件最大厚度的 4 倍，而防护单元的外边长(或直径)为试件最大厚度的 8 倍。

从 1.7.9 建议的尺寸系列中选择装置的尺寸。

2.3.3 加热单元的温度均匀性

首先设定加热单元金属面板的厚度。因边缘热损失，在防护单元面板上会有大的温度不均匀性。

计算经过导线传出的热损失 Φ_W 以及经过加热单元边缘和试件边缘的热损失 Φ_{e1}(见 2.1.3)。

对于图 5 中的第一种情况，没有设置外防护套的装置，假定周围由均匀热阻 R_e 绝热。R_e 可以是只有自然对流或作为平板考虑的绝热材料的热阻。

边缘热损失可由下式粗略估计：

$$\Phi_{e1} \approx \frac{P}{R_e}\left[\frac{y}{4}(T_1 - T_2) + \left(d + \frac{y}{2}\right)(T_m - T_a)\right]$$

式中：

d——试件的厚度，单位为米(m)；

$(T_1 - T_2)$——试件热面和冷面之间的温度差，单位为开(K)；

y——加热单元的厚度，单位为米(m)；

P——防护单元的周长，单位为米(m)；

R_e——边缘绝热的最小热阻，单位为平方米开每瓦[$m^2 \cdot K/W$]；

T_m——试件的平均温度，单位为开(K)；

T_a——边缘绝热的外表面温度(实际上可取为实验室室内温度)，单位为开(K)。

应指出 Φ_{e1} 同时受 $(T_m - T_a)$ 和 $(T_1 - T_2)$ 的影响，因此，若希望从试件外边缘流出的净热流量接近于 0，则 $(T_m - T_a)$ 应保持在较小值。

计算防护单元中由边缘热损失引起的热流量 $\Phi_{e1} + \Phi_W$，粗略评估加热单元金属面板偏离均温状态的程度。然后，假定这些热流量全由防护加热器以均匀热流密度 q_e 传送到防护面板，并仅有防护面板边缘与外界热交换，按此计算金属面板的温度不均匀性(见图 7)。

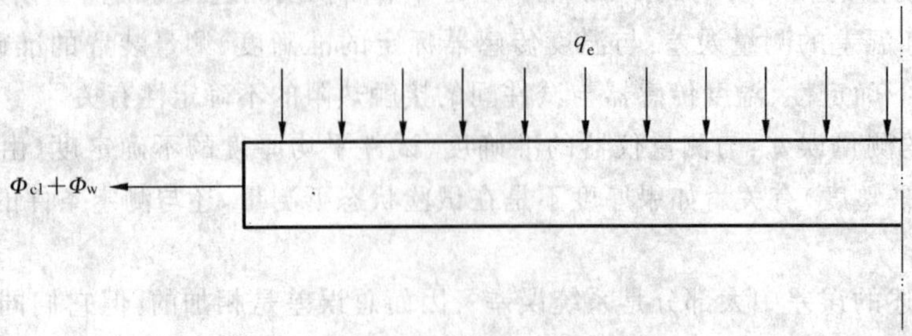

图 7 评估金属板内温度均匀性

由隔缝引起的计量单元和防护单元温度不均匀性亦可用类似方法计算。在加热单元为最大热流密度时,必须进行这项检查。如设计者没有设计防护热板装置的经验时,应利用已被证实的设计。

计算结果中,应检查加热单元的面板的厚度是否合适。金属面板的厚度在温度均匀性满足2.1.1.2要求的情况下应尽量薄,因为厚的面板将增加不平衡误差。

2.3.4 冷却单元温度均匀性

计算试件热阻为最小、试件的温差为最大时流过试件的最大热流量,加上由于边缘热损失的热流量和冷却单元与环境热交换的热流量。选择冷却系统、金属面板厚度和冷却流体的质量流量(适当时),以达到2.1.2所述的温度均匀性。

2.3.5 不平衡和边缘热损失误差

确定 E_g+E_e 的最大允许值,并按2.1.1.3确定一个试探性的隔缝宽度。窄的隔缝增大不平衡误差,而宽的隔缝则增大计量面积不确定性。

按2.2.1算出参数 ϕ_0 和 c。

按2.2.1估算试件的不平衡和边缘热损失误差。当试件的热阻和厚度为最大,而(T_1-T_2)为最小时误差最大。

如果不能按上述方法计算试件和防护单元的边缘热损失误差,则必须算出防护单元的热流量。边缘热损失的热流量不得超过理想一维条件下试件内热流量的20%(参考2.3.3试算)。

不平衡误差应与不平衡检测系统的灵敏度相适应,其值不应远大于(或远小于)边缘热损失误差。因此,应验证防护单元的最佳宽度和试件的最大允许厚度(见文献[5])。附录C为计算机程序清单,只要确定了 E_g+E_e 的和,可算出最大试件厚度。如防护热板装置在适当的范围内变化,能够修改程序以评价任何一个装置的性能。

若结果不满足要求,可能需要另外设定尺寸或增加外防护单元,从本标准的2.3开始,找寻新方案。

2.3.6 详细设计

当选定装置的合适尺寸后,进行如下具体设计:

a) 按最小试件厚度确定表面公差;

b) 选择表面处理工艺,保证总半球发射率大于0.8(室温下氧化的金属表面和许多油漆符合此要求);

c) 确定装置的所有细节,如温度传感器的位置和安装方法、加热器布线、机械连接、厚度测量装置等;

d) 按冷却单元的最低温度选择冷却系统;

e) 按所需的环境(气氛)、它的稳定性和漂移的要求,选择环境气氛调节系统,保持边缘热损失误差值在规定的范围内;

f) 选择温度自动控制系统,使温度漂移和波动减小到可以接受;

g) 按最大功率需要(见2.3.1)和最小功率(试件热阻最大温差最小)时允许的漂移选择计量单元的电源;

h) 按最小温差选择温度测量系统的灵敏度和准确度。

2.3.7 总误差

评估2.2所述的所有误差,计算总误差并与2.3.1给出的装置整体准确度进行比较,若按2.2.4中定义的总误差比预定的允许误差小,设计是成功的。

2.4 装置的性能校核

新的或改进过的防护热板装置,必须细致地进行下列各项校核后才能投入正常使用。

2.4.1 平整度

工作表面的平整度用四棱尺或金属直尺检查,将尺的棱线紧靠被测表面,在尺的背面用光线照射棱线进行观察,可容易地观察小到25 μm的偏离,大的偏离可用塞尺或薄纸测定。

2.4.2 电气连接和自动控制器

将薄的、低热阻的试件装入装置内，并让整个装置在室温中与实验室空气热平衡。所有温度传感器指示的温度应很接近室温，检查每个温度传感器的噪声，用欧姆表检查所有电路的绝缘状况。

在加热单元的金属面板与计量单元或防护单元加热器的一条引线之间，加上加热单元加热器预期的最大工作电压(应无电流流过)。如果温度传感器的接地、屏蔽、电气绝缘正常，则读数不会波动。在装置工作温度的两端重复上述检查。在低于室温时，降低电气绝缘的一个常见的原因是湿度。在高温下，电气绝缘也会有较大的变化范围。

检查不平衡检测仪表和所有自动控制仪器的噪声及漂移。

2.4.3 温度测量系统

把装有试件的防护热板组件密封于空气调节箱内，调节冷却单元的温度为其使用范围内某一适当值。把箱体内部的环境温度控制到同一温度值。

不向加热单元的计量加热器和防护加热器施加电功率。此时加热单元的温度必须与冷却单元温度一致，差异应在测量系统的噪声范围内。此外，防护单元温度与计量单元温度不平衡亦应在不平衡检测仪表的噪声范围内(这种均温布置亦能用于检查热电堆)。可能产生错误结果的原因是由于空气调节箱的设计不良，装置的绝缘不良或温度传感器的布线和连接不当造成的。

2.4.4 不平衡误差

对于新装置，应采用不同试件和不同的计量-防护单元温度不平衡程度进行试验，从而求出各种试件的最大不平衡误差(见 2.2.1、参考文献[1]～[5] 和[12])，在 2.2.1 中讲述的 ϕ_0 和 c 通过下述方法确定，以低导热系数的一个(或一对)试件用不同的温度不平衡 ΔT_g 进行一系列试验，测量导热系数的变化。用试验结果拟合 $\Delta\lambda$ 对 ΔT_g 的曲线，它应是一直线，从而可确定出 $\Delta\lambda/\Delta T_g$。

用高导热系数的试件进行同样试验和计算。利用 $E_g=\Delta\lambda/\lambda$ 和两个极端导热系数下得出的 $E_g=(\Delta T_g/\Delta T)Z_3$ 两个方程可求得装置的常数 ϕ_0 和系数 c。类似的方程也能用于其他被测量特性。

不平衡检测装置的噪声和漂移必须小于在最恶劣的试验条件下允许的最小不平衡电压值。

2.4.5 边缘热损失

当试件的厚度和热阻为最大，而试件的温差为最小时，边缘热损失使测量的误差最大。

检查时放入厚度和热阻接近最大设计值的试件，以设计的最小温差进行测定。测量防护单元的输入功率，它不应比理想一维条件下防护单元流过试件的热流量所需的功率相差太多。

然后必须用实验检验边缘热损失对测得的热性质的影响。可能时，唯一的直接方法是改变环境温度，观察防护单元加热器的功率和测定的热性质的变化。这项信息有助于确定任何型式的试件(均质的或非均质的，各向同性或非各向同性等)的环境温度允许漂移的范围(见 2.2.1)。

当不可能改变环境温度时，确定边缘绝热或防护是否满足要求的有效方法是：在埋入试件边缘中心的薄金属片上焊上热电偶测量试件边缘中心的温度 T_e。$(T_e-T_m)/\Delta T$ 值应小于 0.1，此处 T_m 是试件的平均温度，ΔT 是试件两侧的温差。本方法仅适用于均质材料。要得到最高准确度时，此值应小于 0.02。

2.4.6 装置工作面的热辐射率

若在热板和冷板之间建立一个厚度 d 在 5 mm～30 mm 的空气层(防止发生自然对流)，单位温度差的热流密度 h_t 是 λ/d 与 $4\sigma_n T_m^3(2/\varepsilon-1)$ 的和(λ 是空气的导热系数，σ_n 是斯蒂芬-波尔兹曼常数)。对 $h_t\propto 1/d$ 的图进行最佳拟合可得到空气导热系数 λ 和 $4\sigma_n T_m^3(2/\varepsilon-1)$，进而求出装置的面板的辐射率。当自然对流不能避免时，则要求更复杂的程序(见文献[21]、[38])。

2.4.7 线性试验

装置经 2.4.3～2.4.6 检查，满足设计的要求后，装入一个(或一对)由热稳定的并且导热系数与温度成线性关系的材料制作的试件。BCR(欧盟标准样品局)的参考材料 RM 64(密度接近于 90 kg/m³ 的玻璃棉板)和 NBS(美国国家标准局)参考材料 SRM 1450(密度范围为 110 kg/m³～170 kg/m³ 的玻璃棉板)各自分别在 170 K～370 K、255 K～330 K 试验温度下满足要求。在给定的平均温度下,以不同的温差如 10 K、20 K 和 40 K 测量导热系数,其结果应与温差无关。

以不同的平均温度重复这种检查。如果结果不理想,这有可能是边缘热损失和不平衡传感器的安装位置不合适的联合影响。

2.4.8 综合性能检查

所有上述检查满足后,至少应对两套曾在国家认可的实验室标定过的,热性质稳定的材料进行测定。每套试件应在运行的温度范围内两个典型的平均温度下进行测定。所有测定宜在标定的 90 d 内进行。若测定结果有差异,应详细研究其产生原因,采取恰当的措施将其消除。只有在成功地对比之后,才能签发遵照本标准进行测定的报告。不再需要进一步的校核。但建议进行定期的检查。

3 试验过程

3.1 概述

根据本标准的技术要求,可对低热导率的试件或绝热材料、产品、系统进行传热性质测量。

此处假定操作者通晓前述所有热传递的基本原理以及有关防护热板装置的设计和操作原理,并且能和委托试验特定试件(或样品)或对材料、产品或系统的传热性质有特殊信息要求的人讨论它们对测量的影响。

在进行任何测量之前,确定能用防护热板装置进行有效测量后,必须做出一系列决定,这些决定与希望或要求作为直接测量的结果的特定性质(如导热系数或热阻),或者与测量特性中任何相互关系(如导热系数为温度的函数或在给定温度下导热系数为密度的函数)有关。

这些决定将受下列因素的影响:

a) 可提供的或必须的装置的尺寸和形式。一个特定尺寸的装置也许不能满足对所有厚度的试件进行试验以直接测定或者从直到它的最大极限厚度的测量值中内插得到所有要求的热特性(见 3.4.2)。与此类似,可提供的或必须的温度和环境条件的范围也许不可能直接或从装置提供的范围内的测量值中内插得到所要求的数据;

b) 可提供的或需要的试件尺寸和数量。这取决于特定的试件或材料的最终试验目的。如果材料、产品或系统在性质上是高度各向异性体,那么首先应按 3.4.1 决定防护热板法是否可用于测量;

c) 在试件和装置之间插入低热阻薄片和在试件上安装温度传感器(热电偶)(见 2.1.4.1.3)的必要或适宜性。这些技术旨在正确测量低热阻和(或)硬质试件表面的温差。对于高热导率的试件、制品或系统,尤其是各向异性材料,一些实验室将试件加工成与所用装置的计量单元、防护单元尺寸相应的中心和防护两部分或将试件制成与中心计量单元尺寸相同,而隔缝和防护单元部分用合适的绝热材料代替。

这些技术只有在提供其误差评估后才能应用。

上述两种情况,计算中所用的计量面积 A 应为:$A=A_m+A_g\times\frac{1}{2}\times\frac{\lambda_g}{\lambda}$

式中:

A_m——计量部分面积;

A_g——隔缝面积;

λ——试件的导热系数;

λ_g——绝热材料的导热系数或填充在面对隔缝部分的材料的导热系数。

d) 把试件封在防水汽套中,以防止干燥后吸收湿气或在状态调节后含湿量变化的必要或适宜性;

e) 采用厚度支柱或在试件上施加压力的要求。

操作者必须意识到以确定在第一章中定义的稳态传热性质之一为目的的和材料的产品标准所

要求的测量之间的差别，后者可能按产品标准中抽样计划的要求抽取试件，而不符合本标准叙述的所有要求。典型的情况是试件的平整度未达到保证与面板的良好接触，或者未达到3.2.2.2.1中要求的平行度，或者在与最终使用厚度相差很多的厚度下试验。因此，这些试验的数字结果必须认为仅是接受或拒绝特定的材料批的方便手段。而不一定作为材料或试件的有意义的热性质。

3.2 试件

3.2.1 选择和尺寸

根据装置的形式(见1.6.2)从每个样品中选取一或两个试件。当需要两块试件时，它们应该尽可能地一样，厚度差别应小于2%。除3.1c)叙述的特殊应用外，试件的尺寸应该完全覆盖加热单元的表面。试件的厚度应是实际使用的厚度或大于能给出被测材料热性质的最小厚度(见3.4.2)。试件亦应满足在1.7和1.8中指出的一般要求。当采用2.2.1的公式时，试件厚度与加热单元尺寸的关系应把不平衡和边缘热损失误差之和限制在0.5%之内。当加热单元有其他构造细节时，应做单独的分析以确定不平衡和边缘热损失误差之和等于0.5%的点。

3.2.2 制备和状态调节

3.2.2.1 符合材料标准

试件的制备和状态调节应按照被测材料的产品标准进行。无材料标准时按下述方法。

3.2.2.2 除松散试件外的材料的总则

3.2.2.2.1 准备

试件的表面应用适当方法(常用砂纸、车床切削和研磨)加工平整，使试件与面板或插入的薄片能紧密接触。

对于刚性材料，试件的表面应制作得与加热面板一样平整(见2.1.1.1)。并且整个表面的不平行度应在试件厚度的2%以内。

刚性材料试件且热阻小于0.1 $m^2\cdot K/W$时，则应采用薄片(见2.1.4.1.3b))或在试件上安装温度传感器(见2.1.4.1.3c))测定试件的温度差。当使用2.1.4.1.3b)的方法时，薄片的热阻不应大于试件热阻的十分之一。薄片/刚性试件/薄片组合试件的热阻用固定安装在加热单元和冷却单元面板上的温度传感器指示的温差确定。插入的薄片的热阻用类似的方法单独测定，测定时的平均温度和平均厚度与插入在试件表面使用时相同。刚性试件的热阻由两个热阻计算得到。

如果使用时不注意，本方法可能有严重的误差。因为薄片的热阻包括装置的面板与薄片的接触热阻，因此，不是总能够由同样材料的厚试件的导热系数推算出薄片的热阻。另外，薄片安装在装置与试件之间的热场，可能与单独测定时有很大差异。当试件和薄片的导热系数相似且薄片的厚度与隔缝的宽度相当或小于隔缝的宽度时(见1.7.5和1.7.6)，热场的差异可能比较大。

当采用2.1.4.1.3c)的方法时，推荐用很细的热电偶线或薄片式热电偶。它们应安装在试件的表面或埋入试件的表面内，测量的厚度应按照热电偶的位置进行相应的修正。

测量试件温度差的方法可能存在难以评价不确定度的问题，其中包括由于热电偶的存在使其附近的热流线扭曲、确定热电偶节点有效的准确位置不精确和在热电偶节点处试件表面的局部不均匀性(如气孔、空洞或夹杂物)的影响。

比较两种方法得到的结果，有助于减少测量误差。

在试件中心计量区域的每一面上均匀布置的热电偶的数量不应少于$N\sqrt{A}$或2个(取大者)，此处$N=10\ m^{-1}$，A是计量单元的单面面积，以平方米计。如果采用独立的热电偶，试件的有效厚度应取垂直于试件表面的试件两侧热电偶中心距离的平均值。

热电偶的型号和布置见2.1.4.1.4。当试件的热阻在0.5 $m^2\cdot K/W$～0.1 $m^2\cdot K/W$范围内或试件为硬质材料时，亦推荐用2.1.4.1.3b)或2.1.4.1.3c)的方法。

3.2.2.2.2 **状态调节**

测定试件质量后，必须把试件放在干燥器或通风的烘箱里，以对材料适宜的温度将试件调节到恒定的质量。热敏感材料不应暴露在会改变试件性质的温度中。当试件在给定的温度范围内使用时，应在这个温度范围的上限、空气流动并控制的环境下调节到恒定的质量。

如果使用吸附剂或吸收剂，系统可以是封闭的。例如在封闭的干燥器中，以 330 K～335 K 的搅拌空气调节某些泡沫塑料。

从测量干燥前后的质量计算相对质量损失。当测量传热性质所需的时间比试件从实验室空气中吸收显著的湿气所需的时间短时(如混凝土试件)，建议在干燥结束时，很快将试件放入装置中以避免吸收湿气。反之(例如测量低密度的纤维材料或泡沫塑料试件)，建议把试件留在标准的实验室空气(296 K±1 K;50%±10%RH)中持续调节到与室内空气平衡(质量衡定)。中间情况(如高密度纤维材料试件)对试件的调节过程按操作者的经验确定。

为减少试验时间，试件可在放入装置前调节到试验平均温度。为防止测定过程中湿气渗入(或溢出)试件，可将试件封闭在防水汽的封套中。如果封套的热阻不可忽略，封套的热阻必须按照 2.1.4.1.3 中刚性试件使用的薄片一样进行单独测量。

3.2.2.3 **松散材料的试件制备总则**

3.2.2.3.1 **概述**

测定松散材料时，建议试件的厚度至少为松散材料中的珠、颗粒、小薄片等平均尺寸的 10 倍，可能时为 20 倍。当这些颗粒是刚性时是最严格的情况。当不能满足要求时，应考虑用其他试验方法，如防护或标定热箱法。从样品中取出比试验所需的量稍多的有代表性的试件，在按 3.2.2.2.2 状态调节(如可采用)前和后，分别测定其质量。

由这些质量计算质量损失百分比。

称出一些经过状态调节的试件，按材料产品标准的规定制成一个(或两个)要求密度的试件。如果没有标准，则按下述两个方法之一制作。

由于已知试件的最终体积，所以能够确定需要的质量。然后将试件很快放入装置或按前述的方法，放在标准的实验室环境中达到平衡。当使用方法 A 或方法 B 的盖子的热阻可忽略时，试件的表面温度应认为等于加热单元和冷却单元面板的温度。

3.2.2.3.2 **方法 A**

装置在垂直位置运行时推荐使用本方法。

在加热面板和冷却面板间设立要求的间隔柱，组装好防护热板组件。在周围或防护单元与冷却面板的外边缘之间铺设适合封闭样品的低导热系数材料，形成一个(两个)顶部开口的盒子(加热单元两侧各一个)。

把称重过的状态调节好的材料分成四(八)个相等部分，每个试件四份。依次将每份材料放入试件的空间中。在此空间内振动、装填或压实，直到占据它相应的四分之一空间体积，制成密度均匀的试件。

3.2.2.3.3 **方法 B**

装置在水平位置运行时推荐使用本方法。

用低导热系数材料做成一个(或两个)外部尺寸与加热单元相同的薄壁盒子。盒子的深度等于被测试件的厚度。用不超过 50 μm 的塑料薄片或耐热且不反射的薄片(石棉纸或其他适当的均匀薄片材料)制作盒子开口面的盖子和底板，以粘贴或其他方法把底板固定到盒子的壁上。

从试件方向看到的诸表面，在工作温度下的半球辐射系数应≥0.8。如果盖子和底板有可观的热阻，可按 3.2.2.2 中所述的用于确定硬质试件的试件纯热阻的方法。

(将已称过质量并经过状态调节的材料分为相等的两份，每份作一个试件)，把具有一面盖子的盒子水平放在平整表面上，盒子内放入试件。注意使(两个)试件具有(相等并且)均匀的密度。然后盖上另一个盖板，形成能放入防护热板装置的封闭的试件。

在放置可压缩的材料时，膨松材料使盖子稍凸起，这样能在要求的密度下使盖子与装置的板有良好的接触。某些材料，由于试件准备过程中的材料损失，可能要求在测定前重称试件。这种情况下，测定后确定盒子和盖子的质量以计算测定时材料的密度。

3.3 试验方法

3.3.1 质量

在试件放入装置前测定试件质量，准确度±0.5%。

3.3.2 厚度和密度

试件在测定状态的厚度(以及试验状态的容积)由加热单元和冷却单元位置确定或在开始测定时测得的试件的厚度。

试件厚度可以按2.1.4.2中所述的方法测量，或在装置之外用能够重现测定时试件上所受压力的仪表测得。从这些数据和按3.3.1确定的状态调节过的试件质量，可算出试件在测定状态的密度。

毯或毡型材料通常在强制的厚度下试验，许多材料在材料产品标准中规定厚度。但如3.1指出，有时试验结果可能对说明该材料的传热性质是没有意义的。

有些材料(例如低密度的纤维材料)测量以计量区域为界的那部分试件的密度，而不是整个试件的密度可能更准确些，这样可得到较正确的传热性质与密度之间的关系。

试验过程中应尽可能随时地监视试件的厚度。

采用2.1.4.1.3c)的方法时，用于计算传热性质的厚度必须根据热电偶的位置进行相应的修正。

3.3.3 温差选择

按照下列之一选择温差：

a) 按照特定材料、产品或系统的技术规范的要求；

b) 被测定的特定试件或样品的使用条件(如果温差很小，准确度可以降低。如果温差很大，则不可能预测边缘热损失和不平衡误差，因为理论计算假定试件导热系数与温度无关，见2.2.1)；

c) 确定温度与传热性质之间的未知关系时，温差尽可能小(5 K～10 K)；

d) 当要求试件内的传质减到最小时，按测定值的所需准确度选择最低的温差。但如1.7.3所述，这可能意味着与本标准不符。

3.3.4 环境条件

3.3.4.1 空气相对湿度

当需要测定试件在空气(或其他气体)中的传热性质时，调节防护热板组件周围气体的相对湿度，使其露点温度至少比冷却单元温度低5 K。

为了实验室间的相互比较，建议以露点温度比冷却单元的温度低5 K～10 K的气体作为标准大气。

把试件封入气密性封袋内避免湿分迁入(或逸出)试件时，试验时封袋与试件冷面接触的部分不应出现凝结水。

3.3.4.2 在其他气体或真空中测定

如在低温下测定，装有试件的装置应该在冷却之前用干气体吹除空气。温度在77 K～230 K之间时，用干气体而不是空气作为充填气体，并将装置放入密封箱中。如冷却单元温度低于125 K时使用氮气，应小心调节氮气压力以避免凝结。温度在21 K～77 K之间时，通常要求用低冷凝温度的气体(如氦气)作为密封箱的大气，有时使用氢气。

警告：氢气是一种无色、无味和高度易燃的气体，必须由有资格的人员操作。

空气、氮、氢和氦气的导热系数差异很大，所以会显著影响被测材料的传热性质。应该小心记录环境气体的种类、其压力和温度，并在报告中包括这些资料。

当需要测定试件在真空中的热性质时，在冷却之前应先把系统抽真空。

3.3.5 热流量的测定

测量施加于计量部分的平均电功率,准确度不低于0.2%,强烈建议使用直流电。用直流时,通常使用有电压和电流端的四线制电位差计测定。

推荐自动稳压的输入功率。输入功率的随机波动、变化引起的热板表面温度波动或变化应小于热板和冷板间温差的0.3%。

调节并维持防护部分的输入功率(最好用自动控制),以得到满足2.1.4.1.1所要求的计量单元与防护单元之间的温度不平衡程度。

3.3.6 冷面控制

当使用双试件装置时,调节冷却单元或冷面加热器使两个试件的温差的差异不大于2%。

3.3.7 温差检测

用已证明有足够精密度和准确度、满足本方法的全部要求的方法来测定加热面板和冷却面板的温度或试件表面温度(如果用2.1.4.1.3c)方法)和计量到防护的温度平衡。

由2.1.4.1.3所述的方法之一确定试件的温差。

2.1.4.1.3b)还要对薄片进行附加热阻的确定。

3.3.8 过渡时间和测量间隔

由于本方法是建立在热稳态状态下的,为得到热性质的准确值,让装置和试件有充分的热平衡时间是非常重要的。

测量低热容量的良好绝热体,并存在湿气的吸收或释放而带来潜热交换的场合,试件内部温度达到热平衡可能要很长的时间。

达到平衡所需的时间能从几分钟变化到几天,它与装置、试件及它们的交互作用有关。

估计这个时间时,必须充分考虑下列各项:

a) 冷却单元、加热单元的计量部分、加热单元的防护部分的热容量及控制系统;

b) 装置的绝热;

c) 试件的热扩散系数、水蒸气渗透率和厚度;

d) 试验过程中的试验温度和环境;

e) 试验开始时试件的温度和含湿量。

在真空中运行可能大大增加为使装置和试件达到热平衡所需要的时间(由于装置和试件释放气体以及在这类试验中试件的热扩散系数往往是低的)。

其中某些影响在参考文献[18]和[20]中有所讨论。

作为一般的指南,控制系统能强烈地减少达到热平衡的时间,但是对减少含湿量平衡时间的作用很小。

在不可能较精确的估计过渡时间或者没有在同一装置里、在同样测定条件下测定类似试件的经验时,按下式计算时间间隔Δt:

$$\Delta t=(\rho_p\cdot c_p\cdot d_p+\rho_s\cdot c_s\cdot d_s)R$$

式中:

ρ_p,ρ_s——加热单元面板材料和试件的密度,单位为千克每立方米(kg/m^3);

c_p,c_s——加热单元面板材料和试件的比热容,单位为焦每千克(J/kg);

d_p,d_s——加热单元面板材料和试件的厚度,单位为米(m);

R——试件的热阻,单位为平方米开每瓦[$m^2\cdot K/W$]。

以等于或大于Δt的时间间隔按3.3.5和3.3.7规定读取数据,持续到连续四组读数给出的热阻值的差别不超过1%,并且不是单调地朝一个方向改变时。在不可能较精确的估计过渡时间或者没有在同一装置里、在同样测定条件下测定类似试件的经验时,按照稳定状态开始的定义,读取数据至少持续24 h。

当加热单元的温度为自动控制时，记录温差和(或)施加在计量加热器上的电压或电流有助于检查是否达到稳态条件。

3.3.9　最终质量和厚度测量

3.3.8 规定的读取数据完成以后，立即测量试件的最终质量。强烈推荐操作人员重复测量厚度，并报告试件体积的变化。

3.4　选择性测量的步骤

3.4.1　评价试件均质性的步骤

试图估计非均质性误差的一种方法是：从相同的样品中选择两块试件，它们在靠近计量区域边缘处的结构差异应尽可能大。比较它们的测量结果，如果不能认为相同，可能要测定一系列试件。

某些材料中可能在很小的距离上发生结构变化，可用切取比装置的面板的尺寸大的一组试件进行两次测定。测定时试件要仔细定位，使计量区域的边缘分别位于两种极端结构下。比较两次测定结果，其差异归结为热流扭曲影响。两次测定时都应将试件突出装置的部分良好地绝热，以减少暴露部分增加的热损失。试件的尺寸和厚度除容纳结构的变化外，还影响结构变化的尺寸。计量面积越大，对结果的影响越小。试件厚度对热流扭曲的影响可能增加或者减少。

当试件与加热和冷却单元面板接触的两个表面之间存在直接的热短路时，判断其影响的最好方法是切断热短路，尤其是能够切断连接表面与其余热通道的连接时。绝热材料薄片能在关键的表面提供这种隔离。

用磨平的软木片(或类似绝热材料)做成 0.002 m(或稍厚)的薄片效果良好。片必须磨得与加热单元的面板一样平(见 2.1.1.1)。薄片的热阻可单独测量。

评估这些试验条件的准确度是困难的。评估非均质性的准确度达到与本标准方法的准确度可比较的水平是不现实的。探查到的差异应有物理意义而不只是测量误差。

因此能确定由于热短路引起的试件热阻的纯变化。如果由于热短路引起的试件的热阻变化大于 1%，应插入较厚的垫片再作测定。

亦可用分析和计算估计热流歪曲的影响，报告中应给出确定这些影响的方法。根据本标准的目的，在传热性质测量中，差异小于 2%可认为无意义的。

3.4.2　可确定材料热性质的试件最小厚度的测定方法

选择密度和密度分布均匀、厚度等于被测材料的最大厚度或装置允许测定的最大厚度的样品。这个厚度记为 d_5。

从样品中切出 5 组试件，厚度从实际使用的最小厚度起，以大致相同的增量增加。其厚度分别为 d_1 到 d_5，相应的试件的标号为 s_1 到 s_5。

密度非常低的材料，由于试件自重可能存在密度梯度，用这个参数检查均匀性。

对于低密度材料，已证实通过辐射和传导机理传热，而无对流。热阻对厚度的关系曲线的斜率，在厚度小于 1 cm～2 cm 时，经常随着厚度增加而减小，然后保持为常数。该固定斜率的倒数是较大厚度试件的表观导热系数。

用相同的平均温度和温差测量 s_1，s_3 和 s_5 的厚度和热阻，绘出热阻与厚度的曲线。如果三个值偏离直线小于±1%，计算直线的斜率。如果偏差大于±1%，再对 s_2 和 s_4 进行同样测定，以检查是否存在一个厚度，超过此厚度热阻与直线的偏差小于±1%。如果存在此厚度，计算直线的斜率，并计算由厚度增量 Δd 与热阻增量 ΔR 之比定义的材料的表观导热系数 $\lambda_t = \Delta d/\Delta R$。

对于不同的平均温度，这个最小厚度随不同的材料、产品和系统的密度、类型和形状而变。

材料表观导热系数表征厚度大于最小厚度的材料、产品和系统的特性。传递系数与 λ_t 的差异小于 2%。

解释测定结果时必须考虑试验误差，用最小二乘法拟合 R 和 d 关系曲线可能有所帮助。要求较可靠的确定最小试件厚度时，可测定大量试件。

厚度关系可能是试件两侧温差的函数。就本标准的而言，如在典型的操作温差下进行上述测定，能确定热阻与厚度的关系。

3.4.3 测定与温差的关系

如果不知道材料的温差与其传热性质的关系，最少要以幅度变化较大的温差进行三次测量。由此可获得一个二阶的关系。如果是简单的线性关系，只需要做两次(即外加一次)测量，对这种特殊试件可以这样建立线性关系。

3.5 计算

3.5.1 密度和质量变化

3.5.1.1 密度

按下列公式计算经过状态调节后的试件在测定时的密度 ρ_d 和(或)ρ_s：

$$\rho_d = M_2/V$$

$$\rho_s = M_3/V$$

式中：

ρ_d——测定时干试件的密度，单位为千克每立方米(kg/m³)；

ρ_s——在复杂的调节过程(通常是与标准试验室的空气达到平衡)后的试件密度，单位为千克每立方米(kg/m³)；

M_2——干燥后试件的质量，单位为千克(kg)；

M_3——更复杂的调节过程后试件的质量，单位为千克(kg)；

V——干燥或调节后试件所占体积，单位为立方米(m³)。

3.5.1.2 质量变化

计算材料因干燥所致的相对质量变化 m_r，或因更复杂的调节后的相对质量变化 m_c：

$$M_r = (M_1 - M_2)/M_2$$

$$m_c = (M_1 - M_3)/M_3$$

式中：

M_1——接收状态下材料的质量，单位为千克(kg)；

M_2 和 M_3——同 3.5.1.1 中的定义。

当材料产品标准要求或对正确评价试验状态有用时，除 m_c 之外，计算干燥后，因状态调节所致的相对质量变化 m_d：

$$m_d = (M_3 - M_2)/M_2$$

计算试件在测定期间的相对质量增加 m_w：

$$m_w = (M_4 - M_5)/M_5$$

式中：

m_w——在测定中试件的相对质量增加；

M_4——测定结束时试件的质量，单位为千克(kg)；

M_5——临测定之前干试件的或调节过的质量，单位为千克(kg)。

3.5.2 传热性质

用稳态数据的平均值进行所有的计算。应采用 3.3.8 得到的四组数据进行计算，其他在稳态时观察的外加的测量数据，只要计算的传热性质与按 3.3.8 观察的数据计算的传热性质的差异不超过 ±1%，亦可使用。

用下式计算热阻 R：

$$R = \frac{A(T_1 - T_2)}{\Phi}$$

或按下式计算传递系数 T:

$$T=\frac{\Phi d}{A(T_1-T_2)}$$

式中:

Φ——加热单元计量部分的平均加热功率,单位为瓦(W);

T_1——试件热面温度平均值,单位为开(K);

T_2——试件冷面温度平均值,单位为开(K);

A——在1.7.6和2.1.1.3中定义的计量面积(双试件装置需乘以2),单位为平方米(m^2);

d——试件平均厚度,单位为米(m)。

如果满足1.8.2和1.8.3的要求,可用下式计算材料表观导热系数 λ_t 或导热系数 λ(或热阻系数 $\gamma=1/\lambda$):

$$\lambda_t(\lambda)=\frac{\Phi\cdot d}{A(T_1-T_2)}$$

式中:

Φ、A、T_1、T_2 和 d 定义见上式。

3.6 试验报告

若以按照本标准方法得到的结果出报告,那么本标准方法所规定的相关要求都应全部满足。若某些条件未满足,应按3.6.19中所要求的增加符合性的声明。

每一试验结果的报告应包括下列各项(报告的数值应代表试验的两块试件的平均值或是单试件装置的一个试件的值)。

3.6.1 材料的名称、标志以及制造商提供的物理描述。

3.6.2 由操作人员提供的试件说明以及试件与样品的关系。如可应用时,满足材料产品标准。松散填充材料的试样制备方法。

3.6.3 试件的厚度,标明是由热板和冷板位置强制确定的,还是测量试件的厚度。确定强制厚度的方法,m。

3.6.4 状态调节的方法和温度。

3.6.5 经状态调节后的试件,测定时材料的密度,kg/m^3。

3.6.6 在干燥和(或)调节过程中相对质量变化(见3.5.1)。

3.6.7 测定过程中质量的相对变化(见3.5.1),测定过程中厚度(或体积)变化(见3.3.9)。

3.6.8 试验时试件的平均温差及测定温差的方法(见2.1.4.1.3),K或℃。

3.6.9 试验时平均温度,K或℃。

3.6.10 测定时流经试件的热流密度,W/m^2。

3.6.11 试件的热阻($m^2\cdot K/W$)或传递系数($W/(m\cdot K)$)。可应用时,给出热阻系数($m\cdot K/W$)、导热系数($W/(m\cdot K)$)或材料的表观导热系数($W/(m\cdot K)$)以及其已经测定的或已知可应用的厚度范围(见3.4.2)。

3.6.12 测定完成日期,整个试验的延续时间和其中稳态部分延续时间(如果这类资料有助于解释结果)。

3.6.13 装置的型式(单或双试件)、取向(垂直、水平或其他方向)。单试件装置的试件不是垂直方向时,说明试件的热面位置(顶部、底部或其他任意位置)。

3.6.14 对于在试件和装置面板间插入薄片材料或者使用了水汽密封袋的试验,应说明薄片材料或封套的物质和厚度。并应说明测定试件温差的温度传感器的种类和布置。

3.6.15 所用防护热板装置的形式,单或双试件。减少边缘损失的方法和测定过程中环绕防护热板组件的环境温度。

3.6.16 充填试件周围用的气体种类和压力及用以吹除的气体种类。

3.6.17 必要时给出热性质的值为纵坐标、测量时平均温度为横坐标的图，用图形表达试验结果。绘制以热阻或传递系数为试件厚度的函数的图亦很有用。

3.6.18 强烈建议给出所测热性质的最大预计误差。当本标准中某些要求不满足时(见 3.6.19)，建议在报告中给出完整的测量误差的估算。

3.6.19 在情况或需要无法完全满足本标准所述的测定过程时，可允许有例外，但必须在报告中特别说明。建议的写法是："本测定除……外符合 GB 10294 的要求，完整的例外清单如下"。

附 录 A
（规范性附录）
装置性能和试验条件的极限值

章 节	描 述	值
1.1	防护热板装置可测量的最小热阻	$0.1\ m^2 \cdot K/W$
1.1	降低准确度后，防护热板装置可测量的最小热阻	$0.02\ m^2 \cdot K/W$
1.5.3	室温下防护热板法的预期准确度	2%
1.5.3	全温度范围内防护热板法的预期准确度	5%
1.5.3	取出试件并重装后预期的重现性	1%
1.7.1	需用特殊技术测量表面温度的硬质试件的最大热阻	$0.1\ m^2 \cdot K/W$
1.7.3	用温差法测量温差的低限	5 K
1.7.3	推荐的温差低限	10 K
1.7.6	试件最小厚度（相对于隔缝宽度）	10 倍
1.7.9	建议装置尺寸	0.3 m；0.5 m
1.7.9	建议装置尺寸（仅适用于均质材料）	0.2 m
1.7.9	建议装置尺寸（用于测定厚度超过 0.5 m 装置允许厚度的试件）	1 m
1.8.2	试件内非均质部分的最大尺寸（相对于试件厚度）	1/10
1.8.2	各向异性试件中，垂直和平行于试件厚度方向的导热系数的最大比值	2
1.8.3.1	为确定材料的导热系数或表观导热系数，传递系数随厚度变化的最大值	2%
2.1.1.1	装置的面板或硬质试件表面偏离平整度的最大值	0.025%
2.1.1.2	加热单元的温度均匀性（相对于试件两侧温度差）	2%
2.1.1.2	加热单元的相对的两个侧表面的平均温度之间的最大差值	0.2 K
2.1.1.2；2.3.6；3.2.2.3.3	任何与试件接触的表面的最小总半球辐射率	0.8
2.1.1.3	隔缝最大面积（相对于计量部分面积）	5%
2.1.1.5	不平衡传感器距离隔缝的最大距离（相对于计量部分边长或直径）	5%
2.1.2	冷却单元的温度均匀性和稳定性（相对于试件两侧温差）	2%
2.1.3	通过导线的最大热流量（相对于通过试件的热流量）	10%
2.1.4.1.1	建议检测不平衡的热电偶的最大直径	0.3 mm
2.1.4.1.1	最大的允许不平衡误差	0.5%
2.1.4.1.2	测量加热和冷却单元温差所需的准确度	1%
2.1.4.1.2	不屏蔽的温度传感器和装置金属面板间的最小电阻	100 MΩ
2.1.4.1.2	计量单元每侧面板上设置的温度传感器的最少数量（取大者）	$10\sqrt{A}$ 或 2
2.1.4.1.3	用固定安装的温度传感器测量非刚性试件两侧温差的最小热阻	$0.5\ m^2 \cdot K/W$
2.1.4.1.4	安装在金属面板内用于测量冷热板温差的热电偶的最大直径	0.6 mm

章 节	描 述	值
2.1.4.1.4	同上条，小尺寸金属面板时，建议热电偶的最大直径	0.2 mm
2.1.4.1.4	建议热电偶的标准误差	见表 B.1
2.1.4.1.4	在 21 K～170 K 之间建议热电偶的标准误差	1%
2.1.4.1.4	温差测量的最大合成误差	1%
2.1.4.2	测量试件厚度的准确度	0.5%
2.1.4.3	温度传感器的电学测量准确度(相对于试件两侧温差)	0.2%
2.1.4.3	电功率测量所需的准确度	0.1%
2.1.5	对大多数绝热材料推荐的装置对试件的最大压力	2.5 kPa
2.2.4	最大或然误差在总误差中所占比例	50%～70%
2.4.5	试件边缘温度与试件平均温度之差与试件两侧温差的最大比值(最高准确度时)	0.1(0.02)
3.2.1	双试件装置中，两个试件厚度的最大偏差	2%
3.2.1	不平衡和边缘热损失误差之和的最大值	0.5%
3.2.2.2.1	试件表面的最大不平行度(相对于试件厚度)	2%
3.2.2.2.1	插入薄片的热阻与试件热阻的最大比值	0.1
3.2.2.2.1	可以用装置上的热电偶测量温差的刚性试件最小热阻(试件热阻在 0.1 m^2·K/W～0.5 m^2·K/W及刚性试件建议用特殊方法测量温差)	0.1 m^2·K/W
3.2.2.2.1	试件每一表面设置的热电偶的最少数量(取大者)	$10\sqrt{A}$或 2
3.2.2.2.1	建议试件厚度与珠、颗粒、薄片的平均尺寸之间的最小比例	10,20 更好
3.2.2.3.3	用方法 B 测定松散填充材料时，塑料薄片的最大厚度	50 μm
3.3.1	测定试件质量要求的准确度	0.5%
3.3.4.1	空气的露点与冷却单元温度之间最小温度差	5 K
3.3.4.1	试验室间对比试验时，上述温度差的推荐范围	5 K～10 K
3.3.5	测量计量单元平均电功率的准确度	0.2%
3.3.5	因输入功率波动引起的加热单元温度波动的最大容许值(相对于加热单元与冷却单元的温差)	0.3%
3.3.6	双试件装置中两个试件温度差的最大差别	2%
3.3.8	为判断达到稳定状态，四组连续的读数中热阻的最大变化	1%
3.3.8	未知试验状况时，自开始稳定状态到完成测定的最少时间	24 h
3.4.1	有热短路的试件，要求用较厚垫片测定时试件的热阻变化	1%
3.4.1	可认为试件是非均质时，测量特性的最小差异	2%
3.4.2	计算拟合直线的斜率时，热阻与厚度线性关系的最大允许偏差	1%
3.4.2	可作为表观导热系数时，不同厚度试件的传递系数的最大差异	2%

附 录 B
（资料性附录）
热 电 偶

B.1 热电偶的类型如下：

——B 型：正极为铂（30%）铑合金，负极为铂（6%）铑合金；

——E 型：正极为镍（10%）铬合金，负极为康铜；

——J 型：正极为铁，负极为康铜；

——K 型：正极为镍（10%）铬合金，负极为镍（5%）铝或硅合金（见表 B.1 的角注 1））；

——R 型：正极为铂（13%）铑合金，负极为铂；

——S 型：正极为铂（10%）铑合金，负极为铂；

——T 型：正极为铜，负极为康铜。

B.2 热电偶的误差极限见表 B.1。

误差极限适用于直径在 0.25 mm～3 mm 的新的热电偶线，并且使用温度不超过表 B.2 推荐的极限。如在较高温度下使用，这些误差极限可能不适用。

误差极限适用于交付到使用者的新热电偶线，未考虑使用中的标定漂移。漂移的大小与热电偶线的尺寸、温度、暴露的时间和环境有关。

当误差极限以百分比的形式给出时，百分比用于以摄氏度表示的被测温度。

B.3 各种型号和直径热电偶的推荐使用温度上限列于表 B.2。这些极限用于有保护的热电偶，即在常规的端部密封保护管子内的热电偶，不适用于以密实的矿物氧化物为绝缘的铠装热电偶。适当地设计和使用铠装热电偶可以在高于表 B.1 和表 B.2 列出的温度中使用。

表 B.1 热电偶的允差

热电偶类型	温度范围/℃	误差极限-参考接点为 0 ℃	
		标准（取大者）	专用（取大者）
T	0～360	±1 ℃或±0.75%	±0.5 ℃或±0.4%
J	0～750	±2.2 ℃或±0.75%	±1.1 ℃或±0.4%
E	0～900	±1.7 ℃或±0.5%	±1 ℃或±0.4%
K	0～1 250	±2.2 ℃或±0.75%	±1.1 ℃或±0.4%
R 或 S	0～1 450	±1.5 ℃或±0.25%	±0.6 ℃或±0.1%
B	800～1 700	±0.5%	—
T1)	−200～0	±1 ℃或±1.5%	—
E1)	−200～0	±1.7 ℃或±1%	—
K1)	−200～0	±2.2 ℃或±2%	—

1) 热电偶和热电偶材料通常都能满足本表中 0 ℃以上温度的误差极限。然而，同样的材料可能不能满足本表第二部分给出的 0 ℃以下的误差极限。如果要求材料必须满足本表中 0 ℃以下的误差极限，在采购单中就必须注明。通常要求选择材料。

能证明并建立 0 ℃以下专用级的误差极限的资料极少。以下是根据有限的经验对 E 型和 T 型热电偶建议的专用误差极限：

——E 型：−200 ℃～0 ℃：±1 ℃或±0.5%（取大者）；

——T 型：−200 ℃～0 ℃：±0.5 ℃或±0.8%（取大者）。

这些误差极限仅供采购者与供应商参考。

由于材料的特性，没有列出 0 ℃以下 J 型热电偶的误差极限和 0 ℃以下 K 型热电偶的专用误差极限。

表 B.2 保护型热电偶的推荐使用温度上限

热电偶类型	不同线径下的温度上限/℃					
	3.25 mm	1.63 mm	0.81 mm	0.51 mm	0.33 mm	0.25 mm
T	—	370	260	200	200	150
J	760	590	480	370	370	320
E	870	650	540	430	430	370
K	1 260	1 090	980	870	870	760
R 和 S	—	—	—	1 480	—	—
B	—	—	—	1 700	—	—

附 录 C
（资料性附录）
试件最大厚度

C.1 本程序用于理论估算通用防护热板装置的试件最大允许厚度。表 C.1 为一个运算的例子。读者可以容易地对不同的数值建立类似的表格。计算以文献[5]中的公式为基础。在计算中作了许多假定，为方便计，列表如下：

a) 穿过隔缝为两根面积为 0.129 mm^2 的铜导线(0.000 2 平方英寸，见本程序的说明 6)。

b) 穿过隔缝的测量计量单元温度的热电偶数量等于 $10\sqrt{A}$ 或 2(取大者)。其中 A 为计量单元的面积，以 m^2 计。

c) 采用四对温差热电偶测量温度不平衡。热电偶规格与测量温度的热电偶相同。

d) 防护单元和计量单元各自具有均匀的温度，但可能并不相等。

e) 试件边缘的温度是均匀的。

所用的参数如下：

E——边缘温度与冷板的温度的差与热、冷板温度差的比值，$E=(T_{边}-T_{冷})/(T_{热}-T_{冷})$；

RATIO T——隔缝两侧温度差与热、冷板温度差的比值；

RATIO K——加热器导线的导热系数与试件导热系数之比；

RATIO L——热电偶线的导热系数与铜线导热系数之比(本程序中输出为变量 KCU；T/C K)；

GAP——隔缝的宽度，cm；

PLATE——板的总宽度，cm(变量 WPLATE)；

GUARD——防护单元的宽度，cm；

%ERR——测量值的总的理论误差；

MAX. THICKNESS——总误差为%ERR 的试件最大厚度。

C.2 一旦建立起一组表格，对于一个给定的装置，决定 RATIO K、RATIO L 和 GAP，如它们很接近表中的数值，就应用这套表格。如数值有明显差异，那么查阅参考资料。计算正常试验状态的 RATIO T，选择相应的表、查得相应于本装置的加热单元和防护单元尺寸的试件最大容许厚度。必要时在各表之间内插。注意表内的数值只应用于 $E=0.5$ 的理想状态。采用其他 E 值时，参照 2.2.1 进行计算或修改本程序。

表 C.1 计算试样最大厚度的程序

```
C
C
C     PROGRAM TO CALCULATE MAXIMUM SPECIMEN THICKNESS ALLOWED
      FOR VARIOUS
C     PERCENTAGE ERRORS(0.1,0.2,0.5,1.0,2.0,5.0)
C
C     MAXIMUM THICKNESSES ARE CALCULATED FOR THREE GUARD WIDTHS:
      1/6PLATE
C     WIDTH,1/4 PLATE WIDTH,1/3PLATE WIDTH.
C
C     INPUT(CONSISTS OF: E = FRACTION OF TEMPERATURE DIEFRENCE BE-
      TWEEN PLATES)
C             AT SPECIMEN EDGE.
```

表 C.1（续）

```
C             RATIOT=RATIO OF GAP TEMPERATURE DIFFERENCE TO
C        SPECIMEN TEMPERATURE DIFFERENCE.
C             RATIOT=RATIO OF THERMAL CONDUCTIVITY OF
C        LEADS ACROSS GAP TO THERMAL CONDUCTIVITY OF SPECIMEN.
C             KCU=THERMAL CONDUCTIVITY OF T/C ACROSS GAP
C        RELATIVE TO THERMAL CONDUCTIVITY OF COPPER.
C             D=GAP WIDTH.
C             WPLATE=PLATE WIDTH.
C
C   NO. OFT/C ACROSS GAP IS BASEDON ASTM FORMULA(NO. =1/8 * SQRT
    (AREAPLATE))
C   WITH A MINIMUM OF 2 BEING ASSUMED IF NO. =2 OR LESS.
C   ONE COPPER LEAD(0.000 2 SQ. IN.)WAS ALSO ASSUMED ACROSS THE GAP
C   AND FOUR DIFFERENTIAL T/C,OF THE SAMEMATERIAL AS THE TEST AR-
    EA T/C,
C   WERE ASSUMED ACROSS THE GAP.
C
        DIMENSION G(5),ER(10),ANS(10),GM(10),ANSN(10)
        REAL L,KCU
        INTEGER CARD
        COMMON WPLATE,E,RATIOT,RATIOK,AC,WGUARD,ERR,D,L
        CARD=1
        LP=3
        K=1
        ER(1)=0.1
        ER(2)=0.2
        ER(3)=0.5
        ER(4)=1.0
        ER(5)=2.0
        ER(6)=5.0
        EPS=0.000 01
        IEND=20
C
1 000   READ(CARD,200)WPLATE
        IF(WPLATE)1,99,2
1       READ (CARD,100)E,RATIOT,RATIOK,KCU,D
        DM=D/0.393 700 79
        WPLATE=-WPLATE
C
        IF(K)73,72,73
72      WRITE(LP,900)
        WRITE(LP,901)
73      WRITE(LP,700)E,RATIOT,RATIOK,KCU,DM
```

表 C.1（续）

```
      WRITE(LP,500)
      WRITE(LP,600)(ER(1),I=1,6)
C
2     G(1)=WPLATE/6.
      G(2)=WPLATE/4.
      G(3)=WPLATE/3.
      K=0
C
      WPLATM=WPLATE/0.393 700 79
      WRITE(lp,401)WPLATM
      DO 40 i=1,3
      L=WPLATE/2.-G(I)
      WGUARD=(I)
      GM(I)=G(I)/0.393 700 79
C
      X=L/4,
      IX=X
      IF(X-IX)4,4,3
3     IX=IX+1
4     IF(IX-1)5,5,6
5     IX=2
6     AC=(IX+4.)*0.000 078 94*KCU+0.000 2
C
      HI=0.000 1*WPLATE
      DO 30 J=1,6
      ERR=ER(J)
7     H2=2.*HI
      IF(FCT(H1)*FCT(H2))9,9,8
8     H1=H2
      GO TO 7
9     CALL RTMIX(ANSH,ANSE,FCT,H1,H2,EPS,IEND,IER)
      IF(IER)10,20,10
10    ANS(J)=0.0
      GO TO 30
20    ANS(J)=ANSH
      ANSM(J)= ANS(J)/0.393 700 79
30    CONTINUE
      IF(I-2)70,71,70
71    WRITE(LP,400)WPLATE
70    WRITE(LP,301)GM(I),(ANSM(J),J=1,6)
40    CONTINUE
      WRITE(LP,200)
      GO TO 1 000
```

表 C.1（续）

```
99      WRITE(LP,900)
        WRITE(LP,901)
        WRITE(LP,999)
        STOP
100     FORMAT(F4.2,F6.4,F8.6,F4.2,F6.4)
200     FORMAT(F6.2)
300     FORMAT(32X,'0',F5.2,')',8X,6('(',F6.3,')'))
301     FORMAT(33X,F5.2,7X,6(1X,F7.1))
400     FORMAT('-',16X,'(',F5.2,')')
401     FORMAT('-',16X,F6.2)
500     FORMAT(18X,'PLATE',10X,'GUARD',26X,'MAX. THICKNESS')
600     FORMAT(44X,'%ERR',2X,F3.1,5(5X,F3.1)/)
700     FORMAT('1',49X,'E=',F4.2,4X,'RATIO T=',F6.4,4X,'RATIO T=',
        F6.4,4X,'RATIO K=',F7.1,4X,1,'T/C K=',F4.2,4X,'GAP=',F5.3,//)
900     FORMAT(/,32X,'NOTE,1')TERMS NOT BRACKETED MEASURED IN CEN-
        TIMETER
        1S.')
901     FORMAT(38X,'2)BRACKETED. TERMSMEASURED IN INCHES.')
999     FORMAT('1')
        END

      SUBROUTINE RTMI(X,F,FCT,XLI,XRI,EPS,IEND,IER)
      IER=0
      XL=XLI
      XR=XRI
      X=XL
      TOL=X
      F=FCT(TOL)
      IF(F)1,16,1
1     FL=F
      X=XR
      TOL=X
      F=FCT(TOL)
      IF(F)2,16,2
2     FR=F
      IF(EL * FR)3,25,25
C
3     I=0
      TOLF=100. * EPS
C
4     I=I+1
C
```

表 C.1（续）

```
      DO 13 K=1,END
      X=.5*(XI+XR)
      TOL=X
      F=FCT(TOL)
      IF(F)5,16,5
5     IF(F*FR)6,7,6
C
6     TOL=XL
      XL=XR
      XR=TOL
      TOL=FL
      FL=FR
      FR=TOL
7     TOL=F-FL
      A=F*TOL
      A=A+A
      IF(A-FR*(FR-FL))8,9,9
8     IF(I-IEND)17,17,9
9     XR=X
      FR=F
C
      TOL=EPS
      A=ABS(XR)
      IF(A-1.)11,11,10
10    TOL=TOL*A
11    IF(ABS(XR-XL)-TOL)12,12,13
12    IF(ABS(FR-FL)-TOLF)14,14,13
13    CONTINUE
C
      IER=1
14    IF(ABS(FR)- ABS(FL))16,16,15
15    X=XL
      F=FL
16    RETURN
C
17    A=FR-F
      DX=(X-XL)*FL*(1.+F*(A-TOL)/A*( FR-FL)))/TOL
      XM=X
      FM=F
      X=XL-DX
      TOL=X
      F=FCT(TOL)
```

表 C.1(续)

```
      IF(F)18,16,18
C
18    TOL=EPS
      A=ABS(X)
      IF(A-1.)20,20,19
19    TOL=TOL*A
20    IF(ABS(DX)-TOL)21,21,22
21    IF(ABS(F)-TOLF)16,16,22
C
22    IF(F*FL)23,23,24
23    XR=X
      FR=F
      GO TO 4
24    XL=X
      FL=F
      XR=XM
      FR=FM
      GO TO 4
C
25    IER=2
      RETURN
      END

      FUCNTION FCT(H)
      REAL NUM,L,LC
      COMMON WPLATE,E,RATIOT,RATIOK,AC,WGUARD,ERR,D,L
C
      PI=3.141 592 653 5
C
      CONST=16.*ALOG(4.)/PI
C
      LC=D
C
      VRARIA1=1.-EXP(-2.*PI*D/H)
      TERM1=RATIOK*AC/(LC*L)
      TERM3=16.*ALOG(VARLA1)/PI
      EPSIG=H*RATIOT*(TERM1+CONST-TERM3)/(8.*L)
C
      TERM4=COSH(PI*(WGUARD+L)/H)
      TERM5=COSH(PI*WGUARD/H)
      TERM6=ALOG((TERM4+1.)/(TERM5+1.))
      TERM7=ALOG((TERM4-1.)/(TERM5-1.))
      EPSIL=((NUM*H)/(PI*L))*2-1
```

表 C.1(续)

```
C
      FCT=ERR/100.-ABS(EPSIG+EPSIL)
C
      RETURN
      END
```

表 C.2 常规防护热板导热仪(试样运行状态)中的最大试样厚度

E=0.50 RATIO T=0.001 0[1)] RATIO K=30 000.0[1)] RATIO T=1.05[1)] GAP=0.317							
热板/cm (inch)	防护板/cm	误差/%					
		0.1	0.2	0.5	1.0	2.0	3.0
		最大厚度/cm					
10.16 (4.00)	1.69	0.2	0.4	1.0	1.8	2.5	3.5
	2.54	0.1	0.2	0.6	1.2	2.2	3.9
	3.39	0.1	0.1	0.3	0.5	1.0	2.6
20.32 (8.00)	3.39	0.8	1.5	3.3	4.5	5.6	7.3
	5.08	0.4	0.9	2.2	4.1	6.3	8.8
	6.77	0.2	0.4	1.0	2.0	3.9	8.2
30.48 (12.00)	5.08	1.6	3.1	5.6	7.1	8.7	11.2
	7.62	1.0	1.9	4.5	7.6	10.2	13.6
	10.16	0.4	0.9	2.2	4.2	8.1	13.8
45.72 (18.00)	7.62	3.1	5.7	9.0	11.0	13.2	16.9
	11.43	2.1	3.8	8.6	12.7	16.1	20.9
	15.24	1.0	1.9	4.5	8.6	15.0	22.2
60.96 (24.00)	10.16	4.8	8.4	12.3	14.9	17.8	22.7
	15.24	3.1	5.9	12.8	17.7	21.9	28.1
	20.32	1.6	3.1	7.2	13.7	21.7	30.6
91.44 (36.00)	15.24	8.0	13.3	18.7	22.5	26.8	34.1
	22.86	5.4	10.0	20.5	27.2	33.3	42.5
	30.48	3.1	5.9	13.5	24.4	35.0	47.2
121.92 (48.00)	20.32	11.1	18.1	25.1	30.1	35.8	45.5
	30.48	8.0	14.7	28.6	36.9	44.8	56.9
	40.64	4.9	9.0	20.3	35.2	48.0	63.8

1) RATIO T、RATIO K、RATIO T 的含义见附录 C 的 C.1、C.2。

附 录 D
(资料性附录)
参 考 文 献

[1] WOODSIDE, W. and WILSON, A. G., Unbalance Errors in Guarded Hot Plate Measurements, Symposium on Thermal Conductivity Measurements and Applications of Thermal Insulations, ASTM STP217, ASTTA, Am. Soc. Testing Mats., 1956, pp. 32-48.

[2] GILBO, C. F., Experiments with a Guarded Hot Plate Thermal-Conductivity Set, Symposium on Thermal insulating Materials, ASTM STP119 ASTTA, Am. Soc. Testing Mats., 1951, pp. 45-57.

[3] DONALDSON, I. G., A Theory for the Square Guarded Hot Plate-A Solution of the Heat Conduction Equation for a Two Layer System, Quarterly of Applied Mathematics, QAMAA, Vol. XIX, 1961, pp-205-219.

[4] DONALDSON, I. G, Computer Errors for a Square Guarded Hot Plate for the Measurement of Thermal Conductivities of Insulating Materials, British Journal of Applied Physics, BJAPA, Vol. 13, 1962, pp. 598-602.

[5] DE PONTE, F. and DI FILIPPO, P., Design Criteria for Guarded Hot Plate Apparatus, Heat Transmission Measurements in Thermal Insulations, ASTM STP544, ASTTA, Am. Sot. Testing Mats., 1974, p. 97.

[6] MARECHAL, J. C., Métrologie et Conductivité Thermique, Matériaux et Constructions, Janvier-Février, 1974, No, 37, pp. 61-65.

[7] VANCE, R. W. Cryogenic Technology, John Wiley and Sons, Inc., New York, N. Y., 1963, p. 234.

[8] SPARKS, L. L., POWELL, R. L. and HALL, W. J., Cryogenic Thermocouple Tables, NBS Report 9712, National Bureau of Standards, Boulder, Colo., 1968.

[9] KOPP, J. and SLACK, G. A., Thermal Contact Problems in Low Temperature Thermocouple Thermometry, Cryogenics, CRYOA, February, 1971, pp. 22-25.

[10] SOMERS, E. V. and CYPBERS, J. A., Analysis of Errors in Measuring Thermal Conductivity of Insulating Materials, Review of Scientific Instruments, RSINA, Vol. 22, 1951, pp. 583-586.

[11] WOODSIDE, W., Analysis of Errors Due to Edge Heat Loss in Guarded Hot Plates, Symposium on Thermal Conductivity Measurements and Applications of Thermal Insulations, ASTM STP217, ASTTA, Am. Soc. Testing Mats., 1957, pp. 49-64.

[12] WOODSIDE, W., Deviations from One-Dimensional Heat Flow in Guarded Hot Plate Measurements, Review of Scientific Instruments, RSINA, Vol. 28, 1956, pp. 1933—1937.

[13] TYE, R. P., Thermal Conductivity, Vols. I and II, Academic Press, London and New York, 1969.

[14] NASA/Lewis Research Center-TMX 52454, 1968, "Hydrogen Safety Manual," Advisory Panel on Experimental Fluids and Gases, available from the National Technical Information Service, U. S. Department of Commerce, 5285 Port Royal Road, Springfield, Va. 22151.

[15] SAX, N. I., Handbook of Dangerous Materials, Reinhold Publishing Company, New York, N. Y., 1951.

[16] Handling and Storage of Liquid Propellants, 1961, Office of the Director of Defense Re-

search and Engineering, available from U. S. Government Printing Office, Washington, D. C. 20402.

[17] NASA Publication SP-5032, Sept. 1965, "Handling Hazardous Materials", available from The National Technical Information Service, US. Department of Commerce, 5285 Port Royal Road, Springfield, Va. 22151.

[18] SHIRTLIFFE, C. J., Establishing Steady-State Thermal Conditions in Flat Slab Specimens, Heat Transmission Measurement in Thermal Insulations, ASTM STP544, ASTTA, Am. Soc. Testing Mats., 1974, p. 13.

[19] PRATT, A-W., Analysis of Error Due to Edge Heat Loss in Measuring Thermal Conductivity by the Hot Plate Method, Journal of Scientific Instruments, JSINA Vol. 39, 1962, pp. 63-68.

[20] Thermal Conductivity Measurements of Insulating Materials at Cryogenic Temperatures, ASTM STP411, ASTTA, Am. Soc. Testing Mats., 1967.

[21] ARDUINI, M. C., and DE PONTE, F., Analysis of Emittance Measurements with Heat Flowmeter and Guarded Hot Plate Apparatus. XVIII ICHMT Symposium on Heat and Mass Transfer in Cryoengineering and Refrigeration, Dubrovnik, September 1-5 1986, Hemisphere Pub., Washington.

[22] CLULOW, A. and REES, W. H., The Transmission of Heat through Textile Fabrics, Part III, A New Thermal Transmission Apparatus, Journal of the Textile Institute, JTINA, 1968, pp. 286-294.

[23] ZABAWSKY, A., An Improved Guarded Hot Plate Thermal Conductivity Apparatus with Automatic Controls, Symposium on Thermal Conductivity Measurements and Applications of Thermal Insulation, ASTM STP217, ASTTA, Am. Soc. Testing Mats., 1957, pp, 3-17.

[24] DE PONTE, F. and DI FILIPPO, P., Some Remarks on the Design of Isothermal Plates, Proc. Meeting Comm, B1, International Institute of Refrigeration, IIR, Zürich, 1973-4, pp. 145-155.

[25] BRENDENG, E. and FRIVIK, P. E., On the Design of a Guarded Hot Plate Apparatus, Proc. Meeting Comm. II & VI, International Institute of Refrigeration, IIR, Liège, 1969.

[26] BANKVALL, C. G., Ensidig, Evakuerbar oder Roterbar Plattapparat főr Wärmeisöleringsundersaknigar (A One-sided Evacuable and Rotatable Guarded Hot Plate for the Investigation of Thermal Insulation), Report No. 14, Lund Institute of Technology-Sweden (with abstract In English), Lund, 1970.

[27] BANKVALL, C. G., Guarded Hot Plate Apparatus for the Investigation of Thermal Insulations, Matériaux et Constructions, Vol. 6, No. 31, 1973.

[28] BODE, K. H., Wärmeleitfähigkeitsmessungen mit dem Plattengerät: Einfluβ der Schutzingbreite auf die Meβungsicherheit, lnt. J. Heat Mass Transfer, Vol. 23, 1980, pp. 961-970.

[29] FOURNIER, D. and KLARSFELD, S., Mesures de conductivité thermique des matériaux isolants par un appareil orientable à plaque chaude bi-gardée, Commission 2 et 6 de I'Institut international du Froid, IIF-IIR, Liège 1969, Annexe 1969-7, Bulletin IIF, pp. 321-331.

[30] TROUSSART, L. R., Three-dimensional Finite Element Analysis of the Guarded Hot Plate Apparatus and its Computer Implementation, Journal of Thermal Insulation, Vol. 4, April 1981, pp. 225-254.

[31] JAKOB, M., Verfahren zur Messung der Wärmeleitzahl fester Stoffe, Z. Techn. Physik, Vol. 7, 1926, pp. 475-481.

[32] CAMMERER, W. F., Genauigkeit und allgemeine Gültigkeit experimentell bestimmter Wämeleitzahlen, Allgemeine Wärmetechnik, Vol. 4, 1953, pp. 209-214.

[33] ACHTZIGER, J., Wärmeleitfähigkeitsmessungen an Isolierstoffen mit den Plattengerät bei

tiefen Temperaturen,Kältefechnik,Vol,12,1960,pp. 372-375.

[34] ZEHENDNER,H. ,Einfluβ der freien Konvektion auf die Wärmeleitfähigkeit einer lelchten Mineralfasermatte bei tiefen Temperaturen,Kälte-technik,Vol. 16,1964,pp. 308-311.

[35] CAMMERER,W. F. ,Thermal Conductivity as a Function of the Thickness of Insulating Materials,Proc. Meeting Comm. β1, International Institute of Refrigeration, IIR, Zürich, 1973-4, pp. 189-200.

[36] TROUSSART,L. R. ,Analysis of Errors in Guarded Hot Plate Measurements as Compiled by the Finite Element Method, in Guarded Hot Plate and Heat Flow Meter Methodology, ASTM STP879,ASTTA,Am. Soc. Testing Mats. ,Philadelphia,1985,pp. 7-28.

[37] Guarded Hot Plate and Heat Flow Meter Methodology,ASTM STP879,ASTTA,American Society for Testing and Materials. Philadelphia,1985.

[38] JAOUEN,J. L. and KLARSFELD,S. ,Heat Transfer through a Still Air Layer. ,ASTM Cl6 Conference on Thermal Insulation, Materials and Systems, ASTM STP922, ASTTA, Am. Soc. Testing Mats. ,Philadelphia,1988,pp. 283-294.

附 录 NA
（资料性附录）
补 充 说 明

NA.1 ISO 7345:1987、ISO 9229:1991、ISO 9251:1987、ISO 9288:1989、ISO 9346:1987 中有关术语已转化在国家标准 GB/T 4132—1996 中，本标准使用者可参照使用。

NA.2 RM64 现已被 IRMM-440 替代，工作温度为－10 ℃～50 ℃。NBS 1450 已被 NBS 1450c 替代，工作温度为 280 K～340 K。

ICS 91.120.10
Q 25

中华人民共和国国家标准

GB/T 10295—2008/ISO 8301:1991(E)
代替 GB/T 10295—1988

绝热材料稳态热阻及有关特性的测定 热流计法

Thermal insulation—Determination of steady-state thermal resistance and related properties—Heat flow meter apparatus

2008-06-30 发布　　2009-04-01 实施

中华人民共和国国家质量监督检验检疫总局
中国国家标准化管理委员会　发布

前　言

本标准等同采用 ISO 8301:1991(E)《绝热——稳态热阻及有关特性的测定——热流计法》。

本标准代替 GB/T 10295—1988《绝热材料稳态热阻及有关特性的测定——热流计法》。

本标准与 GB/T 10295—1988 相比主要变化如下：

——将国际标准中的引言列为本标准的引言；

——第 1 章概述中增加了部分术语定义，增加了符号、物理量和单位说明，增加了影响热性能的因素、取样、精确度和重现性、校验步骤、仪器和试件的限制等内容；

——规范性引用文件是 ISO 8301:1991(E)中所引用的国际标准；

——删除了原标准“第 5 章装置的技术要求”中对热流计装置的标准尺寸的建议；

——修改部分仪器和试验参数，主要有：

a) 原标准 5.2.5 规定“热电偶的直径应小于 0.2 mm”改为“热电偶的直径不大于 0.2 mm”；

b) 原标准 6.2.1 规定“不平度小于 30 μm”改为“不平度小于 25 μm”；

c) 原标准 7.2.2 建议的调湿环境温度“293±1 K”改为“296 K±1 K”；

——按照 ISO 8301:1991(E)重新编写了附录；

——增加了附录 NA。

本标准的附录 A 为规范性附录，附录 B、附录 C、附录 D、附录 E 和附录 NA 为资料性附录。

请注意本标准的某些内容有可能涉及专利，本标准的发布机构不应承担识别这些专利的责任。

本标准由中国建筑材料联合会提出。

本标准由全国绝热材料标准化技术委员会(SAC/TC 191)归口。

本标准负责起草单位：南京玻璃纤维研究设计院。

本标准主要起草人：张剑红、戴自祝、曹声龄、曾乃全。

本标准所替代标准的历次版本发布情况为：

——GB/T 10295—1988。

引　　言

0.1 标准结构

本标准分为三个章节，叙述了使用和设计热流计装置所需要的所有信息：

1 概述；

2 装置与标定；

3 试验过程。

使用本方法时，如果只是以测试为目的，使用者可能只关注第 3 章。但为了获得准确的结果，还需要熟悉其他两章内容。使用者必须对概述的要求有较深刻的认识。第 2 章直接针对装置的设计者，但为了制造出好的装置，使用者同样必须熟悉其他章的内容。

0.2 热传递和测试性能

大量测试是对低密度多孔材料进行的。这种情况下材料内部的实际传热包括以下不同方式的复杂组合：

——辐射；

——固相和气相内的传导；

——对流(在某些操作条件下)；

以及三者之间的相互作用和传质，尤其是在含湿材料的情况。对于这些材料，通过测量热流量、温度差及尺寸，利用公式计算得到的试件的传热性质(常误称为导热系数)，可能并不是材料自身的固有性质。根据 ISO 9288，该性能应被称作"传递系数"，因为它可能取决于测试条件(传递系数在其他地方常被称为表观导热系数或有效导热系数)。在相同的测试平均温度下，传递系数可能在很大程度上取决于试件的厚度或温差。

辐射传热是传递系数受试件厚度影响的首要因素。因此，不仅试件本身性质会影响试验结果，而且与试件接触的表面的热辐射特性亦会影响试验结果。因此如果提供了表面的相关信息，热阻就能较好地描述试件的热性能。

当试件中存在有对流的可能性时(如低温下轻质的矿物棉材料)，装置的方向、试件的厚度和温差都可能影响传递系数和热阻。对于这种情况，虽然试验步骤中提供的内容不会提供详细的测试条件，但至少应详细说明试件的几何形状和边界条件。另外，评估测量结果时，尤其在实际应用测量结果时应有足够的相关知识。

在测量过程中试件含湿量对传热的影响也是一个复杂的因素。因此，干燥试件仅需根据本标准程序进行试验。对于含湿材料的试验，需要其他注意事项，本标准不包括这些内容。

当按本标准方法确定的传热性质用于预测实际使用情况下的特定材料的热品质时，尽管其他因素如施工工艺会产生影响，但掌握物理原理也是十分重要的。

0.3 所需背景

为了得到正确的结果，热流计装置的设计和正确操作，以及试验结果的解释是一项复杂的工作，需要格外引起注意。建议热流计装置的设计者、操作者、试验结果的使用者应对被评估的材料、制品和系统内的传热机理应有完整的知识，并有相关的电气和温度测量经验，特别是对弱电信号测量有一定的了解。也应具备良好的实验室实践技能。

设计者，操作者和数据的使用者对上述各领域知识要求的深度可能不同。

0.4 设计、尺寸和国家标准

世界各地存在着符合各自国家标准的很多不同的热流计装置设计，并且不断研究、发展以提高设备和测量技术。因此,要求一种特定设计或尺寸的装置是不切实际的,尤其是当总体要求可能相差很大时。

0.5 **指南**

由于发现不同形式的装置得到可比较的结果,本标准给新装置的设计者提供的温度和几何尺寸的范围都足够大。建议新装置的设计者仔细、全面地阅读附录 E 中的参考文献。在新装置完工后,建议采用一个或几个不同可测热阻范围的参考材料进行试验以检验装置。为了获得正确的结果,本标准仅对设计和操作热流计装置提出必要的强制性要求。附录 A 列出了本标准阐述的装置性能和试验条件的极限数值。本标准还包含推荐的操作程序和实践知识,以及建议的试件尺寸,这些会提高一般测量水平,有助于改善实验室间对比和合作测量程序。

绝热材料稳态热阻及有关特性的测定
热流计法

1 概述

1.1 范围

1.1.1 本标准规定了使用热流计装置测定板状试件稳态传热性质的方法和传热性质的计算。

本方法是根据被测试件与标准试件热阻相比较而得出的一种间接或相对的方法。

符合本标准试验方法的报告，试件的热阻应大于 $0.1\ m^2 \cdot K/W$，且厚度满足 1.7.2 的要求。

1.1.2 如果试件满足 1.8.1 的要求，结果应表述成试件的热导率和热阻。

1.1.3 如果试件满足 1.8.2 的要求，结果应表述成试件的平均导热系数。

1.1.4 如果试件满足 1.8.3 的要求，结果可表述成材料的导热系数或表观导热系数。

1.2 规范性引用文件

下列标准包含条款通过本标准的引用而成为本标准的条款。凡是注日期的引用文件，其随后所有的修改单(不包括勘误的内容)或修订版均不适用于本标准，然而，鼓励根据本标准达成协议的各方研究是否可使用这些文件的最新版本。凡是不注日期的引用文件，其最新版本适用于本标准。

ISO 7345:1987　绝热——物理量和定义

ISO 8302:1991　绝热——稳态热阻及有关特性的测定——防护热板法

ISO 9229:1991　绝热——材料、产品和体系——词汇

ISO 9251:1987　绝热——传热条件和材料性能——词汇

ISO 9288:1989　绝热——辐射传热——物理量和定义

ISO 9346:1987　绝热——传质——物理量和定义

1.3 术语和定义

ISO 7345 或 ISO 9251 确立的以及下列术语和定义适用于本标准：

物理量	符号	单位
热流量	Φ	W
热流密度	q	W/m^2
热阻[1)]	R	$m^2 \cdot K/W$
热导率	Λ	$W/(m^2 \cdot K)$
导热系数[2)]	λ	$W/(m \cdot K)$
热阻系数	γ	$m \cdot K/W$
孔隙率	ξ	—
局部孔隙率	ξ_p	—

1) 某些情况下，可能需要考虑温差被热流量除，没有特殊的符号来表示此物理量，有时也被称为阻值。

2) 在大多数情况下，热流 $\vec{q}$ 和温度梯度 grad T 的方向不同($\vec{\vec{\lambda}}$ 不是由单一常数 λ 确定，而是由常数矩阵确定)；此外，试件内部位置变化、温度变化以及时间变化都会引起导热系数的变化。

多孔体　porous medium

均质体　homogeneous medium

均质多孔体　homogeneous porous medium

非均质体　heterogeneous medium

各向同性体　isotropic medium

各向异性体　anisotropic medium

稳定体　stable medium

1.3.1

热均质体　thermally homogeneous medium

导热系数$[\vec{\vec{\lambda}}]$不是物体内部位置的函数，但可以是方向、时间和温度的函数。

1.3.2

热的各向同性体　thermally isotropic medium

导热系数$[\vec{\vec{\lambda}}]$不是方向的函数，但可以是物体内部位置、时间和温度的函数，每一点的$[\vec{\vec{\lambda}}]$由单一的λ值确定。

1.3.3

热稳定体　thermally stable medium

导热系数λ或$[\vec{\vec{\lambda}}]$不是时间的函数，但可以是物体内的坐标、温度和方向的函数。

1.3.4

试件的平均导热系数　mean thermal conductivity of a specimen

由热均质和各向同性（或具有垂直于表面的对称轴的各向异性）的、在测量的精度和测量时间内是热稳定的、且导热系数λ或$[\vec{\vec{\lambda}}]$为常数（或与温度成线性函数关系）的材料制成由两个平行的等温表面和与表面垂直的边缘形成的板状物体，在边缘绝热的边界条件下，在稳定状态下确定的传热性质。

1.3.5

试件的传递系数　transfer factor of a specimen

传递系数$T=\frac{qd}{\Delta T}=\frac{d}{R}$，单位为W/(m·K)。它取决于试验条件，表征试件与传导和辐射复合传热的关系。也常被称为试件的测量等效、表观或有效导热系数。

1.3.6

材料的表观导热系数　thermal transmissivity of a material

表观导热系数$\lambda_t=\frac{\Delta d}{\Delta R}$，单位为W/(m·K)。这里$\Delta d/\Delta R$与厚度$d$无关。它与试验条件无关，表征绝热材料与传导和辐射复合传热的关系。表观导热系数可看作是在传导和辐射复合传热情况下，传递系数在厚试件中达到的极限值，也常被称为材料的等效或有效导热系数。

1.3.7

稳态传热性质　steady-state heat transfer property

与下列性能之一有关的通用术语：热阻、传递系数、导热系数、热阻系数、表观导热系数、热导率和平均导热系数。

1.3.8

室温　room temperature

通用术语，指人在该环境的温度下感到舒适的测量平均试验温度。

1.3.9

环境温度　ambient temperature

通用术语，指试件边缘或整个装置周边的温度。对于封闭装置为箱内温度，不封闭的装置则为实验室温度。

1.3.10

操作者 operator

指负责热流计装置试验操作并且出具结果报告的人。

1.3.11

数据使用者 data user

应用和解释测量结果以判定材料或系统性能的人。

1.3.12

设计者 designer

为满足装置在指定试验条件下要求的预定性能,研究装置的构造细节和为验证装置的预期准确度而确定试验程序的人。

1.4 符号和单位(见表1)

表1

符号	物理量	单位
A	在选定的等温面上测量面积或计量区域面积	m^2
c_s	比热容	J/(kg·K)
d	被测试件垂直于等温面的厚度	m
d', d''	双试件装置中每一块试件的厚度	m
d_m	双试件的平均厚度	m
$d_1, d_2, \cdots, d_5$	指定试件 $s_1, s_2, \cdots, s_5$ 的厚度	m
D_t	测试中冷热板间允许的最大距离	m
e	热流计输出	mV
f	热流计的标定系数	W/(mV·m^2)
L	热流计的边长	m
L_m	热流计计量区域的边长	m
m_c	状态调节后相对质量变化	—
m_d	干燥后状态调节产生的相对质量变化	—
m_r	干燥后相对质量变化	—
m_w	试验后试件的相对质量变化	—
M_1	来样时试件质量	kg
M_2	干燥后的试件质量	kg
M_3	状态调节后的试件质量	kg
M_4	试验后的试件质量	kg
M_5	试验前,试件经干燥或状态调节后的质量	kg
q	热流密度	W/m^2
q', q''	双试件装置中通过每一个试件的热流密度	W/m^2
γ	热阻系数	m·K/W
γ_{avg}	双试件装置中的平均热阻系数	m·K/W
R	热阻	m^2·K/W
R_s	标准试件的热阻	m^2·K/W

表 1(续)

符　　号	物　理　量	单　　位
R_u	未知试件的热阻	$m^2 \cdot K/W$
R_t	双试件装置中的总热阻	$m^2 \cdot K/W$
$s_1, s_2, \cdots, s_5$	一套厚度不同的试件	—
T	试件的传递系数	$W/(m \cdot K)$
$T_m=(T_1+T_2)/2$	平均温度	K
T'_1, T''_1	双试件装置中试件的热板温度	K
T'_2, T''_2	双试件装置中试件的冷板温度	K
T'_m	双试件装置中试件(′)的平均温度	K
T''_m	双试件装置中试件(″)的平均温度	K
V	体积	m^3
Δd	厚度的增量	m
$\delta d=(d'-d'')/2$	双试件装置中试件(′)和试件(″)的平均厚度差	m
$\delta\lambda$	试件(′)和试件(″)在 T_m 温度下导热系数的差值	$W/(m \cdot K)$
$\delta T_m=(\Delta T'_m-\Delta T''_m)/2$	试件(′)和试件(″)在平均温度 T_m 时温度的差值	K
$\delta T=(\Delta T'-\Delta T'')/2$	试件(′)和试件(″)冷热板温差的差值	K
ΔR	热阻的增量	$m^2 \cdot K/W$
$\Delta T=T_1-T_2$	温差	K
$\Delta T', \Delta T''$	双试件装置中试件(′)和试件(″)各自的冷热板温差	K
$\frac{\Delta e}{\Delta q}$	热流计的灵敏度系数	$mV/(W \cdot m^2)$
Φ	热流量	W
Φ_u	未知试件的热流量	W
Φ_s	标准样或参考样的热流量	W
λ	导热系数	$W/(m \cdot K)$
λ', λ''	双试件装置中试件(′)和试件(″)的导热系数	$W/(m \cdot K)$
$\dot{\lambda}(T)$	$\lambda(T)$对温度的一阶导数	$W/(m \cdot K^2)$
$\ddot{\lambda}(T)$	$\lambda(T)$对温度的二阶导数	$W/(m \cdot K^3)$
λ_{avg}	双试件装置中的平均导热系数	$W/(m \cdot K)$
λ_m	试件平均导热系数或在平均温度 T_m 的导热系数	$W/(m \cdot K)$
λ_M	防护热板法中试件(′)和试件(″)的平均导热系数	$W/(m \cdot K)$
λ_t	材料的表观导热系数	$W/(m \cdot K)$
Λ	热导率	$W/(m^2 \cdot K)$
ρ_d	被测干燥材料密度	kg/m^3
ρ_s	状态调节后的密度	kg/m^3
$\rho \cdot c_s$	试件密度与比热容乘积	$J/(m^3 \cdot K)$
ξ	孔隙率	—
ξ_p	局部孔隙率	—
(′),(″)	双试件装置中第一块和第二块试件的标记	—

1.5 意义

1.5.1 影响传热性质的因素

试件的传热性质可能会：

——由于材料或样品成分的改变而改变；

——受含湿量和其他因素影响；

——随时间而改变；

——随平均温度而改变；

——取决于以前的热经历。

因此必须认识到，在特定应用下选用代表材料传热性质的典型数值时，应考虑以上影响因素。不应未作任何变化而应用到所有使用情况。

例如，使用本试验方法得到的是经干燥处理试件的热性能，然而实际使用时可能是不现实的。更基本的是材料的传热性质与许多因素如平均温度和温度差有关。这些关系应在典型使用条件下，测量或者试验。

1.5.2 取样

确定材料的传热性质需要有足够的信息。只有样品能代表材料，且试件又能代表样品时，才能用单次测量来确定材料的传热性质。

选择样品的步骤一般应该在材料规范中规定。试件的选择也可在材料规范中做部分规定。

由于取样超出本方法范围，所以当材料规范没有涉及到该问题时，应参考适合的文件。

1.5.3 准确度和重复性

评价本方法的准确度是十分复杂的，因为它不仅与装置的设计、相关仪表有关，还与被测试件的类型有关。准确度和标定是参考材料的函数。

1.5.3.1 保持在装置中的试件，不改变测试条件，随后进行测定的重复性一般远优于1%。同一参考试件重新安装后测试的重复性一般优于±1%。前后数据差距主要是测试条件的微小变化造成的，如试件和热流计之间的压力（会影响接触热阻）、试件周围空气的相对湿度（会影响试件的湿度）。该重复性水平是鉴定测定方法误差所必须的，同时也是在质量控制应用中所期望的。

1.5.3.2 当试验平均温度接近室温时，热流计装置的标定准确度一般在±2%以内。当测定参考材料热性质时，标定准确度主要取决于防护热板法的准确度。

1.5.3.3 因此，当试验平均温度接近室温时，本方法的测定准确度在±3%以内。

1.5.4 标定步骤

应遵循下列方法之一：

1.5.4.1 试验装置应该在试验前后 24 h 内用公认的标准实验室所发行的校验标准进行标定。校验标准的稳定性取决于材料的类型。虽然一些校验标准已成功运用了二十多年，但仍建议每五年检查一次。出具数据的试验和装置标定试验应在官方校正标准时使用的冷、热面温度近似的温度下进行。

1.5.4.2 在热流计的长期和短期稳定性证明优于±1%时，标定的时间间隔可以更长些，如 15 d～30 d。只有在标定完成后且该标定结果与前面的测试结果变化小于1%时，该测试结果才可报出。以两次标定的平均作为标定系数，用此值测定试件。当标定的变化大于±1%时，这段时间内的测试结果应视为无效，然后按步骤 1.5.4.1 重新测试。

1.6 原理

1.6.1 当热板和冷板在恒定温度和恒定温差的稳定状态下，热流计装置在热流计中心测量区域和试件中心区域建立一个单向稳定热流密度，该热流穿过一个（或两个）热流计的测量区域及一个（或两个接近相同）的试件的中间区域。

1.6.2 本方法是间接或相对的方法，由测试试件的热阻和标准试件热阻比值而得。标准试件的热阻必须用 ISO 8302 防护热板法测定。

1.6.3 在试件和热流计的整个区域内无法获得理想的单向热流密度。因此，必须给出下列注意事项：

a) 试件和热流计边缘热损失问题；

b) 标准试件和被测试件的热性能和几何尺寸(厚度)的差别；

c) 防护热板法测定标准试件热阻和用标准试件标定热流计装置之间(如果有)温度边界条件的差异。

1.6.4 假定测量区域具有稳定的热流密度，并有稳定的温差 ΔT 和平均温度 T_m。用标准试件测得的热流量为 Φ_s、被测试件测得的热流量为 Φ_u，则标准试件热阻 R_s 和被测试件热阻 R_u 的比值为：

$$\frac{R_u}{R_s}=\frac{\Phi_s}{\Phi_u}$$

从上式可计算出 R_u。

1.6.5 如果满足确定导热系数的条件，且试件厚度 d 已知，可算出试件的导热系数。

1.6.6 本方法的应用受以下因素的限制：一、仪器产生单向稳定热流密度的能力；二、测量温度、厚度和热流计产生的电动势等数据的准确度。

1.6.7 此外，试件也限制了本方法的使用，如试件的厚度不完全相同(在双试件装置中)或试件表面不够平坦、平行等。

1.7 装置的限制

装置的使用受到许多有关标定和试件厚度因素的限制。

1.7.1 有关标定的限制

装置不应在标定温度以外的其他温度使用。如果在某个温度范围内建立了标定曲线，就不允许使用外推法。

在使用装置测量与标定时差不多的热流密度时要特别注意，它不仅与被测材料的类型有关，还与试件厚度和试验温差有关。

1.7.2 试件厚度的限制

1.7.2.1 总则

为了限制边缘热损失的影响，试件的组合厚度，即热流计和试件的厚度或冷热板间的距离应该受到限制。由于防护热板法的边缘热损失已经估算出，因此必须根据防护热板法中试件的几何尺寸选择本方法中试件的几何尺寸。

边缘绝热材料及试件周围环境温度对边缘热损失也有影响。

1.7.2.2 冷热板间的最大间距

热板和冷板间允许的最大间距为 D_t，该值与热流计一边的长度 L、热流计测量区域的长度 L_m、非测量区域的宽度($L-L_m$)、热流计的结构和被测试件的性能都有关。目前还没有合适的理论依据预测试件允许的最大厚度，因此用防护热板法的分析结果作指导是必要的。

文献[19]和文献[23]关于防护热板法的分析以及附录C都可以为该值的估计提供一些参考。

在单试件对称方案中(见2.1和图1)，试件厚度的最大值增加50%，和双试件的对称方案一致。

如果试件厚度超过装置极限，那么就应该用装有更大的板的装置或防护热箱法做试验。

1.7.2.3 最小厚度

试件的最小厚度由1.7.3中的接触热阻决定。在要求导热系数或热阻系数时，试件最小厚度也受厚度测量仪器准确度的限制。

1.7.3 接触热阻的限制

当测试硬质试件时，如试件的材料较硬，冷、热板间的压力不能使试件产生很好的形变而导致试件与冷热板不能很好地接触，甚至试件和装置面板(表面不是十分平)表面的微小不均匀都会造成试件和冷热板、热流计的工作表面之间的接触热阻不均匀分布。

这将导致试件内的热流分布不均匀，从而产生热场变形；如果没有专业技术支持，将难以精确地测量表面温度。

1.8 试件的限制

1.8.1 热阻、热导率或传递系数

1.8.1.1 试件的均匀性

测量非均质试件热阻或热导率时，试件内和测量区域表面的热流密度可能既非单向又不均匀，试件中的热场扭曲会导致严重误差。试件中靠近计量区域的部分，尤其在这个区域边缘的不均匀性影响最大，因此很难给出在这种情况下本方法适用性的指南。最大的风险是由于热流计中温度分布不均产生的边缘热损失误差会随着试件中不均匀性的位置变化以不能预料的方式变化，从而导致3.4中提出的所有检查可能受到系统误差的影响，而这些系统误差掩盖了不同测定的真实差别。

在某些试件中，在微小距离上可能会出现结构变化。许多绝热材料都是这样。

在另一些试件中，试件与冷、热板接触的表面及试件与热流计接触的表面之间可能存在直接的热短路。当与试件表面接触的导热较快材料被低热阻通道连接时，影响最大。

1.8.1.2 温差的影响

热阻或热导率可能是试件两面温差的函数。在报告中必须说明报告值可应用的温差范围或者清楚地注明报告值用单一温差测定的。

1.8.2 试件的平均导热系数

为了测定试件的平均导热系数或热阻系数(或表观导热系数)(见1.3.4)，应满足1.8.1的要求。试件应是ISO 9251中定义的热均质体或均质多孔体。均质多孔体是指任何非均质部分的尺寸小于试件厚度的1/10，另外，在任意平均温度，热阻都与试件温差无关。

材料的热阻取决于所有相关的热传递过程。热传导、辐射和对流是主要机理。然而，这三者之间相互作用会产生非线性影响。因此，尽管人们对最基本的机理研究理解得十分透彻，但实际分析或测量时仍很困难。

热传递过程的程度取决于试件两侧的温差。对于许多材料、产品和系统，在典型使用的温度差时会发生复杂的关系。此时，使用平均导热系数并且确定其在一定温差范围内的近似关系是比较合适的。

还有一些试件虽然满足均质要求，但却是各向异性的，如平行于试件表面方向与垂直于试件表面方向两者测得的导热系数不同。这可能会导致较大的不平衡和边缘热损失。

1.8.3 材料的导热系数、热阻系数和表观导热系数

1.8.3.1 总则

为了测定材料的导热系数或热阻系数，应满足1.8.2的要求。另外，必须有足够的抽样以保证材料是均质或均质多孔的，这样测量才具有代表性。试件厚度必须大于某一厚度，该厚度是指当材料、产品或系统的厚度增加时，其传递系数增加不会超过2%所对应的厚度。

1.8.3.2 与试件厚度的关系

试件中包含的传热过程中，只有传导产生的热阻与试件的厚度成正比，其他传热过程的关系较复杂。试件越薄、密度越小，热阻越与传导以外的过程有关。因而测定结果与试件厚度有关，不能满足导热系数和热阻系数定义的要求。

对于这类材料，测定应用条件下的热阻是合适的。可以认为所有材料都存在厚度的下限，低于该厚度时，试件有独特的热性能而不是材料的热性能。因此需要通过测量获得这个最小厚度值。

1.8.3.3 测定材料传热性能定义的最小厚度

如果不知道能够确定材料表观导热系数的试件最小厚度，就需要估计该厚度。可按3.4.2列举的粗略过程进行估计。

要区别由于冷、热板面或热流计表面下放置热电偶所产生的附加热阻、试件表面不平所引起的附加热阻和试件内由于传导和辐射两种传热模式所起作用而产生的热阻变化。它们以相同的方式影响测量结果，并且经常是叠加的。

2 装置和标定

2.1 总述

本试验方法的使用者应全面地理解装置的结构指导方针。虽然在制造装置时，指导方针成为强制性条款，必须严格遵守，但使用者还应证明设备是符合本规范要求的。如果忽视了这点，就可能导致测量上的严重误差。

图 1 为热流计与试件的典型布置图。可以看出装置由加热单元、一个(或两个)热流计、一块(或两块)试件和冷却单元组成。图 1a)为单试件不对称布置，热流计可以面对任一单元放置。图 1b)为单试件双热流计对称布置。图 1c)为双试件对称布置，其中两块试件应该基本相同，由同一样品制备。

如果满足本标准的要求，各种布置均将得到相同的结果。附录 B 简单讲述了热流计。需要用一个以上热流计装置时，可在加热单元的另一边增加一个热流计和冷却单元构成双向热流计装置。

在文献[2]～[7]和文献[16]中有单、双热流计的例子；也可见图 1d)和 1e)。

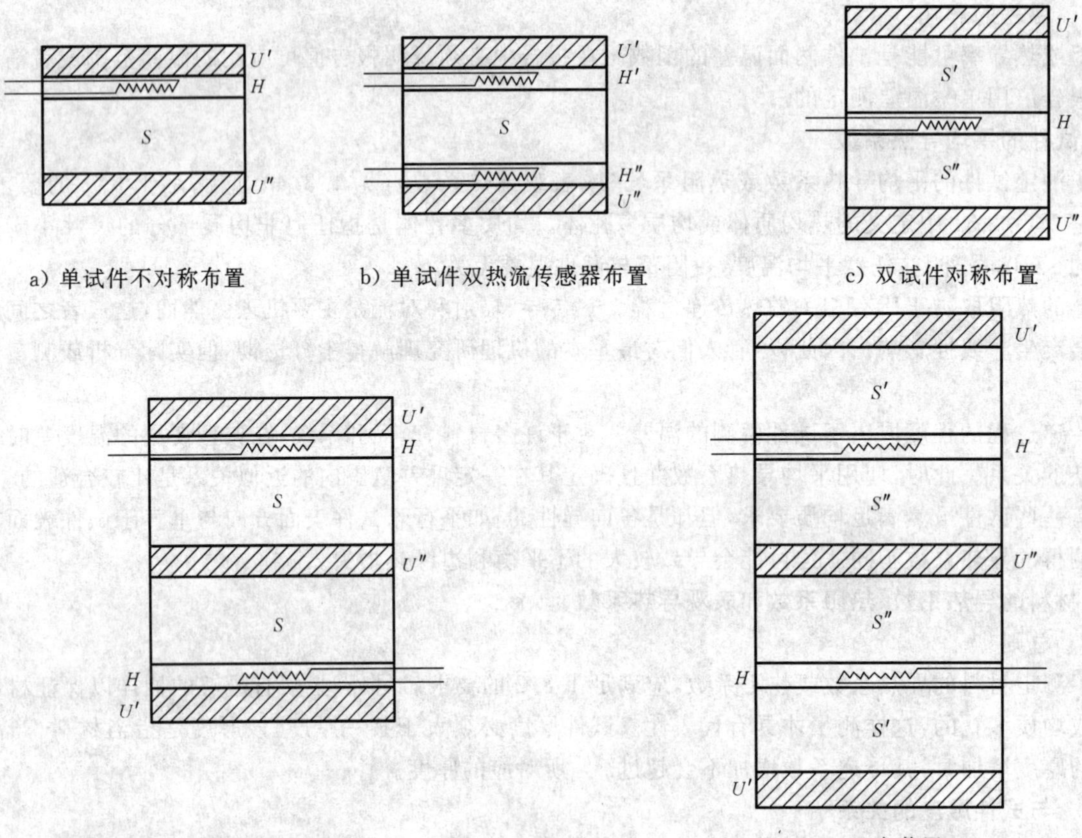

a) 单试件不对称布置　　b) 单试件双热流传感器布置　　c) 双试件对称布置

d) 双向装置　　e) 双向装置

U',U''——冷却和加热单元；

H,H',H''——热流计。

图 1　热流计装置的典型布置图

2.2 装置

加热单元、冷却单元及热流计的工作表面(即与试件接触的表面)应该涂漆或进行其他处理，以满足在工作温度下其总半球辐射率大于 0.8 的要求。

2.2.1 加热和冷却单元

2.2.1.1 总述

加热和冷却单元的工作表面应是等温表面。这可通过在两块金属板中放置均匀比功率的电热丝或在板中通以恒温的流体来达到，也可二者结合使用或使用其他方法，见文献[2]。在设计时，液体加热金属板需要特别注意。首先确定最不利情况下的热载荷，然后暂定流体流量，通过估计板进口和出口处流体的温差来检查流量是否正确。对大多数流体布置来说，该温差比板的任何温度不均匀性大。最理想的是双螺旋的逆向流方式(见图2)。然而，这种情形流体和金属间的热阻必须足够大，否则板温度不均匀性可能比板进口和出口间流体的温差还大。为了获得流体冷却或流体加热金属板的正确设计，可参见文献[9]或文献[14]。热流计中加热或冷却单元工作表面温度的均匀性可能比防护热板法中更重要，因为一些热流计可能对主表面的温差更敏感(见2.2.2.3)。

加热和冷却单元的工作表面应该由导热系数高的金属组成，并且工作表面的平整度应在0.025%以内。

冷却单元的工作表面应是等温面，其尺寸至少和加热单元的工作表面一样大，冷却单元可以和加热单元相同。

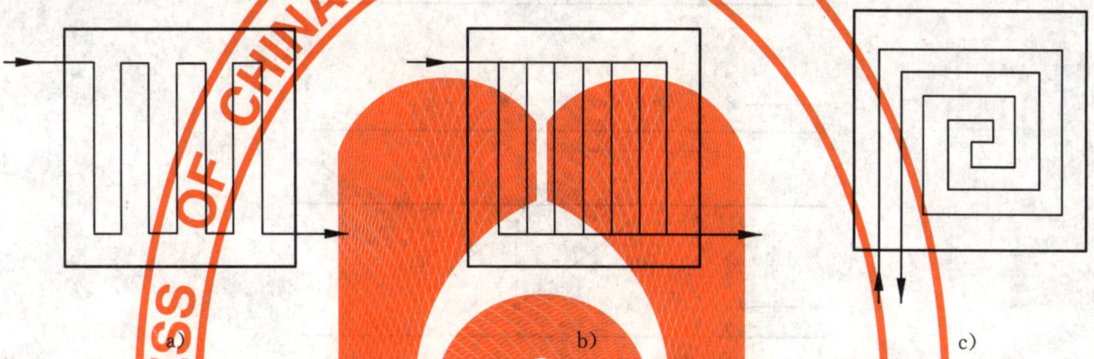

图2　在使用外加恒温流体时，加热单元设计示意图例

2.2.1.2　温度要求

加热和冷却单元的工作表面上温度不均匀性应小于试件温差的1%。

如果热流计直接与加热或冷却单元工作表面接触，并且热流传感器对沿表面的温差敏感，则温度均匀性要求更高，应保证热流量测量误差小于0.5%。

测定时工作表面温度的波动或漂移应不超过试件温差的0.5%。另外热流计与试件接触的表面，其温度波动应小于试件温差的0.5%，见附录B。热流计由于表面温度波动引起的输出波动应不大于2%，这些波动是由于自动控制系统质量较差加上热流计的热容而产生的，必要时可在热流计与加热或冷却单元的工作表面间插入薄层绝热材料作阻尼。

2.2.2　热流计

2.2.2.1　目的

热流计是利用穿过试件和热流计的热流而产生温差来测量通过试件的热流密度的装置。2.2.2.6中描述了热流计的类型。

热流计是由均质芯板、表面温差传感器和表面温度传感器组成。测量区域是芯板，温差传感器就位于此处。在此可用盖板起保护及热阻尼作用。有时使用金属板(箔)做成的均温板来改善或简化测量，但是不应设置在使热流计的输出会受试件热性能影响的地方。

2.2.2.2　芯板

应由不吸湿、热均质、各向同性、长期稳定和硬质的(可压缩性较小的)材料制作。在使用的温、湿度条件下及正常的装卸后，芯板材料的性质不会发生有影响的变化。软木复合物、硬橡胶—塑料、陶瓷、酚醛层压板、环氧或硅酮填充的玻璃纤维布等可用于制作芯板。芯板的两个表面应平行，以保证热流均匀垂直于表面。

2.2.2.3　热电堆

应采用灵敏且稳定的温差检测器测量芯板上的微小温差(见附录B)。常用多接点的热电堆，其中一些类型如图3所示。接点位于热流计芯板表面，可测量通过芯板的温差。

热电堆的热电势 e 与流过芯板的热流密度 q 有关。$q=f\cdot e$，其中 f 称为标定常数。它与温度有关，在一定程度上还与热流密度有关。

为了避免沿元件一面到另一面热传导的影响，热电堆导体的横截面宜小于 0.2 mm 直径导线的横截面。

建议用产生热电势高、导热系数低的热电元件。经证明，带状和板状的热电偶在某些设计中表现出很多优势。经证明，镀金属和光刻技术也已成功运用，见参考文献[16]，[24]和[25]。假定热流计主表面是等温的，热流将垂直于主表面。如果主表面不是等温的，那将会有一部分热流分量平行于热流计主表面。对该热流分量的敏感性取决于热电堆接点分布。图 3b)和图 3c)对沿热流计主表面的温差不敏感，而图 3a)则对沿垂直和平行于热流计主表面的温差都很敏感，所以应尽量避免图 3a)的设计。必须采取适当措施防止通过导线的热流对温差检测器的输出产生影响。

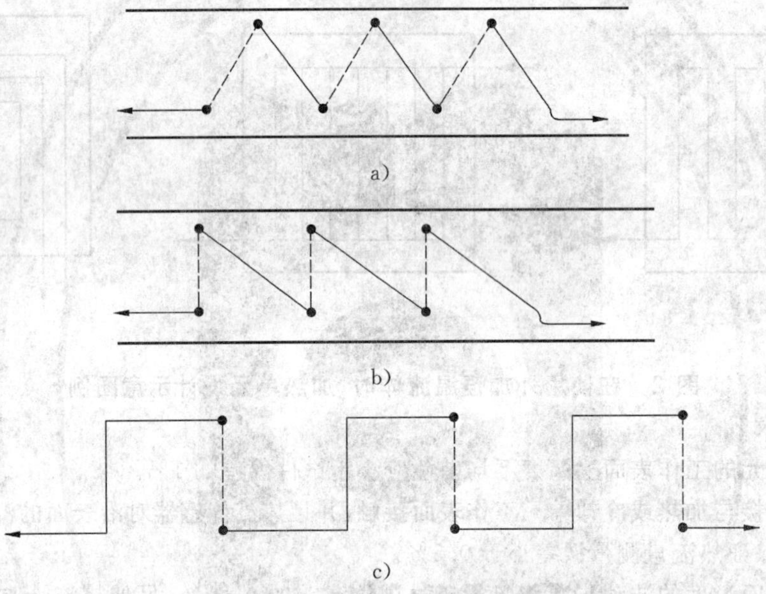

---- ——金属 A；

—— ——金属 B；

•——接点。

图 3 热电堆设计示意图

当热流计输出小于 200 μV 时，必须采取特殊技术，消除导线、测量线路和热流计本体中附加热电势对测量的影响。用几个不同方向的热流，一半一个方向，另一半反方向，检查热流计输出与热流密度的关系，其连线应通过原点。

为了确保热流计内均匀的热阻，温差检测器应：

a) 均匀分布在热流计测量区域，其面积为整个表面积的 10%～40%，或者

b) 集中布置在不小于 10%的整个区域内，并且这个区域在热流计中心的 40%范围内。

2.2.2.4 表面板

为了防止温差检测器的损坏而影响标定，热流计的两个表面应予以覆盖。在满足防止温差检测器导线热分流的前提下，覆盖材料应尽量薄。正确设计的热流计，在试件的热导率大幅度变化时，其灵敏度应与试件的热导率无关。表面板亦可起阻尼作用减少温度波动。表面板应采用与芯板类似的材料，用胶膜或易熔材料等方法粘合到芯板上。热流计的测量区域应确保平整度在 0.025%以内。

2.2.2.5 表面温度传感器

应采用适当装置来测量热流计靠试件一侧表面的平均温度。可用粘在表面板上的 80 μm 铜箔来平均热流计计量区域的表面温度，箔片应该超出该区域大约等于热流计的厚度。箔片可作为铜—康铜热电偶电路的一部分或者配置一个铂电阻传感器。铜和康铜丝的直径应不大于 0.2 mm，穿过表面板

后附在芯板上。康铜丝焊在箔片中心，而铜线焊在靠近一边缘处。应清除热电偶丝焊接的焊锡球，保证表面平整。表面板应经打磨，去除隆起。为了确保表面光滑平整，对于没有覆盖金属箔的热流计，其表面应覆盖一层 80 μm 厚的非金属薄片。热电偶应满足 2.2.3.1.3 的要求。

2.2.2.6 **热流计的类型**

有几种类型的热流计。本标准中所描述的为温度梯度型热流计。这种热流计由板材制成芯板，通过热电堆测量芯板上的温度梯度，它一般用于稳态或准稳态测量。

通常热流计分高阻型和低阻型两种。高阻型由软木等高热阻材料制作芯板，芯板上有适当绕制的热电堆以检测温度差。热流计的每个表面上设置表面材料，表面材料上装置一组(或一个)温度传感器及均温板，最外表罩上低渗透率的薄膜。这种热流计的特点是温降大、用较小接点的热电堆就有足够的灵敏度、制造容易、灵敏度与被测试件性质的关系小。

低热阻型热流计是用较低热阻的材料(如环氧或有机硅树脂填充的玻璃纤维布)制作芯板，其上绕有非常灵敏的热电堆以测量温差，每个面也放置表面材料。许多情况下，表面材料就是绝缘膜和金属片。这种热流计的特点是温降小、足够的或高的灵敏度，但设计和制造需要特殊的技术，见文献[24]和[25]。

2.2.3 **其他测量装置**

2.2.3.1 **温度**

2.2.3.1.1 **装置的温度**

测量加热和冷却单元(或热流计)工作表面间的温度差应准确到 1%，对于热流计表面温度的测量见 2.2.2.5。

加热和冷却单元工作表面的温度可用永久安装在槽内或直接装在工作表面之下的热电偶测量。当采用双试件对称布置时，置于加热和冷却单元的工作表面上的温度传感器可用差动连接。此时温度传感器必须与板电气绝缘，金属板应接地，建议绝缘电阻应大于 1 MΩ。

每一表面上温度传感器的数量应不小于 $10\sqrt{A}$ 或 2(取大)个，其中 A 是测量区域面积(m^2)。如热电偶经常更换或经常标定，对于面积小于 0.04 m^2 的板，每个面上可只用一个热电偶。新建立的装置至少需要两支热电偶。对于某些类型的材料，由于传感器和试件表面的热阻，上述步骤可能会产生测量上的误差，见文献[10]。如果出现这种情况，参考 2.2.3.1.2。

2.2.3.1.2 **试件上的温差**

2.2.3.1.2.1 热阻大于 0.5 $m^2 \cdot K/W$，且表面能很好贴合到工作表面的软质试件，通常采用固定在加热、冷却单元或热流计的工作表面上的温度传感器进行测量。

2.2.3.1.2.2 在某些情况下，试件和装置工作表面之间接触热阻可能产生影响。如某些硬质材料，冷、热板与试件间不能很好地接触，试件和装置面板(表面不是十分平)微小的不均匀性会产生接触热阻，它不能均匀地分布在试件和冷热板、热流计的工件表面。此时需要采用一些特殊方法。已证实对于硬质材料可在试件和工作表面间插入适当的均匀材料的薄片(薄片热阻不能大于试件热阻的十分之一)，然后用装在试件表面上或埋入试件表面的热电偶来测定试件的温差。此法也可与试件和工作表面间插入低热阻材料的薄片结合使用。

2.2.3.1.3 **温度传感器**

使用热电偶作温度传感器时，装在加热和冷却单元表面上的热电偶直径应不大于 0.6 mm，小尺寸装置宜不大于 0.2 mm。

其他方法如埋在薄片里的热电偶需要特别注意以减少低热阻试件表面温度的测量误差。装在试件表面或埋入试件表面的热电偶直径应不大于 0.2 mm。

对于低热阻试件，建议热电偶应尽可能地放在试件表面内，否则应使用直径较小的热电偶。用于测量试件表面温度的热电偶应经过标定或能提供如表 D.1 误差的证明。

采用其他温度传感器如铂热电阻，必须具有相当的或更好的准确度、灵敏度和稳定性。由于温度传感器周围的热流歪曲、温度传感器的漂移等引起的温差测量的总误差应小于±1%。

2.2.3.2 电气测量系统

2.2.3.2.1 总述

测量系统的设计取决于温度传感器的类型和热电堆或温差传感回路的灵敏度。输出范围随装置的操作范围而不同。在各种可能的情况下，输出范围将变化几个数量级。高度线性、宽范围(多位数的)或低线性、多范围测量仪表成为必要。而这个选择将由用户总的要求来决定。热流计装置快速测量的能力在测量系统计算并显示热阻、热导或导热系数时能最好地得到运用。然而，测量系统应该提供监督每一单个的温度传感器的手段。计算线路可以是数字或模拟的。若是数字的，不需增加任何明显的误差或限制，若是模拟的，就会降低长、短期的稳定性、线性和精确度，同时降低灵敏度。在鉴定测试中，必须把计算线路看作是测量系统的一部分，而且整个系统都应满足 2.2.3.2.2 要求。在模拟计算线路中，长期稳定性始终是一个问题。在每一次报告中必须做特定的检测。如果要获得可靠的测量结果，2.2.2 中所有的因素都应仔细考虑到。

2.2.3.2.2 高水平性能及报告的测量系统要求

当装置用于测量高水平性能及报告时，测量系统(包括计算电路)应满足下列要求：

a) 灵敏度、线性、准确度和输入阻抗应满足测量试件温差的误差小于±0.5%，测量热电堆热电势的误差小于±0.6%。

b) 灵敏度高于温差检测器最小输出的 0.15%。

c) 在温差检测器预期输出范围内非线性误差小于 0.1%。

d) 由于输入阻抗引起的读数误差应不大于 0.1%。一般 1 MΩ 足以满足要求。

e) 稳定性应满足在两次标定之间或 30 天内(取大者)读数变化小于 0.2%。

f) 在温差和热电堆输出中，噪声电压的有效值应小于 0.1%。

2.2.3.3 厚度测量

测量厚度的误差应小于±0.5%。由于试件厚度随试验温度及冷、热板压力变化而变化，因此建议在测试的温度和压力条件下测量试件的厚度。可用装在板四角或边缘中心的垂直于板面的测量针或测微螺栓测量试件厚度。有效厚度由试件在装置内和不在装置内时(板用相同的力相对紧压)测得距离的差值的平均值确定。

使用电子式传感器时，必须定期检查传感器的线性和电路，线性检查至少一年一次。

2.2.4 机械装置

2.2.4.1 框架

框架应能在一个或几个方向固定装置。

2.2.4.2 夹紧力

框架上应设置施加可重复的恒定夹紧力的机构，以保证良好的热接触或者在冷、热板表面间保证准确的间距。稳定的夹紧力可用恒力弹簧、杠杆系统或恒重产生，对试件施加的压力一般不大于2.5 kPa。测定易压缩材料时，必须在加热和冷却单元的角或边缘上使用小截面的低导热系数的支柱限制试件的压缩。也可用其他方法控制两工作表面间的距离；对于这种测试，不需要恒压。

2.2.5 边缘绝热和边缘热损失

2.2.5.1 总述

热流计装置应该用边缘绝热材料、控制周围空气温度或者同时使用两种方法来限制边缘损失的热量。尤其在测定平均温度与试验室空气温度有显著差异时，应该用箱体或外壳包围热流计装置，保持箱内温度等于试件的平均温度。

作为温度控制系统一部分的冷却器应提供一个比冷却单元至少低 5 K 的露点温度，以防止水汽凝结和试件吸湿。

2.2.5.2 测试结构类型的影响

2.2.5.2.1 单试件不对称布置：通过试件边缘的热损失与防护热板装置类似。由于与试件接触的表面上温度不均匀可能引起附加的误差，因此热流计装置的边缘热损失比防护热板装置影响更大。

2.2.5.2.2 双试件对称布置：对热流计本身的边缘热损失很敏感，将会引起严重误差。因此，装置周围的环境温度应维持在测定平均温度。试件中的热损失可看作类似于防护热板装置中试件边缘热损失。

2.2.5.2.3 单试件双热流计对称布置：如果以两个热流计输出的平均值作为通过试件的热流量，这种装置对边缘热损失最不灵敏。如果两个热流计相同，并且工作表面是等温表面，这样布置可容易地估计边缘热损。

2.2.5.3 边缘热损失估算

所有布置形式的边缘热损失灵敏度与热流计的灵敏度和沿主表面的温差都有关。因此，只有用实验才能检查边缘热损失对测量热流量的影响。所有情况对试件厚度的限制条件必须满足1.7.2。此时，边缘热损失的误差应小于0.5%。为得到较小的边缘热损失误差，通过边缘的热流量应小于通过试件的热流量的20%。

完整的边缘热损失分析在参考文献[19]和ISO 8302中给出。

2.3 装置的设计指南

2.3.1 要求的性能

开始设计热流装置时，必须预定下列性能要求：

a) 试件的最大和最小厚度；

b) 试件的最大和最小热阻；

c) 试件上最大和最小的温差；

d) 冷却单元的最低温度；

e) 加热单元的最高温度；

f) 在最不利条件下，测量结果可接受的最大误差(即装置的总体准确度和重复性)；

g) 周围环境；

h) 热流计装置的类型；

i) 热流计的灵敏度系数$\frac{\Delta e}{\Delta q}$，$mV/(W \cdot m^{-2})$。

2.3.2 装置尺寸的试验选择

初步设定热流计的中心测量部分的边长为试件的最大厚度的四倍，防护外圈的边长为试件最大厚度的8倍。

2.3.3 加热和冷却单元

以试件的热阻为最小，试件上温差为最大计算穿过试件的最大热流。加上边缘热损引起的热流和单元与周围环境热交换的热流，确定加热和冷却单元的最大热负荷。设定金属表面板的厚度以及冷却流体的质量流量。计算单元进出口间流体的温度差，以检查液体的流量是否准确。

2.3.4 热流计

设计时必须保证热流计与试件接触的表面上温度均匀。这样在测定厚试件时较大的边缘热损失不会导致热流计边缘区域表面温度降低，造成附加的热流场歪曲。同样重要的是不应在热流计芯板上产生横向热流。否则热电堆输出不与通过试件的热流量成正比。

2.3.5 详细设计

较好的装置尺寸首先应满足以下参数：

——根据试件最小厚度定义表面误差。

——选择辐射率大于或等于0.8的表面(在室温下，金属氧化表面或涂层可满足该要求)。

——确定装置的所有细节如温度传感器的位置、安装方法，加热器的布置、接线，机械连接，厚度测量装置……等。

——根据冷却单元的最低温度和加热单元的最高温度选择冷却和加热系统。

——根据装置可接受的温度漂移和波动选择温度自动控制系统。

——根据要求的环境条件、稳定性和漂移的需要，选择环境调节系统保持边缘热损失误差在要求值内。

——选择热流计的类型及其特性(参见附录B)。

2.4 标定

热流计的标定是十分重要的，由于侧向热损失或热吸收不是自动控制的，而是由防护区和边缘绝热材料的尺寸来保证的，因此热损失或热吸收达到最小值都是无法保证的。为了确保装置对于各种不同热阻的材料能准确测试，装置必须用与欲测材料具有类似传热性质的材料来标定。如果校正试件覆盖了欲测定的范围，就不允许使用外推法。

校正试件必须经防护热板法等绝对法测定。

2.4.1 总述

标定热流计装置的试件应尽可能与防护热板法所测试件相同。为了正确地理解标定过程，必须先分析防护热板装置中对两块试件的测试结果，然后分析热流计装置对同一试件测量结果。首先假定参比试件是均匀的，并且稳态的热性能与厚度和温度梯度无关，即导热系数或表观导热系数是正确的。

上角标(′)用以表示第一块试件的性质，上角标(″)用以表示第二块试件的性质。在防护热板装置上测试的试件，其厚度为 d' 和 d''，导热系数为 λ' 和 λ''，热面温度为 T'_1 和 T''_1，冷面温度为 T'_2 和 T''_2。平均厚度 $d_m=\dfrac{d'+d''}{2}$，并定义厚度差 $\delta d=\dfrac{d'-d''}{2}$。因此，$d'=d_m+\delta d$，$d''=d_m-\delta d$。用相似的方法定义下列平均温度和温差：

$$T'_m=\frac{T'_1+T'_2}{2}\qquad \Delta T'=T'_1-T'_2$$

$$T''_m=\frac{T''_1+T''_2}{2}\qquad \Delta T''=T''_1-T''_2$$

$$T_m=\frac{T'_m+T''_m}{2}\qquad \delta T=\frac{T'_m-T''_m}{2}$$

$$\delta_+=\delta T_m+\frac{\delta T}{2}\qquad \delta_-=\delta T_m-\frac{\delta T}{2}$$

因此，

$$T'_1=T_m+\frac{\Delta T}{2}+\delta_+\qquad T'_2=T_m-\frac{\Delta T}{2}+\delta_-$$

$$T''_1=T_m+\frac{\Delta T}{2}-\delta_+\qquad T''_2=T_m-\frac{\Delta T}{2}-\delta_-$$

其中：T_m 是平均温度；ΔT 是平均温差；δ_+ 和 δ_- 是考虑每块试件的平均温度与 T_m 的偏差以及每块试件的温差与 ΔT 的偏差。在理想的防护热板装置中，

$$\delta_+=\delta_-=0$$

设在平均温度下，两块试件分别具有导热系数：

$$\lambda'=\lambda_m+\delta\lambda$$
$$\lambda''=\lambda_m-\delta\lambda$$

其中：λ_m 是导热系数平均值；$\delta\lambda$ 是导热系数的偏差，并且在 T_m 下，两块试件的导热系数对温度的导数 $\dot{\lambda}(T)$、$\ddot{\lambda}(T)$ 相同[$\dddot{\lambda}(T)$ 和更高阶的导数忽略]并且是已知的。忽略 δT 和 δT_m 乘积以及它们的乘方，用级数形式计算通过两块试件中的每一块的热流密度 q' 和 q''。

从热流密度的平均值 $q=0.5(q'+q'')$，在防护热板装置上测得的导热系数是：

$$\lambda_M = q\frac{d_m}{\Delta T}$$

当比值 $\frac{\lambda_m}{\lambda(T)}$ 较单位温差大得多，并且当 ΔT 限于 20 K～40 K 时，λ_M 可以表达如下：

$$\lambda_M = \frac{\lambda_m}{1-\left(\frac{\delta d}{d_m}\right)^2}\left\{1-\frac{\delta\lambda}{\lambda_m}\left(\frac{\delta d}{d_m}-\frac{2\delta T}{\Delta T}\right)-\frac{\delta d}{d_m}\times\frac{2\delta T}{\Delta T}+\frac{\ddot{\lambda}(T)}{3!\lambda_m}\times\left(\frac{\Delta T}{2}\right)^2\right\} \quad\cdots\cdots\cdots(2.1)$$

如果 $\delta d=0$，则

$$\lambda_M = \lambda_m\left[1+2\frac{\delta T}{\Delta T}\times\frac{\delta\lambda}{\lambda_m}+\frac{\ddot{\lambda}(T)}{3!\lambda_m}\times\left(\frac{\Delta T}{2}\right)^2\right] \quad\cdots\cdots\cdots(2.2)$$

为了标定的目的，如果 $\frac{\delta\lambda}{\lambda_m}$ 不知道，可假定为 0.02，并且 λ_M 与 λ_m 的差别应小于 0.2%。

2.4.2 单试件不对称布置

首先将防护热板装置测定过的一对试件中第一块试件放在热流计装置上测得 e'、T'_1 和 T'_2，然后同样测第二块试件得 e''、T''_1 和 T''_2，其中 e' 和 e'' 是热流计的输出。d' 和 d'' 是已知的。T'_m、T''_m、$\Delta T'$、$\Delta T''$ 和 δT_m 意义如上所述，因此：

$$T'_1 = T_m+\delta T_m+\frac{\Delta T'}{2} \qquad T'_2 = T_m+\delta T_m-\frac{\Delta T'}{2}$$

$$T''_1 = T_m-\delta T_m+\frac{\Delta T''}{2} \qquad T''_2 = T_m-\delta T_m-\frac{\Delta T''}{2}$$

其中：T_m 是两次测试的平均温度；

$\Delta T'$ 和 $\Delta T''$ 是两次测试的温差；

δT_m 是每次测试的平均温度与 T_m 的温差。

如果测试是在理想状态下进行，则有 $\delta T_m=0$，$\Delta T'=\Delta T''$。

假设：$\Lambda'=\lambda_m/d'$ $\qquad \Lambda''=\lambda_m/d''$

$\lambda'_m=\lambda_m+\delta\lambda$ $\qquad \lambda''_m=\lambda_m-\delta\lambda$

利用 $q'=e'\times f$、$q''=e''\times f$ 及 $q=\frac{q'+q''}{2}$，可推导出标定系数 f：

$$f=\frac{2}{\frac{e'}{\Lambda'\Delta T'}+\frac{e''}{\Lambda''\Delta T''}}\left\{1+\frac{2\ddot{\lambda}(T)}{3!\lambda_m}(\Delta T'^2+\Delta T''^2)\right\} \quad\cdots\cdots\cdots(2.3)$$

式(2.3)中 Λ' 和 Λ'' 不是两块试件的实际热导率(一般不知道)，而是用 d'、d'' 和 λ_m 计算求得的。

标定应该进行，直到括号内项目的值与 1 的差小于 0.2%。

2.4.3 单试件双热流计对称布置

每个热流计的标定与单试件不对称布置时标定一样。有与式(2.3)类似的两个方程式，标定两个热流计的 f' 和 f''。f'、f''、e' 和 e'' 应为热流计在各自平均温度下的值。

2.4.4 双试件对称布置

利用公式(2.3)，式中 e' 与 e'' 用热流计输出 e 代替，$q'=q''=ef$，δT_m 接近等于 $\Delta T'/2$ 和 $\Delta T''/2$。

注 1：这是假定在 2.4.2 及 2.4.3 情况，可与此处同样使用式(2.3)以单试件(防护热板法中测定的双试件之一)操作的可能性。

2.4.5 标定曲线

大多数热流计对平均温度很敏感，标定系数随平均温度而改变。因此标定应在热流计装置工作温度范围内不同平均温度下重复进行。作出标定曲线或公式(标定系数对平均温度)。

如果测定时加热单元的温度高于热流计的极限安全温度，可将试件置于热流计与热板之间。

为检查热流计输出 e 与 q 的关系，标定必须至少用两个，最好用三个热阻显著不同的试件进行。如果曲线 $q=f(e)$ 不是线性，那么标定系数 f 可能随 q 变化。在检查出非线性原因后，应考虑到这个实际情况。

可以通过防护热板法装置(单试件装置)初步研究热流计装置中热流计的灵敏度和非线性。

2.5 装置的检查

2.5.1 几何形状

工作表面的平面度用钢直尺检查，将尺棱对着表面，在尺背面用光源照射棱线进行观察。尺的长度应大于工作表面的宽度或直径。如表面的不平度为 25 μm 可直接观察到，不平度大于 25 μm 的可用薄垫片或纸片测量。

2.5.2 计算电路

当配置直接读数装置时，应单独对模拟电子回路进行校验。用具有校正值的隔离电压源(或相当的)代替热电堆、温度传感器和厚度传感器(当后者为有源输出时)，并用高品质的开关接入线路。检查标定时应提供两套测试线路，分别检查量程的 0～10%和 90%～100%范围。直接读数的装置应在出报告试验之前和之后进行检查。应按第 3 章要求出具结果报告。

2.5.3 热流计

2.5.3.1 检查

任何新的热流计或改进过的热流计必须进行下列检查。

2.5.3.1.1 零点偏移。

如果有零点偏移，可能是由于：

1) 热电堆与输出端连接不好：由于这种偏移是温度敏感型的，所以可以通过改善连接效果来消除这类问题。

2) 对冷、热板温度不均匀极为敏感：检查温度均匀性，在操作过程中应该满足本标准的要求。

两种情况均不容许修正。

2.5.3.1.2 热流计由于材料老化或分层引起的漂移。

2.5.3.1.3 标定系数的温度系数

这主要取决于温度传感器的类型(热电堆中所用热电偶材料)和测量区域所用的材料。

2.5.3.1.4 通过引线的热流，这可能会发生。

2.5.3.1.5 试件导热系数对标定系数(热流计的线性范围)的影响

热电堆的金属线圈间低热阻和通过线圈的热会使得元件间产生热短路，这会改变热流计的标定系数。

2.5.3.1.6 压力对标定系数的影响(参见附录 B，B.1)。

2.5.3.1.7 检测器输出的非线性，这可能会发生。

2.5.3.2 校正

在工作范围内变化大于 1%时，必须作校正，建议变化为 0.3%时作校正。

2.5.4 标定漂移

新的热流计装置至少每周进行一次标定。当多次连续标定满足时，可减少标定次数。从对标准试件进行标定之日起应建立一个连续的标定记录，该记录也可显示装置随时间的可重复性。如果标定标准件热阻偏差大于±1%，应检查装置的各控制系统。必要时重新测定标定系数和公式。一般情况下标定曲线的形状不会改变，但曲线的位置可能全变动。

当装置用于绝热材料产品在恒定平均温度下的日常质量控制时，增加取自相同产品的二次标准试件进行日常标定能获得可靠的数据。

在所有情况下，应对任何进行性漂移进行细致研究，找出并消除原因。

2.5.5 总体性能检验

只有在装置的使用范围已知的情况下，本方法的测试结果才有保证。为了建立使用范围，采用与被测材料的传热性质类似的试件对比确认装置的品质。

2.5.5.1 一个参考点可能导致严重的误差，最好选用传热性能包括所有欲测范围的多种材料对比。

2.5.5.2 当欲测试件的厚度大于参比试件的厚度时，必须进行一系列的测定，证明边缘热损失不会引起过大的误差。一种简单的方法是在各绝缘材料层之间插入对辐射不透明的薄片进行测试。材料层应先单独测试热阻。如果没有误差，并没有红外再发射，则材料层的平均热阻值应该等于单独绝热材料层测得的热阻的平均值。

3 测定过程

3.1 概述

低热导率材料热传递性能的测定可根据第1章和第2章的要求进行。假定操作者熟悉前面所述热传递基本原理和热流计装置的设计与操作，同时他还可以与别人讨论特定材料或对试验有特定要求的材料、产品或系统对测量的影响。

在此基础上，任一试验之前必须对材料的欲测性能(如导热系数或热阻)或测定性能间的关系(如导热系数是温度的函数或在一定温度下导热系数是密度的函数)作出决定。

上述决定特别受以下条件的影响：

a) 可提供的或必须的装置的尺寸和形式。一个特定尺寸的装置也许不能满足对所有厚度的试件进行试验以直接测定或者从直到它的最大极限厚度的测量值中内插得到所有要求的传热特性(见3.4.2)。与此类似地，可提供的或必须的温度和环境条件的范围也许不可能满足直接或从装置提供的范围内的测量值中插值得到所要求的数据。

b) 试件尺寸、数量和形式。这将取决于特定样品或材料的最终要求。如果材料、产品或系统是极度各向异性，应首先确定热流计法对该试件测试的可能性。

c) 在试件和装置间插入低热阻薄片和在试件上安装热电偶的必要。这些技术是为了消除接触热阻可能的影响，正确测量低热阻试件和/或硬质材料试件的温差。

d) 包封试件的防水材料的必要。这项技术是为了防止经过干燥的试件返潮或经状态调节后含湿量发生变化。

e) 固定试件厚度或对试件施压的必要。

操作者还必须意识到以确定在第1章中定义的稳态传热性质之一为目的和材料的产品标准所要求的两种测量之间的差别，后者可能按产品标准中抽样计划的要求抽取试件，而不符合本标准叙述的所有要求。典型的情况是试件不够平，不能很好地接触装置，或没有3.2.2要求的那么平行，或测试时厚度与实际使用情况相差很大。因此，这些试验的数字结果必须认为仅是接受或拒绝特定的材料批的常规手段，而不一定作为材料的有意义的传热性质。

3.2 试件

3.2.1 选择和尺寸

根据装置的类型从每个样品中选择一或两块试件，两块试件的厚度差应小于2%。

试件的尺寸应能完全覆盖加热和冷却单元及热流计的工作表面，并且应具有实际使用的厚度，或者足以确定被测材料平均热性质的厚度。它们应满足1.7和1.8的要求，被测试件的厚度应严格按照1.7.2的要求。

3.2.2 制备和状态调节

3.2.2.1 概述

试件的制备和状态调节应按相应的产品标准要求进行，当没有相应的标准要求时，可按以下方法进行。

3.2.2.2 所有材料的指南(不包含松散材料)

3.2.2.2.1 准备

试件表面应该用适当的方法加工平整,使试件和工作表面之间获得紧密的接触。对于硬质材料,试件的表面应该做得和与它接触的工作表面一样平整,并且在整个表面上不平行度应在样品厚度的±2%之内。

当试件是用硬质材料制成的,并且(或者)热阻小于 0.1 $m^2 \cdot K/W$ 时,应按 2.2.3.1.2 中指出的,插入薄片或采用在试件上的热电偶测量试件的温差。当插入薄片时,薄片的热阻应不大于试件热阻的十分之一。对于复合结构(薄片/硬质试件/薄片)的热阻,可用永久安装在热板和冷板上的热电偶测量其温降来获得。试件每一表面上温度传感器的数量应不小于 $10\sqrt{A}$ 或 2(取大)个,其中 A 是测量区域面积(m^2)。如果分别使用多个热偶,试件的有效厚度应取两侧热电偶中心之间垂直于试件表面的平均距离。热电偶的类型见 2.2.3.1。

3.2.2.2.2 状态调节

在测定试件的质量之后,必须在对试件合适的或被测材料的产品标准中规定的温度下,把试件放在干燥器中或者通风烘箱中调节到恒定的质量。热敏感材料不应暴露在会改变试件性质的温度下。如试件在给定的温度范围内使用,则应在这个温度范围的上限、空气流动的控制环境下,调节到恒定的质量。如果有吸收剂或吸附剂,体系可以是封闭的。例如在 330 K～335 K 温度下封闭的干燥器内保持空气流动就可对某些泡沫塑料进行状态调节。

通过试件干燥前后质量的变化可以算出相应的质量损失。如果测量传热性质所需要的时间比试件从实验室的空气中吸收大量水汽所需要的时间短时(如混凝土试件),建议在干燥结束时,很快就把试件放入装置中以防止吸收水汽。反之(例如低密度的纤维材料或泡沫塑料试件),建议把试件留在标准的实验室空气中(温度:296 K±1 K;相对湿度:50%±10%)继续调节,与室内空气平衡(恒定质量)。中间情况(例如高密度的纤维材料)的调节过程取决于操作者的经验。

把试件调节到恒定质量之后,试件应冷却并贮存在封闭的干燥器或者封闭的部分抽真空的聚乙烯袋中。在试验时,试件应取出称重,放入装置中立即测试。为了缩短测试时间,试件应在调节到合适的平均温度后立即放入装置之中。

为了防止在测定时试件吸(或排)湿,可将试件封闭在防水汽的封套中。如果封套产生的热阻不可忽略,封套的热阻应按与测试硬质试件所用薄片类似的方法(见 2.2.3.1.2.2)进行单独测定。

3.2.2.3 松散材料指南

测定松散材料时,试件的厚度至少应为松散材料中颗粒物直径的 10 倍,甚至是 20 倍,颗粒物如珠子、颗粒、薄片等。最苛刻的条件是这些材料是硬质的。当条件不能满足时,就应考虑用防护热板法或热箱法。为了制备试件,建议从样品中取出比试验所需的量稍多的有代表性的试件,然后在状态调节前后称量质量。

根据这些质量可计算出质量损失率。称取调节过的材料,按材料产品标准中规定的过程(无规定时,按下述方法),制作成要求的密度的一块或两块试件。然后根据前面所述将试件很快放到装置中或让其与标准实验室的空气达到平衡。

当使用方法 A 或方法 B,盖子的热阻可忽略时,试件表面的温度应该和与其接触的冷、热板和热流计的温度相等。

3.2.2.3.1 方法 A

垂直工作的装置使用这种方法,在两个(或四个)测量表面之间放入用低导热系数材料制成的小截面的支柱,竖起热流计装置,用适合封闭样品的低导热系数的薄片围绕热流计和冷、热板的外侧,形成一个(或两个)盒子,每个都在顶部开口。把称量过的调节好的材料分成四个(或八个)相等的部分(每块试件四份)。依次把每份放进试件空间中去,在此空间中振动、装填或压紧每一份样品,直到它占据了空间中相应的四分之一体积,并且要注意保证试件具有均匀的密度。

3.2.2.3.2 方法 B

水平工作的装置使用这种方法。使用一个(或两个)外部尺寸和加热单元相同的用低导热系数的材料做成的薄壁盒子。盒子的深度等于要测试件的厚度。把用低导热系数材料做成的小截面支柱放在盒子的四角以保证盒子盖板间的空隙等于试验厚度。用不大于 50 μm 厚的塑料片或耐热和不反射的片(石棉纸或其他适当的均匀材料片)制作盒子的盖和底板。用粘贴或其他方法把底板固定到盒子的边缘上。把具有底板的盒子水平放在平整表面上,在每个盒子内放上一份试样,注意使两个试件具有相等并且均匀的密度。然后盖上盖板形成封闭的试件。放置可压缩材料时应抖松材料使盖板稍凸出,这样盖板与装置的板有良好的接触。从试样方向看盖板和底板表面在工作温度下的半球辐射率应等于或大于 0.8,如果盖板和底板的热阻不可忽略,应单独测量其热阻。

某些材料,因在准备试件时的材料损失,可能要在测定之前重新称量质量。在这种情况下,测定后确定调节过的盒和盖板的质量,以计算测试时的材料密度。

3.3 试验方法

3.3.1 质量

测定试件的质量,准确到±0.5%。测定后,应立即把试件放入装置内。

3.3.2 厚度和密度

测试件的厚度是开始测定时测得的试件的厚度或者是板和热流计间隙的尺寸,试件厚度可按 2.2.3.3测量或者在装置之外利用能重现在测试时对试件施加压力的装置进行测量。由上述数据和 3.3.1 测定的质量,可算出试件的密度。

毯或毡型的材料通常按强制厚度进行试验,因为许多材料规范都规定了材料的厚度。而对于某些材料(例如低密度纤维材料),测量由计量区域所包围的部分试件的密度可能比测量整个试件的密度更准确,这样可得到较正确的密度和传热性质之间的关系。在可能时,测定要监视厚度。当按 2.2.3.1.2.2 步骤进行时,用于估算传热性能的厚度应根据热电偶的位置作相应调整。

注 2:计算体积时,可根据材料规范描述的试验方法或其他适当的给出与厚度测量相同准确度的方法来测量尺寸。

3.3.3 温差的选择

传热过程与试件上的温差有关,应按照测定目的选择温差:

a) 按材料产品标准的要求。
b) 按所测试件或样品的使用条件。如果温差较小,温差测量的准确度就会降低;如果温差较大,就不能预测误差,因为理论估算是假定试件的导热系数与温度无关的。
c) 在测定未知的温度和传热性质关系时,温差应尽可能小,如(5 K~10 K)。
d) 按温差测量所需要的准确度选择匹配的最低温差,这样可使试件中的传质现象减至最小。但这可能与本标准不一致,将在报告中注明(见 3.6.19)。

3.3.4 环境条件

根据装置的类型和测定温度,按 2.2.5 要求施加边缘绝热和(或)规定的环境条件。

3.3.5 热流量和温度测量(过渡时间及测量)

3.3.5.1 观察热流计平均温度和输出电势、试件的平均温度以及温差来检查热平衡状态。

3.3.5.2 热流计装置达到热平衡所需要的时间与试样的密度、比热、厚度和热阻的乘积以及装置的结构密切相关。许多测定的读数间隔可能只需要上述乘积的十分之一,推荐用实验对比确定(参见附录 B)。在缺少类似试件在相同仪器上测定的经验时,以等于上述乘积或 300 s(取大者)的时间间隔进行观察,直到 5 次读数所得到的热阻值相差在±1%之内,并且不在一个方向上单调变化为止。

3.3.5.3 监视热流计输出随时间变化的过程能帮助检查平衡的稳定性,尤其是在试验未知类型的材料或怀疑环境湿度对被测材料有影响时。如果热流计的输出变化大于平均值的±1.5%,操作者应研究并找出原因。

3.3.5.4 在达到平衡以后,测量试件热、冷面的温度。当应用 2.2.3.1.2.2 方法时,测定安装在试件表面上的热电偶的温度。

3.3.6 最终质量和厚度的测量

在完成3.3.5的观察之后,立即测量试件的质量。在试件厚度不是由板的间隙确定时,强烈建议与试验开始时同样测量厚度。报告中应标明试件任何的体积变化。

3.4 选择性测量的步骤

3.4.1 评定试件均质性的步骤

试图估计误差的一种方法是:从相同的样品中选择两块试件,它们在靠近测量区域边缘处有尽可能大的结构差别。比较它们的结果,如果不能认为相同,可能要测定一系列试件。

当在微小距离上出现结构变化,可切取比板和热流计尺寸大的试件进行测定。

试件被测两次,每次测定试件都要仔细定位,以使测量区域的边缘分别位于结构的两个极端处。比较两次测定结果,其差异归结为热流歪曲影响。

两次测定时都应将试件突出装置的部分良好地绝热,以减少暴露部分的热损失。

试件的尺寸和厚度影响着结构中变量的尺寸。试验区域越大,对结果的影响越小。试件的厚度对热流歪曲的影响可能增加或减少。

试件与板(或热流计)接触的两个表面之间,可能存在直接的热短路。当与试件表面接触的导热较快材料(如装置的面板)被低热阻通道连接时,影响最大。可用切断热短路的方法判断其影响。用磨平的软木片(或类似绝热材料)做成0.002 m(或更厚)的垫片插入板或热流计与试件之间,垫片必须磨得与板一样平。如果试件的热阻变化大于±1%,应用较厚的垫片再作测量。

通过分析和计算手段也可以估算出热场歪曲的影响。具体方法的资料或测定这些影响因素的方法应在报告中给出。传热性能测量的差异在2%以内在本标准中可视为合理的。

3.4.2 可确定材料传热性质的最小厚度的测定步骤

选择密度分布均匀的样品,厚度等于欲测材料的最大厚度或装置允许测定的最大厚度。这个厚度定为 d_5。

从样品中切出五组试件,厚度范围从实际使用的最小厚度起,以大致相同增量增加,其厚度分别为 d_1 到 d_5。试件组的标号为 s_1 到 s_5。

密度非常低的材料,由于样品本身自重可能存在密度梯度,应检查密度均匀性。

对于存在辐射和传导热传递并证实没有对流存在低密度材料,热阻对厚度关系曲线的斜率在厚度小于(1~2)cm时经常随着厚度增加而减小,然后保持为常数。该斜率的倒数是较大厚度试件的表观导热系数。

在相同的平均温度和温差条件下测量 s_1、s_3 和 s_5 的厚度和热阻,给出热阻与厚度的曲线。如果三个值偏离直线小于±1%,计算直线的斜率。如果偏差大于1%,再对 s_2 和 s_4 进行同样测量,检查是否存在一个厚度,超过此厚度,热阻与直线的差别不大于1%。

如果存在此厚度,计算直线的斜率。并按 $\lambda_t = \Delta d/\Delta R$ 计算材料表观导热系数 λ_t。

对不同的平均温度,这个最小厚度随材料的密度、类型和形状而变。

表观导热系数代表了超过最小厚度的材料、制品和体系的特性,此时 λ_t 与传递系数之差小于2%。

解释测定结果时必须考虑测定误差,拟合 R 和 d 关系的最小二乘法曲线可能有所帮助。要求较可靠的确定最小试件厚度时,可测试大量试件。

最小厚度可能与试件温差有关。就本标准而言,如在典型的操作温差下进行上述测定,能确定热阻与厚度的关系。

3.4.3 测定温差的关系

如果不知道材料热传递性能与温差的关系,就需要至少三次不同温差的测量。如果是简单的线性关系,就只需要测量两次。对特定的试件可以采用该方法建立起线性关系。

3.5 计算

3.5.1 密度和质量变化

3.5.1.1 密度

经状态调节过的试件在测定时的密度 ρ_d 和 ρ_s 计算如下:

$$\rho_d = M_2/V$$
$$\rho_s = M_3/V$$

式中：

ρ_d——测定时的干试件的密度，单位为千克每立方米(kg/m^3)；

ρ_s——在更复杂的状态调节过程(经常是与标准的实验室空气达到平衡)之后的试件密度，单位为千克每立方米(kg/m^3)；

M_2——经干燥后的试件质量，单位为千克(kg)；

M_3——更复杂的状态调节过程之后试件的质量，单位为千克(kg)；

V——试件在干燥或状态调节之后所占据的体积，单位为立方米(m^3)。

3.5.1.2 **质量变化**

计算试件由于干燥或更复杂的状态调节过程后的相对质量变化 m_r，m_c：

$$m_r = (M_1 - M_2)/M_2$$
$$m_c = (M_1 - M_3)/M_3$$

式中：

M_1——试件在收到状态下的质量，单位为千克(kg)。

在产品标准要求或认为正确评价测定条件有用时，除 m_c 外补充由于在干燥之后的状态调节引起的相对质量变化 m_d：

$$m_d = (M_3 - M_2)/M_2$$

试件在测定时相对质量增加的计算如下：

$$m_w = (M_4 - M_5)/M_5$$

式中：

m_w——试件在测定时的相对质量增加，单位为千克(kg)；

M_4——在测定后立即测量的试件质量，单位为千克(kg)；

M_5——在临测定前测量的干燥过的或调节过的试件的质量，单位为千克(kg)。

3.5.2 **传热性质**

利用观察到的稳态数据的平均值进行所有的计算。应以 3.3.5 中所述的 5 次测量作为计算中的数据。只要与上述 5 个数据的差别不超过±1%，附加的测量数据也可以使用。

3.5.2.1 **单试件布置**

3.5.2.1.1 **不对称布置**

试件的热阻 R 按下式计算：

$$R = \frac{\Delta T}{f \cdot e}$$

式中：

f——热流计的标定系数，单位为瓦每平方米伏[$W/(m^2 \cdot V)$]；

e——热流计的输出，单位为伏(V)。

如满足确定导热系数的要求，用下面公式计算导热系数 λ 或热阻系数 γ：

$$\lambda = \frac{1}{\gamma} = f \cdot e \times \frac{d}{\Delta T}$$

式中：

d——试件的平均厚度。

3.5.2.1.2 **双热流计对称布置**

仍用 3.5.2.1.1 中的所有规定，只需把 $f \cdot e$ 用 $0.5(f_1 \cdot e_1 + f_2 \cdot e_2)$ 代替，这里下标 1 和 2 分别表示第一个和第二个热流计(其表面温度也分别是 T_1 和 T_2)。

3.5.2.2 **双试件布置**

计算总热阻 R 如下：

$$R_t = \frac{1}{f \cdot e}(\Delta T' + \Delta T'')$$

如果可以，则按下式计算平均导热系数 λ_{avg} 或热阻系数 γ_{avg}：

$$\lambda_{avg} = \frac{1}{\gamma_{avg}} = \frac{f \cdot e}{2}\left(\frac{d'}{\Delta T'} + \frac{d''}{\Delta T''}\right)$$

式中符号意义同上，角标代表两个试件（′表示第一块试件，″表示第二块试件）。

3.6 试验报告

如果按本标准测定得到的结果要出具报告，则应满足所有相关条件。如果条件不满足，就须按3.6.19要求增加符合性声明。

测定报告应包括下列各项（报告的数值：双试件装置应为两块试件平均值，单试件装置应为单试件的值）。

3.6.1 材料的名称、标志和物理性能。

3.6.2 操作员对试件的描述和对试件与样品关系的描述。与可适用的材料规范的一致性。松散试件的制备方法，并说明容器盖材料的测得热阻。

3.6.3 测定时试件的厚度，在双试件布置中为两块试件的总厚度。并注明厚度是强制的还是测量的。

3.6.4 状态调节的方法和温度。

3.6.5 测定时试件的密度。

3.6.6 在干燥或状态调节时的相对质量变化。

3.6.7 在测定时的相对质量变化，并观察厚度和体积变化。

3.6.8 根据冷热板温度计算试件平均温差及其测量方法。

3.6.9 测定的平均温度，K 或摄氏度。

3.6.10 平衡时的热流密度，W/m^2。

3.6.11 试件的热阻，$(m^2 \cdot K)/W$。可应用时，给出热阻系数、导热系数以及这些数值可用的厚度范围。

3.6.12 所用热流计装置的类型（一块或两块试件）。减少边缘热损失的方法、测定时板周围的环境温度及热流计的数量、位置。

3.6.13 装置取向：垂直、水平或其他方向。单试件装置的试件不是垂直方向时，应说明试件热侧的位置：顶部、底部或其他位置。

3.6.14 对于试验中需在试件与装置面板之间插入薄片材料或需使用防水汽封套的情况，应说明薄片材料或防水汽封套的性质和厚度。如果用温度传感器测定试件温差，应给出测定方法。

3.6.15 测定日期、最后一次标定装置的日期及所用材料的类型。

3.6.16 如果有助于解释结果，应提出整个试验和试验中稳态持续的时间。

3.6.17 在标定时所用的试件，标明类型、热阻、试件鉴定日期、鉴定单位、鉴定的有效日期和鉴定试验的编号。

3.6.18 建议在报告中说明所测定传热性质的最大预计误差，当本标准中某些要求没有满足时，建议包括误差估算的报告。

3.6.19 因情况（或要求）不能完全满足本标准所叙述的测定过程时，可以作出商定的例外声明。但是必须在报告中说明，建议的语句是："本测定除……之外，完全符合 GB 10295 标准试验方法的要求。"

对于直接读数的装置，还应有电子线路和设备的标定或符合标准的说明（包括日期和线性符合要求的说明）。

附　录　A
（规范性附录）
装置性能和试验条件的极限值

章条	描　述	值
1.1.1	热流计法可测量的最小热阻	0.1 m^2·K/W
1.5.3.1	保持试件不动，预期的重复性	优于1%
1.5.3.1	取出试件并重新安装后，预期的重复性	优于±1%
1.5.3.2	热流计法（当测试平均温度接近室温时）标定的预期准确度	±2%
1.5.3.3	热流计法（当测试平均温度接近室温时）的预期准确度	±3%
1.5.4.1	建议检验标定标准稳定性的时间期限	5年
1.5.4.2	建议热流计法标定的时间间隔	试验前后24 h
1.5.4.2	如果热流计法的短期或长期稳定性优于±1%，所推荐的标定时间间隔	15 d或30 d
1.5.4.2	标定稳定性的上限	1%
1.8.2	试件内非均质部分的最大尺寸	$\frac{1}{10}d$
1.8.3.1	为确定材料的导热系数或表观导热系数，传递系数随厚度变化的最大值	2%
2.2;2.3.5	与试件接触的任一表面最小的半球热辐射率	0.8
2.2.1.1	冷热板工作表面平面度的最大偏离值	0.025%
2.2.1.2	加热单元表面温度不均性应小于试件温差的百分数	1%
2.2.1.2	热流计与冷板或热板接触时，测量热流量的最大误差	0.5%
2.2.1.2	测试时冷热板工作表面温度的稳定性不应超过试件温差的	0.5%
2.2.1.2	与试件接触的热流计表面的稳定性与试件温差	不小于0.5%
2.2.1.2	与热流计表面温度波动有关的热流计输出最大波动	2%
2.2.2.3	热电堆导线的最大直径	0.2 mm
2.2.2.3	不须采用特殊技术来消除导线、测量线路和热流计本身等产生的附加热电势对测量的影响的最小热流计输出值	0.000 2 V
2.2.2.3	测量区域和热流计总面积之比	$10\%<A<40\%$
2.2.2.4	热流计测量区域平面最大不平度	0.025%
2.2.2.5	用于覆盖测量区域的金属或非金属膜的厚度	80 μm
2.2.2.5	用作热流计表面温度传感器的热电偶直径	0.2 mm
2.2.3.1	与试件接触的冷却、加热单元的温差测量准确度	1%
2.2.3.1.1	加热和冷却单元每个工作表面的温度传感器的最少数量	$10\sqrt{A}$或2
2.2.3.1.1	热偶和装置金属板间的绝缘热阻最小值	1 MΩ
2.2.3.1.2.1	固定在冷却、加热单元工作表面的温度传感器测温时，非硬质试件的最小热阻	0.5 m^2·K/W
2.2.3.1.3	固定在冷却、加热单元工作表面测温差的热电偶的最大直径	0.6 mm
2.2.3.1.3	小尺寸装置用于上述同目的的热电偶的最大直径	0.2 mm

表(续)

章条	描　述	值
2.2.3.1.3	安装在试件表面热电偶最大直径	0.2 mm
2.2.3.1.3	由于温度传感器周围的热流歪曲、温度传感器的漂移等引起的温差测量总误差	小于 1%
2.2.3.2.2	测量试件温差的误差范围	±0.5%
2.2.3.2.2	测量热流计电动势输出的误差范围	±0.6%
2.2.3.3	试件厚度的测量误差范围	±0.5%
2.2.4.2	加在试件上的最大压力	2.5 kPa
2.2.5.1	空气露点与冷却单元温差不小于	5 K
2.2.5.3	边缘热损失误差的最大值	±0.5%
2.3.2	热流计测量区域的边长与试件最大厚度之比	4
2.3.2	热流计外边长与试件最大厚度之比	8
3.2.1	双试件装置中两块试件的厚度的最大差异	2%
3.2.2.2.1	试件表面的最大不平行度(相对于试件厚度)	±2%
3.2.2.2.1	用薄片或固定在试件上的温度传感器测量硬质材料的温差,硬质材料的热阻不得大于	0.1 m^2K/W
3.2.2.2.1	插入薄片的热阻与试件热阻的最大比值	0.1
3.2.2.2.1	试件每一表面设置的热电偶最小数量(取大者)	$10\sqrt{A}$或 2
3.2.2.3	建议试件厚度与珠、颗粒、薄片的平均尺寸之间的最小比例	10,20 更好
3.2.2.3.2	用方法 B 测定松散填充材料时,塑料薄片的最大厚度	50 μm
3.2.2.3.2	在操作温度下,从试件角度看表面整个半球辐射率	0.8 或更大
3.3.1	测定试件质量要求的准确度	0.5%
3.3.3	测定温度和传热性质关系时,温差最小值	5 K
3.3.3	测定温度和传热性质关系时,温差最大值	10 K
3.3.5.2	达到稳定状态时,连续 5 次观察热阻变化率不大于	1%
3.3.5.2	热流计输出的变化不能大于平均值的	1.5%
3.4.1	如果试件阻的变化大于该值,则用较厚的垫片测量	1%
3.4.1	如果试件是非均质材料所允许的性能测量最小差异	2%
3.4.2	当值偏离热阻-厚度曲线小于该范围,可计算直线斜率	1%
3.4.2	不同厚度测量热传递系数的最大差异	2%

附 录 B
（资料性附录）
热 流 计

B.1 热流计方程

大多数梯度型的热流计都利用热电堆测量芯板上的温差。

从指定的平均温度 T_0 开始，芯板的导热系数 $\lambda_f(T_0)$ 和热电堆的热电势 $e(T)$ 都可以用幂级数形式表示。经计算，标定系数 $f(T)$ 可以用芯板材料的导热系数以及输出电势对温度的导数为函数的幂级数形式表示，再考虑热流计的机械压缩，最后能够写出公式：

$$f(T)=\frac{\lambda_{fu}(T_0)}{d_u\cdot\dot{e}\cdot n}\left\{1+(1+\alpha)\frac{p}{E}+\left[\frac{\ddot{\lambda}_f(T)}{\lambda_f(T_0)}-\frac{\dddot{e}}{\dot{e}}\right]\times\frac{\Delta\theta^2}{3!}+\cdots\right\} \quad \cdots\cdots\cdots(B.1)$$

式中：

$\lambda_{fu}(T_0)$——不受压的芯板材料的导热系数级数表达式的第一项；

$\ddot{\lambda}_f(T)$——上述级数中的二阶温度导数；

$\dot{e}$ 和 $\dddot{e}$——热电堆接点输出电势的级数表达式中一阶和三阶温度导数；

d_u——不受压时，热流计的厚度；

n——热电堆的接点数量；

$\Delta\theta$——接点温度与热流计的平均温度的差；

p——热流计受压时的压力；

E——芯板材料的弹性模量；

α——热流计受压时，$\lambda_f(T_0)$的百分变化与相应的密度百分变化之比。

如果芯板材料是硬的，在正常的使用条件下，p/E 常可以认为是零。

公式(B.1)有助于设计新的热流计以及在给定的误差范围内规定它的工作范围。($\dddot{e}\cdot\Delta\theta^2/\dot{e}\cdot 3!$)的值通常小于 0.001，并且经常小于 0.000 1，甚至当 $\Delta\theta$ 大到 5 K(热电堆上温差为 10 K)时也是这样。

$\ddot{\lambda}(T)\times\Delta\theta^2/[3!\cdot\lambda_f(T_0)]$这一项通常小于 0.01 并且经常小于 0.001，甚至当 $\Delta\theta$ 达到 10 K 时也是这样。公式(B.1)中的大多数项都是与温度有关的。在标定热流计装置时，测量的平均温度改变，可引起系数 f 的变化，但是它可以用在很大的热流范围内，即装置在很大的温差范围内没有必要对温差进行标定。然而，确定温差会影响结果的点是明智的。

B.2 热流计的响应

高热阻温度梯度型热流计适合于单试件的布置。无论有无阻尼板，它都相当接近单元的温度。当试件预热到试验的平均温度、单元的温度是可控的、且两个单元都具有加热和冷却试件的能力时，其响应是快的。

当用于双试件布置时，高热阻的热流计上的温度降低的值可能大于所要求的值(总温降的 1%)。

低热阻、梯度型的热流计更适合双试件布置。通过低热阻热流计的温降很小，因此可以认为两块试件各是单试件的一半。当试件首先预热到测试的平均温度，并且两块试件相同时，响应相当快，可用于质量控制工作，见文献[2]。在能用正常试件的一半厚度时，它能与单试件布置一样快，只有在每块试件首先预热到它们在测定时的平均温度时，才能比单试件布置快。如果图 1a)中的 U'单元既能加热又能冷却，在单试件布置中使用低热阻的热流计是理想的，但是除非 U'的温度控制得特别好，否则在热流计与板之间要求设置阻尼层，那么快速响应的优点就部分消失了，但是还是足够快。热流计能永久地固定在这种结构上。

同样在图1a)，单元U'如果只装有加热装置，如在双向装置中那样，这将导致响应变坏，尤其是试件预热到比热板的最终温度高时。

对于特定的热流计，具有最快的响应，也就是最短的过渡时间的试验布置，最好用实验来确定。用很不相同的各种绝热材料(如低导热系数的泡沫塑料、泡沫橡胶、各种密度的矿棉、超细粉末绝热材料等)制作试件，因而具有不同的热阻和热容，将它们每种都调节到平均测试温度后，在各种布置下试验。这样就能确定各种不同布置的过渡时间的等效数。这些研究将有可能为每种类型的材料选择合适的布置，或者选择兼顾各种材料的合理布置。

为了预见所有类型试件的稳定时间，上述每种试件必须在调节到高于和低于测定平均温度的条件下重复试验，与系数相关的结果按3.3.5要求记录。

附　录　C
（资料性附录）
热流计装置中试件最大厚度的估计指南

由于目前还没有理论分析包含所有的热流计装置，该装置的一般结构与防护热板法相似（如在中心和防护端两部分都是金属贴面），所以可根据 ISO 8302 附录 C 估计试件的最大厚度。

附　录　D
(资料性附录)
热　电　偶

D.1 热电偶类型如下:

——B 型:正极为铂(30%)铑合金,负极为铂(6%)铑合金;

——E 型:正极为镍(10%)铬合金,负极为康铜;

——J 型:正极为铁,负极为康铜;

——K 型:正极为镍(10%)铬合金,负极为镍(5%)铝或硅合金(见表 D.1 的角注 1));

——R 型:正极为铂(13%)铑合金,负极为铂;

——S 型:正极为铂(10%)铑合金,负极为铂;

——T 型:正极为铜,负极为康铜。

D.2 热电偶的误差极限(见表 D.1)

误差极限适用于直径在 0.25 mm～3 mm 的新的热电偶线,并且使用温度不超过表 D.2 推荐的极限。如在较高温度下使用,这些误差极限可能不适用。

误差极限适用于交付到使用者的新电热偶线,未考虑使用中的标定漂移。漂移的大小与热电偶线的尺寸、温度、暴露的时间和环境有关。

当误差极限以百分比的形式给出时,百分比用于以摄氏度表示的被测温度。

D.3 各种型号和直径热电偶的推荐使用温度上限列于表 D.2。这些极限适用于有保护的热电偶,即在常规的端部密封保护管子内的热电偶,不适用于以密实的矿物氧化物为绝缘的铠装热电偶。适当地设计和使用的铠装热电偶可以在高于表 D.1 和表 D.2 列出的温度中使用。

表 D.1　热电偶误差极限

热电偶类型	温度范围/℃	误差极限-参考点为 0 ℃	
		标准(取大者)	专用(取大者)
T	0～360	±1 ℃或±0.75%	±0.5 ℃或±0.4%
J	0～750	±2.2 ℃或±0.75%	±1.1 ℃或±0.4%
E	0～900	±1.7 ℃或±0.5%	±1 ℃或±0.4%
K	0～1 250	±2.2 ℃或±0.75%	±1.1 ℃或±0.4%
R 或 S	0～1 450	±1.5 ℃或±0.25%	±0.6 ℃或±0.1%
B	800～1 700	±0.5%	—
T[1)]	−200～0	±1 ℃或±1.5%	—
E[1)]	−200～0	±1.7 ℃或±1%	—
K[1)]	−200～0	±2.2 ℃或±2%	—

1) 热电偶和热电偶材料通常都能满足本表中 0 ℃以上温度的误差极限。然而,同样的材料可能不能满足本表第二部分给出的 0 ℃以下的误差极限。如果要求材料必须满足本表中 0 ℃以下的误差极限,在采购单中就必须注明。通常要求选择材质。

很少有关于 0 ℃以下专用误差极限的信息,以下是根据有限的经验对 E 型和 T 型热电偶建议的专用误差极限:

——E 型:−200 ℃～0 ℃　±1 ℃或±0.5%(取大者)

——T 型:−200 ℃～0 ℃　±0.5 ℃或±0.8%(取大者)

这些误差极限仅供采购者与供应商参考。

由于材料的特性,没有列出 0 ℃以下 J 型热电偶的误差极限和 0 ℃以下 K 型热电偶的专用误差极限。

表 D.2 保护型热电偶的推荐使用温度上限

热电偶类型	偶线不同直径下的温度上限/℃					
	3.25 mm	1.63 mm	0.81 mm	0.51 mm	0.33 mm	0.25 mm
T	—	370	260	200	200	150
J	760	590	480	370	370	320
E	870	650	540	430	430	370
K	1 260	1 090	980	870	870	760
R和S	—	—	—	1 480	—	—
B	—	—	—	1 700		

附 录 E
(资料性附录)
参 考 文 献

[1] GILBO, C. F., Conductimeters, Their Construction and Use, ASTM Bulletin No. 212, February 1956, (TP56) p. 68.

[2] LANG, D. L., A Quick Thermal Conductivity Test on Insulating Materials, ASTM Bulletin No. 216, September 1956.

[3] PELANNE, C. M. and BRADLEY, C. B., A Rapid Heat Meter Thermal-Conductivity Apparatus, Materials Research and Standards, Vol. 2, No. 7, July 1962, p. 549.

[4] ZABAWSKY, Z., Construction and Calibration of a Heat Flow Meter for Thermal Conductivity Measurements, Paper No. 68-520, ISA.

[5] FOURNIER, D., ANDRÉ, G. and KLARSFELD, S., Études récentes sur la conductivite thermique des isolants fibreux effectuées à I′aide d′un appareil de mesure rapide de la conductivité thermique enrégime permanent Commission 2 ed I′I. I. F., Trondheim 1966, Supplément au Bulletin de I′lnstitut International du Froid, Annexe 1966-2, pp. 163-174.

[6] HOLLINGSWORTH, M., Jr., An Apparatus for Thermal Conductivity at Cryogenic Temperatures Using a Heat Flow Meter, Symposium on Thermal Conductivity Measurements of Insulating Materials at Cryogenic Temperatures, ASTM STP 411, 1967, p. 43.

[7] KINZER, G. R. and PELANNE, C. M., A Cryogenic Heat-Flow-Meter Apparatus, ibid. p. 1 IO.

[8] SHIRTLIFFE, C. J., Establishing Steady-State Thermal Conditions in Flat Slab Specimens, Heat Transmission Measurement in Thermal Insulations, ASTM STP 544, 1974, p. 13.

[9] DE PONTE, F. and DI FILIPPO, P., Design Criteria for Guarded Hot Plate Apparatus, Heat Transmission Measurements in Thermal Insulations, ASTM STP 544, 1974, p 97.

[10] MARÉCHAL, J. C., Métrologie et Conductivité Thermique, Matériaux et Constructions, Janvier-Février 1974, No. 37, pp. 61-65.

[11] CLULOW, A. and REES, W. H., The Transmission of Heat through Textile Fabrics, Part Ⅲ, A New Thermal Transmission Apparatus, Journal of the Textile Institute, 1968, pp. 286-294.

[12] TYE, R. P., Thermal Conductivity, Vols. I and II, Academic Press, London and N. Y., 1969.

[13] BAINES, D. J., A Comparatuve Theoretical Evaluation of Five Commonly Used Types of Unsteady Heat Flux Sensor, Report HSA (prior to 1970), Dept. of Supply, Australian Defence Scientific Service, Weapons Research Establishment, Box 1424H, G. P. O., Adelaide, South Australia.

[14] DE PONTE, F. and DI FILIPPO, P., Some Remarks on the Design of Isothermal Plates, IIR Bulletin, Annex 1973-4, pp. 145-155.

[15] What Properly Do We Measure? Heat Transmission Measurements in Thermal Insulations, ASTM STP 544, 1974, p. 5.

[16] DEGENNE, KLARSFELD, S. and BARTHE, Measurement of the Thermal Resistance of Thick Low-Density Mineral Fiber Insulation, ASTM STP 660, 1978, pp. 130-144.

[17] PELANNE, C. M., Does the Insulation Have a Thermal Conductivity? The Revised ASTM Test Standards Require an Answer. ASTM STP 660, 1978, pp. 60-70.

[18] PELANEIE, CM., Discussion on Experiments to Separate the "Effect of Thickness" from

Systematic Equipment Errors in Thermal Transmission Measurements, ASTM STP 718, 1980.

[19] BODE, K. M.. Wärmeleitfähigkeitsmessungen mit dem Plattengertit: Einfluβ der Schutzringbreite auf die Meβunsicherheit, Int. J. Heat Mass Transfer, Vol. 23, pp. 961-970, 1980.

[20] DE PONTE, F. and MACCATO, W., The Calibration of Heat Flow Meters, Thermal Insulation Performance, ASTM STP 718, 1980, pp. 231-254.

[21] BOMBERG, M. and SOLVASON, K. P., Comments on Calibration and Design of Heat Flow Meter Apparatus, ASTM STP 879, 1985.

[22] TROUSSART, L. R., Three-dimensional Finite Element Analysis of the Guarded Hot Plate Apparatus and its Computer Implementation, Journal of Thermal Insulation, Vol. 4, April 1981, pp. 225-254.

[23] Guarded Hot Plate and Heat Flow Meter Methodology, ASTM STP 879, 1985.

[24] Building Applications of Heat Flux Transducers, ASTM STP 885, 1985.

[25] THUREAU, P. Fluxmktres thermiques, Techniques de I'lngénieur 1-1988, R 2900, 8pages.

附 录 NA
（资料性附录）
（补充说明）

ISO 7345、ISO 9229、ISO 9251、ISO 9288 和 ISO 9346 中有关的术语已转化在国家标准 GB/T 4132—1996 中，ISO 8302 已转化为国家标准 GB/T 10294，本标准使用者可参照使用。

ICS 91.120.10
Q 25

中华人民共和国国家标准

GB/T 10296—2008/ISO 8497:1994
代替 GB/T 10296—1988

绝热层稳态传热性质的测定 圆管法

Thermal insulation—Determination of steady-state thermal transmission properties—Pipe insulation apparatus

(ISO 8497:1994,IDT)

2008-06-30 发布　　2009-04-01 实施

中华人民共和国国家质量监督检验检疫总局
中 国 国 家 标 准 化 管 理 委 员 会　发布

前　言

本标准等同采用 ISO 8497:1994《绝热——圆管绝热层的稳态传热特性的测定》。

本标准代替 GB/T 10296—1988《绝热层稳态传热性质的测定 圆管法》。

本标准与 GB/T 10296—1988 相比较主要变化如下：

——本标准等同采用 ISO 8497:1994，格式与 GB/T 10296—1988 存在一定区别。

——术语定义由引用 GB 4132 改为直接引用 ISO 7345:1987《绝热——物理量和定义》。以上两个标准为类似标准，使用时为了方便可以参考 GB 4132。

——增加了引言。

——增加了对标定端帽与标定管的描述。

——增加了两章内容，第 6 章“一般考虑事项”与第 10 章“端帽的修正”。

——增加了资料性附录 NA，介绍引用的国际标准已转化为国家标准的情况。

本标准的附录 NA 为资料性附录。

请注意本标准的某些内容有可能涉及专利，本标准的发布机构不应承担识别这些专利的责任。

本标准由中国建筑材料联合会提出。

本标准由全国绝热材料标准化技术委员会(SAC/TC 191)归口。

本标准起草单位：南京玻璃纤维研究设计院。

本标准主要起草人：崔军、成刚、曹声韶、戴锅生、王玉梅、曾乃全。

本标准委托南京玻璃纤维研究设计院负责解释。

本标准所代替标准的历次版本发布情况为：

——GB/T 10296—1988。

引　言

如果以测试的结果来代表产品的最终使用性能，管状绝热材料的传热特性通常应由管状测试装置测定，而不是通过平板试件的装置（如防护热板或热流计装置）来测定。同一种材料预制成板状的绝热材料和预制成管状的绝热材料内部几何构造是不一致的。再者，性能很大程度上取决于热流传递方向与材料内在特征（如纤维面或伸长的气孔）的关系。因此平板试件一维热流的测量也许不能代表管状绝热材料二维径向热流的测量。

另一个应该考虑的是商品管状绝热材料的内径都稍比管子的外径大一些，否则制造时的偏差将导致管状绝热材料不能贴合于管子，因此产生了厚度变化的空气缝隙。在测试最终使用性能数据，而不是材料性质的情况下，绝热材料以同样松紧的方式安置在测试管上，因此空气缝隙的影响包含在测量之中。如果性能是在平板测试装置中测定，平板测试装置中需要很好的平面接触，情况就不是这样了。

还有一个值得注意的是围绕安置在管上的绝热材料内及表面气体的自然对流也会引起表面温度的不均匀。而这种情况在均匀平板温度的平板装置中是不能复制的。

注1：对外观相似的材料，使用圆管装置和平板装置进行的比对测试，测得的传热特性显示出不同的一致程度。显现出愈均匀、匀质以及（有时是）愈是各向同性的高密度产品，一致程度愈好。对于一些材料，在此对比测试中重复地显示出可接受的一致性，使用平板装置测得的数据来描述管状绝热材料的特性也许是可以的。一般说来，如果没有显示以上提到的一致性，应采用管状测试装置来获得管状绝热材料的传热数据。

绝热层稳态传热性质的测定
圆管法

1 范围

本标准规定了通常在高于环境温度使用的测定圆管状绝热材料稳态传热性质的一个方法。本标准规定了测试装置的要求但没有规定装置的设计。

本标准适用的试件类型、温度和测试环境规定在第5章和第6章。

2 规范性引用文件

下列标准包含条款通过本标准的引用而成为本标准的条款。凡是注日期的引用文件，其随后所有的修改单(不包括勘误的内容)或修改版均不适用于本标准，然而，鼓励根据本标准达成协议的各方研究是否可使用这些文件的最新版本。凡是不注日期的引用文件，其最新版本适用于本标准。

ISO 7345:1987 绝热—物理量和定义

ISO 8301:1991 绝热—稳态热阻及有关特性的测定—热流计装置

ISO 8302:1991 绝热—稳态热阻及有关特性的测定—防护热板装置

3 术语和定义

注2：管状绝热材料的几何形状需要不同于平板状绝热材料的特殊术语。前缀“线”用来表示特定尺寸的绝热材料的单位长度(管轴线方向上)的特性。这些线特性(用“l”来表示)用起来很方便，因为知道管长和使用温度，就可以计算出热损失。

“线”不表示热流方向是轴向的。在本标准中热流方向主要是径向。

ISO 7345:1987确定的以及下列术语和定义适用于本标准。

3.1

线传热率 linear thermal transference

在稳态条件下，线热流密度除以管表面和环境空气的温差。它与指定的绝热材料的尺寸相关，是热量通过绝热材料传递到环境的一个度量。

$$K_l = \frac{\Phi/L}{T_0 - T_a} \quad \cdots\cdots(1)$$

3.2

线热阻 linear thermal resistance

在稳态条件下，管表面和绝热层外表面之间的温差除以线热流密度。它和指定的绝热材料尺寸有关，是管子线热导率的倒数。

$$R_l = \frac{T_0 - T_2}{\Phi/L} = \frac{1}{\Lambda_l} \quad \cdots\cdots(2)$$

3.3

线热导率 linear thermal conductance

从管表面到绝热层外表面的线热阻的倒数。它和绝热材料尺寸相关。

$$\Lambda_l = \frac{1}{R_l} = \frac{\Phi/L}{T_0 - T_2} \quad \cdots\cdots(3)$$

3.4

表面传热系数　surface coefficient of heat transfer

稳态条件下，绝热层外表面的面热流密度除以外表面和环境空气之间的温差。

对圆管绝热材料来说：

$$h_2 = \frac{\Phi}{\pi D_2 L(T_2 - T_a)} \quad \cdots\cdots(4)$$

3.5

导热系数　thermal conductivity

适用于管状绝热材料者可用下式定义。它适用于稳态条件下的均质材料，是热阻系数 r 的倒数。

$$\lambda = \frac{\Phi \ln(D_2/D_0)}{2\pi L(T_0 - T_2)} = \frac{1}{r} \quad \cdots\cdots(5)$$

注 3：在 ISO 7345 中导热系数通常被定义为 $q = -\lambda_{grad} T$。

注 4：因为使用了管的表面温度 T_0，所以导热系数受测量管和绝热材料之间任何缝隙的影响(见 6.1)。

3.6

热阻系数　thermal resistivity

稳态下对均质材料是导热系数的倒数。

$$r = \frac{2\pi L(T_0 - T_2)}{\Phi \ln(D_2/D_0)} = \frac{1}{\lambda} \quad \cdots\cdots(6)$$

计量段长度(轴线方向)L (m)。

3.7

面热阻　areal thermal resistance

稳态条件下测量管子表面温度和绝热材料外表面温度之差除以面热流密度，是面热导率 Λ 的倒数。

$$R = \frac{T_0 - T_2}{\Phi/A} = \frac{1}{\Lambda} \quad \cdots\cdots(7)$$

式中面积 A 必须指定(通常是管子表面，有时指绝热材料的外表面，或者是其他选定面，见 3.8 的注 6)。

注 5：较通用的基于单位面积的面特性，用于管道绝热常产生混淆，因为此面积必须人为选定，并且可能是从测量管的表面变化到绝热材料外表面。如果计算这些面性能，计算时选择的面积及其位置必须被记录下来。

3.8

面热导率　areal thermal conductance

面热阻 R 的倒数。

$$\Lambda = \frac{1}{R} = \frac{\Phi/A}{T_0 - T_2} \quad \cdots\cdots(8)$$

式中面积 A 的位置必须指定(通常是管子表面，有时也指绝热材料的外表面，或者其他选定位置)

注 6：面热导率 Λ 是不确定的，因为它取决于所选的面积 A。对于导热系数如 3.5 定义的均质材料起面其热导率 Λ 为：

$$\Lambda = \frac{2\pi L\lambda}{A\ln(D_2/D_0)} \quad \cdots\cdots(9)$$

如果面积被指等于 $\pi L(D_2 - D_0)/\ln(D_2/D_0)$“管子对数平均面积”，那么 $\Lambda = 2\lambda/(D_2 - D_0)$。因为 $(D_2 - D_0)/2$ 等于从管表面测量的绝热材料的厚度，它和平板状的热导率和导热系数之间的关系类似。同样的相似还存在于按 3.7 定义的面热阻 R。因为这些面系数是不确定的，而且一般不申明所选择的面，因此可能会导致混淆，所以只有在选定面之后才推荐使用。

4　符号和单位

本标准中使用表 1 所列符号和单位。

表 1　本标准中使用的符号和单位

	符号	单位
热流量	Φ	W
线热流密度(单位管长的热流密度)	Φ/L	W/m
面热流密度(单位表面积的热流密度)	Φ/A	W/m^2
测试管的表面温度	T_0	K
绝热层外表面温度	T_2	K
环境空气(或气体)温度	T_a	K
测试管的外径	D_0	M
绝热层的外径	D_2	M
计量段长度(沿轴向)	L	m
规定面的面积	A	m^2
线热导率	Λ_l	W/(m·K)
线热阻	R_l	(m·K)/W
线传热率	K_l	W/(m·K)
导热系数	λ	W/(m·K)
热阻系数	r	(m·K)/W
绝热材料外表面传热系数	h_2	$W/(m^2 \cdot K)$
面热导率	Λ	$W/(m^2 \cdot K)$
面热阻	R	$(m^2 \cdot K)/W$
测试管外端帽厚度(轴向)	S	m
Nukiyama 计算系数	n	

注 7：下标"l"用来表示线特性(每单位轴向长度)。

注 8：当指出这些特性是在圆管装置上测试显得重要时，上表所列符号加下标"cyl"。

注 9：当"l"和"cyl"同时需要使用时，下标为"l,cyl"。

注 10：在本标准中，线热流密度和面热流密度分别用 q_1 和 q_2 表示。此处较多描述用在本标准中的比值符号。

5　要求

5.1　测试试件

试件可以是硬质的、半硬的或柔软(毯状)的，或是适当密封的松散填料。试件可以是均质的或非均质的，各向同性的或各向异性的，可包括切缝、接头或其他金属元件，也可以包括外护套或其他覆盖物。除计量测试段内任何有目的性的不规则外，试件沿整个长度方向的尺寸和外形应是均匀一致的，并且试件应是设计用于与测试装置同样尺寸管子的。通常试件应该有圆的外形和居中的孔。也允许使用其他外形的试件，但仅可测定传热率。

5.2　运行温度

测试管可能在高达试件或构成装置材料的最高使用温度下操作。测试管的最低温度有限制，要高于试件外表面温度足够多以提供测试需要的精确度。通常，装置在静止的空气当中运行，环境温度 15 ℃到 35 ℃之间，但也可以延伸到其他温度、其他的气体与速度。试件外表面温度也可以有加热或冷却外壳或覆盖物或其他附加绝热层固定。如果使用了冷却外壳或外套，只要测试管维持在较高温度，可以在低温下运行。

5.3 管的尺寸和形状

测试管应有一个圆形横截面。

5.4 方位

测试管通常为水平放置，可以采取其他方位，但是要求特殊的考虑，因为测试管和试件内外都可能被对流影响。

5.5 装置类型

包括两种明显不同的装置类型：防护端头型与标定或计算端头型，它们对计量段端头轴向传热的处理不同。有高轴向导热元件如金属外护套的试件，只能用防护端头型装置测试。

5.6 相关特性

所有试件都可以计算线传热率(3.1 中定义)，它是量化管状绝热材料性能的最有用的特性。如果使用与测试条件具有可比性，知道了它的值和管子及周围环境空气的平均温度，就可以直接算出给定长度的绝热管道的热损。

导热系数(见 3.5)在规范中经常用到。理论上，只有紧紧的安装在测试管上、没有空气隙的均质的同心环状试件才能计算导热系数。实际上，如果认为导入的误差可以接受，偏离理想状况是经常的。导热系数在推导与所测试件尺寸不同的绝热材料的线传热率或其他性能时是有用的(见 6.2)。第 3 章定义的其他特性，在被指定和适用的时候可以考虑使用。

6 目的

6.1 一般考虑事项

如在 6.1.1 和 6.1.2 中所述，可能有两种明显不同的测定目的。试件的准备和安装由用户选择的目的决定。可以使用适合任何一种目的的程序，但应在报告中充分说明。

6.1.1 最终使用性能

如果要求最终使用性能，试件应保持不变，以与正常使用相同的方式安装。在这种情况下，测得的特性包括任何接头或接缝，以及任何由于松散地安装在管上引起的空气隙的热阻的影响。

6.1.2 材料特性

如果要求材料特性的值，应选择或修整试件，以使其所有部分紧紧组合在一起，没有开口的接头或接缝，并使试件紧紧安装在测试管上，没有空气隙。

6.2 用于其他尺寸

提供能够匹配所有制造的管状绝热材料的尺寸的测试装置是不实际的。因此，用有限尺寸的类似绝热材料的测试数据，计算其他尺寸的绝热材料的特性是必要的。根据试件材料和测试条件是否理想，可能有不同程序。

在测定最终使用性能时，包括任何空气隙与(/或)不紧密的安装的影响，不允许用来计算其他尺寸绝热材料的特性。

6.2.1 理想材料与测试条件

对于导热系数是常数或是温度的线性函数的均质材料，在均匀的温度条件下测试，可以在规定的平均温度下，用 3.5 中给出的关系式，在单独的测试中确定导热系数。然后可用这个导热系数计算其他尺寸管子、其他绝热层厚度、其他温差的管状绝热材料，在相同平均温度下的热流与其他传热特性。

6.2.2 非理想材料与测试条件

实际中，许多材料并非严格均质的，因为

——它们的导热系数是温度的复杂函数；

——由于对流与辐射传热，导致测试时试件外表面温度不均匀；与/或

——在装置与试件中间可能存在空气隙。

只要数据被扩展到与测试不同的尺寸或条件，应就这些因素的实际影响进行评估。

通常对于一种特定的产品或材料，在靠近感兴趣的范围内，最少要做两种尺寸的测量。如果这些测量的导热系数值在可接受限度内一致，那么其平均值可以用来计算这种产品在相同平均温度下、该尺寸范围内，其他尺寸和其他条件的传热特性。如果测量的导热系数值不在可接受限度内，那么应该使用一个合适的趋势分析来确定适合要求尺寸的导热系数值。

如果测试的导热系数差距很大的话，应测试更多尺寸的试件。另一个方法是由已测出的不同测试管尺寸（但厚度、温度相同）的绝热材料的传热特性值（例如传热率）使用内插法。

6.3 需要的知识

因为在本标准中涵盖所有型号的装置和方法细节是不实际的，用户应预先拥有关于热测量的知识与经验。

6.4 细节说明

用户应准备详尽的设计和操作说明，帮助特定装置的制造者和操作者满足一般要求和目标。

7 装置

7.1 一般要求

装置由加热的测试管与控制和测量仪器组成，这些仪器控制和测量测试管和环境空气的温度以及消耗于计量段加热器的平均功率。除非只需要测定传热率，还应包含测量绝热材料外表面温度的仪器。测试管应由内部电加热器被均匀加热，例如电阻丝缠绕在一个内部单独的管上。在大型装置中，需要提供内部循环风扇或在管内填充传热液体来获得均匀的温度。可以用独立的防护加热部件（见 7.3 与图 1），使测试部件端头的轴向热流减少到最小，或用一个绝热端帽，并对所测热量加以修正（见 7.4 和图 2）。还应提供有控制周围空气温度的装置的密封箱或房间。

装置应符合本标准的原理与限制，但本方法没有包括对任何特殊装置的建造与操作的细节要求。每台装置应专门的准备细节说明。

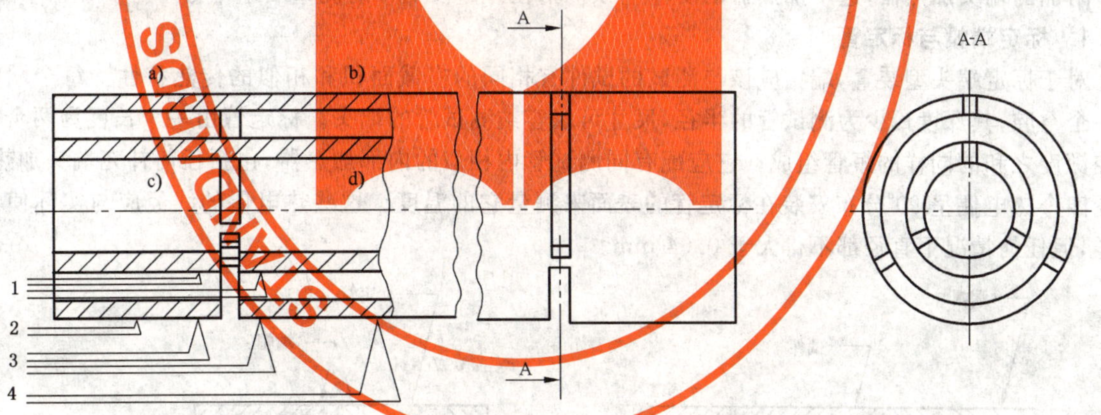

1——加热管隔缝监视热电偶；
2——计量段测量热电偶；
3——测试管隔缝监视热电偶；
4——计量段测量热电偶；

a)——测试管防护段；
b)——测试管计量段；
c)——加热管防护段；
d)——加热管计量段。

图 1 防护端头型装置

7.2 尺寸

装置的管径并没有限制，但是计量段的长度应足够长，以保证测试的总热流量相对于端头损失和功率测试的准确度来说足够大，以达到要求的测试准确度。

注 11：对于外径 88.9 mm 的防护端头型装置（见 7.3），测试部件长度 0.6 m、试件总长度接近 1 m 就可满足。相同直径的标定或计算端头型装置（见 7.4），试件长度一般要 2 m 或更长。也许某些装置和某些测试条件不能满足这些长度要求，需做适当的误差分析估计要求的长度。

为了方便,装置长度应为绝热材料标准长度的整倍数。

7.3 防护端头型装置

防护端头型装置(见图1)使用独立的称为“防护段”的加热管部件,位于计量测试段的两端,且保持在计量段的温度,使装置轴向热流最小化,并且帮助达到均匀的温度,使试件在计量段的所有热流都为径向。除非已知预期的温度不均匀不会对测试结果造成不可接受的误差,计量段与防护段的加热器都应设计成在长度方向达到均匀的温度。如果需要的话,在单一防护段的外端使用辅助加热器或在每端设置第二防护段。每个防护段(或双防护段的总长度)应足够长,使计量段的每一端,在装置及试件内的综合轴向热流都限制在可以接受的小的数量(相对计量段的传热量)。

注12:还没有预测防护段准确长度或温度不均匀程度,以达到要求的测试准确度的分析。希望这种分析即将出现的同时,装置应设计成与现有的已经被证实的装置一样的近似几何比例,并尝试使整个防护长度达到温度均匀。

注13:在测试试件为基本均质、只有适度的各向异性、厚度不大于管子直径时,对于88.9 mm外径的装置,已发现防护段长度约200 mm是满足的。当测试更厚的试件或试件轴向导热率较高时可能会需要更长的防护段。

在加热管以及测试管的防护段与计量段之间以及双防护中每个防护段之间,都应该设有隔缝(除了结构支持需要的小的连接桥),通常宽度不大于4 mm,这些隔缝可用导热系数远低于管子的材料填塞。

每个隔缝应装有内部隔板,使各段间的对流和辐射传热最小化。应该在测试管隔缝两边安装热电偶,它们距离隔缝不得超过25 mm,且连接成温差热电堆。也应在加热管或计量段到防护段提供高导热路径的所有支撑元件上安装热电偶。

7.4 标定或计算端头型装置

标定或计算端头型装置(见图2),在计量段的每个端头上使用绝热帽来使轴向热流最小化。端头绝热帽热损失的修正,应由在测试条件下的直接标定(标定端头型装置)或使用材料性能计算(计算端头型装置)决定。内部电加热器应该设计成长度方向对计量段进行均匀的加热。如果在计量段长度内使用了附加的端头加热器,这个加热器的功率应该包括在计量段功率的测量结果中。

7.4.1 标定端帽与标定管

对于标定端头型装置,端帽应该与测试的试件有相同的横截面积和相似的传热特性。每个端帽应有一个空腔,其深度最少为测试管的半径,尺寸可以容纳测试管的端头。标定管由一个长度为两个端帽空腔深度之和的同样的短管组成。它应配有同测试管内相似的内部加热器,包括任何补充端头加热器。最少四个热电偶呈90°分布安装在标定管的表面来测量它的温度。这些热电偶的线经应与实际使用的一样,但任何情况下直径都不得大于0.64 mm。

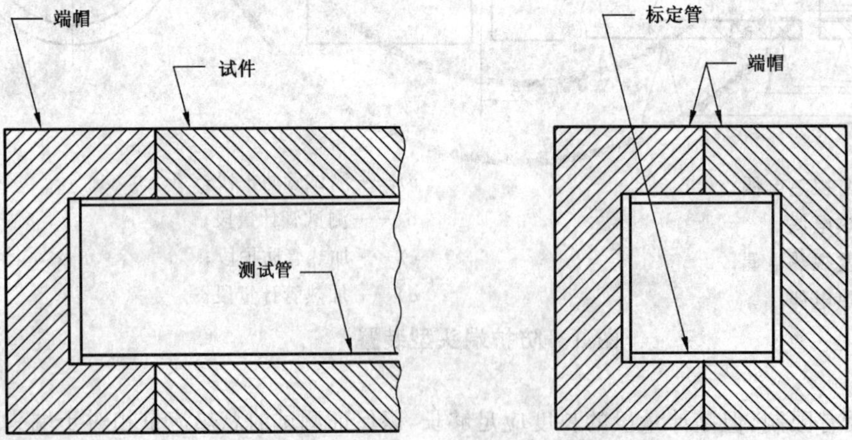

a) 标定端头型装置

图2 标定或计算型端头装置

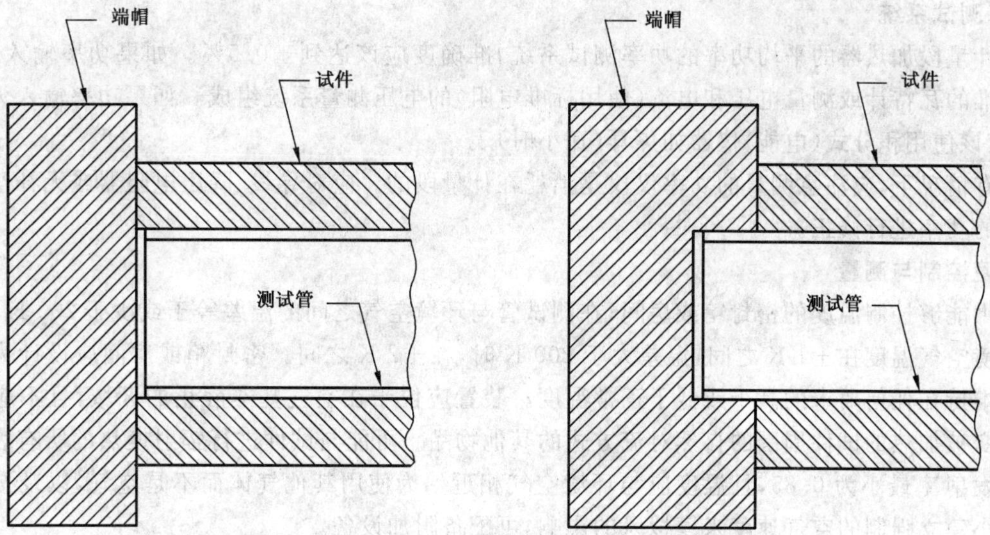

b) 另一种结构：计算端头型装置

图 2（续）

7.4.2 计算型端帽

对于计算端头型装置，端帽外径应与测试的试件同样大或更大一些（见图 2）。端帽应由低导热系数的均质绝热材料制成，且可以选择有一个用来放测试管端头的空腔[但要注意 10.2.3.1 d)的限制]。在预期使用温度范围内，端帽材料的导热系数应由防护热板法或热流计法测定。如果材料不是各向同性，应按计算过程中要求，测定不同方向上的导热系数。

7.5 管表面温度的测量

计量管计量段的表面温度应该由至少四支热电偶测量，或者在管子长度上每 150 mm 一支热电偶，以大者为准。这些热电偶应纵向分布在计量段等长度的中心，且在圆周上以等间距角成螺旋状分布。

7.6 温度传感器

通常采用由绝缘的热电偶线制成的裸珠状热电偶，本标准贯穿全文指定其为温度传感器。这样的热电偶应该单独标定或由同一卷已标定的优质金属丝制成。通常，金属丝的直径越小越好，在任何情况下，在测量金属表面时不得大于 0.63 mm，测量非金属表面时不得大于 0.4 mm。在显示的温度等于裸珠热电偶所显示的时候，也可以使用矿物绝缘的金属铠装热电偶、电阻温度计、或其他温度传感器。平均温度可由几支热电偶的单独读数值平均而得，或者将热电偶热结点电气绝缘，且在总电阻相同的情况下，将热电偶并联连接，直接读出平均值。为了测量计量段和防护段间的隔缝温差，将热电偶串连成温差热电偶。

7.7 温度测量系统

通常是一个直流电位计或数字微伏计的温度测量系统，应有足够的准确度以限制测定温差产生的误差在一个可接收的数量。

注 14：温差测量的百分比误差会导致按第 3 章公式计算得出的传热特性产生同等的百分比误差。因此，对于规定的温差和选择的可接收的误差限，可使用标准误差分析（见 12.1）来确定温度测量的要求。举一个极端的例子，对于一个温差低到 20 K 的测试，如果温差测量引起的误差为 1%是可接受的，那么测量温差必须准确到 0.2 K 之内。如果温度是单个测量且误差是随机的，单独的温度测量必须准确到 0.14 K 以内（单个测量中的固定偏移误差会在温差测定中消除）。很明显，对于大温差的绝对测量准确度的要求明显较低。

7.8 电源供给

计量段加热器的电源应精密稳压，可以是交流的或直流的。如果使用防护加热器，除非使用自动控制器，其电源应该是调节的。

7.9 功率测试系统

测量计量段加热器的平均功率的功率测试系统，准确度应该达到±0.5%。如果功率输入稳定，可以由已校准的瓦特计或测量电压和电流(使用标准电阻)的电压测量系统组成。如果功率输入为变量的或脉动，应该使用积分式(电能)仪器如焦耳(瓦小时)表。

在所有情况下，应注意测量的功率仅仅是消耗在计量段的。应对导线、降压电阻器或无补偿的瓦特表所消耗的功率进行修正。

7.10 环境控制与测量

应提供能够控制温度的密封箱或房间；在测试管与环境空气之间的温差等于或少于 200 K 时，应可以维持环境空气温度在±1 K 之间，温差大于 200 K 时，在±2 K 之间。密封箱或房间应设计为可以将环境空气维持在任何要求的高于或低于正常温度。装置应位于在空气基本静止的区域，且不应靠近其他可能改变被加热的试件周围的自然对流方式的其他物品。可能与试件进行辐射换热的所有表面或物体的半球发射率最小为 0.85，且温度应与环境空气相近。为使用其他气体而不是空气，以及按要求的方向和大小建立强制的空气速度来模拟风的影响，可配备附加设备。

设计和安装空气温度传感器时，不应使其受被测管和其他热源直接影响。通过试验确定合适的位置，必要时应使用辐射防护罩。不应直接布置在装置的上方。

7.11 外套或附加绝热层

用附加可以控制温度的外套来改变试件的外表面温度，使其达到所希望的不同于环境的温度。另一个提高试件外表面温度的方法是用附加的绝热材料层覆盖试件。不管使用哪一种，按 8.6 中规定用来测量试件外表面温度的热电偶，应先于外套或附加绝热层安装。为了不减少试件内部的辐射换热，外套或附加绝热层的内表面(面对试件)的发射率应大于 0.8。这种情况下，不能测定传热率。

8 试件

8.1 一般要求

一般要求见 5.1 和 6.1。

8.2 抽样

如果测试结果被认为代表一种制品型号或特定的一批产品等，或一种材料(在材料均匀的情况下)的话，那么应该遵循适当的抽样计划。如果没有这样的计划，测试结果将被认为仅代表被测试的试件。

8.3 安装

在确定试件的细节和把它用到测试管时应考虑测试的预期目的。有些考虑是：将试件固定在测试管上的方法、接缝处使用的嵌缝剂或其他材料和是否用外套、覆盖物、捆扎带、反射屏蔽层等。除非有其他目的或者规定，试件应该用正常的实用方法固定在测试管上，并且应包括在正常使用时使用的外套和其他部件(见 6.1.1)。

8.4 状态调节

除非被测试的材料已显示出不需要这些步骤已可获得复现的结果，试件在测试前应干燥或采取其他措施使其稳定。(可应用时)对于该材料规定的状态调节程序应该遵守；否则，除非试件会受到不利影响，正常程序是温度在 102 ℃到 120 ℃之间烘干至恒重。例如，推荐的石膏的最高干燥温度为 40 ℃，泡沫塑料为 55 ℃到 60 ℃。在有些情况下，会要求更低的温度。

需要时可测定状态调节引起的质量变化、应测定状态调节后的质量和密度。

8.5 尺寸测量

试件安装在测试管上后，为描述其形状，应该测量外部尺寸，误差在±0.5%之内(测试前和后)。对圆形的形状，应使用软钢尺来测量周长，除以 π 得到直径 D_2。另外一种测量外径的办法是使用卡钳。考虑非正圆形的影响，只有以足够数量的测量进行平均，才可以采用这方法。

计量段长度应该至少分为四等分，除非要避开被研究的不规则处，尺寸测量应在每个等分的中部进行。应进行附加的测量来描述不规则性。对于防护端头型装置，应该对每个防护段中心进行附加的测量。

预定全长具有均匀横截面的试件，如果任一单独尺寸（计量段或防护段）与计量段的平均值的偏差大于5%，应剔除该试件。

注15：产品的技术规范可能要求进行附加的尺寸测量，如内径或厚度。这些测量应按规范的指导进行。

8.6 试件表面温度测量

测量外表面平均温度 T_2 的热电偶，应该依照以下方法安装在绝热材料表面。

8.6.1 热电偶的位置

计量段长度至少分为四等分，表面的热电偶应在长度方向上位于每等分的中间。大型装置需要更多数量的热电偶。对于圆形，热电偶也应该在圆周上等距离的布置成整数圈的螺旋形式，且相邻的热电偶角距从45°到90°。以上规定的位置，只要有可能的话，应该与任何接缝或其他不规则地方的距离等于试件厚度。为记录表面温度的需要，应使用附加的热电偶。在这种情况下，报告中应给出单独的温度与位置（见13.6）。

8.6.2 热电偶的固定

热电偶应固定在表面，这样结点和所需长度的相邻导线与表面保持良好的热接触，但不改变邻近表面的辐射发射率特性。

8.6.2.1 非金属表面

对于非金属表面，最少100 mm的相邻导线应该与表面保持接触。一个满意的固定方法是使用胶带粘在试件表面或是用胶带绕围在试件，胶带自身相粘。当试件表面是平整的，但是温度不均匀时，应把热电偶固定在小的金属薄片（符合试件表面的曲率，约20 mm×20 mm或者更小）上。这样的金属薄片的表面应该有涂层或其他覆层，使其发射率与试件表面近似。

8.6.2.2 金属表面

对于金属表面，最少10 mm的相邻导线应与表面保持接触。可以接受的热电偶结点固定方法有镶嵌法、熔焊、锡焊或铜焊，或者使用与表面发射率相同的金属带。特别推荐电容放电焊接。与表面相同的小薄金属带可以熔焊到表面来保持导线与表面接触。

8.7 高热导元件

应在轴向高热导元件（如金属外套和套管）上安装热电偶，测量轴向温度梯度，以便计算轴向传热率。有此类元件的试件应该使用防护端头型装置进行测试，这些热电偶应安装在计量段与防护段之间的隔缝两侧，每边等距约为45 mm处的底部和顶部。

9 步骤

9.1 尺寸测量

测量计量段的长度 L，试件外周长，和为描述形状或另外要求的其他尺寸。通常在本方法中使用的尺寸应该是在10 ℃～35 ℃之间环境温度下测量。如果要求基于运行温度下实际尺寸的特性，运行温度下的实际尺寸，可由在环境温度下测量的尺寸和用事先测量或已知的热膨胀系数计算获得，或者可以在运行温度下直接测量。任何基于运行温度下尺寸的特性也应如此定义。

9.1.1 测试长度

对于防护端头管装置，计量段长度 L 是计量段两端的隔缝的中心线的距离。对于标定或计算端头型管，测试长度 L 是端帽之间的距离。

9.1.2 直径

试件的外部尺寸应该按8.5中规定进行测量。

9.2 环境要求

在控制到要求的环境温度的小室或密封箱中进行装置操作，在测定过程中，温度变化不超过±1 K或测试管与环境温差(T_0-T_a)的±1%，两者以大者为准。除非需要明显的流速以达到温度均匀或者空气的速度的影响是测试条件的一部分，测试应在基本静止的空气(或其他所需气体)中进行。任何强制的流速应该测量，并在报告中给出其大小和方向。

9.3 测试管的温度

将测试管(防护端头型装置的计量段)调整到要求的温度。为了表征材料的特性，要在一个温度范围进行多次测试时，应在此范围内近似等距离的选择最少三或四个温度进行测试。如果只需要一个温度的数据，例如，质量控制或验收测试，测试可以在那个温度进行，或者在略高于与略低于要求温度测出的数值中，使用内插法获得。

注16：测试常常是在绝热材料外表面暴露在普通的环境温度之中进行。这些情况能复制大多数应用的情况，其温差随着管的温度及相应的平均温度的增长而增长。如果要求复制其他应用情况或维持一个小的温差，外表面温度可以通过改变环境空气温度或者通过控制温度的外套来升高或降低，或者通过附加的绝热层来升高。这种测试条件应该包含在报告中。

9.4 防护平衡

当用防护端头法时，调整每个防护段的温度，使计量段与防护段之间隔缝的温差(在测试管表面测得)降为零或不大于导致测热流量误差为1%的数值。经常会要求进行两个测试，一个为防护段的温度略高于计量段，另一个略低。对这两次测试进行内插，得到沿着内部连接桥的平衡热流为零的准确值和计量段功率输入的准确值，并提供符合1%判据最大允许不平衡值的信息。一个经常被使用的判据，是不平衡不大于试件温度差(T_2-T_0)的0.5%。这并非所有条件都是必需的。

按理想情况，外部测试管与内部加热管两者的测试段与防护段之间的隔缝以及沿任何内部支撑元件的温度梯度都应该为零，以消除管内轴向热流。在一些设计中，不可能表面及内部元件两者同时都平衡的，这可能需要修正内部装置的轴向损失。当连接桥仅在外部测试管时，将测试管表面隔缝(在计量段与防护段之间)平衡为零就足够了，不必修正。当装置使用了内部连接桥，必需使用7.3中规定的内部热电偶的读数，连同连接桥的尺寸及传热性质，来估计内部轴向损失。这些损失必需加入(或扣除)输入计量段的测量功率中。

9.5 热测量

9.5.1 要求的数据

在达到稳态条件之后，测定：

a) 管计量段的平均温度 T_0；

b) 计量段与防护段的平衡(防护端头型装置)；

c) 试件外表面的平均温度 T_2(如果只要求测量传热率，可以省略)；

d) 环境空气的平均温度 T_a 和与使用了强制气流时的空气速度；

e) 计量段加热器的平均电功率(如果功率稳定的为瞬时值，否则为总能量除以测试周期)。

9.5.2 轴向热流

9.5.2.1 装置中

在计量段与防护段的交界处，对任何内部加热管或连接桥测量轴向温度梯度(见7.3与9.4)。

9.5.2.2 试件中

对于包含高轴向导热率元件的试件，使用8.7中规定的热电偶测量轴向温度梯度。使用梯度的平均值与已知的尺寸与高导热元件的导热特性，计算总的轴向导热的估计值。如果试件任一端轴向热流被估计大于输入计量段热量的1%，测试结果予以剔除。

9.5.3 测试周期与稳定性

持续观察直到最少三组成功的观测(每组观测至少相隔0.5 h)，每组观测值与三组观测的平均值相差不大于1%,且没有显示单向变化的趋势。当使用积分仪器测定功率时,每次观察至少为期0.5 h。在某些情况下可能有更多严格的要求。

10 端帽的修正

对于标定或计算端头型装置,需要对通过的端帽的热损失进行修正。防护端头型装置不需要修正。

10.1 端帽的标定

10.1.1 温度范围

标定端头型装置需要对端帽进行标定。在打算使用的温度范围内,以近似等间距的温度进行三次标定,并绘制电功率对管与环境空气的温差的曲线。应得到每个环境温度的单独的标定曲线。如果测试装置仅仅是在一组条件下使用,那么在同样环境温度下,进行标定管温度略高和略低于要求的温度两次标定,使用内插法是方便的。

10.1.2 装配

装配端帽到标定管上,用玻璃纤维或其他合适的密封材料来密封好缝隙。连接电源与热电偶的导线。

10.1.3 标定步骤

调节加热器输入功率来达到要求的温度。在达到稳态后,在超过半小时的时间内,做必需的观测来确定标定管和环境空气的温度以及加热器平均功率。

继续观测直到至少三组成功的观测(每组观测至少相隔0.5 h),每组观测的值与三组观测值平均值相差不大于1%,且没有显示单向变化的趋势。当使用积分仪器测定功率时,每次观察至少为期0.5 h。在某些情况下可能有更严格的要求。

10.2 计算型端帽

10.2.1 计算步骤

对于计算端头型装置,要求对端头的轴向热损失进行修正。业已证明满意的几种方法的任何一种都可使用。

10.2.2 van Rinsum 法

10.2.2.1 方法概要

轴向热流会造成测试管表面指向端头的温降,它是加热管(以及内加热器)和试件的导热系数的函数。如果测量这个温降且管和加热器的导热系数已知,就可以通过测量热流密度计算试件导热系数。Van Rinsum 法是计算出加到管中央测得的表面温度上的一个温度。然而,在标准导热系数公式(见3.5)中使用修正过的管表面温度。方法如下:

10.2.2.2 测量

在测试管的中间,沿着测试管圆周的顶部、底部和两边均匀地布置四支热电偶,应在中间向两边相距 X 的地方布置类似的四支一组的热电偶。距离 X 应为200 mm或更大。这些热电偶应设置在凹槽中,如7.5中描述的固定。应该得到每组四支热电偶的平均读数。

10.2.2.3 计算

由下式计算导热系数的近似值 λ':

$$\lambda' = \frac{\phi \ln(D_2/D_0)}{2\pi L(T_{0m} - T_2)} \qquad (10)$$

除 T_{0m} 外,所有符号已经在第4章中定义,T_{0m} 是测试管中点表面的温度(四支热电偶的平均值)。

按下式计算修正因子 c:

$$c = \frac{2\pi\lambda'}{(A_1\lambda_1 + A_2\lambda_2)\ln(D_2/D_0)} \qquad (11)$$

其中：

A_1 和 λ_1 分别是测试管的横截面积和导热系数；

A_2 和 λ_2 分别是内部加热管的横截面积和导热系数。

按下式计算应用于管中点表面温度的修正值 ΔT_{0m}：

$$\Delta T_{0m} = \frac{T_{0m} - T_{0X}}{\cosh_2(X\sqrt{c})} \quad \cdots\cdots(12)$$

其中 T_{0X} 是在管中心面向两边 X 距离处的管表面平均温度(八支热电偶的平均值，每边四支)。

按下式计算修正后的导热系数 λ：

$$\lambda = \frac{\Phi \ln(D_2/D_0)}{2\pi L(T_{0m} + \Delta T_{0m} - T_2)} \quad \cdots\cdots(13)$$

10.2.3 Nukiyama 法

10.2.3.1 方法概要

通过绝热端帽的热损失和加长计量段时对所测得的总功率有相同的影响。Nukiyama 法计算了一个加于所测得的计量段长度的修正值，然后在 3.5 的导热系数公式中使用修正的长度。为使用此方法，应满足以下条件：

a) 端帽的材料与试件的材料应为均质与各向同性的；

b) 端帽材料的导热系数应与试件相同；

c) 端帽外径应与试件相同；

d) 测试管应与试件长度相同，且在长度方向上均匀加热。

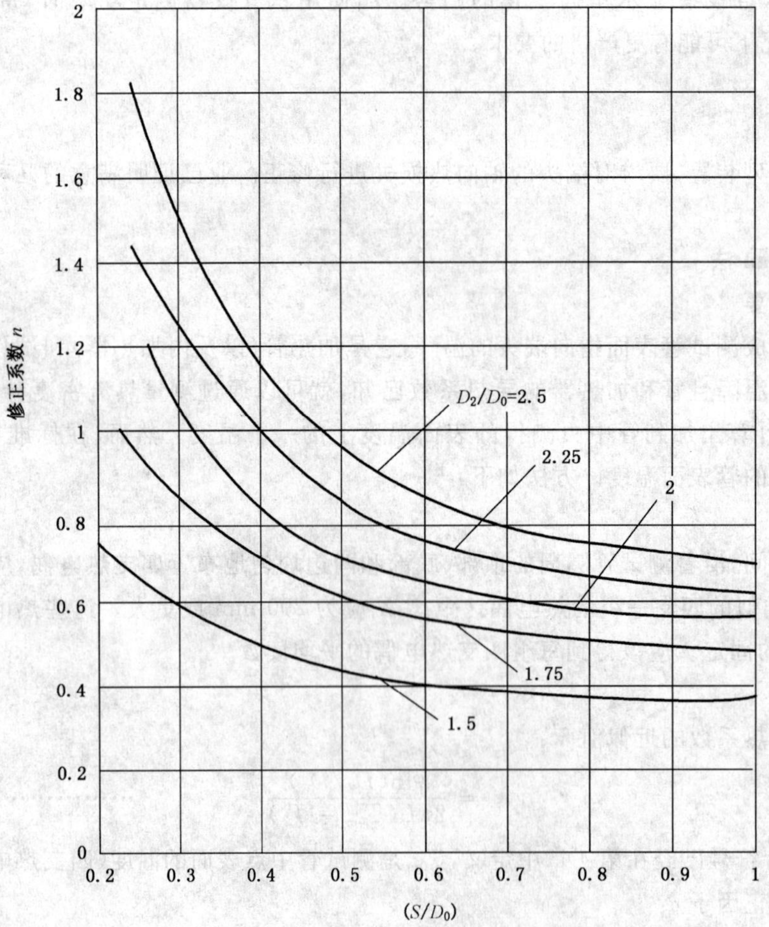

图 3 Nukiyama 法修正系数

10.2.3.2 计算

导热系数应按以下公式计算：

$$\lambda = \frac{\Phi \ln(D_2/D_0)}{2\pi(L+nD_0)(T_0-T_2)} \quad \cdots\cdots(14)$$

系数 n 应采用适当的直径比(D_2/D_0)和端帽厚度与管径比(S/D_0)从图 3 查得。

10.2.4 有限差分法

另一个方法是使用有限差分法，用与端帽同一批材料制成的平板状试件测定的传热特性，或者如果估算表明，预期的误差在允许的测试不确定度之内，也可以从其他类似的材料获得传热特性。材料导热性能的测定可以使用防护热板法(见 ISO 8302:1991)或热流计法(见 ISO 8301:1991)，如果材料不是各向同性的话，应该在所有适当的方向(通常在轴向和径向方向)上进行测试。

11 计算

应对按 9.5.3 的记录的三组(或更多的)观测结果的每组数据进行计算要求的传热特性，并且按 13.9 报告其平均值。计算使用第 3 章中的公式，或对于计算端帽装置，使用 10.2 中合适的公式。适当的时候，应用测得的温度梯度、尺寸及材料性能(见 9.4)算出通过内部连接桥的轴向热损失，对测得的功率进行修正。对于标定端头型装置使用 10.1 中确定的标定修正值。

12 测试精密度与准确度

12.1 估算

测试的精密度与准确度决定于装置及其操作、试件特性及选择的测试条件，因此不能做出可以应用于所有测试的简单的定量的陈述。对于每组测试条件，可以对参与传热特性计算的各项进行单独的误差估算，然后用统计误差传递理论综合各个误差，估算最终结果的不确定度。

12.2 实验室间比对

实验室间比对测试项目可以用来获得本方法精密度的评估。

注 17：由 9 个实验室参加的一个实验室间对比程序显示，对相同试件测定的结果差异不大于平均值的 3%。这个程序包括对玻璃棉绝热材料在环境温度控制在 20 ℃～25 ℃，平均温度在 60 ℃～160 ℃范围内进行测定。超出所报告的条件时，本方法的精密度未经证实。在 ISO/TC 163 支持下，正在计划新的对比程序。

13 测试报告

测试报告应该包括以下子条款中规定的信息。

13.1 一般要求

测试试件的描述，抽样与测试步骤，测试装置及结果，适当时绘制应用范围内的测试特性对温度的曲线。无论何时要报告数字值，并应说明单位。应包括 13.2～13.12 列出的适当项目。

13.2 试件描述

试件描述以及其他的识别标志，包括交易商与制造商的名称、材料的一般类型、制造日期、获取日期及来源、公称尺寸及形状，以及有要求的话还包括公称质量与密度。也应报告测试前和测试后观察到的任何不寻常的试件状态

13.3 尺寸及密度

测量的尺寸以及在测试前和测试后测量的质量和密度。如果尺寸不是在环境温度下测得，报告中应给出温度和测量尺寸的方法。

13.4 安装

操作和固定于测试管的方法的描述，包括任何绑带或紧固件的数量、类型以及位置，外套或覆盖物的类型(如果使用的话)，任何使用的密封剂的类型和位置，试件是否与管装配紧密，试件与管间是否有空气隙。如果可能的话，报告中应给出空气隙的厚度。

13.5 状态调节

描述采用的任何状态调节或干燥步骤，如果获得的话，还有由于状态调节或干燥引起的质量，密度或尺寸变化。

13.6 温度

应该给出下列温度：

a) 测试管计量段的平均温度 T_0；

b) 试件外表面平均温度 T_2 以及不规则试件用来描述不均匀表面温度(见 8.6.1)的热电偶读数和位置。

13.7 环境条件

环境气体的类型，其平均温度 T_a 以及有强制气流时的速度(大小与方向)或其他控制外部温度的方法的详情，例如额外的绝热层或温度控制的外壳或毯。

13.8 功率

计量段平均输入功率以及采用的任何修正。

13.9 传热特性

所需的传热特性包括下列(可应用的)任何特性或所有的特性，其相应的平均温度为$(T_0+T_2)/2$。这些特性应该是在第 11 章中计算的平均值。

a) 线传热率 K_1，相应的环境温度，T_a，以及表面传热系数，h_2；

b) 线热导率 Λ_1；

c) 线热阻 R_1；

d) 导热系数 λ；

e) 热阻系数 r；

f) 绝热材料表面传热系数，h_2；

g) 面热导率 Λ 以及参考面；

h) 面热阻 R 以及参考面。

13.10 误差估算

测定结果的误差估算。

13.11 与本标准的不同

参照本标准以及任何不同。

13.12 特殊计算

使用的任何特殊计算的概要或参考。

附　录　NA
（资料性附录）
补充说明

ISO 7345 中有关的术语已转化在国家标准 GB/T 4132—1996 中，ISO 8301:1991 和 ISO 8302:1991 已转化为国家标准 GB/T 10294 和 GB/T 10295，本标准使用者可参照使用。

ICS 71.040.40
G 85

中华人民共和国国家标准

GB/T 10304—2008
代替 GB/T 10304.1～10304.12—1988

阴极碳酸盐分析方法

Analytical method of cathode carbonate

2008-07-02 发布　　2009-02-01 实施

中华人民共和国国家质量监督检验检疫总局
中国国家标准化管理委员会　发布

前　言

本标准代替 GB/T 10304.1—1988《阴极碳酸盐分析方法通则》、GB/T 10304.2—1988《阴极碳酸盐中碳酸钡含量的测定—重铬酸钾碘量滴定法》、GB/T 10304.3—1988《阴极碳酸盐中碳酸钙含量的络合滴定测定》、GB/T 10304.4—1988《阴极碳酸盐中碳酸钙、碳酸锶的原子吸收分光光度测定》、GB/T 10304.5—1988《阴极碳酸盐中硝酸根的测定》、GB/T 10304.6—1988《阴极碳酸盐中钠的原子吸收分光光度测定》、GB/T 10304.7—1988《阴极碳酸盐中盐酸不溶物的测定》、GB/T 10304.8—1988《阴极碳酸盐中铁的测定》、GB/T 10304.9—1988《阴极碳酸盐中氯根的测定》、GB/T 10304.10—1988《阴极碳酸盐中硫酸根的测定》、GB/T 10304.11—1988《阴极碳酸盐中重金属(以 Pb 计)的测定》、GB/T 10304.12—1988《阴极碳酸盐中灼烧失重的测定》。

本标准整合并调整了 GB/T 10304.1～10304.12—1988 中适用的内容，与 GB/T 10304.1～10304.12—1988 相比主要变化如下：

——按照 GB/T 1.1—2000 和 GB/T 1.2—2002，对标准内容重新编排；

——增加了“前言”；

——增加了“规范性引用文件”；

——将“方法要点”统一表述为“原理”；

——在阴极碳酸盐中碳酸钡含量的测定中增加了硫代硫酸钠的配制和标定方法；

——在阴极碳酸盐中碳酸钙含量的测定和阴极碳酸盐中碳酸钙、碳酸锶含量的测定中将“按照样品牌号配制标准系列”更改为“按照样品预期牌号(参见 GB/T 10306—1988)配制标准系列”；

——在阴极碳酸盐中硝酸根的测定中，删除了其中的氧化还原滴定法。

请注意本标准的某些内容有可能涉及专利。本标准的发布机构不应承担识别这些专利的责任。

本标准由中国机械工业联合会提出。

本标准由全国工业过程测量和控制标准化技术委员会分析仪器分技术委员会归口。

本标准负责起草单位：国家有色金属及电子材料分析测试中心、北京分析仪器研究所。

本标准主要起草人：郑永章、马雅娟。

本标准所替代标准的历次版本发布情况为：

—— GB/T 10304.1～10304.12—1988。

阴极碳酸盐分析方法

1 范围

本标准规定了阴极碳酸盐中组分含量的分析方法，其分析项目有碳酸钡、碳酸锶、碳酸钙、硝酸盐、水溶物(Na)、钠总量、盐酸不溶物、铁、氯化物、硫酸盐、重金属(以 Pb 计)和灼烧失重(300 ℃)。

本标准适用于各种牌号的阴极碳酸盐。

2 规范性引用文件

下列文件中的条款通过本标准的引用而成为本标准的条款。凡是注日期的引用文件，其随后所有的修改单(不包括勘误的内容)或修订版均不适用于本标准，然而，鼓励根据本标准达成协议的各方研究是否可使用这些文件的最新版本。凡是不注日期的引用文件，其最新版本适用于本标准。

GB/T 10306—1988 阴极碳酸盐

3 总则

3.1 所用的分析天平分度值应为 0.1 mg；称量应准确至 0.2 mg。

3.2 试验用水为蒸馏水(电导率宜不大于 2 μS/cm)。

3.3 分析所用试剂，除指明级别外，均为分析纯。

3.4 分析所用溶液，除特殊指明溶剂外，均为水溶液。

3.5 方法中所谓“恒重”，系指连续二次称重之差不超过 0.2 mg，每次冷却时间应相同。

3.6 标准溶液的浓度应保留 4 位有效数字。

3.7 天平砝码及容量器皿等，应定期予以校正。

3.8 溶解试样、浓缩溶液及有毒试剂的蒸发操作，应在通风柜内进行。

4 阴极碳酸盐中碳酸钡含量的测定——重铬酸钾碘量滴定法

4.1 适用性

本方法适用于碳酸钡含量大于 30% 的阴极碳酸盐的分析。

4.2 原理

试样以硝酸溶解，在醋酸和醋酸铵存在下，使重铬酸铵与钡生成沉淀，再用碘化钾与过量的重铬酸铵作用生成碘，以淀粉为指示剂，用硫代硫酸钠标准溶液滴定游离碘，根据硫代硫酸钠标准溶液的消耗量计算试样中碳酸钡含量。

4.3 试剂

4.3.1 硝酸(1+1)。

4.3.2 氨水。

4.3.3 醋酸(99%)。

4.3.4 醋酸铵溶液(300 g/L)。

4.3.5 重铬酸铵(200 g/L)。

4.3.6 盐酸(3+7)。

4.3.7 碘化钾。

4.3.8 淀粉溶液(10 g/L)。

4.3.9 氯化钠-盐酸混合溶液：配置 1 000 mL 氯化钠饱和溶液，加入 100 mL 盐酸和 100 mL 水，混匀。

4.3.10 重铬酸钾标准溶液：0.100 0 mol/L（$c=1/6K_2Cr_2O_7$），基准试剂。

4.3.11 硫代硫酸钠标准溶液（约 0.1 mol/L，$c=Na_2S_2O_3$）：

a) 硫代硫酸钠溶液的配制：称取 25 g 硫代硫酸钠溶于少量水中，加入 0.1 g 碳酸钠，用煮沸的水稀释至 1 000 mL，混匀，放置数天后进行标定。此溶液的浓度大约为 0.1 mol/L；

b) 硫代硫酸钠溶液的标定：移取 25 mL 重铬酸钾标准溶液（4.3.10）于 300mL 锥形瓶中，加入 50 mL 氯化钠-盐酸混合溶液（4.3.9）和 20 mL～30 mL 水，加入 2 g 碘化钾（4.3.7），用配制的硫代硫酸钠溶液滴定至溶液刚变暗绿色时，加入 5 mL 淀粉溶液（4.3.8），继续滴定至溶液由蓝色变为亮绿色为终点；

c) 硫代硫酸钠溶液浓度计算：根据下述反应，按公式（1）计算硫代硫酸钠溶液的浓度。

$$Cr_2O_7^{2-}+6I^-+14H^+\longrightarrow 3I_2+2Cr^{3+}+7H_2O$$

$$I_2+2S_2O_3^{2-}\longrightarrow 2I^-+S_4O_6^{2-}$$

$$C_{(S_2O_3^{2-})}=\frac{C_{(1/6Cr_2O_7^{2-})}\times V_{(1/6Cr_2O_7^{2-})}}{V_{(S_2O_3^{2-})}} \qquad \cdots\cdots\cdots\cdots (1)$$

式中：

$C_{(S_2O_3^{2-})}$——硫代硫酸钠标准溶液的浓度，单位为摩尔每升（mol/L）；

$C_{(1/6Cr_2O_7^{2-})}$——重铬酸钾标准溶液的浓度，单位为摩尔每升（mol/L）；

$V_{(1/6Cr_2O_7^{2-})}$——所用重铬酸钾标准溶液的体积，单位为毫升（mL）；

$V_{(S_2O_3^{2-})}$——消耗硫代硫酸钠溶液的体积，单位为毫升（mL）。

4.4 分析步骤

称取试样 2.000 0 g 置于 100 mL 烧杯中，加水 20 mL、硝酸（4.3.1）7 mL～10 mL，微热使试样全部溶解后并加热至沸 5 min。冷却，用氨水（4.3.2）中和至微碱性，加醋酸（4.3.3）2 mL、醋酸铵溶液（4.3.4）6 mL。再加热煮沸。冷却后移入 100 mL 容量瓶中，准确加入重铬酸铵（4.3.5）10 mL，以水稀释至刻度，摇匀，置于 60 ℃的水浴上保温 1 h。冷却，作为试样溶液。

按照上述操作制备空白溶液。

试样溶液干过滤，移取滤液 10 mL，置于 300 mL 锥形瓶中，加水 20 mL、盐酸（4.3.6）20 mL、碘化钾（4.3.7）6 g，摇匀，置于暗处，放置 10 min。用硫代硫酸钠标准溶液（4.3.11）滴定至溶液呈黄色，加淀粉溶液（4.3.8）5 mL，继续滴定，当溶液由黄色变亮绿色即为终点。记录消耗的硫代硫酸钠标准溶液体积为 V_2。

空白溶液干过滤，按照试样溶液的操作滴定，记录消耗的硫代硫酸钠标准溶液体积为 V_1。

4.5 计算

试样中碳酸钡的质量分数按公式（2）计算：

$$\omega_{(BaCO_3)}=\frac{0.065\,79\times C_{(S_2O_3^{2-})}\times (V_1-V_2)}{G\times 10/100}\times 100\% \qquad \cdots\cdots\cdots\cdots (2)$$

式中：

V_1——滴定空白所消耗的硫代硫酸钠标准溶液的体积，单位为毫升（mL）；

V_2——滴定样品所消耗的硫代硫酸钠标准溶液的体积，单位为毫升（mL）；

G——称取试样质量，单位为克（g）；

0.065 79——换算成碳酸钡的系数。

5 阴极碳酸盐中碳酸钙含量的测定——络合滴定法

5.1 适用性

本方法适用于碳酸钙含量大于 1.0%的阴极碳酸盐的测定。

5.2 原理

试样用酸溶解后，用硫酸铵将钡、锶沉淀与钙分离，在 pH=10 的条件下，以铬黑 T 为指示剂，用 EDTA 滴定钙。

5.3 试剂

5.3.1 硝酸(1+1)。

5.3.2 硫酸铵溶液：200 g/L。

5.3.3 氨性缓冲溶液：pH=10，称取 67.00 g 氯化铵溶于 570 mL 浓氨水中，用水稀释至 1 000 mL。

5.3.4 三乙醇胺。

5.3.5 EDTA-Mg 溶液：吸取 5 g/L 的氯化镁或硫酸镁溶液 5 mL 于 250 mL 烧瓶中，加 20 mL 氨性缓冲溶液(3.3.3)、5 mL 三乙醇胺(3.3.4)、两滴铬黑 T 指示剂(3.3.6)，用 0.05 mol/LEDTA 滴定至颜色由红变蓝即为终点。

5.3.6 铬黑 T：10 g/L 三乙醇胺溶液(可使用 1 month)。

5.3.7 EDTA 标准溶液：0.02 mol/L。

5.3.8 碳酸钙：光谱纯或基准试剂。

5.3.9 碳酸锶：光谱纯或基准试剂。

5.3.10 碳酸钡：光谱纯或基准试剂。

5.4 分析步骤

5.4.1 试样分析

称取试样 2.000 0 g 置于 150 mL 烧杯中，加水 30 mL、硝酸(5.3.1)5 mL～7 mL，使试样溶解，加热至沸，移入 100 mL 容量瓶中，于 80 ℃ 左右缓慢加入 40 mL 硫酸铵溶液(5.3.2)，在 60 ℃ 下保温 30 min，冷却，以水稀释至刻度。静置 2 h～3 h，干过滤。移取 25 mL 于 250 mL 锥形瓶中，加 5 mLEDTA-Mg 溶液(5.3.5)、40 mL 氨性缓冲液(5.3.3)、5 mL 三乙醇胺(5.3.4)、1～2 滴铬黑 T 指示剂(5.3.6)，用 EDTA 标准溶液(5.3.7)滴定至溶液颜色由红变蓝即为终点。

5.4.2 EDTA 溶液的标定

根据试样的预期牌号(参见 GB/T 10306—1988)产品中碳酸钙、碳酸锶、碳酸钡的含量，用碳酸钙(5.3.8)、碳酸锶(5.3.9)、碳酸钡(5.3.10)配制与试样组分相近的标准混合样，称取 2.000 0 g 标准混合样，按照试样分析的操作用时用 EDTA 标准溶液(5.3.7)滴定，根据 EDTA 溶液的消耗量，按公式(3)计算 EDTA 溶液对碳酸钙的滴定度。

$$T=\frac{G_0}{V_{EDTA1}} \quad \cdots\cdots (3)$$

式中：

T——EDTA 对碳酸钙的滴定度，单位为克每毫升(g/mL)；

G_0——标准混合样质量，单位为克(g)；

V_{EDTA1}——滴定标准混合样消耗 EDTA 溶液体积，单位为毫升(mL)。

5.5 计算

试样中碳酸钙的质量分数按公式(4)计算。

$$\omega_{(CaCO_3)}=\frac{TV_{EDTA}}{G\times 25/100}\times 100\% \quad \cdots\cdots (4)$$

式中：

V_{EDTA}——滴定试样消耗 EDTA 溶液的体积，单位为毫升(mL)；

G——称取试样质量，单位为克(g)。

注：试样中碳酸钙的含量>10%时，称样量应减少一倍。

6 阴极碳酸盐中碳酸钙、碳酸锶的测定——原子吸收分光光度法

6.1 适用性

本方法适用于碳酸钙含量大于1.0%、碳酸锶含量大于30.0%的阴极碳酸盐的测定。

6.2 原理

试样经硝酸溶解后，用原子吸收分光光度计测定吸光度。为消除钙、锶和钡之间的相互影响，采用基体匹配法配制与试样组成一致的标准溶液。

6.3 试剂

6.3.1 硝酸(1+1)。

6.3.2 碳酸钙：光谱纯或基准试剂。

6.3.3 碳酸锶：光谱纯或基准试剂。

6.3.4 碳酸钡：光谱纯或基准试剂。

6.4 分析步骤

6.4.1 试样溶液的制备

准确称取干燥后样品1.000 0 g，放入200 mL烧杯中，加水约20 mL，盖上表面皿，从表面皿缝隙中缓慢加入10 mL硝酸(6.3.1)，于电炉上加热溶解，除去氮氧化物及二氧化碳，冷却后移入1 000 mL容量瓶中。以水稀释至刻度，摇匀备用。

6.4.2 标准系列的配制

按试样预期牌号(参见GB/T 10306—1988)中碳酸钙、碳酸锶、碳酸钡的含量比例，准确称取经120 ℃烘干2 h冷却后的碳酸钙(6.3.2)、碳酸锶(6.3.3)、碳酸钡(6.3.4)配制标准样品系列。标准样品的配制实例如表1。按照试样的处理方法制备成标准溶液系列。

表1

1.3A2标准系列						
标准系列样品编号	碳酸钙		碳酸锶		碳酸钡	
	称取量/g	相当样品的含量/%	称取量/g	相当样品的含量/%	称取量/g	相当样品的含量/%
1	0.090 0	9.00	0.400 0	40.00	0.500 0	50.00
2	0.100 0	10.00	0.420 0	42.00	0.480 0	48.00
3	0.110 0	11.00	0.440 0	44.00	0.460 0	46.00
2.3N2标准系列						
标准系列样品编号	碳酸钙		碳酸锶		碳酸钡	
	称取量/g	相当样品的含量/%	称取量/g	相当样品的含量/%	称取量/g	相当样品的含量/%
1	0.150 0	15.00	0.270 0	27.00	0.560 0	56.00
2	0.170 0	17.00	0.290 0	29.00	0.540 0	54.00
3	0.190 0	19.00	0.310 0	31.00	0.520 0	52.00
注：3A2、3N2为阴极碳酸盐牌号(参见GB/T 10306—1988)。						

吸取2 mL试样溶液于100 mL容量瓶中，加2 mL硝酸(6.3.1)，以水稀释至刻度，摇匀，作为测定的试样溶液。

分别吸取各标准系列溶液2 mL于100 mL容量瓶中，加2 mL硝酸(6.3.1)，以水稀释至刻度，摇匀，作为测定用的标准系列溶液。

在设定的仪器条件下测定试样溶液和标准溶液系列。

6.5 计算

用标准曲线法或示差曲线法计算出碳酸钙、碳酸锶的百分含量。

注1：测钙 波长422.7 nm，空气—乙炔火焰；

测锶 波长460.7 nm，空气—乙炔火焰。

注2：各种仪器的灵敏度不尽一致，取样量可做适当增减。

7 阴极碳酸盐中硝酸根离子的测定——紫外分光光度法

7.1 适用性

本方法适用于硝酸根离子含量在0.20%～1.00%的阴极碳酸盐的测定。

7.2 原理

根据硝酸根离子在紫外光区具有特征吸收光谱，采用分光光度法测定硝酸根离子。

7.3 试剂与仪器

7.3.1 盐酸(1+1)。

7.3.2 硝酸根标准溶液：1 mg/mL。称取经100 ℃～105 ℃烘干2 h，冷却后的硝酸钾1.631 0 g，溶于1 000 mL容量瓶中，用水稀释至刻度，摇匀。其硝酸根浓度为1 mg/mL。

7.3.3 紫外分光光度计一台。

7.4 分析步骤

7.4.1 试样溶液制备

准确称取0.500 0 g试样于200 mL烧杯中，加水约10 mL，加盐酸(7.3.1)5 mL。CO_2气体冒完后转入100 mL容量瓶中，以水稀释至刻度，摇匀备用。

7.4.2 标准系列的制备

准确吸取1 mg/mL硝酸根离子标准溶液0 mL、1 mL、2 mL、3 mL、4 mL、5 mL，分别注入100 mL容量瓶中，加盐酸(7.3.1)5 mL，以水稀释至刻度，摇匀备用。

在紫外分光光度计上于230 nm波长处用1 cm比色皿测定试样溶液和标准系列溶液的吸光度。

7.5 计算

采用标准曲线法计算试样溶液中硝酸根离子的质量浓度C_x，按照公式(5)计算试样中硝酸根离子的质量分数。

$$\omega_{(NO_3^-)} = \frac{C_x V \times 10^{-3}}{G} \times 100\% \qquad \cdots\cdots (5)$$

式中：

C_x——从曲线上查得试样中硝酸根离子的质量浓度，单位为毫克每毫升(mg/mL)；

V——试样溶液体积，单位为毫升(mL)；

G——试样质量，单位为克(g)。

8 阴极碳酸盐中钠的测定——原子吸收分光光度法

8.1 水溶物中钠的测定

8.1.1 适用性

本方法适用于水溶物中钠含量在0.005%～0.030%的阴极碳酸盐的测定。

8.1.2 原理

样品用热水提取后，用原子吸收分光光度法测定。

8.1.3 试剂和仪器

8.1.3.1 钠标准溶液：称取光谱纯氯化钠2.543 0 g于烧杯中，加水溶解，移入1 000 mL容量瓶中，以水稀释至刻度，摇匀，作为钠的浓度为 1 mg/mL 的钠标准储备溶液。准确吸取上述钠标准储备溶液 2.5 mL于 100 mL 容量瓶中，以水稀释至刻度，摇匀。配成钠的浓度为 25 μg/mL 的标准溶液。

8.1.3.2 原子吸收分光光度计一台。

8.1.4 分析步骤

8.1.4.1 试样溶液的制备

称取 1.000 0 g 试样，于 250 mL 烧杯中，加沸水 150 mL 左右，摇匀，冷却。用紧密滤纸过滤于 200 mL 容量瓶中，以水稀释至刻度，摇匀，静置过夜后测定。

8.1.4.2 标准系列的制备

准确吸取 25 μg/mL 钠标准溶液 0 mL、1 mL、2 mL、3 mL、4 mL、5 mL、6 mL，分别注入 100 mL 容量瓶中，以水稀释至刻度，摇匀备用。

用原子吸收分光光度计，按仪器选定的条件，以水调零与标准系列同时测定吸光度，用标准曲线法求出钠的浓度。

8.1.5 计算

采用标准曲线法计算试样溶液中钠离子的质量浓度 C_x，按照公式(6)计算试样中钠离子的质量分数。

$$\omega_{(Na)} = \frac{C_x V \times 10^{-6}}{G} \times 100\% \quad \cdots\cdots (6)$$

式中：

C_x——从曲线上查得试样中的钠的质量浓度，单位为微克每毫升(μg/mL)；

V——试样溶液体积，单位为毫升(mL)；

G——试样质量，单位为克(g)。

注：波长 589.0 nm，空气—乙炔火焰。

8.2 钠总量的测定

8.2.1 适用性

本方法适用于总钠含量在 0.20%～0.80%的阴极碳酸盐的测定。

8.2.2 原理

试样以盐酸溶解，用原子吸收分光光度法测定钠。

8.2.3 试剂和仪器

8.2.3.1 盐酸(1+1)。

8.2.3.2 原子吸收分光光度计一台。

8.2.4 分析步骤

8.2.4.1 试样溶液的制备

称取 0.500 0 g 试样于 200 mL 烧杯中，加水 10 mL，盖上表面皿，从表面皿与烧杯缝隙中慢慢加入 5 mL 盐酸(8.2.3.1)，于低温电炉上加热溶解，待试样完全溶解后，加热煮沸。冷却后转入 200 mL 容量瓶中，以水稀释到刻度，摇匀。从上述溶液中吸取 5 mL 于 100 mL 容量瓶中，加入 15 mL 盐酸(8.2.3.1)，以水稀释到刻度，摇匀。

8.2.4.2 标准系列的制备

准确吸取 25 μg/mL 钠标准溶液(8.1.3.1)0 mL、1 mL、2 mL、3 mL、4 mL、5 mL 分别注入 100 mL 容量瓶中，加盐酸(8.2.3.1)5 mL，以水稀释至刻度，摇匀备用。

用原子吸收分光光度计，按仪器选定的工作条件，以水调零，与标准系列同时测定吸光度，用标准曲线法求出钠的浓度。

8.2.5 计算

采用标准曲线法计算试样溶液中钠总量的质量浓度 C_x，按照公式(7)计算试样中钠的总质量分数。

$$\omega_{(Na_{总})}=\frac{C_x V\times10^{-6}}{G}\times100\% \qquad (7)$$

式中：

C_x——从曲线上查得试样中钠的总质量浓度，单位为微克每毫升(μg/mL)；

V——试样溶液体积，单位为毫升(mL)；

G——试样质量，单位为克(g)。

注：波长 589.0 nm，空气—乙炔火焰。如原子吸收分光光度计测钠灵敏度过高时，可以偏转燃烧头或选用钠的次灵敏度波长 330.9 nm。

9 阴极碳酸盐中盐酸不溶物的测定——重量法

9.1 适用性

本方法适用于盐酸不溶物含量大于 0.05%的阴极碳酸盐的测定。

9.2 原理

试样溶于盐酸中，将不溶物过滤、烘干、称重。

9.3 试剂

9.3.1 盐酸(1+1)。

9.4 分析步骤

称取 10.00 g 试样于 500 mL 烧杯中，加水 300 mL，缓慢加入盐酸(9.3.1)至试样溶解。加热煮沸，用已恒重的 5 号玻璃砂心坩埚进行过滤，用热水洗至无氯根为止，在 105 ℃～110 ℃烘干至恒重。

9.5 计算

按公式(8)计算试样中盐酸不溶物的质量分数。

$$\omega_{(盐酸不溶物)}=\frac{W_2-W_1}{G}\times100\% \qquad (8)$$

式中：

W_1——空坩埚质量，单位为克(g)；

W_2——坩埚与盐酸不溶物质量，单位为克(g)；

G——试样质量，单位为克(g)。

10 阴极碳酸盐中铁的测定——比色法

10.1 适用性

本方法适用于阴极碳酸盐中微量铁的测定方法。

10.2 原理

铁离子与硫氰酸盐生成血红色络合物，用异戊醇萃取后采用目视比色法测定铁，其反应方程式如下：

$$Fe^{3+}+3CNS^{-}=Fe(CNS)_3$$

10.3 试剂

10.3.1 盐酸(1+1)。

10.3.2 过氧化氢：30%。

10.3.3 硝酸(1+1)。

10.3.4 硫氰酸铵(200 g/L)。

10.3.5 异戊醇。

10.3.6 铁标准溶液：称取光谱纯铁粉 0.100 0 g 置于 250 mL 烧杯中，加 15 mL 硝酸(10.3.3)，加 5 mL 盐酸(10.3.1)，盖上表面皿，缓慢加热溶解后，加 2 mL 过氧化氢(10.3.2)，加热煮沸不少于

2 min,冷却至室温,移入 1 000 mL 容量瓶中,用水稀释至刻度,摇匀。铁的浓度为 0.1 mg/mL。

10.4 分析步骤

称取 1.000 0 g 试样放在 100 mL 烧杯中,加 5 mL 盐酸(10.3.1),加入 4 滴硝酸(10.3.3),煮沸 2 min~3 min,冷却。移入 50 mL 比色管中,加入 5 mL 硫氰酸铵(10.3.4),用水稀释至 25 mL,加入 10 mL异戊醇(10.3.5),摇匀,萃取。

吸取 0.3 mL 铁标准溶液(10.3.6)于 50 mL 比色管内,加 5 mL 盐酸(10.3.1),加入 4 滴硝酸(10.3.3),加入 5 mL 硫氰酸铵(10.3.4),用水稀释至 25 mL,加入 10 mL 异戊醇(10.3.5),摇匀,萃取。

将试样溶液与标准溶液比较,试样溶液血红色浅于标准溶液颜色即为合格。

11 阴极碳酸盐中氯离子的测定——浊度法

11.1 适用性

本方法适用于阴极碳酸盐中微量氯离子的测定方法。

11.2 原理

硝酸银与氯离子反应生成白色氯化银,通过浊度分析测定氯离子含量。其反应方程式如下:

$$Cl^- + Ag^+ = AgCl\downarrow$$

11.3 试剂

11.3.1 氯化钾。

11.3.2 硝酸银溶液:0.1 mol/L。

11.3.3 硝酸(1+3)。

11.3.4 氯离子标准溶液:

称取在 105 ℃烘干的氯化钾 2.103 0 g 于 1 000 mL 容量瓶中,用水稀释至刻度,摇匀。氯离子浓度为 1 mg/mL。吸取此溶液 10 mL 于 100 mL 容量瓶中,用水溶解并稀释至刻度。氯离子浓度为 0.1 mg/mL。

11.4 分析步骤

称取 1.000 0 g 试样放在 100 mL 烧杯中,加 30 mL 水,6 mL 硝酸(11.3.4),加热溶解,过滤到 50 mL比色管中,加入 1 mL 硝酸银溶液(11.3.2),用水稀释至刻度,摇匀。

吸取氯离子标准溶液 0.3 mL 于 50 mL 比色管内,加 6 mL 硝酸(11.3.4),加入 1 mL 硝酸银溶液(11.3.2),用水稀释至刻度,摇匀。

将试样溶液与标准溶液比较,试样溶液浊度小于标准溶液的浊度即为合格。

12 阴极碳酸盐中硫酸根离子的测定——比浊法

12.1 适用性

本方法适用于阴极碳酸盐中微量硫酸根离子的测定方法。

12.2 原理

硫酸根与钡离子反应生成硫酸钡白色沉淀,进行比浊,其反应方程式如下:

$$SO_4{}^{2-} + Ba^{2+} = BaSO_4\downarrow$$

12.3 试剂

12.3.1 硫酸钾。

12.3.2 氯化钡:100 g/L。

12.3.3 盐酸(1+1)。

12.3.4 硫酸根标准溶液:

称取硫酸钾 1.813 9 g,用于水溶于 300 mL 烧杯中,移入 1 000 mL 容量瓶中,用水稀释至刻度,摇匀,此溶液中硫酸根浓度为 1 mg/mL。用时将此溶液稀释 10 倍,即硫酸根浓度为 0.1 mg/mL 的标准溶液。

12.4 分析步骤

称取 2.500 0 g 试样放在 300 mL 烧杯中，加 30 mL 水，10 mL 盐酸(12.3.3)，溶解并煮沸，移入 50 mL 比色管中，加入 10 mL 氯化钡溶液(12.3.2)，用水稀释至刻度，摇匀。放置 10 min。

吸取标准硫酸根 1 mL 于 50 mL 比色管内，加 10 mL 盐酸(12.3.3)，加入 10 mL 氯化钡溶液(12.3.2)，用水稀释至刻度，摇匀。放置 10 min。

将试样溶液与标准溶液比较，试样溶液的浊度小于标准溶液的浊度即为合格。

13 极碳酸盐中重金属(以 Pb 计)的测定——比浊法

13.1 适用性

本方法适用于阴极碳酸盐中微量重金属的测定方法。

13.2 原理

重金属与硫化氢反应生成黑色沉淀，进行比浊。

13.3 试剂

13.3.1 硝酸铅：优级纯。

13.3.2 盐酸 ρ=1.19。

13.3.3 硝酸 ρ=1.42。

13.3.4 氨水：25%。

13.3.5 冰醋酸：99%。

13.3.6 醋酸铵溶液 100 g/L。

13.3.7 硫化氢饱和溶液。

13.3.8 铅标准溶液：称取硝酸铅 0.159 8 g 置于 300 mL 烧杯中，加少量水，加 5 mL 硝酸(13.3.3)，溶解后移入 1 000 mL 容量瓶中，用水稀释至刻度。铅浓度为 0.1 mg/mL。

13.4 分析步骤

称取 4.000 0 g 试样放在 250 mL 烧杯中，加 10 mL 水，慢慢滴入盐酸(13.3.2)至全部溶解为止。加热煮沸，冷却，用氨水(13.3.4)调至中性。移入 150 mL 比色管中，加入 5 mL 醋酸铵溶液(13.3.6)，1 mL 醋酸(13.3.5)及硫化氢饱和溶液(13.3.7)，用水稀释至刻度，摇匀。

吸取铅标准溶液 3 mL 于 50 mL 比色管内，加 5 mL 醋酸铵溶液(13.3.6)，10 mL 硫化氢饱和溶液(13.3.7)，用水稀释至刻度，摇匀。

将试样溶液与标准溶液比较，试样浊度小于标准溶液的浊度即为合格。

14 阴极碳酸盐灼烧失重的测定——重量法

14.1 适用性

本方法适用于灼烧失重量大于 0.50%的阴极碳酸盐的测定。

14.2 原理

测量试样在 300 ℃马弗炉内灼烧前后恒重差。

14.3 分析步骤

准确称取试样 1.000 0 g 于已恒重的瓷坩埚中，在 300 ℃马弗炉内灼烧至恒重。

14.4 计算

按公式(9)计算试样中灼烧失重的质量分数。

$$\omega_{(\text{灼烧失重})} = \frac{W_1 - W_2}{G} \times 100\% \qquad \cdots\cdots(9)$$

式中：

W_1——灼烧前试样与坩埚质量，单位为克(g)；

W_2——灼烧后试样与坩埚质量，单位为克(g)；

G——试样质量，单位为克(g)。

ICS 25.040.40;47.020.60
N 10;U 62

中华人民共和国国家标准

GB/T 10319—2008
代替 GB/T 10319—1988

船舶用气动测量和控制仪表通用技术条件

General specifications for marine pneumatic measurement and control instruments

2008-07-28 发布　　　　2009-02-01 实施

中华人民共和国国家质量监督检验检疫总局
中国国家标准化管理委员会　发布

前言

本标准修订并替代 GB/T 10319—1988《船舶用气动测量和控制仪表通用技术条件》。

本标准与 GB/T 10319—1988 的主要差异如下：

——更新了规范性引用文件：

a) 用 GB/T 17214.2—2005“工业过程测量和控制装置的工作条件 第 2 部分：动力”代替 GB 4830 工业自动化仪表气源压力范围和质量；

b) 用 GB/T 15464—1995“仪器仪表包装通用技术条件”代替 ZB Y 003；

c) 用 GB/T 17212—1998“工业过程测量和控制 术语和定义”代替 ZB Y 247；

d) 用 JB/T 9253—1999“工业自动化仪表标度的一般规定”代替 ZB Y 123；

e) 用 JB/T 9329—1999“仪器仪表运输，运输贮存基本环境条件及试验方法”代替 ZB Y 002。

——将原标准表 7 下的注 1 和注 2 列入本标准表 7 中作为表注，注 3 改列在本标准 4.6.9 条文下；

——表 8 中，可见光的波长由原标准的 0.40 μm～0.76 μm 更正为 0.40 μm～0.78 μm；

——表 9 中，参照中国船级社 GD 01—2006，将一般大气条件的相对湿度改为 30%～90%；

——对盐雾试验方法的条款(5.5.4)做了重新编排，并参照 GB/T 2423.17 和 GB/T 2423.18 补充了初始检测和预处理的规定；

——修改了第 6 章检验规则的表述方式；

——对全文做了编辑性修改，对试验方法一章中各条的表述做了适当修改。

本标准由中国机械工业联合会提出。

本标准由全国工业过程测量和控制标准化技术委员会第一分技术委员会(SAC/TC 124/SC 1)归口。

本标准负责起草单位：上海工业自动化仪表研究所。

本标准参加起草单位：上海仪器仪表自控系统检验测试所。

本标准主要起草人：李明华、蔡闻智。

本标准参加起草人：芦婷、肖红练。

本标准所代替标准的历次版本发布情况为：

——GB/T 10319—1988。

船舶用气动测量和控制仪表
通用技术条件

1 范围

本标准规定了船舶用气动测量和控制仪表(以下简称船用气动仪表)的要求、试验方法、检验规则、标志及包装要求。

本标准适用于各种船舶及海洋工程使用的气动测量和控制仪表。

本标准适用的船舶用气动仪表按其功能可分为:

a) 检测仪表(检测温度、压力、液位、流量、机械量等变量用的仪表);

b) 控制仪表(位式控制器、连续控制器等);

c) 执行器(控制阀、执行机构等);

d) 显示仪表(记录仪、指示仪等);

e) 其他适用的仪表。

对于各类不同产品所特有的要求,本标准未予规定的,应符合各自的产品标准或技术条件。

在本标准规定的试验中,若要求免试某些项目,则应由制造厂和用户协商,并征得船检部门同意。

2 规范性引用文件

下列文件中的条款通过本标准的引用而成为本标准的条款。凡是注日期的引用文件,其随后所有的修改单(不包括勘误的内容)或修订版均不适用于本标准,然而,鼓励根据本标准达成协议的各方研究是否可使用这些文件的最新版本。凡是不注日期的引用文件,其最新版本适用于本标准。

GB/T 2422 电工电子产品环境试验 术语(GB/T 2422—1995,eqv IEC 60068-5-2:1990)

GB/T 2423.10 电工电子产品环境试验 第二部分:试验方法 检验 Fc:振动(正弦)(GB/T 2423.10—2008,IEC 60068-2-6:1995,IDT)

GB/T 2423.16 电工电子产品环境试验 第二部分:试验方法 试验 J 和导则:长霉(GB/T 2423.16—1999,idt IEC 60068-2-10:1998)

GB/T 2423.24 电工电子产品环境试验 第二部分:试验方法 试验 Sa:模拟地面上的太阳辐射(GB/T 2423.24—1995,idt IEC 60068-2-5:1975)

GB 4208 外壳防护等级(IP 代码) (GB 4208—2008,IEC 60529:2001,IDT)

GB/T 8355 船舶用电动测量和控制仪表 通用技术条件

GB/T 15464 仪器仪表包装通用技术条件

GB/T 17212 工业工程测量和控制 术语和定义(GB/T 17212—1998,idt IEC 60902:1987)

GB/T 17214.2 工业过程测量和控制装置的工作条件 第 2 部分:动力(GB/T 17214.2—2005,IEC 60654-2:1979,IDT)

JB/T 9253 工业自动化仪表 标度的一般规定

JB/T 9329 仪器仪表运输,运输贮存 基本环境条件及试验方法

3 术语和定义

GB/T 2422,GB/T 8355 和 GB/T 17212 确立的以及下列术语和定义适用于本标准。

3.1

船舶 ship, vessel

航行或停泊于水域的运载、作业工具,是各种船、艇以及水上浮动作业平台等的统称。

3.2

船舶用气动测量和控制仪表 marine pneumatic measurement and control instrument

能适应船舶环境条件并满足船舶使用要求的,以洁净的压缩空气为动力的测量和控制用仪表。

4 要求

4.1 一般要求

4.1.1 操作

船用气动仪表的操作应方便、灵活。

4.1.2 可靠性

船用气动仪表应具有与其测量和控制的系统相适应的可靠性。

4.1.3 稳定性

船用气动仪表在测量和控制范围内应是稳定的。

4.1.4 重复性和精确度

船用气动仪表应具有与测量和控制系统要求相适应的重复性和精确度。

4.2 设计和结构

4.2.1 船用气动仪表的设计和结构应便于安装调整和维修。

4.2.2 船用气动仪表外壳应有足够的机械强度和刚度,且结构应简单,安装拆卸避免需要专用工具,紧固件连接应锁紧。

4.2.3 采用缓冲器或减振底座时,外壳和底座之间应具有足够的间隙,以允许充分自由移动。

4.2.4 船用气动仪表与气源及输出的连接,一般采用 M10×1 的连接头和 ϕ6×1 的紫铜管。

4.2.5 船用气动仪表的标度应符合 JB/T 9253 的规定。

4.3 材料

船用气动仪表一般应由耐潮、耐霉、耐盐雾和滞燃的材料制成。

4.4 性能

船用气动仪表的性能在预期寿命内应符合各自产品标准或技术条件的规定。

4.5 气源、输入输出信号、耗气量

4.5.1 气源应符合 GB/T 17214.2 的规定。

4.5.2 气源压力在表1规定的范围内变化时,船用气动仪表的性能应符合其产品标准或技术条件的规定。

表1 气源压力

气源压力额定值	变化范围
按有关标准或制造厂规定	±20%
注:如船用气动仪表要求供气压力变化范围为±10%时,船用气动仪表和气源之间应插入稳压装置。	

4.5.3 当气源压力升高至1.5倍额定值时,船用气动仪表应不损坏。

4.5.4 船用气动仪表的输入、输出气信号压力应为 20 kPa~100 kPa。

4.5.5 船用气动仪表的耗气量应符合各自的产品标准或技术条件的规定。

4.6 工作环境

4.6.1 高温

船用气动仪表应能在表2规定的高温条件下工作,其性能应符合其产品标准或技术条件的规定。

表 2 高温

安装场所	环境温度/℃
无保温措施的甲板舱室	55
敞开甲板	70

4.6.2 低温

船用气动仪表应能在表 3 规定的低温条件下工作，其性能应符合其产品标准或技术条件的规定。

表 3 低温

安装场所	环境温度/℃
敞开甲板及无保温措施的甲板舱室	—25
一般舱室	—10

4.6.3 湿热

船用气动仪表应能在表 4 规定的条件下正常工作。

表 4 湿热

环境温度/℃	相对湿度/%
55	90～95

4.6.4 盐雾

4.6.4.1 安装在室内的船用气动仪表需进行金属零部件的盐雾试验，经 48 h 盐雾试验后，其外观应符合表 5 的规定。

表 5 金属零部件盐雾试验

镀层类别	底金属	合格要求
锌	钢	主要表面不出现白色或灰黑色腐蚀物
铜＋镍＋铬	钢	主要表面无棕锈
银	铜或铜合金	主要表面无铜绿
金	铜或铜合金	主要表面无铜绿
镍	铜或铜合金	主要表面无灰色或浅绿色腐蚀物
镍＋铬	铜或铜合金	主要表面无浅绿色腐蚀物

4.6.4.2 安装在室外的船用气动仪表需进行整机的交变盐雾试验，整机经交变盐雾试验后应无明显的腐蚀、质变现象。

4.6.5 霉菌

船用气动仪表应具有抗霉菌能力，其暴露于空气中的零部件和涂层材料经 28 d 长霉试验后，长霉程度应不超过表 6 的规定。

表 6 长霉程度

霉菌生长等级	霉菌生长程度
0	放大 50 倍观察不到霉菌生长
1	肉眼难以看到霉菌生长，放大 50 倍观察则生霉十分明显
2	肉眼明显看到长霉，样品表面霉菌覆盖面积小于 25%

4.6.6 倾斜

船用气动仪表应能在相对于规定的安装位置倾斜角度为 22.5°的条件下工作，其性能应符合其产品标准或技术条件的规定。

4.6.7 摇摆

船用气动仪表应能在相对于规定的安装位置摇摆角度为22.5°，摇摆周期为10 s的条件下工作，其性能应符合其产品标准或技术条件的规定。

4.6.8 恒加速度

船用气动仪表应能在垂直方向10 m/s^2 的线性恒加速度条件下工作，其性能应符合其产品标准或技术条件的规定。

4.6.9 振动

船用气动仪表应能承受相对于规定的安装位置的三个方向(垂向、横向、纵向)的正弦振动，振动参数按表7规定。仪表在试验时应无机械损坏和不出现误动作。其性能应符合各自产品标准或技术条件的规定。

注：产品结构设计应尽量使其固有振动频率不处在2 Hz～100 Hz范围内，若达不到这个要求，则应采取适当的减振措施(例如采用减振器)，以避免出现过大的共振峰值，减振器应与仪表一起进行振动试验。

表7 振动参数

振动参数	试验1		试验2	
频率/Hz	2～13.2	13.2～100	2～25	25～100
位移幅值/mm	±1		±1.6	
加速度幅值/(m/s^2)		±7		±40
注1：试验1适用于安装在一般舱室的船用气动仪表。 注2：试验2适用于安装在往复机上及舵机舱内的船用气动仪表。				

4.6.10 日光辐射

暴露于日光下的船用气动仪表应具有承受幅射强度为1.12 kW/m^2，允许变化范围为±10%，其光谱能量分布符合表8规定的日光辐射的热效应和光效应或劣化效应的能力，其性能应符合其产品标准或技术条件的规定。

表8 光谱能量分布及允差

光谱名称	波长 μm	辐射强度 W/m^2 ($cal/cm^2 \cdot min$)	允差 %
紫外线	0.28～0.40	68(0.1)	±30
可见光	0.40～0.78	560(0.8)	±10
红外线	0.78～3.00	492(0.7)	±20

4.7 抗运输碰撞

船用气动仪表在运输包装条件下应能承受下列条件的运输碰撞，碰撞后其性能仍应符合其产品标准或技术条件的规定：

a) 碰撞次数：(1 000±10)次；

b) 加速度：(100±10)m/s^2；

c) 相应脉冲持续时间：(11±2)ms；

d) 脉冲重复频率：1 Hz～1.7 Hz，即60次/min～100次/min；

e) 脉冲波形：近似半正弦波。

4.8 外壳防护

船用气动仪表的外壳防护型式包括防水和防固体异物侵入，应按GB 4208的规定采用相应的防护等级。

5 试验方法

5.1 试验条件

5.1.1 一般大气条件

除有专门规定外，一切试验均在表 9 规定的一般大气条件下进行。

表 9 一般大气条件

温度/℃	15～35
相对湿度/%	30～90
大气压力/kPa	86～106

在一般大气条件下进行某项试验的一系列测量期间，温度和相对湿度应保持稳定。

5.1.2 参比大气条件

参比大气条件按表 10 规定。

表 10 参比大气条件

温度/℃	20±2
相对湿度/%	65±5
大气压力/kPa	86～106

5.1.3 试验供气条件

供气压力允差为额定压力的±1%。

5.2 一般检查

根据 4.1、4.2 和 4.3 的要求，对仪表的设计、结构和材料进行检查，确定仪表是否符合其产品标准或技术条件的规定。

5.3 性能

船用气动仪表在规定的安装位置通气进行各项性能试验，确定仪表的性能是否符合其产品标准或技术条件的规定。

5.4 气源、耗气量

5.4.1 气源变化

在仪表 100%输出时，测量额定气源压力平稳变化±20%对仪表的影响，确定仪表的性能是否符合其产品标准或技术条件的规定。

5.4.2 过压

气源压力升至额定压力的 1.5 倍，历时 1 min～3 min，确定仪表是否损坏。

5.4.3 耗气量

测量并记录仪表的耗气量，确定其是否符合 4.5.5 的规定。

5.5 工作环境

5.5.1 高温

5.5.1.1 将船用气动仪表放入试验箱(室)有效工作空间内，试验箱(室)中任何一点的温度应保持在规定值的±2 ℃范围内。试验箱(室)温度从初始环境温度升至(55±2)℃，升温速率不超过 1 ℃/min (5 min内的平均值)，并维持 16 h，然后以相同速率升温至(70±2)℃维持 2 h，升温期间检验试验箱(室)的相对湿度，要求在 35 ℃时不超过 50%。

5.5.1.2 试验期间被试仪表通气工作,在各试验温度的最后 1 h 进行功能试验。试验后自然冷却至常温,恢复后进行性能试验。

高温试验过程如图 1 所示。

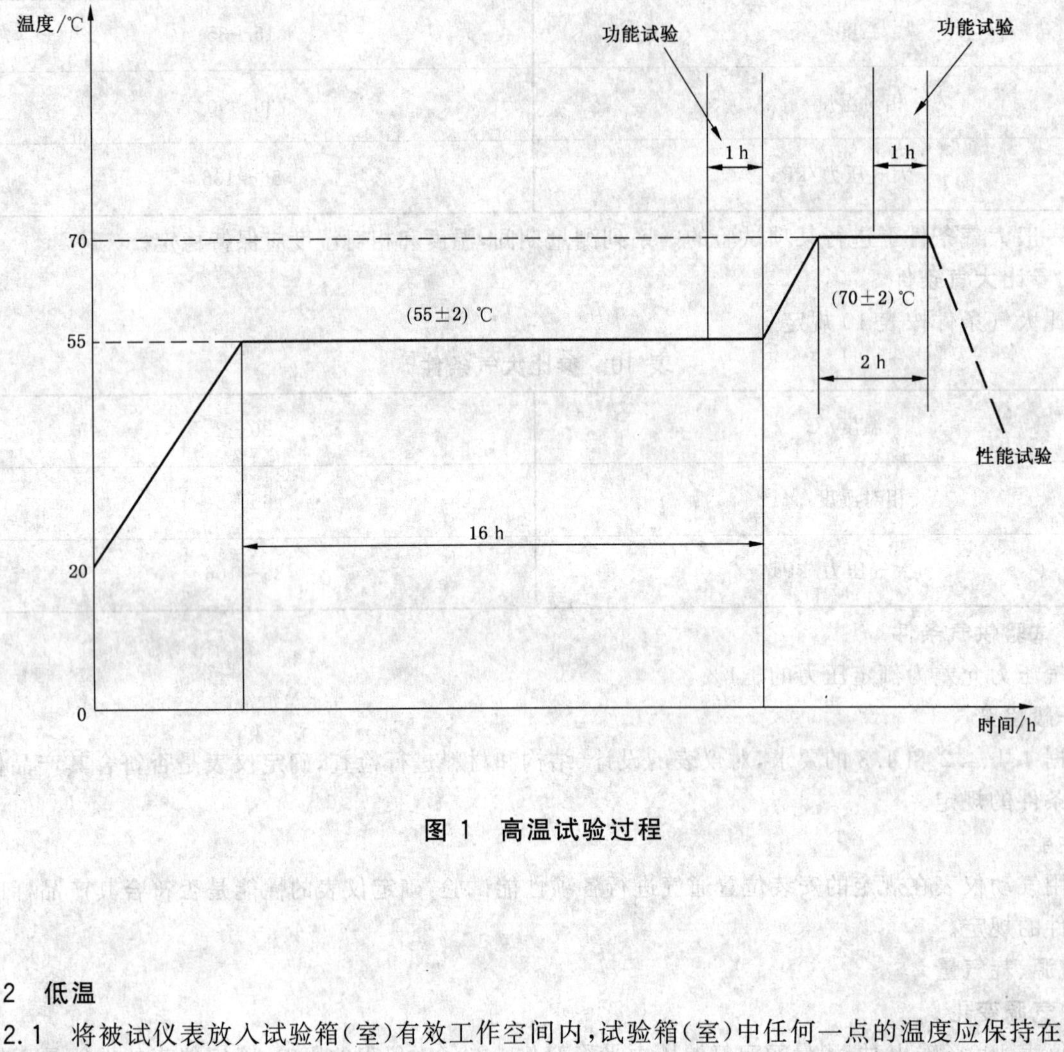

图 1 高温试验过程

5.5.2 低温

5.5.2.1 将被试仪表放入试验箱(室)有效工作空间内,试验箱(室)中任何一点的温度应保持在规定值的±2 ℃范围内。试验箱(室)温度从初始环境温度下降至规定试验温度±3 ℃范围内,降温速率不超过 1 ℃/min(5 min 以内的平均值),并维持 16 h。

5.5.2.2 待试验箱(室)温度达到稳定后,仪表通气工作,在试验温度的最后 1 h 进行功能试验,然后自然恢复至常温,再进行性能试验,检查其性能是否符合 4.6.2 的规定。

低温试验过程如图 2 所示。

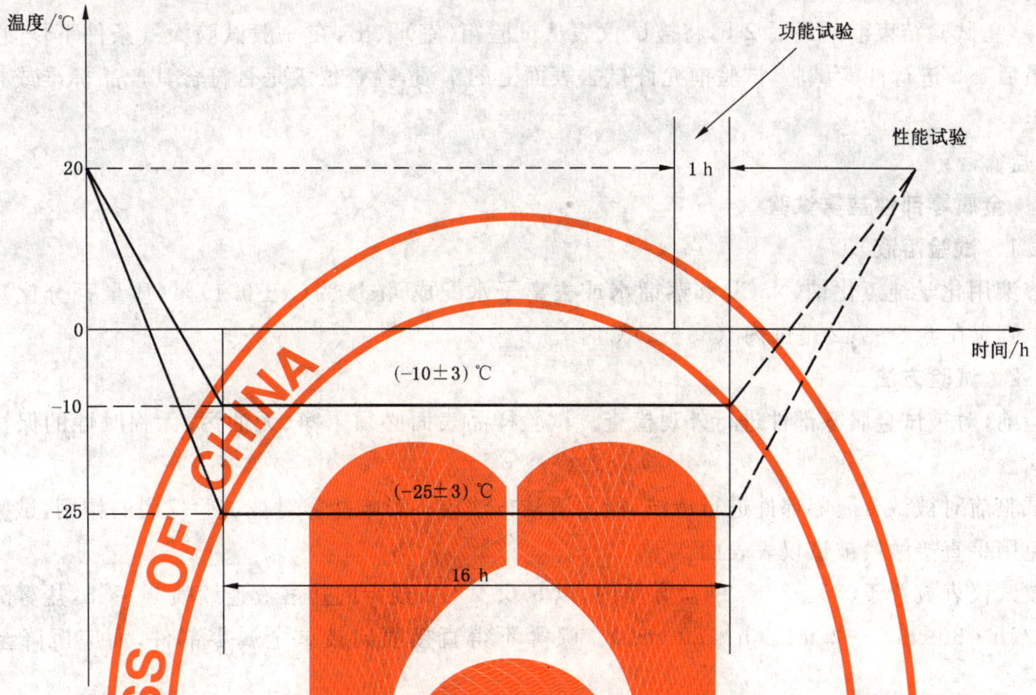

图 2 低温试验过程

5.5.3 湿热

5.5.3.1 将被试仪表放入试验箱(室)有效工作空间内进行两个周期(24 h+24 h)的交变湿热试验。试验箱(室)从初始环境温度起，在(3±0.5) h 内升温至(55±2) ℃，相对湿度为 90%～95%，在此条件下保持(12±0.5) h，然后降温至(25±3) ℃，降温时间为 3 h 至 6 h，降温期间试验箱(室)应呈水蒸气饱和状态。至 24 h 第一周期结束，然后开始第二周期的试验。试验过程如图 3 所示。

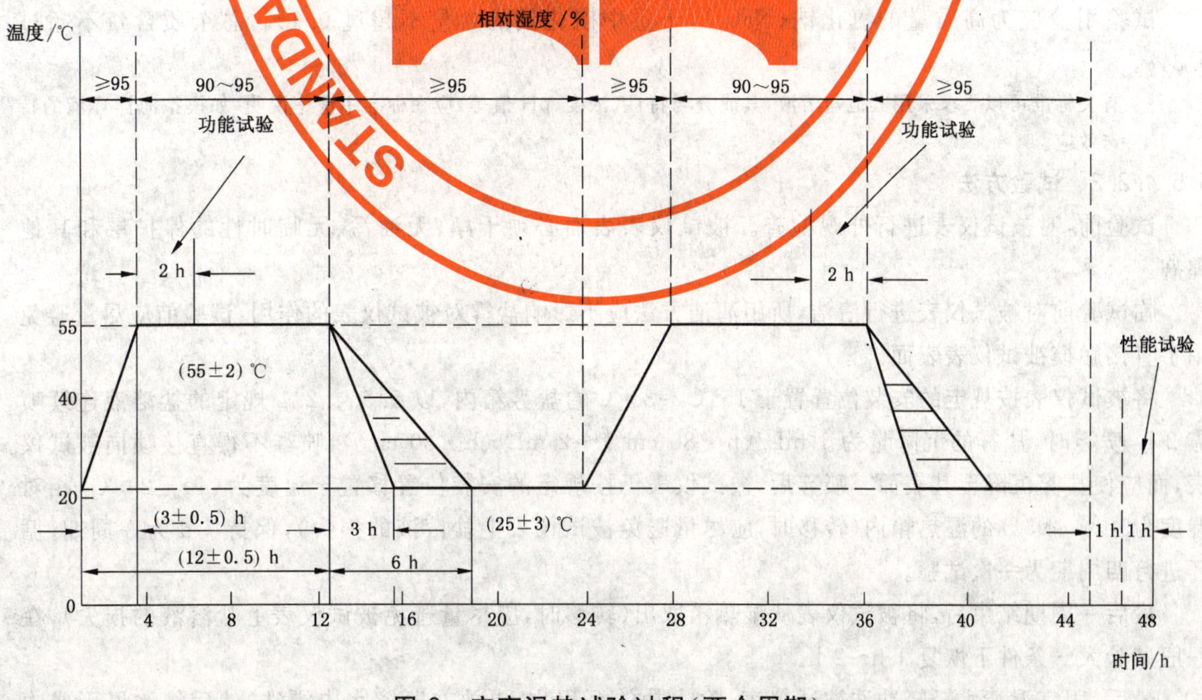

图 3 交变湿热试验过程(两个周期)

5.5.3.2 在交变湿热试验的第一周期高温、高湿阶段的开始 2 h 及第二周期高温、高湿阶段的最后 2 h，通气进行功能试验。

5.5.3.3 在试验结束前的最后 2 h，将被试仪表从试验箱(室)取出，在一般试验大气条件下恢复，在恢复期的最后 1 h 进行性能试验，试验前允许拭去表面上的水渍，检查仪表是否符合其产品标准或技术条件的规定。

5.5.4 **盐雾**

5.5.4.1 **金属零部件盐雾试验**

5.5.4.1.1 **试验溶液**

盐溶液用化学纯氯化钠(NaCl)和蒸馏水或去离子水配成，浓度为(5±0.1)%(质量百分比)，试验期间 pH 值应在 6.5～7.2 范围内[(35±2)℃时]。

5.5.4.1.2 **试验方法**

试验前，对被试金属零部件进行外观检查。试验样品表面必须干净、无油污、无临时性的保护层和其他弊病。

临试验前对被试金属零部件进行清洁，所用清洁方法应不影响盐雾对被试验仪表的作用，试验前应尽量避免用手直接触摸被试仪表表面。

将被试仪表放置于(35±2) ℃的盐雾箱内，以 5.5.4.1.1 规定的盐溶液连续喷雾 48 h，盐雾沉降率为 1 mL/(h · 80 cm^2)～2 mL/(h · 80 cm^2)。喷雾不得直接喷向被试金属零部件，而应沉降至其表面上。

试验结束后，以室温清水轻轻冲洗被试金属零部件表面的盐沉积物，再放在蒸馏水中漂洗，然后在一般试验大气条件下恢复 1 h～2 h，或按有关标准的恢复条件和恢复时间，最后对被试金属零部件进行外观检查，确定其是否符合表 5 的规定。

5.5.4.2 **整机交变盐雾试验**

5.5.4.2.1 **试验溶液**

盐溶液用氯化钠(NaCl)和蒸馏水或去离子水配成，浓度为(5±0.1)%(质量百分比)，试验期间盐溶液的 pH 值应在 6.5～7.2(20 ℃时)范围内。

试验用盐应为高质量的氯化钠(NaCl)，干重中碘化钠的含量不超过 0.1%，总杂质含量不超过 0.3%。

注：有关标准可以要求采用其他盐溶液，其成分与特性(浓度、pH 值等)应在标准中清楚说明，如模拟海洋环境的特殊效应。

5.5.4.2.2 **试验方法**

试验前，对被试仪表进行外观检查。被试仪表表面必须干净、无油污、无临时性的保护层和其他弊病。

临试验前对被试仪表进行清洁，所用清洁方法应不影响盐雾对被试仪表的作用，试验前应尽量避免用手直接触摸被试仪表表面。

将被试仪表按规定的安装位置置于 15 ℃～35 ℃的盐雾箱内，以 5.5.4.2.1 规定的盐溶液连续喷雾 2 h，喷雾时，盐雾的沉降量为 1 mL/(h · 80 cm^2)～2 mL/(h · 80 cm^2)，喷雾不得直接喷向被试仪表，而应使盐雾沉降至其表面。喷雾后，被试仪表仍按规定的安装位置移置于温度为(40±2) ℃，相对湿度为90%～95%的湿热箱内(转移时，应尽量避免被试仪表上盐溶液的损失)，保持 7 d 为一周期，循环进行四周期为一次试验。

最后一周期结束后，将被试仪表从湿热箱取出(转移时，应尽量避免被试仪表上盐溶液的损失)，在一般试验大气条件下恢复 1 h～2 h。

最后，用室温清水轻轻冲洗被试仪表，除去盐的沉积物，再放在蒸馏水中漂洗，然后将水甩干或吹干，进行外观检查，观察有无明显的腐蚀、质变现象。

5.5.5 霉菌

5.5.5.1 用按 GB/T 2423.16 规定培养而得的混合孢子悬浮液进行试验，或按照用户与制造厂商定的菌种进行试验。

5.5.5.2 试验设备和试验条件应符合 GB/T 2423.16 的规定。

5.5.5.3 按 GB/T 2423.16 规定的程序和方法，用孔径不大于 0.5 mm 的喷嘴将混合孢子悬浮液（或商定的菌种悬浮液），呈细雾状均匀喷射在被试仪表整个暴露表面，然后将被试的一组（3 台、件）仪表放置于试验箱（室）内 28 d，试验结束后，立即取出按表 6 的规定检查长霉程度。如需作性能试验，应以两组仪表进行试验。

5.5.6 倾斜

将被试仪表相对于规定的安装位置的前、后、左、右各摇摆 22.5°，每个方向均应接通气源进行功能试验各 15 min，确定其能否正常工作。

5.5.7 摇摆

将被试仪表放置在摇摆试验台上，接通气源，绕前后，左右两水平轴向，各摇摆 22.5°，摇摆周期为 10 s，持续时间为 15 min，进行功能试验，确定其能否正常工作。

5.5.8 恒加速度

将被试仪表安装在恒加速度试验机上，以 10 m/s^2 的加速度在仪表正确安装位置的垂直方向进行持续不少于 10 s 的恒加速度试验，确定其能否正常工作。

5.5.9 振动

5.5.9.1 船用气动仪表的振动试验应按 GB/T 2423.10 规定的方法进行。

5.5.9.2 将被试仪表按规定的安装位置紧固在振动台上，不能直接安装的，可通过具有足够刚度的过渡结构来安装，以保证振动参数的传递。若在船上安装随带减振装置，试验时应一并装上。

5.5.9.3 按表 7 规定频率和幅值，以不超过 1 倍频程/min 的扫频速率，在三个互相垂直的轴向上（其中一轴向应是与仪表的规定安装位置一致）进行扫频，检查有无共振现象。

5.5.9.4 扫频试验时，若在振动频率范围内发现有共振点，则：

a） 对表 7 试验 1，应测量共振放大因子，若大于等于 2，应予记录，大于等于 5 的共振不允许存在。

b） 对表 7 试验 2，共振放大因子大于 1.5 的共振不允许存在，应调整或采取减振措施使之降低。

5.5.9.5 扫频后进行耐久振动试验：

a） 对表 7 试验 1，共振放大因子大于等于 2 的各共振频率，均应在出现共振的轴向上进行 2 h 的耐久振动试验。如无共振，则应在 30 Hz 频率上进行 2 h 加速度幅值为 ± 6.9 m/s^2 的耐久振动试验。

b） 对表 7 试验 2，每次扫频完成后，应在三个互相垂直的方向上在 30 Hz 频率上进行 2 h 加速度幅值为 ± 40 m/s^2 的耐久振动试验。

5.5.9.6 试验时，被试仪表通气工作，观察其有无异常及损坏情况，性能是否符合产品标准或技术条件的规定。

5.5.10 日光辐射

船用气动仪表的日光辐射试验按 GB/T 2423.24 的规定进行。

5.6 抗运输碰撞

船用气动仪表的抗运输碰撞试验应按 JB/T 9329 的有关规定进行。

5.7 外壳防护

船用气动仪表的外壳防护性能试验按 GB 4208 规定的方法进行。

6 检验规则

6.1 出厂检验

船用气动仪表出厂前须按产品标准或技术条件规定的出厂检验项目进行出厂检验,检验合格后方能出厂。

6.2 型式检验

具有下列情况之一时,应进行型式检验:

a) 新产品的定型鉴定;

b) 当产品的结构、材料、工艺有较大改变,可能影响产品技术性能时;

c) 产品长期停产后,重新恢复生产或转产时;

d) 正常生产的产品按技术条件规定需要定期进行试验时;

e) 出厂检验结果与上次型式检验有较大差异时;

f) 国家质量监督机构提出型式检验要求时。

除另有规定外,船用气动仪表的型式检验应按本标准规定的试验项目及各自产品标准或技术条件规定的全部项目进行。

7 标志

船用气动仪表外壳的适当位置上应设有标明其型号、名称、厂名、产品编号等的铭牌。铭牌上的字母和编号应清晰、持久,并应留有打印船检标志的位置。

8 包装

船用气动仪表的包装应符合 GB/T 15464 的有关规定。

ICS 85.060
Y 31

GB

中华人民共和国国家标准

GB/T 10335.5—2008

涂布纸和纸板 涂布箱纸板

Coated paper and board—Coated linerboard

2008-08-19 发布 2009-05-01 实施

中华人民共和国国家质量监督检验检疫总局
中国国家标准化管理委员会 发布

前　言

GB/T 10335,分为 5 个部分：

——GB/T 10335.1—2005《涂布纸和纸板　涂布美术印刷纸(铜版纸)》；

——GB/T 10335.2—2005《涂布纸和纸板　轻量涂布纸》；

——GB/T 10335.3—2004《涂布纸和纸板　涂布白卡纸》；

——GB/T 10335.4—2004《涂布纸和纸板　涂布白板纸》；

——GB/T 10335.5—2008《涂布纸和纸板　涂布箱纸板》。

本部分为 GB/T 10335 的第 5 部分。

本部分由中国轻工业联合会提出。

本部分由全国造纸工业标准化技术委员会(SAC/TC 141)归口。

本部分起草单位：中华人民共和国广东出入境检验检疫局、昌乐世纪阳光纸业有限公司、宁波海山纸业有限公司、中国制浆造纸研究院。

本部分主要起草人：郭仁宏、周颖红、王东兴、盛永忠、张增国、陈海林。

本部分由全国造纸工业标准化技术委员会负责解释。

涂布纸和纸板　涂布箱纸板

1　范围

GB/T 10335 的本部分规定了涂布箱纸板的分类、要求、试验方法、检验规则和标志、包装、运输、贮存。

本部分适用于面层以漂白木浆为主、底层以未漂白硫酸盐木浆为主，经单面涂布而制成的涂布箱纸板。该产品主要用于瓦楞纸板、硬质纤维板或“纸板盒”等产品的表层材料。

2　规范性引用文件

下列文件中的条款通过 GB/T 10335 的本部分的引用而成为本部分的条款。凡是注日期的引用文件，其随后所有的修改单(不包括勘误的内容)或修订版均不适用于本部分，然而，鼓励根据本部分达成协议的各方研究是否可使用这些文件的最新版本。凡是不注日期的引用文件，其最新版本适用于本部分。

GB/T 450　纸和纸板　试样的采取及试样纵横向、正反面的测定(GB/T 450—2008，ISO 186:2002，MOD)

GB/T 451.1　纸和纸板尺寸及偏斜度的测定

GB/T 451.2　纸和纸板定量的测定(GB/T 451.2—2002，eqv ISO 536:1995)

GB/T 451.3　纸和纸板厚度的测定(GB/T 451.3—2002，idt ISO 534:1988)

GB/T 456　纸和纸板平滑度的测定(别克法)(GB/T 456—2002，idt ISO 5627:1995)

GB/T 457　纸和纸板　耐折度的测定(GB/T 457—2008，ISO 5626:1993，MOD)

GB/T 462　纸、纸板和纸浆　分析试样水分的测定(GB/T 462—2008，ISO 287:1985，ISO 638:1978，MOD)

GB/T 1539　纸板　耐破度的测定(GB/T 1539—2007，ISO 2759:2001，IDT)

GB/T 1540　纸和纸板吸水性的测定　可勃法(GB/T 1540—2002，neq ISO 535:1991)

GB/T 1541　纸和纸板　尘埃度的测定

GB/T 2679.8　纸和纸板环压强度的测定(GB/T 2679.8—1995，eqv ISO 12192:2002)

GB/T 2828.1　计数抽样检验程序　第 1 部分：按接收质量限(AQL)检索的逐批检验抽样计划(GB/T 2828.1—2003，ISO 2859-1:1999，IDT)

GB/T 7974　纸、纸板和纸浆亮度(白度)的测定　漫射/垂直法(GB/T 7974—2002，neq ISO 2470:1999)

GB/T 7975　纸和纸板　颜色的测定(漫反射法)

GB/T 8941　纸和纸板　镜面光泽度的测定(20°　45°　75°)

GB/T 10342　纸张的包装和标志

GB/T 10739　纸、纸板和纸浆试样处理和试验的标准大气条件(GB/T 10739—2002，eqv ISO 187:1990)

GB/T 12032　纸和纸板　印刷光泽度印样的制备

GB/T 12911　纸和纸板油墨吸收性的测定法

GB/T 22363　纸和纸板　粗糙度的测定(空气泄漏法)　本特生法和印刷表面法(GB/T 22363—2008，ISO 8791-2:1990，ISO 8791-4:1992，MOD)

GB/T 22365　纸和纸板　印刷表面强度的测定(GB/T 22365—2008，ISO 3783:1980，MOD)

3 分类

3.1 涂布箱纸板按质量分为优等品、一等品、合格品三个等级。

3.2 涂布箱纸板分为卷筒纸和平板纸两种。

4 要求

4.1 技术指标

涂布箱纸板的技术指标应符合表1的规定或按订货合同的规定，其中序号7、8、9、10、11、12、14项均为对涂布面的规定。

表1

序号	指标名称			规定		
				优等品	一等品	合格品
1	定量[a]/(g/m²)			125±6 150±7 175±8 200±10 220±10 250±11 280±11 300±12 320±12 340±13 360±14		
2	横幅定量差/%	≤	幅宽≤1 600 mm	6.0	7.5	9.0
			幅宽>1 600 mm	7.0	8.5	10.0
3	紧度/(g/cm³)	≥		0.75		
4	耐破指数/(kPa·m²/g)	≥	<150 g/m²	3.00	2.40	2.00
			150 g/m²~<200 g/m²	2.85	2.30	1.90
			200 g/m²~<250 g/m²	2.75	2.20	1.80
			250 g/m²~<300 g/m²	2.65	2.10	1.75
			≥300 g/m²	2.55	2.00	1.70
5	横向环压指数/(N·m/g)	≥	<150 g/m²	8.5	7.5	6.0
			150 g/m²~<200 g/m²	9.0	8.0	6.5
			200 g/m²~<250 g/m²	9.5	8.5	7.0
			250 g/m²~<300 g/m²	10.6	9.0	7.5
			≥300 g/m²	11.2	9.5	8.0
6	横向耐折度/次	≥		80	60	40
7	亮度/%	≥		80.0	76.0	72.0
8	平滑度/s	≥		50	30	20
9	印刷表面粗糙度[b]/μm	≤		2.5	3.0	4.0
10	印刷光泽度/%	≥		70	50	30
11	印刷表面强度(中粘油墨)/(m/s)	≥		1.2	1.0	0.8
12	油墨吸收性/%			15~28		
13	吸水性(cobb,60 s)/(g/m²)	≤	正面	50		
			反面	80	100	200
14	尘埃度/(个/m²)	≤	0.2 mm²~1.5 mm²	40	60	100
			>1.5 mm²	不应有	2	4
15	交货水分/%			8.0±2.0		

[a] 本表规定外的定量，其指标可就近按插入法考核。

[b] 仲裁时印刷表面粗糙度作为考核项目，平滑度可不考核。

4.2 尺寸

4.2.1 平板涂布箱纸板的尺寸为 787 mm×1 092 mm、889 mm×1 194 mm、889 mm×1 294 mm，也可按订货合同生产，其尺寸偏差应不超过±5 mm，偏斜度应不超过 5 mm。

4.2.2 卷筒涂布箱纸板的幅宽为 750 mm～2 500 mm，每 50 mm 为一档，其偏差应不超过$^{+8}_{0}$ mm。

4.2.3 卷筒涂布箱纸板的卷筒直径为 800 mm、1 000 mm、1 100 mm、1 200 mm，其直径偏差应不超过±50 mm。

4.2.4 可按订货合同规定生产其他尺寸的产品。

4.3 外观质量

4.3.1 涂布箱纸板的纸面应平整，厚薄应一致，不应有明显的翘曲、条痕、褶子、破损、斑点、硬质块等外观缺陷。

4.3.2 涂布箱纸板的纸面涂层应均匀，不应有掉粉、脱皮，在不经外力作用时，不应有分层现象。

4.3.3 同批纸的涂布面色泽应基本相近，同批纸的色差 ΔE^* 应不大于 1.5。

4.3.4 涂布箱纸板的优等品和一等品不应有印刷光斑。

4.3.5 卷筒涂布箱纸板纸芯不应有扭结或压扁现象。每卷纸的接头优等品应不超过 1 个，一等品应不超过 2 个，合格品应不超过 3 个。接头处应用胶带粘牢，并作出明显标记。

4.3.6 平板涂布箱纸板的切边应整齐光洁，不应有缺边、缺角、薄边等现象。卷筒涂布箱纸板的端面应平整，形成的锯齿或凹凸面应不超过 5 mm。

5 试验方法

5.1 试样的采取按 GB/T 450 进行。

5.2 试样的处理和测定按 GB/T 10739 进行。

5.3 尺寸、偏斜度测定按 GB/T 451.1 进行。

5.4 定量和横幅定量差测定按 GB/T 451.2 进行。横幅定量差的试样面积应为 0.01 m²。裁样时应在一张纸的横向上，等距离切取五个试样进行测定。横幅定量差 ΔG 应按式(1)进行计算：

$$\Delta G = \frac{G_{max} - G_{min}}{G} \times 100\% \qquad \cdots\cdots(1)$$

式中：

G_{max}——横幅定量的最大值，单位为克(g)；

G_{min}——横幅定量的最小值，单位为克(g)；

G——横幅定量的平均值，单位为克(g)。

5.5 紧度按 GB/T 451.2 和 GB/T 451.3 进行测定。

5.6 耐破指数按 GB/T 1539 进行测定。

5.7 横向环压指数按 GB/T 2679.8 进行测定。

5.8 横向耐折度按 GB/T 457—2008 进行测定，采用 MIT 耐折度仪法，初始张力为 9.8 N。

5.9 亮度按 GB/T 7974 进行测定。

5.10 平滑度按 GB/T 456 进行测定。

5.11 印刷表面粗糙度按 GB/T 22363—2008 的规定，采用印刷表面法，以(980±30) kPa 的压力、硬垫进行测定。

5.12 印刷光泽度按 GB/T 12032 制备印样，按 GB/T 8941 进行测定。

5.13 印刷表面强度按 GB/T 22365—2008 进行测定，仲裁时采用方法 A。

5.14 油墨吸收性按 GB/T 12911 进行测定。

5.15 吸水性按 GB/T 1540 进行测定。

5.16 尘埃度按 GB/T 1541 进行测定。

5.17 交货水分按 GB/T 462 进行测定。

5.18 同批纸的涂布面色差按 GB/T 7975 进行测定。

5.19 印刷光斑按 GB/T 12032 制备印样,然后目测评价。

6 检验规则

6.1 以一次交货为一批,但应不多于 50 t。

6.2 生产厂应保证所生产的涂布箱纸板符合本部分的规定,每件纸交货时应附有一份产品质量合格证。

6.3 型式检验为首件检验,应检验表 1 中规定的全部项目,每个月至少检验一次。当原料、配方或工艺改变时也需进行型式检验。首件检验时,若全部项目均合格,则判为首件检验合格。

6.4 出厂检验项目为表 1 的第 1、2、3、4、5、6、7、8、11、12、13、14 项及外观质量。

6.5 计数抽样检验程序按 GB/T 2828.1 规定进行,样本单位为件(卷)。接收质量限(AQL):耐破指数、横向环压指数、印刷光泽度、油墨吸收性 AQL=4.0;定量、横幅定量差、紧度、横向耐折度、亮度、平滑度、印刷表面粗糙度、印刷表面强度、吸水性、尘埃度、交货水分、尺寸、外观质量 AQL=6.5。抽样方案采用正常检验二次抽样方案,检查水平为特殊检查水平 S-2,见表 2。

表 2

<table>
<tr><th rowspan="3">批量/件或卷</th><th colspan="5">正常检验二次抽样方案　检查水平 S-2</th></tr>
<tr><th rowspan="2">样品量</th><th colspan="2">AQL=4.0</th><th colspan="2">AQL=6.5</th></tr>
<tr><th>Ac</th><th>Re</th><th>Ac</th><th>Re</th></tr>
<tr><td rowspan="2">2～150</td><td>3</td><td>0</td><td>1</td><td>—</td><td>—</td></tr>
<tr><td>2</td><td>—</td><td>—</td><td>0</td><td>1</td></tr>
<tr><td rowspan="3">151～1 200</td><td>3</td><td>0</td><td>1</td><td>—</td><td>—</td></tr>
<tr><td>5</td><td>—</td><td>—</td><td>0</td><td>2</td></tr>
<tr><td>5(10)</td><td>—</td><td>—</td><td>1</td><td>2</td></tr>
</table>

6.6 可接收性的确定:第一次检验的样品数量应等于该方案给出的第一样本量。如果第一样本中发现的不合格品数小于或等于第一接收数,应认为该批是可接收的;如果第一样本中发现的不合格品数大于或等于第一拒收数,应认为该批是不可接收的。如果第一样本中发现的不合格品数介于第一接收数与第一拒收数之间,应检验由方案给出样本量的第二样本并累计在第一样本和第二样本中发现的不合格品数。如果不合格品累计数小于或等于第二接收数,则判定该批是可接收的;如果不合格品累计数大于或等于第二拒收数,则判定该批是不可接收的。

6.7 需方有权按本部分的规定进行验收检验,检验时应先检查外部包装,然后从中取样进行检验。如果检验结果与标准不符,需方应在到货后一个月内(或按订货合同规定)通知供方共同取样进行复验,如仍不合格,则判为批不合格,由供方负责处理;如合格,则判为批合格,由需方负责处理。

7 标志、包装、运输、贮存

7.1 涂布箱纸板成品应用三层箱纸板作为外包装,亦可根据需方要求加裹防潮塑料薄膜。平板纸按 GB/T 10342 中条形木夹板包装的规定进行包装和标志,每件产品的纵横向应一致,并在包装上注明产品的纵向;卷筒纸按 GB/T 10342 中卷筒纸包装的规定进行包装和标志。也可按订货合同的规定进行包装和标志。

7.2 运输过程中,应使用有篷而洁净的运输工具。

7.3 装卸时不应钩吊,不应将纸卷(件)从高处扔下。

7.4 涂布箱纸板应妥善保管,严防产品受潮。

ICS 85-010
Y 30

中华人民共和国国家标准

GB/T 10337—2008
代替 GB/T 10337—1989

造纸原料和纸浆　酸溶木素的测定

Raw material and pulp—Determination of acid-soluble lignin

2008-08-19 发布　　　　2009-05-01 实施

中华人民共和国国家质量监督检验检疫总局
中国国家标准化管理委员会　发布

前　言

本标准是对 GB/T 10337—1989《造纸原料和纸浆中酸溶木素的测定》的修订。

本标准代替 GB/T 10337—1989。

本标准与 GB/T 10337—1989 相比，主要变化如下：

——增加了警告；

——修改了试剂的内容(本版的第 4 章)；

——修改了试验步骤(本版的第 6 章)。

本标准由中国轻工业联合会提出。

本标准由全国造纸工业标准化技术委员会归口。

本标准起草单位：河南省产品质量监督检验院、中国制浆造纸研究院。

本标准主要起草人：李红、杨长军、阮健。

本标准所代替标准的历次版本发布情况为：

——GB/T 10337—1989。

本标准委托全国造纸工业标准化技术委员会负责解释。

造纸原料和纸浆　酸溶木素的测定

警告：使用本标准的人员应有正规实验室工作的实践经验。本标准并未指出所有可能的安全问题，使用者有责任采取适当的安全和健康措施，并保证符合国家有关法规规定的条件。

1　范围

本标准规定了测定造纸原料和纸浆中酸溶木素的方法。

本标准适用于各种造纸原料和纸浆中的酸溶木素含量的测定。

2　规范性引用文件

下列文件中的条款通过本标准的引用而成为本标准的条款。凡是注日期的引用文件，其随后所有的修改单(不包括勘误的内容)或修订版均不适用于本标准，然而，鼓励根据本标准达成协议的各方研究是否可使用这些文件的最新版本。凡是不注日期的引用文件，其最新版本适用于本标准。

GB/T 747　纸浆　酸不溶木素的测定

GB/T 2677.8　造纸原料酸不溶木素含量的测定

3　原理

按照GB/T 2677.8或GB/T 747分离造纸原料或纸浆中酸不溶木素后得到的滤液，于波长205 nm测量紫外光的吸收值。

吸收值与滤液中3%硫酸溶解的木素含量有关。

4　试剂

4.1　除非另有说明，分析时应使用分析纯试剂和蒸馏水或去离子水或相当纯度的水。

4.2　3%硫酸溶液：量取硫酸($\rho_{20}=1.84$ g/mL)17.3 mL，缓缓注入500 mL水中，冷却，稀释至1 000 mL。

5　仪器

一般实验室用仪器及

5.1　紫外分光光度计。

5.2　光距10 mm的石英比色皿。

6　试验步骤

6.1　试样溶液的制备

6.1.1　按GB/T 2677.8或GB/T 747相应的试验步骤进行，但当进行第二级3%硫酸(4.2)水解时，不采用回流法煮沸溶液，而是将瓶口敞开煮沸溶液，并不断补充热水，以使溶液体积始终恒定保持为560 mL(对原料)或1 540 mL(对纸浆)。

6.1.2　过滤出酸不溶木素下沉后得到的上层清液，滤液应清澈。将收集到的滤液作为试样溶液。

6.2　试样溶液的测定

6.2.1　将试样溶液倒入比色皿(5.2)中，以3%的硫酸溶液(4.2)作参比溶液，用紫外分光光度计于波长205 nm测定其吸收值。

6.2.2 如果试样溶液的吸收值大于0.7,则另取用3%硫酸溶液(4.2)在容量瓶中稀释滤液进行测定,以便得到0.2～0.7吸收值。

7 结果的表示及计算

7.1 按式(1)计算滤液中的酸溶木素含量(B),以克每升(g/L)表示:

$$B=\frac{A}{110}\times D \qquad \cdots\cdots(1)$$

式中:

A——吸收值;

D——滤液的稀释倍数,为稀释后滤液的体积(mL)与原滤液的体积(mL,6.1.2)的比值;

110——吸收系数[L/(g·cm)],该系数是由不同造纸原料和纸浆的平均值求得的。

7.2 按式(2)计算造纸原料和纸浆试样中酸溶木素含量(X),以%表示:

$$X=\frac{B\cdot V\times 100}{1\ 000\ m_0} \qquad \cdots\cdots(2)$$

式中:

B——滤液中酸溶木素含量(7.1),单位为克每升(g/L);

V——滤液的总体积,单位为毫升(mL),造纸原料为560 mL,纸浆为1 540 mL;

m_0——绝干试样的质量,单位为克(g)。

同时进行两次测定,取其算术平均值作为测定结果,结果准确至小数点后两位。

8 试验报告

试验报告应包括以下内容:

a) 本标准的编号;

b) 完成样品鉴定所必要的全部说明;

c) 试验中观察到的任何异常现象;

d) 试验结果;

e) 偏离本标准的任何试验条件;

f) 本标准或规范性引用文件中未规定的并可能影响结果的任何操作。

ICS 85-010
Y 30

中华人民共和国国家标准

GB/T 10338—2008
代替 GB/T 10338—1989

纸浆 羧基含量的测定

Pulps—Determination of carboxyl content

2008-08-19 发布 2009-05-01 实施

中华人民共和国国家质量监督检验检疫总局
中国国家标准化管理委员会 发布

前言

本标准代替 GB/T 10338—1989《纸浆羟基含量测定法》。

本标准与 GB/T 10338—1989 相比，主要变化如下：

——增加了前言；

——增加了原理、反应式、质量保证与控制、试验报告等章（本版的第 3、4、10、11 章）；

——将引用标准修改为规范性引用文件（1989 年版的第 2 章；本版的第 2 章），增加了引用标准，并对其他相关措辞进行了修改；

——按照 GB/T 20001.4—2001 的要求，修改了试剂配制的内容（1989 年版的第 3 章；本版的第 5 章）；

——修改了仪器的内容，增加了湿浆解离器（1989 年版的第 4 章；本版的第 6 章）；

——修改了试样的制备，取消了干浆解离器磨碎过程（1989 年版的第 5 章；本版的第 7 章）；

——修改了试验步骤的内容，将试验过程分成五部分，修改了纤维解离过程（1989 年版的第 6 章；本版的第 8 章）；

——修改了结果的表述，完善了计算公式（1989 年版的第 7 章；本版的第 9 章）；

——修改了 EDTA 溶液浓度的标定方法，增加了试剂，改变了试验过程中的试剂量，相应地修改了计算公式（1989 年版的附录 A；本版的附录 A）。

本标准的附录 A 为规范性附录。

本标准由中国轻工业联合会提出。

本标准由全国造纸工业标准化技术委员会归口。

本标准起草单位：中华人民共和国深圳出入境检验检疫局、中国制浆造纸研究院。

本标准主要起草人：徐嵘、江帆、顾浩飞、刘怡、杨左军。

本标准所代替标准的历次版本发布情况为：

——GB/T 10338—1989。

本标准由全国造纸工业标准化技术委员会负责解释。

纸浆　羧基含量的测定

1　范围

本标准规定了用钙离子交换和 EDTA 容量法确定纸浆中羧基含量的测定方法。

本标准适用于漂白浆及未漂浆羧基含量的测定。

2　规范性引用文件

下列文件中的条款通过本标准的引用而成为本标准的条款。凡是注日期的引用文件，其随后所有的修改单(不包括勘误的内容)或修订版均不适用于本标准，然而，鼓励根据本标准达成协议的各方研究是否可使用这些文件的最新版本。凡是不注日期的引用文件，其最新版本适用于本标准。

GB/T 462　纸、纸板和纸浆　分析试样水分的测定(GB/T 462—2008，ISO 287：1985，ISO 638：1978，MOD)

GB/T 601　化学试剂　标准滴定溶液的制备

GB/T 740　纸浆　试样的采取(GB/T 740—2003，ISO 7213：1981，IDT)

GB/T 6682　分析实验室用水规格和试验方法(GB/T 6682—2008，ISO 3696：1987，MOD)

ISO 5263-1　纸浆　实验室湿解离　第 1 部分：化学浆解离

ISO 5263-2　纸浆　实验室湿解离　第 2 部分：机械浆解离(20 ℃)

ISO 5263-3　纸浆　实验室湿解离　第 3 部分：机械浆解离(≥85 ℃)

3　原理

钙溶液经过纸浆纤维做成的滤饼，钙离子与纤维中的羧基发生反应，用 EDTA 滴定过滤前后的钙溶液，测定钙离子的消耗量，以计算纤维的阳离子交换能力，从而测定纸浆中的羧基含量。

4　反应式

4.1　钙与羧基反应的离子反应式

$Ca^{2+} + 2R\text{-}COOH = Ca(RCOO)_2 + 2H^+$

溶液中的钙离子经过纤维滤饼，部分钙离子与纤维中的羧基发生反应。

4.2　溶液游离钙离子与 EDTA 的络合滴定的离子反应式

$Ca^{2+} + H_2Y^{2-} = 2H^+ + CaY^{2-}$

溶液中的钙离子与 EDTA 络合反应。

5　试剂

除非另有说明，在分析中仅使用确认为分析纯的试剂和蒸馏水或去离子水或相当纯度的水。

5.1　Mg^{2+}-EDTA 溶液，溶解 0.5 g 乙二胺四乙酸二钠(EDTA 二钠盐)($Na_2H_2Y \cdot 2H_2O$)及 0.012 5 g 氯化镁($MgCl_2 \cdot 6H_2O$)于 1 000 mL 的水中。将此溶液保存在聚乙烯塑料瓶中(浓度标定见附录 A)。

5.2　氢氧化钙饱和溶液，称取 0.5 g 的氢氧化钙 $Ca(OH)_2$，溶于 100 mL 的水中，过滤后获得氢氧化钙饱和溶液。

5.3　钙储备液，称取 1.58 g 无水乙酸钙，用水溶解，定容至 100 mL，此溶液浓度大约为 $c[Ca(C_2H_3O_2)_2] \approx 0.1$ mol/L。当溶液出现浑浊、沉淀、颜色变化等现象时，应重新制备。

5.4　钙工作溶液，用移液管移取 1.7 mL 钙储备液(5.3)用水定容至 1 L，此溶液浓度大约为

$c[Ca(C_2H_3O_2)_2]\approx 0.17$ mmol/L。用氢氧化钙饱和溶液(5.2)调节，使溶液最后的 pH 为 6.5～7.0(用 pH 计测定)。

5.5 稀盐酸溶液，$c(HCL)\approx 0.1$ mol/L，用量筒量取 8.5 mL 的浓盐酸($\rho=1.18$ g/m，质量分数 36%～38%)，用水定容至 1 L。

5.6 氨-氯化铵(NH_3-NH_4Cl)缓冲溶液，溶解 67.5 g 氯化铵(NH_4Cl)于 570 mL 的 28%氢氧化铵(NH_4OH)中，再加水稀释至 1 L，此溶液 pH≈10。

5.7 铬黑 T 指示剂溶液，5 g/L，溶解 0.5 g 铬黑 T 及 4.5 g 盐酸羟铵于 100 mL 乙醇中。

6 仪器

一般实验室仪器及

6.1 离子交换反应装置，见图 1。

6.2 湿浆解离器，结构见 ISO 5263-1，也可用能完全解离并对纤维损伤最小的高速搅拌器替代。

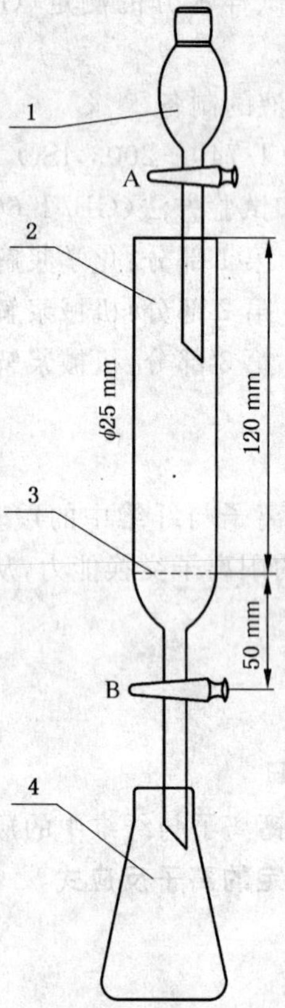

1——分液漏斗；
2——层析玻璃柱；
3——玻璃砂芯(可用 2 号砂芯)；
4——接收瓶。

注：脱盐时用三角烧瓶或烧杯，钙离子交换时用 250 mL 的容量瓶。

图 1 离子交换反应装置

7 试样的制备

试样的采取按照 GB/T 740 的规定进行。

8 试验步骤

8.1 试样的称取

每个样品称取两份以上的试样。称取 0.5 g～1.0 g 的风干试样，精确至 0.001 g，试样质量应使钙离子的消耗量达到钙离子交换量的一半，否则交换将不完全。如果试样在 0.5 g～1.0 g 范围内，不能消耗钙离子一半左右，则可调节钙离子溶液的浓度。

同时，另称取试样，按照 GB/T 462 测定试样的水分。

8.2 试样解离

做两份试样的平行测定。

称量层析玻璃柱的质量(准确至 0.1 g)。

将试样放入湿浆解离器(6.2)中，加入少量水，解离至无大纤维束存在，或根据试样的类别参照 ISO 5263-1、ISO 5263-2 或 ISO 5263-3 进行湿解离，将全部纤维转移到层析玻璃柱中。将透过玻璃砂芯的细小纤维重新倾入层析玻璃柱中再过滤，以免损失。

8.3 脱盐

关闭活塞 B，加入 50 mL 的稀盐酸溶液(5.5)，用玻璃棒搅拌，使纤维与酸充分接触。打开活塞 B，滤去盐酸，用玻璃棒轻压将试样铺匀，做成一个牢固均匀的滤饼。

关闭活塞 B，注入稀盐酸溶液(5.5)，保持液面在滤饼以上 20 mm～30 mm。装上盛有稀盐酸溶液(5.5)的分液漏斗，开启活塞 A 及活塞 B，以活塞 B 控制稀盐酸的流量约为 4 mL/min(大约每分钟 30 滴)。滤饼上应保持液面高度 20 mm～30 mm，如此连续处理，直至滤液不含有其他阳离子为止，一般约需 250 mL 的稀盐酸。

用少量蒸馏水洗涤，洗涤时注意应将玻璃管上壁的盐酸洗净。开启活塞 B，滤去积水，再次称量层析玻璃柱(内含试样)的质量，准确至 0.1 g，以便计算试样吸水量。

8.4 离子交换

装上盛有钙工作溶液(5.4)的分液漏斗，按脱盐(8.3)操作进行离子交换。滤液用一干燥的 250 mL 的容量瓶接收，当溶液达到刻度后，关闭活塞 B，取出容量瓶，摇匀。

8.5 滴定

分别吸取钙工作溶液(5.4)和离子交换后的钙离子滤液(8.4)各 100 mL，加入 4 mL 氨-氯化铵缓冲溶液(5.6)及 5 滴～6 滴铬黑 T 指示剂溶液(5.7)，溶液呈紫色，用 Mg^{2+}-EDTA 溶液(5.1)滴定至溶液变为纯蓝色，即达到终点。

如果试样所消耗的钙离子未达到原溶液中钙离子含量的 30%～70%，应调整试样质量或钙工作溶液(5.4)的浓度，重做 8.1～8.5。

9 结果的表述

试样的羧基含量以钙阳离子交换能力表述，即以 100 g 绝干试样交换的钙阳离子毫摩尔数(mmol)表示，计算按式(1)。

$$X = \frac{c}{10 \times m_0} \times \left[(V_1 - V_2)2.5 - \frac{V_1}{100}(m_2 - m_1 - m_0) \right] \quad \cdots\cdots\cdots(1)$$

式中：

c——Mg^{2+}-EDTA 溶液(5.1)的浓度，单位为毫摩尔每升(mmol/L)；

V_1——测定钙工作溶液(5.4)时所用的 Mg^{2+}-EDTA 溶液(5.1) 的体积，单位为毫升(mL)；

V_2——测定钙离子滤液(8.4)时所用的 Mg^{2+}-EDTA 溶液(5.1) 的体积，单位为毫升(mL)；

m_1——反应前层析玻璃柱的质量，单位为克(g)；

m_2——反应后层析玻璃柱的质量(含吸液后的试样质量)，单位为克(g)；

m_0——试样的绝干质量，单位为克(g)；

2.5——稀释因子；

X——阳离子交换能力，单位为毫摩尔每百克(mmol/100 g)。

计算结果保留三位有效数字，两次测定的计算值之差与其平均值之比应在5%以内。

10 质量保证和控制

10.1 应注意脱盐(8.3)操作及钙离子交换(8.4)过程中流速的控制、钙溶液pH值的控制，这些参数均会影响测定结果。

10.2 注意滴定终点的判定。

11 试验报告

试验报告应包括下列项目：

a) 本标准的编号；

b) 完整鉴定样品所必要的全部资料；

c) 如果测定次数多于两次，应说明测定次数；

d) 标准步骤变更的说明；

e) 用数值表示结果；

f) 试验中所观察到的任何异常现象；

g) 本标准或规范性引用文件中未规定的，并可能影响结果的任何操作。

附 录 A
（规范性附录）
Mg^{2+}-EDTA 溶液浓度的标定方法

A.1 试剂

除非另有说明，在分析中应使用确认为分析纯的试剂，试验用水应符合 GB/T 6682 中三级水的规定。

A.1.1 碳酸钙（$CaCO_3$），基准物质，120 ℃干燥 2 h，稍冷后置于干燥器中，冷却至室温后使用。

A.1.2 盐酸溶液（HCl），1+1，用量筒量取 50 mL 的浓盐酸（分子量 36.46，ρ=1.18 g/mL），加入到 50 mL的水中。

A.1.3 氨-氯化铵缓冲溶液（NH_3-NH_4Cl）（pH≈10），溶解 67.5 g 氯化铵（NH_4Cl）于 570 mL 28%氢氧化铵（NH_4OH）中，再加水稀释至 1 L。

A.1.4 铬黑 T 指示剂溶液，溶解 0.5 g 铬黑 T 及 4.5 g 盐酸羟铵于 100 mL 乙醇中。

A.2 步骤

称取 0.1 g 碳酸钙（A.1.1），准确至 0.000 1 g。用少量水润湿并盖上表面皿，缓慢加入 1：1 盐酸（A.1.2）5 mL，待完全溶解后将溶液转入 250 mL 容量瓶中。用水稀释至刻度摇匀，用移液管吸取 5.00 mL上述溶液于 100 mL 锥形瓶中。加入氨-氯化铵缓冲溶液（A.1.3）3 mL，滴入铬黑 T 指示剂（A.1.4）3 滴～4 滴，溶液呈紫红色，用 Mg^{2+}-EDTA 溶液（5.1）滴定至溶液变为纯蓝色，即到达终点。

Mg^{2+}-EDTA 溶液（5.1）的摩尔浓度按式（A.1）计算：

$$c=\frac{m\times\frac{V_1}{250}}{V_2\times 100.1}\times 1\,000\times 1\,000 \qquad \text{(A.1)}$$

式中：

m——称取的碳酸钙的质量，单位为克（g）；

V_1——吸取 $CaCO_3$ 溶液的体积，单位为毫升（mL）；

V_2——消耗 Mg^{2+}-EDTA 溶液（5.1）的体积，单位为毫升（mL）；

100.1——碳酸钙的摩尔质量的数值，单位为克每摩尔（g/mol）；

c——Mg^{2+}-EDTA 溶液（5.1）的浓度，单位为毫摩尔每升（mmol/L）。

标定的平行样与计算应符合 GB/T 601 规定。

ICS 85-010
Y 30

中华人民共和国国家标准

GB/T 10340—2008
代替 GB/T 10340—1989

纸和纸板　过滤速度的测定

Paper and board—Determination of filtering rate

2008-08-19 发布　　　　　　2009-05-01 实施

中华人民共和国国家质量监督检验检疫总局
中国国家标准化管理委员会　发布

前言

本标准是对 GB/T 10340—1989《纸和纸板过滤速度的测定法》的修订。

本标准代替 GB/T 10340—1989。

本标准与 GB/T 10340—1989 相比，主要变化如下：

——增加了规范性引用文件的内容(本版的第 2 章)；

——增加了试剂(本版的第 5 章)；

——增加了滤水速度结果的修约(本版的 9.3)；

——将净化水的温度由 20 ℃修改为 23 ℃(本版的 8.2.1)；

——修改了试验步骤(本版的第 8 章)。

本标准由中国轻工业联合会提出。

本标准由全国造纸工业标准化技术委员会归口。

本标准起草单位：河南省产品质量监督检验院、中国制浆造纸研究院。

本标准主要起草人：李红、苏君、徐艳秋。

本标准所代替标准的历次版本发布情况为：

——GB/T 10340—1989。

本标准由全国造纸工业标准化技术委员会负责解释。

纸和纸板　过滤速度的测定

1　范围

本标准规定了纸和纸板滤水速度的测定方法。

本标准适用于具有一定湿强度的过滤纸和纸板，而不适用于经树脂加工，其表面不亲水或不完全亲水的过滤纸和纸板。

2　规范性引用文件

下列文件中的条款通过本标准的引用而成为本标准的条款。凡是注日期的引用文件，其随后所有的修改单(不包括勘误的内容)或修订版均不适用于本标准，然而，鼓励根据本标准达成协议的各方研究是否可使用这些文件的最新版本。凡是不注日期的引用文件，其最新版本适用于本标准。

GB/T 450　纸和纸板　试样的采取及试样纵横向、正反面的测定(GB/T 450—2008，ISO 186：2002，MOD)

GB/T 10739　纸、纸板和纸浆试样处理和试验的标准大气条件(GB/T 10739—2002，eqv ISO 187：1990)

3　术语和定义

下列术语和定义适用于本标准。

3.1

滤水时间　filtering water time

当试样两面的压差为 1 kPa(即 100 mm 水柱)时，100 mL 水透过直径为 35.7 mm(面积 10 cm^2)试样的所需时间，以 s 表示。

3.2

滤水速度　filtering water rate

当试样两面的压差为 1 kPa(即 100 mm 水柱)时，单位时间内水透过单位面积试样的量，以 mL/(cm^2·s)表示。

4　原理

在 1 kPa(即 100 mm 水柱)的恒压下，100 mL(23±1)℃的净化水透过直径为 35.7 mm 试样的所需时间，可以相对评价过滤纸和纸板的滤水性能。

5　试剂

净化水：电导率为 3.2×10^{7} mS/m～4.4×10^{7} mS/m 的自来水或含 0.02%NaCl 的蒸馏水或去离子水，经 0.8 μm 滤膜或与之相当的滤纸过滤，并加热或抽真空脱气后的水。

6　仪器

一般实验室用仪器及滤速仪(见图 1)，其要求：

a)　测定滤纸的厚度范围为 0.10 mm～3.00 mm；

b)　有效过滤面积为(10±0.05)cm^2；

c)　夹环内径 ϕ35.7 mm；

d) 夹环外径 ϕ50 mm。

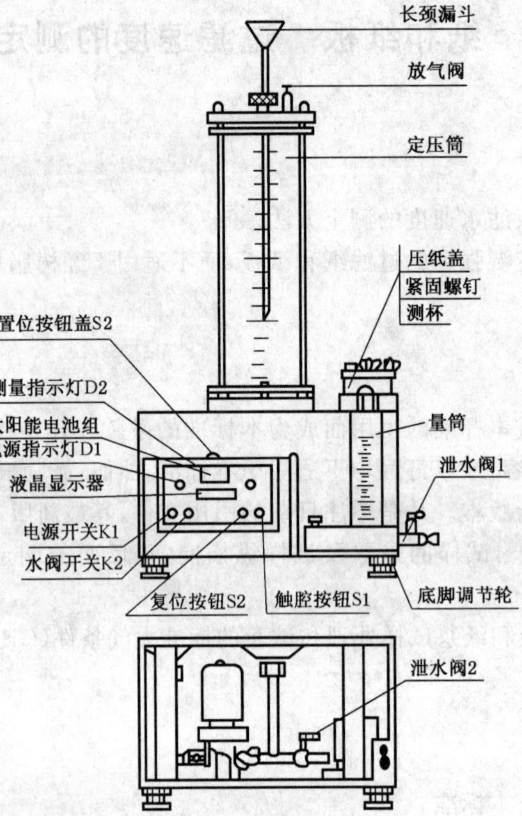

图1 赫尔茨贝格式滤速仪

7 试样的制备

7.1 试样的采取应按 GB/T 450 的规定进行。

7.2 试样处理和测定按 GB/T 10739 进行。

7.3 沿纸页横幅等距离地切取直径为(50±0.5) mm 的试样至少 10 张,并编上号,保持清洁。

7.4 对于不能迅速被水完全润湿的纸样,应在水中适当浸泡,以逐出其中的空气。

8 试验步骤

8.1 校准仪器

8.1.1 调整仪器至水平。

8.1.2 调整仪器的漏斗位置,以达到规定压差。

8.1.3 检查仪器密封性:将定压筒内注满水,关闭泄水阀 2,打开水阀开关 K2,让水流出时,漏斗管内的水即被进入空气所逐出(此时漏斗管口的压力等于大气压力)而呈恒压状态,静置 30 s。若漏斗管处于液位不大于 1 mm 水柱,则表明仪器密封性合格。

8.1.4 准确度试验:进行空白试验,以 10 次测定结果的标准偏差在±0.5 s 之内为合格。

8.2 测定准备(见图 1)

8.2.1 打开放气阀,将预先准备好的(23±1)℃的水(第 5 章)约 2 L 从长径漏斗注入定压筒中,关闭放气阀。

8.2.2 接通电源,打开电源开关 K1。

8.2.3 打开水阀开关 K2,水即从定压筒经测杯流入量筒,当仪器进入定压状态时,关闭水阀开关 K2。

此时测杯中的水形成清晰的弯月面。

8.2.4 开、关泄水阀 1,使量筒中的水放完或使水面降至零刻线以下(测量指示灯熄灭)。

8.2.5 按触控按钮 S1,使秒表停止计时,按复位按钮 S3,使秒表读数复零。

8.3 测定

8.3.1 将试样(单号正面朝上,双号正面朝下)贴着水面放入测杯,并将其夹紧。

8.3.2 打开水阀 K2,水即透过滤纸流入量筒内。当水面接触起始极(0 mL)时,秒表开始计时;接触终止极(50 mL 或 100 mL)时,停止计时,关闭电源开关 K1。

8.3.3 记下滤出 100 mL(或 50 mL)水所需的时间,精确至 0.1 s。正反面各测定 5 张试样。

9 结果的表述

9.1 滤水时间 t,滤出 100 mL(或 50 mL)水的所需时间,以秒表示。

9.2 滤水速度 v 按式(1)或式(2)计算:

$$v_{50} = \frac{50}{At_{50}} \quad \cdots\cdots\cdots(1)$$

$$v_{100} = \frac{100}{At_{100}} \quad \cdots\cdots\cdots(2)$$

式中:

v_{50},v_{100}——分别为滤出 50 mL、100 mL 水的滤水速度,单位为毫升每平方厘米·秒[mL/(cm^2·s)];

A——试样的有效过滤面积,单位为平方厘米(cm^2);

t_{50},t_{100}——分别为滤出 50 mL、100 mL 水所需时间的平均值,单位为秒(s)。

9.3 分别计算试样正反面的滤水时间或滤水速度,以算术平均值表示。滤水时间的结果修约至 0.1 s,滤水速度的结果修约至 0.1 mL/(cm^2·s)。

10 试验报告

试验报告应包括以下内容:

a) 本标准编号;

b) 试样说明;

c) 试验结果;

d) 本标准的任何偏差。

ICS 67.160.10
X 63

中华人民共和国国家标准

GB 10343—2008
代替 GB 10343—2002

食用酒精

Edible alcohol

2008-12-29 发布　　　　2009-10-01 实施

中华人民共和国国家质量监督检验检疫总局
中国国家标准化管理委员会　发布

前　言

本标准 3.1、4.2、第 7 章为强制性，其余为推荐性。

本标准代替 GB 10343—2002《食用酒精》。

本标准与 GB 10343—2002 相比主要变化如下：

——修改了适用范围的描述；

——增加了术语和定义；

——提高了优级产品中醛、正丙醇和不挥发物的要求；

——对检验规则作了适当的修改。

本标准由全国食品工业标准化技术委员会提出。

本标准由全国酿酒标准化技术委员会归口。

本标准起草单位：中国食品发酵工业研究院、河南天冠企业集团有限公司、吉林沱牌农产品开发有限公司。

本标准主要起草人：张蔚、王景胜、于秀荣、郭新光、王志强、高雷。

本标准所代替标准的历次版本发布情况为：

——GB 10343—1989、GB 10343—2002。

食 用 酒 精

1 范围

本标准规定了食用酒精的术语和定义、要求、分析方法、检验规则以及标志、包装、运输和贮存。

本标准适用于食用酒精的生产、检验和销售。

2 规范性引用文件

下列文件中的条款通过本标准的引用而成为本标准的条款。凡是注日期的引用文件，其随后所有的修改单(不包括勘误的内容)或修订版均不适用于本标准，然而，鼓励根据本标准达成协议的各方研究是否可使用这些文件的最新版本。凡是不注日期的引用文件，其最新版本适用于本标准。

GB 190 危险货物包装标志

GB/T 191 包装储运图示标志(GB/T 191—2008,ISO 780:1997,MOD)

GB/T 394.2 酒精通用分析方法

3 术语和定义

下列术语和定义适用于本标准。

3.1

食用酒精 edible alcohol

以谷物、薯类、糖蜜或其他可食用农作物为原料，经发酵、蒸馏精制而成的，供食品工业使用的含水酒精。

4 要求

4.1 感官要求

感官要求应符合表1的规定。

表 1 感官要求

项 目	特 级	优 级	普通级
外 观	无色透明		
气 味	具有乙醇固有香气，香气纯正		无异臭
口 味	纯净，微甜		较纯净

4.2 理化要求

理化要求应符合表2的规定。

表 2 理化要求

项 目		特 级	优 级	普通级
色度/号	≤	10		
乙醇/(%vol)	≥	96.0	95.5	95.0
硫酸试验色度/号	≤	10		60
氧化时间/min	≥	40	30	20

表 2（续）

项　目		特　级	优　级	普通级
醛（以乙醛计）/(mg/L)	≤	1	2	30
甲醇/(mg/L)	≤	2	50	150
正丙醇/(mg/L)	≤	2	15	100
异丁醇＋异戊醇/(mg/L)	≤	1	2	30
酸（以乙酸计）/(mg/L)	≤	7	10	20
酯（以乙酸乙酯计）/(mg/L)	≤	10	18	25
不挥发物/(mg/L)	≤	10	15	25
重金属（以 Pb 计）/(mg/L)	≤	1		
氰化物[a]（以 HCN 计）/(mg/L)	≤	5		
[a] 系指以木薯为原料的产品要求。以其他原料制成的食用酒精则无此项要求。				

5　分析方法

感官要求和理化要求按 GB/T 394.2 执行。

6　检验规则

6.1　组批

6.1.1　每班或每天生产的、同一类别、同一品质、规格相同的产品为一批。

6.1.2　罐、槽车装，以每一罐次、槽车为一批。

6.2　抽样

6.2.1　取样方法

a)　以槽车为单位包装的产品，每一槽车为一个样本，取一个样。

b)　以桶装、瓶装的产品按表 3 抽取样本。

表 3　抽样表

批量范围 /桶或瓶	样本大小 /桶或瓶
≤150	5
151～3 200	8
3 201～35 000	20
≥35 001	23

6.2.2　从罐内酒精上、中、下三个部位，立式罐按体积 2∶3∶2 比例、卧式罐按体积 1∶3∶1 比例取样。槽车、桶装样品从中间部位取样。

6.2.3　每批取样 2 L，混匀，装入两个棕色细口试剂瓶中，立即贴上标签，注明：样品名称、批号（罐、槽车、桶编号）、等级、取样时间与地点、采样人。一瓶检验，另一瓶保存两个月备查。

6.3　检验分类

6.3.1　出厂检验

6.3.1.1　产品出厂前，应由生产厂的质量监督检验部门按本标准规定逐批进行检验。检验合格，并附上质量合格证明的，方可出厂。

6.3.1.2　检验项目：感官要求、色度、乙醇、硫酸试验色度、氧化时间、酸、醛、甲醇、正丙醇、异丁醇和异戊醇、氰化物。

6.3.2 **型式检验**

6.3.2.1 检验项目:本标准中的全部要求项目。

6.3.2.2 一般情况下,同一类产品的型式检验每半年进行一次,有下列情况之一者,亦应进行:

a) 原辅材料有较大变化时;

b) 更改关键工艺或设备时;

c) 新试制的产品或正常生产的产品停产 3 个月后,重新恢复生产时;

d) 出厂检验与上次型式检验结果有较大差异时;

e) 国家质量监督检验机构按有关规定需要抽检时。

6.4 **判定规则**

6.4.1 检验结果有一项或一项以上指标不符合本标准要求时,应重新自同批产品中抽取两倍量样品进行复检,以复检结果为准。

6.4.2 若复检结果中仍有一项(或一项以上)不合格时,则判整批产品为不合格。

6.4.3 当供需双方对检验结果有异议时,可由双方协商解决,或委托有关单位进行仲裁检验,以仲裁检验结果为准。

7 标志、包装、运输和贮存

7.1 **标志**

7.1.1 销售包装使用标签时,标签上应标注:产品名称"食用酒精"、原料、乙醇含量、制造者名称和地址、灌装日期、净含量、执行标准号及质量等级。

7.1.2 装运食用酒精的罐、槽车上应标注"食用酒精",随车附有"出厂产品质量检验合格证明书"。

7.1.3 包装储运图示标志应符合 GB 190 和 GB/T 191 的要求。

7.2 **包装**

7.2.1 包装材料和容器应符合食品卫生要求。装运食用酒精应使用专用的罐、槽车和铁桶,不得使用铝桶或镀锌容器包装,不得使用易产生静电和静电不易释放的容器(如塑料桶)。包装前,应对所用容器进行严格地安全、卫生检查。

7.2.2 灌装后的罐、槽车应加铅封。使用单位收货时,应检查铅封是否完好。

7.2.3 包装物应体外清洁,标注内容清晰可见,标签粘贴牢固。

7.3 **运输**

7.3.1 运输工具应清洁、卫生,不得与有毒、有害、有腐蚀性或有异味的物品混装混运。

7.3.2 搬运时应轻装轻卸,严禁扔摔、撞击和剧烈震荡,应远离热源和火种。

7.3.3 运输过程应防火、防爆、防静电、防雷电,严禁曝晒。

7.4 **贮存**

7.4.1 产品不得与有毒、有害、有腐蚀性或有异味的物品混合存放。

7.4.2 产品应贮存于阴凉、干燥、通风的环境中,应有防高温、火种、静电、雷电的设施,并要求在贮存区域有醒目的"严禁火种"的警示牌。

ICS 71.100.60
X 44

中华人民共和国国家标准

GB 10351—2008
代替 GB 10351—1989

食品添加剂　桉叶素含量 80%的桉叶油

Food additive—Oil of eucalyptus, containing 80% cineole

2008-12-03 发布　　　　2009-06-01 实施

中华人民共和国国家质量监督检验检疫总局
中国国家标准化管理委员会　发布

前　言

本标准的第4章为强制性的，其余为推荐性的。

本标准与美国食品化学品法典FCC(Ⅳ)：1996《桉叶油》的一致性程度为非等效。

本标准代替GB 10351—1989《食品添加剂　桉叶素含量80%的桉叶油》。

本标准与GB 10351—1989相比，主要修改内容如下：

——删除色状中的色标号；

——桉叶素含量由80.0%～85.0%改为≥80.0%。

本标准的附录A为资料性附录。

本标准由中国轻工业联合会提出。

本标准由全国食品添加剂标准化技术委员会归口。

本标准由上海香料研究所、四川省宜宾市华荣香料有限公司、昆明艾谱香料有限公司和北京北大正元科技有限公司负责起草。

本标准主要起草人：张新君、徐易、金其璋、王昌荣、徐明、林承杰、王俊。

本标准所代替标准的历次版本发布情况为：

——GB 10351—1989。

食品添加剂　桉叶素含量80%的桉叶油

1　范围

本标准规定了食品添加剂桉叶素含量80%的桉叶油的要求、试验方法、检验规则、标志、包装、运输、贮存及保质期。

本标准适用于对以蓝桉(*Eucalyptus globulus* Labill.)油或其他含桉叶素的某些樟树品种的精油为原料,经精馏加工制得的食品添加剂桉叶素含量80%的桉叶油的质量进行分析评价。

2　规范性引用文件

下列文件中的条款通过本标准的引用而成为本标准的条款。凡是注日期的引用文件,其随后所有的修改单(不包括勘误的内容)或修订版均不适用于本标准,然而,鼓励根据本标准达成协议的各方研究是否可使用这些文件的最新版本。凡是不注日期的引用文件,其最新版本适用于本标准。

GB 190　危险货物包装标志

GB/T 5009.74　食品添加剂中重金属限量试验

GB/T 5009.76　食品添加剂中砷的测定

GB/T 11539—2008　香料　填充柱气相色谱分析　通用法(ISO 7359:1985,IDT)

GB/T 11540　香料　相对密度的测定(GB/T 11540—2008,ISO 279:1998,MOD)

GB/T 14454.2　香料　香气评定法

GB/T 14454.4　香料　折光指数的测定(GB/T 14454.4—2008,ISO 280:1998,MOD)

GB/T 14454.5　香料　旋光度的测定(GB/T 14454.5—2008,ISO 592:1998,MOD)

GB/T 14454.7　香料　冻点的测定(GB/T 14454.7—2008,ISO 1041:1973,MOD)

GB/T 14455.3　香料　乙醇中溶解(混)度的评估(GB/T 14455.3—2008,ISO 875:1999,MOD)

3　术语和定义

下列术语和定义适用于本标准。

3.1

桉叶素含量80%的桉叶油　oil of eucalyptus, containing 80% cineole

用水蒸气蒸馏法从蓝桉(*Eucalyptus globulus* Labill.)或含桉叶素的某些樟树品种新鲜叶、枝中提取的精油,再经精馏加工制得的桉叶素含量最低为80%的桉叶油(以下简称80%桉叶油)。

4　要求

80%桉叶油的技术要求应符合表1。

表1

项　目	要　求	
	蓝桉油为原料	其他精油为原料
色状	无色至微黄色液体	
香气	具有1,8-桉叶素的特征香气,稍带有樟脑样气息和辛辣凉味	
相对密度(20 ℃/20 ℃)	0.909～0.919	0.904～0.925

表 1（续）

项　目	要　求	
	蓝桉油为原料	其他精油为原料
折光指数(20 ℃)	1.458 0～1.465 0	1.458 0～1.470 0
旋光度(20 ℃)	0°～ +5°	−10°～ +10°
溶混度(20 ℃)	1体积试样混溶于5体积70%(体积分数)乙醇中，呈澄清溶液	
桉叶素含量/%	≥80.0	
黄樟素含量(GC)/%	不得检出	<0.002
重金属含量(以 Pb 计)	≤10 mg/kg	
砷含量	≤3 mg/kg	

5　试验方法

5.1　色状的检定

将试样置于比色管内，用目测法观察。

5.2　香气的评定

按 GB/T 14454.2 的规定。

5.3　相对密度的测定

按 GB/T 11540 的规定。

5.4　折光指数的测定

按 GB/T 14454.4 的规定。

5.5　旋光度的测定

按 GB/T 14454.5 的规定。

5.6　溶混度的评估

按 GB/T 14455.3 的规定。

5.7　桉叶素含量的测定

按 GB/T 14454.7 的规定。

5.8　黄樟素含量的测定

5.8.1　仪器

5.8.1.1　色谱仪、记录仪和微处理机

按 GB/T 11539—2008 中第 5 章的规定。

5.8.1.2　柱

填充柱：长 2 m～3 m，内径 3 mm。

固定相：SE30，5%涂于 Chromosorb W AW DMCS 80 目～100 目上。

5.8.1.3　检测器

氢火焰离子化检测器。

5.8.2　试剂和标准溶液

5.8.2.1　试剂

苯：分析纯，在试验条件下色谱测定纯度至少为 99%。

黄樟素：在试验条件下色谱测定纯度至少为 99%。

5.8.2.2　黄樟素含量为 0.002%标准溶液的配制

准确称取黄樟素 1.000 0 g±0.000 2 g 于 500 mL 容量瓶中，用苯稀释至刻度，摇匀。准确吸取该溶液 1.0 mL 于 100 mL 容量瓶中,用苯稀释至刻度,摇匀备用。

5.8.3 操作条件

5.8.3.1 温度

色谱炉:135 ℃。

进样口:200 ℃。

检测器:200 ℃。

5.8.3.2 载气流速

氮气:15 mL/min。

5.8.3.3 柱效能的测定

化学惰性试验:按 GB/T 11539—2008 中 8.1 指定方法进行试验,应符合要求。

柱效:按 GB/T 11539—2008 中 8.2 指定方法测定,应符合要求。

5.8.3.4 测定方法

面积归一化法:按 GB/T 11539—2008 中 10.4 指定方法测定黄樟素含量。将标准溶液(5.8.2.2)与试样分别进行测定,进样量须相同。比较两张色谱图上黄樟素峰面积的大小。

5.8.4 重复性及结果表示

按 GB/T 11539—2008 中 11.4 规定进行,应符合要求。

80%桉叶油及黄樟素标准溶液典型气相色谱图(面积归一化法)参见附录 A。

5.9 重金属含量(以 Pb 计)的测定

按 GB/T 5009.74 的规定。

5.10 砷含量的测定

按 GB/T 5009.76 的规定。

6 检验规则

6.1 80%桉叶油应由生产厂质量检验部门负责检验,生产厂应保证出厂产品都符合本标准的要求,每批出厂产品都应附有质量合格证书。色状、香气、相对密度、折光指数、旋光度、溶混度、桉叶素、黄樟素含量为出厂检验项目,而砷含量、重金属含量(以 Pb 计)为型式检验项目,每半年检验一次。

6.2 验收单位有权按照本标准的各项规定检验所收到的产品质量是否符合本标准的要求,每一批号作一次验收,不同批号分别验收。

6.3 抽样方法:每批的包装单位 1 个~2 个,全抽;3 个~100 个抽取 2 个;100 个以上增加部分再抽取 3%。用取样器从每个包装单位中均匀抽取试样 50 mL~100 mL,将所抽取的试样全部置于混样器内充分混匀,分别装入两个清洁干燥密闭的惰性容器中,避光保存。容器上贴标签,注明:生产厂名、产品名称、生产日期、批号、数量及取样日期,一瓶作检验用,另一瓶留存备查。

6.4 如验收结果中有一项指标不符合本标准要求时,可会同生产厂重新加倍抽取试样复验。如复验结果仍有指标不合格,则该批产品不能验收。

6.5 当供需双方对产品质量发生异议时,可由双方协议解决或由法定检验机构进行仲裁。

7 标志、包装、运输、贮存及保质期

7.1 标志

产品包装外应注明:"食品添加剂"字样、产品名称、生产厂名和地址、商标、批号、净含量、生产日期和保质期、许可证号、标准编号及 GB 190 中规定的易燃品标志。顾客如有特殊要求,可与生产厂另订协议。

7.2 包装

80%桉叶油应装于清洁无杂味的镀锌铁桶或食品级塑料桶内,或按顾客要求包装。

7.3 运输

在运输过程中应轻装轻卸，防止日晒雨淋，不得与有毒、有害物质混装、混运，并应符合有关部门的规定。

7.4 贮存

产品应贮存在阴凉、干燥、通风的仓库内，避免杂气污染，远离火源。

7.5 保质期

在符合规定的贮运条件、包装完整、未经启封的情况下，产品保质期为一年。逾期重新检验是否符合本标准要求，合格仍可使用。

附 录 A
（资料性附录）
80%桉叶油及黄樟素标准溶液典型气相色谱图
（面积归一化法）

80%桉叶油及黄樟素标准溶液典型气相色谱图见图 A.1。

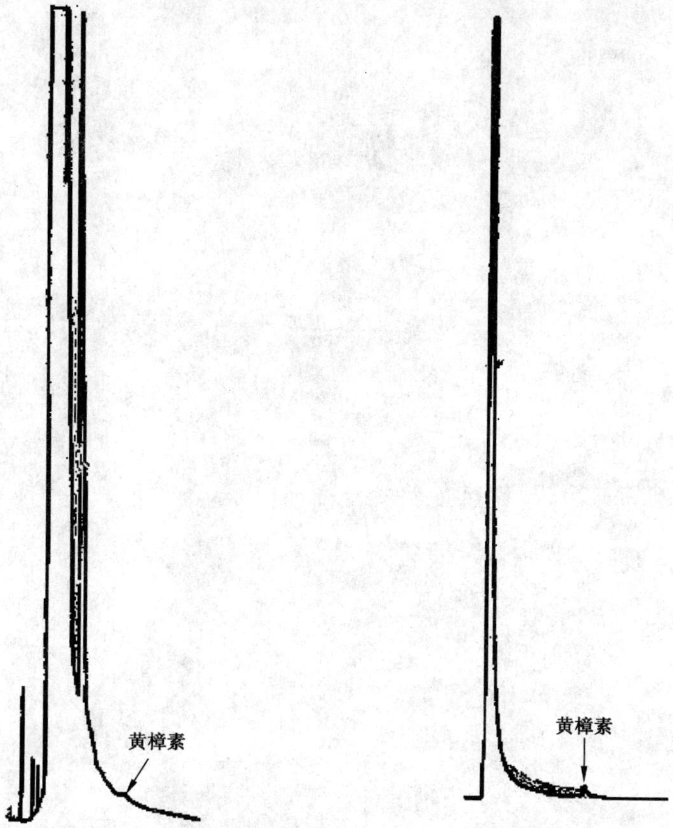

图 A.1

ICS 65.120
X 04

GB

中华人民共和国国家标准

GB/T 10358—2008/ISO 771:1977
代替 GB/T 10358—1989

油料饼粕　水分及挥发物含量的测定

Oilseed residues—Determination of moisture and volatile matter content

(ISO 771:1977,IDT)

2008-11-04 发布　　2009-01-20 实施

中华人民共和国国家质量监督检验检疫总局
中国国家标准化管理委员会　发布

前　言

本标准等同采用 ISO 771:1977《油料饼粕　水分及挥发物含量的测定》(英文版)。

为便于使用,本标准做了下列编辑性修改:

——“本国际标准”一词改为“本标准”;

——用小数点“.”代替作为小数点的逗号“,”;

——删除国际标准的前言。

本标准是对 GB/T 10358—1989《油料饼粕中水分及挥发物测定法》的修订。

本标准与 GB/T 10358—1989 相比主要变化如下:

——增加了“规范性引用文件”、“注意事项”及“测试报告”等;

——增加了对结果判定的要求;

——规范了数值、量和单位的表达使用。

本标准自实施之日起代替 GB/T 10358—1989。

本标准由国家粮食局提出。

本标准由全国粮油标准化技术委员会归口。

本标准主要起草单位:中华人民共和国湖北出入境检验检疫局。

本标准主要起草人:赵晖、崔海容、王振华、凌约涛、刘芬。

本标准所代替标准的历次版本发布情况为:

——GB/T 10358—1989。

油料饼粕 水分及挥发物含量的测定

1 范围

本标准规定了压榨法或浸出法从油料中提取油后，饼粕(复合产物除外)中水分及挥发物含量测定方法。

本标准适用于压榨法或浸出法从油料中提取油后，饼粕(复合产物除外)中水分及挥发物含量测定。

2 规范性引用文件

下列文件中的条款通过本标准的引用而成为本标准的条款。凡是注日期的引用文件，其随后所有的修改单(不包括勘误的内容)或修订版均不适用于本标准，然而，鼓励根据本标准达成协议的各方研究是否可使用这些文件的最新版本。凡是不注日期的引用文件，其最新版本适用于本标准。

GB/T 10360 油料饼粕 扦样(GB/T 10360—2008，ISO 5500:1986，IDT)

3 术语和定义

下列术语和定义适用于本标准。

3.1

水分及挥发物含量 moisture and volatile matter content

在下述规定的操作条件下所测得试样损失的质量，用质量分数表示。

4 原理

试样在大气压下置于 103 ℃±2 ℃烘箱中干燥，直至得到恒重物质。

5 仪器和器具

5.1 分析天平：分度值 0.1 mg。

5.2 机械磨：易于清理，可粉碎油料饼粕至完全过筛(5.3)，并且在粉碎过程中不会对物料加热，不会对水分、挥发物和含油量等产生可测影响。

5.3 筛：孔径为 1 mm。

5.4 平底皿：直径约 50 mm～70 mm，高约 30 mm，每平方厘米试样分布约为 0.2 g。也可用带磨口塞的玻璃器皿。

5.5 电热烘箱：带温控及良好的自然通风，能维持相邻试样之间的空气温度在 101 ℃到 105 ℃间循环。

5.6 干燥器：装有有效的干燥剂，并放置一金属盘以便平底皿(5.4)快速冷却。

6 操作步骤

所有的称量均应精确至 0.001 g。

6.1 试样制备

6.1.1 按照 GB/T 10360 的方法分取所需样品。

6.1.2 若有必要，用已经清理好的机械磨(5.2)粉碎所需样品。首先用大约 1/20 的试样彻底清洗机械磨，弃去粉碎物。然后将其余的试样粉碎至全部通过孔径 1 mm 筛，收集粉碎物，小心混匀，尽快用于测试。

6.2 试样准备

6.2.1 在室温下，将平底皿(5.4)开盖置于干燥器(5.6)中至少放置 30 min，然后将平底皿带盖称量。

6.2.2 称取约 5 g 试样(6.1.2)放入已称量的平底皿中，使其均匀地分布于皿底，盖上盖子再次称量。

上述操作应尽快完成，以免水分发生变化。

6.3 测定

将盛有试样的平底皿置于预先调节温度至 103 ℃±2 ℃的电热烘箱(5.5)中，打开皿盖(参见 9.1)，关上烘箱门。当温度回到 103 ℃时开始计时，2 h 后打开烘箱，盖上皿盖，将平底皿置于干燥器中冷却至室温，迅速称量。

将平底皿开盖再次移入电热烘箱中烘 1 h 后，盖上平底皿重复操作同前，冷却后称量，直至两次连续称量之差小于或等于 0.005 g。

同一试样进行两次测定。

7 结果计算

水分及挥发物含量按式(1)计算：

$$U=\frac{m_1-m_2}{m_1-m_0}\times 100 \qquad \cdots\cdots(1)$$

式中：

U——试样中水分及挥发物的含量(以质量分数计)，%；

m_0——平底皿的质量，单位为克(g)；

m_1——烘干前平底皿和试样质量，单位为克(g)；

m_2——烘干后平底皿和试样质量，单位为克(g)。

测定结果保留一位小数。

8 重复性

平行测定的水分及挥发物含量之差不能超过 0.2 %。如果平行测定的结果符合重复性要求，则取两次测定结果的算术平均数作为结果。否则，需另取 2 份试样，重新测定，如果重测结果的差值仍然大于 0.2 %，而四个测定结果之间的最大差值不超过 0.5 %时，则取四次测定结果的算术平均数作为结果。

9 注意事项

9.1 如果有几个平底皿同时放入烘箱中，将它们按空气可自由流动的方式放置。

9.2 在干燥过程中不要增加其他的测试样品。

9.3 对大多数油料饼粕，在 103 ℃±2 ℃的烘箱中用 4 h 的时间就可得到恒质结果，但每次都应对分析者的可重复性进行确认。

10 测试报告

测试报告应包括以下内容：

——完整地识别样品所需的所有信息；

——测定方法；

——所有在本标准中未详述或视为可选的测试条件，以及其他可能影响试验结果的情况；

——测定结果；

——如果进行了重复性试验，列出结果。

ICS 67.200
X 04

中华人民共和国国家标准

GB/T 10359—2008/ISO 734-1:2006
代替 GB/T 10359—1989

油料饼粕　含油量的测定
第1部分:己烷(或石油醚)提取法

Oilseed meals—Determination of oil content—
Part 1:Extraction method with hexane(or light petroleum)

(ISO 734-1:2006,IDT)

2008-11-04 发布　　　　2009-01-20 实施

中华人民共和国国家质量监督检验检疫总局
中国国家标准化管理委员会　发布

前 言

本标准等同采用 ISO 734-1:2006《油料饼粕　含油量的测定　第 1 部分:己烷(或石油醚)提取法》(英文版)。

为便于使用,本标准对 ISO 734-1:2006 进行了下列编辑性修改:

——“本国际标准”一词改为“本标准”;

——用小数点“.”代替作为小数点的逗号“,”;

——删除国际标准的前言和引言。

本标准代替 GB/T 10359—1989《油料饼粕含油量测定法》。

本标准与 GB/T 10359—1989 相比主要变化为:

——调整了提取试剂;

——增加了精密度的要求;

——增加了测试报告;

——删除了原标准中附录 A 的内容,并增加了资料性附录。

本标准的附录 A 为资料性附录。

本标准由国家粮食局提出。

本标准由全国粮油标准化技术委员会归口。

本标准起草单位:湖北大学知行学院。

本标准主要起草人:杨登想、刘张虎、汪浩明、杨芳。

本标准所代替标准的历次版本发布情况为:

——GB/T 10359—1989。

油料饼粕　含油量的测定
第1部分:己烷(或石油醚)提取法

1　范围

本标准规定了测定油料饼粕(包括复合产品)中含油量(即己烷提取物或石油醚提取物)的方法。

本标准适用于油料饼粕(包括复合产品)中含油量的测定。

2　规范性引用文件

下列文件中的条款通过本标准的引用而成为本标准的条款。凡是注日期的引用文件,其随后所有的修改单(不包括勘误的内容)或修订版均不适用于本标准,然而,鼓励根据本标准达成协议的各方研究是否可使用这些文件的最新版本。凡是不注日期的引用文件,其最新版本适用于本标准。

GB/T 10358　油料饼粕　水分及挥发物含量的测定(ISO 771:1977,IDT)

ISO 5502　油料饼粕　试样的制备

3　术语和定义

下列术语和定义适用于本标准。

3.1

含油量　oil content

在本标准规定的条件下从样品中提取的全部物质,用质量分数(%)表示。

注:含油量也可用干基表达。

4　原理

使用合适的仪器设备,以工业己烷(若没有,可用石油醚)为溶剂提取测试样品,除去溶剂并称量提取物。

5　试剂

除非特别说明,使用的试剂必须是分析纯。

5.1　工业己烷,正己烷,或石油醚:主要成分为六碳碳氢化合物。所使用的溶剂中沸点低于 50 ℃的组分不应超过 5%,沸程为 50 ℃～70 ℃的组分不应低于 95%。对于上述使用的溶剂,完全蒸馏后的残留物不应超过 2 mg/100 mL。

6　仪器设备

实验室常用仪器,以及下列仪器:

6.1　机械磨:容易清洗,可将测试样品粉碎至全部通过孔径为 1 mm 的筛网。粉碎过程中应不产生热量,且无可感知的水分、挥发物和油脂含量的变化。

6.2　机械微磨:如 Dangoumau 型[1)],能将油料饼粕粉碎至粒径小于 160 μm,带壳部分碾至粒径 400 μm。

实验室没有微磨时,可用杵、研钵和 10 g 经盐酸洗涤和煅烧的砂子代替微磨,对粉碎样品(见

1)　Dangoumau 式机械微磨是适用的商品设备的举例,此信息仅是为了方便用户使用本标准,并不代表本标准对此类产品的认可。

9.4.3)进行细度研磨。但是,用研钵微磨样品不适用于批量分析。因为在碾磨过程中由于操作者的疲劳会使样品粉碎不充分,而且对于质地较为粗糙的样品,粉碎不充分将影响提取效果。

6.3 抽提套筒和棉花,或滤纸:不含可溶于己烷或石油醚的物质。

6.4 配套抽提器:可连接容量为 200 mL～250 mL 的烧瓶。

注:可采用直流式抽提器,如 Butt、Smalley、Twisselmann 和 Bolton-Willams[2] 等均可。其他抽提器的使用取决于用已知含油量的标准物质试验的结果。

6.5 电热浴(如砂浴、水浴)或电炉。

6.6 电烘箱:可控温在 103 ℃±2 ℃,可通风或调真空。

6.7 干燥器:内含有效的干燥剂。

6.8 沸石:小颗粒,预先经 103 ℃±2 ℃的电烘箱干燥并置于干燥器内冷却。

6.9 分析天平:分度值 0.001 g。

7 扦样

实验室收到的样品应具有代表性,且在运输和储存过程中不得受损或改变。

扦样不是本标准所规定的内容,推荐采用 GB/T 5524 的方法。

8 试样制备

8.1 按 ISO 5502 执行。

8.2 若有必要,应事先用约 1/20 的试验样品充分清洁磨机,去除磨粉。再粉碎剩余的样品,收集磨粉,仔细混合并立即分析。

9 操作步骤

9.1 试验次数

若需检验重复性(11.2),按 9.2～9.4.4 对样品做两次单独的检测。

9.2 测试样品

9.2.1 称取约 10 g 的试验样品,精确至 0.001 g。

9.2.2 将测试样品转移到垫有棉花的抽提套筒(6.3)中。若使用滤纸,需将测试样品包在滤纸中。

9.3 预干燥

若测试样品非常潮湿(水分和挥发物含量超过 10%),将装有测试样品的抽提套筒放入烘箱一段时间,保持箱内温度不高于 80 ℃,使测试样品中水分和挥发性物质含量减少到 10%以下。

若不按照上述过程进行预干燥,也可以在合适的容器中每 5 g 测试样品(9.2.1)混合 2 g～3 g 分析纯的无水硫酸钠。然后再按 9.2.2 和 9.4 进行试验。

9.4 测定

9.4.1 烧瓶的准备

在烧瓶(6.4)中加入一到两粒沸石(6.8),称量,精确至约 1 mg。

9.4.2 一次抽提

将装有测试样品的抽提套筒(6.3)放到抽提器(6.4)中,在烧瓶内倒入足够量的溶剂(5.1)。将烧瓶和抽提器连在一起,并置于电热设备(6.5)上加热,使其回流速度达到至少 3 滴每秒(温和加热,而不应剧烈加热)。

抽提 4 h 后进行冷却,从抽提器中取出抽提套筒,将抽提套筒置于通风橱内,使大部分残余溶剂

---

2) Butt、Smalley、Twisselmann 和 Bolton-Willams 式抽提器是适用的商品设备的举例,此信息仅是为了方便用户使用本标准,并不代表本标准对此类产品的认可。

挥发。

9.4.3 二次抽提

将经过一次抽提的抽提套筒中的物质全部倒入微磨中(6.2),尽可能粉碎。将粉碎后的混合物倒回抽提套筒中并将抽提套筒放入抽提器中,将抽提器与第一次抽提时使用的烧瓶相连接后再抽提 2 h。抽提烧瓶中获得的溶液应该是澄清的。如果溶液不澄清,应用滤纸将其过滤到另外一个预先干燥并称量的烧瓶中,然后用相同的溶剂将第一个烧瓶和滤纸清洗几次,将清洗液过滤后与第一次滤液合并。

9.4.4 溶剂的去除和提取物的称重

用电热设备(6.5)蒸馏除去烧瓶中大部分溶剂后,在 103 ℃ 的电烘箱(6.6)中烘干烧瓶 20 min,除去剩下的溶剂。

若饼粕中富含挥发性酸(椰子、棕榈仁等的饼粕),需在常压及低于 80 ℃的条件下对提取物进行干燥。

通过向烧瓶中短时间地吹入空气(惰性气体更好,如氮气或二氧化碳),或者降低烧瓶内的气压都可以帮助去除溶剂。

若是干燥或半干燥的油料饼粕,宜采用真空干燥的方法来去除残留溶剂。

在干燥器(6.7)中冷却烧瓶至少 1 h,至达到环境温度后称量,精确至 1 mg。

在同样条件下,将烧瓶再次加热 10 min。冷却并重新称量。

烧瓶两次称量的差别应不超过 10 mg,否则需重复加热 10 min,然后冷却称量。直到连续两次称量的差别低于 10 mg 为止。记录最后一次称量的烧瓶质量。

10 结果计算

10.1 被测样品的含油量(w)用质量分数表示,按式(1)计算:

$$w = \frac{m_1}{m_0} \times 100\% \qquad (1)$$

式中:

m_0——被测样品的质量,单位为克(g);

m_1——干燥后提取物的质量,单位为克(g)。

计算结果保留 1 位小数。

10.2 被测样品的含油量(w)以干基表示(w_D),按式(2)计算:

$$w_D = w \times \frac{100}{100 - w_M} \% \qquad (2)$$

式中:

w_D——以干基表示的被测样品的含油量(以质量分数计),%;

w——被测样品的含油量(根据 10.1 计算);

w_M——被测样品的水分和挥发物含量,%(按 GB/T 10358 方法测定)。

11 精密度

11.1 实验室间测试

附录 A 汇总了本方法精密度的实验室间测试情况,从这些测试结果看,可能不适用于其他浓度范围和其他测试对象。

11.2 重复性

在同一实验室,由同一操作者使用相同设备,按相同的测试方法,并在较短的时间内对同一被测对象相互独立进行测试获得的两次独立测试结果的绝对差值以一确定的置信度落在表 1 所示重复性极限值 r 外的概率不得超过 5%。

11.3 再现性

在不同的实验室，由不同的操作者使用不同的仪器，按相同的测试方法，对同一被测对象相互独立进行测试获得的两次独立测试结果的绝对差值超过表1所示重现性极限值 R 的概率不得超过5%。

表1 重复性和再现性极限

样品	含油量平均值/%	r/%	R/%
油菜籽饼粕	0到5	0.3	1.1
大豆和向日葵饼粕	0到5	0.2	0.7

12 测试报告

测试报告需说明：

——完整识别样品所需的所有信息；

——采样方法(如果已知)；

——采用的测定方法；

——本标准中没有具体说明的，或者认为是可选的，以及所有可能影响结果的操作细节；

——获得的试验结果，所使用的溶剂，明确表明结果是否以干基表示；

——如果进行了重复性试验，列出结果。

附 录 A
（资料性附录）
实验室间测试结果

1994 年，德国联邦与科研开发机构（Institut für Chemie und Physik der Fette，BAGKF）组织了有 13 个实验室参与的国际实验室测试，每个实验室对每份样品进行了平行测试。样品包括油菜籽饼粕、大豆饼粕和向日葵饼粕。

测试的结果按照 ISO 5725-1 和 ISO 5725-2 进行统计分析，其结果见表 A.1。

表 A.1 测试结果统计分析

参 数	样 品		
	油菜籽饼粕	大豆饼粕	向日葵饼粕
参加测试的实验室数量	13	13	13
去除偏离值后的测试实验室数	12	12	13
所有实验室的实验结果数量	24	24	26
平均油料含量（质量分数）/%	3.84	1.30	3.04
重复性的标准偏差，S_r	0.09	0.06	0.05
重复性的变异系数/%	2.4	4.6	1.7
重复性限值，$r(=2.8S_r)$	0.26	0.17	0.15
再现性标准偏差，s_R	0.38	0.20	0.24
再现性变异系数/%	10.0	15.1	7.8
再现性限值，$R(=2.8s_R)$	10.7	0.55	0.66

参 考 文 献

[1] ISO 659:1998 Oilseeds—Determination of oil content(Reference method).

[2] ISO 5500:1986 Oilseeds residues—Sampling.

[3] ISO 5725-1:1994 Accuracy(trueness and precision) of measurement methods and results Part1:General principles and definitions.

[4] ISO 5725-2:1994 Accuracy(trueness and precision) of measurement methods and results Part2:Basic method for the determination of repeatability and reproducibility of a standard measurement method.

ICS 67.200.20
X 14

中华人民共和国国家标准

GB/T 10360—2008/ISO 5500:1986
代替 GB/T 10360—1989

油料饼粕　扦样

Oilseed residues—Sampling

(ISO 5500:1986,IDT)

2008-11-04 发布　　2009-02-01 实施

中华人民共和国国家质量监督检验检疫总局
中国国家标准化管理委员会　发布

前　言

本标准等同采用 ISO 5500:1986《油料饼粕　扦样》(英文版)。

为便于使用,本标准对 ISO 5500:1986 进行了下列编辑性修改:

——删除国际标准的前言;

——将“本国际标准”改为“本标准”;

——用小数点“.”代替原文中作为小数点的“,”。

本标准自发布之日起代替 GB/T 10360—1989。

本标准的附录 B 和附录 C 为规范性附录,附录 A 为资料性附录。

本标准由国家粮食局提出。

本标准由全国粮油标准化技术委员会归口。

本标准起草单位:国家粮食局标准质量中心、湖北省粮油食品质量监测站。

本标准主要起草人:唐瑞明、熊宁、倪姗姗、刘坚。

油料饼粕　扦样

1　范围

本标准规定了油料饼粕的扦样方法。

本标准适用于所有的油料饼粕的扦样,不论其形态是粉状、团状还是饼块状。

附录C规定了特殊种类油料饼粕的扦样方法。包括某些呈非均匀分布的物质,如真菌毒素、蓖麻籽壳、有毒种子等。

2　术语和定义

下列术语和定义适用于本标准。

2.1

商品批　consignment

按照合同或运输协议一次发运或接收的油料饼粕的量,可以包括一个检验批或多个检验批或一个检验批的多个部分。

2.2

检验批　lot

取自商品批并具有同一质量的一定数量的油料饼粕,是检验的单位,其数量不超过500 t。

2.3

检样　increment

从一个检验批的单个扦样点扦取的小量油料饼粕样。扦自检验批的不同部分的一系列检样,经混合后,具有检验批的代表性。

2.4

原始样品　bulk sample

取自同一检验批的检样,经合并和混合得到一定数量的油料饼粕样。

2.5

平均样品　reduced sample

原始样品通过连续分样和缩分,得到数量近似于实验室样的油料饼粕,具有代表原始样品的特征。

2.6

试样　laboratory sample

从平均样品中取得的,供分析或其他检测用的油料饼粕样。试样应代表该检验批的质量。

3　通则

3.1　样品应完全代表所取的检验批。每个商品批要准确地分成若干个检验批,每个检验批一般不超过500 t。从每个检验批扦取一系列检样,并经充分混合成原始样品。各个原始样品经过连续分样得到试样。试样应具有该检验批质量的代表性。

3.2　应确保所有扦样工具清洁、干燥、无异味,扦样器具所用材质对油料饼粕无污染。扦样时应确保所扦样品、扦样工具、样品包装容器避免外来污染,如雨水、灰尘等。在装卸样品前应除去粘附在扦样工具外表的杂物。

3.3　应尽可能缩短扦样操作时间,以避免样品成分的变化。如果扦样或扦样某个阶段需要较长时间,样品或中间样品应用密闭容器保存。需要测定挥发性烃类物质的样品,应尽量避免挥发损失,不宜使用塑料容器。

4 工具

注:附录 A 给出了部分扦样工具的示例说明。图中所示尺寸和样式仅是指导性的,其他任何不同类型的工具均可适用。

4.1 包装扦样器

包式扦样钎、圆柱形(管状)扦样器、锥形扦样器和手柄铲。

4.2 散装扦样器

手柄铲、圆柱形(管状)扦样器、锥形扦样器、机械扦样器,以及其他从流动的油料饼粕中周期性地扦取样品的工具。

4.3 混样、分样工具

分样器、铲和分样板。

5 扦样时间、地点和检验批的限量

5.1 一般规定

在与扦样有关的各方认可下,扦样可以在货船、驳船、货车、卡车和仓库装卸饼粕的过程中进行。商品批可以是散装、包装的饼粕。每检验批饼粕应在 500 t 及其以下的限量中进行抽检。散装转运按 5.2 的规定进行。

5.2 散装转运

从货船或驳船上转运散装的油料饼粕时,通常应按以下程序进行:

5.2.1 货车或卡车转运

装车后可立即扦取检样或在装卸期间,饼粕处于流动状态时扦取(尤其是要装转运到无法扦样的箱式货车上时)。根据货车或卡车大小,至少在 3 个或 5 个不同部位扦样(见 6.2.1.2.3)。每 500 t 或不超过 500 t 的一个检验批,应扦取一个原始样品。

5.2.2 货船转运

可在装卸期间,从每个船舱扦取检样。每 500 t 或不超过 500 t 的一个检验批,应扦取一个原始样品。

5.2.3 筒库、货舱转运

在机械化仓库扦样时,应根据传送带的输送速度,最好采用自动取样器,并合理计算扦取原始样品的时间和次数。每 500 t 或不超过 500 t 的一个检验批,应扦取一个原始样品。

6 扦样方法

6.1 一般规定

扦样由有关各方指定的扦样负责人进行。

即使样品没有受损,每检验批样仍很难均匀一致,应扦取足够的检样,以保证原始样品具有代表性。在运输中被水浸湿或受到其他损害,或保存得不好的饼粕,以及从包装物中漏出来又重新清扫复原的饼粕[1],在扦样中应与正常饼粕区分开来。各种类型的受损原料都应与正常原料分离,再分别进行取样和质量评定。

6.2 粉、团状饼粕扦样法

6.2.1 检样的扦取

按 6.2.1.1 和 6.2.1.2 的规定,用 4.1 和 4.2 规定的扦样器,从包装或散装饼粕中扦取检样。

如果饼粕已成团,则应按其在检验批中所占比例,混合在检样中。

1) 这里指饼粕从原容器中渗漏出来,但未受到严重污染。

6.2.1.1　**包装饼粕的扦取数量**

每检验批确定要扦取检样的包数按表1的规定。

表1　扦样的包数

检验批量/包	应扦包数
≤10	每包
11～100	随机扦10包
>100	根据扦样方案[a]，随机扦取总数的平方根包
注：对敞口的包，可用圆筒形扦样器、锥形扦样器或其他合适的扦样工具； 对封口的包，可用包式扦样钎、扦样器扦样。	
[a] 见附录B。	

6.2.1.2　**散装饼粕扦样**

6.2.1.2.1　**流动饼粕扦样**

先按被检饼粕数量和机械传送速度，定出扦样次数、间隔时间和每次应扦数量，然后定时在横断面接取样品。如果用自动机械扦样，则开槽孔直径至少是饼粕最大颗粒直径的3倍。

6.2.1.2.2　**货舱扦样**

当扦样在卸货段进行时，要尽可能多地在各部位扦取检样。对正在搬运的饼粕应根据卸料速度，呈周期性地定时扦取。

6.2.1.2.3　**货车扦样**

在厢式车上扦样时，用圆筒形或锥形扦样器至少在车内上、中、下三层扦样。每层设点如下：

饼粕数量在15 t以下的车，扦3个点(中间一个，离边缘约50 cm处2个)。

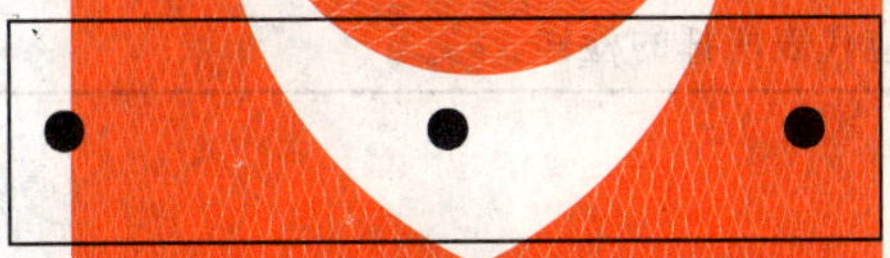

饼粕数量在15 t或15 t以上的车扦5个点。

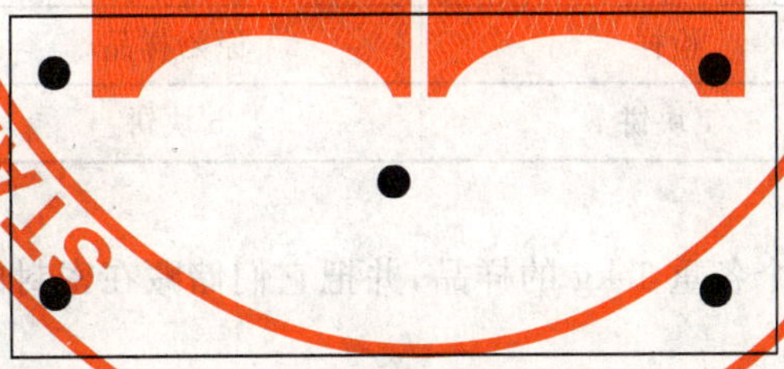

对于不适合在车上扦样的特种车，按流动饼粕扦样。

6.2.1.2.4　**筒舱、货舱扦样**

参考本标准有关部分，同时可根据当地具体条件而定。

6.2.2　**平均样品的制备**

用4.3规定的工具对原始样品进行混合分样。对块状饼粕要先粉碎，然后混合分样至实验所需试样为止。

四分法分样：将混合好的样品用分样板分成四份，去除任一对角的两份。剩下的样品再混合，再分样，如此重复，直至得到实验所需试样量。

6.2.3　**试样的制备**

试样从缩分样品中分取。用于分析和仲裁的试样份数，由与样品有关的各方协商确定。没有协议时，每500 t及其以下至少要制备5份试样。

6.3 饼块扦样法

6.3.1 检样的扦取

6.3.1.1 包装饼块

随机选取一定数量的包装,从每个包装内扦取一块,被扦取的包装不得少于检验批总包装的2%,应避免扦取每个包装中同一部位的样品。

6.3.1.2 散装饼块

应从每500 t中随机挑选5块饼。

6.3.2 试样的制备

按6.3.1扦取的每块饼应破碎成大致相等的8片,每片都应具有该饼边缘和中心部分的代表性。从扦取的各块饼中各取一片,混合破碎后进行分样,直至样品接近需要试样重量为止。用于分析和仲裁的试样份数,由与样品有关的各方协商确定。没有协议时,每500 t及其以下至少要制备5份试样。

7 样品的数量

7.1 完好饼粕

在通常情况下,按表2、表3的规定扦取样品。在某些情况下,扦样量可以多一些,或少一些。但无论如何,扦取的总样品应具有被检饼粕的代表性。

7.1.1 粉、团状饼粕

扦样量按表2的规定进行。

表2 粉、团状饼粕扦样量

检验批/t	检样/kg	原始样品/kg	试样/kg
≤500	≥0.1	10～50	1(罐装时)或2(袋装时)
注:无论原始样品的量是多少,应代表所扦的检样。			

7.1.2 饼块

扦样量按表3的规定进行。

表3 饼块扦样量

检验批/t	检样	原始样品	试样
≤500	1块饼	5块饼	5×1/8块饼(约6 kg)

7.2 受损饼粕

已被水侵蚀的饼粕要取2个各重1 kg的样品,并把它们储藏在密封的容器中。其他形式损害的饼粕,应取2 kg样品。

8 样品的包装和标签

8.1 样品的包装

样品应装在结实的布袋、聚乙烯塑料袋或金属材料的容器中。

拟测定水分或易挥发物的样品,以及由于水分的变化可能影响其他分析项目的样品,应装在密闭和防潮容器中。容器应全部填满,以防样品松散或损坏。要测定挥发性烃类物质含量的样品,不宜使用塑料容器包装。

8.2 样品标签

8.2.1 若采用纸质标签,其质量、尺寸应合适。标签应牢固。

8.2.2 标签内容至少应包括下列各项:

a) 水、陆运输工具;

b) 发货地址；

c) 收货地址；

d) 到达日期；

e) 数量；

f) 散装或包装(袋装)；

g) 货物名称；

h) 商标或检验批号；

i) 装货单号码及日期或者合同号码及日期；

j) 扦样日期；

k) 扦样点和扦样位置；

l) 扦样人；

m) 合同责任方的名称。

8.2.3 受损饼粕样品的标签上要说明受损性质和受损饼粕所占比例或吨位。

9 样品的发送

试样应尽快送出，一般情况下，应在扦样完成后的 48 h 之内发送，包括非工作日。

10 扦样报告

扦样报告应说明被扦样饼粕的状况，对本标准的规定所作的某些技术修改和其他可能影响扦样的所有情况。

附　录　A
（资料性附录）
扦样工具示图

单位为毫米

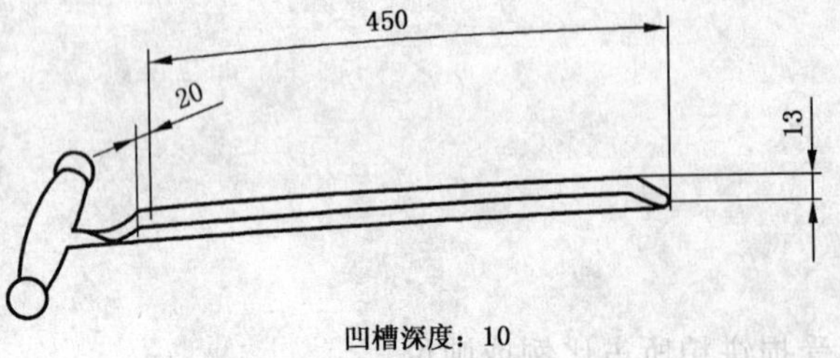

图 A.1　取样叉(敞口式)

单位为毫米

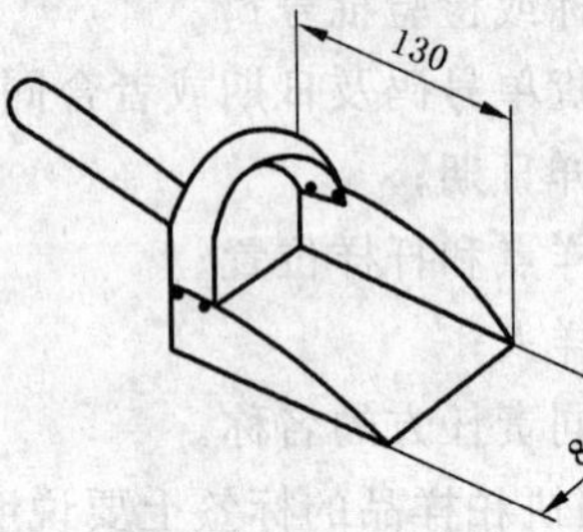

图 A.2　取样铲

单位为毫米

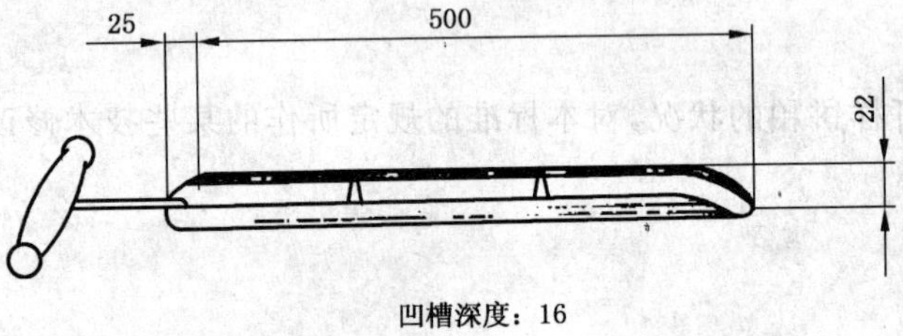

图 A.3　分隔式取样叉(敞口式)

单位为毫米

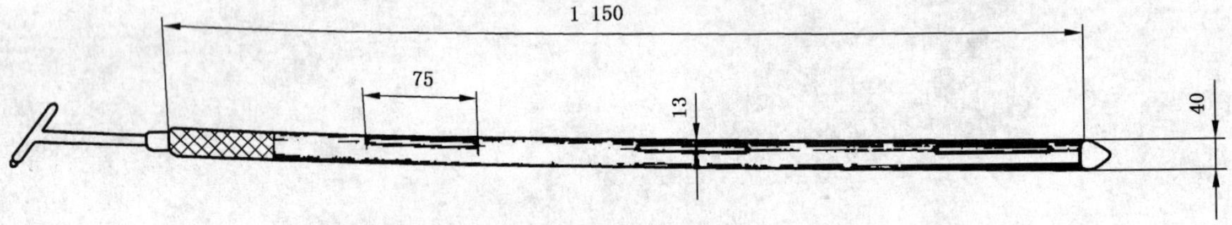

图 A.4　分层式圆柱形取样器(深层取样器)

单位为毫米

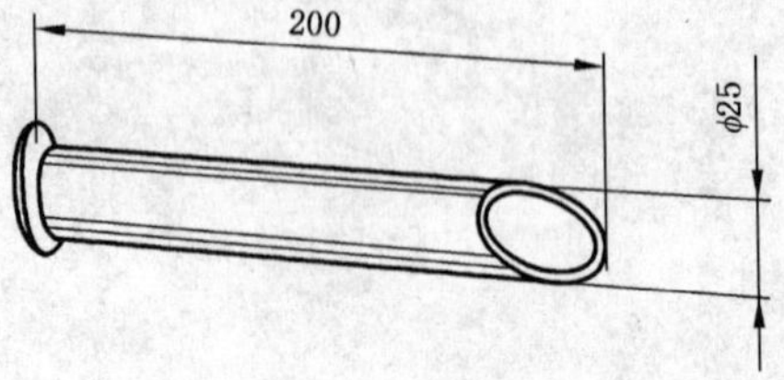

图 A.5　流动取样器

单位为毫米

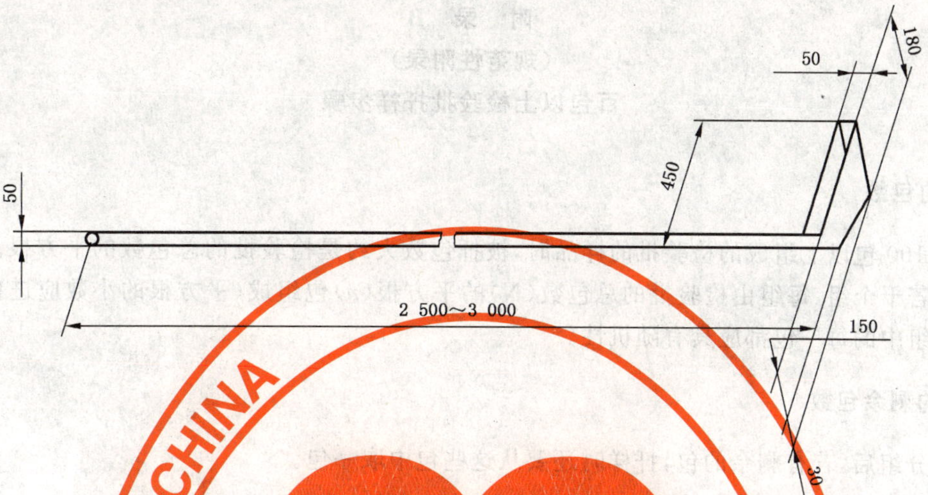

图 A.6 下落粮流取样器(长嘴型)

单位为毫米

图 A.7 四分铁

附　录　B
（规范性附录）
百包以上检验批扦样步骤

B.1　扦取的包数

扦取由100包以上组成的检验批的样品时，被扦包数大约是检验批的总包数的平方根。检验批一般应划分成若干个组，每组由检验批的总包数（N）的平方根（n）包组成（平方根的小数应进位至整数）。被扦取的每组中的每一包都应具有随机性。

B.2　扦取的剩余包数

检验批分组后，若有剩余的包，扦样时还要从这些包中取一包。

B.3　随机的扦样

为保证扦样的随机性，建议扦样员在扦样时，先写下1，2，3……n的数字。在扦取某组某包时，先圈上该包在该组的位置号码。

举例说明如下：

某检验批由200（N）包组成，N在197～225之间时取n为15。把检验批分成13个组，每组由15（n）包组成。写了数字1，2，3……14，15，随意圈上一个数字7，然后从第一组第七包中扦样。然后再圈上其他数字，例如3，取第二组第三包，并从中扦样。重复这个过程，直到取完13个组（共195包），然后从剩余的5包中随机地取一包。总共从200包中扦取了14包。

B.4　每组的包数

表B.1列出当检验批总包数（N）为101～10 000时，每组的包数。

表B.1　检验批的总包数大于100时的扦样计划

检验批的总包数 N	每组包数 n	检验批的总包数 N	每组包数 n
101～121	11	530～576	24
122～144	12	577～625	25
145～169	13	626～676	26
170～196	14	677～729	27
197～225	15	730～784	28
226～256	16	785～841	29
257～289	17	842～900	30
290～324	18	901～961	31
325～361	19	962～1 024	32
362～400	20	1 025～1 089	33
401～441	21	1 090～1 156	34
442～484	22	1 157～1 225	35
485～529	23	1 226～1 296	36

表 B.1（续）

检验批的总包数 N	每组包数 n	检验批的总包数 N	每组包数 n
1 297～1 369	37	4 625～4 761	69
1 370～1 444	38	4 762～4 900	70
1 445～1 521	39	4 901～5 041	71
1 522～1 600	40	5 042～5 184	72
1 601～1 681	41	5 185～5 329	73
1 682～1 764	42	5 330～5 476	74
1 765～1 849	43	5 477～5 625	75
1 850～1 936	44	5 626～5 776	76
1 937～2 025	45	5 777～5 929	77
2 026～2 116	46	5 930～6 084	78
2 117～2 209	47	6 085～6 241	79
2 210～2 304	48	6 242～6 400	80
2 305～2 401	49	6 401～6 561	81
2 402～2 500	50	6 562～6 724	82
2 501～2 601	51	6 725～6 889	83
2 602～2 704	52	6 890～7 056	84
2 705～2 809	53	7 057～7 225	85
2 810～2 916	54	7 226～7 396	86
2 917～3 025	55	7 397～7 569	87
3 026～3 136	56	7 570～7 744	88
3 137～3 249	57	7 745～7 921	89
3 250～3 364	58	7 922～8 100	90
3 365～3 481	59	8 101～8 281	91
3 482～3 600	60	8 282～8 464	92
3 601～3 721	61	8 465～8 649	93
3 722～3 844	62	8 650～8 836	94
3 845～3 969	63	8 837～9 025	95
3 970～4 096	64	9 026～9 216	96
4 097～4 225	65	9 217～9 409	97
4 226～4 356	66	9 410～9 604	98
4 357～4 489	67	9 605～9 801	99
4 490～4 624	68	9 802～10 000	100

注：若检验批的包数超过 10 000 包时，n 取 N 的平均根的整数值。

附　录　C
（规范性附录）
含有呈非均匀分布的有害物质（如真菌毒素、蓖麻籽壳和其他有毒种子）的饼粕扦样法

C.1　引言

每个检验批一般要划分成数个(n)部分，从每个部分分别扦取检样并制备相应独立的各个原始样品。再从各个原始样品分别制备试样。

C.2　原始样品的数目

不同数量检验批应制备原始样品的最少数目，列在表 C.1、表 C.2 中。

表 C.1　包装饼粕原始样品数

检验批的总包(容器)数	独立的原始样品最少数 n
1～20	1
21～200	2
201～800	3
>800	4

表 C.2　散装饼粕原始样品数

检验批的量/t	独立的原始样品最少数 n
≤1	1
>1～≤10	2
>10～≤40	3
>40～≤500	4

C.3　检样的扦取和处理数目

C.3.1　把检验批按第 C.1 章分成大致相等的 n 部分。

C.3.2　从检验批的各部分(见 C.3.1)扦取的最小数量的检样数量，取决于按第 C.1 章中规定获得的原始样品数，以及每个原始样品按第 6 章中的扦样法获得的检样数。如有必要，这个结果数将是所有数中最大数之和。

C.3.3　从检验批的各部分(见 C.3.1)随机扦取的检样，按第 6 章规定的方法，制备原始样品。检验批的不同部分的检样，不得混合。

C.3.4　按第 6 章规定的方法，将每个原始样品制成独立的试样。

ICS 67.040
B 20

中华人民共和国国家标准

GB/T 10361—2008
代替 GB/T 10361—1989

小麦、黑麦及其面粉，杜伦麦及其粗粒粉降落数值的测定 Hagberg-Perten 法

Wheat, rye and respective flours, durum wheat and durum wheat semolina—Determination of the falling number according to Hagberg-Perten

(ISO 3093:2004, MOD)

2008-11-04 发布

2009-01-01 实施

中华人民共和国国家质量监督检验检疫总局
中国国家标准化管理委员会 发布

前　言

本标准修改采用 ISO 3093:2004《小麦、黑麦及其面粉，杜伦麦及其粗粒粉　降落数值的测定 Hagberg-Perten 法》(英文版)。

本标准与 ISO 3093:2004 的主要差异如下：

——试验筛筛孔基本尺寸的要求按 GB/T 6005(GB/T 6005—1997,eqv ISO 565:1990)；

——金属丝编织网试验筛的要求按 GB/T 6003.1(GB/T 6003.1—1997,eqv ISO 3310-1:1990)；

——分析实验室用水规格要求按 GB/T 6682(GB/T 6682—2008,ISO 3696:1987,MOD)。

为了便于使用，本标准进行了下列编辑性修改：

——删除国际标准的前言；

——将"本国际标准"改为"本标准"；

——用小数点"."代替原文中作为小数点的","；

——对有关公式进行了编号；

——原文中 9.4.2 中液化数值的计算公式 $NL=6\,000/(IC-50)$ 有误，将"*NL*"改为"*LN*"；"*IC*"改为"*FN*"。

本标准代替 GB/T 10361—1989《谷物降落数值测定法》。

本标准与 GB/T 10361—1989 相比的主要变化如下：

——增加了方法的适用范围；

——增加了液化值的概念；

——规定了具体的粉碎样品操作过程；

——增加了不同海拔高度地区的校正公式及降落数值和液化数值之间的换算公式；

——修改了精密度要求；

——增加了附录 A(降落数值按海拔高度校正的公式)和附录 B(实验室间的测定结果)。

本标准的附录 A 为规范性附录，附录 B 为资料性附录。

本标准由国家粮食局提出。

本标准由全国粮油标准化技术委员会归口。

本标准起草单位：国家粮食局科学研究院、上海嘉定粮油仪器有限公司。

本标准起草人：田晓红、薛雅琳、庄健、谭洪卓、谭斌、刘明。

本标准所代替标准的历次版本发布情况为：

——GB/T 10361—1989。

小麦、黑麦及其面粉，杜伦麦及其粗粒粉降落数值的测定 Hagberg-Perten 法

1 范围

本标准规定了采用降落数值法对谷物中 α-淀粉酶的活性进行测定的方法。

本标准适用于谷物，特别适用于小麦、黑麦及其面粉、杜伦麦及其粗粒粉。本标准中规定了全杜伦麦粗粒粉和全麦粉的粒度。

本标准不适用于低 α-淀粉酶活性的测定，有关方法可参照 ISO 7973。

通过将降落数值换算为液化值（*LN*），可推算生产对降落数值有要求的产品所需的谷物、面粉或粗粒粉的混合物组成。

2 规范性引用文件

下列文件中的条款通过本标准的引用而成为本标准的条款。凡是注日期的引用文件，其随后所有的修改单（不包括勘误的内容）或修订版均不适用于本标准，然而，鼓励根据本标准达成协议的各方研究是否可使用这些文件的最新版本。凡是不注日期的引用文件，其最新版本适用于本标准。

GB/T 6005 试验筛 金属丝编织网、穿孔板和电成型薄板筛孔的基本尺寸（GB/T 6005—1997，eqv ISO 565：1990）

GB/T 21305 谷物及谷物制品水分的测定 常规法（GB/T 21305—2007，ISO 712：1998，IDT）

GB/T 6003.1 金属丝编织网试验筛（GB/T 6003.1—1997，eqv ISO 3310-1：1990）

GB/T 6682 分析实验室用水规格和试验方法（GB/T 6682—2008，ISO 3696：1987，MOD）

3 术语和定义

下列术语和定义适用于本标准。

3.1

降落数值 falling number

FN

在粘度管中面粉或粗粒粉与水的混合物加热得到糊化物，糊化物在 α-淀粉酶作用下发生液化。使搅拌器通过该糊化物，测定其通过特定距离的时间即为降落数值，以秒计。

注：时间是从粘度管浸入到水浴中开始计算的。

3.2

液化值 liquefaction number

LN

经简单计算将降落数值（*FN*）转换的值，用于推算生产时降落数值有要求的产品所需的谷物面粉或粗粒粉的混合物组成。

注：与降落数值不同，液化值（*LN*）的数值是可以加和的。

4 原理

面粉、粗粒粉和全麦粉的悬浮液在沸水浴中被迅速糊化，因糊化物中 α-淀粉酶活性的不同而使其

中的淀粉不同程度地被液化,液化程度不同,粘度搅拌器在糊化物中降落特定距离所需要的时间不同。因此,降落数值的高低表明了相应的 α-淀粉酶活性的差异,降落数值高表明 α-淀粉酶的活性低,反之则表明 α-淀粉酶活性高。

5 试剂

水为蒸馏水或去离子水,符合 GB/T 6682 中三级水的要求。

6 仪器

实验室常规仪器,特别是以下仪器设备:

6.1 降落数值测定仪[1],包含以下部件:

6.1.1 水浴装置:由整体加热单元、冷却系统和水位指示器组成。

6.1.2 电子计时器。

6.1.3 粘度搅拌器:金属制,能在硬橡胶塞内上下自如转动。

6.1.4 精制粘度管:由特种玻璃制成,尺寸如下:

——内径为 21.00 mm±0.02 mm;

——外径为 23.80 mm±0.25 mm;

——内高为 220.0 mm±0.3 mm。

6.1.5 橡胶塞:与粘度管配合。

6.2 自动加液器或移液管:容量为 25.0 mL±0.2 mL。

6.3 分析天平:分度值 0.01 g。

6.4 实验磨[2]:锤式,配有孔径为 0.8 mm 的筛片,粉碎的样品满足 8.1.3 中规定的粒度要求。应使用混合好的谷物样品(如 8.1.2 中的样品)定期检查实验磨的性能。

实验磨应安装自动加料装置,特别是对高水分小麦样品研磨。

6.5 检验筛:孔径 800 μm,应符合 GB/T 6005 和 GB/T 6003.1 的规定。

7 扦样

扦样不是本标准规定的内容,推荐采用 ISO 13690。

实验室收到的样品应具有代表性,在运输或储存过程中不得受损或改变。实验室中样品的储藏时间和储存条件对降落数值有重要影响。

8 试样制备

8.1 整粒谷物样品

8.1.1 除杂

从实验室样品中分取 300 g 有代表性的样品,清除样品中的杂质(例如:砂石、尘土、皮壳或其他谷物)。

1) Perten 公司生产的有粘度搅拌器的降落数值测定仪是目前应用最为广泛的测定谷物降落数值的仪器。仪器有专利权。提供此信息仅为了方便本标准的使用者,而并不是 ISO 对该仪器的认可。任何可以得到与其方法结果相同的仪器均可使用。

2) 可使用 Perten 公司生产的 3 100 和 120 磨。提供此信息仅是为了方便本标准的使用者,而并不是 ISO 对该仪器的认可。任何可以得到与其方法结果相同的仪器均可使用。

大约 200 g 的小样量,可提供较少的重复性结果,一般用于常规检验。

如果样品量少于 200 g,则易增加错误结果的几率。

8.1.2 粉碎样品

向实验磨中进料要小心,以防止过载或过热,可以利用自动加样装置。当全部样品进入到实验磨中后继续研磨 30 s～40 s,研磨后若残留在磨膛中的麸皮颗粒不超过总质量的 1%,则可舍弃这些麸皮。所有的粉碎样品在使用前要充分混合。

在进行测试前将粉碎后的样品(特别是在连续粉碎的情况下)在室温下冷却 1 h 以上。

8.1.3 全麦粉粒度

警告:全麦粉的颗粒大小对降落数值有影响。

粉碎后的样品应符合表 1 的粒度大小分布要求。

表 1 全麦粉颗粒分布要求

筛孔尺寸/μm	筛下物/%
710(CQ10)	100
500(CQ14)	95～100
210～200(CQ30)	≤80

要定期对粉碎样品(8.1.2)的粒度大小分布进行检验。

粒度大小分布可按下述方法进行检验。按照表 1 的规定,选择合适的样品筛,依筛孔尺寸逐级减小的原则从上到下放置样品筛,最下层为筛底。称取具有代表性的样品 50 g,放入最上层的筛子。水平方向筛动,手工筛理,筛理时间不少于 5 min,若电动筛理,则筛理时间不少于 10 min,筛理至无样品通过筛层。称量存留在每个筛层上的样品质量,计算通过每个筛层的样品的百分数。

8.2 面粉和粗粒粉样品

面粉中应不含有团块,如有团块,可用检验筛(6.5)筛除面粉中的团块和其他杂质。

对于市售的全麦粉或粗粒小麦粉,为制备符合表 1 中粒度大小分布要求的测试样品,应用实验磨(6.4)研磨样品,样品测定前将研磨后的所有样品完全混合。

9 操作步骤

9.1 水分测定

降落数值法的测定是基于小麦粉或其他粉碎样品中含有 15% 的水分含量。

按 GB/T 21305 测定试验样品的水分含量,也可使用经 GB/T 21305 校准过的快速仪器法(近红外反射法)。

9.2 称样

同时测定两份样品,或者测完一份立即测定另外一份。

为确保测定降落数值的样品具有相同的干物质,不同水分含量的样品所要称取的样品量见表 2 第 2 列。

需要区别有较高 α-淀粉酶活性的样品(如黑麦)的降落数值差异,可根据表 2 第 3 列来称取相应的样品量。

称量精确到 0.05 g。

表 2 称样量与水分含量的关系

水分含量/%	称样量/g		水分含量/%	称样量/g	
	相当于含水量15%时的 7 g 试样量	相当于含水量15%时的 9 g 试样量		相当于含水量15%时的 7 g 试样量	相当于含水量15%时的 9 g 试样量
(1)	(2)	(3)	(1)	(2)	(3)
9.0	6.40	8.20	13.6	6.85	8.80
9.2	6.45	8.25	13.8	6.90	8.85
9.4	6.45	8.25	14.0	6.90	8.85
9.6	6.45	8.30	14.2	6.90	8.90
9.8	6.50	8.30	14.4	6.95	8.90
10.0	6.50	8.35	14.6	6.95	8.95
10.2	6.55	8.35	14.8	7.00	8.95
10.4	6.55	8.40	15.0	7.00	9.00
10.6	6.55	8.40	15.2	7.00	9.05
10.8	6.60	8.45	15.4	7.05	9.05
11.0	6.60	8.45	15.6	7.05	9.10
11.2	6.60	8.50	15.8	7.10	9.10
11.4	6.65	8.50	16.0	7.10	9.15
11.6	6.65	8.55	16.2	7.15	9.20
11.8	6.70	8.55	16.4	7.15	9.20
12.0	6.70	8.60	16.6	7.15	9.25
12.2	6.70	8.60	16.8	7.20	9.25
12.4	6.75	8.65	17.0	7.20	9.30
12.6	6.75	8.65	17.2	7.25	9.35
12.8	6.80	8.70	17.4	7.25	9.35
13.0	6.80	8.70	17.6	7.30	9.40
13.2	6.80	8.75	17.8	7.30	9.40
13.4	6.85	8.80	18.0	7.30	9.45

9.3 降落数值测定

9.3.1 向水浴装置(6.1.1)内加水至标定的溢出线。开启冷却系统,确保冷水流过冷却盖。打开降落数值测定仪的电源开关,加热水浴,直至水沸腾。在测定前和整个测定过程中要保证水浴剧烈沸腾。

9.3.2 将称量好的试样(9.2)移入干燥、洁净的粘度管(6.1.4)内。用自动加液器(6.2)加入 25 mL±0.2 mL 温度为 22 ℃±2 ℃的水(第 5 章)。

9.3.3 立即盖紧橡胶塞(6.1.5),上下振摇 20 次~30 次,得到均匀的悬浮液[3],确保粘度管靠近橡胶塞的地方没有干的面粉或粉碎的物料。如有干粉,稍微向上移动橡胶塞,重新摇动。

3) 由 Perten 公司生产的自动震荡装置可方便的使悬浮液均质。提供此信息仅是为了方便本标准的使用者,而不是 ISO 对该仪器的认可。

9.3.4 拔出橡胶塞(6.1.5),将残留在橡胶塞底部的所有残留物都刮入粘度管(6.1.4)中,使用粘度搅拌器(6.1.3)将附着在试管壁的所有残留物都刮进悬浮液中后,将粘度搅拌器放入粘度管。双试管的仪器,应于30 s内完成9.3.2～9.3.4的操作,然后同时进行两个粘度管的测试。

9.3.5 立即把带粘度搅拌器(6.1.3)的粘度管(6.1.4)通过冷却盖上的孔放入沸水浴中,按照仪器说明书的要求,开启搅拌头(单头或双头),仪器将自动进行操作并完成测试。当粘度搅拌器到达凝胶悬浮液的底部测定全部结束。记录电子计时器(6.1.2)上显示的时间,此时间即为降落数值(FN)。

9.3.6 转动搅拌头或按压"停止"键,缩回搅拌头,小心地将热粘度管连同搅拌器从沸水浴中取出。彻底清洗粘度管和搅拌器并使其干燥。保证橡胶塞顶部的凹窝里没有残留物质,否则会影响粘度搅拌器的下降,同时要保证粘度搅拌器在下次使用时是干燥的。

9.4 结果计算

9.4.1 降落数值(*FN*)

降落数值受水的沸点影响,而水的沸点和实验室的大气压和海拔高度相关。因此,未校准水的沸点会导致错误的结果。

实验室位于海拔600 m以下,全麦粉样品降落数值不需校正,海拔750 m以下,小麦粉或粗粒小麦粉样品的降落数值测定结果不需要校正。

若实验室的海拔高度在上述海拔以上时,应根据样品类型选择附录A中适合的校正公式进行计算,以得到正确的降落数值结果。

如果测定结果重复性和再现性满足表3和表4的要求,则将两个测定结果的算术平均值作为最终测定结果。

9.4.2 液化值(*LN*)

降落数值和α-淀粉酶活性之间不呈线性关系,因此降落数值不能用来计算谷物、小麦粉和粗粒粉混合物的成分。用式(1)将降落数值(FN)换算为液化数值(LN),非线性关系可以转变成线性关系,就可以计算谷物、小麦粉和粗粒粉混合物的理论降落数值。

$$LN = \frac{6\ 000}{FN - 50} \qquad \cdots\cdots(1)$$

式中:

FN——降落数值;

6 000——常数;

50——常数,单位为秒(s),是淀粉完全凝胶成易被酶分解的样品所需要的估计时间。

市售面粉的液化数值与α-淀粉酶活性在正常范围内是成正比的。

10 精密度

10.1 实验室间的测试

附录B汇总了本方法精密度的实验室间测试情况。从这些测试中得到的值可能不适用于其他含量范围和其他测试对象。

10.2 重复性

在同一实验室,由同一操作者使用相同设备,按相同的测试方法,并在短时间内对同一被测对象相互独立进行测试获得的两次独立测试结果的绝对差值大于表3和表4所示重复性限值(r)的情况不超过5%。

表 3　进行小麦粉测定时的重复性限和再现性限(来自表 B.1 推论)　　单位为秒

降落数值	重复性限 r	再现性限 R
60～199	5	10
200～229	9	24
230～259	12	27
260～289	15	30
290～319	19	33
320～349	22	36
350～379	25	39
380～409	28	42
410～439	31	45
440～469	35	48
470～499	38	51
≥500	40	60

表 4　进行全麦粉测定时的重复性限和再现性限(来自表 B.2 推论)　　单位为秒

降落数值	重复性限 r	再现性限 R
60～79	10	10
80～109	13	21
110～139	15	30
140～169	17	38
170～199	19	46
200～229	21	54
230～259	23	62
260～289	25	70
290～319	27	78
320～349	30	86
350～379	32	94
≥380	40	100

如果两个测试的结果超过限定值,应再进行两次测试。

10.3　再现性

在不同的实验室,由不同的操作者使用不同的设备,按相同的测试方法,对同一被测对象相互独立进行测试获得的两次独立测试结果的绝对差值大于表 3 所示再现性限值(R)的情况不超过 5%。

11　测试报告

测试报告应详细说明:

——测试样品所需的所有相关信息;

——若已知扦样方法,则注明;

——本标准所涉及的测定方法,尤其是测试样品的质量;

——本标准中没有具体说明的,或者被认为是可选性的,以及所有可能影响了测试结果的操作细节;

——得到的实验结果,是否对海拔高度做过任何校正;

——测定结果,如果进行了重复性试验,则列出最终结果。

附 录 A
（规范性附录）
降落数值按海拔高度校正的公式

A.1 全麦粉样品

实验室位于海拔 600 m(2 000 ft)以上，此时水浴的沸点低于 98 ℃，可用式(A.1)校正降落数值(Fn)：

$$Fn = 10^{X} \quad \cdots\cdots(A.1)$$

式中：

$$X = 1.0 \times \lg F_{alt} - 1.630\,93 \times 10^{-4} \times A + 2.635\,76 \times 10^{-8} \times A^{2} + 5.750\,30 \times 10^{-5} \times \lg F_{alt} \times A - 1.069\,223 \times 10^{-8} \times \lg F_{alt} \times A^{2}$$

Fn——根据海平面值计算的降落数值；

F_{alt}——在给定的海拔高度所测定的原始降落数值；

A——实验室的海拔高度，即海平面以上的英尺数。如果海拔用米表示，则使用换算系数 3.28，将米换算为英尺。

A.2 面粉和粗粒小麦粉

实验室位于海拔 750 m(2 500 ft)以上，此时水浴的沸点低于 98 ℃，可用式(A.2)校正降落数值(Fn)：

$$Fn = 10^{X} \quad \cdots\cdots(A.2)$$

式中：

$$X = -849.41 + 0.425\,6 \times 10^{-5} \times A^{2} + 454.19 \times \lg F_{alt} \times A - 0.212\,9 \times 10^{-5} \times \lg F_{alt} \times A^{2}$$

Fn——根据海平面值计算的降落数值；

F_{alt}——在给定的海拔高度所测定的原始降落数值；

A——实验室的海拔高度，即海平面以上的英尺数。如果海拔用米表示，则使用换算系数 3.28，将米换算为英尺。

用 A.1 和 A.2 所给的公式计算的降落数值也可用一个换算表表示，在换算表中有实际的海拔高度和降落数值，通过查表，得到校正后的降落数值。

附　录　B
（资料性附录）
实验室间的测定结果

B.1　小麦粉

由国际谷物科学与技术协会在11个实验室（剔除错误结果后保留10个）对10个样品进行测试，所得出的统计（根据参考书目[7]的评估）结果如表B.1所示。

表 B.1　小麦粉的降落数值数据

单位为秒

项　目	样品									
	1	2	3	4	5	6	7	8	9	10
平均值	210.6	218.6	244.5	263.9	296.5	333.5	373.9	408.3	457.2	485.9
重复性标准偏差，s_r	4.51	4.22	5.03	4.73	5.28	6.74	8.31	10.96	10.88	16.70
相对重复性标准偏差/%	2.14	1.93	2.06	1.79	1.78	2.02	2.22	2.68	2.38	3.44
重复性限，$r(2.8s_r)$	12.63	11.82	14.08	13.25	14.79	18.88	23.27	30.70	30.48	46.76
再现性标准偏差，s_R	5.66	9.12	10.21	8.20	14.98	16.00	13.23	17.82	13.81	18.89
相对再现性标准偏差/%	2.69	4.17	4.18	3.11	5.05	4.80	3.54	4.37	3.02	3.89
再现性限，$R(2.8s_R)$	15.84	25.53	28.59	22.97	41.94	44.82	37.04	49.91	38.67	52.90

相对重复性标准偏差小于或等于3.44%。

相对再现性标准偏差小于或等于5.05%。

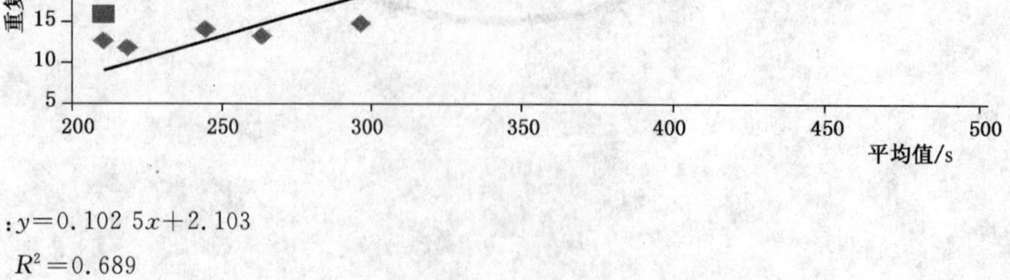

再现性公式：$y=0.1025x+2.103$

$R^2=0.689$

重复性公式：$y=0.1069x-13.547$

$r^2=0.8725$

图 B.1　小麦粉的重复性和再现性曲线图

B.2 小麦

由法国行业分析研究局在11个实验室(剔除错误结果后保留10个)对3个小麦样品进行测试,所得出的统计(根据ISO 5725[4]的评估)结果如表B.2所示。

表B.2 小麦的降落数值数据

单位为秒

项目	样品		
	1	2	3
平均值	82.1	207.1	379.1
重复性标准偏差,s_r	3.1	9.5	10.7
相对重复性标准偏差/%	3.7	4.6	2.8
重复性限,$r(2.8s_r)$	8.7	26.9	30.3
再现性标准偏差,s_R	8.1	16.5	36.0
相对再现性标准偏差/%	9.7	8	9.5
再现性限,$R(2.8s_R)$	22.5	46.7	101.8

相对重复性标准偏差小于或等于4.6%。

相对再现性标准偏差小于或等于9.5%。

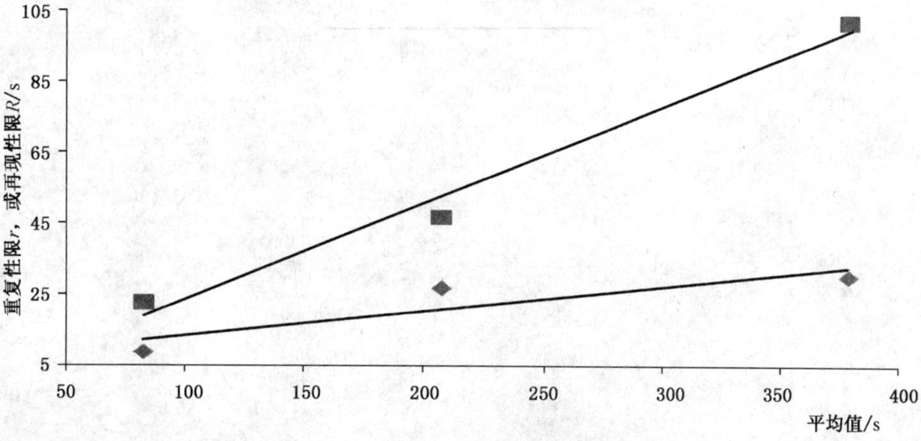

X轴:平均值,单位为秒(s)。

Y轴:重复性限,r,或再现性限,R,单位为秒(s)。

再现性公式:$y=0.296\,3x-2.888\,1$

$R^2=0.982\,4$

重复性公式:$y=0.069\,5x+6.480\,3$

$r^2=0.796\,7$

图B.2 小麦的重复性和再现性曲线图

---

4) ISO 5725:1986,测试方法的精度 在实验室内标准测试方法的重复性和再现性的测定,被用来获得精确的数据。

参 考 文 献

［1］ ISO 3310-2 Test sieves—Technical requirements and testing—Part 2：Test sieves of perforated metal plate.

［2］ ISO 3310-3 Test sieves—Technical requirements and testing—Part 3：Test sieves of electroformed sheets.

［3］ ISO 5725-1 Accuracy（trueness and precision）of measurement methods and results—Part 1：General principles and definitions.

［4］ ISO 5725-2 Accuracy（trueness and precision） of measurement methods and results—Part 2：Basic method for the determination of repeatability and reproducibility of a standard measurement method.

［5］ ISO 7973 Cereals and milled cereal products—Determination of the viscosity of flour—Method using an amylograph.

［6］ ISO 13690 Cereals，pulses and milled products—Sampling of static batches.

［7］ ICC 107/1 Determination of the "Falling Number" according to Hagberg-Perten as a measure of the degree of alpha-amylase activity in grain and flour.

ICS 67.040
X 04

中华人民共和国国家标准

GB/T 10362—2008
代替 GB/T 10362—1989

粮油检验　玉米水分测定

Inspection of grain and oils—
Determination of moisture content of maize

[ISO 6540:1980, Maize—Determination of moisture content (on milled grains and on whole grains), MOD]

2008-11-04 发布　　　　2009-01-20 实施

中华人民共和国国家质量监督检验检疫总局
中国国家标准化管理委员会　发布

前　言

本标准修改采用ISO 6540:1980《玉米水分含量测定(粉碎试样和整粒试样)》(英文版)。

本标准与ISO 6540:1980的主要技术差异如下:

——修改了试样制备的要求;

——修改了规范性引用文件;

——将国际标准中的两部分内容做相应合并;

——删除国际标准中图1和附录中图2、图3;

——删除了部分说明内容和测试报告。

为了便于使用,本标准对ISO 6540:1980做了如下修改:

——"本国际标准"一词改为"本标准";

——用小数点"."代替作为小数点的逗号",";

——修改了标准名称;

——删除了国际标准的引言、目次和前言。

本标准代替GB/T 10362—1989《玉米水分测定法》。

本标准与GB/T 10362—1989相比主要变化如下:

——增加了规范性引用文件;

——修改了试样粒度规定。

本标准的附录A是规范性附录。

本标准由国家粮食局提出。

本标准由全国粮油标准化技术委员会归口。

本标准起草单位:河南工业大学、北京市粮油食品检验所、河南省国家粮食质量监测中心、辽宁省国家粮食质量监测中心、黑龙江省国家粮食质量监测中心、吉林省国家粮食质量监测中心、中央储备粮吉林分公司。

本标准主要起草人:周显青、张玉荣、卞科、崔政、张玉琴、尹成华、崔国华、宋秀娟、谢玉珍、宋长权、冯锡仲、顾祥明。

本标准所代替标准的历次版本发布情况为:

——GB/T 10362—1989。

粮油检验　玉米水分测定

1　范围

本标准规定了粉碎玉米、整粒玉米水分测定的原理、仪器和用具、操作步骤、水分测定和结果计算与表示。

本标准适用于粉碎玉米、整粒玉米水分含量的测定。

2　规范性引用文件

下列文件中的条款通过本标准的引用而成为本标准的条款。凡是注日期的引用文件，其随后所有的修改单(不包括勘误的内容)或修订版均不适用于本标准，然而，鼓励根据本标准达成协议的各方研究是否可使用这些文件的最新版本。凡是不注日期的引用文件，其最新版本适用于本标准。

GB 5491　粮食、油料检验　扦样、分样法

3　原理

在常压下，测定玉米 130 ℃～133 ℃烘干损失的质量。

4　仪器和用具

4.1　天平：分度值 0.01 g、0.001 g。

4.2　粉碎机：磨膛材料不吸水，密闭，无死角，便于清理，能迅速而均匀粉碎 30 g 试样，达到所需粒度要求，粉碎时不发热。

4.3　金属皿或玻璃皿：无盖，能使 100 g 试样整粒单层分布于皿底。

4.4　金属盒或玻璃皿：带有密封盖；对于整粒试样，直径 55 mm～60 mm，高度 35 mm～40 mm；对粉料试样，烘盒底面积要求每平方厘米的试样量不超过 0.3 g。

4.5　恒温烘箱：有鼓风装置，温度保持在 60 ℃～80 ℃。

4.6　恒温烘箱：温度保持在 130 ℃～133 ℃。

4.7　干燥器：装有有效的干燥剂。

5　试样制备

5.1　按 GB 5491 进行扦样、分样。

5.2　当试样粒度达到通过直径 1.5 mm 圆孔筛的试样不少于 90% 时，按 6.1 和 6.2 操作。

5.3　当试样水分含量在 9%～15%时，首先用少量试样清洗粉碎机(4.2)，弃去粉碎物，再取 30 g 试样，粉碎至通过直径为 1.5 mm 圆孔筛的不少于 90%，合并筛上、筛下物，混合均匀，放入密闭容器中备用。

5.4　当试样水分小于 9%或大于 15%时，先按 6.2.1 操作，再按 5.1.3 进行粉碎。

6　水分测定

6.1　一次烘干法

试样水分含量在 9%～15%时，采用一次烘干法，按 6.2.2 操作。

6.2　两次烘干法

试样水分含量大于 15%或小于 9%时，采用两次烘干法。

6.2.1 第一次烘干(水分调节)

称取水分大于15%的试样约100 g(m_2,精确至0.01 g),放入已恒质的器皿(4.3)中,摊平。在60 ℃~80 ℃的烘箱(4.5)中干燥,调节试样水分至9%~15%。调节后的试样从烘箱中取出,放置自然冷却(至少2 h)至室温,称量(m_3,两次称量差不超过0.005 g)。如果水分低于9%,称取试样约100 g,放在实验室大气中,直至水分含量为9%~15%。

6.2.2 第二次烘干

用烘至恒质(m,精确至0.001 g)的铝盒(4.4)称取试样约8 g(m_0,精确至0.001 g),放入烘箱(4.6)中,在130 ℃~133 ℃温度下烘4 h后,取出铝盒,加盖,置于干燥器(4.7)内冷却至室温称量(m_1,精确至0.001 g)。

6.2.3 结果一致性要求

用一次烘干法、两次烘干法测定的结果和用附录A所得结果相比较不应超过0.15%。

6.3 整粒试样

用烘至恒质的铝盒(4.3)(m,精确至0.01 g),迅速从2 kg原始样品中称取25 g~40 g整粒试样(m_0,精确至0.01 g),立即加盖称量,再将装有试样的铝盒打开,连同盖子放进130 ℃~133 ℃的烘箱中,烘38 h±2 h后取出铝盒,加盖置于干燥器(4.7)内,冷却30 min~45 min后称量(m_1,精确至0.01 g)。

用整粒法测定的结果和用附录A所得结果相比较不应超过0.5%。

7 结果计算与表示

7.1 一次烘干试样和整粒样水分(X)以质量分数(%)表示,按式(1)计算:

$$X = \frac{m_0 - m_1}{m_0 - m} \times 100 \quad \cdots\cdots(1)$$

式中:

m_0——烘前试样和铝盒质量,单位为克(g);

m_1——烘后试样和铝盒质量,单位为克(g);

m——铝盒质量,单位为克(g)。

7.2 二次烘干试样水分(Y)以质量分数(%)表示,按式(2)计算:

$$Y = \left(1 - \frac{m_1 \times m_3}{m_0 \times m_2}\right) \times 100 \quad \cdots\cdots(2)$$

式中:

m_1——第二次烘后试样质量,单位为克(g);

m_3——第一次烘后试样质量,单位为克(g);

m_0——第二次烘前试样质量,单位为克(g);

m_2——第一次烘前试样质量,单位为克(g)。

7.3 在重复性条件下,获得的两次独立测试结果的绝对差值不大于0.15%(粉料试样)或0.5%(整粒试样),求其平均数,即为测定结果。测定结果取至小数点后第二位。

附 录 A
（规范性附录）
绝 对 方 法

A.1 范围

本方法只用于检查和完善玉米水分测定的方法，不用于仲裁分析。

A.2 试剂

本方法所用试剂均为分析纯。

A.2.1 五氧化二磷。

A.2.2 硫酸。

A.3 仪器

A.3.1 分析天平：分度值 0.01 g、0.001 g。

A.3.2 真空泵：降压到 1.3 kPa～2.6 kPa（相当于 1.3 mbar～2.6 mbar 或 10 mmHg～20 mmHg）。

A.3.3 粉碎机：磨膛材料不吸水，密闭，无死角，便于清理，能迅速而均匀粉碎 30 g 试样，达到所需粒度要求，粉碎时不发热。

A.3.4 金属皿或玻璃皿：无盖，能使 100 g 试样整粒单层分布于皿底。

A.3.5 金属盒或玻璃皿：带有密封盖；对粉料试样，烘盒底面积要求每平方厘米的试样量不超过0.3 g。

A.3.6 降压干燥仪：容积允许存放装有 100 g 试样粒的器皿。

A.3.7 玻璃杯：存放五氧化二磷用。

A.3.8 玻璃干燥管：分两部分，一部分放置试样盘，另一部分放置盛有五氧化二磷的杯子，使其与真空泵连接。

A.3.9 恒温烘箱：有鼓风装置，温度保持在 45 ℃～50 ℃，及温度保持在 130 ℃～133 ℃。

A.3.10 空气干燥帘：装有硫酸（$\rho_{20}\geqslant 1.83$ g/mL）的洗气瓶与装有经五氧化二磷涂布的玻璃纤维的管子相连接。

A.3.11 干燥器：装有有效的干燥剂。

A.4 操作步骤

A.4.1 试样制备

A.4.1.1 按 GB 5491 进行扦样、分样。

A.4.1.2 当试样粒度达到通过直径 1.5 mm 圆孔筛的试样不少于 90%时，按 A.4.2.1 和 A.4.2.2 操作。

A.4.1.3 当试样水分含量在 9%～15%时，首先用少量试样清洗粉碎机（A.3.3），弃去粉碎物，再取 30 g 试样，粉碎至通过直径为 1.5 mm 圆孔筛的不少于 90%，合并筛上、筛下物，混合均匀，放入密闭容器中备用。

A.4.1.4 当试样水分小于 9%或大于 15%时，先按 A.4.2.2.1 操作，再按 A.4.1.3 进行粉碎。

A.4.2 水分测定

A.4.2.1 一次烘干法

试样水分含量在 9%～15%时，采用一次烘干，按 A.4.2.2.2 操作。

A.4.2.2 两次烘干法

试样水分含量大于15%或小于9%时,采用两次烘干。

A.4.2.2.1 第一次烘干(水分调节)

称取水分大于15%的试样约100 g(m_2,精确至0.01 g),放入已恒质的金属皿(A.3.4)中摊平,然后再将此器皿放入干燥器(A.3.6)中,干燥器里放几个约1 cm厚的五氧化二磷的杯子(A.3.7),用真空泵(A.3.2)降压至1.3 kPa~2.6 kPa时,关闭真空泵,保持真空度,试样在干燥器中存放约2 d~4 d,使其水分调节到9%~15%时,空气通过干燥帘(A.3.10)缓慢进入干燥器,避免试样被吸出损失,并使其恢复大气压,将样品放在实验室大气中至少保持24 h,温度降至实验室温度后称量(m_3,精确至0.01 g)。然后迅速粉碎约30 g,混合均匀,放入密闭容器中备用。如果水分低于9%,称取约100 g试样,放在实验室大气中,直到获得9%~15%的水分。

A.4.2.2.2 第二次烘干

用烘至恒质(m,精确至0.001 g)的金属盒(A.3.5)称取试样约3 g(m_0,精确至0.001 g),放入皿底摊平。敞开装有试样的器皿(盖子留在干燥器里)放在干燥管(A.3.8)封闭的一端,将装有约1 cm厚的五氧化二磷的杯子(A.3.7)靠近试样器皿,安装固定干燥管的两部分,开真空泵(A.3.2)缓慢降压(避免试样被吸出损失)至1.3 kPa~2.6 kPa时,关闭真空泵,把装有试样的干燥管放入温度控制在45 ℃~50 ℃的烘箱里,约10 h后从烘箱中取出管子,冷却至室温,将该管连接于真空泵,使空气经干燥帘(A.3.10)进入干燥管,让其恢复大气压,迅速取出试样器皿,加盖称量(m_1,精确至0.001 g)。重复上述操作,直到试样恒质为止(例如直到间隔24 h,两次连续称量之差小于0.000 6 g)。

A.5 结果计算

A.5.1 一次烘干试样水分(X)以质量分数(%)表示,按式(A.1)计算:

$$X=\frac{m_0-m_1}{m_0-m}\times 100 \qquad \cdots\cdots\cdots\cdots(\text{A.1})$$

式中:

m_0——烘前试样和铝盒质量,单位为克(g);

m_1——烘后试样和铝盒质量,单位为克(g);

m——铝盒质量,单位为克(g)。

A.5.2 两次烘干试样水分(Y),以质量分数(%)表示,按式(A.2)计算:

$$Y=(1-\frac{m_1\times m_3}{m_0\times m_2})\times 100 \qquad \cdots\cdots\cdots\cdots(\text{A.2})$$

式中:

m_1——第二次烘后试样质量,单位为克(g);

m_3——第一次烘后试样质量,单位为克(g);

m_0——第二次烘前试样质量,单位为克(g);

m_2——第一次烘前试样质量,单位为克(g)。

A.5.3 在重复性条件下,获得的两次独立测试结果的绝对差值不大于0.1%,求其平均数,即为测定结果。测定结果取至小数点后第二位。

ICS 27.020
J 91

中华人民共和国国家标准

GB/T 10398—2008
代替 GB/T 10398—1989，GB/T 10399—1989

小型汽油机 振动评级和测试方法

Small gasoline engines—Evaluation and measurement of vibration

2008-08-11 发布　　2009-02-01 实施

中华人民共和国国家质量监督检验检疫总局
中国国家标准化管理委员会　发布

前言

本标准是对 GB 10398—1989《小型汽油机　振动测试方法》和 GB 10399—1989《小型汽油机　振动评级》的修订。

本标准与 GB/T 10398—1989 和 GB/T 10399—1989 相比，主要内容修改如下：

——本标准适用于功率 12 kW 以下的往复活塞式单缸小型汽油机和使用代用燃料的点燃式单缸内燃机；

——简化原标准中测量仪器系统要求；

——重新确定引用标准的有效性，并增加了两个标准；

——取消了振动品质的评定；

——在当量振动烈度计算上，增加了垂直轴汽油机振动烈度计算方法。

本标准自实施之日起代替 GB/T 10398—1989 和 GB/T 10399—1989。

本标准的附录 A 为规范性附录，附录 B、附录 C、附录 D 为资料性附录。

本标准由中国机械工业联合会提出并归口。

本标准起草单位：天津内燃机研究所。

本标准的主要起草人：景亚兵、贾滨、杨景玲、王之东、孙亚琴。

本标准所代替标准的历次版本发布情况为：

——GB/T 10398—1989；

——GB/T 10399—1989。

小型汽油机 振动评级和测试方法

1 范围

本标准规定了小型汽油机振动测试方法和振动品质的评级。

本标准适用于工作转速范围 600 r/min～14 000 r/min、功率 12 kW 以下的往复活塞式单缸小型汽油机。

本标准也适用于功率为 12 kW 以下使用代用燃料的点燃式单缸内燃机。

2 规范性引用文件

下列文件中的条款通过本标准的引用而成为本标准的条款。凡是注日期的引用文件，其随后所有的修改单(不包括勘误的内容)或修订版均不适用于本标准，然而，鼓励根据本标准达成协议的各方研究是否可使用这些文件的最新版本。凡是不注日期的引用文件，其最新版本适用于本标准。

GB/T 2298 机械振动与冲击 术语(GB/T 2298—1991，neq ISO 2041:1990)

GB/T 6072.1 往复式内燃机 性能 第 1 部分：功率、燃料消耗和机油消耗的标定及试验方法 通用发动机的附加要求(GB/T 6072.1—2008，ISO 3046-1:2002，IDT)

GB/T 6072.3 往复式内燃机 性能 第 3 部分：试验测量(GB/T 6072.3—2003，ISO 3046-3:1989，IDT)

GB/T 13824—1992 对振动烈度测量仪的要求(eqv ISO 2954:1987)

GB/T 14412 机械振动与冲击 加速度计的机械安装(GB/T 14412—2005，ISO 5348:1998，IDT)

3 术语及定义

GB/T 2298 所确立的术语和定义适用于本标准。

3.1

振动烈度 vibration severity

描述汽油机-平板系统振动状态的一个综合特性参数。用振动速度的均方根值作为衡量汽油机平板系统振动烈度的量标。

a) 可根据测量记录振动速度对时间的历程，振动烈度 v_{rms} 应按式(1)计算：

$$v_{rms} = \sqrt{\frac{1}{T}\int_0^T v^2(t)\,dt} \qquad \cdots\cdots(1)$$

式中：

$v^2(t)$——振动速度函数；

T——振动周期。

b) 可根据测量记录的频谱得到各谐次中心频率处的振动速度幅值 $\hat{v}_1$、$\hat{v}_2$、…、$\hat{v}_n$，振动烈度 v_{rms} 应按式(2)计算：

$$v_{rms} = \sqrt{\frac{1}{2}(\hat{v}_1^2 + \hat{v}_2^2 + \cdots + \hat{v}_n^2)} \qquad \cdots\cdots(2)$$

3.2

当量振动烈度 vibration severity equivalent

描述汽油机振动状态的一个综合特性参数，用“V_s”表示，作为振动评级的基础。

4 振动品质评级

4.1 小型汽油机当量振动品质按当量振动烈度 V_s 值的大小分为 A、B、C、D 四级。

4.2 小型汽油机振动品质的评定等级见表 1。

表 1 小型汽油机振动品质的评定等级

<table>
<tr><th rowspan="3">当量振动烈度
V_s 范围 /(mm/s)</th><th colspan="2" rowspan="2">界限值/(mm/s)</th><th colspan="2">振动品质的评定等级</th></tr>
<tr><th colspan="2">标定转速/(r/min)</th></tr>
<tr><th>大于</th><th>小于或等于</th><th><4 000</th><th>≥4 000</th></tr>
<tr><td>0.28</td><td>0.18</td><td>0.28</td><td rowspan="10">A</td><td rowspan="11">A</td></tr>
<tr><td>0.45</td><td>0.28</td><td>0.45</td></tr>
<tr><td>0.71</td><td>0.45</td><td>0.71</td></tr>
<tr><td>1.12</td><td>0.71</td><td>1.12</td></tr>
<tr><td>1.8</td><td>1.12</td><td>1.8</td></tr>
<tr><td>2.8</td><td>1.8</td><td>2.8</td></tr>
<tr><td>4.5</td><td>2.8</td><td>4.5</td></tr>
<tr><td>7.1</td><td>4.5</td><td>7.1</td></tr>
<tr><td>11.2</td><td>7.1</td><td>11.2</td></tr>
<tr><td>18</td><td>11.2</td><td>18</td></tr>
<tr><td>28</td><td>18</td><td>28</td><td rowspan="2">B</td></tr>
<tr><td>45</td><td>28</td><td>45</td><td rowspan="2">B</td></tr>
<tr><td>71</td><td>45</td><td>71</td><td rowspan="2">C</td></tr>
<tr><td>112</td><td>71</td><td>112</td><td rowspan="2">C</td></tr>
<tr><td>180</td><td>112</td><td>180</td><td rowspan="2">D</td></tr>
<tr><td>280</td><td>180</td><td>280</td><td>D</td></tr>
<tr><td colspan="5">注：小型汽油机当量振动烈度的连续分段范围具有 1∶1.6 的比例。</td></tr>
</table>

5 测试方法

5.1 试验台

5.1.1 试验台由刚性平板、汽油机固紧装置、弹簧支座、弹簧等组成(见图 1)。

5.1.2 平板及弹簧的结构尺寸及技术条件见附录 A。汽油机固紧装置的质量不得超过 15 kg。

5.2 机器安装

水平轴汽油机刚性安装在平板中央，且曲轴主轴线的投影与平板 x 轴重合(见图 1)。

垂直轴汽油机刚性安装在平板中央，曲轴主轴线与 z 轴重合，且汽缸中心线投影与 x 轴重合。

5.3 测点布置

测点布置在平板的 x、y 轴上，要求与平板中心对称，测点数四个。图 1 中 1、2、3、4 为测点位置。每个测点记录 x、y、z 三个方向振动。

5.4 测量工况

5.4.1 汽油机空载运行于铭牌标明的标定转速(如铭牌上标示的标定转速不唯一时，则取较高的转速)，工况稳定后进行测量。必要时可在其他转速下进行测量，并在报告中说明。

5.4.2 汽油机实验应符合 GB/T 6072.1、GB/T 6072.3 中有关规定。

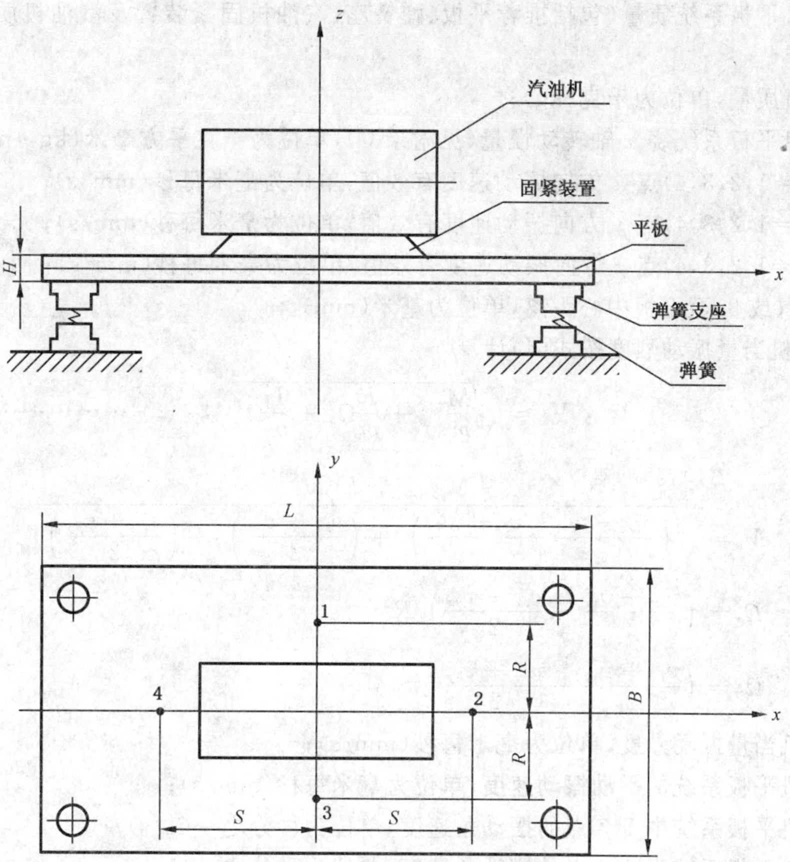

图1 测试安装方式

5.5 测量仪器

测量仪器应符合 GB/T 13824—1992 第 3 章的规定。只要对测量系统的精确度没有不利影响，为导出非直接测量参量，根据测量方式的输出方式，上述有效值可以从微分型或积分型传感器上获得。加速度计的安装参见 GB/T 14412。

注：传感器和被测物体的连接方法对测量的精确度有影响。频率响应及振动的测量值也受传感器连接方式的影响。当振动剧烈时，保持传感器在平板上被测点的良好安装尤为重要。

6 测量结果记录与计算

6.1 试验数据应填入测试报告中(见附录 B)。

6.2 按选定测点测量振动速度的均方根值，每个测点连续测量不少于三次，取平均值。

6.3 水平轴汽油机当量振动烈度按式(3)计算。

$$V_s = \sqrt{\frac{M}{m}V_p^2 + \frac{I_x}{m}\Omega^2} \qquad \cdots\cdots(3)$$

式中：

$$V_p = \sqrt{\left(\frac{v_{1x}+v_{2x}+v_{3x}+v_{4x}}{4}\right)^2 + \left(\frac{v_{1y}+v_{2y}+v_{3y}+v_{4y}}{4}\right)^2 + \left(\frac{v_{2z}+v_{4z}}{2}\right)^2}$$

$$\Omega = \left(\frac{v_{1z}+v_{3z}}{2} - \frac{v_{2z}+v_{4z}}{2}\right)/R$$

V_s——汽油机当量振动烈度，单位为毫米每秒(mm/s)；

V_p——汽油机平板系统的平动振动速度，单位为毫米每秒(mm/s)；

Ω——汽油机平板系统的摆动角速度，单位为秒分之一(1/s)；

M——汽油机平板系统质量(包括推荐平板、弹簧座、汽油机固紧装置及汽油机质量)，单位为千克(kg)；

m——汽油机质量，单位为千克(kg)；

I_x——汽油机平板系统绕 x 轴转动惯量(见附录 C)，单位为千克平方毫米(kg · mm²)；

v_{ix}——第 $i(i=1,2,3,4)$ 点 x 方向振动速度有效值，单位为毫米每秒(mm/s)；

v_{iy}——第 $i(i=1,2,3,4)$ 点 y 方向振动速度有效值，单位为毫米每秒(mm/s)；

v_{iz}——第 $i(i=1,2,3,4)$ 点 z 方向振动速度有效值，单位为毫米每秒(mm/s)；

R——测点 1(或 3)至平板中心距离，单位为毫米(mm)。

6.4 垂直轴汽油机当量振动烈度按式(4)计算

$$V_s=\sqrt{\frac{M}{m}V_p^2+\frac{I_z}{m}\Omega_x^2+\frac{I_z}{m}\Omega_y^2} \qquad \cdots\cdots(4)$$

式中：

$$V_p=\sqrt{\left(\frac{v_{1z}+v_{2z}+v_{3z}+v_{4z}}{4}\right)^2+\left(\frac{v_{2x}+v_{4x}}{2}\right)^2+\left(\frac{v_{1y}+v_{3y}}{2}\right)^2}$$

$$\Omega_x=\left(\frac{v_{1x}+v_{3x}}{2}-\frac{v_{2x}+v_{4x}}{2}\right)/R$$

$$\Omega_y=\left(\frac{v_{2y}+v_{4y}}{2}-\frac{v_{1y}+v_{3y}}{2}\right)/S$$

V_s——汽油机当量振动烈度，单位为毫米每秒(mm/s)；

V_p——汽油机平板系统的平动振动速度，单位为毫米每秒(mm/s)；

Ω_x——汽油机平板系统中 1、3 点的摆动角速度，单位为秒分之一(1/s)；

Ω_y——汽油机平板系统中 2、4 点的摆动角速度，单位为秒分之一(1/s)；

M——汽油机平板系统质量(包括推荐平板、弹簧座、汽油机固紧装置及汽油机质量)，单位为千克(kg)；

m——汽油机质量，单位为千克(kg)；

I_z——汽油机平板系统绕 x 轴转动惯量(见附录 D)，单位为千克平方毫米(kg · mm²)；

v_{ix}——第 $i(i=1,2,3,4)$ 点 x 方向振动速度有效值，单位为毫米每秒(mm/s)；

v_{iy}——第 $i(i=1,2,3,4)$ 点 y 方向振动速度有效值，单位为毫米每秒(mm/s)；

v_{iz}——第 $i(i=1,2,3,4)$ 点 z 方向振动速度有效值，单位为毫米每秒(mm/s)；

R——测点 1(或 3)至平板中心距离，单位为毫米(mm)；

S——测点 2(或 4)至平板中心距离，单位为毫米(mm)。

7 测试报告

振动测试报告格式见附录 B。

附　录　A
（规范性附录）
平板及弹簧的结构尺寸与技术条件

平板与弹簧的结构尺寸与技术条件分别按图 A.1 和图 A.2 所示，弹簧数为 4。

单位为毫米

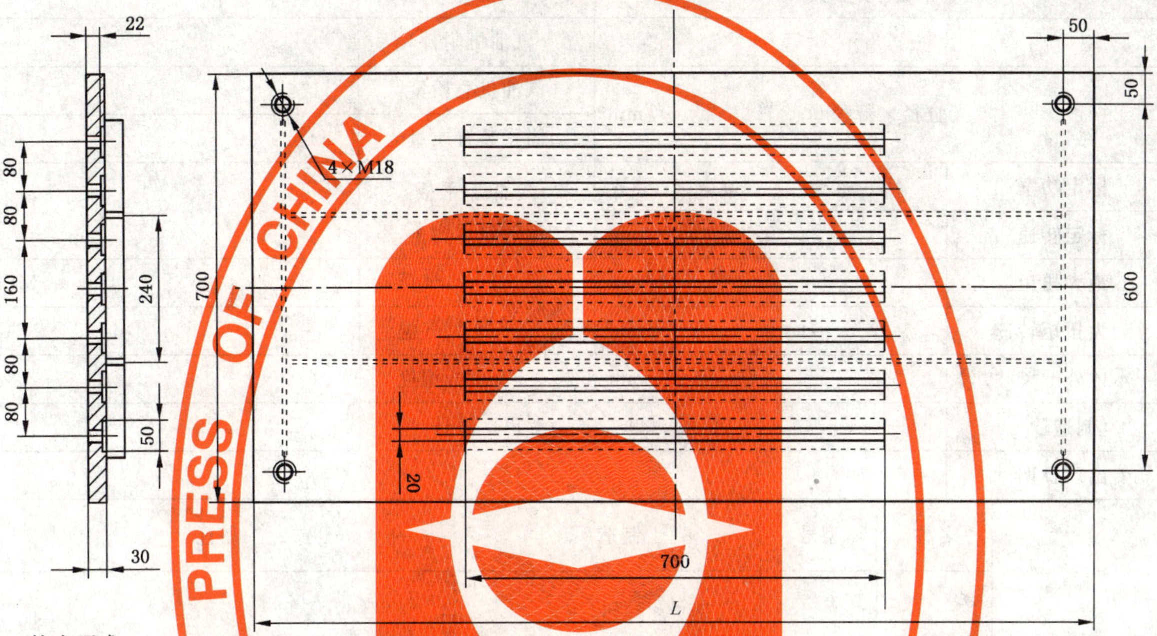

技术要求

1. 平板质量为 200 kg±2.5 kg；
2. 材料为低碳钢，加筋为 30×6 扁钢；
3. 平板长 L 的确定应保证平板的质量不超过±2.5 kg 的误差。

图 A.1　平板的结构尺寸

单位为毫米

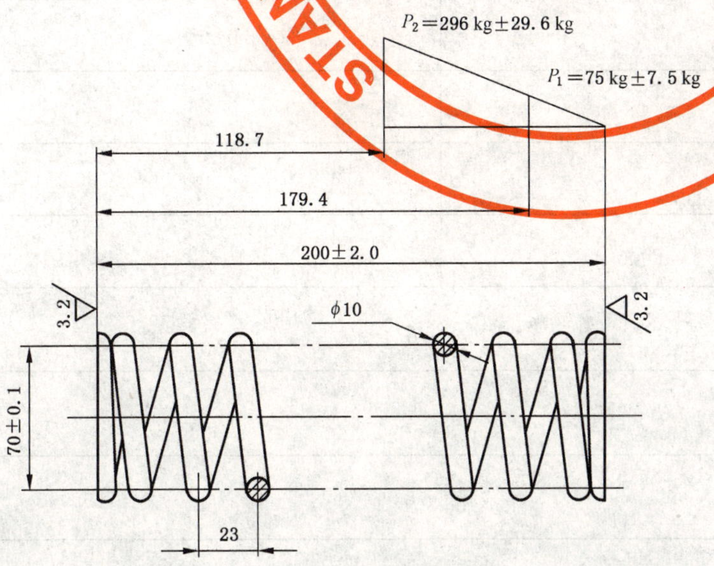

技术要求

1. 材料：$60Si_2Mn$；
2. 材料长度：2 200 mm；
3. 工作圈数：8；
4. 总圈数：10±0.25；
5. 旋向：右向；
6. 表面处理：涂漆；
7. 端面型式：YI；
8. 节距：t=23 mm；
9. 螺旋升角：α=6°；
10. 热处理：43 HRC～48 HRC。

图 A.2　弹簧的结构尺寸

附　录　B
（资料性附录）
振动测试报告格式

表 B.1　振动测试报告

<table>
<tr><td colspan="2">汽油机主要参数</td><td colspan="3">测试条件</td></tr>
<tr><td>型　　号</td><td></td><td colspan="2">汽油机附件</td><td></td></tr>
<tr><td colspan="2" rowspan="2">缸径×行程　　mm</td><td colspan="2">汽油机总质量</td><td></td></tr>
<tr><td colspan="2">固紧装置质量</td><td></td></tr>
<tr><td>标定功率</td><td>kW</td><td colspan="2" rowspan="2">汽油机-平板
系统自振频率</td><td rowspan="2">Hz</td></tr>
<tr><td>标定转速</td><td>r/min</td></tr>
<tr><td>最大扭矩</td><td>N·m</td><td rowspan="3">实验室
环境</td><td>气压</td><td>MPa</td></tr>
<tr><td>最大扭矩转速</td><td>r/min</td><td>气温</td><td>℃</td></tr>
<tr><td>本体外形尺寸</td><td>mm</td><td>湿度</td><td>%</td></tr>
<tr><td>制造厂</td><td></td><td colspan="2">出厂编号</td><td></td></tr>
<tr><td>出厂日期</td><td colspan="4"></td></tr>
</table>

<table>
<tr><td rowspan="9">测
试
设
备
及
仪
器</td><td>名称</td><td>型号</td><td>制造厂</td><td>备注</td></tr>
<tr><td></td><td></td><td></td><td></td></tr>
<tr><td></td><td></td><td></td><td></td></tr>
<tr><td></td><td></td><td></td><td></td></tr>
<tr><td></td><td></td><td></td><td></td></tr>
<tr><td></td><td></td><td></td><td></td></tr>
<tr><td></td><td></td><td></td><td></td></tr>
<tr><td></td><td></td><td></td><td></td></tr>
<tr><td></td><td></td><td></td><td></td></tr>
<tr><td>测量地点</td><td colspan="4"></td></tr>
<tr><td>测量日期</td><td colspan="4"></td></tr>
<tr><td>测量人员</td><td colspan="4"></td></tr>
<tr><td>备　　注</td><td colspan="4"></td></tr>
</table>

表 B.2 振动测试记录

测量次数		1	2	3	
实测转速/(r/min)					
测 点		v_{rms}/(mm/s)	v_{rms}/(mm/s)	v_{rms}/(mm/s)	v_{rms}平均/(mm/s)
1	横向(x)				
	纵向(y)				
	垂向(z)				
2	横向(x)				
	纵向(y)				
	垂向(z)				
3	横向(x)				
	纵向(y)				
	垂向(z)				
4	横向(x)				
	纵向(y)				
	垂向(z)				
汽油机当量振动烈度 V_s=					mm/s
测试结果及结论：					

附 录 C
(资料性附录)
水平轴汽油机平板系统绕 x 轴的转动惯量 I_x 的计算

C.1 平板绕 x 轴转动惯量的计算

计算方法见式(C.1)：

$$I_{1x} = \frac{m_1}{12}(B^2 + H^2) \quad \cdots\cdots(C.1)$$

式中：

m_1——平板及其附件质量，单位为千克(kg)；

B、H——平板的截面尺寸(见图 C.1)，单位为毫米(mm)。

C.2 汽油机绕曲轴中心线 x_0 转动惯量的计算

计算方法见式(C.2)：

$$I_{2x_0} = \frac{m}{12}(B'^2 + H'^2) + mR_1^2 \quad \cdots\cdots(C.2)$$

式中：

m——汽油机质量，单位为千克(kg)；

B'、H'——汽油机本体的外形尺寸(见图 C.1)，单位为毫米(mm)；

R_1——汽油机形心至曲轴中心线的距离(见图 C.1)，单位为毫米(mm)。

C.3 汽油机平板系统绕 x 轴的转动惯量的计算

计算方法见式(C.3)：

$$I_x = I_{1x} + I_{2x_0} + mR_2^2 \quad \cdots\cdots(C.3)$$

式中：

R_2——汽油机的曲轴中心线至 x 轴的距离(见图 C.1)，单位为毫米(mm)。

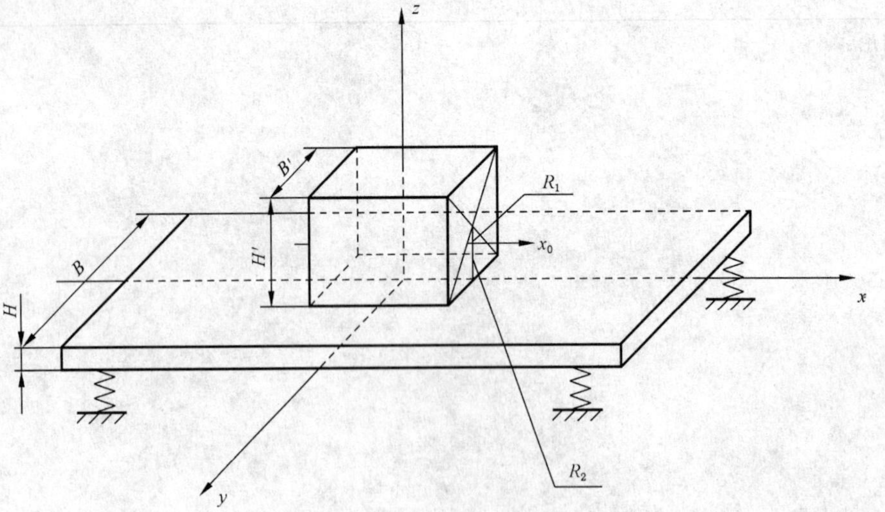

图 C.1 测试安装方式

附　录　D
（资料性附录）
垂直轴汽油机平板系统绕 z 轴的转动惯量 I_z 的计算

D.1　平板绕 z 轴转动惯量的计算

计算方法见式(D.1)：

$$I_{1z}=\frac{m_1}{12}(L^2+B^2) \quad \cdots\cdots(D.1)$$

式中：

m_1——平板及其附件质量，单位为千克(kg)；

L、B——平板的截面尺寸(见图 D.1)，单位为毫米(mm)。

D.2　汽油机绕曲轴中心线 z 转动惯量的计算

计算方法见式(D.2)：

$$I_{2z}=\frac{m}{12}(B'^2+L'^2)+mR_1^2 \quad \cdots\cdots(D.2)$$

式中：

m——汽油机质量，单位为千克(kg)；

B'、L'——汽油机本体的外形尺寸(见图 D.1)，单位为毫米(mm)；

R_1——汽油机形心至曲轴中心线的距离(见图 D.1)，单位为毫米(mm)。

D.3　汽油机平板系统绕 z 轴的转动惯量的计算

计算方法见式(D.3)：

$$I_z=I_{1z}+I_{2z} \quad \cdots\cdots(D.3)$$

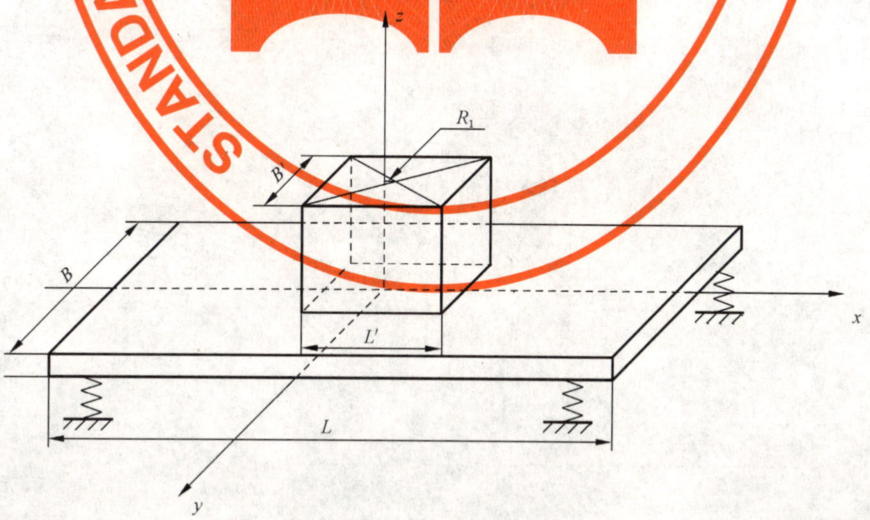

图 D.1　测试安装方式

ICS 29.160.30
K 24

中华人民共和国国家标准

GB/T 10401—2008
代替 GB/T 10401—1989

永磁式直流力矩电动机通用技术条件

General specification for permanent magnet direct current torque motors

2008-06-13 发布　　2009-03-01 实施

中华人民共和国国家质量监督检验检疫总局
中国国家标准化管理委员会　发布

前 言

本标准代替 GB/T 10401—1989《永磁式直流力矩电动机通用技术条件》。

本标准与 GB/T 10401—1989 相比主要变化如下：

——按照 GB/T 1.1—2000《标准化工作导则 第1部分：标准的结构和编写规则》的规定，并为了与相关标准协调一致，在条款编排上进行了比较大的调整。

——机座号范围扩大，由 45～320 扩大至 28～1100。

——引用了 GB/T 2828.1《计数抽样检验程序》。

本标准的附录 A、附录 B、附录 C、附录 D 为资料性附录。

本标准由中国电器工业协会提出。

本标准由全国微电机标准化技术委员会(SAC/TC 2)归口。

本标准起草单位：成都精密电机厂、西安微电机研究所、中国电子科技集团公司第二十一研究所等。

本标准主要起草人：胡伯承、徐丽、米永存、赵东虹、陈建初等。

本标准所代替标准的历次版本发布情况为：

——GBn 114—1981；

——GB/T 10401—1989。

永磁式直流力矩电动机通用技术条件

1 范围

本标准规定了永磁式直流力矩电动机的型号和机座号、运行条件、技术要求和试验方法、检验规则及交付准备。

本标准适用于永磁式直流力矩电动机。

本标准应与永磁式直流力矩电动机产品专用技术条件一起使用。各类永磁式直流力矩电动机(以下简称电机)的具体技术指标及附加或特殊要求,均在产品专用技术条件中规定。

2 规范性引用文件

下列文件中的条款通过本标准的引用而成为本标准的条款。凡是注日期的引用文件,其随后所有的修改单(不包括勘误的内容)或修订版均不适用于本标准,然而,鼓励根据本标准达成协议的各方研究是否可使用这些文件的最新版本。凡是不注日期的引用文件,其最新版本适用于本标准。

GB/T 2828.1 计数抽样检验程序 第1部分:按接收质量限(AQL)检索的逐批检验抽样计划(GB/T 2828.1—2003,ISO 2859-1:1999,IDT)

GB/T 7345 控制微电机基本技术要求

GB/T 7346 控制电机基本外形结构型式

GB/T 10405 控制电机型号命名方法

JB/T 8162—1999 控制电机包装技术条件

3 型号和机座号

3.1 型号

电机型号命名应符合 GB/T 10405 的规定,或参照附录 A(资料性附录)由产品专用技术条件规定。

3.2 机座号

本标准电机以分装式为基本安装型式。机座号及相应的机座外径如表1规定。

表1

单位为毫米

机座号	28	36	45	55	70	90	110	130	160
分装式电机机座外径	28	36	45	55	70	90	110	130	160
组装式电机机座外径	36	48	58	70	85	105	130	150	180
机座号	200	250	320	430	560	600	750	850	1 100
分装式电机机座外径	200	250	320	430	560	600	750	850	1 100
组装式电机机座外径	220	280	350	—	—	—	—	—	—

4 运行条件

4.1 使用环境条件

电机的使用环境条件应在 GB/T 7345 规定的条件中选取或由产品专用技术条件规定。

4.2 电气原理图

电气原理图如图1所示。

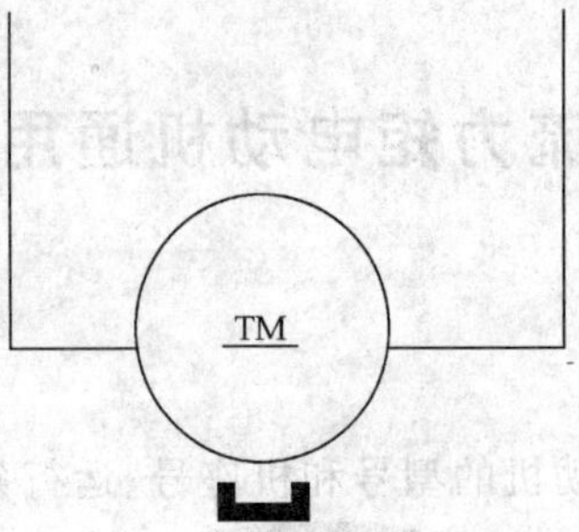

图 1

4.3 技术性能参数

电机的技术性能参数由产品专用技术条件规定或参考附录 B(资料性附录)的规定。

5 技术要求和试验方法

5.1 引出线或接线端

5.1.1 技术要求

5.1.1.1 出线方式和标记

电机出线方式可用引出线、螺纹接线柱或接线片(柱),引出线的长度应符合产品专用技术条件的规定。电机的正、负极性标记符合表 2 规定。

表 2

出线方式	正极性标记	负极性标记
引出线	红	黑或白
螺纹接线柱	+	—
接线片(柱)	1	2

5.1.1.2 引出线或接线端强度

电机引出线或接线端强度应符合 GB/T 7345 的规定。

5.1.2 试验方法

5.1.2.1 出线方式和标记

目检出线方式和标记,应符合 5.1.1.1 的要求。

5.1.2.2 引出线或接线端强度

按 GB/T 7345 规定的方法检查。引出线或接线端强度应符合 5.1.1.2 的要求。

5.2 外观

5.2.1 技术要求

电机表面应无锈蚀、碰伤、划痕,涂覆层无剥落,紧固件连接应牢固,引出线、螺纹接线柱或接线片应完整无损,颜色和标志应正确,铭牌的字迹和内容应清晰无误,且不能脱落。

5.2.2 试验方法

目检电机外观,应符合 5.2.1 的要求。

5.3 外形和安装尺寸

5.3.1 技术要求

电机的外形和安装尺寸应符合 GB/T 7346,或产品专用技术条件的规定。

铝镍钴磁钢电机的推荐外形及安装尺寸参见附录 C(资料性附录)。

组装式电机的轴伸型式如无特殊要求,一般为光轴伸或平键键槽轴伸。推荐平键键槽轴伸及尺寸参见附录 D(资料性附录)。

5.3.2 试验方法

用能保证尺寸精度要求的量具检查电机外形和安装尺寸，应符合5.3.1的要求。

5.4 径向间隙

5.4.1 技术要求

当有要求时，组装式电机的径向间隙应符合产品专用技术条件规定。

5.4.2 试验方法

将电机牢固地轴向水平安装，千分表的测量头置于轴伸面上，并尽可能靠近轴承位置，施加产品专用技术条件规定的力，沿与轴向垂直的方向加在轴上，先向一个方向，然后向相反方向，观察千分表两次读数之差即为径向间隙，其值应符合5.4.1的要求。

5.5 轴向间隙

5.5.1 技术要求

组装式电机的轴向间隙应符合表3的规定。320以上机座号组装式电机轴向间隙应符合产品专用技术条件的规定。

表3

单位为毫米

机座号	28～70	90～130	160～200	250～320
轴向间隙	0.05～0.2	0.1～0.25	0.15～0.3	0.2～0.4

5.5.2 试验方法

将电机牢固地轴向水平安装，千分表的测量头置于轴伸端面，施加产品专用技术条件规定的力，沿轴向水平方向加在轴上，先向一个方向，然后向相反方向，观察千分表两次读数之差即为轴向间隙，其值应符合5.5.1的要求。

5.6 轴伸径向圆跳动

5.6.1 技术要求

130及以下机座号组装式电机的轴伸径向圆跳动应不大于0.02 mm；160～320机座号组装式电机轴伸径向圆跳动应不大于0.03 mm。320以上机座号组装式电机轴伸径向圆跳动应符合产品专用技术条件的规定。

5.6.2 试验方法

将电机牢固地轴向水平安装，千分表的测量头置于轴伸外圆上，缓慢地转动电机转轴，在接近轴伸端面处测取一周内跳动量，取其最大值为轴伸径向圆跳动，其值应符合5.6.1的要求。

5.7 安装配合面的同轴度

5.7.1 技术要求

组装式电机安装配合面的同轴度应符合表4的规定。320以上机座号组装式电机安装配合面的同轴度应符合产品专用技术条件的规定。

表4

单位为毫米

机座号	28～70	90～130	160～200	250～320
安装配合面的同轴度	0.03	0.05	0.1	0.15

5.7.2 试验方法

固定电机转子，将千分表的测量头置于安装配合圆面上，转动电机定子，测取千分表的最大与最小读数之差即为安装配合面的同轴度，其值应符合5.7.1的要求。

5.8 安装配合端面的垂直度

5.8.1 技术要求

组装式电机安装配合端面的垂直度应符合表5的规定。320以上机座号组装式电机安装配合面的垂直度应符合产品专用技术条件的规定。

表 5

单位为毫米

机座号	28～70	90～130	160～200	250～320
安装配合端面的垂直度	0.06	0.1	0.15	0.2

5.8.2 试验方法

固定电机转子，将千分表的测量头置于定子安装配合端面外缘，转动电机定子，测量一个圆周的跳动量，其最大值即为安装配合端面垂直度，其值应符合 5.8.1 的要求。

5.9 绝缘介电强度

5.9.1 技术要求

电机应能承受表 6 规定的试验电压，无绝缘击穿或飞弧现象。绕组的漏电流应符合 GB/T 7345 的规定或符合产品专用技术条件的规定。重复绝缘介电强度试验时，试验电压值为表 6 规定值的 80%。

表 6

单位为伏特

电机峰值堵转电压(标称值)	试验电压(有效值)
60 及以下	500
>60～110	750
>110～220	1 000
>220～380	1 500

5.9.2 试验方法

按 GB/T 7345 规定的方法进行测量，应符合 5.9.1 的要求。

5.10 绝缘电阻

5.10.1 技术要求

在正常试验大气条件下，转子绕组对机壳或轴孔间的绝缘电阻应不小于 100 MΩ；在产品专用技术条件规定的相应高温条件下，绝缘电阻应不小于 10 MΩ；在产品专用技术条件规定的湿热条件下，绝缘电阻应不小于 1 MΩ。

在低温条件下，绝缘电阻应符合产品专用技术条件规定。

5.10.2 试验方法

按 GB/T 7345 规定的方法进行测量，其值应符合 5.10.1 的要求。

5.11 旋转方向

5.11.1 技术要求

电机按表 2 极性接线，在正、负极之间加以直流电压时，从刷架端沿轴向视之电机转轴应逆时针方向旋转，并规定此旋转方向为正方向。

5.11.2 试验方法

按 5.11.1 的规定，将直流电压(小于或等于连续堵转电压)加在电机上，电机的旋转方向应符合 5.11.1 的要求。

5.12 电枢电阻

5.12.1 技术要求

电机的电枢电阻应符合产品专用技术条件的规定，其允差应在规定值的±12.5% 范围内。

5.12.2 试验方法

将小于连续堵转电压的直流电压加在电机上，使电枢堵转在不同位置(至少三处)，用直流电桥或电阻仪测量电机两引出线或接线端的电枢电阻，其平均值应符合 5.12.1 的要求。

5.13 电枢电感

5.13.1 技术要求

电机的电枢电感应符合产品专用技术条件的规定，其允差应在规定值的±30% 范围内。

5.13.2 试验方法

用电感电桥测量电枢在不同位置(至少三处),电机两引出线或接线端在 1 000 Hz 频率下的电感,其平均值应符合 5.13.1 的要求。

5.14 最大空载转速

5.14.1 技术要求

按产品专用技术条件规定的峰值堵转电压加至电机两引出线端(或接线端),其正、反方向的最大空载转速应符合产品专用技术条件的规定。同时,正、反转速差应不大于产品专用技术条件规定的最大空载转速规定值的 5%。

5.14.2 试验方法

电机按图 2 接线,以峰值堵转电流进行正反方向稳磁,然后以峰值堵转电压(标称值)加到电机两引出线或接线端,测量正、反方向的最大空载转速并计算正、反转速差,应符合 5.14.1 的要求。

注:测量器和磅秤不接入。

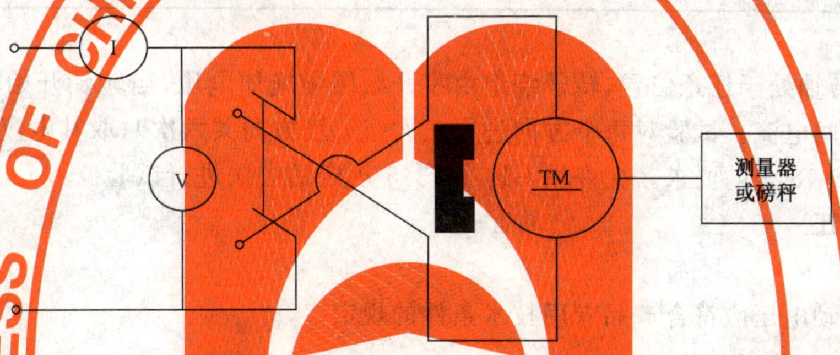

图 2

5.15 峰值堵转转矩和峰值堵转电压

5.15.1 技术要求

对应产品专用技术条件规定的峰值堵转电流时的峰值堵转转矩和峰值堵转电压,其值应符合产品专用技术条件的规定。

5.15.2 试验方法

电机按图 2 接线,在正、反方向通以峰值堵转电流,分别读取转子堵转在三个不同位置时的峰值堵转转矩和峰值堵转电压,其平均值应符合 5.15.1 的要求。

5.16 连续堵转转矩和连续堵转电压

5.16.1 技术要求

对应产品专用技术条件规定的连续堵转电流时的连续堵转转矩和连续堵转电压,其值应符合产品专用技术条件的规定。

5.16.2 试验方法

电机按图 2 接线,在正、反方向通以连续堵转电流,分别读取转子堵转在三个不同位置时的连续堵转转矩和连续堵转电压,其平均值应符合 5.16.1 的要求。

5.17 转矩灵敏度

5.17.1 技术要求

电机的转矩灵敏度应符合产品专用技术条件的规定。

5.17.2 试验方法

以 5.15 测得的峰值堵转转矩和峰值堵转电流,按式(1)计算,其值应符合 5.17.1 的要求。

$$m_i = \frac{M_P}{I_P} \qquad \cdots\cdots(1)$$

式中：

m_i——转矩灵敏度，单位为牛顿米每安培(N·m/A)；

M_P——峰值堵转转矩，单位为牛顿米(N·m)；

I_P——峰值堵转电流，单位为安培(A)。

5.18 励磁静摩擦力矩

5.18.1 技术要求

组装式电机的励磁静摩擦力矩应符合表7的规定，320以上机座号组装式电机的励磁静摩擦力矩应符合产品专用技术条件的规定。

表7

单位为牛顿·米

机座号	28～70	90～160	200～320
励磁静摩擦力矩	$\leqslant 0.08M_P$	$\leqslant 0.06M_P$	$\leqslant 0.04M_P$
注：M_P 为峰值堵转转矩。			

5.18.2 试验方法

电机空载，使转轴处于任意位置，转子绕组由零开始缓慢施加电压，当转轴开始转动而中途又不停顿时记录其始动瞬间电流。试验对每个方向进行三次(正、反方向共六次)，取其电流平均值乘以转矩灵敏度，其值应符合5.18.1的要求。允许用GB/T 7345规定的方法进行试验。

5.19 空载启动电压

5.19.1 技术要求

电机的空载起动电压应符合产品专用技术条件的规定。

5.19.2 试验方法

试验前，将电机定子固定，并使电机空转3 min～5 min。试验时，在电机转子任意起始位置，转子绕组由零开始缓慢施加电压，直至转子开始连续旋转为止，读出此时的电枢电压值。每一旋转方向随机进行三次，两个方向共六次，取六次电枢电压的最大值即为空载启动电压。其值应符合5.19.1的要求。

5.20 转矩波动系数

5.20.1 技术要求

转矩波动系数应符合表8的规定。560以上机座号电机转矩波动系数由产品专用技术条件规定。

表8

机座号	28～70	90～160	200～320	430～560
转矩波动系数/%	≤10	≤7	≤5	≤4

5.20.2 试验方法

5.20.2.1 堵转转矩法

电机按图2接线，在正、反方向通以连续堵转电流，测量转子圆周上均布的四个位置的连续堵转转矩(正、反方向共八个位置)，找出最大转矩和最小转矩，并按式(2)计算转矩波动系数，其值应符合5.20.1的要求。

$$K_{mb}=\frac{M_{max}-M_{min}}{M_{max}+M_{min}}\times 100\% \quad \cdots\cdots(2)$$

式中：

K_{mb}——转矩波动系数，%；

M_{max}——最大转矩，单位为牛顿米(N·m)；

M_{min}——最小转矩，单位为牛顿米(N·m)。

5.20.2.2 反电势法

电机按图3接线，将电机与稳速转台同轴联结，驱动稳速转台，从波形记录仪上记录电机输出电压波形，读取一周范围内最大输出电压和最小输出电压，并按式(3)计算出转矩波动系数。所测数据系指正、反两个方向的两组数据，其转矩波动系数最大值应符合5.20.1的要求。

注：波形记录仪包括示波器和 X-Y 函数记录仪等。

$$K_{mb}=\frac{U_{max}-U_{min}}{U_{max}+U_{min}}\times 100\% \quad\cdots\cdots(3)$$

式中：

K_{mb}——转矩波动系数，%；

U_{max}——最大输出电压，单位为伏特(V)；

U_{min}——最小输出电压，单位为伏特(V)。

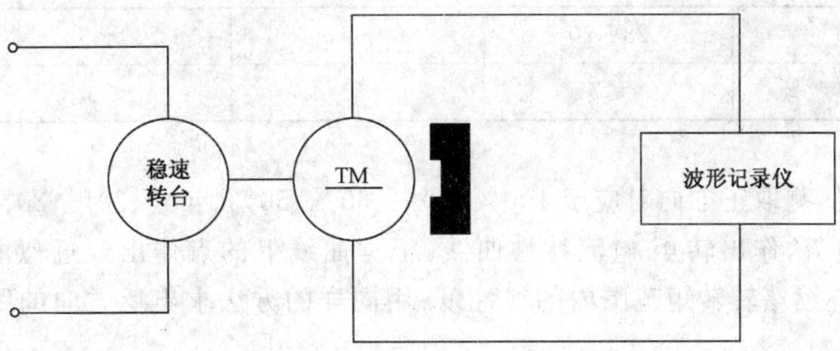

图 3

5.21 粘性阻尼系数

5.21.1 技术要求

电机的粘性阻尼系数应符合产品专用技术条件的规定。

5.21.2 试验方法

用5.14和5.15测得的最大空载转速和峰值堵转转矩，按式(4)计算粘性阻尼系数，其值应符合5.21.1的要求。

$$D=\frac{M_P}{n_0} \quad\cdots\cdots(4)$$

式中：

D——粘性阻尼系数，单位为牛顿米分钟每转(N·m·min/r)；

M_P——峰值堵转转矩，单位为牛顿米(N·m)；

n_0——最大空载转速，单位为转每分钟(r/min)。

5.22 电气时间常数

5.22.1 技术要求

电机的电气时间常数应符合产品专用技术条件的规定。

5.22.2 试验方法

用5.12和5.13测得的电枢电阻和电枢电感，按式(5)计算，其值应符合5.22.1的要求。

$$T_e=\frac{L_a}{R_a} \quad\cdots\cdots(5)$$

式中：

T_e——电气时间常数，单位为秒(s)；

R_a——电枢电阻，单位为欧姆(Ω)；

L_a——电枢电感，单位为亨(H)。

5.23 质量

5.23.1 技术要求

电机及其附件的质量应符合产品专用技术条件的规定。

5.23.2 试验方法

用精度不低于1%的衡器称取电机质量，称量电机及其附件的质量，电机及其附件的质量应符合5.23.1的要求。

5.24 转矩-电流特性线性度

5.24.1 技术要求

电机在转矩从零到连续堵转转矩的范围内，实际转矩-电流特性曲线与最近似的转矩-电流特性直线部分对应点的数值差，对该点的堵转转矩的比值应符合表9规定，560以上机座号电机的转矩-电流特性线性度由产品专用技术条件规定。

表 9

机座号	28～70	90～160	200～320	430～560
转矩-电流特性线性度/%	≤7	≤5	≤3	≤2.5

5.24.2 试验方法

电机按图2接线，测取正方向对应于100%、80%、60%、50%、40%、30%、20%、15%及10%的连续堵转转矩时的堵转电流，作出转矩-电流特性曲线，根据曲线上的点作出最近似的直线（如图4），按式(6)求出0到100%连续堵转转矩范围内的线性度；用同样的方法求出反方向的线性度，其值均应符合5.24.1的要求。

$$K_L = \frac{|T_k - I_k \times T_a|}{I_k \times T_a} \times 100\% \qquad \cdots\cdots (6)$$

T_a由式(7)求出：

$$T_a = \frac{T_1 + T_2 + \cdots T_k + \cdots + T_n}{I_1 + I_2 + \cdots + I_k + \cdots + I_n} \times 100\% \qquad \cdots\cdots (7)$$

式中：

K_L——转矩-电流特性线性度，%；

T_1——电流 I_1 时的堵转转矩，单位为牛顿米(N·m)；

T_2——电流 I_2 时的堵转转矩，单位为牛顿米(N·m)；

T_k——电流 I_k 时的堵转转矩，单位为牛顿米(N·m)；

T_n——电流 I_n 时的堵转转矩，单位为牛顿米(N·m)。

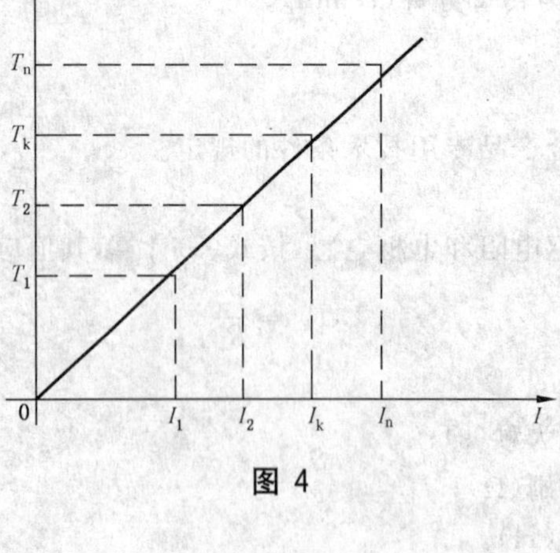

图 4

5.25 转子转动惯量

5.25.1 技术要求

电机的转子转动惯量应符合产品专用技术条件的规定。

5.25.2 试验方法

选择 GB/T 7345 规定的检验方法进行测量，其值应符合 5.25.1 的要求。

5.26 温升

5.26.1 技术要求

电机运行在连续堵转状态下，转子绕组温升应符合产品专用技术条件的规定。

5.26.2 试验方法

将电机安装在 GB/T 7345 规定的标准试验支架上或者产品专用技术条件规定的支架上，使转子堵转，然后在室温下放置并使电机达到稳定非工作温度，测取转子绕组的电阻 R_1，并记下此时的室温 t_1，然后按产品专用技术条件的规定通以连续堵转电流，电机达到稳定工作温度后，测取转子绕组的电阻 R_2，并记下此时的室温 t_2。电机的温升应符合 5.26.1 的要求。

温升按式(8)计算：

$$\theta=\frac{R_2-R_1}{R_1}(235+t_1)+(t_2-t_1) \qquad \cdots\cdots(8)$$

式中：

θ——绕组温升，单位为开尔文(K)；

t_1——开始温度，单位为摄氏度(℃)；

t_2——试验结束时室温，单位为摄氏度(℃)；

R_1——转子绕组在开始温度 t_1 时的电阻，单位为欧姆(Ω)；

R_2——转子绕组在温度 t_2 时的电阻，单位为欧姆(Ω)。

5.27 低温

5.27.1 技术要求

电机应能在产品专用技术条件规定的低温条件下正常工作，试验后，在低温下检查电机的励磁静摩擦力矩应不超过 5.18.1 中表 7 规定值的二倍；在箱外检查电机表面不能有影响电机正常工作的裂纹和变形。

5.27.2 试验方法

电机安装在 GB/T 7345 规定的标准试验支架或产品专用技术条件规定的支架上，不通电放入试验箱中，箱温降到产品专用技术条件规定的低温，然后使电机保温达到稳定非工作温度，试验后应符合 5.27.1 的要求。

5.28 高温

5.28.1 技术要求

电机应能在产品专用技术条件规定的高温条件下正常工作，试验后，在箱内检查电机的绝缘介电强度和绝缘电阻应分别符合 5.9.1 和 5.10.1 的要求；在箱外检查组装式电机轴承内的油脂不允许有外溢现象。

5.28.2 试验方法

电机安装在 GB/T 7345 规定的标准试验支架或产品专用技术条件规定的支架上，不通电放入试验箱中，箱温升高并保持在产品专用技术条件规定的高温下，使之达到稳定非工作温度，然后使电机在连续堵转状态下达到稳定工作温度，试验后应符合 5.28.1 的要求。

5.29 振动

5.29.1 技术要求

除另有规定外，电机应能承受 GB/T 7345 规定的一种振动试验。试验后，电机不应出现零部件松动或损坏，电机的最大空载转速和峰值堵转转矩应分别符合 5.14.1 和 5.15.1 的要求。

5.29.2 试验方法

除另有规定外，电机牢固地安装在试验支架上，按 GB/T 7345 规定的方法进行试验。试验时电机在连续堵转电压下空载运行，试验后应符合 5.29.1 的要求。

5.30 冲击

5.30.1 技术要求

除另有规定外，电机应能承受 GB/T 7345 规定的一种冲击试验。试验后，电机不应出现零部件松动或损坏，电机的最大空载转速和峰值堵转转矩应分别符合 5.14.1 和 5.15.1 的要求。

5.30.2 试验方法

除另有规定外，电机牢固地安装在试验支架上，按 GB/T 7345 规定的方法进行试验。试验时电机在连续堵转电压下空载运行，试验后应符合 5.30.1 的要求。

5.31 恒定湿热

5.31.1 技术要求

电机应能承受温度为(40±2)℃，相对湿度为 90%～95% 时间为 2 d 或按专用技术条件规定的恒定湿热试验。试验后在箱内测量绝缘电阻应符合 5.10.1 的要求，电机应无明显的外表质量变坏及影响正常工作的锈蚀现象。

5.31.2 试验方法

电机按 GB/T 7345 规定的方法进行试验，试验后应符合 5.31.1 的要求。

5.32 寿命

5.32.1 技术要求

电机应能正常连续工作 500 h。试验后检查峰值堵转转矩、峰值堵转电压和转矩灵敏度应符合 5.15.1 和 5.17.1 的要求。

5.32.2 试验方法

电机安装在试验支架上，施加连续堵转电压，其运行方式及试验时间见表 10。试验后应符合 5.32.1 的要求。

表 10

<table>
<tr><th>机 座 号</th><th>轴伸位置</th><th>运行方式</th><th>试验时间/h</th><th>温度/℃</th></tr>
<tr><td rowspan="8">90 及以下</td><td>水平</td><td rowspan="5">空载</td><td>32±1</td><td>L</td></tr>
<tr><td>垂直向上</td><td>12±1</td><td rowspan="4">H</td></tr>
<tr><td>向上 45</td><td>12±1</td></tr>
<tr><td>向下 45</td><td>12±1</td></tr>
<tr><td>垂直向下</td><td>12±1</td></tr>
<tr><td rowspan="3">水平</td><td>空载</td><td>90±1</td><td rowspan="6">15～35</td></tr>
<tr><td>$\frac{1}{2}$连续堵转转矩</td><td>170±1</td></tr>
<tr><td>$\frac{3}{4}$连续堵转转矩</td><td>160±1</td></tr>
<tr><td rowspan="3">110 及以上</td><td rowspan="3">水平或垂直</td><td>空载</td><td>170±1</td></tr>
<tr><td>$\frac{1}{2}$连续堵转转矩</td><td>170±1</td></tr>
<tr><td>$\frac{3}{4}$连续堵转转矩</td><td>160±1</td></tr>
<tr><td colspan="5">注 1：L 是由产品专用技术条件规定的低温值。
注 2：H 是由产品专用技术条件规定的高温值。
注 3：在每一轴伸位置，电机正、反方向旋转时间各为 50%。
注 4：电机试验 24 h 改变一次转向，在每次改变轴伸位置和运行方式时，允许清理换向器表面的碳粉。</td></tr>
</table>

5.33 盐雾

5.33.1 技术要求

当有要求时，电机应能承受16 h盐雾腐蚀。试验后，电机应拆开检查，任何部位不能有明显的腐蚀迹象和破坏性变质。

5.33.2 试验方法

电机按GB/T 7345规定的方法进行试验。试验后应符合5.33.1的要求。

6 试验条件

6.1.1 大气条件

试验的大气条件按GB/T 7345的规定。

6.1.2 试验电源

纹波电压：满载输出时，不大于0.5%；

电压稳定度：当电网电压在220 V的±10%范围内变动，负载电流不变时，输出直流电压变化不大于0.5%。

6.1.3 测试仪表精度

测试仪表精度：A组检验不低于1级；鉴定检验和C组检验不低于0.5级。

转矩测试装置的精度不低于1%。

6.1.4 稳速转台精度

稳速转台的稳速精度不低于0.5%。

6.1.5 电机的安装

如无特殊规定，试验时电机应轴向水平安装。430机座号以上的电机允许垂直安装。

7 检验规则

7.1 检验分类

a) 鉴定检验；

b) 质量一致性检验。

7.2 鉴定检验

7.2.1 鉴定检验时机和条件

当有要求时，鉴定检验应在国家认可的实验室按通用技术条件规定进行。

有下列情况之一时，应进行C组检验：

a) 新产品设计确认前；

b) 已鉴定产品设计或工艺变更时；

c) 已鉴定产品关键原材料、原器件变更时；

d) 产品制造场所改变时。

7.2.2 样机数量

从批产品中随机抽取六台样机，其中四台供鉴定检验用，另外两台保存备用。

注：定型批产品数量不足六台时，应全数提交鉴定检验。但供鉴定检验样机数量不得少于两台。

7.2.3 检验程序

鉴定检验项目、基本顺序和样机编号由产品专用技术条件参照表11规定进行。

表 11

序号	检 验 项 目	技术要求和试验方法条款	鉴定检验样机编号	质量一致性检验	
				A 组检验	C 组检验
1	引出线或接线端出线方式和标记	5.1.1.1 和 5.1.2.1	1,2,3,4	√	—
2	引出线或接线端强度	5.1.1.2 和 5.1.2.2	1,2,3,4	—	√
3	外观	5.2	1,2,3,4	√	—
4	外形和安装尺寸	5.3	1,2,3,4	√	—
5	径向间隙[a,c]	5.4	1,2,3,4	√	—
6	轴向间隙[a]	5.5	1,2,3,4	√	—
7	轴伸径向圆跳动[a]	5.6	1,2,3,4	√	—
8	安装配合面的同轴度[a]	5.7	1,2,3,4	√	—
9	安装配合端面的垂直度[a]	5.8	1,2,3,4	√	—
10	绝缘介电强度	5.9	1,2,3,4	√	—
11	绝缘电阻	5.10	1,2,3,4	√	—
12	旋转方向	5.11	1,2,3,4	√	—
13	电枢电阻	5.12	1,2,3,4	—	√
14	电枢电感	5.13	1,2,3,4	—	√
15	最大空载转速	5.14	1,2,3,4	√	—
16	峰值堵转转矩和峰值堵转电压	5.15	1,2,3,4	√	—
17	连续堵转转矩和连续堵转电压	5.16	1,2,3,4	√	—
18	转矩灵敏度	5.17	1,2,3,4	√	—
19	励磁静摩擦力矩[a]	5.18	1,2,3,4	√	—
20	空载启动电压[c]	5.19	1,2,3,4	√	—
21	转矩波动系数	5.20	1,2	—	√
22	粘性阻尼系数	5.21	1,2,3,4	—	√
23	电气时间常数	5.22	1,2,3,4	—	√
24	质量	5.23	1,2	—	—
25	转矩-电流特性线性度	5.24	1,2,3,4	—	√
26	转子转动惯量	5.25	1,2	—	—
27	温升	5.26	1,2,3,4	—	√
28	低温	5.27	3,4	—	√
29	高温	5.28	3,4	—	√
30	振动[b,d]	5.29	3,4	—	√
31	冲击[b,d]	5.30	3,4	—	√
32	恒定湿热[c]	5.31	3,4	—	√
33	寿命[c,d]	5.32	1,2	—	√
34	盐雾[c]	5.33	1,2	—	—

注:"√"表示进行该项目检验,"—"表示不进行该项检验。

[a] 分装式电机不检验;

[b] 分装式电机可用部件进行检验;

[c] 当有要求时,需进行检验的项目;

[d] 分装式电机可随整机考核,在试验得出结论前不影响电机鉴定。

7.2.4 检验结果的评定

7.2.4.1 合格

鉴定检验用样机的全部项目检验符合要求，则鉴定检验合格。

7.2.4.2 不合格

只要有一台样机的任一项目不符合要求，则鉴定检验不合格。

7.2.4.3 偶然失效

当鉴定部门确定电机某一不合格项目属于孤立性质的偶然失效时，允许在每次提交的样机中取一台备用样机代替失效样机，并补做失效发生前(包括失效时)的所有项目。然后继续试验，若再有一台样机的任一个项目不符合要求，则鉴定检验不合格。

7.2.4.4 性能降低

样机经环境试验后，允许出现不影响其使用的性能降低，性能降低的允许值由产品专用技术条件规定。

7.2.4.5 环境试验期间和试验后的性能严重降低

样机在环境试验期间和试验后，出现影响其使用的性能严重降低时，鉴定部门可以采取两种方式：或者认为鉴定不合格，或者当一台样机出现失效时，允许用新的两台样机代替，并补做失效发生前(包括失效时)的所有试验，然后补足原样机数量继续试验，若再有一台样机的任一个项目不合格，则鉴定检验不合格。

7.2.4.6 同类型产品鉴定检验

当某一类同机座号的两个及两个以上型号的电机同时提交鉴定检验时，每种型号均应提交四台样机，所有样机应通过质量一致性中的 A 组检验，然后选取四台有代表性的不同型号的样机进行其余项目的试验。试验结果评定按 7.2.3 规定。任一台样机的任一项目不合格，则其所有的电机鉴定检验不合格。本检验不允许样机替换。

若鉴定检验合格，则同时提交的所有型号的电机均鉴定合格。

对此后制造的同类同机座电机或对原型号设计更改的电机应进行差异性鉴定检验，差异性鉴定检验合格，则认为该型号电机鉴定检验合格。

7.3 质量一致性检验

质量一致性检验分为 A 组和 C 组检验。

a) A 组检验是为了证实电机产品是否满足常规质量要求所进行的出厂检验。

b) C 组检验是周期性的检验。

7.3.1 A 组检验

A 组检验项目及基本顺序按表 11 规定进行。

A 组检验可以抽样或逐台进行。抽样按 GB/T 2828.1 中检验水平Ⅱ，一次抽样方案进行，接收质量限(AQL 值)，由使用方和制造方协商选定。

逐台检验中，电机若有一项或一项以上不合格，则该电机为不合格品。

A 组检验合格，则除抽样中的不合格电机之外，用户应整批接收。

若 A 组检验不合格，则整批拒收，由制造商消除缺陷并剔除不合格品后，再次提交 A 组检验。

注：表 11 所列项目，由制造商根据电机特点和质量控制要求程度选择使用。所选项目应满足法律法规和用户要求。

7.3.2 C 组检验

C 组检验项目及基本顺序按表 11 规定进行。

7.3.2.1 检验时机

有下列情况之一时，一般应进行 C 组检验：

a) 相关项目检验；

b) A组检验结果与鉴定检验结果发生较大偏差时；

c) 周期检验。除非另有规定，每两年应至少进行一次；

d) 政府或行业监管产品质量或用户要求时。

7.3.2.2 **检验规则**

C组检验项目及基本顺序按表11规定进行。

C组检验样机从已通过A组检验的产品中抽取，对未作过A组检验的样机应补作A组检验项目的试验，待合格后方能进行C组检验其余项目的试验。

C组检验样机数量及检验结果评定按7.2.1和7.2.3的规定。

若C组检验不合格，由制造商消除不合格原因后，重新进行C组检验。

8 交付准备

8.1 总则

除非另有规定，交付的电机应是通过设计确认后制造的，且A组检验合格的产品。

8.2 包装

电机包装应符合JB/T 8162—1999的规定，制造商应确保产品通过包装能得到有效防护。

8.3 运输

包装的电机在运输过程中应小心轻放，避免碰撞和敲击，严禁与酸碱等腐蚀性物质放在一起。制造商应将通过标识和协议方式将运输条件告知用户承运商。

8.4 储存

电机应储存在环境温度为－10℃～35℃，相对湿度不大于85%，清洁且通风良好的库房内，空气中不得含有腐蚀性气体。储存期分为一年、三年和五年，由制造商规定。制造商应将储存条件和储存期告知用户。

8.5 保证期

保证期系制造商就电机正确储存和使用期限而向用户的承诺。

保证期是从产品出厂之日算起的存放期(包括运输期)与保用期之和。

保用期从电机包装起封开始计算，分为一年和两年半两种。由产品专用技术条件规定。

在正确存放和使用电机的情况下，制造商应保证电机在保用期(不超过保证工作期限)内正常工作。如在保用期内电机因制造质量不良而发生损坏或不能正常工作时，制造商应负责维修或更换。

附 录 A
（资料性附录）
产 品 型 号

A.1 型号命名

电机型号按 GB/T 10405 的规定由下列部分组成

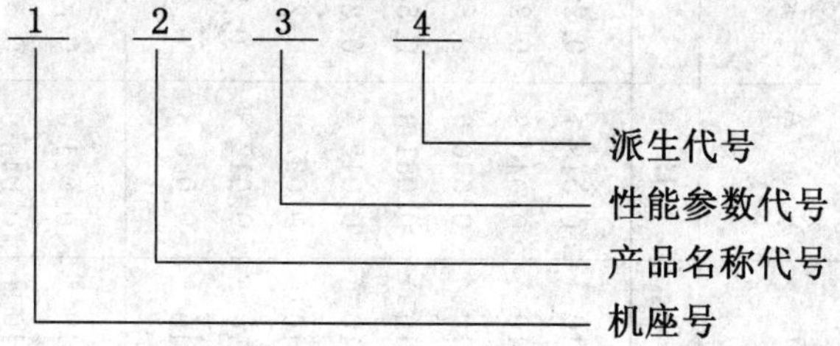

A.2 机座号

机座号以电机机座外圆直径表示(mm)，若外圆直径基本尺寸非整数时，应取整数部分。

A.3 产品名称代号

LY——永磁式直流力矩电动机(铝镍钴)；
LYX——永磁式直流力矩电动机(稀土钐钴)；
LYN——永磁式直流力矩电动机(钕铁硼)。

A.4 性能参数代号

性能参数代号由 2 位(稀土磁钢)或 3 位(铝镍钴磁钢)数字组成，铝镍钴磁钢电机的第一位数字 5 表示 5 类磁钢，8 表示 8 类磁钢；后面的数字及稀土磁钢电机的两位数字为序号，由 01～99 给出。

A.5 派生代号

派生代号用大写汉语拼音字母 A、B……表示，但不得使用 I、O 字母。用字母 Z 表示组装式电机，其他字母的含义由产品专用技术条件规定。

示例：

55LY501 系指 55 机座号第一个五类铝镍钴永磁式直流力矩电动机产品。

55LY801-Z 系指 55 机座号第一个八类铝镍钴永磁式直流力矩电动机组装式产品。

附 录 B
（资料性附录）
技术性能参数表

表 B.1

序号	型号	峰值堵转				最大空载转速/r/min (≤)	连续堵转				电机常数/N·m/$\sqrt{M}$ (≥)	转矩灵敏度/N·m/A (≥)	转子转动惯量/kg·m^2 (≤)	电气时间常数/ms (≤)	电枢轴向长度/mm	质量/kg (≤)
		转矩/N·m (≥)	电流/A	电压/V (±12.5%)	功率/W (±12.5%)		转矩/N·m (≥)	电流/A	电压/V (±12.5%)	功率/W (±12.5%)						
1	2	3	4	5	6	7	8	9	10	11	12	13	15	16	17	18
1	36LY501	0.049	2.7	12	32.4	5 800	0.014 7	0.81	3.6	2.92	8.61×10^{-3}	0.018 1	0.294×10^{-5}	0.5	16	0.05
2	36LY502	0.049	1.2	27	32.4	5 800	0.014 7	0.36	8.1	2.92	8.61×10^{-3}	0.040 8	0.264×10^{-5}	0.5	16	0.05
3	36LY503	0.098	3.2	12	38.4	3 500	0.029 4	0.96	3.6	3.46	15.8×10^{-3}	0.030 6	0.588×10^{-5}	0.6	21	0.1
4	36LY504	0.098	1.6	27	43.2	3 500	0.029 4	0.45	8.1	3.9	14.9×10^{-3}	0.061 3	0.588×10^{-5}	0.6	21	0.1
5	36LY801	0.078	6.3	12	75.6	6 300	0.021 6	1.77	3.2	5.66	8.97×10^{-3}	0.012 4	0.294×10^{-5}	0.45	25	0.12
6	36LY802	0.078	2.8	27	75.6	6 300	0.021 6	0.8	1.7	6.16	8.97×10^{-3}	0.027 9	0.294×10^{-5}	0.45	25	0.11
7	36LY803	0.157	8.8	12	105.6	4 600	0.040 2	2.3	3.2	7.36	15.3×10^{-3}	0.017 8	0.49×10^{-5}	0.6	35	0.22
8	36LY804	0.157	3.9	27	105.3	4 600	0.040 2	1.0	6.9	6.9	15.3×10^{-3}	0.040 3	0.49×10^{-5}	0.6	35	0.22
9	45LY501	0.061	2.9	12	34.8	4 200	0.024 5	1.16	4.8	5.57	10.3×10^{-3}	0.021 0	0.588×10^{-5}	0.8	18	0.08
10	45LY502	0.061	1.3	27	35.1	4 200	0.024 5	2.52	10.8	5.62	10.3×10^{-3}	0.046 9	0.588×10^{-5}	0.8	18	0.08
11	45LY503	0.123	3.3	12	30.6	2 700	0.049 0	1.32	4.8	6.34	19.5×10^{-3}	0.037 3	1.18×10^{-5}	1.2	23	0.15
12	45LY504	0.123	1.6	27	43.2	2 700	0.049 0	0.64	10.8	6.91	18.7×10^{-3}	0.076 9	1.18×10^{-5}	1.2	23	0.15
13	45LY801	0.147	5.8	12	69.6	3 600	0.047 1	1.9	4	7.6	17.6×10^{-3}	0.025 3	0.785×10^{-5}	0.6	25	0.18
14	45LY802	0.147	2.6	27	70.2	3 600	0.047 1	0.8	8.3	6.64	17.5×10^{-3}	0.056 5	0.785×10^{-5}	0.6	25	0.18
15	45LY803	0.294	8.3	12	99.6	2 500	0.088 3	2.5	3.5	8.75	29.5×10^{-3}	0.035 4	1.37×10^{-5}	1.0	35	0.33
16	45LY804	0.294	3.7	27	99.9	2 500	0.088 3	1.1	8	8.8	29.4×10^{-3}	0.079 5	1.37×10^{-5}	1.0	35	0.33
17	55LY501	0.123	3.1	12	37.2	2 400	0.063 8	1.61	6.24	10	20.2×10^{-3}	0.039 7	2.26×10^{-5}	0.8	19	0.13

表 B.1（续）

序号	型号	峰值堵转				最大空载转速/r/min (≤)	连续堵转				电机常数/N·m/$\sqrt{M}$ (≥)	转矩灵敏度/N·m/A (≥)	转子转动惯量/kg·m² (≤)	电气时间常数/ms (≤)	电枢轴向长度/mm	质量/kg (≤)
		转矩/N·m (≥)	电流/A	电压/V (±12.5%)	功率/W (±12.5%)		转矩/N·m (≥)	电流/A	电压/V (±12.5%)	功率/W (±12.5%)						
1	2	3	4	5	6	7	8	9	10	11	12	13	15	16	17	18
18	55LY502	0.123	1.37	27	37	2 400	0.063 8	0.71	14	9.94	20.2×10^{-3}	0.089 8	2.26×10^{-5}	0.8	19	0.13
19	55LY503	0.245	3.8	12	45.6	1 500	0.127 5	1.98	6.25	12.4	36.3×10^{-3}	0.064 5	4.41×10^{-5}	1.2	24	0.25
20	55LY504	0.245	1.68	27	45.4	1 500	0.127 5	0.87	14	12.2	36.4×10^{-3}	0.146	4.41×10^{-5}	1.2	24	0.25
21	55LY801	0.245	6.7	12	80.4	2 300	0.090 2	2.5	4.5	11.25	27.3×10^{-3}	0.036 6	2.55×10^{-5}	0.75	25	0.24
22	55LY802	0.245	3	27	81	2 300	0.090 2	1.1	10	11	27.2×10^{-3}	0.081 7	2.55×10^{-5}	0.75	25	0.24
23	55LY803	0.490	9.6	12	115.2	1 700	0.180 5	3.4	4.3	14.62	45.7×10^{-3}	0.051 0	4.51×10^{-5}	1.1	35	0.45
24	55LY804	0.490	4.3	27	116.1	1 700	0.180 5	1.5	9.5	14.25	45.5×10^{-3}	0.114	4.51×10^{-5}	1.1	35	0.45
25	70LY501	0.314	1.79	27	48.3	1 400	0.111 6	0.96	14.5	13.92	45.2×10^{-3}	0.175	8.83×10^{-5}	1.5	24	0.3
26	70LY502	0.314	1.14	48	54.7	1 400	0.111 6	0.61	25.8	15.74	42.2×10^{-3}	0.275	8.83×10^{-5}	1.5	24	0.3
27	70LY503	0.637	2.26	27	61	900	0.343 3	1.22	14.5	13.7	81.6×10^{-3}	0.282	14.7×10^{-5}	2.5	31	0.6
28	70LY504	0.637	1.26	48	60.5	900	0.343 3	0.68	25.8	17.54	81.9×10^{-3}	0.506	14.7×10^{-5}	2.5	31	0.6
29	70LY801	0.490	3	27	81	1 550	0.196	1.2	10.8	13	54.4×10^{-3}	0.163	5.10×10^{-5}	1.4	33	0.6
30	70LY802	0.490	1.7	48	81.6	1 550	0.196	0.7	19.7	13.8	54.2×10^{-3}	0.288	5.10×10^{-5}	1.4	33	0.6
31	70LY803	0.981	4.4	27	118.8	1 100	0.382	1.7	10.4	17.7	90×10^{-3}	0.223	8.40×10^{-5}	1.8	48	1.2
32	70LY804	0.981	2.5	48	120	1 100	0.382	1.0	19.2	19.2	89.6×10^{-3}	0.392	8.40×10^{-5}	1.8	48	1.2
33	70LY805	1.471	5.7	27	153.9	500	0.569	2.2	10.3	22.7	118.6×10^{-3}	0.258	11.8×10^{-5}	2.5	63	1.7
34	70LY806	1.471	3.2	48	153.6	500	0.569	1.2	18.0	21.6	118.7×10^{-3}	0.460	11.8×10^{-5}	2.5	63	1.7
35	90LY501	0.686	2.3	27	62.1	750	0.392	1.31	15.4	20.2	87.1×10^{-3}	0.298	32.4×10^{-5}	2	26	0.55
36	90LY502	0.686	1.3	48	62.4	750	0.392	0.75	27.4	20.6	86.8×10^{-3}	0.528	32.4×10^{-5}	2	26	0.55
37	90LY503	1.373	2.7	27	72.9	450	0.785	1.54	15.4	24	100.1×10^{-3}	0.491	22.6×10^{-5}	2	33	1

表 B.1（续）

序号	型号	峰值堵转				最大空载转速/r/min (≤)	连续堵转				电机常数/N·m/$\sqrt{M}$ (≥)	转矩灵敏度/N·m/A (≥)	转子转动惯量/kg·m² (≤)	电气时间常数/ms (≤)	电枢轴向长度/mm	质量/kg (≤)
		转矩/N·m (≥)	电流/A	电压/V (±12.5%)	功率/W (±12.5%)		转矩/N·m (≥)	电流/A	电压/V (±12.5%)	功率/W (±12.5%)						
1	2	3	4	5	6	7	8	9	10	11	12	13	15	16	17	18
38	90LY804	1.373	1.5	48	72	450	0.785	0.86	27.4	31.28	176×10^{-3}	0.427	36.3×10^{-5}	3	48	1.8
39	90LY801	0.981	3.5	27	94.5	850	0.500	1.8	13.9	31.33	175.6×10^{-3}	0.763	36.5×10^{-5}	2	48	1.3
40	90LY802	0.961	2	48	96	850	0.500	1.0	24	41.4	233.2×10^{-3}	0.499	50.0×10^{-5}	3.4	63	2.5
41	90LY803	1.962	4.6	27	124.2	560	1.000	2.3	13.6	42	233.8×10^{-3}	0.392	50.0×10^{-5}	3.4	63	2.5
42	90LY804	1.962	2.6	48	124.8	560	1.000	1.3	24.1	31.33	175.6×10^{-3}	0.755	36.3×10^{-5}	3	48	1.8
43	90LY805	2.943	5.9	27	159.3	480	1.471	3	13.8	41.4	233.2×10^{-3}	0.499	50.0×10^{-5}	3.4	63	2.5
44	90LY806	2.943	3.3	48	158.4	480	1.471	1.7	24.7	42	233.8×10^{-3}	0.892	50.0×10^{-5}	3.4	63	2.5
45	110LY501	1.226	2.8	27	75.6	600	0.736	1.63	16.2	27.2	141×10^{-3}	0.436	66.7×10^{-5}	2	26	0.75
46	110LY502	1.226	1.69	48	81.1	600	0.736	1.01	28.8	29.1	136×10^{-3}	0.725	66.7×10^{-5}	2	26	0.75
47	110LY503	2.452	3.08	27	83.2	400	1.471	1.85	16.2	30	268.8×10^{-3}	0.796	118×10^{-5}	3	36	1.5
48	110LY504	2.452	1.93	48	92.6	400	1.471	1.16	28.8	33.4	254.8×10^{-3}	1.270	118×10^{-5}	3	36	1.5
49	110LY801	1.765	3.9	27	105.3	540	0.981	2.2	15.2	33.5	172×10^{-3}	0.453	63.7×10^{-5}	1.8	33	1.6
50	110LY802	1.765	2.2	48	105.6	540	0.981	1.2	26.2	31.4	171.8×10^{-3}	0.802	63.7×10^{-5}	1.8	33	1.6
51	110LY803	3.531	5.4	27	145.8	370	1.961	3	15	45	292.4×10^{-3}	0.654	104×10^{-5}	2.5	48	2.4
52	110LY804	3.531	3.9	48	187.2	370	1.961	1.7	27.2	46.24	258×10^{-3}	0.905	104×10^{-5}	2.5	48	2.4
53	110LY805	5.296	6.9	27	186.3	310	2.844	3.7	4.4	53.3	288×10^{-3}	0.768	144×10^{-5}	3.2	63	3.6
54	110LY806	5.296	3.9	84	187.2	310	2.844	2.1	25.8	54.2	387.1×10^{-3}	1.358	144×10^{-5}	3.2	63	3.6
55	130LY501	1.716	4.16	27	112.3	600	0.834	2	13	26	161.9×10^{-3}	0.413	128×10^{-5}	2	28	1.0
56	130LY502	1.716	2.58	48	123.8	600	0.834	1.25	23.3	29.1	154.2×10^{-3}	0.665	128×10^{-5}	2	28	1.0
57	130LY503	1.716	2.08	60	124.8	600	0.834	1	29	29	153.6×10^{-3}	0.825	128×10^{-5}	2	28	1.0
58	130LY504	3.432	5.46	27	147.4	400	1.667	2.65	13	34.5	282.7×10^{-3}	0.629	226×10^{-5}	3	38	1.8

表 B.1（续）

序号	型号	峰值堵转				最大空载转速/r/min（≤）	连续堵转				电机常数/N·m/$\sqrt{M}$（≥）	转矩灵敏度/N·m/A（≥）	转子转动惯量/kg·m²（≤）	电气时间常数/ms（≤）	电枢轴向长度/mm	质量/kg（≤）
		转矩/N·m（≥）	电流/A	电压/V（±12.5%）	功率/W（±12.5%）		转矩/N·m（≥）	电流/A	电压/V（±12.5%）	功率/W（±12.5%）						
1	2	3	4	5	6	7	8	9	10	11	12	13	15	16	17	18
59	130LY505	3.432	3.13	48	150.2	400	1.667	1.52	23.3	35.4	280×10^{-3}	1.096	226×10^{-5}	3	38	1.8
60	130LY506	3.43	2.58	60	154.8	400	1.67	1.25	29	36.3	275.7×10^{-3}	1.33	226×10^{-5}	3	38	1.8
61	130LY801	2.60	4.6	27	124.2	430	1.67	2.8	16.5	46.2	233.3×10^{-3}	0.57	137×10^{-5}	1.8	33	1.7
62	130LY802	2.60	2.1	60	126	460	1.67	1.3	37.2	48.4	231.6×10^{-3}	1.24	137×10^{-5}	1.8	33	1.7
63	130LY803	5.2	6.3	27	170.1	300	3.04	3.7	15.9	58.8	398.7×10^{-3}	0.83	226×10^{-5}	2.6	48	3.1
64	130LY804	5.2	2.8	60	168	300	3.04	1.6	34.2	54.7	401.2×10^{-3}	1.86	226×10^{-5}	2.6	48	3.1
65	130LY805	7.8	8	27	216	250	4.51	4.6	15.6	71.8	530.7×10^{-3}	0.98	314×10^{-5}	3.2	63	4.6
66	130LY806	7.8	3.6	60	216	250	4.51	2.1	35.1	73.7	530.7×10^{-3}	2.17	314×10^{-5}	3.2	63	4.6
67	160LY501	4.9	3.8	27	102.6	160	3.43	2.66	18.9	50.3	483.8×10^{-3}	1.29	588×10^{-5}	3	40	2.6
68	160LY502	4.9	2.1	48	100.8	160	3.43	1.47	33.6	49.4	488.1×10^{-3}	2.33	588×10^{-5}	3	40	2.6
69	160LY503	4.9	1.7	60	102	160	3.43	1.19	42	50	485.2×10^{-3}	2.88	588×10^{-5}	3	40	2.6
70	160LY504	7.36	4.3	27	116.1	130	5.15	3	18.9	56.7	683.1×10^{-3}	1.71	843×10^{-5}	4	50	3.9
71	160LY505	7.36	2.5	48	120	130	5.15	1.75	33.6	58.8	671.9×10^{-3}	2.94	843×10^{-5}	4	50	3.9
72	160LY506	7.36	1.9	60	114	130	5.15	1.33	42	55.9	689.3×10^{-3}	3.87	843×10^{-5}	4	50	3.9
73	160LY801	4.41	5.6	27	151.2	320	2.84	3.6	17.3	62.3	358.6×10^{-3}	0.79	402×10^{-5}	2	35	2.6
74	160LY802	4.41	2.5	60	150	320	2.84	1.6	38.4	61.4	360×10^{-3}	1.76	402×10^{-5}	2	35	2.6
75	160LY803	8.83	7.6	27	205.2	220	5.49	4.7	16.9	79.4	616.4×10^{-3}	1.16	667×10^{-5}	2.8	50	4.7
76	160LY804	8.83	3.4	60	204	220	5.49	2.1	37	77.7	618.2×10^{-3}	2.60	667×10^{-5}	2.8	50	4.7
77	160LY805	13.2	9.6	27	259.2	180	3.14	5.8	16.2	94	819.9×10^{-3}	1.38	942×10^{-5}	3.5	65	6.8
78	160LY806	13.2	4.3	60	258	180	3.14	2.6	36.4	94.6	821.8×10^{-3}	3.07	942×10^{-5}	3.5	65	6.8

表 B.1（续）

序号	型号	峰值堵转 转矩/N·m (≥)	峰值堵转 电流/A	峰值堵转 电压/V (±12.5%)	峰值堵转 功率/W (±12.5%)	最大空载转速/r/min (≤)	连续堵转 转矩/N·m (≥)	连续堵转 电流/A	连续堵转 电压/V (±12.5%)	连续堵转 功率/W (±12.5%)	电机常数/N·m/$\sqrt{M}$ (≥)	转矩灵敏度/N·m/A (≥)	转子转动惯量/kg·m² (≤)	电气时间常数/ms (≤)	电枢轴向长度/mm	质量/kg (≤)
1	2	3	4	5	6	7	8	9	10	11	12	13	15	16	17	18
79	200LY501	7.85	4.41	27	119	135	5.39	3	18.6	55.8	719.6×10^{-3}	1.78	127×10^{-5}	3	42	4
80	200LY502	7.85	2.62	48	125.8	135	5.39	1.8	33	55.9	699.9×10^{-3}	2.70	127×10^{-5}	3	42	4
81	200LY503	7.85	2.16	60	129.6	135	5.39	1.48	41.3	61.1	689.6×10^{-3}	3.63	127×10^{-5}	3	42	4
82	200LY504	11.8	5.25	27	141.8	115	8.34	3.7	19.1	70.7	990.9×10^{-3}	2.25	162×10^{-5}	4	52	5.5
83	200LY505	11.8	2.98	48	143	115	8.34	2.1	34	71.4	986.8×10^{-3}	3.96	162×10^{-5}	4	52	5.5
84	200LY506	11.8	2.62	60	157.2	115	8.34	1.85	42.5	78.6	941×10^{-3}	4.50	162×10^{-5}	4	52	5.5
85	200LY801	7.85	7	27	189	230	5.00	4.5	17.6	79.2	571×10^{-3}	1.12	100×10^{-5}	1.8	35	3.6
86	200LY802	7.85	3.2	60	192	230	5.00	2	37.6	75.2	566.5×10^{-3}	2.45	100×10^{-5}	1.8	35	3.6
87	200LY803	15.7	9.4	27	253.8	160	9.71	5.8	16.8	97.4	985.5×10^{-3}	1.67	167×10^{-5}	2.8	50	6.3
88	200LY804	15.7	4.3	60	258	160	9.71	2.7	37.8	102.1	977.4×10^{-3}	3.65	167×10^{-5}	2.8	50	6.3
89	200LY805	23.5	12	27	324	130	13.7	7	16.1	112.7	872.2×10^{-3}	1.96	232×10^{-5}	3.2	65	9
90	200LY806	23.57	5.4	60	324	130	13.7	3.2	35.5	113.6	872.2×10^{-3}	4.35	232×10^{-5}	3.2	65	9
91	250LY501	12.7	4.42	27	119.3	105	8.34	2.9	17.6	51	116.3×10^{-2}	2.87	245×10^{-4}	5	44	5.5
92	250LY502	12.7	2.8	48	134.4	105	8.34	1.84	31.4	57.8	109.5×10^{-2}	4.54	245×10^{-4}	5	44	5.5
93	250LY503	12.7	2.1	60	126	105	8.34	1.37	39	53.4	113.1×10^{-2}	6.05	245×10^{-4}	5	44	5.5
94	250LY504	19.6	7.15	27	193	80	12.8	4.65	17.6	81.8	141.1×10^{-2}	2.74	353×10^{-4}	6	54	7.5
95	250LY505	19.6	4.04	48	193.9	80	12.8	2.63	31.4	82.6	140.8×10^{-2}	4.85	353×10^{-4}	6	54	7.5
96	250LY506	19.6	3.2	60	192	80	12.8	2.1	39	81.9	141.5×10^{-2}	6.13	353×10^{-4}	6	54	7.5
97	250LY801	14.7	8.2	27	221.4	140	10.8	6	19.8	118.8	98.8×10^{-2}	1.79	317×10^{-4}	2.8	45	7.4
98	250LY802	14.7	3.7	60	222	140	10.8	2.7	43.7	118	98.7×10^{-2}	3.97	317×10^{-4}	2.8	45	7.4

表 B.1（续）

序号	型号	峰值堵转 转矩/N·m (≥)	峰值堵转 电流/A	峰值堵转 电压/V (±12.5%)	峰值堵转 功率/W (±12.5%)	最大空载转速/r/min (≤)	连续堵转 转矩/N·m (≥)	连续堵转 电流/A	连续堵转 电压/V (±12.5%)	连续堵转 功率/W (±12.5%)	电机常数/N·m/$\sqrt{M}$ (≥)	转矩灵敏度/N·m/A (≥)	转子转动惯量/kg·m² (≤)	电气时间常数/ms (≤)	电枢轴向长度/mm	质量/kg (≤)
1	2	3	4	5	6	7	8	9	10	11	12	13	15	16	17	18
99	250LY803	29.4	11.1	27	299.7	100	20.6	7.8	18.7	145.9	169.8×10^{-3}	2.65	507×10^{-5}	4	65	13
100	250LY804	29.4	5.0	60	300	100	20.6	3.5	42	147	169.7×10^{-3}	5.88	507×10^{-5}	4	65	13
101	250LY805	44.1	13.9	27	375.3	80	31.4	9.9	18.8	186.1	227.6×10^{-3}	3.17	698×10^{-5}	4.8	85	18.6
102	250LY806	44.1	6.3	60	378	80	31.4	4.5	42.8	192.6	226.8×10^{-3}	7.00	698×10^{-5}	4.8	85	18.6
103	320LY501	19.6	2.42	60	145.2	70	14.7	1.81	45	81.5	162.7×10^{-3}	8.10	706×10^{-4}	5	50	8
104	320LY502	19.6	1.41	110	155.1	70	14.7	1.06	82.5	87.5	157.4×10^{-3}	13.9	706×10^{-4}	5	50	8
105	320LY503	29.4	3.2	60	192	55	22.1	2.4	45	108	212.2×10^{-3}	9.19	$1\,059\times10^{-4}$	6	60	12
106	320LY504	29.4	1.55	110	170.5	55	22.1	1.16	82.5	95.7	225.2×10^{-3}	18.97	$1\,059\times10^{-4}$	6	60	12
107	320LY505	39.2	3.81	60	228.6	50	29.4	2.85	45	128.3	259.3×10^{-3}	10.3	$1\,373\times10^{-4}$	7	70	15
108	320LY506	39.2	1.98	110	217.8	50	29.4	1.485	82.5	122.5	265.6×10^{-3}	19.8	$1\,373\times10^{-4}$	7	70	15
109	320LY801	24.5	4.7	60	282	110	19.6	3.8	48.6	184.7	145.9×10^{-3}	5.21	858×10^{-4}	3.2	45	10.3
110	320LY802	24.5	2.6	110	286	110	29.4	2.1	88.8	186.5	144.9×10^{-3}	9.42	858×10^{-4}	3.2	45	10.3
111	320LY803	49.0	6.3	60	376	70	38.2	4.9	46.6	228	252.7×10^{-3}	7.78	$1\,402\times10^{-4}$	5.5	65	18.3
112	320LY804	49.0	3.5	110	385	70	38.2	2.7	84.8	229	249.7×10^{-3}	14.0	$1\,402\times10^{-4}$	5.5	65	18.3
113	320LY805	73.6	8	60	480	60	56.9	6.2	46.5	288.3	335.9×10^{-3}	9.20	$1\,942\times10^{-4}$	6	85	26.4
114	320LY806	73.6	4.4	110	484	60	74.5	3.4	85	289	334.9×10^{-3}	16.7	$1\,942\times10^{-4}$	6	85	26.4
115	320LY807	98.1	9.7	60	582	50	74.5	7.4	45.9	339.7	406.6×10^{-3}	10.1	$2\,373\times10^{-4}$	7	105	31
116	320LY808	98.1	5.3	110	583	50	74.5	4	83.2	332.8	406.3×10^{-3}	18.5	$2\,373\times10^{-4}$	7	105	31

附　录　C
（资料性附录）
铝镍钴磁钢电机推荐外形及安装尺寸

以定子外圆及转子轴孔安装，安装型式如图C.1和图C.2所示，五类铝镍钴磁钢分装式电机，尺寸应符合表C.1规定；八类铝镍钴磁钢分装式电机，尺寸应符合表C.2规定。

组装式之一：

以端部止口及螺孔安装，安装型式如图C.3所示，五类铝镍钴磁钢组装式电机，尺寸应符合表C.3规定；八类铝镍钴磁钢组装式电机，尺寸应符合表C.4规定。

组装式之二：

以方形凸缘安装，安装型式如图C.4所示，五类铝镍钴磁钢组装式电机，尺寸应符合表C.5规定；八类铝镍钴磁钢组装式电机，尺寸应符合表C.6规定。

稀土磁钢电机的推荐外形及安装尺寸待补充。

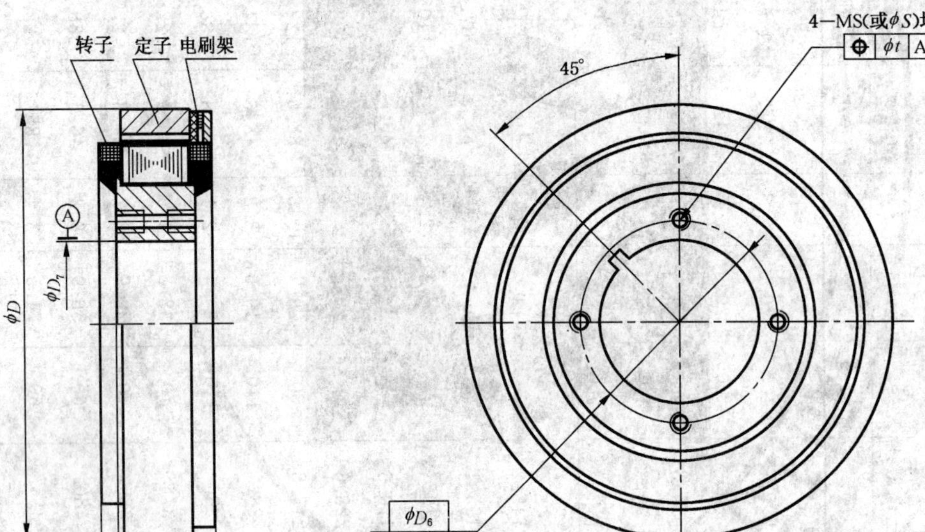

图 C.1

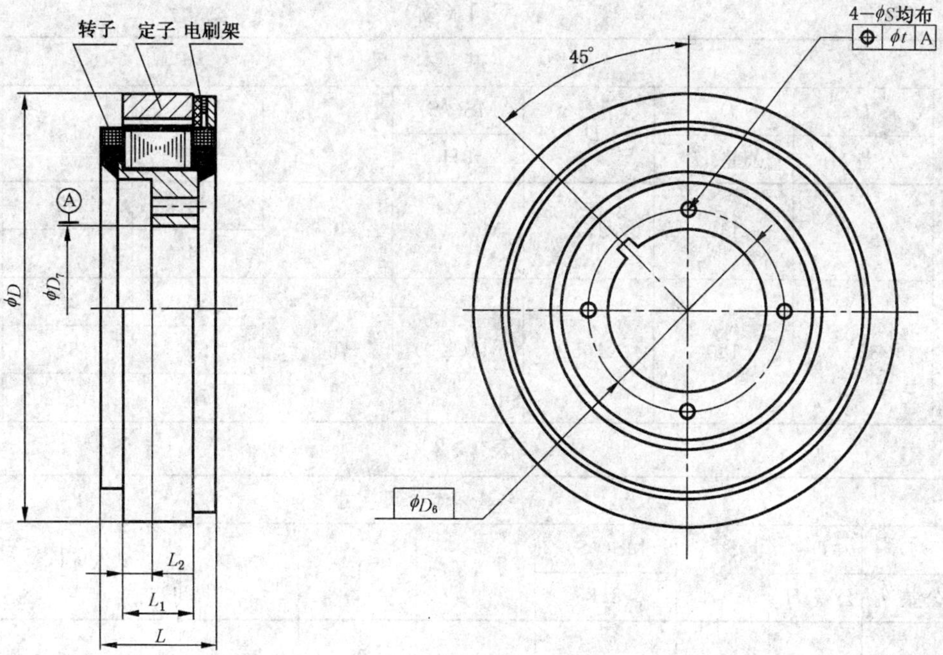

图 C.2

表 C.1

单位为毫米

机座号	基本尺寸							
	D 公差 h_7	D_7 公差 H_7	D_6	MS(φS) 8H	t	L	L_1	L_2
36	36	4	8.5	M2(2.4)	0.1	16	6	1
						21	11	
45	45	6	11	M2(3.0)	0.2	18	7	0.8
						23	12	
55	55	10	15	M2(3.0)	0.2	19	7	0.8
						24	12	
70	70	16	22	M2(3.0)	0.4	24	9	0.8
						31	17	
90	90	25	32	M3(3.4)	0.4	26	12	1
						36	22	
110	110	40	48	M4(4.5)	0.4	26	12	1
						36	22	
130	130	60	70	M4(4.5)	0.4	28	12	1
						38	22	
160	160	80	90	M5(5.5)	0.4	40	22	2
						50	32	
200	200	100	110	M5(5.5)	0.6	42	22	3.5
						52	32	

表 C.1（续） 单位为毫米

机座号	基本尺寸							
	D 公差 h_7	D_7 公差 H_7	D_6	MS(ϕS) 8H	t	L	L_1	L_2
250	250	140	152	M6(6.6)	0.6	44	22	7
						54	32	
320	320	180	165	M8(9.0)	0.8	50	22	7
						60	32	
						70	42	

表 C.2 单位为毫米

机座号	基本尺寸								轴孔键槽	
	D 公差 h_6	D_7 公差 H_7	D_6	MS(ϕS) 8H	t	L	L_1	L_2	宽	高
36	36	6	10	M2(2.4)	0.4	25	10	7	—	—
						35	20			
45	45	10	15	M2(3.0)	0.4	25	10	7	—	—
						35	20			
55	55	20	25	M2(3.0)	0.4	25	10	7	—	—
						35	20			
70	70	10	16	M2(3.0)	0.4	33	15	8.5	—	—
						48	30			
						63	45			
90	90	30	36	M3(3.4)	0.4	33	15	8.5	—	—
						48	30			
						63	45			
110	110	50	56	M4(4.5)	0.4	33	15	8.5	—	—
						48	30			
						63	45			
130	130	70	76	M4(4.5)	0.4	33	15	8.5	—	—
						48	30			
						63	45			
160	160	90	98	M5(5.5)	0.6	35	15	9.5	5	2.1
						50	30			
						65	45			
200	200	130	138	M5(5.5)	0.6	35	15	9.5	5	2.1
						50	30			
						65	45			

表 C.2（续） 单位为毫米

机座号	基本尺寸									
	D	D_7	D_6	MS(ϕS)	t	L	L_1	L_2	轴孔键槽	
	公差 h_6	公差 H_7		8H					宽	高
250	250	160	168	M6(6.6)	0.6	45	20	6	6	2.1
						65	40			
						85	60			
320	320	225	233	M8(9.0)	0.8	45	20	6	5	2.1
						65	40			
						85	60			
						105	80			

图 C.3

表 C.3 单位为毫米

机座号	基本尺寸											
	D_2	h	D	D_6	MS	t	D_3	L_1	E	L_2	E_1	$L\leqslant$
	公差 h_7	公差±0.1	公差 h_{10}		公差 8H		公差 f_7					
36	36	2.5	48	42	M3	0.2	4	12	12	6	6	32
												37
45	45	2.5	58	51	M3	0.2	4	12	12	6	6	37
												42

表 C.3（续）

单位为毫米

机座号	基本尺寸											
	D_2 公差 h_7	h 公差±0.1	D 公差 h_{10}	D_6	MS 公差 8H	t	D_3 公差 f_7	L_1	E	L_2	E_1	$L\leqslant$
55	55	2.5	70	62	M3	0.2	6	18	16	7	6	35
												40
70	70	3	85	77	M4	0.2	8	22	20	13	12	40
												50
90	90	3	105	97	M4	0.2	9	22	20	13	12	45
												55
110	110	4	130	120	M5	0.4	11	25	23	13	12	50
												60
130	130	5	150	140	M5	0.4	14	32	30	16	15	50
												60
160	160	6	180	170	M6	0.4	16	42	40	16	15	70
												80

表 C.4

单位为毫米

机座号	基本尺寸											
	D_2 公差 h_7	h 公差±0.1	D 公差 h_{10}	D_6	MS 公差 8H	t	D_3 公差 f_7	L_1	E	L_2	E_1	$L\leqslant$
36	36	2.5	48	42	M3	0.2	4	12	12	6	6	53
												63
45	45	2.5	58	51	M3	0.2	4	12	12	6	6	55
												65
55	55	2.5	70	62	M3	0.3	6	18	18	7	6	59
												69
70	70	3	85	77	M4	0.3	8	22	220	13	12	70
												85
												100
90	90	3	105	97	M4	0.3	9	22	20	13	12	72
												87
												102
110	110	4	130	120	M5	0.3	11	25	23	13	12	75
												90
												105
130	130	5	150	140	M5	0.3	14	32	30	16	15	80
												95
												110

表 C.4（续）

单位为毫米

机座号	基本尺寸											
	D_2 公差 h_7	h 公差±0.1	D 公差 h_{10}	D_6	MS 公差 8H	t	D_3 公差 f_7	L_1	E	L_2	E_1	$L\leqslant$
160	160	6	180	170	M6	0.3	16	42	40	16	15	91
												106
												121

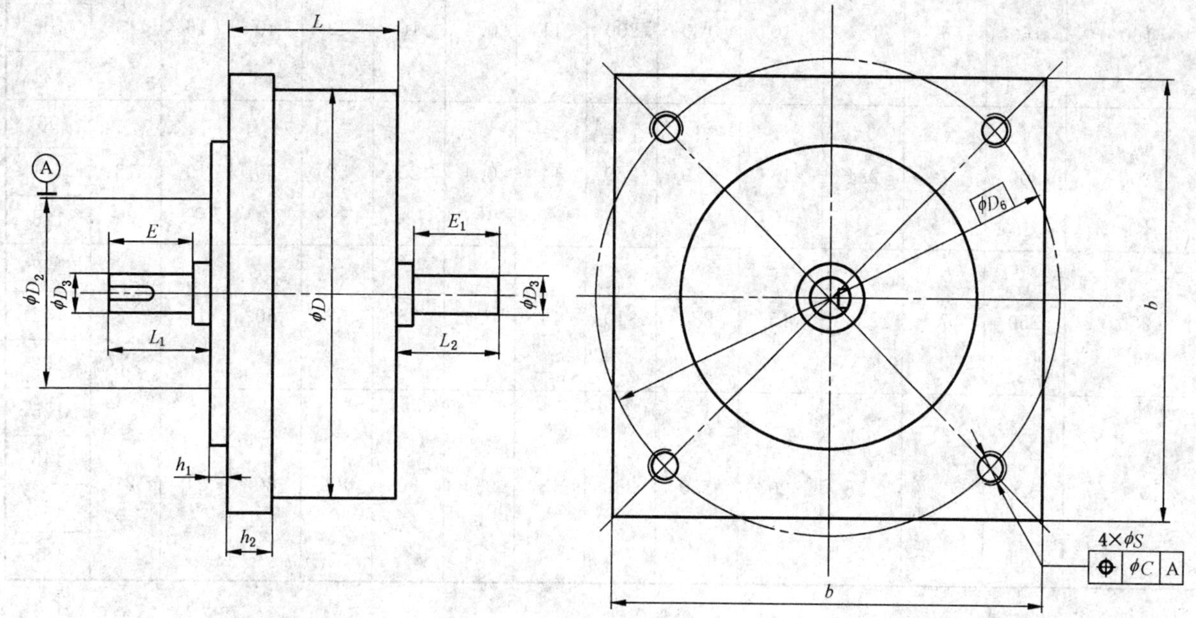

图 C.4

表 C.5

单位为毫米

机座号	D_2 公差 h_7	h_1 公差 h_{12}	b	h_2 公差 ±0.1	D 公差 h_{10}	D_6	ϕS	t	D_3 f_7	L_1	E	L_2	E_1	$L\leqslant$
130	130	5	154	10	150	170	9	0.4	14	32	30	16	15	50
														60
160	160	6	184	10	180	200	9	0.4	16	42	40	16	15	70
														80
200	200	7	224	15	220	250	12	0.6	20	52	50	19	18	75
														85
250	250	7	286	15	280	310	12	0.6	25	62	60	19	18	75
														85
320	320	8	358	20	350	380	16	0.6	30	82	80	21	20	85
														95
														105

表 C.6 单位为毫米

机座号	D_2	h_1	b	h_2	D	D_6	ϕS	t	D_3	L_1	E	L_2	E_1	$L\leqslant$
	公差 h_7	公差 h_{12}		公差 ±0.1	公差 h_{10}				f_7					
130	130	5	154	10	150	170	11	0.4	14	32	30	16	15	80
														95
														110
160	160	6	184	10	180	200	11	0.4	16	42	40	16	15	91
														106
														121
200	200	7	224	15	220	250	14	0.4	20	52	50	19	18	96
														111
														126
250	250	7	286	15	280	310	14	0.4	25	62	60	19	18	122
														142
														162
320	320	8	358	20	350	380	18	0.4	30	82	80	21	21	125
														145
														165
														185

附 录 D
（资料性附录）
平键键槽轴伸及尺寸

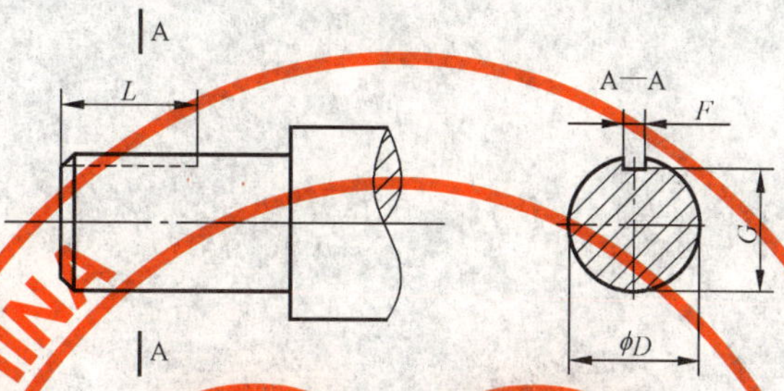

图 D.1

表 D.1

单位为毫米

机座号	轴伸直径 D	轴伸型式	键槽尺寸 F	键槽尺寸 G	键槽尺寸 l	键尺寸 型式	键尺寸 宽	键尺寸 高
			−0.03	h_{11}				
36	4	光轴伸	—	—	—	—	—	—
45	4	光轴伸	—	—	—	—	—	—
55	6	光轴伸	—	—	—	—	—	—
70	8	键槽轴伸	3	6	12	平键	3	3
90	9	键槽轴伸	3	7	12	平键	3	3
110	11	键槽轴伸	4	8.5	12	平键	4	4
130	14	键槽轴伸	5	11	14	平键	5	5
160	16	键槽轴伸	5	11	16	平键	5	5
200	20	键槽轴伸	6	16.5	20	平键	6	6
250	25	键槽轴伸	8	21	22	平键	8	7
320	30	键槽轴伸	8	26	25	平键	8	7

注：键的材料采用抗压强度不小于 588 N/mm^2 的钢材。

ICS 13.310
A 91

中华人民共和国国家标准

GB/T 10408.8—2008
代替 GB/T 10408.8—1997

振动入侵探测器

Vibration intrusion detector

2008-09-24 发布　　2009-08-01 实施

中华人民共和国国家质量监督检验检疫总局
中国国家标准化管理委员会　发布

前　言

GB/T 10408《入侵探测器》分为九个部分：

——第1部分：通用要求；

——第2部分：室内用超声波多普勒探测器；

——第3部分：室内用微波多普勒探测器；

——第4部分：主动红外入侵探测器；

——第5部分：室内用被动红外探测器；

——第6部分：微波和被动红外复合入侵探测器；

——第7部分：超声和被动红外复合入侵探测器(已废止)；

——第8部分：振动入侵探测器；

——第9部分：室内用被动式玻璃破碎探测器。

本部分为GB/T 10408的第8部分。

本部分代替GB/T 10408.8—1997《振动入侵探测器》，与GB/T 10408.8—1997相比，主要差别的内容包括：

——修改了术语和定义；

——本部分在模拟试验方法上略有改进；

——本部分根据保险柜的结构不同，对保险柜振动入侵探测器提出了不同的要求；

——本部分在原标准的产品分类中又增加了ATM机振动入侵探测器。

本部分由中华人民共和国公安部提出。

本部分由全国安全防范报警系统标准化技术委员会(SAC/TC 100)归口。

本部分起草单位：北京康明技通技术开发有限公司、公安部安全与警用电子产品质量检测中心、公安部安全防范报警系统质量监督检验测试中心、深圳市美安科技有限公司、深圳豪恩科技股份有限公司、霍尼韦尔安防(中国)有限公司、深圳市乐可利电子有限公司、泉州市科立信安防电子有限公司、广州天网安防科技有限公司、全国安全防范报警系统标准化技术委员会。

本部分主要起草人：刘占林、郭立、牟晓生、周群、皮幼林、仲岩、钱志雄、戴乐平、颜冰、邱亮南。

本部分所代替标准的历次版本情况为：

——GB/T 10408.8—1997。

振动入侵探测器

1 范围

GB/T 10408 的本部分规定了振动入侵探测器的分类、技术要求、检验方法，是振动入侵探测器设计、制造和验收的技术依据。

本部分适用于安全防范报警系统中振动入侵探测器。

2 规范性引用文件

下列文件中的条款通过 GB/T 10408 的本部分的引用而成为本部分的条款。凡是注日期的引用文件，其随后所有的修改单(不包括勘误的内容)或修订版均不适用于本部分，然而，鼓励根据本部分达成协议的各方研究是否可使用这些文件的最新版本。凡是不注日期的引用文件，其最新版本适用于本部分。

GB 4208—2008 外壳防护等级(IP 代码)(IEC 60529:2001,IDT)

GB 10408.1—2000 入侵探测器 第 1 部分:通用要求(idt IEC 60839-2-2:1987)

GB/T 15211—1994 报警系统环境试验

3 术语和定义

下列术语和定义适用于本部分。

3.1

振动入侵探测器 vibration intrusion detector

在探测范围内能对入侵者引起的机械振动(冲击)产生报警信号的装置。一般由振动传感器、信号处理器组成。

3.2

振动传感器 vibration transducer

振动入侵探测器中敏感振动冲击并转换成电信号的部件。

3.3

探测器灵敏度 detector sensitivity

引起探测器产生报警信号的最小冲击加速度。

3.4

探测范围 detection range

当朝向或背向振动传感器走动或用工具敲击传感介质而引起报警信号的最远点的集合所包围的区域。

3.5

地音振动入侵探测器 geophone vibration intrusion detector

在探测范围内，能探测行人或车辆运动等引起的地质机械振动而产生报警信号的探测装置。

3.6

建筑物振动入侵探测器 building vibration intrusion detector

在探测范围内，能响应由于对建筑物进行机械冲击而产生报警信号的探测装置。

3.7

保险柜振动入侵探测器　safe vibration intrusion detector

能响应由于保险柜受到打击或破坏性开启引起的冲击而产生报警信号的探测装置。

3.8

ATM 机振动入侵探测器　ATM device vibration intrusion detector

能响应由于 ATM 机受到打击或破坏性开启引起的冲击而产生报警信号的探测装置。

4　产品分类

按警戒对象分类：

a)　地音振动入侵探测器；

b)　建筑物振动入侵探测器；

c)　保险柜振动入侵探测器；

d)　ATM 机振动入侵探测器。

5　技术要求

5.1　外观及结构要求

5.1.1　外观

振动入侵探测器的外形尺寸应与相应的图纸相符，外壳表面应无划伤、裂纹、起泡、缺口、毛刺和变形，金属表面涂覆不能露出底层并无腐蚀和砂眼等缺陷，并有明显、清晰的标志。

5.1.2　外壳防护要求

探测器外壳防护等级应符合 GB 4208—2008 的规定。其中室内用探测器应达到 IP43 等级要求，室外用探测器应达到 IP55 等级。

5.2　电性能要求

5.2.1　报警功能

5.2.1.1　地音振动入侵探测器

单人在规定的探测范围内行走，符合表 1 的规定时，探测器应产生报警信号。

5.2.1.2　建筑物振动入侵探测器

在探测范围内，当有人用工具对建筑物进行打击，符合表 1 规定时，探测器应产生报警信号。

5.2.1.3　保险柜振动入侵探测器

当使用普通机械工具、电动工具等对装有振动入侵探测器的保险柜进行破坏性开启时引起的机械振动(冲击)，符合表 1 规定时，探测器应能响应且产生报警信号。

5.2.1.4　ATM 机振动入侵探测器

当使用普通机械工具、电动机械工具等，对装有振动入侵探测器的 ATM 机进行破坏性开启时引起的机械振动(冲击)，符合表 1 规定时，探测器应能响应且产生报警信号。

表 1　报警响应数据表

名　称	单　位	振动入侵探测器类别			
		地　音	建筑物	保险柜	ATM 机
冲击脉冲宽度	ms	1～10	0.2～5	0.1～1	0.1～1
加速度	m/s^2	≥10	≥200	A. 二层薄钢板加沙石水泥型结构的≥200 B. 厚钢板型的结构≥600	≥800

5.2.2 **探测器灵敏度和探测范围**

振动入侵探测器灵敏度和探测范围应符合产品说明书中给出的数值。为适应不同场合探测范围的变化要求,探测器的灵敏度允许可调。

5.2.3 **报警信号持续时间**

探测器产生报警信号时,其每次持续时间应不小于1 s。

5.2.4 **警戒状态的恢复**

引起报警状态的入侵活动停止后,应在3 s内恢复到警戒状态。

5.2.5 **工作电压**

探测器的额定工作电压为12 V DC,除非供应商另有规定。

5.2.6 **电源电压适应范围**

探测器在额定工作电压的85%～110%的范围内变化时,不需调整而能正常工作,且符合5.2.2要求。

5.2.7 **输出信号类型及接口**

输出信号类型及接口应符合GB 10408.1—2000中6.5的要求。

5.2.8 **防拆保护**

探测器应设有防拆开关或其他装置,当其外壳被打开或探测器被移动,应产生报警信号。

5.2.9 **电缆保护**

当传感器和信号处理器不在同一壳体内,连接它们的电缆应被视为探测器的一部分。如果导线发生开路或并接负载而使报警信息不能被信号处理器接收到时,信号处理器应产生报警状态。

5.3 **环境适应性**

5.3.1 振动入侵探测器对环境适应程度应符合GB 15211—1994中6.2规定的环境适应性的要求,具体项目、要求和严酷等级见表2。

表2 严酷等级

序号	项目	试验项目代号	严酷度	
			室内	室外
1	高温	A-1	2	5
2	低温	A-2	5	9
3	冲击	A-3	1	1
4	振动(正弦)	A-4	4	4
5	随机振动	A-5	2	2
6	湿度(恒定)	A-6	2	2
注:正弦振动和随机振动试验视具体条件选择一种。				

5.3.2 试验后灵敏度或探测范围的变化量不应超过±25%,试验后探测器表面应无损伤、锈蚀和变形。

5.4 **电磁兼容性**

应符合GB 10408.1—2000中6.2.4～6.2.6的要求。

5.5 **稳定性**

振动入侵探测器在正常工作条件下,至少能连续工作7 d而不出现误报警和漏报警。

5.6 **耐久性**

探测器在额定电压和额定负载电流下进行报警和复位,循环6×10^3次应无电的或机械的故障,也不应有器件损伤和触点失常。

5.7 **可靠性**

探测器在正常工作条件下平均无故障工作时间不低于6×10^4 h。

5.8 安全性

安全性应符合 GB 10408.1—2000 中 6.3 的要求。

6 试验方法

6.1 试验条件

除有特殊规定，所有试验均在正常环境条件下进行。下列条件定义为正常条件：

——环境温度：15 ℃～30 ℃；

——相对湿度：25%～75%；

——大气压力：86 kPa～106 kPa。

6.2 外观及结构检查

6.2.1 外观检查

在一般照明条件下，用肉眼检查外观，并用量具检查外形尺寸和标记，应符合 5.1.1 要求。

6.2.2 外壳防护

外壳防护等级按 GB 4208—2008 中的试验方法进行试验应符合 5.1.2 的要求。

6.3 报警功能试验

6.3.1 模拟试验环境和装置

6.3.1.1 模拟试验环境

模拟试验场所除远离振动干扰源≥200 m 之外，可选楼房地下一层 20 m^2 的房间，水泥地板。

6.3.1.2 模拟试验装置

模拟试验装置由玻璃试验板、玻璃球、垫块、振动探测仪组成。试验装置如图 1 所示。

垫块应位于玻璃板外，紧贴玻璃板边缘，以消除垫块对玻璃板冲击振动时的影响。试验时将垫块载有玻璃球的台阶调整到对准玻璃板某固定刻度位置，再释放玻璃球，每次更换不同高度，垫块均应循这一原则，尽量保证玻璃球落点接近同一位置。

单位为毫米

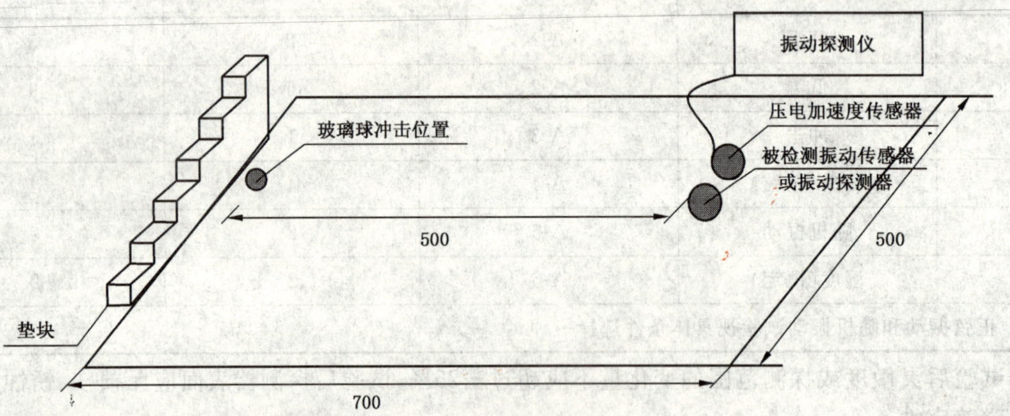

图 1 模拟试验装置

6.3.2 模拟试验方法

6.3.2.1 地音振动入侵探测器模拟试验

将带有振动传感器的探测器或单独振动传感器放置在一块长 700 mm、宽 500 mm、厚 5 mm 的模拟试验玻璃板一端（参考模拟试验板图 1），在距其 500 mm 处码放垫块，试验时将 2 个 ϕ16 mm 的玻璃圆球（或橡胶球）在 2 s 内连续从垫块上轻轻推下，观测探测器是否发生报警状态。垫块的厚度可以调整为 5 mm、10 mm、20 mm、30 mm、40 mm、50 mm，在某一高度达到规定加速度值时应产生报警状态（试验中允许调整灵敏度，试验时人勿走动）。

加速度测量可以通过油膏将压电加速度计和振动探测器粘接在玻璃板上，其灵敏轴垂直于玻璃板平面，并放在探测器旁边的高灵敏度压电加速度计、专用电荷放大器、峰值电压表组成的振动测量系统来完成。振动测量方框图如图2所示。

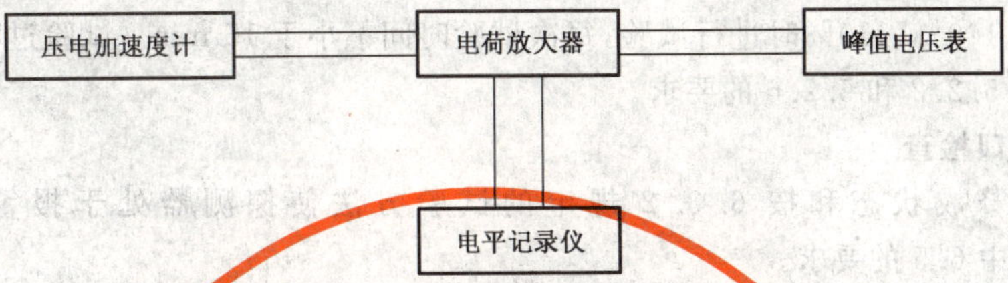

图2 振动测量系统方框图

6.3.2.2 建筑物振动入侵探测器模拟试验

建筑物振动入侵探测器可以在冲击台进行，也可以用6.3.2.1同样的试验方法，将3个ϕ16 mm的玻璃球在2 s内连续从垫块上轻轻推下，观测探测器是否发生报警状态(试验中允许调整灵敏度)。

6.3.2.3 保险柜振动入侵探测器模拟试验

可以在冲击台上进行，也可以用3个ϕ19 mm的玻璃球在2 s内连续向放置探测器的长700 mm、宽500 mm、厚10 mm的玻璃板自由冲击，用6.3.2.1同样方法进行试验，达到表1中规定的加速度时应产生报警状态(试验中允许调整灵敏度)。

6.3.2.4 ATM机振动入侵探测器模拟试验

可以在冲击台上进行，也可以用3个ϕ19 mm的玻璃球在2 s内连续向放置探测器的长700 mm、宽500 mm、厚10 mm的玻璃板自由冲击，用6.3.2.1同样方法进行试验，达到表1中规定的加速度时应产生报警状态(试验中允许调整灵敏度)。

6.4 探测灵敏度和探测范围

6.4.1 探测灵敏度

按6.3.2的方法进行试验，其最小报警加速度即为该探测器灵敏度，应符合5.2.2的要求。

6.4.2 探测范围

6.4.2.1 地音振动入侵探测器应安装在能满足探测范围并符合说明书规定的边界范围传导介质的开阔场地上(距汽车的行驶轨道100 m)，本底振动加速度不大于1 m/s^2。根据地音振动入侵探测器产品安装规定将振动传感器埋入土地下50 mm～100 mm处，传感器与土地为一体，人体质量大于40 kg的单人在探测范围内以每秒一步(约0.7 m/s)的速度行走在每个方向的最大探测距离外面向探测器走动，测出引起探测器发生报警信号的最大半径距离，此8个点的连线以内即为探测范围。

6.4.2.2 建筑物振动入侵探测器应牢固地安装在能满足长度大于最大探测距离并符合说明书规定的传导介质的墙体上，本底振动加速不大于10 m/s^2。根据产品安装规定将振动入侵探测器或单独振动传感器置于建筑物墙中(三七砖结构墙体)或固定在砖墙上(易入侵的墙壁中心位置)，一般距离地面约2 m，在探测范围内用1.3 kg钢制测力锤以大于100 N的力连续对墙壁进行敲击，最大探测边界内的区域即为探测范围。

6.4.2.3 保险柜振动入侵探测器应安装在保险柜或模型中的铁门相临的任一边柜壁上，用1.3 kg钢制测力锤以100 N～200 N的力敲击保险柜的任意部位，进行三人次，试验中允许调整灵敏度。试验后，柜内探测器均应发出报警信号。

6.4.2.4 ATM机振动入侵探测器应安装在ATM机或模型中的底层钞柜门的任一边柜壁上(可用胶将探测器与柜壁粘合为一体)，用1.3 kg钢制测力锤以100 N～200 N的力敲击ATM机的任意部位，进行三次，试验中允许调整灵敏度。试验后，ATM机内探测器均应发出报警信号。

6.5 报警信号持续时间试验

按6.3.2方法试验，进入报警状态后，记录其持续时间，应符合5.2.3的要求。

6.6 警戒状态的恢复试验

按6.3.2方法试验，报警状态停止3 s之后重复试验，应符合5.2.4要求。

6.7 电源电压适应范围试验

用精度优于1级量程1.5倍于电源电压的直流电压表监测，用可调直流稳压电源，改变其电压值，分别在额定值85%、100%、110%时进行试验，每次试验时间不小于15 min。试验过程中按6.3.2方法检查其功能，应符合5.2.2和5.2.6的要求。

6.8 输出信号及接口检查

在探测器处于警戒状态和按6.3.2规定的试验方法使探测器处于报警状态时，应符合GB 10408.1—2000中6.5的要求。

6.9 防拆保护试验

探测器样品，在加入额定电源电压下，打开探测器的外壳或移动样品时，其结果应符合5.2.8要求。

6.10 电缆保护试验

当传感器和信号处理器不在同一壳体内，探测器样品，在加入额定电源电压下，传感器的引线断路或并接其他负载，其结果应符合5.2.9要求。

6.11 环境适应性试验

6.11.1 高温试验

经初测合格的样品，按GB/T 15211—1994中A-1规定的方法进行试验，其结果应符合5.3.2的要求。

6.11.2 低温试验

经初测合格的样品，按GB/T 15211—1994中A-2规定的方法进行试验，其结果应符合5.3.2的要求。

6.11.3 冲击试验

经初测合格的样品，按GB/T 15211—1994中A-3规定的方法进行试验，其结果应符合5.3.2的要求。

6.11.4 振动试验

经初测合格的样品，按GB/T 15211—1994中A-4和A-5规定的方法进行试验，其结果应符合5.3.2的要求。

6.11.5 湿热试验

经初测合格的样品，按GB/T 15211—1994中A-6规定的方法进行试验，其结果应符合5.3.2的要求。

6.12 电磁兼容性试验

经初测合格的样品，按GB 10408.1—2000中7.2.4、7.2.5、7.2.6规定的方法进行试验，受试样品应能正常工作，不应出现误报警或漏报警。

6.13 稳定性试验

经初测合格的样品，按正常使用条件安装，在正常工作条件下连续工作7 d。每24 h按6.3.2规定的试验方法进行一次报警功能检查，每次均应正常，7 d内不应出现漏报警。试验后，按6.3.2方法对灵敏度进行检测，并计算其值变化不应超过±25%。

6.14 耐久性试验

经初测合格的样品，在额定的工作状态和正常的工作条件下，按照6.3.2规定的试验方法，使样品从正常工作状态到报警状态再回到正常工作状态为一次循环，以不大于15次/min的速率共循环6×10^3次，其结果应符合5.6的要求。

6.15 安全性试验

按GB 10408.1—2000中6.3的规定的方法进行试验，试验结果应符合5.8的要求。

6.16 可靠性试验

按 GB 10408.1—2000 中规定的方法进行试验，试验结果应符合 5.7 的要求。

7 标志、包装、运输和贮存

按 GB 10408.1—2000 中 6.7 规定执行。

8 说明书

说明书按 GB 10408.1—2000 中 6.8 规定执行。

ICS 75.160.30
P 45

中华人民共和国国家标准

GB/T 10410—2008
代替 GB/T 10410.1—1989,GB/T 10410.3—1989

人工煤气和液化石油气常量组分气相色谱分析法

Analysis of manufactured gas and liquefied petroleum gas normal composition by gas chromatography

2008-08-07 发布　　2009-04-01 实施

中华人民共和国国家质量监督检验检疫总局
中国国家标准化管理委员会　发布

前　言

本标准与日本标准 JIS K 2301—1992《燃料气及天然气分析、试验方法》的一致性程度为非等效。

本标准同时代替 GB/T 10410.1—1989《人工煤气组分气相色谱分析法》和 GB/T 10410.3—1989《液化石油气组分气相色谱分析法》。

本标准与 GB/T 10410.1—1989 和 GB/T 10410.3—1989 主要技术内容的改变与差异如下：

——用惰性气体氦气取代氢气作为载气。

本标准由中华人民共和国住房和城乡建设部提出。

本标准由建设部城镇燃气标准技术归口单位中国市政工程华北设计研究院归口。

本标准起草单位：国家燃气用具质量监督检验中心、广州迪森家用锅炉制造有限公司、天津市燃气集团公司、重庆川仪总厂有限公司重庆川仪九厂、中国市政工程华北设计研究院。

本标准主要起草人：李文硕、楼英、金建平、刘念慈、孟庆祥、陈岚。

本标准所代替标准的历次版本发布情况为：

——GB/T 10410.1—1989；

——GB/T 10410.3—1989。

人工煤气和液化石油气
常量组分气相色谱分析法

1 范围

本标准规定了人工煤气和液化石油气中主要常量组分的气相色谱分析法。

本标准适用于GB/T 13611、GB/T 13612和GB 11174中规定的人工煤气和液化石油气。

2 规范性引用文件

下列文件中的条款通过本标准的引用而成为本标准的条款。凡是注日期的引用文件，其随后所有的修改单(不包括勘误的内容)或修订版均不适用于本标准，然而，鼓励根据本标准达成协议的各方研究是否可使用这些文件的最新版本。凡是不注日期的引用文件，其最新版本适用于本标准。

GB/T 4946　气相色谱法术语

GB/T 5274　气体分析　校准用混合气体的制备　称量法

GB 11174　液化石油气

GB/T 13609　天然气取样导则

GB/T 13611　城镇燃气分类和基本特性

GB/T 13612　人工煤气

3 术语和定义

GB/T 4946确立的术语和定义适用于本标准。

4 方法原理

4.1　用气相色谱仪，使用氦气和氮气做载气，通过气相色谱柱来分离试样中的主要常量组分，并在积分仪或微处理机上记下各组分的色谱峰峰面积数值。

在同样操作条件下，采用外标法分析已知组分含量的标准气体，把测得的试样色谱峰峰面积数值与标准气色谱峰峰面积数值相比较来计算各组分的含量。

当试样中全部组分都显示出色谱峰时，也可采用校正面积归一法计算各组分的含量，但应验证其结果的准确性。

4.2　组分在色谱柱上的分离应符合下列要求：

A/*B*比率的图例　　　　对小组分峰*A*/*B*比率的图例

A——两峰间峰谷深；

B——两相邻峰高于基线的较小峰的高。

图1　组分在色谱柱上的分离效果

当组分含量大于等于 5%时，A/B 应大于 0.8；组分含量小于 5%时，A/B 应大于 0.4。在小组分相邻于大组分时，取小峰的斜率作为基线。

5 标准气

5.1 一般要求

分析需要的标准气可采用国家二级标准物质，或按 GB/T 5274 制备。

对于氧和氮标准气，稀释的干空气是一种适用的标准物。

标准气的组分应处于均匀的气态。对于试样中浓度不大于 5%的组分，标准气组分的浓度不应大于 10%，也不应低于试样中相应组分浓度的 50%。对于试样中浓度大于 5%的组分，标准气组分的浓度不应低于试样中组分浓度的 50%，也不应大于试样中相应组分浓度的 50%。

5.2 自行配制标准气

可采用经过校验的注射器，用纯标准气体配制成与试样中组分浓度尽可能接近的标准气。配制时，应保证其准确性。

连续三次配气，其峰高差或峰面积差不应大于 1%，应取三次峰值的平均值作为标准值。

氢标准气宜在使用前配制。

采用注射器配制标准气时，应保证其准确性。

6 人工煤气气相色谱分析

人工煤气中主要有氢、氧、氮、一氧化碳、二氧化碳、甲烷、乙烯、乙烷、丙烯、丙烷等常量组分。

6.1 取样

6.1.1 取样位置

取样时应避开合流点附近，应选择在流路的截面组分浓度基本均一的位置。取样前应排除取样管中的余气。

6.1.2 取样方法

6.1.2.1 直接采取试样

根据实际情况，当气源离分析装置距离较近时，可以直接采取试样，使试样通过取样管或导管直接进入气相色谱仪。

6.1.2.2 使用试样容器采取试样

6.1.2.2.1 应按 GB/T 13609 中的规定执行。

6.1.2.2.2 当气源离分析装置距离较近时，并且取样后可立即分析，可采用玻璃注射器取样法采取试样。可用图 2 所示的玻璃注射器，通过内针管的抽吸，把试样导入后取样。

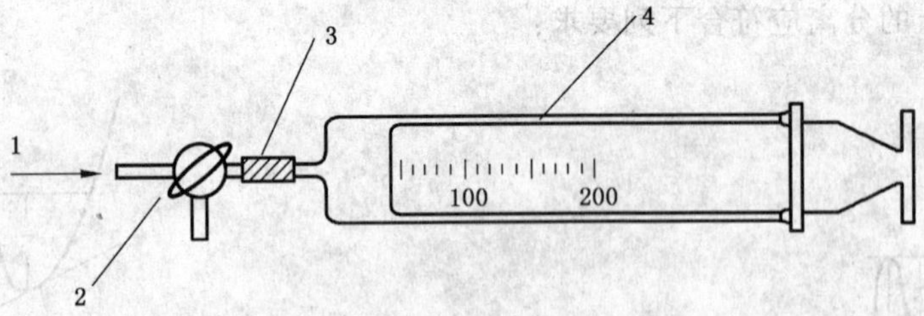

1——试样；
2——三通旋塞；
3——塑料管；
4——100 mL 玻璃注射器。

图 2 玻璃注射器

6.1.2.2.3 当使用试样容器取样时,为防止试样组分发生变化,应尽快进行分析。

6.2 气相色谱仪

使用1～2台带有热导检测器的气相色谱仪,其中应有1台气相色谱仪为双气路。

6.3 典型色谱工作条件

所选择的色谱工作条件应保证试样中的各组分都能被有效分离,在色谱图上,试样中各组分的色谱峰与相邻组分色谱峰的分离度应满足定量要求。表1给出了分析人工煤气中组分的气相色谱典型工作条件。

表1 典型色谱工作条件

工作条件	A	B	C
检测器类型	热导检测器(TCD)		
载气	氮气,浓度不低于99.99%	氦气,浓度不低于99.99%	
色谱柱类型	分子筛填充柱,5 A或13X,0.23 mm～0.18 mm(60目～80目)	分子筛填充柱,5 A或13X,0.23 mm～0.18 mm(60目～80目)	GDX-104或407等有机载体填充柱,0.23 mm～0.18 mm(60目～80目)
柱长度/内径	1 m～2 m/3 mm～5 mm	1 m～2 m/3 mm～5 mm	2 m～4 m/3 mm～5 mm
气体六通阀进样量	进样量为1 mL		
汽化室温度	100 ℃		
柱箱温度	室温～40 ℃		
检测器温度	100 ℃		
载气流量	30 mL～60 mL/min		
分析组分	H_2	O_2,N_2,CH_4,CO	C_2H_4,C_2H_6,CO_2,C_3H_6,C_3H_8
注:也可采用能达到同等或更高分析效果的其他色谱工作条件。			

6.4 分析方法

6.4.1 标准气的导入

在进样定量管应采取标准气体,切换六通阀进样装置使之导入色谱柱,使记录器记录下色谱图,或使积分仪、微处理机等数据处理装置记录下色谱峰数据。应重复操作两次,两次峰高或峰面积的相对偏差不应大于1%,取两次重复性合格的数值的平均值作为标准值。

6.4.2 试样的导入

将试样容器或导管接到六通阀进样装置,应把试样通入进样定量管反复吹洗,然后切换六通阀进样装置使试样导入色谱柱,使记录器记录下色谱图,或使积分仪、微处理机等数据处理装置记录下色谱峰数据。应重复操作两次,两次峰高或峰面积的相对偏差不能大于1%,取两次重复性合格的数值的平均值作为分析值。

6.4.3 组分的定性

试样中各组分的出峰次序分别见图3、图4和图5。可把试样的色谱图同已知组分气样的色谱峰的保留时间相比较来进行各色谱峰的组分定性。

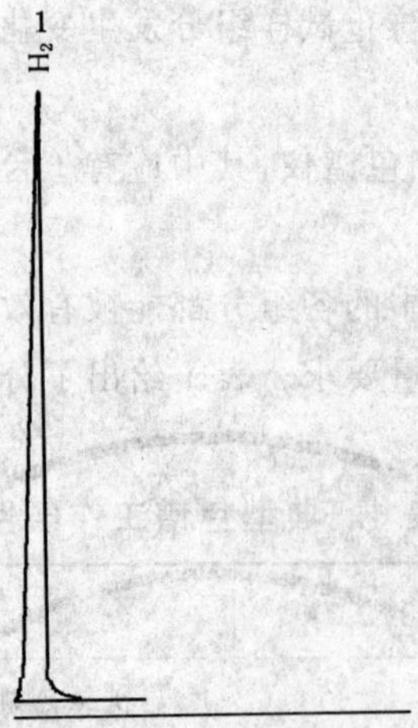

1——氢色谱峰。

注：色谱工作条件见表 1 中的 A。

图 3　氢组分的色谱图

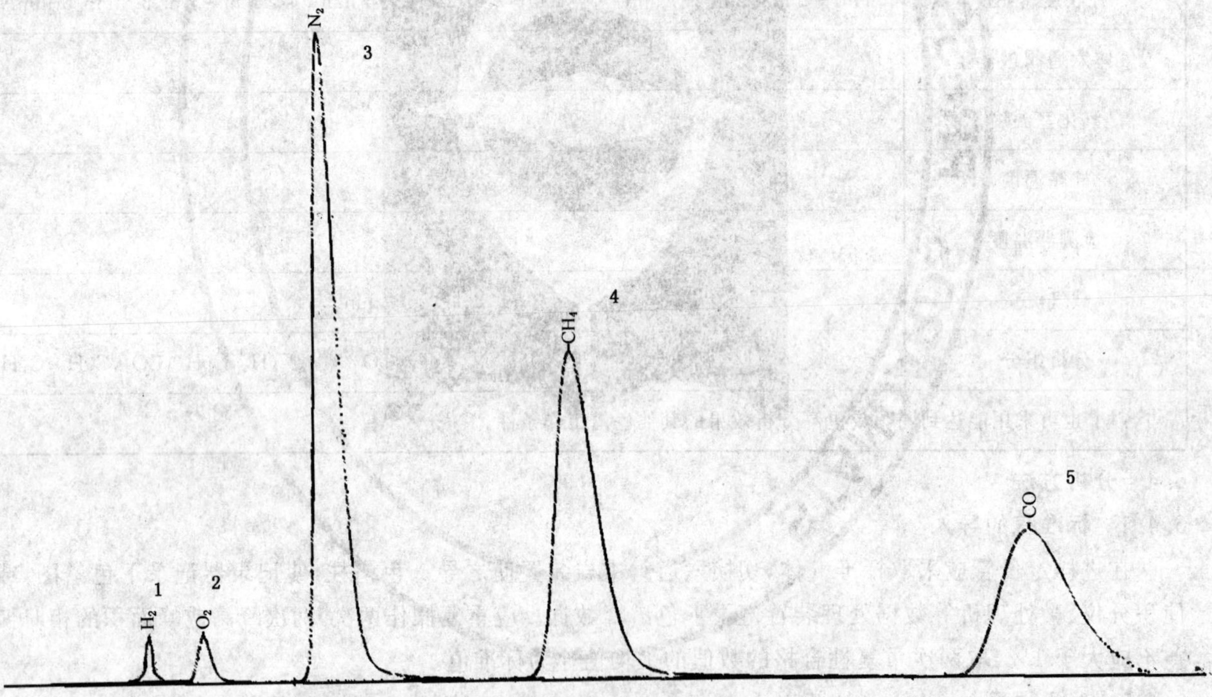

1——氢气色谱峰；

2——氧气色谱峰；

3——氮气色谱峰；

4——甲烷色谱峰；

5——一氧化碳色谱峰。

注：色谱工作条件见表 1 中的 B。

图 4　5A 分子筛柱色谱图

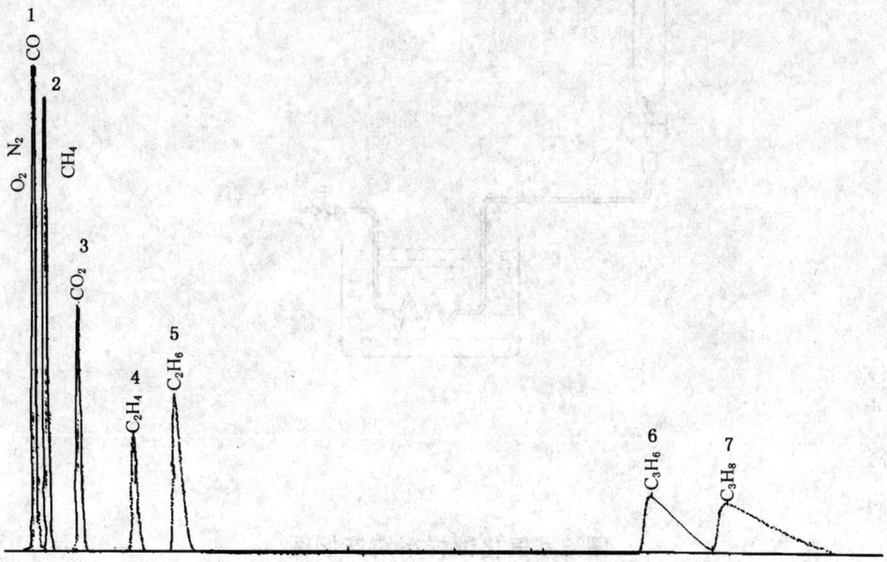

1——氧气、氮气和一氧化碳混合色谱峰；

2——甲烷色谱峰；

3——二氧化碳色谱峰；

4——乙烯色谱峰；

5——乙烷色谱峰；

6——丙烯色谱峰；

7——丙烷色谱峰。

注：色谱工作条件见表 1 中的 C。

图 5 GDX-104 柱色谱图

7 液化石油气气相色谱分析

液化石油气中主要有乙烷、乙烯、丙烷、丙烯、正丁烷、异丁烷、正异丁烯、反丁烯、顺丁烯、正戊烷和异戊烷等常量组分。

7.1 取样

将液化石油气取样器的进样口与罐体或钢瓶连接，依次打开取样器的放空阀、进样阀和罐体或钢瓶的截止阀，使样品充分冲洗取样器并将取样器中的空气全部置换掉。然后依次关闭取样器的放空阀、进样阀和罐体或钢瓶的截止阀，断开取样器与罐体或钢瓶的连接。

将取样器按照图 6 所示连接，恒温水浴为 50 ℃～70 ℃。打开阀门 A、C，缓慢打开流量调节阀 B，控制气化速度为 5 mL/min～50 mL/min，使管路中的空气全部置换出来。排出的冲洗管路的气体应引出室外。冲洗、置换完全后，关闭阀门 C，立即转动六通阀至进样位置，将采集的试样引入色谱柱。

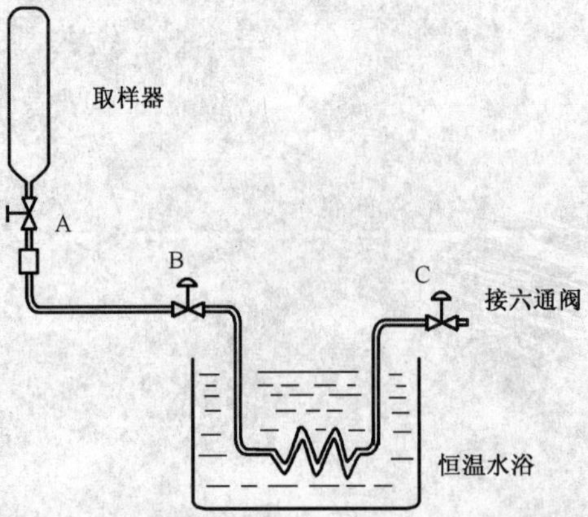

A——截止阀；

B、C——针形阀。

图 6 气化试样系统连接图

7.2 气相色谱仪

配有热导检测器的气相色谱仪。采用气体六通阀进样器进样，材质为不锈钢。

7.3 典型色谱工作条件

所选择的色谱工作条件应保证试样中的各组分都能被有效分离，在色谱图上，试样中各组分的色谱峰与相邻组分色谱峰的分离度应满足定量要求。表 2 给出了分析液化石油气中各组分质量分数的气相色谱典型工作条件。

表 2 典型色谱工作条件

工作条件	A	B
检测器类型	热导检测器(TCD)	
载气	氦气，纯度不低于 99.99%	
色谱柱类型	DNBM-ODPN 填充柱	DBP-ODPN 填充柱
混合固定液	95% 顺丁烯二酸二丁酯+5% 一氧二丙腈	95% 邻苯二甲酸二丁酯+5% 一氧二丙腈
液相载荷量(质量分数,%)	26	
载体	6201 红色担体，0.23 mm～0.18 mm(60 目～80 目)	
柱长度/内径	8 m～10 m/3 mm	
气体六通阀进样量	进样量为 1 mL	
汽化室温度	100 ℃	
柱箱温度	室温～40 ℃	
检测器温度	100 ℃	
载气流量	30 mL～60 mL/min	
注：也可采用能达到同等或更高分析效果的其他色谱工作条件。		

7.4 分析方法

7.4.1 标准气的导入

在进样定量管应采取标准气体，切换六通阀进样装置使之导入色谱柱，使记录器记录下色谱图，或使积分仪、微处理机等数据处理装置记录下色谱峰数据。应重复操作两次，两次峰高或峰面积的相对偏差不应大于1%，取两次重复性合格的数值的平均值作为标准值。

7.4.2 试样的导入

将试样容器或导管接到六通阀进样装置，应把试样通入进样定量管反复吹洗，然后切换六通阀进样装置使试样导入色谱柱，使记录器记录下色谱图，或使积分仪、微处理机等数据处理装置记录下色谱峰数据。应重复操作两次，两次峰高或峰面积的相对偏差不能大于1%，取两次重复性合格的数值的平均值作为分析值。

7.4.3 组分的定性

试样中各组分的出峰次序见图7。可把试样的色谱图同已知组分气样的色谱峰的保留时间相比较来进行各色谱峰的组分定性。

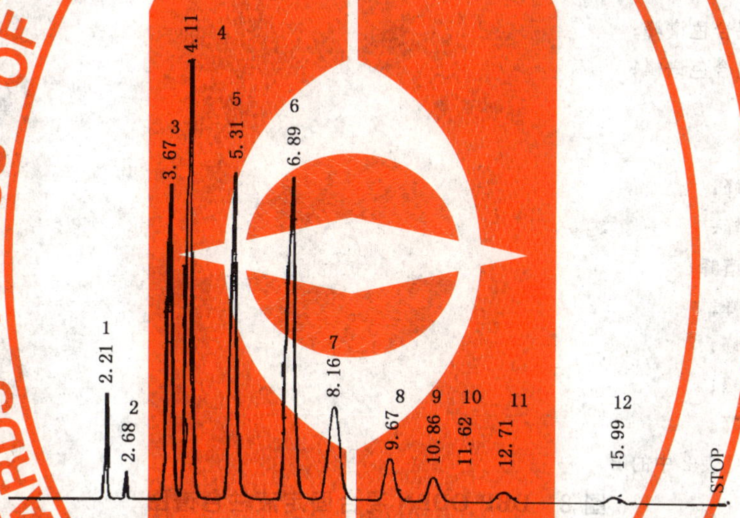

1——空气、甲烷混合色谱峰；

2——乙烷、乙烯混合色谱峰；

3——丙烷色谱峰；

4——丙烯色谱峰；

5——异丁烷色谱峰；

6——正丁烷色谱峰；

7——正异丁烯色谱峰；

8——反丁烯色谱峰；

9——顺丁烯色谱峰；

10——1,3丁二烯色谱峰；

11——异戊烷色谱峰；

12——正戊烷色谱峰。

注：色谱工作条件见表2中的A。

图7 DNBM-ODPN混合固定液柱色谱图

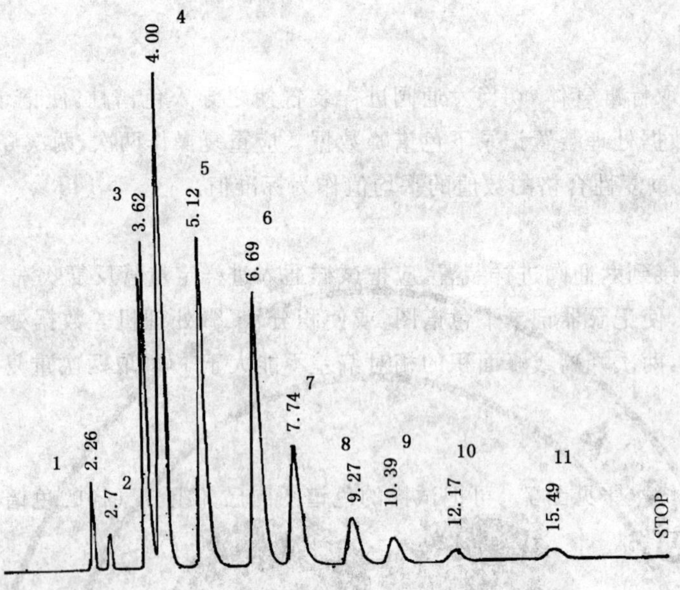

1——空气、甲烷混合色谱峰；
2——乙烷、乙烯混合色谱峰；
3——丙烷色谱峰；
4——丙烯色谱峰；
5——异丁烷色谱峰；
6——正丁烷色谱峰；
7——正异丁烯色谱峰；
8——反丁烯色谱峰；
9——顺丁烯色谱峰；
10——异戊烷色谱峰；
11——正戊烷色谱峰。

注：色谱工作条件见表 2 中的 B。

图 8　DBP-ODPN 混合固定液柱色谱图

8　组分的定量

8.1　外标法

8.1.1　应使用标准气外标法分析试样中各组分的含量，用公式(1)计算。

$$X'_i = E_i \times \frac{A_i}{A_E} \quad \cdots\cdots(1)$$

式中：

X'_i——试样中组分 i 的计算含量的数值，%；

A_i——试样中组分 i 的色谱峰峰面积的数值；

A_E——标准气组分 i 的色谱峰峰面积的数值；

E_i——标准气组分 i 的含量的数值，%。

8.1.2　组分浓度的归一化

计算出试样中各组分的计算含量后，再计算各组分的计算含量之和，以检查其是否为 100%。当试样中各组分计算含量之和达到 98.00%～102.00%时，可用公式(2)计算出各组分含量的归一化值：

$$X_i = \frac{X'_i}{\Sigma X'_i} \times 100 \quad \cdots\cdots(2)$$

式中：

X_i——试样中组分 i 的归一化计算含量的数值，%；

X'_i——试样中组分 i 的计算含量的数值，%；

$\Sigma X'_i$——试样中各组分的计算含量之和的数值，%。

如果试样中各组分计算含量之和在98.00%～102.00%之外，则应检查仪器装置和分析操作是否存在问题，或者检查有无分析组分以外的其他组分被遗漏。

8.2 也可采用修正法，使用表3中的校正因子分析试样中各组分的含量，用公式(3)计算。

$$X'_i = \frac{A_i \times f_i}{\Sigma A_i \times f_i} \times 100 \quad \cdots\cdots(3)$$

式中：

X'_i——试样中组分 i 的计算含量的数值，%；

A_i——试样中组分 i 的色谱峰峰面积的数值；

f_i——试样中组分 i 的校正因子。

表3 各组分体积校正因子

组分名称	氧	氮	一氧化碳	二氧化碳	甲烷	乙烷
校正因子	2.50	2.38	2.38	2.08	2.80	1.96
组分名称	乙烯	丙烷	丙烯	异丁烷	正丁烷	正丁烯
校正因子	2.08	1.55	1.54	1.22	1.18	1.23
组分名称	异丁烯	反丁烯	顺丁烯	异戊烷	正戊烷	1,3丁二烯
校正因子	1.22	1.18	1.15	0.98	0.95	1.25

9 精密度

9.1 重复性

在同一实验室，由同一操作者使用相同设备，按相同的测试方法，并在短时间内对同一被测试样相互独立进行测试获得的两次独立测试结果的绝对差值应符合表4要求。

9.2 再现性

在不同的实验室，由不同的操作者使用不相同的设备，按相同的测试方法，对同一被测试样相互独立进行测试获得的两次独立测试结果的绝对差值应符合表4要求。

表4 分析结果的重复性和再现性

组分含量/%	重复性/%	再现性/%
<1	0.10	0.20
1～5	0.20	0.40
5～25	0.40	0.70
>25	0.70	1.00

注：表4中的数据单位为体积分数。

ICS 77.080
H 72

中华人民共和国国家标准

GB/T 10417—2008
代替 GB/T 10417—1989,GB/T 10418～10420—2002

碳化钨钢结硬质合金技术条件及其力学性能的测试方法

Specifications for steel-bonded tungsten carbides and test method of its mechanical properties

2008-08-11 发布　　2009-02-01 实施

中华人民共和国国家质量监督检验检疫总局
中国国家标准化管理委员会　发布

前　言

本标准是对GB/T 10417—1989《碳化钨钢结硬质合金　技术条件》、GB/T 10418—2002《碳化钨钢结硬质合金　横向断裂强度的测定》、GB/T 10419—2002《碳化钨钢结硬质合金　冲击韧度的测定》、GB/T 10420—2002《碳化钨钢结硬质合金　洛氏硬度(C和A)的测定》的修订。

本标准代替GB/T 10417—1989《碳化钨钢结硬质合金　技术条件》，与GB/T 10417—1989相比，本标准主要有以下变化：

——标准结构按GB/T 1.1—2000调整。

——修订时，把GB/T 10418—2002《碳化钨钢结硬质合金　横向断裂强度的测定》、GB/T 10419—2002《碳化钨钢结硬质合金　冲击韧度的测定》、GB/T 10420—2002《碳化钨钢结硬质合金　洛氏硬度(C和A)的测定》三个碳化钨钢结硬质合金的测试方法整合并入本标准的附录，并做了编辑性修改。

本标准的附录A、附录B、附录C是规范性附录。

本标准由中国机械工业联合会提出并归口。

本标准主要起草单位：北京市粉末冶金研究所有限责任公司。

本标准主要起草人：余培良、游兴河、印红羽、郝英、徐行、曹宝兴、张彤。

本标准所代替标准的历次版本发布情况为：

——GB/T 10417—1989；

——GB/T 10418—2002；

——GB/T 10419—2002；

——GB/T 10420—2002。

碳化钨钢结硬质合金技术条件及其力学性能的测试方法

1 范围

本标准规定了以碳化钨作硬质相、合金钢作粘结相的碳化钨钢结硬质合金(以下简称“材料”)制品技术条件,以及碳化钨钢结硬质合金的横向断裂强度、冲击韧度和洛氏硬度的测定方法。

2 规范性引用文件

下列文件中的条款通过本标准的引用而成为本标准的条款。凡是注日期的引用文件,其随后所有的修改单(不包括勘误的内容)或修订版均不适用于本标准,然而,鼓励根据本标准达成协议的各方研究是否可使用这些文件的最新版本。凡是不注日期的引用文件,其最新版本适用于本标准。

GB/T 230.1 金属洛氏硬度试验 第1部分:试验方法(A、B、C、D、E、F、G、H、K、N、T标尺)(GB/T 230.1—2004,ISO 6508-1:1999,MOD)

GB/T 3808 摆锤式冲击试验机的检验(GB/T 3808—2002,ISO 148-2:1998,MOD)

GB/T 3850 致密烧结金属材料与硬质合金密度测定方法(GB/T 3850—1983,eqv ISO 3369:1975)

GB/T 4309 粉末冶金材料分类和牌号表示方法

GB/T 10623—1989 金属力学性能试验术语

3 分类与牌号

3.1 根据GB/T 4309,本标准规定的材料属于粉末冶金工具材料中的一种,按其硬质相与粘结相的成分组成,分为3种牌号,规定于表1。

表1 碳化钨钢结硬质合金化学成分(质量分数) %

牌号	硬质相	粘结相						
	WC	总量	C	Cr	Mo	Ni	Mn	Fe
F3000	50	50	≥0.5	≥1.0	≥0.5	—	—	余量
F3001	40	60	≥0.6	≥0.8	≥1.7	≥1.7	≥0.5	余量
F3002	30	70	≥0.4	≥0.8	≥0.6	≥1.6	—	余量

3.2 由于制造、加工和使用特点,材料有以下4种状态:

a) 烧结态——用粉末冶金方法制成烧结坯的状态;

b) 烧结退火态——烧结坯经退火处理后的状态;

c) 锻造态——烧结态或烧结退火态的毛坯,经锻造并退火处理后的状态;

d) 淬火回火态——经加工和淬火并回火处理,材料达到所要求性能的使用状态。

3.3 材料牌号采用汉语拼音字母和阿拉伯数字组成6位符号的方法标记,各位符号代表的意义规定于表2。

表2 材料标记符号及代表意义

符号位数	符号	符号意义
第1位	汉语拼音字母:F	表示粉末冶金材料
第2位	阿拉伯数字:3	表示工具材料
第3位	阿拉伯数字:0	表示钢结硬质合金

表 2（续）

符号位数	符　　号	符 号 意 义
第4、第5位	阿拉伯数字：00至09	表示碳化钨钢结硬质合金牌号顺序
第6位	汉语拼音字母：S T D Z	表示烧结态 表示烧结退火态 表示锻造态 表示淬火回火态

3.4　材料牌号标记示例：

a)　硬质相 WC 含量 50%，粘结相为铬钼镍钢的锻造后退火状态材料，标记为：F3000D。

b)　硬质相 WC 含量 40%，粘结相为铬钼镍锰钢的淬火并回火状态材料，标记为：F3001Z。

4　技术要求

4.1　材料的力学性能应符合表3规定。

4.2　材料应能按相应的工艺条件进行锻造、焊接、热处理等热加工和车、铣、刨、磨、钻孔、攻丝等冷加工以及各种电加工。

4.3　材料毛坯内部不允许有宏观裂纹和超出加工留量的折叠、凹坑、黑壳、分层以及过烧等缺陷。

表 3　材料的力学性能

牌号	密度/($g \cdot cm^{-3}$)	硬度 HRC		横向断裂强度[b] R_{tr}/MPa	冲击韧度[b] a_K/($J \cdot cm^{-2}$)
		锻造态	淬火回火态[a]		
F3000	≥10.20	≥42	≥64	2 200	8
F3001	≥9.70	≥34	≥62	2 800	15
F3002	≥9.00	≥32	≥60	2 700	17

a 由材料制成零件的淬火回火硬度，如因受其形状和尺寸影响，也可由供需双方商定硬度范围。

b 指淬火回火态性能。

5　测定方法

5.1　材料密度按 GB/T 3850 进行测定。

5.2　材料横向断裂强度测定按本标准附录 A 的规定进行测定。

5.3　材料冲击韧度按本标准附录 B 的规定进行测定。

5.4　材料硬度按本标准附录 C 的规定进行测定。

5.5　性能测定用的试样应从被检测的同一批制造的坯件上截取。

6　检验规则

6.1　一般情况下只检测密度和硬度，应符合本标准的规定。

6.2　当合同中规定有测定横向断裂强度或冲击韧度的需要时，测得的结果应符合本标准规定。

6.3　力学性能检验的抽样方案和抽样数量由供需双方商定。

6.4　坯件外观质量、尺寸以及尺寸偏差可逐个检验或由供需双方商定。

6.5　坯件由订货方验收后，在加工过程中发现有属于材料的内部缺陷时，按订货合同或由供需双方协商处理。

6.6　材料化学成分可以不作为检验项目。

附 录 A
（规范性附录）
碳化钨钢结硬质合金横向断裂强度的测定

A.1 范围

本附录规定了碳化钨钢结硬质合金横向断裂强度试验的试样形状、尺寸规格、试验设备和试验条件。

本附录适用于塑性变形较小的碳化钨钢结硬质合金横向断裂强度的测定。断裂前有明显塑性变形的碳化钨钢结硬质合金材料，在使用本附录测定时可能得不到正确的结果，建议测定其抗拉强度。

A.2 术语和定义

下列术语和定义适用于本附录。

A.2.1

横向断裂强度　transverse rupture strength

将具有一定形状和尺寸的试样平放在规定支距的两支点上，在支距中点集中施加静载荷直至试样破断时，试样横截面单位面积所承受的应力，用符号 R_{tr} 表示，单位为 MPa。

A.3 测定原理

本试验是将试样平放在两支点上，按规定方法在试样跨距的中点施加静态载荷使其断裂，测得试样断裂时的瞬时载荷。

A.4 试样

A.4.1　试样横截面为正方形，其加工要求和外形尺寸按图 A.1 和表 A.1 的规定。

图 A.1　加工要求和外形尺寸

表 A.1　标准试样的外形尺寸

单位为毫米

L		b		h	
基本尺寸	极限偏差	基本尺寸	极限偏差	基本尺寸	极限偏差
35	±1	5	±0.1	5	±0.1

A.4.2　试样样坯截取方向：锻造坯应在锻造延伸方向截取，烧结坯料取样方向不作规定。

A.4.3　试样尺寸测量精度为 0.01 mm。

A.4.4　凡有下列缺陷之一的试样不允许做试验：

a) 试样外形尺寸极限偏差不符合表 A.1 规定者;

b) 试样表面有粉末冶金、锻造、机械加工和热处理等工艺造成的缺陷(如孔洞、裂纹和宏观的划痕等);

c) 试样棱边有毛刺、崩角等缺陷。

A.4.5 试样标记应打在试样侧面距端面不大于 10 mm 处,但不允许打在支撑面上。

A.5 试验设备

A.5.1 能够满足静态加载条件,精度为±1%,用于压缩试验的任何类型试验机。

A.5.2 试验夹具应有两个固定间距的支撑柱和一个加载柱。支撑柱和加载柱的半径为 1.5 mm±0.05 mm,长度为 25 mm,用硬度大于 60 HRC 的钢结硬质合金或硬质合金制造。

A.5.3 两支撑柱应平行安装在基座的同一水平面上,其中心距 l 为 30 mm±0.2 mm,测量精度为±0.1 mm;安装在上压板上的加载柱应在两支撑柱之间的中心位置,其偏差不得超过 0.5 mm。

A.5.4 横向断裂强度试验夹具示意图如图 A.2 所示。

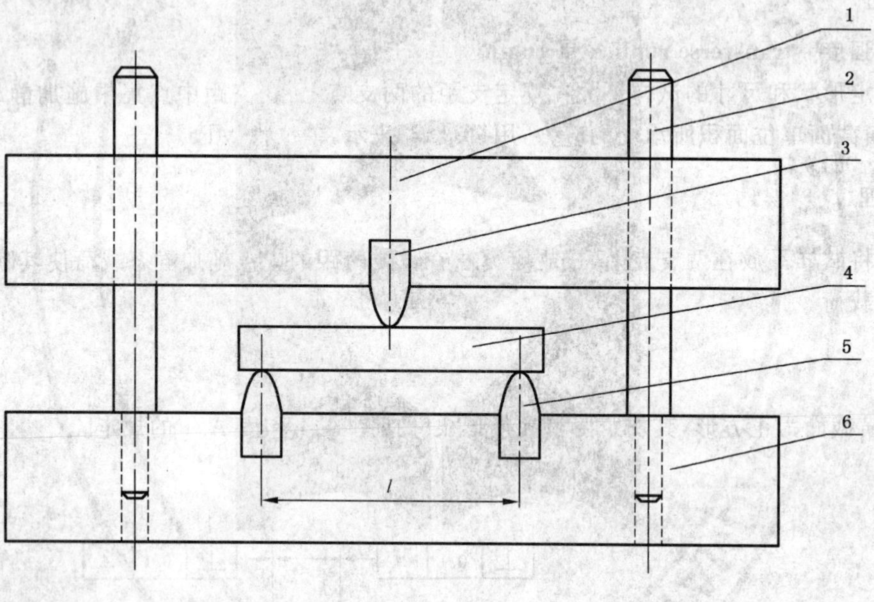

1——上压板;
2——导向柱;
3——加载柱;
4——试样;
5——支撑柱;
6——下基座。

图 A.2 横向断裂强度试验夹具示意图

A.6 试验程序

A.6.1 测量试样中点处的宽度和厚度。

A.6.2 将试样对称地平放在支撑柱上,使其纵向轴线垂直于支撑柱的纵向轴线。

A.6.3 加载时,试验机的压头轴线应与夹具的加载柱轴线重合。

A.6.4 缓慢而平稳地施加载荷直至试样破断,施载时间不得少于 10 s。

A.6.5 记录试样断裂时的瞬时载荷数值,并计算测定结果。

A.7　试验结果

A.7.1　横向断裂强度 R_{tr}(单位为 MPa)用式(A.1)计算：

$$R_{tr}=\frac{3Fl}{2bh^2} \qquad \text{(A.1)}$$

式中：

F——试样断裂瞬时测得的载荷,单位为牛(N)；

l——两支撑柱中心之间的距离,单位为毫米(mm)；

b——与高度垂直处试样的宽度,单位为毫米(mm)；

h——平行于施加载荷方向的试样高度,单位为毫米(mm)。

A.7.2　当试样断裂位置距载荷线超过 5 mm 时,试验无效。

A.7.3　当断裂后试样断口中发现有裂纹、孔洞、分层等缺陷时,试验无效。

A.7.4　试验结果应取不少于 6 个横向断裂强度测定值的算术平均值,其数值应精确至 1 MPa。

A.8　试验报告

试验报告应包括以下内容：

a)　本标准编号；

b)　试验机型号；

c)　试样的材料牌号、加工和热处理状态以及其他必要的说明；

d)　试验条件；

e)　试验结果；

f)　影响测定结果的详细说明。

附 录 B
（规范性附录）
碳化钨钢结硬质合金冲击韧度的测定

B.1 范围

本附录规定了碳化钨钢结硬质合金在常温下进行冲击试验的试样形状与尺寸规格、试验方法、试验设备和试验条件。

本附录适用于测定碳化钨钢结硬质合金无缺口试样，在一次冲击负荷作用下击断时所吸收的冲击功。

B.2 术语和定义

下列术语和定义适用于本附录。

B.2.1

冲击韧度 impact toughness

冲击试样受冲击折断处单位横截面积上的冲击吸收功(GB/T 10623—1989 中 6.2)。

B.2.2

冲击吸收功 impact absorbing energy

规定形状和尺寸的试样在冲击试验力一次作用下折断时所吸收的功(GB/T 10623—1989 中 6.1)。

B.3 测定原理

用规定高度的摆锤对处于简支梁状态的无缺口试样进行一次性打击，测量折断时的冲击吸收功。

B.4 试验设备

B.4.1 通常采用冲击能量为 30 J 或 50 J 的摆锤式冲击试验机；但当 $A_K \geqslant 50$ J 时，应改用冲击能量为 150 J～300 J 的摆锤式冲击试验机。

B.4.2 试验机应符合 GB/T 3808 的规定。

B.5 试样

B.5.1 采用无缺口试样作为标准试样，其形状尺寸和加工要求按图 B.1 的规定。

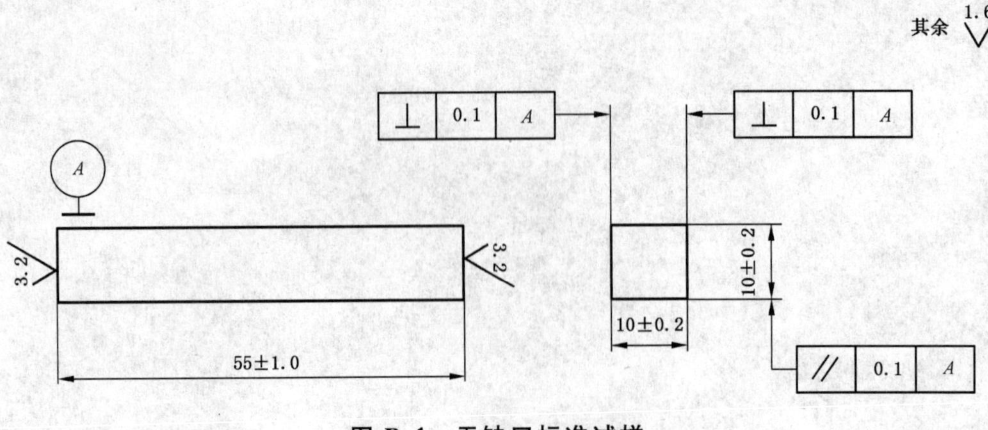

图 B.1 无缺口标准试样

B.5.2 试样样坯截取方向：锻造坯料平行于锻造延伸方向截取；烧结坯料取样方向不作规定。

B.5.3 试样尺寸测量应精确至±0.01 mm。

B.5.4 凡有下列缺陷之一的试样不允许做试验：

a) 试样表面有由粉末冶金、锻造、机械加工和热处理等工艺造成的加工缺陷(如孔洞、裂纹和可见的划痕等)；

b) 试样棱边有毛刺、崩角等缺陷。

B.5.5 试样标志应打在距端面不大于10 mm的侧面处，但不允许打在支撑面上。

B.6 试验程序

B.6.1 试验在常温(10 ℃～35 ℃)下进行，超出此温度范围应在试验报告中说明。

B.6.2 冲击试验机的正常使用范围为其摆锤最大冲击能量的10%～90%。

B.6.3 试验前检查摆锤空打时被动指针的回零差。回零差不得超过最小分度值的四分之一。

B.6.4 测量试样中点的厚度和宽度的尺寸，精确到0.01 mm。

B.6.5 试样应紧贴支座刀口平稳地放置，且试样中点应处于支座刀口间距中点。

B.6.6 在试验时如试样未被折断时，则应在A_K或α_K数值前加大于符号“>”。

B.6.7 遇有下列情况之一者试验无效：

a) 折断的试样断口中发现有孔洞、分层等缺陷；

b) 折断的试样上发现有淬火裂纹。

B.7 试验结果

B.7.1 试样折断时的冲击吸收功A_K可由试验机刻度盘上直接读出，其读数应精确至刻度盘上的最小刻度；也可用摆锤扬起的角度按式(B.1)计算：

$$A_K = mgL'(\cos\beta - \cos\alpha) \quad \cdots\cdots\cdots(B.1)$$

式中：

A_K——试样折断时的冲击吸收功，单位为焦耳(J)；

m——摆锤的质量，单位为千克(kg)；

g——当地的重力加速度，单位为米每二次方秒(m/s^2)；

L'——摆锤轴线至打击中心的距离，单位为米(m)；

α——冲击前摆锤的预扬角，单位为度(°)；

β——冲断试样后摆锤的升角，单位为度(°)。

注：g可近似取9.8 m/s^2。

B.7.2 冲击韧度α_K按式(B.2)计算：

$$\alpha_K = \frac{A_K}{F} \quad \cdots\cdots\cdots(B.2)$$

式中：

α_K——冲击韧度，单位为焦每二次方厘米(J/cm^2)；

A_K——试样击断时冲击吸收功，单位为焦(J)；

F——试验前试样中点的横截面积，单位为平方厘米(cm^2)。

B.7.3 试验结果取不少于6个冲击试样测定值(冲击吸收功A_K或冲击韧度α_K)的算术平均值(必要时可分别报出测定值)，其数值精确至0.1 J或0.1 J/cm^2。

B.8 试验报告

试验报告应包括以下内容：

a） 本标准编号；

b） 试验机型号及额定冲击能量；

c） 试验温度；

d） 有关试样的详细说明；

e） 试验结果；

f） 可能影响测定结果的细节说明以及不符合本附录规定的操作。

附 录 C
（规范性附录）
碳化钨钢结硬质合金洛氏硬度(标尺 C 和标尺 A)的测定

C.1 范围

本附录规定了碳化钨钢结硬质合金洛氏硬度(标尺 C 和标尺 A)的测定方法、试样形状、尺寸规格、测试设备和测试条件。

C.2 试验原理

在初始试验力及总试验力的先后作用下，将金刚石圆锥压头压入试样表面，经规定保持时间后卸除主试验力，用测量残余压痕深度增量计算硬度值或直接从指示表盘中读出洛氏硬度值。

C.3 符号和说明

本附录中使用的符号和说明见表 C.1 和图 C.1。

表 C.1 符号和说明

序号	符号	说 明
1	α	金刚石压头圆锥角(120°)
2	R	金刚石压头顶端球面半径(0.2 mm)
3	F_0	初始试验力：98.07 N
4	F_1	主试验力，N： 标尺 C 为 1 373 N； 标尺 A 为 490.3 N
5	F	总试验力，N： 标尺 C 为 $F=F_0+F_1=1\ 471$ N； 标尺 A 为 $F=F_0+F_1=588.4$ N
6	h_0	施加主试验力前在初始试验力下的压痕深度，mm
7	h_1	在施加主试验力下的压痕深度增量，mm
8	e	卸除主试验力后，在初始试验力下的残余压痕深度增量，用 0.002 mm 为单位表示
9	HRC	标尺 C 洛氏硬度＝100－e
10	HRA	标尺 A 洛氏硬度＝100－e

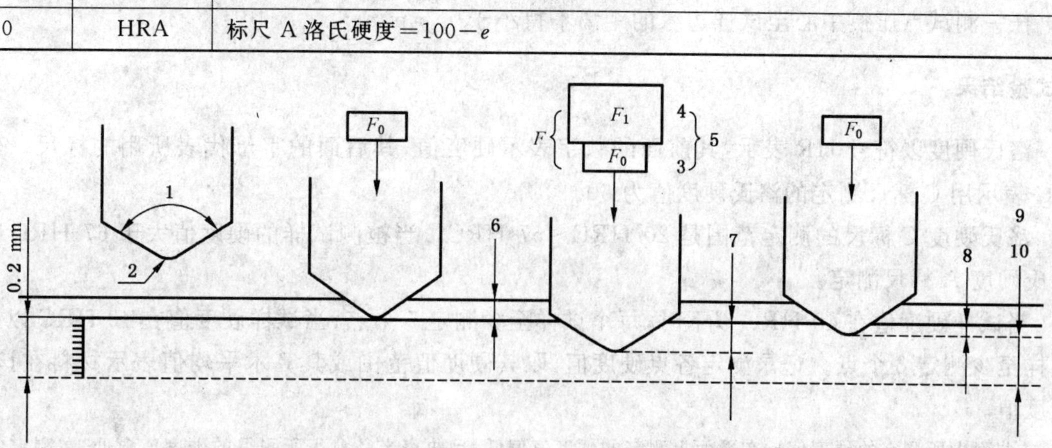

图 C.1 洛氏硬度 HRC、HRA 试验示意图

C.4 试验仪器

试验仪器按 GB/T 230.1 的规定选择。

C.5 试样

C.5.1 试样的试验面必须平坦光滑，不得有氧化皮或其他附着污物；在制备试样测试表面时，应尽量避免因受热或冷加工等对试样表面硬度的影响；试样的测试表面与支撑表面应相互平行。

C.5.2 退火态试样厚度不得小于 1.5 mm；淬火或淬火低温回火态试样厚度不得小于 1.0 mm。试验后试样背面不得有肉眼可见的变形痕迹，否则试验无效。

C.6 试验条件

C.6.1 试验在 0 ℃～40 ℃范围内进行。

C.6.2 换装压头后，最初的两个读数不予采用。

C.6.3 试验之前，应用硬度值与试样的预期硬度相近的标准硬度块对硬度计进行校验。

校验时，在标准硬度块表面上的不同位置测定 5 点硬度值，取算术平均值，其值与标准硬度块标定的硬度值允许偏差为±1 个硬度单位，各点硬度值的相互偏差不得大于 2 个硬度单位。

C.6.4 试样的试验面、支撑面、压头以及载样台表面应保持清洁。

C.6.5 将试样稳固地放置在载样台上，以保证其在试验过程中不发生位移。

C.6.6 在整个试验过程中，试验仪器应不受到冲击和振动。

C.7 试验步骤

C.7.1 试验时，必须保证试验力方向与试样的试验面垂直。

C.7.2 应均匀平稳地施加试验力，不得有冲击和振动。

C.7.3 施加初始试验力时，指针或指示线不得超过硬度计规定范围，否则应卸除初始试验力，改在试样另一位置重新试验。

C.7.4 施加主试验力，应在 2 s～8 s 内施加全部主试验力。

C.7.5 总试验力的保持时间应以示值指示器指示基本不变为准。其保持时间不少于 15 s。

C.7.6 在卸除主试验力后，在初始试验力的继续作用下，从刻度表盘相应的标尺上读出硬度值，其数值精确到 0.5 个洛氏硬度单位。

C.7.7 试验时两相邻测试点压痕中心之间的距离不得小于 2.0 mm。

C.7.8 任一测试点压痕中心至试样边缘的距离不得小于 1.5 mm。

C.8 试验结果

C.8.1 洛氏硬度以符号 HR 表示，其前面的数字表示硬度值，其后面的字母代表所用的标尺。例如，60 HRC 表示用 C 标尺测定的洛氏硬度值为 60。

C.8.2 洛氏硬度 C 标尺的测定范围是 20 HRC～67 HRC。当被测试样的硬度值大于 67 HRC 时，应采用洛氏硬度 A 标尺测定。

C.8.3 当试样硬度值在 40 HRC 以下时，每个试样至少测定 5 个点；当试样硬度值在 40 HRC 以上时，每个试样至少测定 3 个点。记录测定各点硬度值，取其硬度值范围或其算术平均值表示材料在该状态下的硬度值。

注：在曲面上所测定的硬度值比在平面上测定的硬度值偏低，且曲率半径愈小所测得的硬度值愈低，在测定曲面的硬度时供需双方应专门协商。

C.9 试验报告

试验报告应包括以下内容：

a） 本标准编号；

b） 硬度计型号；

c） 试样的材料牌号、加工状态以及其他必要的说明；

e） 试验条件；

f） 试验结果；

g） 影响测试结果的详细说明及不符合本附录规定的操作。

ICS 77.040.10
H 72

中华人民共和国国家标准

GB/T 10430—2008
代替 GB/T 10430—1989

烧结金属摩擦片粘结性能检验方法

Inspection method for bonding ability of sintered friction elements

2008-08-11 发布　　2009-02-01 实施

中华人民共和国国家质量监督检验检疫总局
中国国家标准化管理委员会　发布

前言

本标准代替 GB/T 10430—1989《烧结金属摩擦片结合强度测定方法》。

本标准对 GB/T 10430—1989 作了如下修改：

——将原标准中文题目修改为“烧结金属摩擦片粘结性能检验方法”，并将英文题目作了相应修改。

——修改了原标准的试验装置。

——修改了原标准对试样的规定。

——修改了原标准中试验结果的评定方法。

——规定了规范引用文件的版本。

——采用最新的标准叙述语言。

本标准由中国机械工业联合会提出并归口。

本标准起草单位：北京北摩高科摩擦材料有限责任公司。

本标准主要起草人：王文辉、陈剑锋、肖凯、郑聃、马华农。

本标准所代替标准的历次版本发布情况为：

——GB/T 10430—1989。

烧结金属摩擦片粘结性能检验方法

1 范围

本标准规定了烧结金属摩擦片摩擦材料与钢芯板的粘结性能检验的试验装置、试样、试验规程和试验报告。

本标准适用于粉末冶金烧结制造的摩擦片，用弯曲试验方法检验摩擦材料层与钢芯板间粘结性能，其他同类材料也可参照执行。

2 试验装置

试验用V型槽装置示意图见图1。

1——压力机上平台；

2——压头（前端 $R=10$ mm，宽 $L=50$ mm）；

3——钢芯板；

4——摩擦材料层；

5——V型槽（厚度60 mm；45# 钢，调质处理硬度28 HRC～33 HRC）；

6——压力机下平台。

图1 试验用V型槽装置示意图

3 试样

3.1 试样可直接采用被测产品，也可从被测产品上切取，其尺寸为样宽不大于50 mm、样长不小于70 mm，并保证不影响试验结果的准确性。

3.2 每炉批摩擦片抽样数量可由用户与生产企业自行协商。

4 试验规程

4.1 将试验样件平放在 90°的 V 型槽上，使摩擦材料层向下，用 $\phi 20$ 的压头按图 1 所示缓慢加载使试样弯曲，直至发生目视能观察到的摩擦材料层断裂为止。

4.2 为了便于观察弯曲处摩擦材料层与钢芯板之间的粘结牢固情况，弯曲角度不得小于 15°。

5 试验报告

试验报告应包括下列内容：

a) 样件名称、材料牌号及制造厂；

b) 本标准号；

c) 试验机类型；

d) 试验结果；

e) 可能影响试验结果的任何现象细节；

f) 试验人员及试验日期等。

ICS 21.060.10
J 13

中华人民共和国国家标准

GB/T 10431—2008
代替 GB/T 10431—1989

紧固件横向振动试验方法

Transverse vibration testing method for fasteners

2008-08-25 发布 2009-02-01 实施

中华人民共和国国家质量监督检验检疫总局
中国国家标准化管理委员会 发布

前　言

本标准代替 GB/T 10431—1989《紧固件横向振动试验方法》。

本标准与 GB/T 10431—1989 相比主要变化如下：

——更改了试验曲线示例；

——增加了数据分析与结果判定内容(见 7.2)；

——取消附录 C。

本标准的附录 A 和附录 B 都是资料性附录。

本标准由中国机械工业联合会提出。

本标准由全国紧固件标准化技术委员会(SAC/TC 85)归口。

本标准负责起草单位:中机生产力促进中心。

本标准所代替标准的历次版本发布情况为：

——GB/T 10431—1989。

紧固件横向振动试验方法

1 范围

本标准规定了用于测定紧固件防松性能的横向振动试验和数据处理方法。按本标准进行试验所得结果只作为在特定条件下的比对评价依据，无绝对定量指标。

2 试验原理

试验在紧固件横向振动试验机上进行。将被试紧固件拧紧在试验装置上，使之产生一定的夹紧力。借助于试验机在被夹紧两金属板之间产生的交变横向位移，使连接松动，导致夹紧力减小甚至完全丧失。连续记录夹紧力的瞬时值，根据记录数据的分析比对可以判定紧固件的防松性能。在试验过程中，夹紧力减小得越慢，防松性能越好；反之，夹紧力减小得越快，防松性能越差。

3 试验设备和仪器

3.1 构成

本试验的设备和仪器的构成框图如图1所示。

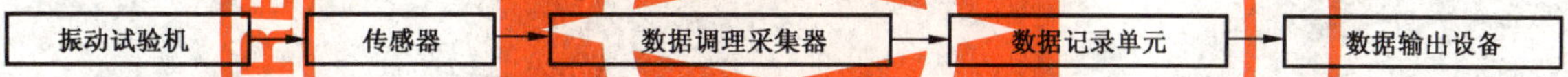

图1 试验机构成框图

3.2 振动试验机

本试验所用振动试验机应能满足试验频率和试验振幅的要求，横向振动波形应为正弦波。

3.3 设备精度

3.3.1 夹紧力测量误差应在±3%以内。

3.3.2 横向位移测量误差应在±1%以内。

4 试验条件

为了使试验结果具有可比性，应选择相同的试验条件。

4.1 环境条件

试验应在常温、常压、清洁的环境中进行。

4.2 润滑

在装夹试件时，应在螺纹及支承面上添加润滑剂，以免产生划伤螺纹和支承面或因摩擦热产生咬死现象，影响试验结果的准确性。

4.3 试验频率和自由状态下的振幅

试验频率按实际使用频率或试验要求确定，如果不能确定，推荐采用12.5 Hz；自由状态（夹紧力为零）下的振幅应保证螺栓试件不受剪切。

4.4 试验预夹紧力

试验预夹紧力按试验要求或试件的工作夹紧力确定。

4.5 试验件数

每组试件的数量按试验要求确定。一般情况下，建议每组取10件，如果在试验中发现振动特性、安装或拆卸力矩等方面有较大差异时，则应补加15件。

5 试验程序

5.1 试件准备

如无特殊要求，对于从产品中抽取的试件一般不需进行任何加工，应保持试件表面清洁。

5.2 试验机调整

5.2.1 按使用说明书要求接好电路，确认无误后接通电源。

5.2.2 在空载条件下开动试验机，调节调速旋钮，使之达到预定的空载频率(转速)。

5.2.3 松开偏心轮锁紧螺钉，调整偏心量使之达到相应的预定空载振幅。

5.3 装夹试件

将动板调整到运动中点位置，将被试零件装夹在试验装置上，用扭矩扳手拧紧到预定的扭矩或夹紧力，记录下扭矩和夹紧力原始数据。

5.4 开机

按下振动试验机启动按钮，试验开始，观察显示仪表，至夹紧力丧失到预定数值或达到一定振动次数时停机，连续记录夹紧力，必要时，记录停机时的拆卸力矩。

6 试验分析

6.1 试验曲线

图 2 是振动试验中夹紧力的变化曲线示例，横坐标代表时间(或振动次数)，纵坐标代表夹紧力。它描述了试验过程中夹紧力的变化过程。

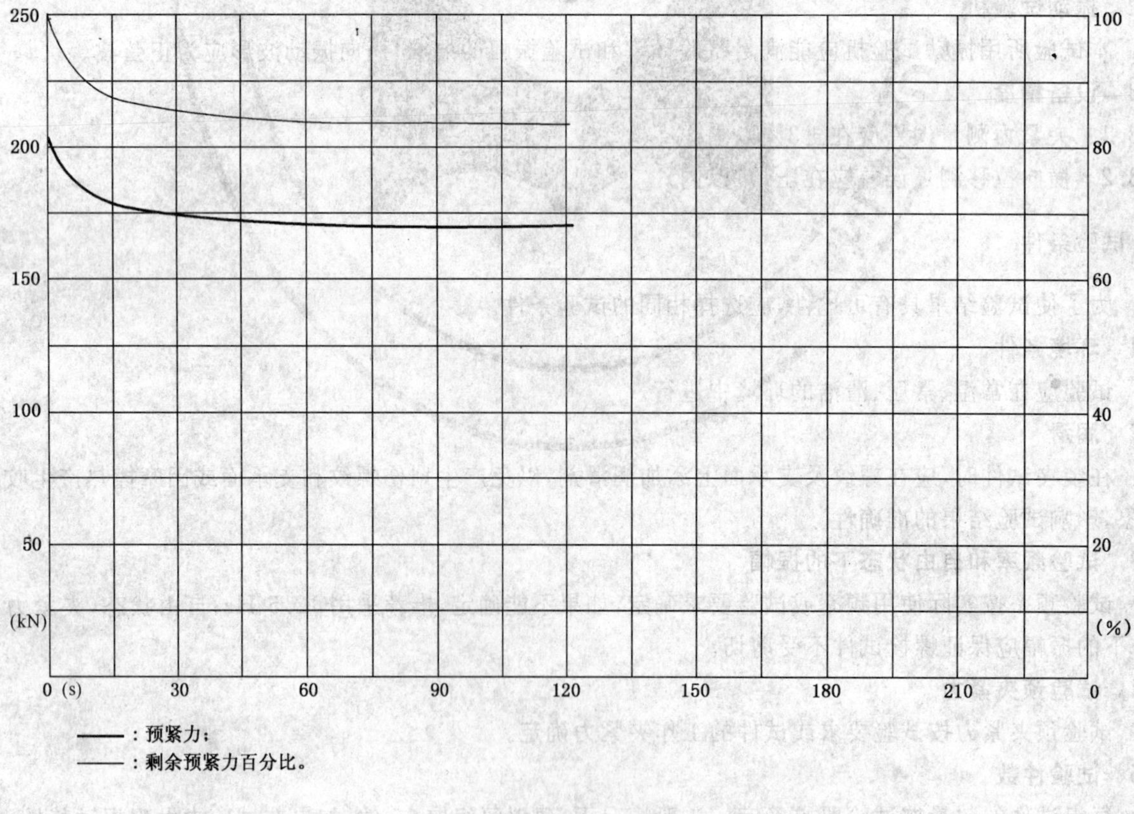

图 2 试验记录曲线

6.2 数据分析与结果判定

6.2.1 可以直接对比曲线形状、比较特定点数据或进行数据处理后判定防松性能试验结果。

6.2.2 如果采用连续(短时间间隔)采样方式采集数据,则应计算一组试验数据在各采样点(对应某一时间或振动次数)的平均值,自动绘制在对数坐标内,横坐标为振动试验次数,纵坐标为对应的残余夹紧力与初始夹紧力的比值,同时应按下式计算标准差(见图3)。也可以将同组试件试验结果绘制在同一对数坐标内,直接对比曲线形状及分布,不计算标准差(见图4)。

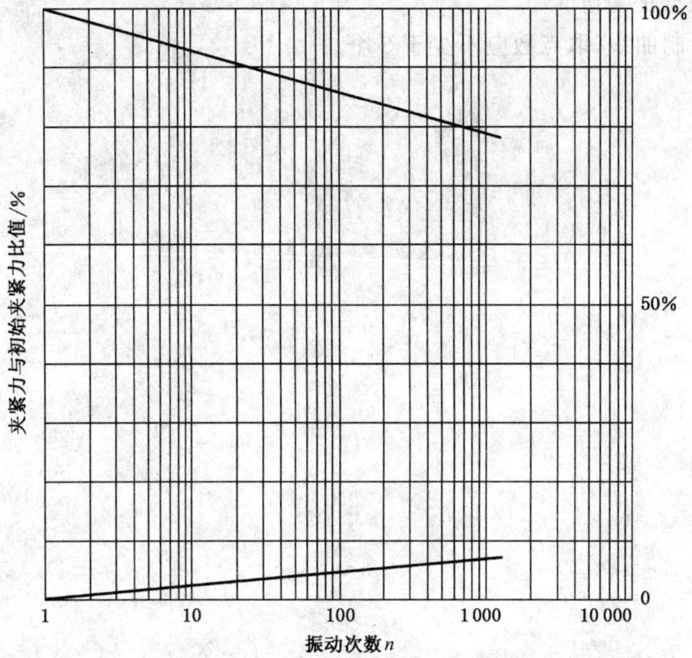

图3 分析曲线(含标准差)

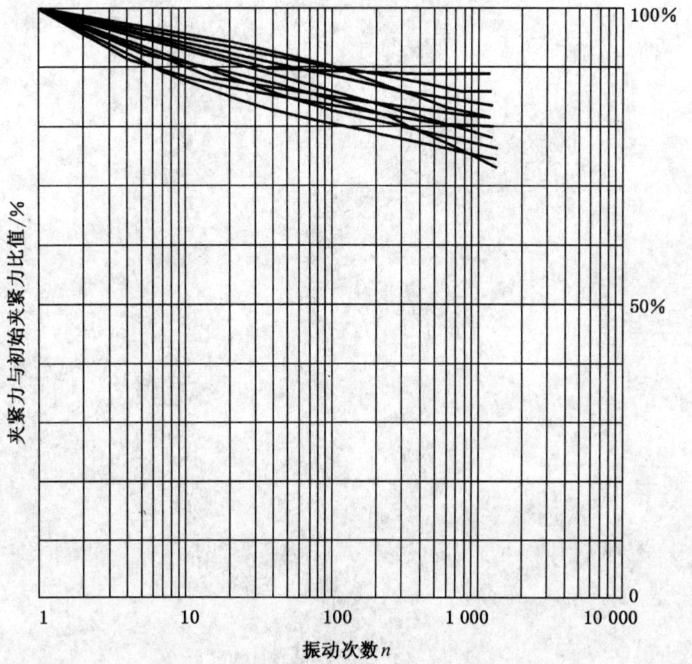

图4 分析曲线(不含标准差)

$$\sigma = \sqrt{\frac{1}{N}\sum_{i=1}^{N}(x_i - \overline{x})^2}$$

式中：

σ——标准差；

N——件数；

x_i——第 i 件检测数据；

$\overline{x}$——N 件检测数据平均值。

6.2.3　也可以手工绘制曲线，取点数应不少于5个。

附 录 A
（资料性附录）
横向振动试验机的结构和主要附件尺寸

本附录提供一种横向振动试验机的结构和主要附件尺寸（见图 A.1～图 A.11，表 A.1～表A.4）。在满足试验要求的前提下，可以采用其他结构的试验机。

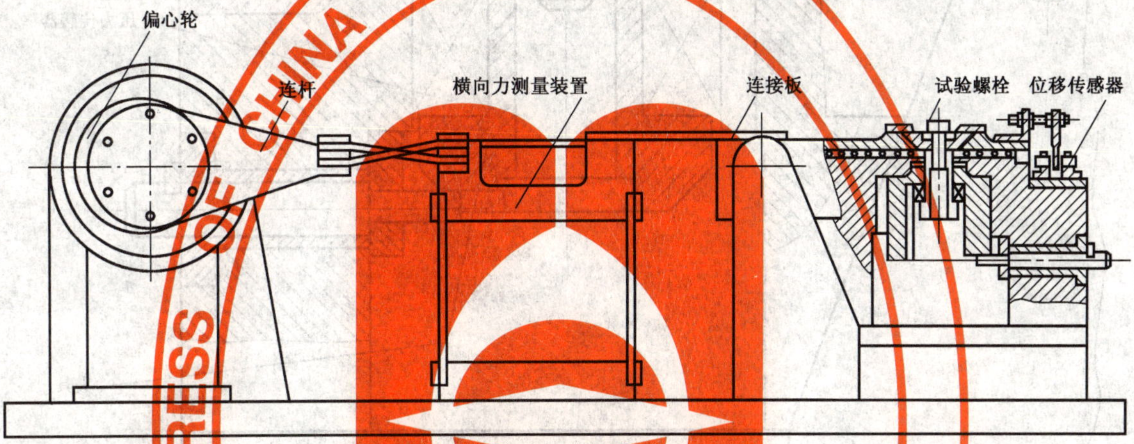

图 A.1　振动试验机结构图

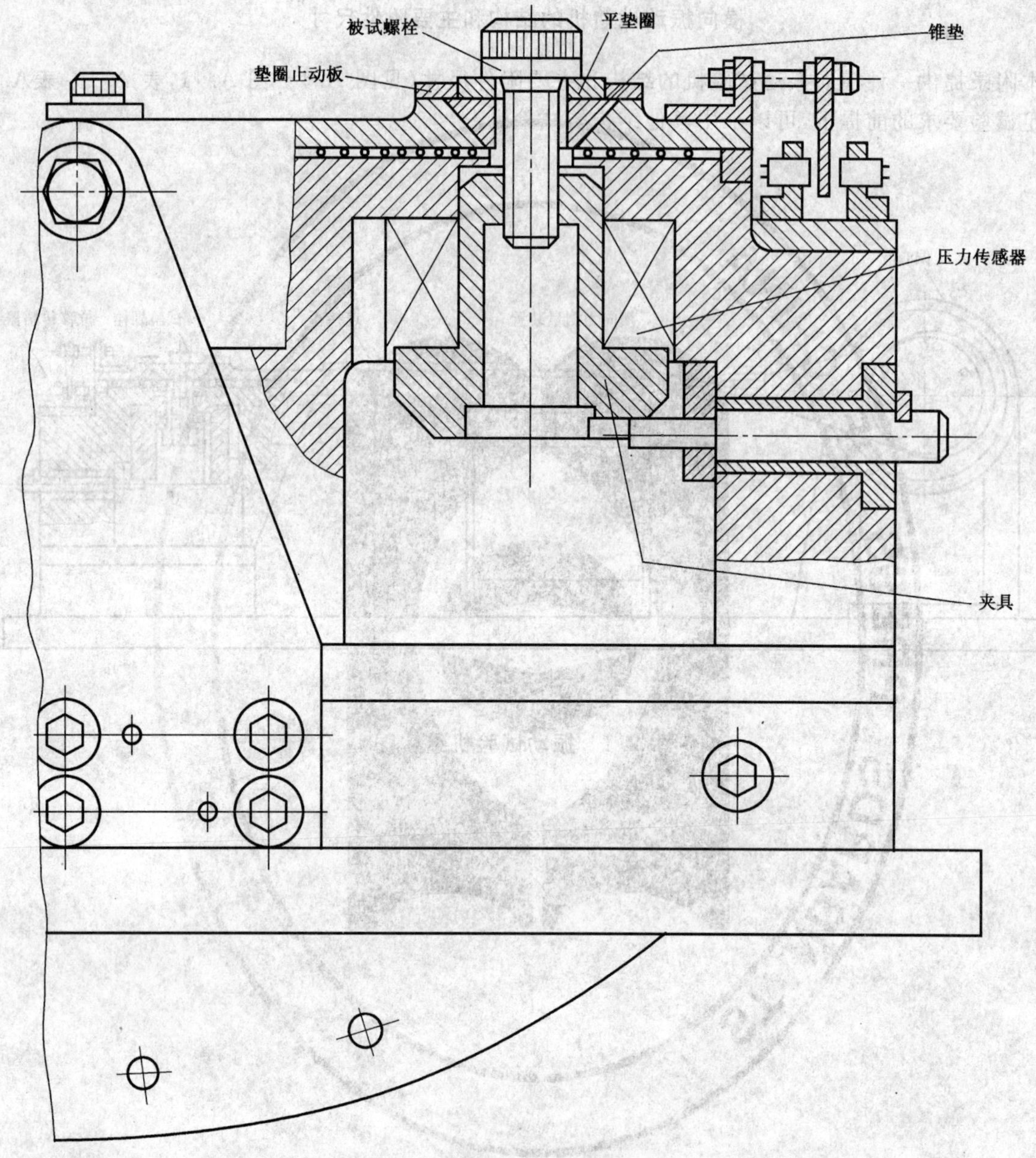

图 A.2　用于螺栓试验的试验装置

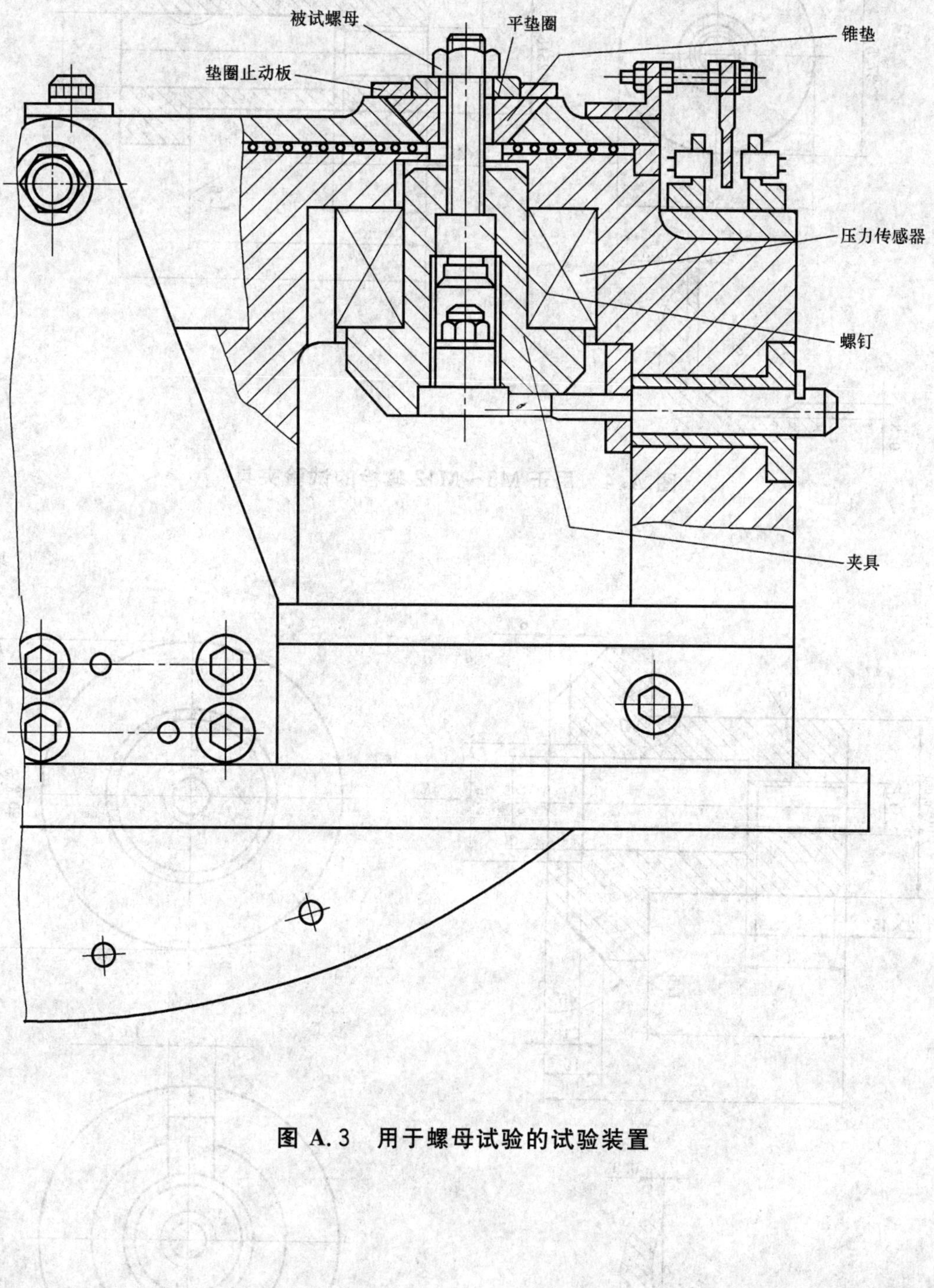

图 A.3 用于螺母试验的试验装置

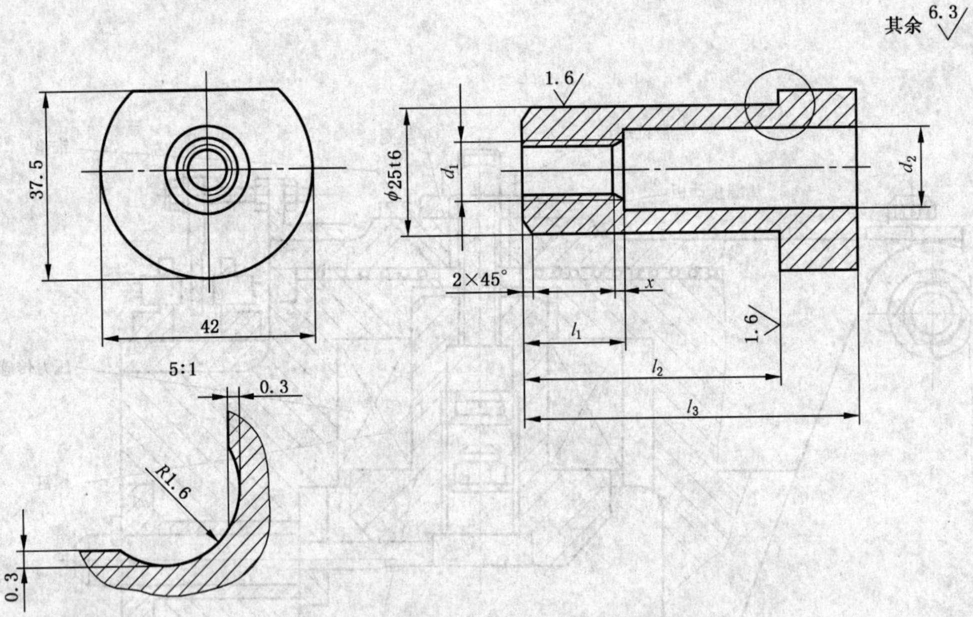

图 A.4 用于 M3～M12 螺栓的试验夹具

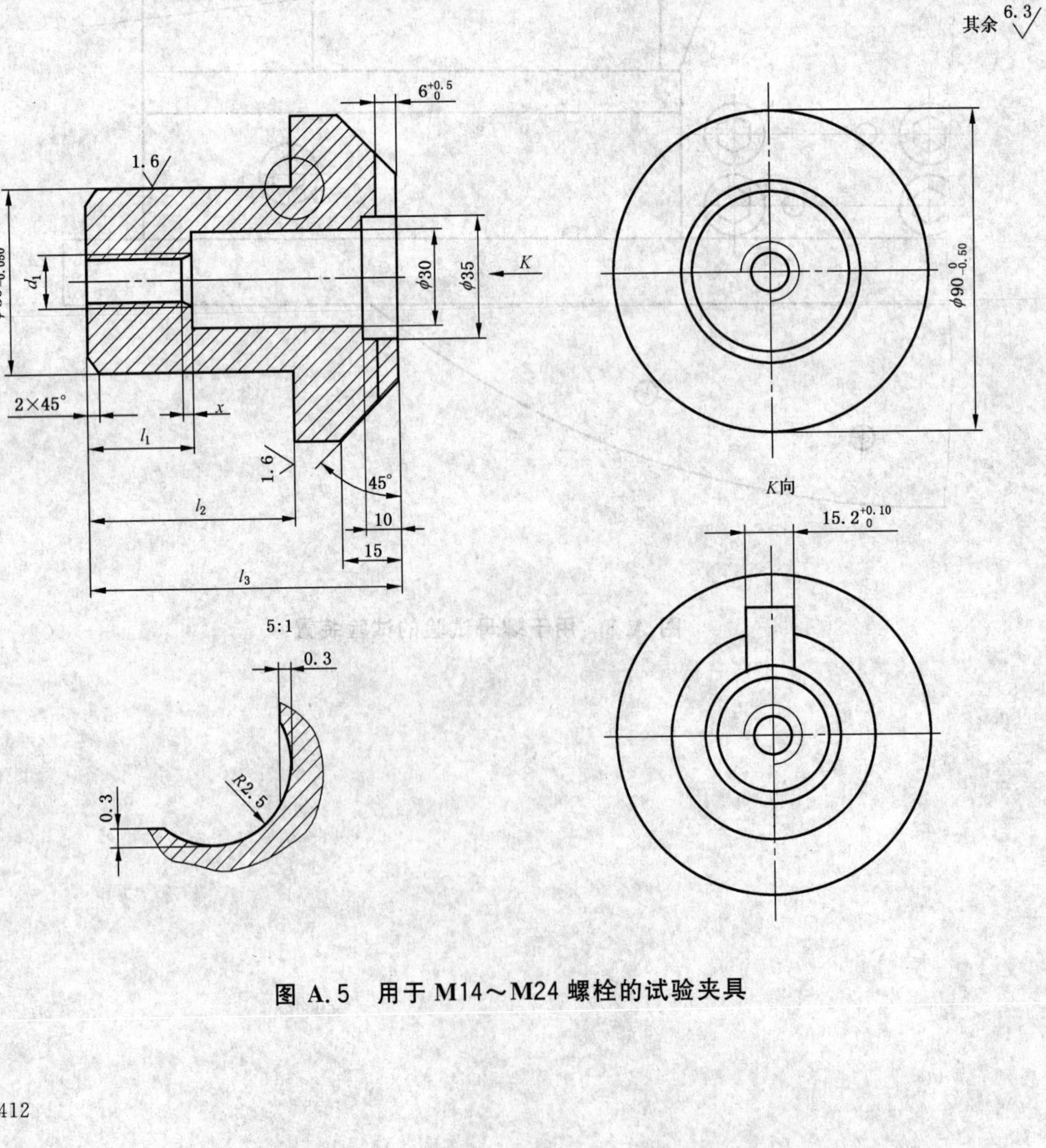

图 A.5 用于 M14～M24 螺栓的试验夹具

图 A.6 用于 M3～M12 的螺母夹具

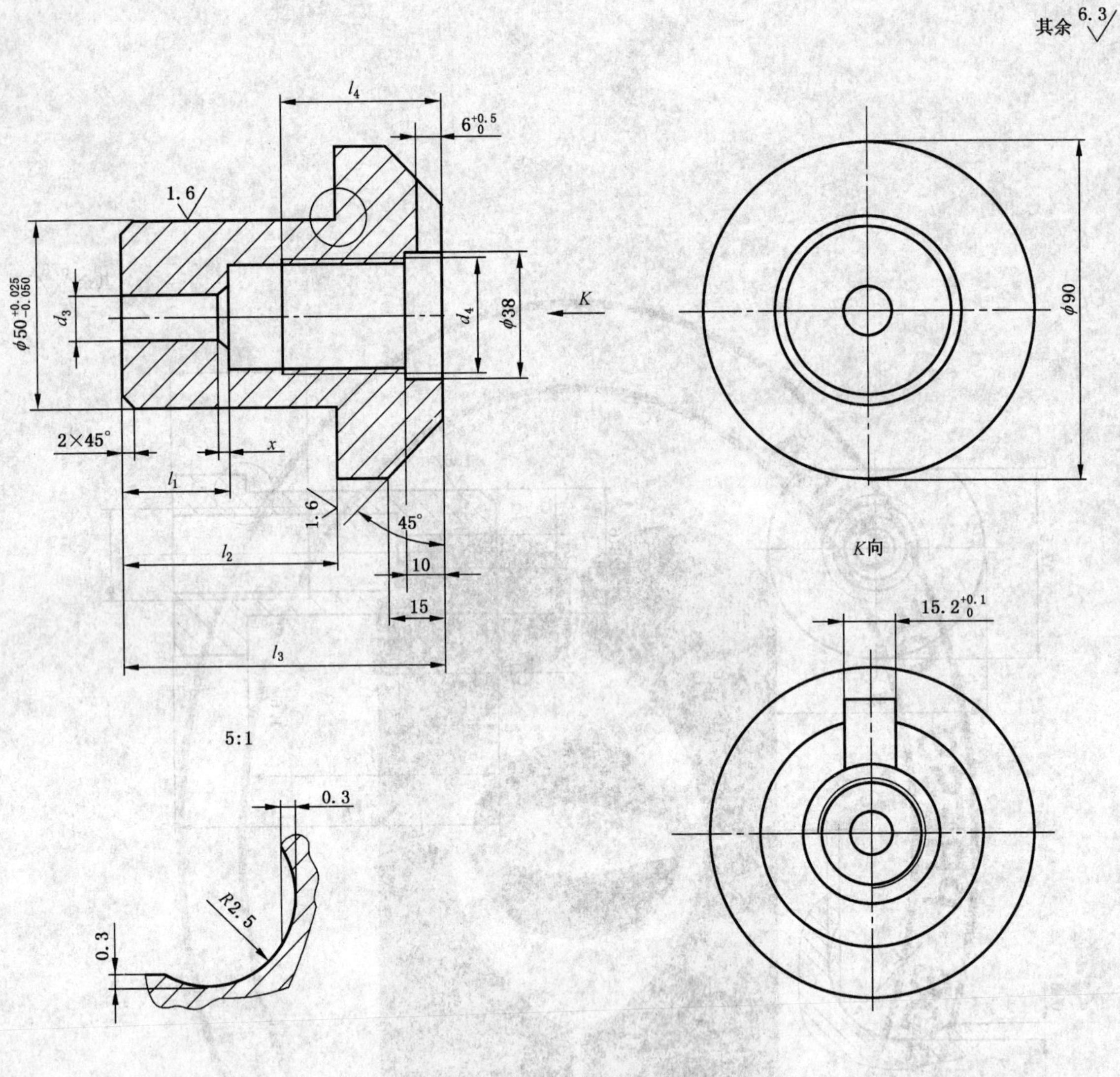

图 A.7　用于 M14～M24 的螺母夹具

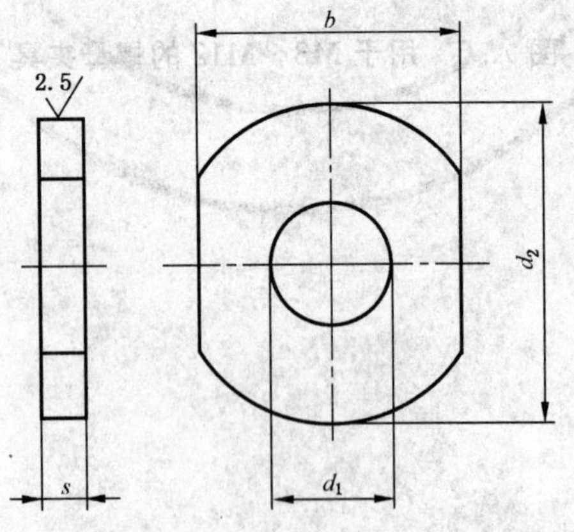

图 A.8　平垫圈

表 A.1 夹具尺寸及材料

单位为毫米

图号		A.4 或 A.6							A.5 或 A.7					
公称直径		3	4	5	6	8	10	12	14	16	18	20	22	24
d_1		M3	M4	M5	M6	M8×1	M10×1.25	M12×1.25	M14×1.25	M16×1.25	M18×1.25	M20×1.5	M22×1.5	M24×2
d_2		16					20		—					
d_3	基本尺寸	3	4	5	6	8	10	12	14	16	18	20	22	24
	极限偏差	+0.2 0												
d_4		M16×1.5					M20×1.5		M30×1.5			M66×1.5		
l_1		8	10.5	11.1	14	17.3	20.5	24.3	29	36	38			
l_2		53				50.5	46.5	51.5	60		56.5			
l_3		68				65.5	61.5	66.5	90		86.5			
l_4		52	50	46	44	35	28	25	50	45	40			
x		0.5×45°		0.7×45°		1×45°	1.5×45°							
材料		合金结构钢												
硬度		36 HRC～38 HRC												

表 A.2 平垫圈尺寸及材料

单位为毫米

公称直径		3	4	5	6	8	10	12	14	16	18	20	22	24
b	基本尺寸	24						28	40			50		
	极限偏差	0 −0.1												
d_1	基本尺寸	3.4	4.5	5.5	6.6	9	11	14	16	18	20	22	24	26
	极限偏差	+0.18 0			+0.22 0		+0.27 0				+0.33 0			
d_2		30						36	45			55		
s	基本尺寸	3.5						5.5						
	极限偏差	±0.1												
材料		45												
硬度		27 HRC～30 HRC												

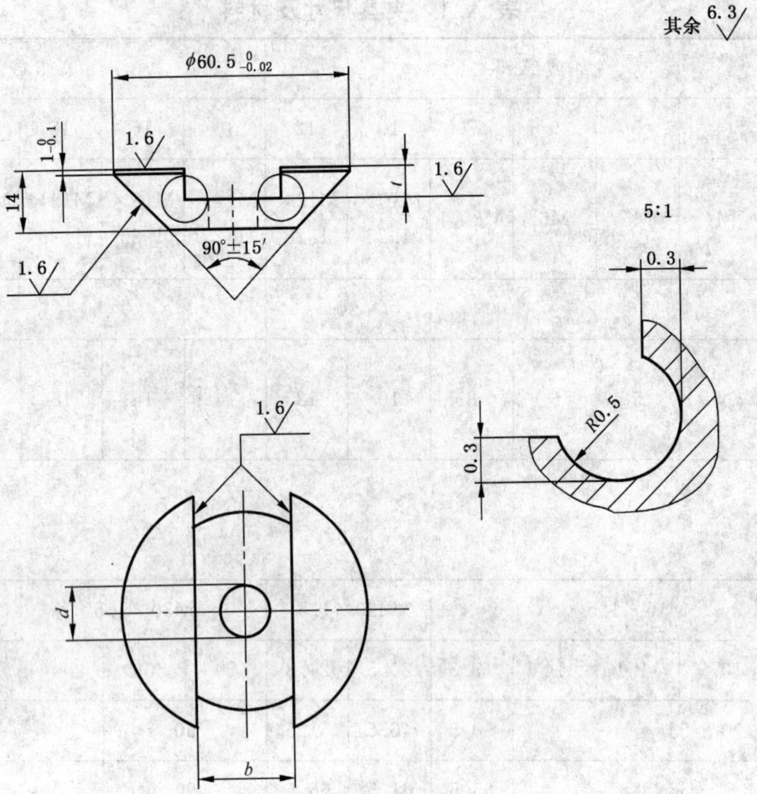

图 A.9　用于 M3～M14 的锥垫

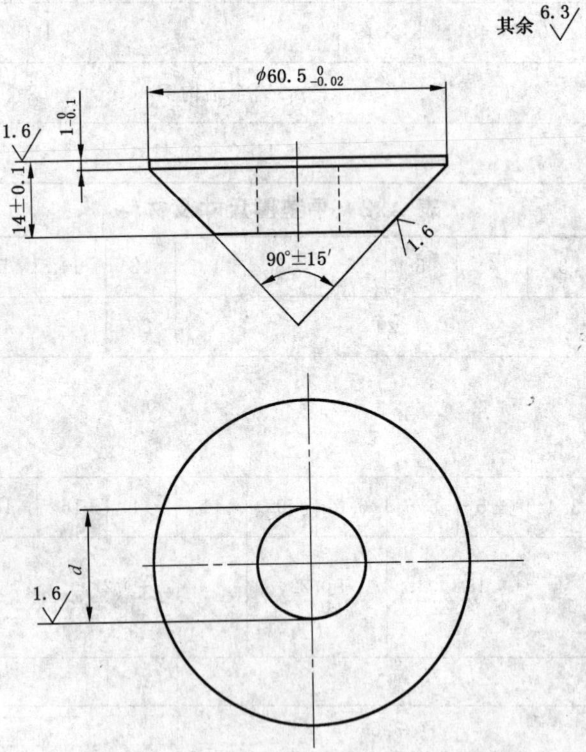

图 A.10　用于 M16～M24 的锥垫

表 A.3 锥垫尺寸及材料

单位为毫米

图号		A.9								A.10				
公称直径		3	4	5	6	8	10	12	14	16	18	20	22	24
b	基本尺寸	24						28	40	—				
	极限偏差	$^{+0.1}_{0}$								—				
d	基本尺寸	3.4	4.5	5.5	6.6	9	11	14	16	18	20	22	24	26
	极限偏差	$^{+0.2}_{0}$												
t	基本尺寸	9			8.5			6	4.5	—				
	极限偏差	±0.1								—				
材料		工具钢												
硬度		60 HRC～62 HRC												

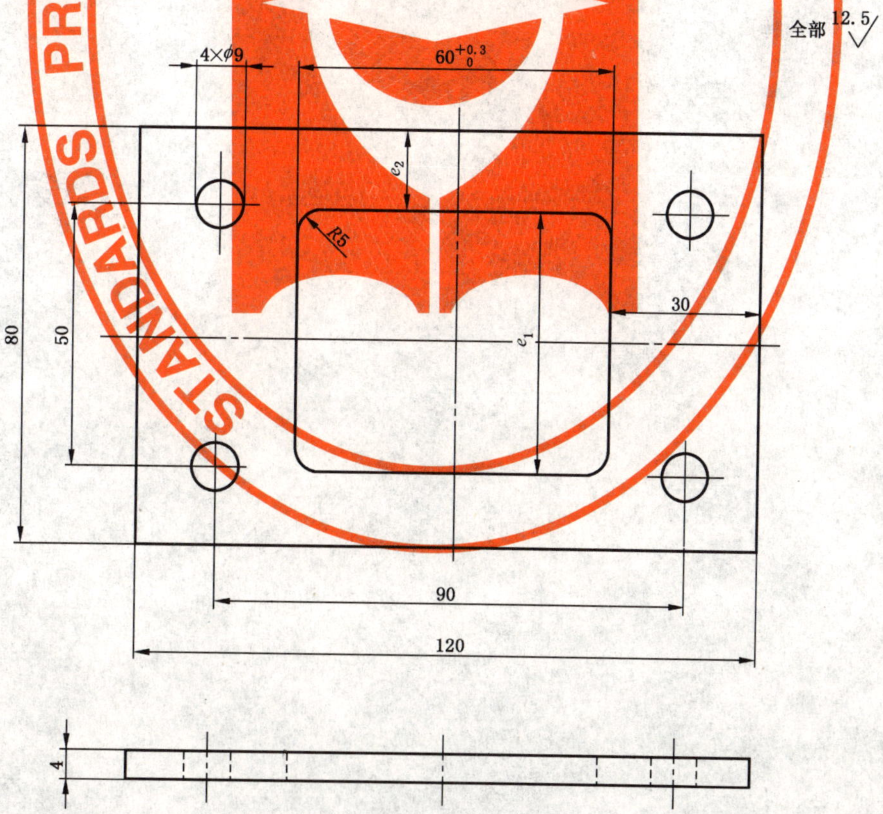

图 A.11 垫圈止动板

表 A.4 止动板尺寸及材料

单位为毫米

公称直径	16	18	20	22	24
e_1	$40^{+0.1}_{0}$		$50^{+0.1}_{0}$		
e_2	20		15		
材　料	合金结构钢				
硬　度	40 HRC～45 HRC				

附 录 B
（资料性附录）
试验预夹紧力和自由状态下的振幅

12.9级螺栓推荐的试验预夹紧力和自由状态下的振幅见表B.1。

表B.1 试验预夹紧力和自由状态下的振幅

螺纹规格	试验预夹紧力/N	自由状态下的振幅/mm
M5	6 875	±0.5
M6	9 750	±0.6
M8	17 750	±0.8
M10	28 150	±1.0
M12	40 900	±1.2
M14	55 750	±1.4
M16	76 000	±1.6
M18	93 000	±1.8
M20	119 000	±1.9
M22	147 000	±1.9
M24	170 000	±2.0

ICS 55.140
A 82

中华人民共和国国家标准

GB/T 10440—2008
代替 GB 10440—1989

圆柱形复合罐

Round composite cans

2008-07-18 发布　　　　2009-01-01 实施

中华人民共和国国家质量监督检验检疫总局
中国国家标准化管理委员会 发布

前　言

本标准代替 GB 10440—1989《圆柱形复合罐》。

本标准与 GB 10440—1989 相比，主要变化如下：

——增加了产品的分类方式；

——修改了对产品外观印刷质量要求；

——调整了物理机械性能指标；

——删除了塑料盖松紧度检验项目；

——增加了对接触食品的复合罐的卫生要求；

——修改了外观和尺寸极限偏差的抽样方案。

本标准由中国包装联合会提出。

本标准由全国包装标准化技术委员会归口。

本标准主要起草单位：中国包装科研测试中心、北京达美环保纸品包装有限公司、中国包装联合会、国家包装产品质量监督检验中心(广州)。

主要起草人：袁文广、杨海涛、牛淑梅、杨薇、孙靓、郑艳明、蔡祖福。

本标准所代替标准的历次版本发布情况为：

——GB 10440—1989。

圆柱形复合罐

1 范围

本标准规定了圆柱形复合罐(以下简称复合罐)分类、要求、试验方法、检验规则及标志、包装、运输和贮存。

本标准适用于主要采用纸板和纸、塑、铝等组成的复合材料制成罐身,且一端已有端盖密封的圆柱形小型包装容器。

2 规范性引用文件

下列文件中的条款通过本标准的引用而成为本标准的条款。凡是注日期的引用文件,其随后所有的修改单(不包括勘误的内容)或修订版均不适用于本标准,然而,鼓励根据本标准达成协议的各方研究是否可使用这些文件的最新版本。凡是不注日期的引用文件,其最新版本适用于本标准。

GB/T 191 包装储运图示标志(GB/T 191—2008, ISO 780:1997, MOD)

GB/T 2828.1 计量抽样检验程序 第1部分:按接收质量限(AQL)检索的逐批检验抽样计划(GB/T 2828.1—2003,ISO 2859-1:1999,IDT)

GB/T 4857.5 包装 运输包装件 跌落试验方法(GB/T 4857.5—1992,idt 2248:1985)

3 结构与分类

3.1 结构

复合罐的结构示意图,见图1。

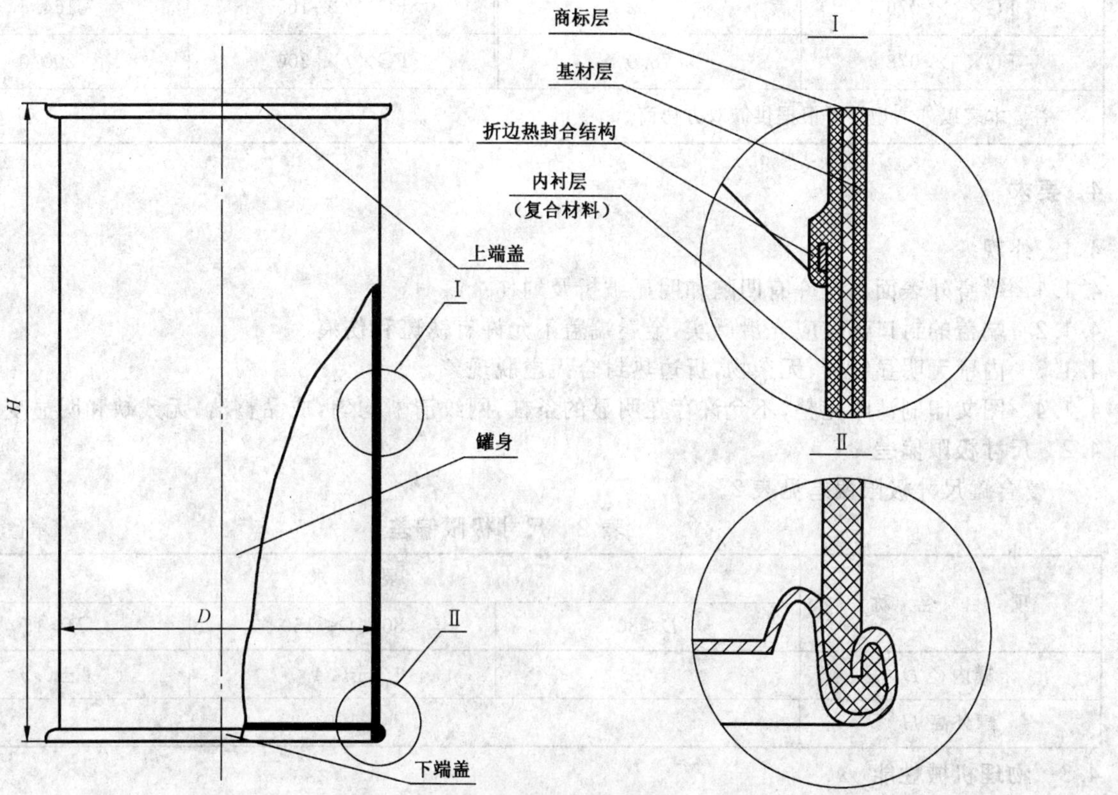

图1 复合罐结构示意图

3.2 分类

复合罐按端盖材料可分为：

金属/金属盖复合罐、复合材料/复合材料盖复合罐、金属/复合材料盖复合罐。

3.3 复合罐表示方法

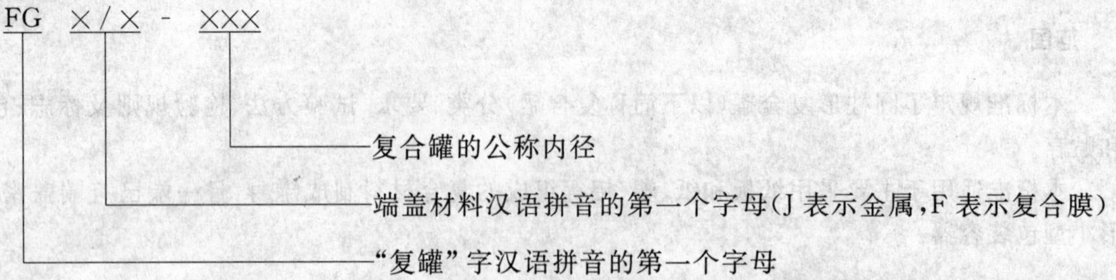

例：FGJ/F-083 即为内径尺寸为 83.2 mm、端盖材料为金属/复合膜型式的复合罐。

3.4 复合罐常见内径尺寸系列

复合罐常见内径尺寸与型号表示的对应见表 1。

表 1 复合罐的型号与对应的内径尺寸

单位为毫米

产品型号	内径尺寸	产品型号	内径尺寸
FG×/×-052	52.4	FG×/×-083	83.2
FG×/×-060	60.0	FG×/×-099	99.1
FG×/×-065	65.2	FG×/×-105	104.9
FG×/×-073	72.5	FG×/×-126	126.1
FG×/×-074	74.1	FG×/×-153	153.3
FG×/×-076	76.2	FG×/×-165	164.5
FG×/×-078	78.0	FG×/×-200	200.0
注：本表以外的型号可根据供需双方协商。			

4 要求

4.1 外观

4.1.1 罐身外表面不允许有凹陷和明显皱折及划伤。

4.1.2 端盖的封口部位应光滑严实，金属端盖不允许有锈斑和伤痕。

4.1.3 内壁无明显皱折、无杂物，折边热封合无虚脱现象。

4.1.4 图文印刷清晰完整，不允许存在明显的条杠，网纹清晰均匀，成品整洁，无残缺和明显变形。

4.2 尺寸极限偏差

复合罐尺寸极限偏差见表 2。

表 2 尺寸极限偏差

单位为毫米

项目名称	要求		
	$D \leqslant 80$	$80 < D \leqslant 150$	$D > 150$
罐内径 D	±0.3	±0.4	±0.5
罐外高 H	±1.0		

4.3 物理机械性能

复合罐的物理机械性能要求见表 3。

表 3 物理机械性能要求

项 目 名 称	要 求		
	$D \leqslant 80$ mm	80 mm$< D \leqslant 150$ mm	$D>150$ mm
端盖脱离力/N	≥320	≥350	≥400
轴向压溃力/N	≥750	≥900	≥1 100
快速泄漏试验	30 kPa 无泄露	20 kPa 无泄露	10 kPa 无泄露
跌落试验	不破裂		
注：端盖脱离力试验仅适用于有金属端盖的复合罐。			

4.4 卫生指标

直接接触食品的复合罐内层材料卫生指标应符合国家相关标准要求。

5 试验方法

5.1 样品的状态调节和试验的标准环境

样品的状态调节和试验的标准环境条件为温度 23 ℃±2 ℃；相对湿度 50%±5%，样品预处理时间为 24 h 以上。

5.2 外观

复合罐外观应在自然光线下目测。

5.3 尺寸及偏差

在不施加任何外力的情况下，用精度不低于 0.1 mm 的量具检测复合罐外高和内径（即封口处直径），测量内径时应避开罐壁折边热封合结构，试样为 3 只。

5.4 端盖脱离力

5.4.1 测试装置

a) 外径比需测试的复合罐内径小 0.1 mm，有气体通路并装有节流阀的芯棒一根；

b) 环形夹紧装置一个；

c) 0 kPa～250 kPa，1.6 级的压力表一只；

d) 安全罩一个。

5.4.2 测试步骤

5.4.2.1 将一端封有金属盖、另一端未封端盖的试样套在芯棒上，芯棒和端盖之间距离应不小于罐高的一半，并用环形装置夹紧，装好安全罩。

5.4.2.2 启动控制阀门，使压缩空气经过芯棒导入复合罐内，在 6 s±2 s 内升高压力直至吹脱端盖。

5.4.2.3 记录端盖被吹脱时压力表的读数。

5.4.3 计算

端盖脱离力应按式(1)计算：

$$F=\frac{\pi}{4}D^{2}P \qquad \cdots\cdots(1)$$

式中：

F——端盖脱离力，单位为牛(N)；

D——复合罐内径，单位为毫米(mm)；

P——端盖吹脱时的压力，单位为兆帕(MPa)；

π——圆周率（取三位有效数字）。

5.5 轴向压溃力

5.5.1 测试装置：压力试验机，其测量值应能精确到试样最小压溃负荷时的 1%，压板的垂直移动速度为 10 mm/min±3 mm/min。

5.5.2 正常使用状态空罐，试样不少于3只。

5.5.3 数据处理，测试试样轴向受压直至失去承载能力时的最大的力，求出其算术平均值。

5.6 快速泄漏试验(空气压力法)

5.6.1 测试装置

a) 将空气导入试样内的密封装置一个；

b) 水箱一个；

c) 空压机一台；

d) 分度值为0 kPa～60 kPa，1.6级的压力表一只。

5.6.2 测试步骤

5.6.2.1 准备试样不少于3只。

5.6.2.2 对于单端密封的样品，将导气密封装置插入样品未封合端，并套紧封严；对于两端均已密封的样品，用能在一侧罐盖开合适的导气孔而不损坏密封部位的工具开孔，将密封装置插入试样并套紧封严。

5.6.2.3 向试样内充气，使压力达到表3规定的压力值。

5.6.2.4 将充气的罐保压60 s后，完全浸入已装满水的水箱里，并旋转一周，观察有无气泡连续不断地形成并逸出。

5.7 跌落试验

罐内应填好模拟填充物，并使填充物与测试样品在同一条件下进行环境预处理。按GB/T 4857.5的规定进行底平面跌落试验，跌落高度按表4，每只样品试验一次，每次测试样品不能少于3只，试验后检查样品是否有破裂。

表4 跌落高度

单位为毫米

罐 内 径	跌 落 高 度
$D \leqslant 80$	1 500
$80 < D \leqslant 150$	1 200
$D > 150$	1 000

5.8 卫生指标

卫生指标按照相关检验标准进行。

6 检验规则

6.1 检验分类

6.1.1 出厂检验

按照4.1、4.2的要求对产品的外观、尺寸极限偏差进行检验。

6.1.2 型式检验

型式检验项目为第4章中规定的全部项目。当有下列情况之一时，应进行型式检验。

a) 新产品或老产品转厂生产的试制定型鉴定时；

b) 正常生产后，如材料、结构、工艺有较大改变，可能影响产品性能时；

c) 正常生产时，一年进行一次；

d) 长期停产6个月后，恢复生产时；

e) 出厂检验结果与上次型式检验有较大差异时；

f) 国家质量监督检验机构提出进行型式检验的要求时。

6.2 抽样

6.2.1 组批

产品以批为单位进行验收。同一品种同一规格产品的交货批为一检验批。

6.2.2 抽样方案

外观和尺寸极限偏差按 GB/T 2828.1 规定进行，采用正常检查二次抽样方案，特殊检查水平 S-4，接收质量限(AQL)为 2.5，见表 5。

表 5 外观和尺寸极限偏差抽样方案

批 量	样 本	样本量	累计样本量	接收数 Ac	拒收数 Re
35 001～500 000	第一	50	50	2	5
	第二	50	100	6	7
≥500 001	第一	80	80	3	6
	第二	80	160	9	10

6.2.3 物理性能的抽样方案，见表 6。

表 6 物理性能抽样方案

项 目	样 本	样本量	累计样本量	接收数 Ac	拒收数 Re
快速泄漏试验	第一	3	3	0	2
	第二	3	6	1	2
跌落试验	第一	3	3	0	2
	第二	3	6	1	2
轴向压溃力	第一	3	3	0	2
	第二	3	6	1	2
端盖脱离力	第一	3	3	0	2
	第二	3	6	1	2

6.3 判定规则

6.3.1 外观和尺寸极限偏差检验按 4.1、4.2 进行单项判定，若符合标准规定，判定该项合格。批判定按 6.2.2 抽样方案及判定规则进行判定。

6.3.2 物理性能检验分别按 4.3 中表 3 的规定进行单项判定，并按表 6 进行批判定。

6.3.3 直接接触食品的复合罐卫生性能有一项不合格则该批为不合格。

7 标志、包装、运输和贮存

7.1 标志

标志应符合 GB/T 191 规定。复合罐出厂时应有合格标识，标识应包括下列内容：制造厂名、产品名称、生产年月、产品代号、产品批号、合格标记及数量。

7.2 包装

复合罐必须有适宜的外包装才能出厂，上下两层之间应有衬垫。也可采用用户提供的外包装箱包装后出厂。

7.3 运输

运输过程中需使用清洁有篷的运输工具，要轻装、轻卸，避免与尖锐物体碰撞。

7.4 贮存

产品应保存在整洁干燥的库房内，堆放整齐，切勿重压。底部应垫有 15 cm 高的垫木，并不允许与能污染或损伤复合罐的物品混合堆放。自生产之日起，贮存期为 1 年。超过 1 年，经检验合格后，仍可使用。

ICS 21.100.10
J 12

GB

中华人民共和国国家标准

GB/T 10446—2008
代替 GB/T 10446—1989

滑动轴承 整圆止推垫圈 尺寸和公差

Plain bearings—Ring type thrust washers—Dimensions and tolerances

(ISO 6525:1983, Plain bearings—Ring type thrust washers made from strip—Dimensions and tolerances, MOD)

2008-08-25 发布 2009-03-01 实施

中华人民共和国国家质量监督检验检疫总局
中国国家标准化管理委员会 发布

前　言

本标准修改采用ISO 6525:1983《滑动轴承　带材环形止推垫圈　尺寸和公差》,与ISO 6525主要差异如下:

——标准名称不同;

——增加了规范性引用文件;

——删去定义部分,改为引用滑动轴承术语国家标准;

——第4章符号部分改用表格形式表述;

——第5章和第6章章节更改。

本标准修订GB/T 10446—1989《滑动轴承　整圆止推垫圈　尺寸和公差》,与GB/T 10446—1989相比主要差异如下:

——增加了规范性引用文件;

——调整了标准章节。

本标准自实施之日起,代替GB/T 10446—1989。

本标准由中国机械工业联合会提出。

本标准由全国滑动轴承标准化技术委员会归口。

本标准负责起草单位:中机生产力促进中心。

本标准参加起草单位:上海交通大学机械与动力工程学院、浙江临安东方滑动轴承有限公司。

本标准由全国滑动轴承标准化技术委员会秘书处负责解释。

本标准所代替标准的历次版本发布情况为:

——GB/T 10446—1989。

滑动轴承　整圆止推垫圈　尺寸和公差

1　范围

本标准规定了滑动轴承整圆止推垫圈的尺寸和公差。

本标准适用于用带材制造的、内径为 6 mm～80 mm 的整圆止推垫圈。这种止推垫圈通常与 GB/T 12613.1 规定的卷制轴套配套使用。

注：本标准不认为所列尺寸都将被采用，但采用标准尺寸会降低制造成本。

2　规范性引用文件

下列文件中的条款通过本标准的引用而成为本标准的条款。凡是注日期的引用文件，其随后所有的修改单(不包括勘误的内容)或修订版均不适用于本标准，然而，鼓励根据本标准达成协议的各方研究是否可使用这些文件的最新版本。凡是不注日期的引用文件，其最新版本适用于本标准。

GB/T 2889.1　滑动轴承　术语、定义和分类　第 1 部分：设计、轴承材料及其性能(GB/T 2889.1—2008,ISO 4378-1:1997,IDT)

GB/T 12613.1　滑动轴承　卷制轴套　第 1 部分：尺寸(GB/T 12613.1—2002,ISO 3547-1,IDT)

3　术语和定义

GB/T 2889.1 中规定的术语和定义适用于本标准。

4　符号

符号见表 1 和图 1。

表 1　符号和单位

符号	定义	单位
D	止推垫圈外径	mm
d	止推垫圈内径	mm
e_T	止推垫圈厚度	mm
C	定位孔中心位置圆直径	mm
F	定位孔直径	mm
D_R	轴承座上的凹座直径	mm
e_R	轴承座上的凹座深度	mm
p	平面度公差	mm

4.1　型式

整圆止推垫圈的一般型式见图 1。

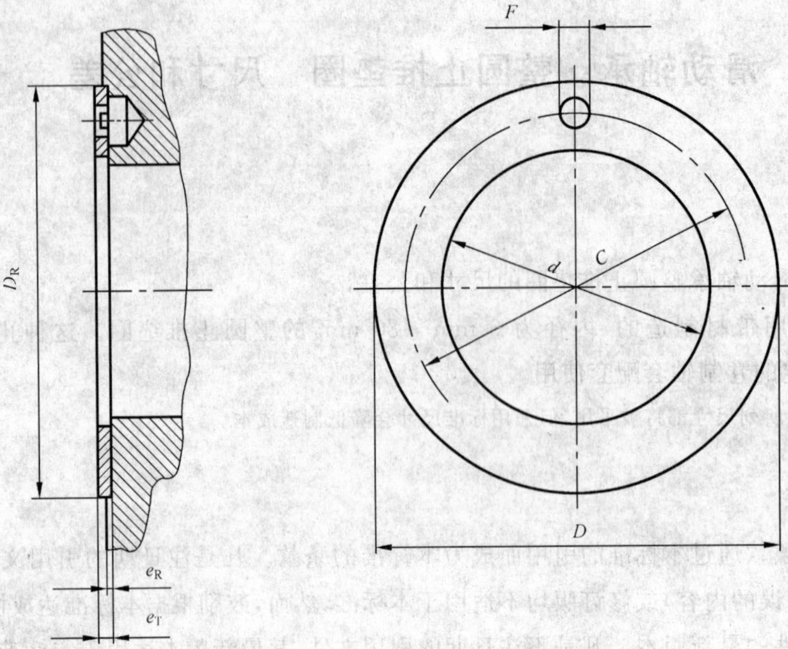

图 1 整圆止推垫圈

5 尺寸与公差

5.1 基本尺寸与公差

整圆止推垫圈的基本尺寸与公差见表 2。

表 2 整圆止推垫圈的基本尺寸与公差

单位为毫米

卷制轴套外径 (GB/T 12613.1)		d +0.25 0	D 0 −0.25	e_T 0 −0.05	C ±0.15	F +0.40 +0.10
优选系列	非优选系列					
6		6	16	1.00	11	1.5
7		7	17	1.00	12	1.5
8		8	18	1.00	13	1.5
9		9	19	1.00	14	1.5
10		10	22	1.00	16	1.5
11		12	24	1.50	18	1.5
12		12	24	1.50	18	1.5
13		14	26	1.50	20	2.0
14		14	26	1.50	20	2.0
15		16	30	1.50	23	2.0
16		16	30	1.50	23	2.0
17		18	32	1.50	25	2.0
18		18	32	1.50	25	2.0
19		20	36	1.50	28	3.0
20		20	36	1.50	28	3.0

表 2（续）

单位为毫米

卷制轴套外径 (GB/T 12613.1)		d $^{+0.25}_{0}$	D $^{0}_{-0.25}$	e_T $^{0}_{-0.05}$	C ±0.15	F $^{+0.40}_{+0.10}$
优选系列	非优选系列					
21		22	38	1.50	30	3.0
22		22	38	1.50	30	3.0
	23	24	42	1.50	33	3.0
24		24	42	1.50	33	3.0
25		26	44	1.50	35	3.0
26		26	44	1.50	35	3.0
	27	28	48	1.50	39	4.0
28		28	48	1.50	39	4.0
30		32	54	1.50	43	4.0
32		32	54	1.50	43	4.0
34		36	60	1.50	48	4.0
36		36	60	1.50	48	4.0
38		40	64	1.50	52	4.0
	39	40	64	1.50	52	4.0
40		40	64	1.50	52	4.0
42		45	70	1.50	57.5	4.0
	44	45	70	1.50	57.5	4.0
45		45	70	1.50	57.5	4.0
48		50	76	2.00	63	4.0
50		50	76	2.00	63	4.0
53		55	80	2.00	67.5	5.0
	55	55	80	2.00	67.5	5.0
56		60	90	2.00	75	5.0
	57	60	90	2.00	75	5.0
60		60	90	2.00	75	5.0
63		65	100	2.00	83.5	5.0
	65	65	100	2.00	83.5	5.0
67		70	105	2.00	88	5.0
	70	70	105	2.00	88	5.0
71		75	110	2.00	92.5	5.0
75		75	110	2.00	92.5	5.0
80		80	120	2.00	100	5.0

5.2 轴承座上凹座尺寸与公差

轴承座上凹座直径 D_R 等于止推垫圈外径 D，其公差为 G10。

轴承座上凹座深度 e_R 取决于止推垫圈可能出现的磨损量、载荷条件，并要求卸荷后保证止推垫圈不致脱落。

6 油槽

油槽尺寸由供需双方协商。

油槽的一般型式见图 2。

注 1：油槽深度一般不超过减摩合金层厚度。

注 2：油槽均应去毛刺。

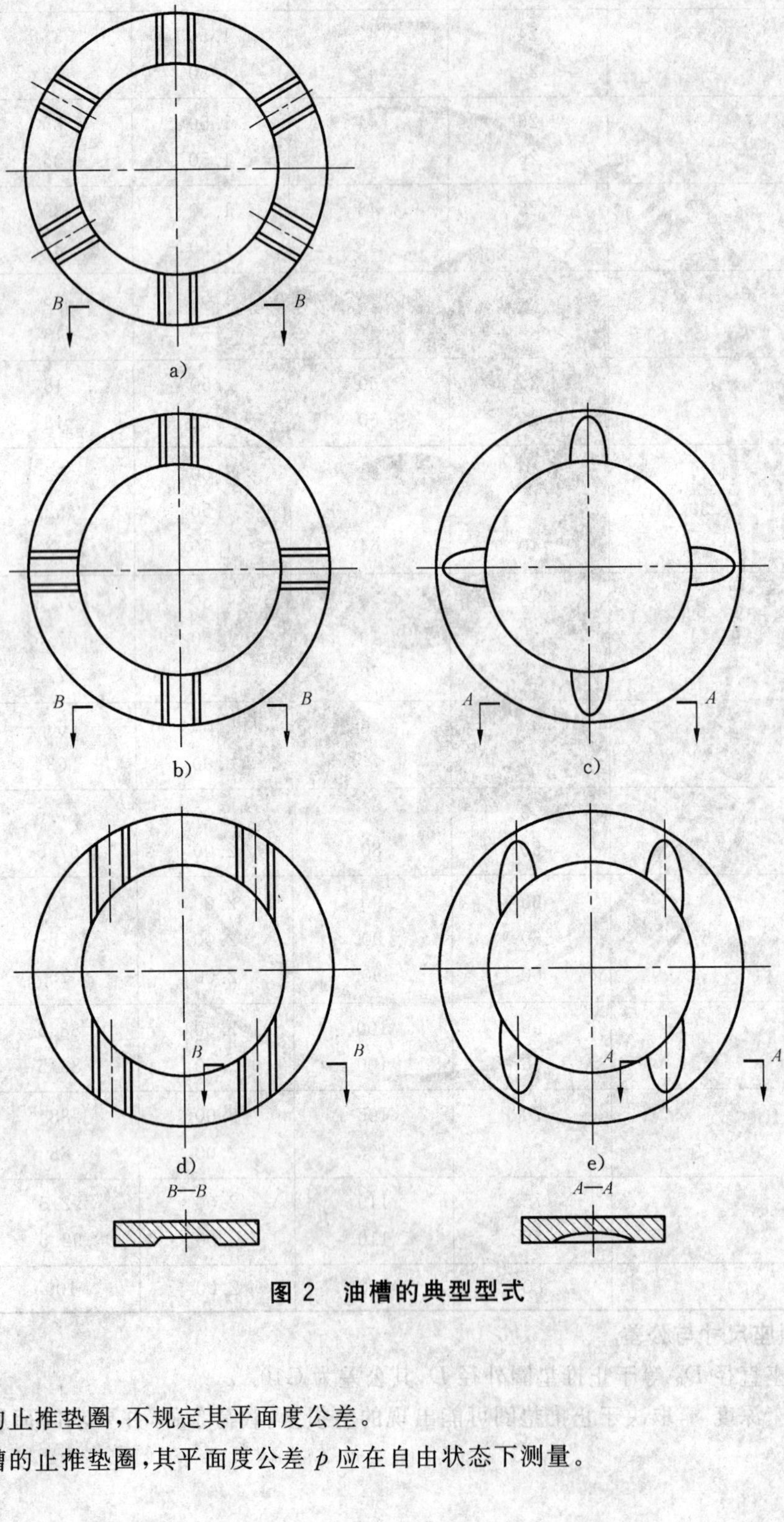

图 2 油槽的典型型式

7 平面度

对带油槽的止推垫圈，不规定其平面度公差。

对不带油槽的止推垫圈，其平面度公差 p 应在自由状态下测量。

其中：$D \leqslant 80$ mm，$p = 0.10$ mm；

$D > 80$ mm，$p = 0.12$ mm。

8 倒角

止推垫圈的所有锐边均应倒角或去除毛刺。

ICS 21.100.10
J 12

中华人民共和国国家标准

GB/T 10447—2008
代替 GB/T 10447—1989

滑动轴承 半圆止推垫圈 要素和公差

Plain bearings—Pressed bimetallic half thrust washers—Features and tolerances

(ISO 6526:1983,MOD)

2008-08-25 发布　　　　2009-03-01 实施

中华人民共和国国家质量监督检验检疫总局
中国国家标准化管理委员会　发布

前　言

本标准修改采用 ISO 6526:1983《滑动轴承 带冲压双金属半圆止推垫圈 要素和公差》,与 ISO 6526:1983 相比,主要差异如下:

——标准名称不同;

——增加了规范性引用文件;

——章节顺序不同。

本标准是对 GB/T 10447—1989《滑动轴承　半圆止推垫圈　要素和公差》的修订,与 GB/ T 10447—1989 相比主要变化如下:

——增加规范性引用文件;

——修改了部分代号的名称;

——调整了标准章节顺序;

——调整了半圆止推垫圈内外径之差的规定(1989 版中的 3.2.2,本版中的 4.2.2)。

本标准自实施之日起代替 GB/T 10447—1989。

本标准由中国机械工业联合会提出。

本标准由全国滑动轴承标准化技术委员会归口。

本标准负责起草单位:中机生产力促进中心。

本标准参加起草单位:上海交通大学机械与工程动力学院、浙江临安东方滑动轴承有限公司。

本标准由全国滑动轴承标准化技术委员会秘书处负责解释。

本标准所代替标准的历次版本发布情况为:

——GB/T 10447—1989。

滑动轴承　半圆止推垫圈
要素和公差

1　范围

本标准规定了滑动轴承半圆止推垫圈的要素和公差。

本标准适用于冲压成形的、外径小于等于 160 mm 的双金属半圆止推垫圈，本标准不包括半圆止推垫圈的尺寸系列。

2　规范性引用文件

下列文件中的条款通过本标准的引用而成为本标准的条款。凡是注日期的引用文件，其随后所有的修改单(不包括勘误的内容)或修订版均不适用于本标准，然而，鼓励根据本标准达成协议的各方研究是否可使用这些文件的最新版本。凡是不注日期的引用文件，其最新版本适用于本标准。

GB/T 2889.1　滑动轴承　术语、定义和分类　第 1 部分：设计、轴承材料及其性能(GB/T 2889.1—2008，ISO 4378-1:1997，IDT)

3　术语、代号及结构型式

3.1　术语和代号

GB/T 2889.1 所规定的术语和定义适用于本标准。止推垫圈的术语与代号见表 1。

表 1　术语及代号

序　号	代　号	名　称
1	D	止推垫圈外径
2	d	止推垫圈内径
3	H_D	止推垫圈高度
4	e_T	止推垫圈总厚度
5	E_D	定位凸缘顶部高度
6	F_D	定位凸缘根部高度
7	A	定位凸缘宽度
8	α	油槽倒角
9	G_W	油槽底部宽度
10	G_E	油槽底部壁厚
11	G_X	油槽距中心轴线的距离
12	r_1	钢背倒角或圆角
13	r_2	定位凸缘和对接平面圆角半径
14	r_3	合金表面倒角或圆角
15	L_J	对接面处宽度
16	$t(t_1、t_2)$	合金表面削薄深度
17	l	合金表面削薄高度
18	β	对接面处滑动表面削薄角度
19	p	平面度公差
20	e	合金层厚度

3.2 结构型式

半圆止推垫圈的一般型式见图 1 和图 2。推荐选用图 2 的型式。

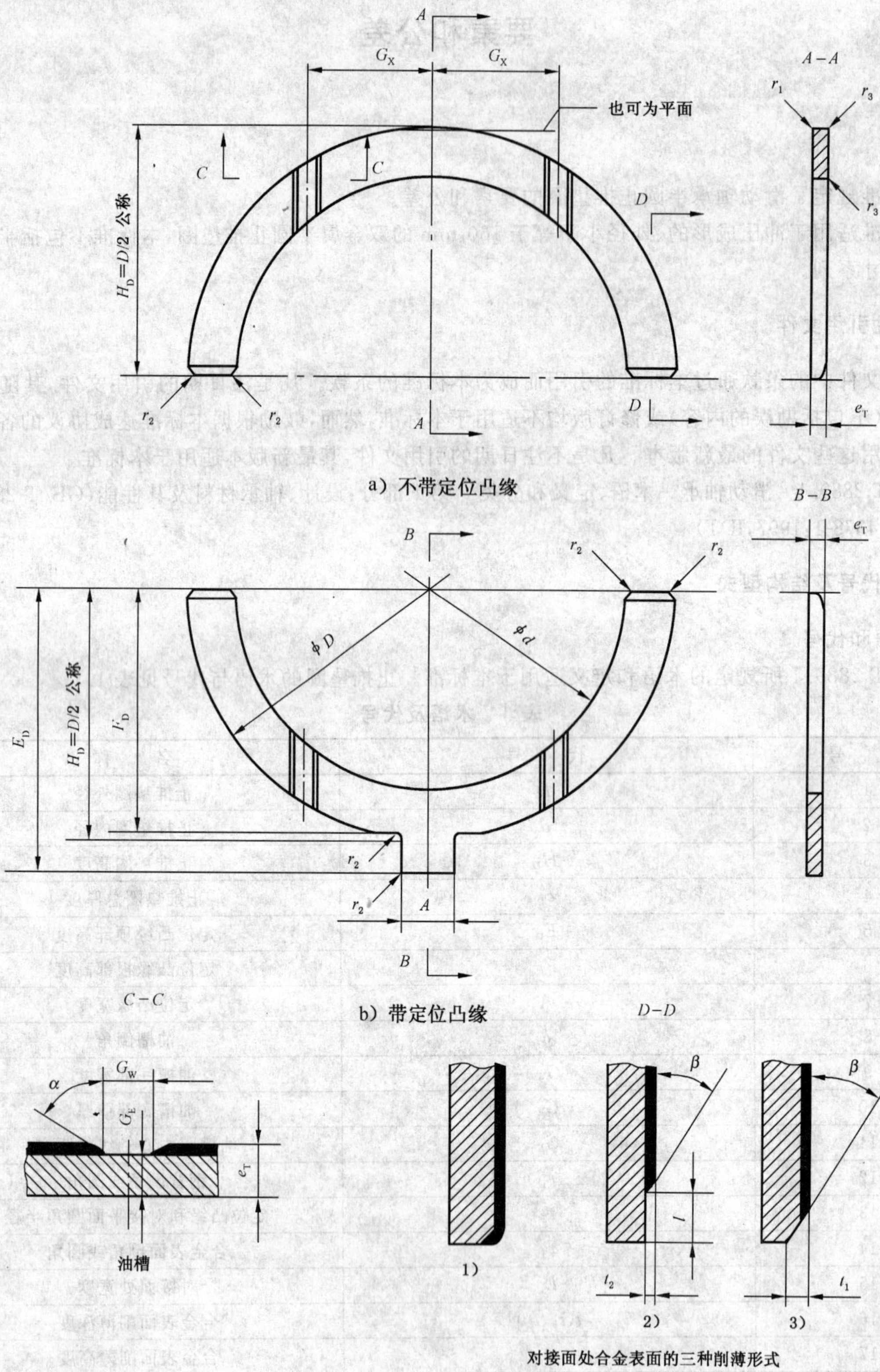

图 1 不带定位凸缘和带定位凸缘的半圆止推垫圈

图 2 带斜角的止推垫圈

4 尺寸公差

4.1 未注公差

未注长度和角度公差按如下规定：

长度：±0.25 mm；

角度：±5°。

4.2 直径和高度公差

4.2.1 外径 D 的极限偏差见表 2。

表 2

单位为毫米

外径 D 基本尺寸 大于	外径 D 基本尺寸 至	D 的极限偏差
—	120	0 −0.25
120	160	0 −0.35

4.2.2 内径 d 的极限偏差见表 3。

表 3

单位为毫米

外径 D 大于	外径 D 至	d 的极限偏差
—	120	+0.25 0
120	160	+0.35 0

注：$(D-d)$ 应大于 $5e_T$。

4.2.3 高度 H_D 与 F_D 的极限偏差见表 4。

表 4

单位为毫米

外径 D 大于	外径 D 至	H_D 的极限偏差	$F_D = H_{Dmin} - (r_{2max} + 0.5)$ 的极限偏差
—	120	0 −0.20	0 −0.50
120	160	0 −0.25	

5 止推垫圈总厚度 e_T

止推垫圈总厚度 e_T 的尺寸与极限偏差见表 5。

表 5

单位为毫米

外径 D		推荐的止推垫圈总厚度 e_T [a]				e_T 的极限偏差
大于	至	1.75	2	2.5	3	
—	80	○	○			0 −0.05
80	120		○	○		0 −0.06
120	160			○	○	0 −0.07
注："○"为推荐值。						
a 对超出这些尺寸范围的总厚度，推荐用这些尺寸加上 0.1 的倍数，公差应符合这些原始尺寸的公差要求。						

6 定位凸缘

6.1 定位凸缘宽度 A

定位凸缘宽度 A 的尺寸和极限偏差见表 6。

表 6

单位为毫米

D		A	
大于	至	推荐尺寸	极限偏差
—	80	8	−0.25 −0.50
80	120	10	
120	160	12	

6.2 凹槽槽口

轴承座上定位凹槽槽口的公差带为 Js13。

6.3 定位凸缘顶部高度

定位凸缘顶部高度 E_D 见表 7。

表 7

单位为毫米

外径 D		E_D	
大于	至	基本尺寸	极限偏差
—	80	H_D+5	±0.25
80	160	H_D+8	

7 油槽

油槽的一般型式见图 1。经供需双方协商，也可采用其他型式的油槽。

7.1 油槽底部宽度 G_W

油槽底部宽度 G_W 的尺寸与极限偏差见表 8。

表 8

单位为毫米

D		G_W	
大于	至	推荐尺寸	极限偏差
—	60	3.5	$^{+0.50}_{0}$
60	160	4.5	

7.2 油槽底部厚度 G_E

油槽底部厚度 G_E 的极限偏差为 $^{0}_{-0.30}$。

7.3 油槽位置

油槽位置距中心轴线的距离 G_X 的极限偏差见表 9。

表 9

单位为毫米

D		G_X 的极限偏差
大于	至	
—	60	±1.5
60	160	±2.5

8 对口面

对口面的型式见图 1 和图 2。图 2 中尺寸 $L_{Jmin}=\frac{(D-d)}{4}$，但不小于 3 mm。

9 圆角半径或倒角

9.1 定位凸缘和对接平面圆角半径 r_2 见表 10。

表 10

单位为毫米

壁厚 e_T		r_{2max}
大于	至	
—	2.59	1
2.59	—	1.5

9.2 对口面削薄

对口面削薄型式见图 1 的 D-D 剖视图，尺寸 t 应不超过 e_T 的 30%。角度 β 不超过 30°。

9.3 滑动表面圆角或倒角

滑动表面圆角或倒角 r_3 见表 11。

表 11

单位为毫米

壁厚 e_T		r_{3max}
大于	至	
—	2.59	$0.1\times\frac{(D-d)}{2}$
2.59	—	$0.15\times\frac{(D-d)}{2}$

9.4 钢背与外圆表面间倒角或圆角

钢背与外圆表面间倒角或圆角 r_1 可以是圆角或倒角，0.3 mm $\leqslant r_1\leqslant$ 0.6 mm，极限偏差为 ±0.20 mm。倒角角度为 45°，并应去毛刺。

10 平面度

止推垫圈应在间距为 $e_{Tmax}+p$ 的两平行板间通过。平面度公差 p 数值见表 12。

表 12

单位为毫米

外径 D		p 的公差
大于	至	
—	80	0.10
80	120	0.12
120	160	0.15

11 表面粗糙度

由于止推垫圈使用材料范围较广，本标准未对半圆止推垫圈的表面粗糙度作出具体规定，由供需双方协商。

ICS 67.060
B 22

GB

中华人民共和国国家标准

GB/T 10458—2008
代替 GB/T 10458—1989

荞麦

Buckwheat

STANDARDS PRESS OF CHINA

2008-11-04 发布 2009-01-20 实施

中华人民共和国国家质量监督检验检疫总局
中国国家标准化管理委员会 发布

前　言

本标准代替 GB/T 10458—1989《荞麦》。

本标准与 GB/T 10458—1989 的主要技术差异如下：

——增加了荞麦的分类，将荞麦分为甜荞麦和苦荞麦两类；

——增加了甜荞麦与苦荞麦互混术语，修改了矿物质和杂质的定义；

——增加了苦荞麦的质量指标要求；

——将 5 个等级调整为 3 个等级；

——增加了标签标识。

本标准的附录 A 与附录 B 为规范性附录。

本标准由国家粮食局提出。

本标准由全国粮油标准化技术委员会归口。

本标准起草单位：国家粮食局科学研究院。

本标准主要起草人：谭斌、谭洪卓、田晓红、刘明。

本标准所代替标准的历次版本发布情况为：

——GB/T 10458—1989。

荞　　麦

1　范围

本标准规定了荞麦的相关术语和定义、分类、质量要求和卫生要求、检验方法、检验规则、标签标识以及对包装、储存和运输的要求。

本标准适用于收购、储存、运输、加工和销售的商品荞麦。

2　规范性引用文件

下列文件中的条款通过本标准的引用而成为本标准的条款。凡是注日期的引用文件，其随后所有的修改单(不包括勘误的内容)或修订版均不适用于本标准，然而，鼓励根据本标准达成协议的各方研究是否可使用这些文件的最新版本。凡是不注日期的引用文件，其最新版本适用于本标准。

GB/T 5490　粮食、油料及植物油脂检验　一般规则

GB 5491　粮食、油料检验　扦样、分样法

GB/T 5492　粮油检验　粮食、油料的色泽、气味、口味鉴定

GB/T 5494　粮油检验　粮食、油料的杂质、不完善粒检验

GB/T 5497　粮食、油料检验　水分测定法

GB/T 5498　粮食、油料检验　容重测定法

3　术语和定义

下列术语和定义适用于本标准。

3.1

甜荞麦　common buckwheat(*Fagopyrum esculentum*)

瘦果较大，三棱形，棱角锐，皮黑褐色或灰褐色，表面与边缘平滑。

3.2

苦荞麦　tartary buckwheat(*Fagopyrum tataricum*)

鞑靼荞麦

瘦果较小，顶端矩圆，棱角钝、多有腹沟、皮黑色或灰色、粒面粗糙、无光泽。

3.3

容重　test weight

净荞麦籽粒在单位容积内的质量，以克每升(g/L)表示。

3.4

不完善粒　unsound kernel

受到损伤但尚有食用价值的颗粒，包括虫蚀粒、破损粒、生霉粒、病斑粒、生芽粒几种。

3.4.1

虫蚀粒　injured kernel

被虫蛀蚀，伤及胚或胚乳的颗粒。

3.4.2

破损粒　broken kernel

果皮脱落的完整籽粒及压扁、破碎，伤及皮壳、胚或胚乳的颗粒。

3.4.3

生霉粒 moldy kernel

粒面生霉的颗粒。

3.4.4

病斑粒 spotted kernel

粒面带有病斑,伤及胚或胚乳的颗粒。

3.4.5

生芽粒 sprouted kernel

芽或幼根突破表皮,芽不超过本颗粒长度的颗粒,或有生芽痕迹的颗粒。

3.5

杂质 foreign matter

除荞麦籽粒以外的其他物质,包括筛下物、无机杂质和有机杂质。

3.5.1

筛下物 material passed sieve

通过直径 2.5 mm 圆孔筛的物质。

3.5.2

无机杂质 inorganic impurity

砂石、煤渣、砖瓦块、金属物等矿物质及其他无机物质。

3.5.3

有机杂质 organic impurity

无使用价值的荞麦粒、异种粮粒及鼠、鸟粪便等其他有机物质。

3.6

色泽、气味 colour and odour

一批荞麦固有的综合颜色、光泽和气味。

3.7

甜荞麦与苦荞麦互混 content of mixed common buckwheat or tartary buckwheat

甜荞麦中混入苦荞麦的质量分数,反之亦然。

4 分类

4.1 荞麦分为甜荞麦和苦荞麦两类。

4.2 甜荞麦分为大粒甜荞麦和小粒甜荞麦两类。

——大粒甜荞麦:亦称大棱荞麦。留存在 4.5 mm 圆孔筛的筛上部分不小于 70%的甜荞麦。

——小粒甜荞麦:亦称小棱荞麦。留存在 4.5 mm 圆孔筛的筛上部分小于 70%的甜荞麦。

5 质量要求和卫生要求

5.1 质量要求

各类荞麦按容重定等,质量要求见表 1。

5.2 卫生要求

卫生指标与植物检疫项目按国家标准和有关规定执行。

表 1 荞麦质量要求

等级	容重/(g/L)			不完善粒/%	互混/%	杂质/%		水分/%	色泽、气味
	甜荞麦		苦荞麦			总量	矿物质		
	大粒甜荞麦	小粒甜荞麦							
1	≥640	≥680	≥690	≤3.0	≤2.0	≤1.5	≤0.2	≤14.5	正常
2	≥610	≥650	≥660						
3	≥580	≥620	≥630						
等外	<580	<620	<630	—					
注:“—”为不要求。									

6 检验方法

6.1 扦样、分样:按 GB 5491 规定执行。

6.2 容重测定:按 GB/T 5498 规定执行,其中清理杂质时,上层筛采用孔径为 4.5 mm 圆孔筛,下层筛采用孔径为 1.5 mm 圆孔筛。

6.3 杂质、不完善粒测定:按 GB/T 5494 规定执行。

6.4 水分测定:按 GB/T 5497 规定执行。

6.5 色泽、气味测定:按 GB/T 5492 规定执行。

6.6 甜荞麦与苦荞麦互混含量的测定:按附录 A 执行。

6.7 甜荞麦大、小粒的测定:按附录 B 执行。

7 检验规则

7.1 检验的一般规则按 GB/T 5490 规定执行。

7.2 检验批为同种类、同产地、同收获年度、同运输单元、同储存单元的荞麦。

7.3 判定规则:容重应符合表 1 中相应等级的要求,其他指标按国家有关规定执行。容重低于三等,其他指标符合表 1 规定的,判定为等外荞麦。

8 标签标识

应在包装物上或随行文件中注明产品的名称、类别、等级、产地、收获年度和月份。

9 包装、储存和运输

9.1 包装

包装应清洁、牢固、无破损,封口严密、结实,不应撒漏,不应给产品带来污染和异常气味。

9.2 储存

应储存在清洁、干燥、防雨、防潮、防虫、防鼠、无异味的仓库内,不应与有毒有害物质或水分较高的物质混存。

9.3 运输

应使用符合卫生要求的运输工具和容器运送,运输过程中应注意防止雨淋和污染。

附　录　A
（规范性附录）
甜荞麦与苦荞麦互混含量的测定

A.1　仪器和用具

A.1.1　天平：分度值 0.1 g。

A.1.2　谷物选筛。

A.1.3　电动筛选器。

A.1.4　分样器、分样板。

A.1.5　分析盘、镊子等。

A.2　试样的制备

将扦取的 500 g 样品拣出大型杂质，再经 2.5 mm 圆孔筛过筛，取筛上物作为检验样品。

A.3　操作步骤

用分样器或用四分法分取制备好的苦荞麦（或甜荞麦）样品约 50 g，称量（m）后置于分析盘中，用镊子拣出甜荞麦（或苦荞麦），称量（m_1），计算其质量分数。

A.4　结果表示

甜荞麦与苦荞麦互混含量按式（A.1）计算，以质量分数（%）表示：

$$X = \frac{m_1}{m} \times 100 \qquad \text{(A.1)}$$

式中：

X——甜荞麦（或苦荞麦）互混含量，%；

m_1——检出的甜荞麦（或苦荞麦）质量，单位为克（g）；

m——试样质量，单位为克（g）。

A.5　允许差

双试验允许差不超过 0.5%，取其平均数，即为检验结果，计算结果保留小数点后一位。

附 录 B
（规范性附录）
大、小粒甜荞麦的测定

B.1 仪器和用具

B.1.1 天平：分度值 0.1 g。

B.1.2 谷物选筛。

B.1.3 电动筛选器。

B.1.4 分样器、分样板。

B.1.5 分析盘、镊子等。

B.2 试样的制备

将扦取的 500 g 样品拣出大型杂质，再经 2.5 mm 圆孔筛过筛，取筛上物作为试样。

B.3 操作步骤

用分样器或用四分法分取制备好的样品约 200 g，称量(m)后放于直径 4.5 mm 圆孔筛上，按 GB/T 5494 杂质筛选法用电动筛选器或手筛法，进行筛选，然后称量留存 4.5 mm 圆孔筛上的荞麦质量(m_1)，计算其质量分数。

B.4 结果表示

筛上留存荞麦的量按式(B.1)计算，以质量分数(%)表示：

$$X = \frac{m_1}{m} \times 100 \qquad \text{(B.1)}$$

式中：

X——筛上留存荞麦的量，%；

m_1——留存 4.5 mm 圆孔筛上荞麦质量，单位为克(g)；

m——试样质量，单位为克(g)。

B.5 允许差

双试验允许差不超过 0.5%，取其平均数，即为检验结果，计算结果保留小数点后一位。

ICS 67.060
B 23

GB

中华人民共和国国家标准

GB/T 10459—2008
代替 GB/T 10459—1989

蚕豆

Broad bean

2008-11-04 发布　　2009-01-20 实施

中华人民共和国国家质量监督检验检疫总局
中国国家标准化管理委员会　发布

前　言

本标准是对 GB/T 10459—1989《蚕豆》的修订。

本标准与 GB/T 10459—1989 的主要技术差异如下：

——对适用范围进行了修改；

——对原标准的引用标准进行了修改；

——修改了原标准的术语及定义；

——增加了蚕豆的术语和定义；

——对分类进行了修改；

——对质量指标进行了修改和调整；

——增加了检验规则和标签标识。

本标准代替 GB/T 10459—1989。

本标准由国家粮食局提出。

本标准由全国粮油标准化技术委员会归口。

本标准起草单位：河南省农业科学院粮食作物研究所、云南省农业科学院作物所、中国农业科学院作物科学研究所、青海省农业科学院作物所。

本标准主要起草人：杨国红、包世英、宗绪晓、李君霞、贺振邦。

本标准所代替标准的历次版本发布情况为：

——GB/T 10459—1989。

蚕　豆

1　范围

本标准规定了蚕豆的术语和定义、分类、质量要求和卫生要求、检验方法、检验规则、标签标识以及包装、储存和运输要求。

本标准适用于收购、储存、运输、加工、销售的商品蚕豆(胡豆、佛豆、罗汉豆)。

2　规范性引用文件

下列文件中的条款通过本标准的引用而成为本标准的条款。凡是注日期的引用文件,其随后所有的修改单(不包括勘误的内容)或修订版均不适用于本标准,然而,鼓励根据本标准达成协议的各方研究是否可使用这些文件的最新版本。凡是不注日期的引用文件,其最新版本适用于本标准。

GB 2715　粮食卫生标准

GB/T 5490　粮食、油料及植物油脂检验　一般规则

GB 5491　粮食、油料检验　扦样、分样法

GB/T 5492　粮油检验　粮食、油料的色泽、气味、口味鉴定

GB/T 5493　粮油检验　类型及互混检验

GB/T 5494　粮油检验　粮食、油料的杂质、不完善粒检验

GB/T 5497　粮食、油料检验　水分测定法

GB/T 5519　谷物与豆类　千粒重的测定

GB 7718　预包装食品标签通则

GB/T 17109　粮食销售包装

GB/T 22725　粮油检验　粮食、油料的纯粮(质)率检验

3　术语和定义

下列术语和定义适用于本标准。

3.1

蚕豆　broad bean

蚕豆栽培种生产的荚果种子。

3.2

纯粮率　pure grain yield

除去杂质的蚕豆籽粒(其中不完善粒折半计算)占试样的质量分数。

3.3

不完善粒　unsound kernel

受到损伤但尚有使用价值的蚕豆籽粒,包括下列几种:

3.3.1

病斑粒　spotted kernel

粒面有病斑,伤及胚的籽粒。

3.3.2

虫蚀粒　injured kernel

种皮被虫蛀蚀、伤及胚的籽粒。

3.3.3

生霉粒 moldy kernel

粒面生霉的籽粒。

3.3.4

破损粒 broken kernel

子叶残缺、横断、破损的籽粒。

3.3.5

生芽粒 sprouted kernel

芽或幼根突破种皮的籽粒。

3.3.6

未熟粒 shrivelled pods/kernel

籽粒不饱满,皱缩达粒面二分之一以上,与正常粒显著不同的籽粒。

3.4

杂质 foreign impurity

蚕豆以外的其他物质,包括下列几种:

3.4.1

筛下物 material passed sieve

通过直径 4.5 mm 圆孔筛的物质。

3.4.2

无机杂质 inorganic impurity

泥土、砂石、砖瓦块及其他无机物质。

3.4.3

有机杂质 organic impurity

无食用价值的蚕豆籽粒、异种粮粒、秸秆碎渣及其他有机物质。

3.5

色泽、气味 colour,odour

一批蚕豆固有的综合颜色、光泽和气味。

4 分类

按蚕豆千粒重和皮色可分为以下几种类型:

4.1 大粒乳白色蚕豆:千粒重大于 1 100 g,种皮为乳白色的不低于 95%以上的蚕豆。

4.2 大粒绿色蚕豆:千粒重大于 1 100 g,种皮为绿色的不低于 95%以上的蚕豆。

4.3 大粒紫色蚕豆:千粒重大于 1 100 g,种皮为紫色的不低于 95%以上的蚕豆。

4.4 中粒乳白色蚕豆:千粒重在 600 g～1 100 g 之间,种皮为乳白色的不低于 95%以上的蚕豆。

4.5 中粒绿色蚕豆:千粒重在 600 g～1 100 g 之间,种皮为绿色的不低于 95%以上的蚕豆。

4.6 中粒紫色蚕豆:千粒重在 600 g～1 100 g 之间,种皮为紫色的不低于 95%以上的蚕豆。

4.7 小粒乳白色蚕豆:千粒重小于 600 g,种皮为乳白色的不低于 95%以上的蚕豆。

4.8 小粒绿色蚕豆:千粒重小于 600 g,种皮为绿色的不低于 95%以上的蚕豆。

4.9 小粒紫色蚕豆:千粒重小于 600 g,种皮为紫色的不低于 95%以上的蚕豆。

4.10 混合蚕豆:不符合 4.1 至 4.9 规定的蚕豆。

5 质量要求和卫生要求

5.1 质量要求

各类蚕豆质量要求见表 1,其中纯粮率为定等指标。

表 1 蚕豆质量要求

等　　级	纯粮率/%	杂质/%		水分/%	色泽、气味
		总量	其中:无机杂质		
1	≥98.0	≤1.0	≤0.5	≤14.0	色泽新鲜、无异味
2	≥95.0				色泽较暗、无异味
3	≥92.0				色泽陈旧、无异味
等外	<92.0				—

5.2 卫生要求

5.2.1 卫生指标按 GB 2715 及国家有关规定执行。

5.2.2 植物检疫按国家有关标准和规定执行。

6 检验方法

6.1 扦样、分样:按 GB 5491 执行。

6.2 色泽、气味检验:按 GB/T 5492 执行。

6.3 类型及互混检验:按 GB/T 5493 执行。

6.4 杂质、不完善粒检验:按 GB/T 5494 执行。

6.5 纯粮率检验:按 GB/T 22725 执行。

6.6 水分检验:按 GB/T 5497 执行。

6.7 千粒重测定法:按 GB/T 5519 执行。

7 检验规则

7.1 检验的一般规则:按 GB/T 5490 执行。

7.2 检验批为同种类、同产地、同收获年度、同运输单元、同储存单元的蚕豆。

7.3 判定规则:纯粮率应符合表 1 中相应等级的要求,其他指标按国家有关规定执行。纯粮率低于 3 等,其他指标符合本标准规定的,判定为等外级蚕豆。

8 标签标识

8.1 预销售包装的蚕豆标签应符合 GB 7718 的规定。

8.2 非零售蚕豆应在包装物上或随行文件中注明产品的名称、类别、等级、产地、收获年度和月份。

9 包装、储存和运输

9.1 包装

应符合 GB/T 17109 的要求,包装应清洁、牢固、无破损,缝口严密、结实,不应撒漏;不应给产品带来污染和异味。

9.2 储存

应储存在清洁、干燥、防雨、防潮、防虫、防鼠、无异味的仓库内,不应与有毒有害物质或水分较高的物质混存。

9.3 运输

应使用符合卫生要求的运输工具,运输过程中应注意防止雨淋和被污染。

ICS 67.060
B 23

中华人民共和国国家标准

GB/T 10460—2008
代替 GB/T 10460—1989

豌　　豆

Peas

2008-11-04 发布　　2009-01-20 实施

中华人民共和国国家质量监督检验检疫总局
中国国家标准化管理委员会　发布

前　言

本标准是对 GB/T 10460—1989《豌豆》的修订。

本标准与 GB/T 10460—1989 的主要技术差异如下：

——对适用范围进行了修改；

——对原标准的引用标准进行了修改；

——修改了原标准的术语及定义；

——增加了豌豆的术语和定义；

——对分类进行了修改；

——对质量指标进行了修改和调整；

——增加了检验规则和标签标识。

本标准自实施之日起代替 GB/T 10460—1989。

本标准由国家粮食局提出。

本标准由全国粮油标准化技术委员会归口。

本标准负责起草单位：河南省农业科学院粮食作物研究所、中国农业科学院作物科学研究所、云南省农业科学院作物所、青海省农业科学院作物所、宁夏自治区固原市农业科学研究所。

本标准主要起草人：杨国红、宗绪晓、包世英、贺振邦、宋刚。

本标准所代替标准的历次版本发布情况为：

——GB/T 10460—1989。

豌　　豆

1　范围

本标准规定了豌豆的术语和定义、分类、质量要求和卫生要求、检验方法、检验规则、标签标识以及包装、储存和运输要求。

本标准适用于收购、储存、运输、加工、销售的商品豌豆。

2　规范性引用文件

下列文件中的条款通过本标准的引用而成为本标准的条款。凡是注日期的引用文件，其随后所有的修改单(不包括勘误的内容)或修订版均不适用于本标准，然而，鼓励根据本标准达成协议的各方研究是否可使用这些文件的最新版本。凡是不注日期的引用文件，其最新版本适用于本标准。

GB 2715　粮食卫生标准

GB/T 5490　粮食、油料及植物油脂检验　一般规则

GB 5491　粮食、油料检验　扦样、分样法

GB/T 5492　粮油检验　粮食、油料的色泽、气味、口味鉴定

GB/T 5493　粮油检验　类型及互混检验

GB/T 5494　粮油检验　粮食、油料的杂质、不完善粒检验

GB/T 5497　粮食、油料检验　水分测定法

GB/T 5519　谷物与豆类　千粒重的测定

GB 7718　预包装食品标签通则

GB/T 17109　粮食销售包装

GB/T 22725　粮油检验　粮食、油料的纯粮(质)率检验

3　术语和定义

下列术语和定义适用于本标准。

3.1

豌豆　peas

豌豆栽培种生产的荚果种子。

3.2

纯粮率　pure grain yield

除去杂质的豌豆籽粒(其中不完善粒折半计算)占试样的质量分数。

3.3

不完善粒　unsound kernel

受到损伤但尚有使用价值的颗粒，包括下列几种：

3.3.1

病斑粒　spotted kernel

粒面有病斑，伤及胚的籽粒。

3.3.2

虫蚀粒　injured kernel

种皮被虫蛀蚀、伤及胚的籽粒。

3.3.3

生霉粒　moldy kernel

粒面生霉的籽粒。

3.3.4

破损粒　broken kernel

子叶残缺、横断、破损的籽粒。

3.3.5

生芽粒　sprouted kernel

芽或幼根突破种皮的籽粒。

3.3.6

未熟粒　hrivelled pods/kernel

籽粒不饱满，皱缩达粒面二分之一以上，与正常粒显著不同的籽粒。

3.4

杂质　foreign impurity

豌豆以外的其他物质，包括下列几种：

3.4.1

筛下物　material passed sieve

通过直径 3.0 mm 圆孔筛的物质。

3.4.2

无机杂质　inorganic impurity

泥土、砂石、砖瓦块及其他无机物质。

3.4.3

有机杂质　organic impurity

无食用价值的豌豆籽粒、异种粮粒、秸秆碎渣及其他有机物质。

3.5

色泽、气味　colour，odour

一批豌豆固有的色泽和气味。

4　分类

按豌豆千粒重和皮色可分为以下几种类型：

4.1　大粒白色豌豆：千粒重大于 250 g，种皮为白色或黄白色的不低于 95%的豌豆。

4.2　大粒绿色豌豆：千粒重大于 250 g，种皮为绿色的不低于 95%的豌豆。

4.3　大粒紫色豌豆：千粒重大于 250 g，种皮为紫色或褐紫色的不低于 95%的豌豆。

4.4　中粒白色豌豆：千粒重在 150 g～250 g 之间，种皮为白色或黄白色的不低于 95%的豌豆。

4.5　中粒绿色豌豆：千粒重在 150 g～250 g 之间，种皮为绿色的不低于 95%的豌豆。

4.6　中粒紫色豌豆：千粒重在 150 g～250 g 之间，种皮为紫色或褐紫色的不低于 95%的豌豆。

4.7　小粒白色豌豆：千粒重小于 150 g，种皮为白色或黄白色的不低于 95%的豌豆。

4.8　小粒绿色豌豆：千粒重小于 150 g，种皮为绿色的不低于 95%的豌豆。

4.9　小粒紫色豌豆：千粒重小于 150 g，种皮为紫色或褐紫色的不低于 95%的豌豆。

4.10　混合豌豆：不符合 4.1～4.9 规定的豌豆。

5　质量要求和卫生要求

5.1　质量要求

各类豌豆质量要求见表 1，其中纯粮率为定等指标。

表1 豌豆质量要求

等级	纯粮率/%	杂质/%		水分/%	色泽、气味
		总量	其中:无机杂质		
1	≥98.0	≤1.0	≤0.5	≤12.0	色泽新鲜、无异味
2	≥95.0				色泽较暗、无异味
3	≥92.0				色泽陈旧、无异味
等外	<92.0				—

5.2 卫生要求

5.2.1 卫生指标按 GB 2715 及国家有关规定执行。

5.2.2 植物检疫按国家有关标准和规定执行。

6 检验方法

6.1 扦样、分样:按 GB 5491 执行。

6.2 千粒重测定法:按 GB/T 5519 执行。

6.3 色泽、气味检验:按 GB/T 5492 执行。

6.4 皮色类型检验:按 GB/T 5493 执行。

6.5 纯粮率检验:按 GB/T 22725 执行。

6.6 杂质、不完善粒检验:按 GB/T 5494 执行。

6.7 水分检验:按 GB/T 5497 执行。

7 检验规则

7.1 检验的一般规则:按 GB/T 5490 执行。

7.2 判定规则:纯粮率应符合表1中相应等级的要求,其他指标按国家有关规定执行。纯粮率低于3等,其他指标符合本标准规定的,判定为等外级豌豆。

8 标签标识

8.1 预销售包装的豌豆标签应符合 GB 7718 的规定。

8.2 非零售豌豆应在包装物上或随行文件中注明产品的名称、类别、等级、产地、收获年度和月份。

9 包装、储存和运输

9.1 包装

包装应符合 GB/T 17190 的要求,包装应清洁、牢固、无破损,缝口严密、结实,不应撒漏;不应给产品带来污染和异味。

9.2 储存

应储存在清洁、干燥、防雨、防潮、防虫、防鼠、无异味的仓库内,不应与有毒有害物质或水分较高的物质混存。

9.3 运输

应使用符合卫生要求的运输工具,运输过程中应注意防止雨淋和被污染。

ICS 67.060
B 23

中华人民共和国国家标准

GB/T 10461—2008
代替 GB/T 10461—1989

小 豆

Small bean

2008-11-04 发布

2009-01-20 实施

中华人民共和国国家质量监督检验检疫总局
中国国家标准化管理委员会 发布

前言

本标准是对GB/T 10461—1989《小豆》的修订。

本标准与GB/T 10461—1989的主要技术差异如下：

——将原标准适用范围、引用标准、术语和定义进行了修订；

——修改了小豆的分类；

——修改了小豆质量要求中水分要求；

——增加了检验规则；

——增加了有关标签标识的规定；

——对小豆的包装、储存和运输提出要求。

本标准自实施之日起代替GB/T 10461—1989。

本标准由国家粮食局提出。

本标准由全国粮油标准化技术委员会归口。

本标准负责起草单位：国家粮食储备局无锡科学研究院。

本标准主要起草人：王四维、倪晓红、陈志华、朱小兵、朱培良、王猛。

本标准所代替标准的历次版本发布情况为：

——GB/T 10461—1989。

小　　豆

1　范围

本标准规定了小豆的术语和定义、分类、质量要求和卫生要求、检验方法、检验规则、标签标识，以及包装、储存和运输要求。

本标准适用于收购、储存、运输、加工、销售的商品小豆，不适用于小豆中的名贵品种。

2　规范性引用文件

下列标准中的条款通过本标准的引用而成为本标准的条款。凡是注日期的引用文件，其随后所有的修改单(不包括勘误的内容)或修订版均不适用于本标准，然而，鼓励根据本标准达成协议的各方研究是否可使用这些文件的最新版本。凡是不注日期的引用文件，其最新版本适用于本标准。

GB 2715　粮食卫生标准

GB/T 5490　粮食、油料及植物油脂检验　一般规则

GB 5491　粮食、油料检验　扦样、分样法

GB/T 5492　粮油检验　粮食、油料的色泽、气味、口味鉴定

GB/T 5493　粮油检验　类型及互混检验

GB/T 5494　粮油检验　粮食、油料的杂质、不完善粒检验

GB/T 5497　粮食、油料检验　水分测定法

GB 7718　预包装食品标签通则

GB/T 17109　粮食销售包装

GB/T 22725　粮油检验　粮食、油料的纯粮(质)率检验

3　术语和定义

下列术语和定义适用于本标准。

3.1

小豆　small bean

豆科草本植物栽培小豆荚果的种子，椭圆或长圆形，种皮呈红、白、绿等颜色。

3.2

纯粮率　pure grain yield

除去杂质的小豆颗粒(其中不完善粒折半计算)占试样的质量分数。

3.3

不完善粒　unsound kernel

受到损伤但尚有使用价值的颗粒，包括下列几种：

3.3.1

未熟粒　immature kernal

籽粒不饱满，皱缩达粒面二分之一及以上，与正常粒显著不同的颗粒。

3.3.2

虫蚀粒　injured kernel

被虫蛀蚀，伤及子叶的颗粒。

3.3.3

病斑粒　spotted kernel

粒面带有病斑、伤及胚的颗粒。

3.3.4

破损粒　broken kernel

压扁、破碎、伤及胚、子叶的颗粒。

3.3.5

生芽粒　sprouted kernel

芽或幼根突破种皮的颗粒。

3.3.6

生霉粒　moldy kernel

粒面生霉的颗粒。

3.4

杂质　foreign material，impurities，dockage

通过规定筛层的筛下物、无使用价值的其他物质，包括下列几种：

3.4.1

筛下物　material passed sieve

通过直径 2.0 mm 圆孔筛的物质。

3.4.2

无机杂质　inorganic impurity

泥土、砂石、砖瓦块等矿物质及其他无机杂质。

3.4.3

有机杂质　organic impurity

无使用价值的小豆粒、小豆荚壳、异种粮粒及其他有机杂质。

3.5

色泽、气味　colour and odour

一批小豆固有的综合颜色、光泽和气味。

4　分类

根据小豆种皮的颜色分为四类：

4.1　红小豆：种皮为红色的小豆，不低于 97%。

4.2　白小豆：种皮为白色的小豆，不低于 95%。

4.3　绿小豆：种皮为绿色的小豆，不低于 95%。

4.4　杂小豆：不符合 4.1～4.3 规定要求的小豆。

5　质量要求和卫生要求

5.1　质量要求

各类小豆质量要求见表 1。其中纯粮率为定等指标。

表 1 小豆质量要求

等级	纯粮率/%	杂质/%		水分/%	色泽、气味
		总量	其中:矿物质		
1	≥98.0	≤1.0	≤0.5	≤14.0	正常
2	≥95.0				
3	≥92.0				
等外	<92.0				

5.2 卫生要求

5.2.1 食用小豆的卫生指标按 GB 2715 及国家有关标准和规定执行。

5.2.2 作其他用途时,应符合国家有关标准和规定。

5.2.3 植物检疫按国家有关标准和规定执行。

6 检验方法

6.1 扦样、分样:按 GB 5491 执行。

6.2 色泽、气味检验:按 GB/T 5492 执行。

6.3 分类检验:按 GB/T 5493 执行。

6.4 纯粮率检验:按 GB/T 22725 执行。

6.5 杂质、不完善粒检验:按 GB/T 5494 执行。

6.6 水分检验:按 GB/T 5497 执行。

7 检验规则

7.1 检验的一般规则按 GB/T 5490 执行。

7.2 检验批为同种类、同产地、同收获年度、同运输单元、同储存单元的小豆。

7.3 判定规则:纯粮率应符合表 1 中相应等级的要求,其他指标按国家有关规定执行。纯粮率低于 3 等,其他指标符合本标准规定的,判定为等外级小豆。

8 标签标识

8.1 预包装销售的小豆标签应符合 GB 7718 的规定。

8.2 非零售的小豆,应在包装物上或随行文件中注明产品的名称、类别、等级、产地、重量、生产日期和生产厂家。

9 包装、储存和运输

9.1 包装

应符合 GB/T 17109 的规定要求,包装应清洁、牢固、无破损,封口严密、结实,不应撒漏;不应给产品带来污染和异常气味。

9.2 储存

应储存在清洁、干燥、防雨、防潮、防虫、防鼠、无异味的仓房内,不应与有毒有害物质或含水量较高的物质混存。

9.3 运输

应使用符合卫生要求的运输工具和容器运输,运输过程中应注意防止雨淋和被污染。

ICS 67.060
B 23

中华人民共和国国家标准

GB/T 10462—2008
代替 GB/T 10462—1989

绿　　豆

Mung bean

2008-11-04 发布　　2009-01-20 实施

中华人民共和国国家质量监督检验检疫总局
中国国家标准化管理委员会 发布

前　言

本标准是对 GB/T 10462—1989《绿豆》的修订。

本标准与 GB/T 10462—1989 的主要技术差异如下：

——对适用范围进行了修订；

——修改了杂质等术语和定义；

——质量要求中增加了等外级；

——增加了检验规则；

——增加了有关标签标识的规定。

本标准自实施之日起代替 GB/T 10462—1989。

本标准的附录 A 是规范性附录。

本标准由国家粮食局提出。

本标准由全国粮油标准化技术委员会归口。

本标准起草单位：西安市粮油质量检验中心。

本标准主要起草人：赵凌、肖益龙、刘新芳。

本标准所代替标准的历次版本发布情况为：

——GB/T 10462—1989。

绿 豆

1 范围

本标准规定了绿豆的相关术语和定义、分类、质量要求和卫生要求、检验方法、检验规则、标签标识以及包装、储存和运输要求。

本标准适用于收购、储存、运输、加工和销售的商品绿豆。

2 规范性引用文件

下列文件中的条款通过本标准的引用而成为本标准的条款。凡是注日期的引用文件,其随后所有的修改单(不包括勘误的内容)或修订版均不适用于本标准,然而,鼓励根据本标准达成协议的各方研究是否可使用这些文件的最新版本。凡是不注日期的引用文件,其最新版本适用于本标准。

GB 2715 粮食卫生标准

GB/T 5490 粮食、油料及植物油脂检验 一般规则

GB 5491 粮食、油料检验 扦样、分样法

GB/T 5492 粮油检验 粮食、油料的色泽、气味、口味鉴定

GB/T 5493 粮油检验 类型及互混检验

GB/T 5494 粮油检验 粮食、油料的杂质、不完善粒检验

GB/T 5497 粮食、油料检验 水分测定法

GB 7718 预包装食品标签通则

GB/T 22725 粮油检验 粮食、油料的纯粮(质)率检验

3 术语和定义

下列术语和定义适用于本标准。

3.1

纯粮率 pure kernel yield

除去杂质的绿豆籽粒(其中不完善粒折半计算)占试样的质量分数。

3.2

不完善粒 unsound kernel

受到损伤但尚有使用价值的颗粒,包括以下几种:

3.2.1

未熟粒 immature kernel

籽粒不饱满、皱缩占粒面二分之一以上,与正常粒显著不同的颗粒。

3.2.2

虫蚀粒 injured kernel

被虫蛀蚀、伤及胚的颗粒。

3.2.3

病斑粒 spotted kernel

粒面有病斑、伤及胚的颗粒。

3.2.4

破损粒 broken kernel

籽粒压扁或子叶、胚残缺、断裂的颗粒。

3.2.5

生霉粒　moldy kernel

粒面生霉的颗粒。

3.2.6

生芽粒　sprouted kernel

芽或幼根突破种皮的颗粒。

3.2.7

硬实粒　hard kernel

不能正常吸水膨胀,不易煮烂的颗粒。

3.3

杂质　foreign material

除绿豆以外的其他物质,包括筛下物、无机杂质和有机杂质。

3.3.1

筛下物　throughs

通过直径 2.0 mm 圆孔筛的物质。

3.3.2

无机杂质　inorganic impurity

砂石、煤渣、砖瓦块、泥土等矿物质及其他无机类物质。

3.3.3

有机杂质　organic impurity

无使用价值的绿豆,异种粮粒及其他有机类物质。

3.4

色泽、气味　colour and odour

一批绿豆固有的综合颜色、光泽和气味。

4　分类

根据绿豆种皮的颜色和光泽分为四类:

4.1　明绿豆:种皮为绿色、深绿色,有光泽的绿豆不低于 95%。

4.2　黄绿豆:种皮为黄色、黄绿色,有光泽的绿豆不低于 95%。

4.3　灰绿豆:种皮为灰绿色,无光泽的绿豆不低于 95%。

4.4　杂绿豆:不符合 4.1 至 4.3 规定的绿豆。

5　质量要求和卫生要求

5.1　质量要求

各类绿豆质量要求见表 1。其中纯粮率为定等指标。

表 1　绿豆质量要求

等级	纯粮率/%	杂质/%		水分/%	色泽、气味
		总量	其中:矿物质		
1	≥97.0	≤1.0	≤0.5	≤13.5	正常
2	≥94.0				
3	≥91.0				
等外	<91.0				

5.2 卫生要求

5.2.1 卫生指标按 GB 2715 及国家有关规定执行。

5.2.2 作其他用途时，应符合国家有关标准和规定。

5.2.3 植物检疫按国家有关标准和规定执行。

6 检验方法

6.1 扦样、分样：按 GB 5491 执行。

6.2 分类检验：按 GB/T 5493 执行。

6.3 纯粮率检验：按 GB/T 22725 执行。

6.4 不完善粒、杂质检验：按 GB/T 5494 执行。

6.5 水分检验：按 GB/T 5497 执行。

6.6 色泽、气味检验：按 GB/T 5492 执行。

6.7 硬实粒检验：按附录 A 执行。

7 检验规则

7.1 检验的一般规则按 GB/T 5490 执行。

7.2 检验批为同种类、同产地、同收获年度、同运输单元、同储存单元的绿豆。

7.3 判定规则：纯粮率应符合表 1 中相应等级的要求，其他指标按国家有关规定执行。纯粮率低于 3 等，其他指标符合本标准规定的，判定为等外级绿豆。

8 标签标识

8.1 销售包装绿豆的标签，应符合 GB 7718 标准的要求及国家相关规定。

8.2 非零售绿豆应在包装物上或随行文件中注明产品的名称、类别、等级、产地、收获年度和月份。

9 包装、储存和运输

9.1 包装

应清洁、牢固、无破损，缝口严密、结实，不应撒漏；不应给产品带来污染和异味。

9.2 储存

应储存在清洁、干燥、防雨、防潮、防虫、防鼠、无异味的仓库内，不应与有毒有害物质或水分较高的物质混存。

9.3 运输

运输应保质保量，运输工具应符合卫生要求，运输过程中应注意防雨、防污染、防撒漏。

附　录　A
（规范性附录）
绿豆硬实粒的检验方法

A.1　仪器和用具

A.1.1　天平：分度值 0.01 g。

A.1.2　烧杯：100 mL。

A.1.3　定性滤纸。

A.2　操作方法

按 GB/T 5494 规定检验杂质、不完善粒后，将拣去其他不完善粒的试样置于烧杯中，加入 35 ℃的温水浸泡 1 h，取出，沥干表面水分，再用滤纸吸去表皮吸附的水分，与未浸泡的样品对比，拣出种皮未发生皱缩或不能正常吸水膨胀的颗粒，称取其质量（m_1）。

A.3　结果计算

硬实粒按式（A.1）计算：

$$X = (100 - w) \times \frac{m_1}{m} \qquad \text{(A.1)}$$

式中：

X——硬实粒，%；

w——大样杂质的质量分数，%；

m_1——硬实粒质量，单位为克（g）；

m——试样质量，单位为克（g）。

A.4　结果表示

双试验结果允许差不超过 0.5%，求其平均值为检验结果，检验结果保留小数点后一位。

ICS 67.060
X 11

GB

中华人民共和国国家标准

GB/T 10463—2008
代替 GB/T 10463—1989

玉 米 粉

Maize (corn) flour

2008-11-04 发布　　　　2009-01-20 实施

中华人民共和国国家质量监督检验检疫总局
中国国家标准化管理委员会　发布

前　言

本标准代替 GB/T 10463—1989《玉米粉》。

本标准与 GB/T 10463—1989 的主要技术差异如下：

——增加了有关的术语和定义；

——增加了检验规则；

——增加了对标识、标签的要求；

——增加了分类、粗脂肪含量、灰分含量指标和真实性要求；

——对“含砂量、脂肪酸值、水分、气味、口味”指标要求进行了修改；

——取消了“皮胚含量”指标规定。

本标准由国家粮食局提出。

本标准由全国粮油标准化技术委员会归口。

本标准起草单位：黑龙江省粮油卫生检验监测站、河南工业大学、鸡西兴达制米有限公司。

本标准主要起草人：徐向颖、宋秀娟、王凤成、季澜洋、张杰、周家文、魏永春。

本标准所代替标准的历次版本发布情况为：

——GB/T 10463—1989。

玉 米 粉

1 范围

本标准规定了玉米粉的相关术语和定义、分类、质量要求和卫生要求、检验方法、检验规则，标签和标识、包装以及运输和储存的要求。

本标准适用于供人类直接食用或用作食品原料的玉米粉。

2 规范性引用文件

下列文件中的条款通过本标准的引用而成为本标准的条款。凡是注日期的引用文体，其随后所有的修改单(不包括勘误的内容)或修订版均不适用于本标准，然而，鼓励根据本标准达成协议的各方研究是否可使用这些文件的最新版本。凡是不注日期的引用文件，其最新版本适用于本标准。

GB 1353　玉米

GB 2715　粮食卫生标准

GB/T 5490　粮食、油料及植物油脂检验　一般规则

GB 5491　粮食、油料检验　扦样、分样法

GB/T 5492　粮油检验　粮食、油料的色泽、气味、口味鉴定

GB/T 5497　粮食、油料检验　水分测定法

GB/T 5505　粮油检验　灰分测定法

GB/T 5507　粮油检验　粉类粗细度测定

GB/T 5508　粮食、油料检验　粉类含砂量测定法

GB/T 5509　粮油检验　粉类磁性金属物测定

GB/T 5512　粮油检验　粮食中粗脂肪含量测定

GB 7718　预包装食品标签通则

GB/T 17109　粮食销售包装

GB/T 20570—2006　玉米储存品质判定规则

LS/T 3802　粮食包装　面粉袋

3 术语和定义

下列术语和定义适用于本标准。

3.1

脱胚玉米粉　degermed maize flour

以 GB 1353 规定的符合人类食用的玉米为原料，经除杂、去皮、脱胚、研磨等工序加工而成的产品，也可由玉米糁(碴)研磨加工而成。

3.2

全玉米粉　whole maize flour

以 GB 1353 规定的符合人类食用的玉米为原料，经清理除杂后直接研磨而成的产品。

3.3

灰分含量　ash content

试样经高温灼烧后残留的物质占试样的质量分数。

3.4

粗脂肪含量 crude fat content

试样所含粗脂肪占试样的质量分数,结果以干基表示。

3.5

粗细度 granularity

玉米粉颗粒的大小程度。

3.6

含砂量 sand content

试样中细砂占试样的质量分数。

3.7

磁性金属物 magnetic metal content

试样中磁性金属物占试样的质量分数,以克每千克表示。

3.8

脂肪酸值 fatty acid value

中和 100 g 试样中游离脂肪酸所需氢氧化钾的毫克数。

4 分类

根据加工工艺的不同分为脱胚玉米粉和全玉米粉两类。

5 质量要求和卫生要求

5.1 质量要求

玉米粉质量要求见表 1。

表 1 质量要求

项　目		类　别	
		脱胚玉米粉	全玉米粉
粗脂肪含量(干基)/%	≤	2.0	5.0
粗细度		全部通过 CQ10 号筛	
脂肪酸值(干基)(以 KOH 计)/(mg/100 g)	≤	60	80
灰分含量(干基)/%	≤	1.0	3.0
含砂量/%	≤	0.02	
磁性金属物/(g/kg)	≤	0.003	
水分含量/%	≤	14.5	
色泽、气味、口味		玉米粉固有的色泽、气味、口味	

5.2 卫生要求

按照 GB 2715 和国家有关标准和规定执行。

5.3 真实性要求

由玉米或玉米糁磨制而成,不得添加或带入任何添加剂。

6 检验方法

6.1 扦样、分样:按 GB 5491 执行。

6.2 粗脂肪测定:按 GB/T 5512 执行。

6.3 粗细度测定：按 GB/T 5507 执行。

6.4 灰分测定：按 GB/T 5505 执行。

6.5 含砂量测定：按 GB/T 5508 执行。

6.6 磁性金属物测定：按 GB/T 5509 执行。

6.7 水分测定：按 GB/T 5497 执行。

6.8 脂肪酸值测定：按 GB/T 20570—2006 的附录 A 执行。

6.9 色泽和气味检验：按 GB/T 5492 执行。

7 检验规则

7.1 一般规则：按 GB/T 5490 执行。

7.2 原料要求：应符合 GB 1353 及有关标准的要求。

7.3 产品组批：同原料、同工艺、同设备、同班次加工的同种产品为一批。

7.4 出厂检验：每批出厂的产品，应按 5.1 规定的项目进行检验。

7.5 型式检验：当原料、设备、工艺有较大变化时，均应进行型式检验。型式检验按第 5 章的规定检验。

7.6 判定规则：质量指标有一项不合格，该批产品应判为不合格产品。产品未标注类别时，则判为全玉米粉产品。

8 标签和标识

8.1 预销售包装应按照 GB 7718 的规定。

8.2 非零售包装应在标签上标注产品名称、产品类别、产品标准号、原料、生产日期、保质期、生产厂家、厂址、联系方式。

8.3 应标明原料玉米的收获年份。

8.4 标注的净含量应为标准水分状态下的质量。

9 包装、运输和储存

9.1 包装

9.1.1 包装应符合 GB/T 17109 和 LS/T 3802 的规定要求。

9.1.2 包装环境应清洁、卫生。

9.1.3 材料应符合包装技术要求和国家有关食品卫生的规定。

9.1.4 包装袋应有足够的强度并牢固缝制、牢固密封。

9.2 运输

运输和储存应注意保持玉米粉的质量要求。运输器具应清洁、干燥、无污染，运输过程中应防晒、防尘、防雨雪。

9.3 储存

储存场所应清洁、干燥、无污染，包装袋应码放距地面、墙壁 20 cm 以上，储存期间应注意防晒、防虫、防鼠、防潮。

ICS 67.080.01
B 30

中华人民共和国国家标准

GB/T 10470—2008
代替 GB/T 10470—1989

速冻水果和蔬菜 矿物杂质测定方法

Quick frozen fruits and vegetables—Determination of mineral impurities content

2008-06-17 发布　　2008-10-01 实施

中华人民共和国国家质量监督检验检疫总局
中国国家标准化管理委员会　发布

前言

本标准代替 GB/T 10470—1989《速冻水果和蔬菜的矿物杂质测定方法》。

本标准与 GB/T 10470—1989 相比主要修改如下：

——按照 GB/T 1.1《标准化工作导则　第 1 部分：标准的结构和编写规则》和 GB/T 20001.4《标准编写规则　第 4 部分：化学分析方法》对 GB/T 10470—1989 进行了结构调整和文字修改；

——用《速冻水果和蔬菜　矿物杂质测定方法》代替原标准名称《速冻水果和蔬菜的矿物杂质测定方法》。

本标准由中华人民共和国商务部提出并归口。

本标准起草单位：北京锦绣大地农业股份有限公司（检测中心）。

本标准主要起草人：赵海香、姚力、金小静、郭静、李燕斌、赵孟彬。

本标准于 1989 年首次发布，本次为第一次修订。

本标准所代替标准的历次版本发布情况为：

——GB/T 10470—1989。

速冻水果和蔬菜 矿物杂质测定方法

1 范围

本标准规定了速冻水果和蔬菜中矿物杂质的测定方法。

本标准适用于速冻水果和蔬菜的矿物杂质含量的测定。

2 原理

用漂浮法分离有机物质并用沉积法分离重的杂质，在 525 ℃高温炉中灼烧沉积物，将所得残留物称量。

3 试剂

3.1 试剂均用分析纯，所用水为蒸馏水或同等纯度的水。

3.2 氯化钠溶液(200 g/L)。

3.3 硝酸银溶液(17 g/L)。

4 仪器

4.1 捣碎机。

4.2 烧杯：容积为 2 000 mL。

4.3 定量滤纸。

4.4 坩埚：瓷质，容量 30 mL。

4.5 马弗炉：525℃±25℃。

4.6 干燥器：带有效干燥剂。

4.7 分析天平：最小分度为 0.000 1 g。

4.8 电子天平：最小分度为 0.1 g。

4.9 加热器或电炉，用煤气或电加热。

4.10 漏斗。

4.11 搅拌棒。

5 操作方法

5.1 样品的制备

包装在 500 g 以下的样品，取整个包装。包装大于 500 g 的样品在解冻前取有代表性的样品500 g。将样品置于密闭的器皿中解冻，定量转移至烧杯(4.2)中，必要时可以将样品捣碎。

5.2 坩埚的准备

将洗净的坩埚移入马弗炉(4.5)中灼烧 1 h，冷至 200 ℃ 以下后取出，移入干燥器中冷却至室温，准确称量。重复灼烧至前后两次称量相差不超过 0.000 2 g 为恒量，备用。

5.3 测定

5.3.1 分离

将样品移入烧杯(4.2)中，加水至刻度，用玻璃棒充分搅拌后，静置约 10 min，然后将上层水倾入第二个烧杯(4.2)中,分别加水于第一、第二烧杯至刻度,混合,搅拌,静置 10 min,然后将第二烧杯上层水倾入第三个烧杯(4.2)中,第一烧杯的上层水倾入第二烧杯中。小心地重复这些操作,将第三烧杯上层液倾入排水槽,直至全部漂浮的果蔬有机物弃去,收集全部沉积物于第一烧杯中。

将 30℃～40℃的氯化钠(3.1)溶液加入沉积物中,使有机杂质漂浮,沉积物沉淀,再用温水充分洗涤沉积物除去氯化钠,以硝酸银(3.2)溶液检验洗液中无氯离子为止,再将沉积物定量地转移至装有定量滤纸(4.3)的漏斗(4.9)中,过滤。

5.3.2 灰化

将滤纸连同沉积物移入准备好的坩埚(5.2)中,在电炉(4.8)上炭化,至无烟,再移入马弗炉(4.5)中灼烧 1 h,冷至 200 ℃以下后取出,移入干燥器(4.6)中冷却至室温,准确称重。重复灼烧至前后两次称量相差不超过 0.000 2 g 为恒量。

5.3.3 测定次数

相同的样品至少测定 2 次。

6 结果计算

6.1 计算方法

以每千克样品中含有矿物杂质的毫克数来表示,按式(1)计算:

$$X = \frac{m_2 - m_1}{m_0} \times 10^6 \qquad \cdots\cdots(1)$$

式中:

X——矿物杂质的量,单位为毫克每千克(mg/kg);

m_0——样品的质量,单位为克(g);

m_1——坩埚的质量,单位为克(g);

m_2——坩埚和矿物杂质的质量,单位为克(g)。

如果满足重复性(6.2)要求,取两次测定结果的算术平均值作为测定的结果。

6.2 精确度

矿物杂质结果精确到 0.01 mg/kg。

6.3 精密度

在重复条件下获得的两次独立测定结果的绝对差值不得超过算术平均值的 5%。

参 考 文 献

[1] ISO 762:2003,水果和蔬菜产品的矿物杂质测定方法(Fruit and vegetable products—Determination of mineral impurities content)。

[2] CAC/RM 54:1974,速冻水果和蔬菜中无机杂质的测定(Determination of mineral impurities in quick frozen fruits and vegetable)。

[3] GB/T 12294—1990,水果、蔬菜制品 矿物杂质含量的测定。

ICS 67.080.01
B 30

GB

中华人民共和国国家标准

GB/T 10471—2008
代替 GB/T 10471—1989

速冻水果和蔬菜　净重测定方法

Quick frozen fruits and vegetables—Determination of net weight

2008-06-17 发布　　　　2008-10-01 实施

中华人民共和国国家质量监督检验检疫总局
中国国家标准化管理委员会　发布

前　言

本标准代替 GB/T 10471—1989《速冻水果蔬菜净重的测定方法》。

本标准与 GB/T 10471—1989 相比主要修改如下：

——按照 GB/T 1.1《标准化工作导则　第 1 部分：标准的结构和编写规则》和 GB/T 20001.4《标准编写规则　第 4 部分：化学分析方法》对 GB/T 10471—1989 进行了结构调整和文字修改；

——用《速冻水果和蔬菜　净重测定方法》代替原标准名称《速冻水果蔬菜净重的测定方法》；

——增加了计算公式的编号。

本标准由中华人民共和国商务部提出并归口。

本标准起草单位：北京锦绣大地农业股份有限公司（检测中心）。

本标准主要起草人：赵海香、尚艳芬、姚力、李以翠、许海东、赵孟彬。

本标准于 1989 年首次发布，本次为第一次修订。

本标准所代替标准的历次版本发布情况为：

——GB/T 10471—1989。

速冻水果和蔬菜　净重测定方法

1　范围

本标准规定了速冻水果和蔬菜净重的测定方法。

本标准适用于速冻水果和蔬菜净重的测定。

2　仪器

分析天平：称量 5 kg 以下的样品，最小分度不大于 0.25 g。

3　测定步骤

3.1　毛重的测定

将样品从低温贮存处取出，用干布将包装外表面擦干，立即称重，得出样品毛重(G)。

3.2　皮重的测定

打开样品的包装，将内容物取出，用干布把包装外表面擦干，立即称重，得出样品的皮重(T)。

4　结果计算

4.1　计算方法

速冻水果和蔬菜的净重按式(1)计算：

$$W = G - T \qquad \cdots\cdots(1)$$

式中：

W——速冻水果或蔬菜的净重，单位为克(g)；

G——速冻水果或蔬菜的毛重，单位为克(g)；

T——速冻水果或蔬菜的皮重，单位为克(g)。

同一试样进行两次独立的实验，结果取算术平均值。

4.2　精确度

净重结果精确到 0.1 g。

参 考 文 献

[1] CAC/RM 34:1970,速冻水果蔬菜净重的测定(Weight of quick frozen fruits and vegetables)。

ICS 71.100.99
G 85

中华人民共和国国家标准

GB/T 10504—2008
代替 GB/T 10504—1989,GB/T 10505.2～10505.4—1989

3A 分子筛

Molecular sieve 3A

2008-06-17 发布 2008-09-01 实施

中华人民共和国国家质量监督检验检疫总局
中国国家标准化管理委员会 发布

前言

本标准代替 GB/T 10504—1989《3A 分子筛及其试验方法》、GB/T 10505.2—1989《3A 分子筛磨耗率测定方法》、GB/T 10505.3—1989《3A 分子筛静态乙烯和氮气测定方法》和 GB/T 10505.4—1989《3A 分子筛包装品含水量测定方法》。

本标准与代替标准的主要技术差异:

——扩大了标准的适用范围;

——提高了产品的部分主要技术要求,增加了 3A 分子筛原粉技术要求;

——在试验操作细节上做相应的改进,使之更严谨完善;

——增加包装规格。

本标准由中国石油和化学工业协会提出。

本标准由全国肥料和土壤调理剂标准化技术委员会(SAC/TC 105)归口并负责解释。

本标准起草单位:上海化工研究院。

本标准主要起草人:刘飒、邓琦、周永贤、顾艳、商照聪、王鹏飞。

本标准所代替标准的历次版本发布情况为:

——GB/T 10504—1989;

——GB/T 10505.2—1989;

——GB/T 10505.3—1989;

——GB/T 10505.4—1989。

3A 分 子 筛

1 范围

本标准规定了3A分子筛的术语和定义、要求、试验方法、检验规则和包装、标志、贮存和运输。

本标准适用于3A分子筛原粉,球形和条形产品,主要用途为化工、石油、医药、中空玻璃等工业用干燥剂。

2 规范性引用文件

下列文件中的条款通过本标准的引用而成为本标准的条款。凡是注日期的引用文件,其随后所有的修改单(不包括勘误的内容)或修订版均不适用于本标准,然而,鼓励根据本标准达成协议的各方研究是否可使用这些文件的最新版本。凡是不注日期的引用文件,其最新版本适用于本标准。

GB/T 191 包装储运图示标志(GB/T 191—2008,ISO 780:1997,MOD)

GB/T 6286 分子筛堆积密度测定方法

GB/T 6287 分子筛静态水吸附测定方法

GB/T 6288 粒状分子筛粒度测定方法

GB/T 6679—2003 固体化工产品采样通则

GB/T 8770 分子筛动态水吸附测定方法

GB/T 14564 高岭土物理性能试验方法

HG/T 2783 分子筛抗压碎力试验方法

HG/T 2843 化肥产品 化学分析中常用标准滴定溶液、标准溶液、试剂溶液和指示剂溶液

3 术语和定义

下列术语和定义适用于本标准。

3.1

3A分子筛 molecular sieve 3A

经过钾离子交换工艺处理后,具有立方晶格和均匀孔径的硅铝酸钠钾。

分子式为:$XK_2O \cdot YNa_2O \cdot Al_2O \cdot 2SiO_2 \cdot 4\frac{1}{2}H_2O$ $(X+Y=1)$

硅铝比:$\frac{M(SiO_2)}{M(Al_2O_3)} \approx 2$

有效孔径:约3Å

4 要求

4.1 外观:3A分子筛为白色粉状颗粒、米白色、米黄色或土红色的条形或球形颗粒,无机械杂质。

4.2 根据不同的使用和外形要求,将3A分子筛分为条形、球形、中空玻璃用、原粉四类。

条形3A分子筛应符合表1要求,同时应符合标明值;

球形3A分子筛应符合表2的要求,同时应符合标明值;

中空玻璃用球形3A分子筛应符合表3的要求,同时应符合标明值;

3A分子筛原粉应符合表4的要求,同时应符合标明值。

表 1　条形 3A 分子筛的要求

项　目			d(1.5～1.7)/mm			d(3.0～3.3)/mm		
			优等品	一等品	合格品	优等品	一等品	合格品
静态水吸附/%		≥	21.0	20.0	19.0	21.0	20.0	19.0
磨耗率/%		≤	0.25	0.35	0.50	0.25	0.35	0.50
堆积密度/(g/mL)		≥	0.70	0.65	0.60	0.70	0.65	0.60
粒度/%[a]		≥	98.0	95.0	92.0	98.0	95.0	92.0
抗压碎力	抗压碎力/(N/颗)	≥	40.0		30.0	50.0		40.0
	抗压碎力变异系数,C	≤	0.3					
动态水吸附/%		≥	20.0					
包装品含水量/%		≤	1.5					
静态乙烯吸附/(mg/g)		≤	3.0					

[a] 对于 d(1.5～1.7) mm 的产品,粒度为条长(1～10) mm 试样占总量的百分数;对于 d(3.0～3.3) mm 的产品,粒度为条长(3～12) mm 试样占总量的百分数。

表 2　3A 球形分子筛的要求

项　目			d(1.6～2.5)/mm			d(2.5～5.0)/mm		
			优等品	一等品	合格品	优等品	一等品	合格品
静态水吸附/%		≥	21.0	20.0	19.0	21.0	20.0	19.0
磨耗率/%		≤	0.25	0.35	0.50	0.25	0.35	0.50
堆积密度/(g/mL)		≥	0.75	0.70	0.65	0.75	0.70	0.65
粒度/%		≥	98.0	97.0	96.0	98.0	97.0	96.0
抗压碎力	抗压碎力/(N/颗)	≥	85.0	70.0	55.0	100.0	85.0	60.0
	抗压碎力变异系数,C	≤	0.3					
动态水吸附/%		≥	20.0					
包装品含水量/%		≤	1.5					
静态乙烯吸附/(mg/g)		≤	3.0					

表 3　中空玻璃用球形 3A 分子筛的要求

项　目			d(1.0～1.6)/mm		d(1.6～2.5)/mm	
			一等品	合格品	一等品	合格品
静态水吸附/%		≥	21.0	20.0	21.0	20.0
磨耗率/%		≤	0.2	0.3	0.2	0.3
堆积密度/(g/mL)		≥	0.75	0.7	0.75	0.7
粒度/%		≥	96.0	95.0	96.0	95.0
抗压碎力	抗压碎力/(N/颗)	≥	14.0		20.0	
	抗压碎力变异系数,C	≤	0.3			
包装品含水量/%		≤	1.5			
静态氮气吸附/(mg/g)		≤	2.0			
吸水速率/%		≤	0.5	0.7	0.5	0.7

表 4　3A 分子筛原粉的要求

项　　目	一等品	合格品
钾交换率/%　　≥	45.0	40.0
静态水吸附/%　　≥	24.5	
堆积密度/(g/mL)　　≥	0.60	
筛余量(试验筛孔径为 0.044 mm)/%　　≤	1.0	
包装品含水量/%　　≤	20.0	

5　试验方法

5.1　外观

目测。

5.2　钾交换率的测定　四苯硼钾重量法

本方法中所用试剂、水和溶液的配制，在未注明规格和配制方法时，均应按 HG/T 2843 的规定进行。

5.2.1　原理

钾与四苯硼酸钠反应生成四苯硼酸钾沉淀，过滤、干燥后称重。

5.2.2　试剂和材料

5.2.2.1　盐酸溶液：1+1；

5.2.2.2　乙二胺四乙酸二钠(EDTA)溶液：40 g/L；

5.2.2.3　四苯硼酸钠溶液：15 g/L；

5.2.2.4　四苯硼酸钠洗涤液：1.5 g/L。

5.2.3　仪器

5.2.3.1　通常实验室用仪器；

5.2.3.2　玻璃坩埚式滤器：4 号，30 mL；

5.2.3.3　干燥箱：可控制温度在(120±5)℃。

5.2.4　测定

称取试样(1.5～2)g(精确至 0.001 g)，置于 250 mL 三角瓶中，滴加盐酸溶液至试料溶解，加 100 mL 水，定量转移到 250 mL 量瓶中，用水稀释至刻度，干过滤，弃去最初几毫升滤液，保留滤液供测定氧化钾含量用。

准确吸取 25.0 mL 滤液到 200 mL 烧杯中，用水稀释至约 50 mL，加 10 mL EDTA 溶液。加热微沸 15 min，注意不能蒸干，如试液太少可加入适量水，然后在水流下迅速冷却至室温，在不断搅拌下，缓慢滴加四苯硼酸钠溶液 30 mL，继续搅拌 1 min，静置 15 min。

通过预先在(120±5)℃干燥箱中恒重的玻璃坩埚式滤器用倾泻法过滤烧杯中上层清液，然后用盛在洗瓶内的四苯硼酸钠洗涤液将烧杯内的沉淀转移入滤器内抽滤(每次约用洗涤液 5 mL，5～7 次洗涤完毕)，最后用水洗涤烧杯两次，每次用水 5 mL，均并入滤器内抽滤完毕。

将盛有沉淀的滤器置于干燥箱中，待温度达到(120±5)℃后干燥 90 min，移入干燥器内冷却到室温，称量(精确至 0.001 g)。

5.2.5　空白试验

在测定的同时，除不加试料外，按同样的操作步骤，同样试剂、溶液和用量，进行平行测定。

5.2.6　分析结果的表述

钾交换率 w_1 以质量分数计，用%表示，按式(1)计算：

$$w_1 = \frac{(m_1 - m_2) \times 0.131\,4}{m_0 \times 25/250} \times 100 \times (284/94) = \frac{(m_1 - m_2) \times 397.0}{m_0} \quad \cdots\cdots\cdots\cdots (1)$$

式中：

m_0——试料质量的数值，单位为克(g)；

m_1——四苯硼酸钾沉淀质量的数值，单位为克(g)；

m_2——空白试验所得四苯硼酸钾沉淀质量的数值，单位为克(g)；

0.131 4——四苯硼酸钾换算为氧化钾质量的系数的数值；

284——4A 分子筛的分子量的数值，单位为克(g)；

94——氧化钾分子量的数值，单位为克(g)；

25——吸取试样溶液的体积的数值，单位为毫升(mL)；

250——试样溶液总体积的数值，单位为毫升(mL)。

计算结果表示到小数点后两位。取平行测定结果的算术平均值作为测定结果。

5.2.7 允许差

平行测定结果的绝对差值应不大于 0.39%；

不同实验室测定结果的绝对差值应不大于 0.73%。

5.3 静态水吸附量的测定

按 GB/T 6287 进行。

5.4 磨耗率的测定

5.4.1 原理

将一定量经焙烧后的样品在磨样筒内按规定的条件运转，使样品在筒内摩擦碰撞，测定样品粉化百分率，表示其磨耗率。

5.4.2 仪器

5.4.2.1 颗粒磨耗测定仪(以下简称磨耗仪)：磨样筒尺寸(内径×长度) d 36 mm×300 mm，磨样筒材质 不锈钢，磨样筒内部粗糙度 R 3.2；

5.4.2.2 瓷坩埚(连盖)：容量 150 mL；

5.4.2.3 试验筛：筛孔 0.85 mm，0.60 mm；

5.4.2.4 箱式电阻炉：最高温度 700℃，温差不大于±10℃；

5.4.2.5 真空干燥器：内径 150 mm；

5.4.2.6 真空泵：抽气速率不小于 0.5 L/s；

5.4.2.7 真空表：(1.01×103～0)Pa，1.5 级；

5.4.2.8 天平：感量 0.001 g。

5.4.3 测定

5.4.3.1 取样约 100 g，用四分法将试料缩分至两份，每份约等于磨耗试验用量：(25±2) g。

5.4.3.2 分别称取在 550℃已焙烧恒重的两只瓷坩埚的质量(准确至 0.001 g)。

5.4.3.3 将两份试料分别倒入孔径为 0.85 mm 的试验筛，除去磨前碎粉，分别转移至两只已称好的瓷坩埚中。

5.4.3.4 将瓷坩埚和坩埚盖(不盖在坩埚上)放入箱式电阻炉中，在 550℃下焙烧 2 h。

5.4.3.5 取出瓷坩埚放入真空干燥器中，立即盖上坩埚盖和真空干燥器。开启真空泵，在真空表显示小于 1.01×10^3 Pa 的条件下，关闭真空泵，冷却至室温。

5.4.3.6 缓慢旋转真空干燥器盖上活塞，使大气慢慢通入干燥器内，打开真空干燥器，取出瓷坩埚立即称量(准确至 0.001 g)。

5.4.3.7 将试料立即分别装入两只磨样筒内，拧紧筒盖，再将磨样筒对称装在磨耗仪上，开动磨耗仪，以每分钟(25±1)次的转速，转动 1 000 次。

5.4.3.8 取下磨样筒，将试料用 0.60 mm 试验筛过筛后，倒回原坩埚中。按 5.4.3.4、5.4.3.5 和 5.4.3.6 同样方法操作。

5.4.3.9 称得瓷坩埚和加磨后过筛的筛上物焙烧后试料质量(准确至 0.001 g)。

5.4.4 分析结果的表述

磨耗率 w_2 以质量分数计，用%表示，按式(2)计算：

$$w_2 = \frac{m_5 - m_4}{m_4 - m_3} \times 100 \quad \cdots\cdots(2)$$

式中：

m_3——瓷坩埚(连盖)质量的数值，单位为克(g)；

m_4——磨前过筛焙烧后的筛上试料加瓷坩埚(连盖)质量的数值，单位为克(g)；

m_5——磨后过筛焙烧后的筛上试料加瓷坩埚(连盖)质量的数值，单位为克(g)。

计算结果表示到小数点后两位。取两次测定的算术平均值作为测试结果。

5.4.5 允许差

当磨耗率小于或等于 0.50%时，平行测定结果的绝对差值不大于 0.10%；

当磨耗率大于 0.50%时，平行测定结果的绝对差值不大于 0.15%。

5.5 堆积密度的测定

按 GB/T 6286 进行。

5.6 粒度的测定

按 GB/T 6288 进行。

5.7 3A 分子筛原粉筛余量的测定

按 GB/T 14564 进行。

5.8 动态水吸附的测定

按 GB/T 8770 进行。

5.9 抗压碎力的测定

按 HG/T 2783 进行。

5.10 包装品含水量的测定

5.10.1 原理

按规定自包装桶内取样，将样品在(550±10)℃箱式电阻炉内焙烧，用称量测定其焙烧失重。

5.10.2 仪器

5.10.2.1 天平，感量 0.001 g；

5.10.2.2 瓷坩埚(连盖)，容量 50 mL；

5.10.2.3 箱式电阻炉，最高温度 700℃，温差不大于±10℃；

5.10.2.4 真空干燥器，盖上活塞装有干燥管，内径 150 mm；

5.10.2.5 真空泵，抽气速率不小于 0.5 L/s；

5.10.2.6 真空表，$(1.01\times10^3\sim0)$Pa，1.5 级。

5.10.3 测定

用分析天平称量恒重的瓷坩埚(连盖)的质量(准确至 0.001 g)。

用采样器将自包装桶中心深插入桶 1/4 处采取的试料(取样量不得少于 10 g)，立即转移到塑料样品袋中，密封，避免空气进入。快速用瓷坩埚称取(1.5～2.0)g 试料(准确至 0.001 g)。

将瓷坩埚及坩埚盖(不盖在坩埚上)置于箱式电阻炉中，在 550℃焙烧 1 h。

取出瓷坩埚放入真空干燥器中，立即盖上坩埚盖和真空干燥器。开启真空泵，在真空表显示小于 1.01×10^3 Pa 的条件下，关闭真空泵，冷却至室温。

缓慢旋转真空干燥器盖上活塞，使经过干燥管的空气慢慢通入干燥器内，打开真空干燥器，取出瓷坩埚立即称量(准确至 0.001 g)。

5.10.4 **分析结果的表述**

包装品含水量 w_3 以质量分数计,用%表示,按式(3)计算:

$$w_3 = \frac{(m_7 - m_6) - (m_8 - m_7)}{m_7 - m_6} \times 100 \quad \cdots\cdots\cdots\cdots(3)$$

式中:

m_6——瓷坩埚(连盖)质量的数值,单位为克(g);

m_7——瓷坩埚(连盖)称量瓶加焙烧前试料质量的数值,单位为克(g);

m_8——瓷坩埚(连盖)加焙烧后试料质量的数值,单位为克(g)。

计算结果表示到小数点后两位。取两次平行试验的算术平均值作为测试结果。

5.10.5 **允许差**

平行测定值的相对偏差不大于 10%。

5.11 **静态乙烯和氮气吸附的测定**

5.11.1 **原理**

将样品装在悬挂在石英弹簧上的载篮中,在真空条件下将样品加热再生,然后在一定的压力下,对扩散均匀的乙烯或氮气进行吸附,样品吸附增重与弹簧对应伸长呈正比线性关系,以垂高计测定弹簧对应伸长,计算静态乙烯或氮气吸附量。

5.11.2 **试剂和材料**

5.11.2.1 聚合级乙烯;

5.11.2.2 氮气。

5.11.3 **仪器**

5.11.3.1 真空吸附仪,如图 1;

5.11.3.2 石英弹簧(以下简称弹簧),灵敏度(0.6~0.8)mm/mg;

5.11.3.3 真空泵:抽气速率不小于 0.5 L/s,极限真空 1.33×10^{-4} Pa;

5.11.3.4 真空计:能测量不低于 1.33×10^{-4} Pa 真空度;

5.11.3.5 垂高计:分度为(0.01~0.02)mm;

5.11.3.6 加热电炉(以下简称电炉):能自动控温,温度可达 400℃;

5.11.3.7 试验筛:0.85 mm、1.18 mm;

5.11.3.8 干燥箱:最高温度不低于 200℃;

5.11.3.9 干燥器:内径 150 mm 左右。

5.11.4 **试样制备**

5.11.4.1 将待测试料用四分法缩分至(2~3)g。

5.11.4.2 粉状试料置于干燥箱内,在 200℃下焙烘 1 h 后,放在干燥器内备用。

5.11.4.3 颗粒状试料破碎过筛后取(0.85~1.18)mm 的粒度备用。

5.11.5 **测定**

5.11.5.1 **装样**

取下吸附管下管,将载篮挂在弹簧上,套上吸附管下管,用垂高计读出空载篮高度(准确至 0.02 mm),此高度为 H_0。

取下吸附管下管,将适量试料装在载篮内,套上吸附管下管。

5.11.5.2 **试料再生**

开启全系统真空活塞(以下简称活塞),放松螺旋夹 F_1,拧紧螺旋夹 F_2。开启真空泵,缓慢旋转活塞 5,使系统切断大气与真空泵的连通,对全系统和干燥管进行抽真空。

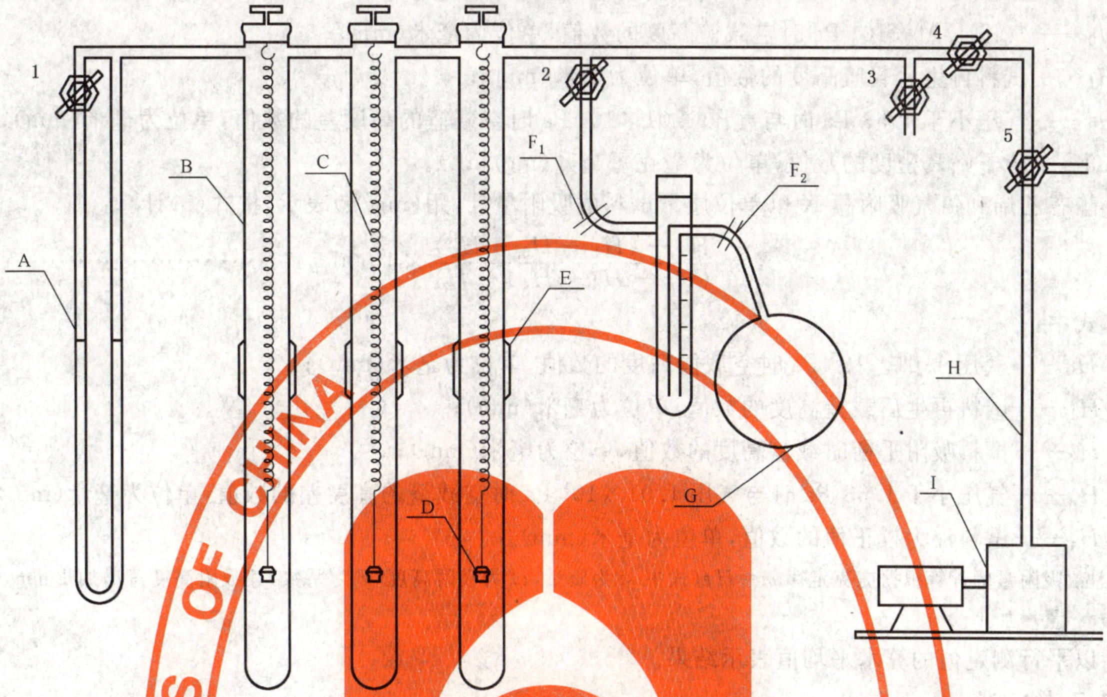

A——U形汞压力计；
B——吸附管；
C——石英弹簧；
D——载篮；
E——金属弹簧；
F_1、F_2——螺旋夹；
G——贮存吸附质容器；
H——真空橡皮管；
I——真空泵。

图1 真空吸附仪示意图

吸附管外套上电炉，接通电源，渐渐升温至(360±10)℃，在真空条件下对试料加热再生0.5 h，在电炉升温的同时，依次关闭活塞2，松开螺旋夹F_2，拧紧螺旋夹F_1。

用真空计测量系统真空度，若真空度小于6.7×10^{-4} Pa时，依次关闭活塞1，活塞3，活塞4。开启活塞5至三通位置，然后停泵，停止加热，取下电炉，使吸附管温度降至室温。

5.11.5.3 吸附

吸附管外套上冰浴，用垂高计测量试料再生后载篮高度(准确至0.02 mm)，此高度为H_1。

缓慢开启活塞2，渐渐松开螺旋夹F_1，使乙烯或氮气经干燥管后扩散至吸附系统，当气体压力升至1.01×10^5 Pa时，依次关闭活塞2，螺旋夹F_1，气体压力由U型汞压力计读出。

待吸附平衡，弹簧不再增长时，测出载篮高度(准确至0.02 mm)，此高度为H_2。

取下吸附管，取下载篮，倒净载篮内的试料后，将载篮再悬挂在弹簧上，测定气压小于1.33 Pa时与1.01×10^5 Pa时空载篮的高度差(准确至0.02 mm)，此高度差为H_3。

5.11.6 分析结果的表述

试料浮力校正值H_4的数值以毫米计，用mm表示，按式(4)计算：

$$H_4 = d\times(H_1 - H_0 - H_3)\div 2\,000 \qquad (4)$$

式中：

d——压力 1.01×10^5 Pa 时吸附气体的密度，单位为毫克每毫升(mg/mL)；
H_0——气压 1.01×10^5 Pa 时空载篮高度的数值，单位为毫米(mm)；
H_1——试料再生后载篮高度的数值，单位为毫米(mm)；
H_3——气压小于 1.33 Pa 时与气压 1.01×10^5 Pa 时空载篮的高度差的数值，单位为毫米(mm)；
2 000——分子筛真密度的数值，单位为毫克每毫升(mg/mL)。

静态乙烯和氮气吸附量 X 以单位质量试料的吸附量计，用(mg/g)表示，按式(5)计算：

$$X=\frac{H_2-(H_1-H_3-H_4)}{(H_1-H_3-H_4)-H_0}\times 1\,000 \quad\cdots\cdots\cdots(5)$$

式中：
H_0——气压 1.01×10^5 Pa 时空载篮高度的数值，单位为毫米(mm)；
H_1——试料再生后载篮高度的数值，单位为毫米(mm)；
H_2——试料吸附平衡时载篮高度的数值，单位为毫米(mm)；
H_3——气压小于 1.33 Pa 时与气压 1.01×10^5 Pa 时空载篮的高度差的数值，单位为毫米(mm)；
H_4——试料浮力校正值的数值，单位为毫米(mm)。

注：吸附量的计算根据虎克定律 $m=Hf$(式中 m 为质量，H 为吸附高度，f 为系数，其吸附高度每增加 1 mm，吸附量增加 1 g)。

以平行测定值的算术平均值表示结果。

5.11.7 允许差

平行测定值的绝对差值不大于 1.0 mg/g。

5.12 吸水速率的测定

5.12.1 测定方法

方法中所用的试剂、制品、仪器、设备及试验方法在没有注明其他要求时，均按照 GB/T 6287 规定进行试验。

5.12.2 测定

在放在装有饱和食盐水的干燥器中进行静态水吸附的待测试料吸附了 30 min 时，将试料取出，称重(准确至 0.001 g)，按照 GB/T 6287 规定，计算试料 30 min 的水吸附量。

将试料重新放入干燥器中，继续吸附，至 24 h 吸附平衡，称重(准确至 0.001 g)，按照 GB/T 6287 规定，计算试料的静态水吸附量。

5.12.3 分析结果的表述

吸水速率 w_V 以质量分数计，用%表示，按式(6)计算：

$$w_V=\frac{m_9}{m_{10}}\div 30\times 100 \quad\cdots\cdots\cdots(6)$$

式中：
m_9——试料吸附 30 min 时的水吸附质量的数值，单位为克(g)；
m_{10}——试料吸附平衡时的水吸附质量的数值，单位为克(g)。

5.12.4 允许差

平行测定结果的绝对差值不大于 0.15%。

6 检验规则

6.1 产品应由生产厂技术检验部门进行检验，生产厂应保证所有出厂的产品符合本标准的要求。

6.2 每批出厂的产品都应附有一定格式的质量证明书，证明书包括下列内容：生产厂名称、产品名称、规格、等级、批号或生产日期、产品净含量和本标准编号。

6.3 产品按批检验，出厂检验以日产量为一批，用户按接收批检验。

6.4 按 GB/T 6679—2003 中表 2 规定确定采样桶数，随机确定采样桶的位置。采样时用采样器自桶中心插入桶 1/4 处采取试料，采样总量不得少于 2 kg。

6.5 将采取的试料按四分法缩分至 1 kg，分装于两个清洁、干燥的容器中(试料包装容器应符合 GB/T 6679—2003 中 9.1 规定)，容器壁上粘贴标签，注明：生产厂名称、试料名称、规格、等级、产品批号及批数量，采样日期和采样者，一份供检验用，另一份作为保留试料，保留期为 3 个月，以供查验。

6.6 如果检验结果有一项指标不符合本标准要求时，应按 6.4 规定重新于双倍采样桶数中采取试料进行复验，复验结果即使只有一项指标不符合本标准要求时，则整批产品不能出厂。

6.7 用户有权按照本标准规定在收到货后的一个月内核验收到的产品是否符合要求，如有特殊情况，可由供需双方协商决定验收时间。

7 包装、标识、贮存和运输

7.1 产品用内衬塑料袋的白铁皮桶或木桶包装(或由供需双方商定包装方法)。每桶净含量(25±0.25)kg，(35±0.35)kg，(40±0.40)kg，(150 ±1.5)kg，(180 ±1.8)kg。

7.2 包装桶标志应符合 GB/T 191 规定，包装桶上应清楚标明：生产厂名称、产品名称、规格、等级、批号或生产日期、净含量等字样并标打“防湿”标志。

7.3 在贮存和运输过程中不得受潮。

ICS 65.080
G 20

中华人民共和国国家标准

GB/T 10511—2008
代替 GB/T 10511—1989

硝酸磷肥中总氮含量的测定 蒸馏后滴定法

Determination of total nitrogen content for nitrophosphate—Titrimetric method after distillation

2008-06-17 发布　　　　2008-09-01 实施

中华人民共和国国家质量监督检验检疫总局
中国国家标准化管理委员会　发布

前　言

本标准是硝酸磷肥、硝酸磷钾肥试验方法系列标准之一，下面列出了这些系列国家标准：

——GB/T 10511《硝酸磷肥中总氮含量的测定　蒸馏后滴定法》；

——GB/T 10512《硝酸磷肥中磷含量的测定　磷钼酸喹啉重量法》；

——GB/T 10513《硝酸磷肥中游离水含量的测定　卡尔·费休法》；

——GB/T 10514《硝酸磷肥中游离水含量的测定　烘箱法》；

——GB/T 10515《硝酸磷肥粒度的测定》；

——GB/T 10516《硝酸磷肥颗粒平均抗压碎力的测定》。

本标准代替 GB/T 10511—1989《硝酸磷肥中总氮含量的测定　蒸馏后滴定法》。

本版与 GB/T 10511—1989 的主要差异是：

——试剂溶液、标准滴定溶液等的配制和标定方法均执行 HG/T 2843；

——将定氮合金还原改为仲裁法；

——在试剂和材料一章增加了安全警示的内容。

本标准由中国石油和化学工业协会提出。

本标准由全国肥料和土壤调理剂标准化技术委员会(SAC/TC 105)归口并负责解释。

本标准起草单位：天脊煤化工集团有限公司、国家化肥质量监督检验中心(上海)。

本标准主要起草人：张家宏、王寅、李永平、郭炼红、杨一。

本标准于 1989 年首次发布。

硝酸磷肥中总氮含量的测定
蒸馏后滴定法

1 范围

本标准规定了采用蒸馏后滴定法测定硝酸磷肥、硝酸磷钾肥的总氮含量。

本标准适用于各种流程生产的硝酸磷肥、硝酸磷钾肥中总氮含量的测定。

2 规范性引用文件

下列文件中的条款通过本标准的引用而成为本标准的条款。凡是注日期的引用文件，其随后所有的修改单(不包括勘误的内容)或修订版均不适用于本标准，然而，鼓励根据本标准达成协议的各方研究是否可使用这些文件的最新版本。凡是不注日期的引用文件，其最新版本适用于本标准。

GB/T 2441.1—2008　尿素的测定方法　第1部分:总氮含量

GB/T 6003.1　金属编织网状试验筛(GB/T 6003.1—1997,eqv ISO 3310-1:1990)

HG/T 2843　化肥产品　化学分析常用标准滴定溶液、标准溶液、试剂溶液和指示剂溶液

3 原理

用定氮合金或金属铬粉将硝酸盐和亚硝酸盐还原为铵，加入过量的氢氧化钠溶液，从碱性溶液中蒸馏出氨，用过量的硫酸溶液吸收，在指示液存在下，用氢氧化钠标准滴定溶液返滴定。

4 试剂和材料

下列的部分试剂和溶液具有腐蚀性，操作者应小心谨慎！若溅到皮肤上应立即用水冲洗或适合的方式进行处理，严重者应立即治疗。

本标准中所用试剂、溶液和水，在未注明规格和配制方法时，均应符合 HG/T 2843 的规定。

4.1　定氮合金(Cu50%、Al45%、Zn5%)(细度不大于 0.85 mm)或金属铬粉(细度不大于 0.25 mm)；

4.2　盐酸；

4.3　硝酸铵：使用前应于 100℃下干燥至恒重；

4.4　氢氧化钠溶液：400 g/L；

4.5　硫酸溶液：$c\left(\frac{1}{2}H_2SO_4\right)\approx 0.5$ mol/L 或 1 mol/L；

4.6　氢氧化钠标准滴定溶液：$c(NaOH)=0.5$ mol/L；

4.7　甲基红-亚甲基蓝混合指示液；

4.8　广泛 pH 试纸。

5 仪器

5.1　通常实验室用仪器；

5.2　还原仪器：1 L 圆底蒸馏烧瓶(与蒸馏仪器配套)和梨形玻璃漏斗；

5.3　蒸馏仪器：如 GB/T 2441.1—2008 中图 1 所示，或其他具有相同功效的定氮蒸馏仪器；

5.4　防溅棒：一根长约 100 mm，直径约 5 mm 的玻璃棒，一端套一根长约 25 mm 聚乙烯管；

5.5　还原加热装置：置于通风橱内的 1 500 W 电炉，或能在 7 min～8 min 内使 250 mL 水从常温至剧烈沸腾的其他形式热源；

5.6 蒸馏加热装置:1 000 W～1 500 W 电炉,置于升降台架上,可自由调节高度。也可使用调温电炉或能够调节供热强度的其他形式热源。

6 分析步骤

做两份试料的平行测定。

6.1 试样的制备

经多次缩分后取约 100 g 实验室样品,迅速研磨至全部通过 1.00 mm 孔径(GB/T 6003.1 R40/3 系列)的试验筛,混匀,置于洁净、干燥的瓶中,作成分分析用。余下做粒度和颗粒平均抗压强度测定。

6.2 还原

称取 0.5 g～1.0 g 的试样(精确至 0.000 2 g)于蒸馏烧瓶中,加约 300 mL 水,摇动使试料溶解,再加入定氮合金 3 g～5 g 和防溅棒,将蒸馏烧瓶连接于蒸馏装置上。

或称取 0.5 g～1.0 g 的试样(精确至 0.000 2 g)于蒸馏烧瓶中,加约 35 mL 水,摇动使试料溶解,加入铬粉约 1.2 g,盐酸 7 mL,静置 5 min～10 min,插上梨形玻璃漏斗。置蒸馏烧瓶于通风橱内的还原加热装置上,加热至沸腾并泛起泡沫后 1 min,冷却至室温,小心加入 300 mL 水和防溅棒,将蒸馏烧瓶连接于蒸馏装置上。

注:以定氮合金还原为仲裁法。

6.3 蒸馏

向接收器中准确加入 40 mL 硫酸溶液 $\left[c\left(\frac{1}{2}H_2SO_4\right)\approx 0.5\ mol/L\right]$ 或 20 mL 硫酸溶液 $\left[c\left(\frac{1}{2}H_2SO_4\right)\approx 1\ mol/L\right]$、4 滴～5 滴混合指示液,加水至略高于接收器双连球管末端以保证封闭气体出口,将接收器连接在蒸馏装置的直形冷凝管下端。

蒸馏装置的磨口连接处应涂硅脂密封。

连接好蒸馏烧瓶,通过蒸馏装置的滴液漏斗加入 20 mL 氢氧化钠溶液(4.4)(若采用铬粉还原法,应加入 50 mL 氢氧化钠溶液),在溶液将流尽时加入 20 mL～30 mL 水冲洗漏斗,剩 5 mL～10 mL 水时关闭活塞。静置 10 min 后开通冷却水,开始加热,沸腾时根据泡沫产生程度调节供热强度,避免泡沫溢出或液滴带出。蒸馏出至少 150 mL 馏出液后,把接收器稍微移开,冷凝管下端靠在接收器壁上,用 pH 试纸测试冷凝管出口的液滴,如无碱性结束蒸馏。

6.4 滴定

用氢氧化钠标准滴定溶液(4.6)返滴定过量硫酸溶液至指示液呈灰绿色为终点。

6.5 空白试验

在测定的同时,按同样步骤,使用同样的试剂,但不含试料进行平行测定。

6.6 核对试验

使用新配制的含 100 mg 氮的硝酸铵,按测定试料的相同条件进行。

7 分析结果的表述

7.1 分析结果的计算

总氮含量,以氮(N)的质量分数 w 计,数值以%表示,按式(1)计算:

$$w=\frac{c(V_1-V_2)\times 14.01}{m\times 1\ 000}\times 100=\frac{c(V_1-V_2)}{m}\times 1.401 \quad\cdots\cdots(1)$$

式中:

c——测定及空白试验时,使用氢氧化钠标准滴定溶液浓度的准确数值,单位为摩尔每升(mol/L);

V_1——空白试验时,使用氢氧化钠标准滴定溶液的体积的数值,单位为毫升(mL);

V_2——测定时,使用氢氧化钠标准滴定溶液的体积的数值,单位为毫升(mL);

14.01——氮的摩尔质量的数值，单位为克每摩尔(g/mol)；

m——试料质量的数值，单位为克(g)。

计算结果表示到小数点后两位，取平行测定结果的算术平均值作为测定结果。

7.2 允许差

平行测定结果的绝对差值不大于0.30%；不同实验室测定结果的绝对差值不大于0.50%。

ICS 65.080
G 20

中华人民共和国国家标准

GB/T 10512—2008
代替 GB/T 10512—1989

硝酸磷肥中磷含量的测定 磷钼酸喹啉重量法

Determination of phosphorus content for nitrophosphate—Quinoline phosphomolybdate gravimetric method

2008-06-17 发布 2008-09-01 实施

中华人民共和国国家质量监督检验检疫总局
中国国家标准化管理委员会 发布

前　言

本标准是硝酸磷肥、硝酸磷钾肥试验方法系列标准之一，下面列出了这些系列国家标准：

——GB/T 10511《硝酸磷肥中总氮含量的测定　蒸馏后滴定法》；

——GB/T 10512《硝酸磷肥中磷含量的测定　磷钼酸喹啉重量法》；

——GB/T 10513《硝酸磷肥中游离水含量的测定　卡尔·费休法》；

——GB/T 10514《硝酸磷肥中游离水含量的测定　烘箱法》；

——GB/T 10515《硝酸磷肥粒度的测定》；

——GB/T 10516《硝酸磷肥颗粒平均抗压碎力的测定》。

本标准代替 GB/T 10512—1989《硝酸磷肥中磷含量的测定　磷钼酸喹啉重量法》。

本标准与 GB/T 10512—1989 的主要差异是：

——试剂溶液、标准滴定溶液等的配制和标定方法均执行 HG/T 2843 标准；

——将有效磷的提取剂由中性柠檬酸铵改成 37.5 g/L 的乙二胺四乙酸二钠溶液；

——在试剂和材料一章增加了安全警示的内容。

本标准由中国石油和化学工业协会提出。

本标准由全国肥料和土壤调理剂标准化技术委员会归口并负责解释。

本标准起草单位：天脊煤化工集团有限公司、国家化肥质量监督检验中心(上海)。

本标准主要起草人：张家宏、王寅、李永平、郭炼红、杨一。

本标准于 1989 年首次发布。

硝酸磷肥中磷含量的测定
磷钼酸喹啉重量法

1 范围

本标准规定了用磷钼酸喹啉重量法测定硝酸磷肥、硝酸磷钾肥中的磷含量。

本标准适用于各种工艺生产的硝酸磷肥、硝酸磷钾肥中水溶性磷和有效磷含量的测定。

2 规范性引用文件

下列文件中的条款通过本标准的引用而成为本标准的条款。凡是注日期的引用文件，其随后所有的修改单(不包括勘误的内容)或修订版均不适用于本标准，然而，鼓励根据本标准达成协议的各方研究是否可使用这些文件的最新版本。凡是不注日期的引用文件，其最新版本适用于本标准。

GB/T 10511—2008 硝酸磷肥中总氮含量的测定 蒸馏后滴定法

HG/T 2843 化肥产品 化学分析中常用标准滴定溶液、标准溶液、试剂溶液和指示剂溶液

3 原理

用水和乙二胺四乙酸二钠溶液提取硝酸磷肥、硝酸磷钾肥中水溶性磷和有效磷，提取液中正磷酸根离子在酸性介质中与喹钼柠酮试剂生成黄色磷钼酸喹啉沉淀，用磷钼酸喹啉重量法测定磷的含量。

4 试剂和材料

下列的部分试剂和溶液具有腐蚀性，操作者应小心谨慎！若溅到皮肤上应立即用水冲洗，严重者应立即治疗。

本标准所用试剂、水及溶液的配制，在未注明规格和配制方法时，均应符合 HG/T 2843 中规定。

4.1 乙二胺四乙酸二钠(EDTA)溶液，37.5 g/L：

称取 37.5 g EDTA 于 1 000 mL 烧杯中，加入少量水溶解，用水稀释至 1 000 mL，混匀。

4.2 喹钼柠酮试剂；

4.3 硝酸溶液，1+1。

5 仪器

5.1 通常实验室用仪器；

5.2 恒温干燥箱，能控制(180±2)℃；

5.3 玻璃坩埚式滤器，4 号，容积 30 mL；

5.4 恒温水浴振荡器，能控制温度(60±2)℃的往复式振荡器或回旋式振荡器。

6 分析步骤

做两份试料的平行测定。

6.1 试样称量

称取含有 100 mg～180 mg 五氧化二磷的试样(试样制备见 GB/T 10511—2008 中 6.1)，精确至 0.000 2 g。

6.2 水溶性磷的提取

按6.1称取试样，置于75 mL的瓷蒸发器中，加约25 mL水研磨，将清液倾注过滤于预先加入5 mL硝酸溶液的250 mL容量瓶中。继续用水研磨3次，每次用约25 mL水，然后将水不溶物转移到滤纸上，用水洗涤水不溶物，待容量瓶中溶液达200 mL左右为止。最后用水稀释至刻度，混匀，即为试液A，供测定水溶性磷用。

6.3 有效磷的提取

按6.1，另外称取试样置于250 mL容量瓶中，加入150 mL EDTA溶液，塞紧瓶塞，摇动量瓶使试样分散于溶液中，置于(60±2)℃的恒温水浴振荡器中，保温振荡1 h(振荡频率以量瓶内试样能自由翻动即可)。然后取出容量瓶，冷却至室温，用水稀释至刻度，混匀。干过滤，弃去最初部分滤液，即得试液B，供测定有效磷用。

6.4 水溶磷的测定

用移液管吸取25 mL试液A，移入500 mL烧杯中，加入10 mL硝酸溶液，用水稀释至100 mL。在电炉上加热至沸，取下，加入35 mL喹钼柠酮试剂，盖上表面皿，在电热板上微沸1 min或置于近沸水浴中保温至沉淀分层，取出烧杯，冷却至室温，冷却过程中转动烧杯(3～4)次。

用预先在(180±2)℃干燥箱内干燥至恒重的玻璃坩埚式滤器过滤，先将上层清液滤完，然后用倾泻法洗涤沉淀(1～2)次，每次用25 mL水，将沉淀移入滤器中，再用水洗涤，共用水125 mL～150 mL，将沉淀连同滤器置于(180±2)℃干燥箱内，待温度达到180℃后，干燥45 min，取出移入干燥器内，冷却至室温，称量。

6.5 有效磷的测定

用移液管吸取25 mL试液B，移入500 mL烧杯中。以下操作按6.4进行。

6.6 空白试验

除不加试样外，须与试样测定采用完全相同的试剂、用量和分析步骤，进行平行测定。

7 分析结果的表述

7.1 水溶磷含量(w_1)及有效磷含量(w_2)，以五氧化二磷(P_2O_5)质量分数计，数值以%表示，分别按式(1)和式(2)计算：

$$w_1 = \frac{(m_1 - m_2) \times 0.032\,07}{m_3 \times (25/250)} \times 100 = \frac{(m_1 - m_2) \times 32.07}{m_3} \qquad (1)$$

$$w_2 = \frac{(m_4 - m_5) \times 0.032\,07}{m_6 \times (25/250)} \times 100 = \frac{(m_4 - m_5) \times 32.07}{m_6} \qquad (2)$$

式中：

m_1——测定水溶性磷所得磷钼酸喹啉沉淀的质量的数值，单位为克(g)；

m_2——测定水溶性磷时，空白试验所得磷钼酸喹啉沉淀的质量的数值，单位为克(g)；

0.032 07——磷钼酸喹啉质量换算为五氧化二磷质量的系数；

m_3——测定水溶性磷时，试料质量的数值，单位为克(g)；

25——吸取试样溶液体积的数值，单位为毫升(mL)；

250——试样溶液总体积的数值，单位为毫升(mL)；

m_4——测定有效磷所得磷钼酸喹啉沉淀的质量的数值，单位为克(g)；

m_5——测定有效性磷时，空白试验所得磷钼酸喹啉沉淀的质量的数值，单位为克(g)；

m_6——测定有效磷时，试料质量的数值，单位为克(g)。

计算结果表示到小数点后两位，取平行测定结果的算术平均值为测定结果。

7.2 允许差

平行测定结果的绝对差值不大于0.20%；

不同实验室测定结果的绝对差值不大于0.30%。

7.3 硝酸磷肥、硝酸磷钾肥中水溶性磷占有效磷的百分率(X),数值以%表示,按式(3)计算:

$$X = \frac{w_1}{w_2} \times 100 \qquad (3)$$

式中:

w_1——水溶性磷的质量分数(%);

w_2——有效磷的质量分数(%)。

计算结果表示到小数点后一位。

ICS 77.140.60
H 44

中华人民共和国国家标准

GB/T 10560—2008
代替 GB/T 10560—1989

矿用高强度圆环链用钢

High tensile steels of round link chains for mines

2008-08-19 发布　　　　2009-04-01 实施

中华人民共和国国家质量监督检验检疫总局
中国国家标准化管理委员会　发布

前　言

本标准代替 GB/T 10560—1989《矿用高强度圆环链用钢技术条件》。

本标准与 GB/T 10560—1989 相比主要变化如下：

——标准名称更改为《矿用高强度圆环链用钢》；

——增加前言，取消附加说明；

——圆钢的公称直径范围修订为 10 mm～65 mm；

——增加订货内容；

——删除 23MnSiV、25MnSiMoV、23Mn2NiCrMoA 牌号；

——增加 20Mn2A、25MnVB、20NiCrMoA、23MnNiCrMoA、23MnNiMoCrA 牌号；

——对 25MnV 牌号 V、Al 元素成分提出调整要求；

——增加附录 A：本标准部分牌号与 DIN 17115：1987 对应牌号主要化学成分对照；

——明确产品的交货状态；

——删除原标准表 2 中"适用于钢材直径"栏目；

——删除原标准"冲击试验缺口深度为 3 mm"的要求；

——增加 20NiCrMoA、23MnNiCrMoA、23MnNiMoCrA 牌号末端淬透性检验及相应的技术要求；

——明确 20NiCrMoA、23MnNiCrMoA、23MnNiMoCrA 牌号冲击功试验采用 V 型缺口试样要求；

——钢的奥氏体晶粒度由"不小于 5 级"调整为"不小于 6 级"。

本标准附录 A 为资料性附录。

本标准由中国钢铁工业协会提出。

本标准由全国钢标准化技术委员会归口。

本标准主要起草单位：首钢总公司、江阴兴澄特种钢铁有限公司、冶金工业信息标准研究院、安阳钢铁集团有限责任公司。

本标准主要起草人：熊化冰、王丽萍、郭艳、冯超、高振声、段贵生、任翠英。

本标准所代替标准的历次版本发布情况为：

——GB/T 10560—1989。

矿用高强度圆环链用钢

1 范围

本标准规定了矿用高强度圆环链用钢的订货内容，尺寸、外形、重量及允许偏差，技术要求，试验方法，检验规则，包装、标志和质量证明书等内容。

本标准适用于制造煤矿刮板输送机、刨煤机的高强度圆环链用热轧及冷拉棒材和盘卷(以下简称圆钢)。

2 规范性引用文件

下列文件中的条款通过本标准的引用而成为本标准的条款。凡是注日期的引用文件，其随后所有的修改单(不包括勘误的内容)或修订版均不适用于本标准，然而，鼓励根据本标准达成协议的各方研究是否可使用这些文件的最新版本。凡是不注日期的引用文件，其最新版本适用于本标准。

GB/T 222　钢的成品化学成分允许偏差

GB/T 223.3　钢铁及合金化学分析方法　二安替比林甲烷磷钼酸重量法测定磷量

GB/T 223.4　合金钢　锰含量的测定　电位滴定法或可视滴定法

GB/T 223.5　钢铁及合金化学分析方法　还原型硅钼酸盐光度法测定酸溶硅含量

GB/T 223.8　钢铁及合金化学分析方法　氟化钠分离-EDTA 滴定法测定铝含量

GB/T 223.9　钢铁及合金　铝含量的测定　铬天青 S 光度法

GB/T 223.11　钢铁及合金化学分析方法　过硫酸铵氧化容量法测定铬量

GB/T 223.12　钢铁及合金化学分析方法　碳酸钠分离-二苯碳酰二肼光度法测定铬量

GB/T 223.14　钢铁及合金化学分析方法　钽试剂取光度法测定钒量

GB/T 223.16　钢铁及合金化学分析方法　变色酸光度法测定钛量

GB/T 223.17　钢铁及合金化学分析方法　二安替比林甲烷光度法测定钛量

GB/T 223.18　钢铁及合金化学分析方法　硫代硫酸钠分离-碘量法测定铜量

GB/T 223.19　钢铁及合金化学分析方法　新亚铜灵-三氯甲烷萃取光度法测定铜量

GB/T 223.23　钢铁及合金　镍含量的测定　丁二酮肟分光光度法

GB/T 223.24　钢铁及合金化学分析方法　萃取分离-丁二酮肟分光光度法测定镍量

GB/T 223.25　钢铁及合金化学分析方法　丁二酮肟重量法测定镍量

GB/T 223.26　钢铁及合金　钼含量的测定　硫氰酸盐直接光度法

GB/T 223.36　钢铁及合金化学分析方法　蒸馏分离-中和滴定法测定氮量

GB/T 223.37　钢铁及合金化学分析方法　蒸馏分离-靛酚蓝光度法测定氮量

GB/T 223.53　钢铁及合金化学分析方法　火焰原子吸收分光光度法测定铜量

GB/T 223.54　钢铁及合金化学分析方法　火焰原子吸收分光光度法测定镍量

GB/T 223.58　钢铁及合金化学分析方法　亚砷酸钠-亚硝酸钠滴定法测定锰量

GB/T 223.59　钢铁及合金化学分析方法　锑磷钼蓝光度法测定磷量

GB/T 223.60　钢铁及合金化学分析方法　高氯酸脱水重量法测定硅含量

GB/T 223.61　钢铁及合金化学分析方法　磷钼酸铵容量法测定磷量

GB/T 223.62　钢铁及合金化学分析方法　乙酸丁酯萃取光度法测定磷量

GB/T 223.63　钢铁及合金化学分析方法　高碘酸钠(钾)光度法测定锰量

GB/T 223.64　钢铁及合金　锰含量的测定　火焰原子吸收光谱法

GB/T 223.68　钢铁及合金化学分析方法　管式炉内燃烧后碘酸钾滴定法测定硫量

GB/T 223.69　钢铁及合金　碳含量的测定　管式炉内燃烧后气体容量法

GB/T 223.71　钢铁及合金化学分析方法　管式炉内燃烧后重量法测定碳含量

GB/T 223.72　钢铁及合金　硫含量的测定　重量法

GB/T 223.74　钢铁及合金化学分析方法　非化合碳含量的测定

GB/T 223.75　钢铁及合金　硼含量的测定　甲醇蒸馏-姜黄素光度法

GB/T 223.76　钢铁及合金化学分析方法　火焰原子吸收光谱法测定钒量

GB/T 225　钢的淬透性末端淬火试验方法(Jominy 试验)

GB/T 226　钢的低倍组织及缺陷酸蚀试验法

GB/T 228—2002　金属材料　室温拉伸试验(GB/T 228—2002,eqv ISO 6892:1998)

GB/T 229—2007　金属材料　夏比摆锤冲击试验方法(ISO 148-1:2006,MOD)

GB/T 231.1　金属布氏硬度试验　第1部分:试验方法 (GB/T 231.1—2002,eqv ISO 6506-1:1999)

GB/T 232—1999　金属材料　弯曲试验方法(GB/T 232—1999,eqv ISO 7438:1985(E))

GB/T 702—2004　热轧圆钢和方钢尺寸、外形、重量及允许偏差

GB/T 905　冷拉圆钢、方钢、六角钢尺寸、外形、重量及允许偏差

GB/T 1979　结构钢低倍组织缺陷评级图

GB/T 2101　型钢验收、包装、标志及质量证明书的一般规定

GB/T 2975　钢及钢产品　力学性能试验取样位置及试样制备

GB/T 3077　合金结构钢

GB/T 3078　优质结构钢冷拉钢材

GB/T 4336　碳素钢和中低合金钢　火花源原子发射光谱分析方法(常规法)

GB/T 6394　金属平均晶粒度测定方法(GB/T 6394—2002,ASTM E 112—1996,MOD)

GB/T 10561　钢中非金属夹杂物含量的测定　标准评级图显微检验法

GB/T 13299　钢的显微组织评定方法

GB/T 14981—2004　热轧盘条尺寸、外形、重量及允许偏差

GB/T 17505　钢及钢产品交货一般技术条件(GB/T 17505—1998,eqv ISO 404:1992)

GB/T 20066　钢和铁　化学成分测定用试样的取样和制样方法(GB/T 20066—2006,ISO 14284:1996,IDT)

3　订货内容

按本标准订货的合同或订单应包括下列内容:

a)　产品名称;

b)　标准编号;

c)　牌号;

d)　公称直径;

e)　交货长度;

f)　重量(或捆重、盘重);

g)　需方提出的其他要求。

4　尺寸、外形、重量及允许偏差

4.1　公称直径

圆钢公称直径为 10 mm～65 mm。根据需方要求,经供需双方协商,也可供应其他直径的产品。

4.2 外形、重量及尺寸允许偏差

4.2.1 冷拉圆钢的外形、重量及尺寸允许偏差应符合 GB/T 905 的规定，其尺寸精度及外形应符合 h11、h12 级的规定，精度级别应在合同中注明。

4.2.2 根据需方要求，热轧圆钢的直径允许偏差可在公差范围内进行调整。

4.2.3 直条产品的尺寸精度应符合 GB/T 702 表 2 中 2 组或 1 组规定，弯曲度应符合 GB/T 702 表 7 中第 2 组的规定。不圆度应符合 GB/T 702 中表 5 的规定。盘卷产品尺寸精度应符合 GB/T 14981 表 1 中B级精度的规定。

4.3 交货长度

4.3.1 通常长度

4.3.1.1 圆钢的通常交货长度为 3 m～10 m，经供需双方协议也可供长度大于 10 m 的圆钢。

4.3.1.2 按通常长度交货的圆钢，不得交付短尺。

4.3.2 定尺、倍尺长度

根据需方要求，圆钢可按定尺或倍尺长度交货，所需长度应在合同中注明，其长度允许偏差不大于 +50 mm。

5 技术要求

5.1 牌号及化学成分

5.1.1 钢的牌号及化学成分(熔炼分析)应符合表 1 的规定。

附录 A 给出了本标准中牌号与 DIN 17115:1987 对应牌号主要化学成分对照。

表 1

牌　号	化学成分(质量分数)/%									
	C	Si	Mn	P	S	V	Cr	Ni	Mo	Al[a]
				不大于						
20Mn2A	0.17～0.24	0.17～0.37	1.40～1.80	0.035	0.035					0.020～0.050
20MnV	0.17～0.23	0.17～0.37	1.20～1.60	0.035	0.035	0.10～0.20				
25MnV[b]	0.21～0.28	0.17～0.37	1.20～1.60	0.035	0.035	0.10～0.20				
25MnVB	0.21～0.28	0.17～0.37	1.20～1.60	0.035	0.035	0.10～0.20			B,0.000 5～0.003 5	
25MnSiMoVA	0.21～0.28	0.80～1.10	1.20～1.60	0.025	0.025	0.10～0.20			0.15～0.25	
25MnSiNiMoA	0.21～0.28	0.60～0.90	1.10～1.40	0.020	0.020			0.80～1.10	0.10～0.20	0.020～0.050
20NiCrMoA[c]	0.17～0.23	≤0.25	0.60～0.90	0.020	0.020		0.35～0.65	0.40～0.70	0.15～0.25	0.020～0.050
23MnNiCrMoA[c]	0.20～0.26	≤0.25	1.10～1.40	0.020	0.020		0.40～0.60	0.40～0.70	0.20～0.30	0.020～0.050
23MnNiMoCrA[c]	0.20～0.26	≤0.25	1.10～1.40	0.020	0.020		0.40～0.60	0.90～1.10	0.50～0.60	0.020～0.050

a 铝含量为参考值。

b 当钢中铝含量在 0.020%～0.050%时，钒含量下限值可调整为 0.07%。

c 磷与硫含量之和应不大于 0.035%。

5.1.1.1 氧气转炉钢中氮含量应不大于0.008%，电炉钢中氮含量应不大于0.012%。

5.1.1.2 钢中铜的残余含量应不大于0.25%。

5.1.1.3 供方如能保证，钢中铜、氮含量可不作分析。

5.1.2 钢坯和钢材的化学成分允许偏差应符合GB/T 222的规定。

5.1.3 经供需双方协商，可供应其他牌号产品。

5.2 交货状态

20Mn2A、20MnV、25MnV、25MnVB以热轧状态交货，其他牌号钢以退火状态交货。经供需双方协商，也可以热轧状态交货。

5.3 力学性能和工艺性能

用热处理后的毛坯制成试样，测定圆钢的纵向力学性能和交货状态圆钢的冷弯性能及退火硬度应符合表2的规定。圆钢尺寸小于试样毛坯尺寸时，用原尺寸圆钢进行热处理。

表2

牌号	试样毛坯尺寸/mm	热处理[a]				力学性能					冷弯试验180°	钢材布氏硬度[c] HB	
		淬火		回火		下屈服强度 R_{eL}/MPa	抗拉强度 R_m/MPa	断后伸长率 A/%	断面收缩率 Z/%	冲击吸收功[b] A_{ku}/J		退火状态	热轧状态
		温度/℃	冷却剂	温度/℃	冷却剂	不小于						不大于	
20Mn2A	15	850	水、油	200	水、空	785	590	10	40	47	$d=a$(热轧材)	—	—
		880	水、油	440	水、空								
20MnV	15	880	水	300	水、空	885	1 080	9	—	—	$d=a$(热轧材)	—	—
				370				10					
25MnV	15	880	水	370	水、空	930	1 130	9	—	—	$d=a$(热轧材)	—	—
25MnVB	15	880	水	370	水、空	930	1 130	9	—	—	$d=a$(热轧材)	—	—
25MnSiMoVA	15	900	水	350	水、空	1 080	1 275	9	—	—	$d=a$(退火材)	217	260
25MnSiNiMoA	15	900	水	300	水、空	1 175	1 470	10	50	35	$d=a$(退火材)	207	260
20NiCrMoA	15	880	水	430	水、油	980	1 180	10	50	40	—	220	260
23MnNiCrMoA	15	880	水	430	水、油	980	1 180	10	50	40	—	220	260
23MnNiMoCrA	15	880	水	430	水、油	980	1 180	10	50	40	—	220	260

注：表中d=弯芯直径，a=钢材直径。

[a] 表中热处理温度允许调整范围：淬火±20 ℃，回火±30 ℃。

[b] 20NiCrMoA、23MnNiCrMoA、23MnNiMoCrA冲击功试验采用V型切口试样。

[c] 经供需双方协商，供交货时硬度指标可不作为参考依据。

5.4 末端淬透性

直径不小于26 mm的20NiCrMoA、23MnNiCrMoA、23MnNiMoCrA应进行末端淬透性试验，其结果应符合表3规定。

表 3

牌　号	端淬热处理		淬透性带范围	离开淬火端下列距离(mm)处的 HRC		
	正火/℃	淬火/℃		1.5	5	9
20NiCrMoA	880～920	900±5	最高	48	44	35
			最低	40	32	23
23MnNiCrMoA	860～900	880±5	最高	52	50	46
			最低	40	38	33
23MnNiMoCrA	860～900	880±5	最高	52	51	50
			最低	44	41	38

5.5 低倍组织

5.5.1 圆钢横截面酸浸低倍组织试片上不得有目视可见的缩孔、气泡、裂纹、夹杂、翻皮、白点及晶间裂纹等缺陷存在。

5.5.2 酸浸低倍组织级别应符合表 4 规定。

表 4

钢　种	低倍组织级别		
	一般疏松	中心疏松	锭型偏析
优质钢	≤3 级	≤3 级	≤3 级
高级优质钢	≤2 级	≤2 级	≤2 级

5.6 高倍组织

5.6.1 根据需方要求，可检验钢中非金属夹杂物，其合格级别由供需双方协商确定。

5.6.2 钢中奥氏体晶粒度按 GB/T 6394 规定的比较法进行测定，用系列图片Ⅰ评级，应不细于 6 级。

5.6.3 根据需方要求，可检验钢中显微组织。

5.7 表面质量

5.7.1 热轧圆钢的表面质量应符合 GB/T 3077 的有关规定。

5.7.2 冷拉圆钢的表面质量应符合 GB/T 3078 的有关规定。

5.8 试验方法

每批圆钢的试验方法、取样部位及取样数量应符合表 5 的规定。

表 5

序号	检验项目	取样数量	取样方法及取样部位	试验方法
1	化学成分	1	GB/T 20066	GB/T 223 GB/T 4336
2	拉伸试验	2	GB/T 2975，不同根钢材	GB/T 228
3	冲击试验	3	GB/T 2975，不同根钢材	GB/T 229
4	布氏硬度	5	GB/T 2975，不同根钢材	GB/T 231.1
5	末端淬透性	1	任一根钢材	GB/T 225
6	低倍组织	2	不同根钢坯或钢材	GB/T 226 GB/T 1979
7	冷弯试验	2	不同根钢材	GB/T 232
8	晶粒度	1	任一根钢材	GB/T 6394

表 5（续）

序号	检验项目	取样数量	取样方法及取样部位	试验方法
9	非金属夹杂物	2	任一根钢材	GB/T 10561
10	显微组织	2	任一根钢材	GB/T 13299
11	尺寸	逐根	—	适当量具
12	表面	逐根	—	目视

6 检验规则

6.1 圆钢应成批验收，每批应由同一牌号、同一加工方法、同一尺寸、同一交货状态和同一热处理制度的圆钢组成。

6.2 圆钢的检验及复验规则应符合 GB/T 17505 的规定。

7 包装、标志和质量证明书

圆钢的包装、标志和质量证明书应符合 GB/T 2101 的有关规定。

附　录　A
（资料性附录）
本标准中牌号与 DIN 17115:1987 对应牌号主要化学成分对照

A.1　本标准中牌号与 DIN 17115:1987 对应牌号主要化学成分对照，见表 A.1。

表 A.1

组号	牌　号	标准	化学成分(质量分数)/% C	Si	Mn	P[a]、S[a] 均各不大于	Cr	Ni	Mo	Al[a]
1	20NiCrMoA	本标准	0.17～0.23	≤0.25	0.60～0.90	0.020	0.35～0.65	0.40～0.70	0.15～0.25	0.020～0.050
1	20NiCrMo2[b]	DIN 17115:1987	0.17～0.23	≤0.25	0.60～0.90	0.020	0.35～0.65	0.40～0.70	0.15～0.25	0.020～0.050
2	23MnNiCrMoA	本标准	0.20～0.26	≤0.25	1.10～1.40	0.020	0.40～0.60	0.40～0.70	0.20～0.30	0.020～0.050
2	23MnNiCrMo52[b]	DIN 17115:1987	0.20～0.26	≤0.25	1.10～1.40	0.020	0.40～0.60	0.40～0.70	0.20～0.30	0.020～0.050
3	23MnNiMoCrA	本标准	0.20～0.26	≤0.25	1.10～1.40	0.020	0.40～0.60	0.90～1.10	0.50～0.60	0.020～0.050
3	23MnNiMoCr54[b]	DIN 17115:1987	0.20～0.26	≤0.25	1.10～1.40	0.020	0.40～0.60	0.90～1.10	0.50～0.60	0.020～0.050

注：本表供用户订货时对照参考。

[a] 磷与硫之和均不得大于 0.035%。

[b] 20NiCrMo2、23MnNiCrMo52、23MnNiMoCr54 牌号其他元素含量要求请参阅 DIN 17115:1987 标准的相关规定。

ICS 29.035.99
K 15

中华人民共和国国家标准

GB/T 10582—2008/IEC 60426:2007
代替 GB/T 10582—1989

电气绝缘材料　测定因绝缘材料引起的电解腐蚀的试验方法

Electrical insulating materials—Test methods for determining of electrolytic corrosion caused by insulating materials

(IEC 60426:2007,IDT)

2008-12-31 发布　　2009-11-01 实施

中华人民共和国国家质量监督检验检疫总局
中国国家标准化管理委员会　发布

前 言

本标准等同采用 IEC 60426:2007(第 2 版)《电气绝缘材料　测定因绝缘材料引起的电解腐蚀的试验方法》(英文版)。

本标准在技术上与 IEC 60426:2007(第 2 版)一致,仅做了下列编辑性修改:

——删除 IEC 60426:2007 的前言和引言,增加了国家标准的前言;

——用小数点“.”代替作为小数点的逗号“,”;

——用“℃”代替“K”;

——在第 2 章的规范性引用文件中,将 IEC 60454-2 改写为 GB/T 20631.2—2006。

本标准代替 GB/T 10582—1989《测定因绝缘材料而引起的电解腐蚀的试验方法》。

本标准与 GB/T 10582—1989 相比主要变化如下:

——增加了规范性引用文件;

——增加了术语和定义;

——删除了原标准的意义(GB/T 10582—1989 第 2 章);

——将目测半定量法和定量法(抗张强度试验)结合代替原标准的目测法,并在腐蚀等级判断中增加了抗张强度;

——删除了原标准的绝缘电阻法(GB/T 10582—1989 第 5 章);

——酸洗溶液代替原标准中的规定;

——用(120±5)V 直流电源代替原标准中规定的(100±5)V 直流电源;

——腐蚀等级表示已改变。

本标准的附录 A 为规范性附录,附录 B 和附录 C 均为资料性附录。

本标准由中国电器工业协会提出。

本标准由全国电气绝缘材料与绝缘系统评定标准化技术委员会(SAC/TC 301)归口。

本标准起草单位:桂林电器科学研究所、机械工业北京电工技术经济研究所。

本标准主要起草人:王先锋、徐元凤。

本标准所代替标准的历次版本发布情况为:

——GB/T 10582—1989。

电气绝缘材料　测定因绝缘材料引起的电解腐蚀的试验方法

1　范围

本标准适用于绝缘材料在电应力、高湿、高温影响下与金属接触条件下电解腐蚀性能的测定。

评定电解腐蚀程度的一种试验是通过连续的两种方法的试验进行评估。

a)　目测半定量法是通过比较正极金属箔和负极金属箔的腐蚀外观(按给出的参照图)进行判断的。试验是以两铜箔带分别作为正极和负极,把它们放置到与被测试材料相接触,在规定的环境条件下加上直流电位差,直接目测比较正极金属箔带腐蚀痕迹与所给出的参照图来评价被腐蚀的程度。

b)　定量法是用目测法后相同的正极金属箔和负极金属箔进行抗张强度试验。

评定电解腐蚀程度的另一种试验是定量测量铜线的抗张强度,见附录C。

2　规范性引用文件

下列文件中的条款通过本标准的引用而成为本标准的条款。凡是注日期的引用文件,其随后所有的修改单(不包括勘误的内容)或修订版均不适用于本标准,然而,鼓励根据本标准达成协议的各方研究是否可使用这些文件的最新版本。凡是不注日期的引用文件,其最新版本适用于本标准。

GB/T 20631.2—2006　电气用压敏胶粘带　第2部分:试验方法(IEC 60454-2:1994,IDT)

IEC 60068-3-4:2001　环境试验　第3-4部分:支撑文件和导则　湿热试验

3　术语和定义

下列术语和定义适用于本标准。

3.1

电解腐蚀　electrolytic corrosion

电解腐蚀是在高湿、高温条件下,在直流电压和某些物质包括有机物质的联合作用下的电化腐蚀。

3.2

试箔　test strip

a)　正极　positive

在金属-绝缘材料接触系统中试箔连接在直流电源的正极作为正极。

b)　负极　negative

在金属-绝缘材料接触系统中试箔连接在直流电源的负极作为负极。

3.3

接触表面　surface of contact

a)　与被试材料　of tested material

绝缘材料试样直接与试箔接触的部分。

b)　与金属箔　of metal strip

试箔的正极或负极直接与绝缘材料试样接触的部分。

4　试验方法概述

试验要求在规定的环境条件下和在平行相距3 mm的正极铜箔和负极铜箔上加上直流电位差。试样上放置两个试箔，为了在金属箔与试样间得到均匀良好接触，通过圆柱形的负载管用金属箔压住试样。

5 试样

5.1 概述

试样的准备根据提供的材料类型和形式而定。试样的形状和尺寸如图1所示，操作步骤在以下的5.2～5.7中详细说明。

单位为毫米

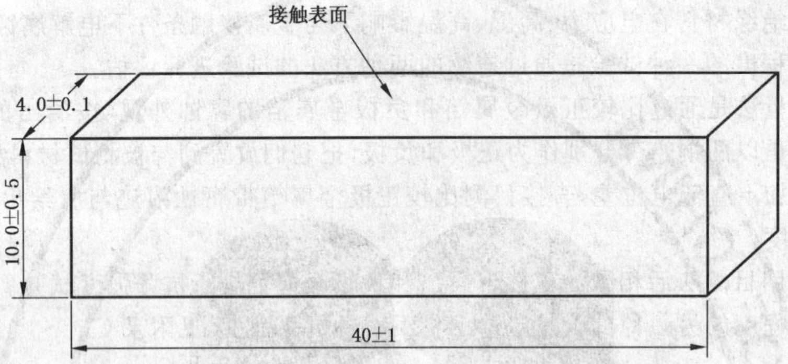

图1 刚性材料试样，例如纺织层压板制品

5.2 刚性材料(块、盘、片或半制成品)的切削面

试样的厚度应被加工到4 mm，加工时采用干法，不得使用切削油或润滑油，且不应损伤试样。推荐使用产品中的不同层来作试样。允许使用厚度在2 mm～4 mm之间的试样。

试样的接触面应用砂纸打磨光滑，背面同样应打磨光滑以便与金属箔带能良好的接触。接触面不能有任何瑕疵、裂纹和气泡。

砂纸里不能含有任何污染物例如卤素化合物以加大腐蚀。

5.3 浇铸、模塑、注塑和压塑材料

绝缘材料是由液态的树脂、粉状或颗粒状的模塑制成的，试样的形状和尺寸制成如图1，试样要根据被测材料制造商的技术要求，通过特定的模型浇铸或压塑制成。

试样和表面接触处理按5.2进行。

5.4 软膜、箔和薄片的切削面

这些产品的试样应叠成一小叠，并且放于两块厚度为1 mm±0.2 mm的绝缘材料夹板之间，绝缘材料如聚甲基丙烯酸甲酯本身不引起电解腐蚀。

试样叠层的厚度要根据测试箔的厚度而定，约为4 mm或2 mm。如果单箔的厚度介于0.5 mm～2 mm时，试样叠成4 mm，如果单箔的厚度小于0.5 mm，则试样叠成2 mm。

将这些试样块用与夹板相同材料制成的螺钉压紧再机械加工成形状如图2，被测试材料应伸出夹板0.2 mm～0.5 mm。除了这一点外，5.2所述的几点都适用。

5.5 粘带

按GB/T 20631.2—2006的第7章进行。

5.6 软管

软管(无论是浸漆织物管或挤塑管)剖开制成平的薄片，然后按上述5.4处理。

5.7 快干瓷漆和绝缘漆

被试的快干瓷漆或绝缘漆推荐涂于符合5.2所述的图1的试样表面，推荐尽可能使用例如聚甲基丙烯酸甲酯类的无腐蚀性材料作为底材。

若溶剂不相容或烘干温度太高时，推荐使用另一种底材，例如浇铸、热固化无腐蚀性的环氧树脂或玻璃，

将漆涂敷于其上。若快干漆或绝缘漆用来防止另一种材料受腐蚀的,它应涂敷于那一种材料上做试验。

单位为毫米

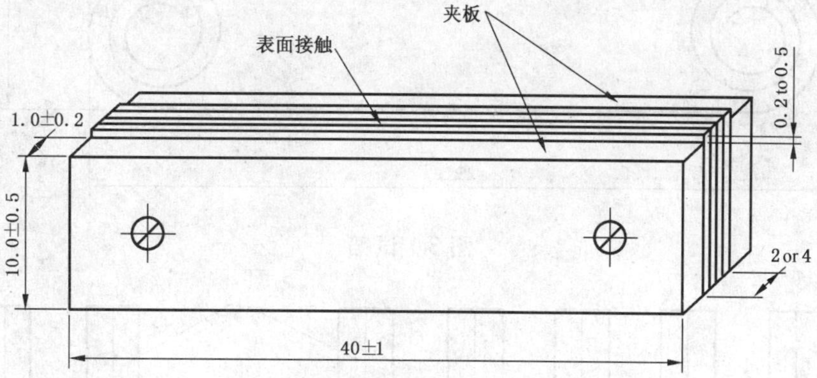

图2 柔韧试样,例如软膜、箔等

快干瓷漆或绝缘漆应按所要求的厚度喷涂、浸渍或涂敷,必要时应按规定或产品的技术要求烘干。若产品规范或技术要求对涂敷的厚度无规定时,则涂层厚度应为 30 μm±10 μm。

5.8 表面接触的清洁度

在制备和处理试样时,应避免试样表面弄脏,例如被手汗玷污。试样只能用钳子或带上无腐蚀性的材料(例如聚乙烯)制成的手套接触。在试样表面机械加工之后,用在96%的乙醇浸泡并烘干后的软毛刷进行清洁。

清洁后的试样表面应无任何外来杂质、油污和模压残留物等。

5.9 试样数量

至少对同一材料同时试验 5 块试样,按规定的程序取样。必要时,这种取样程序应被规定和采用。

6 试箔

6.1 概述

试箔是由 0.1 mm 厚纯度为 99.9%的半淬火的铜制成,10 mm 宽 200 mm 长,试箔应平整,边缘无弯曲、毛刺;试验表面无任何影响试验结果的机械损伤和杂质。

注:试箔中的黄铜和铝可以按照同样的方法制得。

6.2 试箔的制作

对新购买的每一新卷试箔前几厘米的应去掉,根据试验要求试箔被剪成几段,每段长 200 mm。试箔应用低沸点的有机溶剂[例如丙酮或(正)己烷]清除油污后酸洗。在室温下进行酸洗,酸洗液由下面成分组成:质量分率 73%的硫酸(相对密度为 1.82)、质量分率 26%的硝酸(相对密度为 1.33)、质量分率 0.5%的氯化钠和质量分率 0.5%的固体碳黑。酸洗时间控制在 20 s~60 s 之间。同一组试验的试箔应同时酸洗。粗糙度可通过酸洗时间来控制,直至试箔出现一均匀的暗淡光泽。酸洗后,将试箔在蒸馏水中清洗,并用乙醇浸泡最后用滤纸吸干。

注:试箔表面的不均匀对表面的变色有影响,并会导致错误的评定。均匀发暗的表面比之轻微腐蚀的、半发暗的或明亮的表面更易变色。

经过清洗和酸洗后的试箔两端应松卷成如图 3 所示的形状。

待测的试箔应在 20 min 内迅速安装在如图 4 所示试验装置内准备试验。

6.3 试箔的清洁度

试箔经过清洗和酸洗后不能用手直接接触,在处理试箔时应用钳子,在接触试箔卷端时应带上无腐蚀性材料制成的手套。

单位为毫米

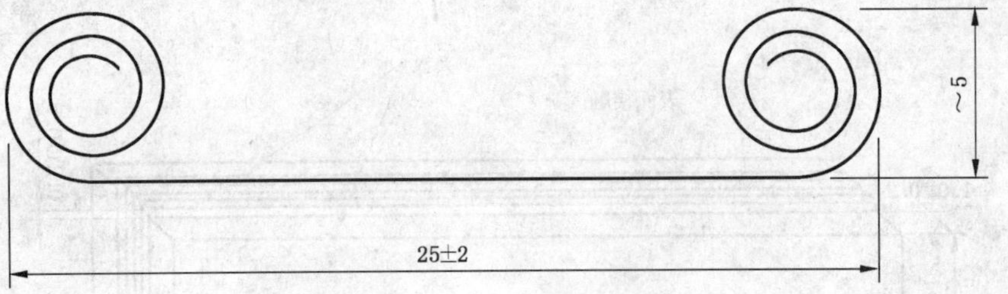

图3 试箔

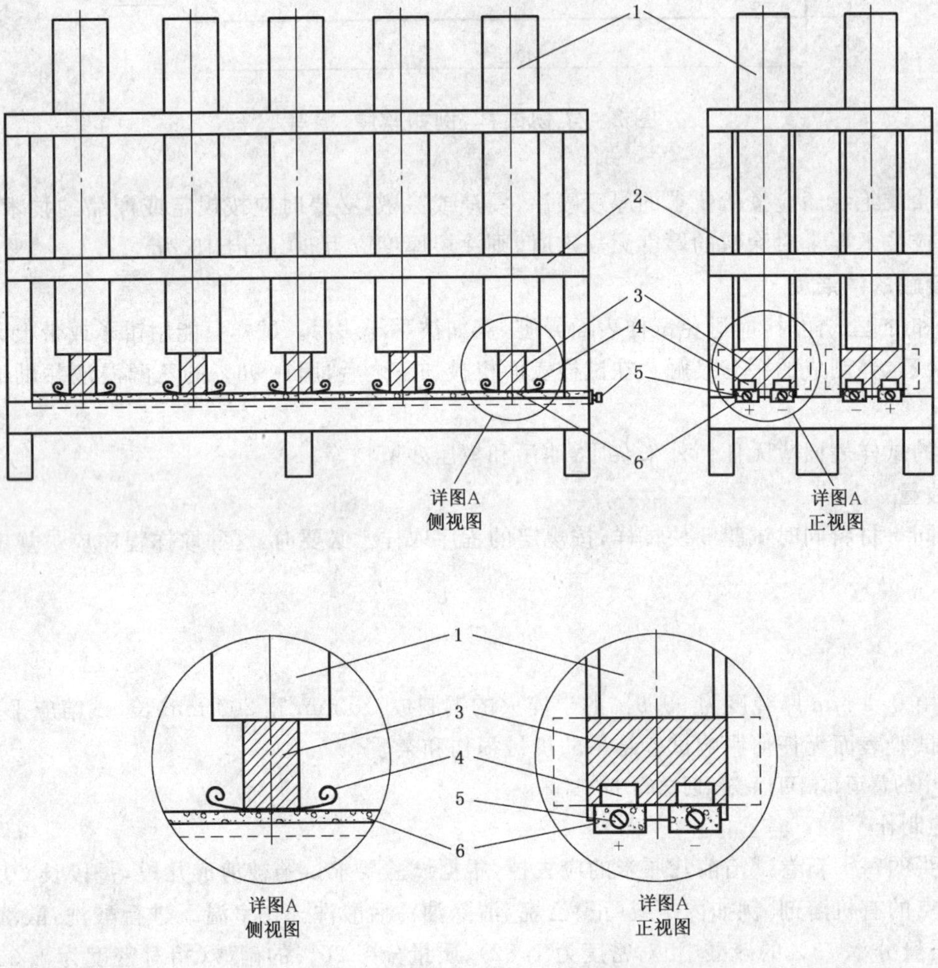

1——圆柱状管(负载管);

2——支撑架;

3——试样(绝缘材料);

4——金属试箔;

5——电极连结;

6——铜电极。

图4 测定电解腐蚀的试验装置

7 试验装置

试验装置应由无腐蚀性的材料(例如聚甲基丙烯酸甲酯)制成,并且试验装置能使得从同一批绝缘材料上取下试样同时进行试验不少于5个样品。

试箔贴于试样表面要求压力大约为10 N/cm²。压力通过无腐蚀性材料制成的圆柱状管并在管中填充适量的铅粒压在试样上来确定压力。试验装置如图4所示。

在试验及装样之前应保证试验装置洁净以便消除上次试验腐蚀性残物对本次试验的影响，金属接触部分应去除油污保持干净，其他部分应用浸过乙醇的布擦拭干净。

在试验装置中，由圆柱状管将试样压贴于两个相邻宽度为10 mm、间距为4 mm的铜电极上。试箔放置于试样表面与两个铜电极之间，如图4(局部图A)。

8 试验条件

试验应在下列条件下的箱体内进行：

温度：(55±1)℃；

相对湿度：(93±2)%；

持续时间：(240±2)h。

采用(120±5)V的直流电压，例如干电池，若用整流器，允许叠加的交流电压波动不大于总电压的1%。试验要求精确的温度与湿度条件已在IEC 60068-3中阐述。

9 试验程序

试样应如第7章所述与铜试箔一起夹在试验装置中。在与铜试箔相接触的表面，装置中的铜电极(见图4)不应被玷污(例如被腐蚀残物玷污)。

试验装置应至少安装同一绝缘材料的5个样品。

将已夹好试样以及试箔的试验装置放置在规定的条件的箱体中，对试验装置电极上施加(120±5)V的直流电压，若相关规范中未规定，加电压的时间为(240±2)h。

在将已夹好的试样及试箔的试验装置放置在规定的条件的箱体之前将试验装置加热到比箱体温度高(5±1)℃的温度以防止表面凝露。

在试验期间及结束时测量试验装置(如图4，局部图A正视图)电极间的电压，以确保电压值在规定的范围之内。

在试验结束时，去掉电压将试验装置从箱体中移出，冷却到室温。

小心地将试箔从试验装置中取出，先目测，然后进行抗张强度试验。

注：试验结束之后不能将试箔长时间存放，目测及抗张强度试验在试箔从试验装置中取出后30 min内完成。

10 评定

10.1 概述

电解腐蚀从两个方面结合评定进行概述：

a) 目测法——定性分析；

b) 抗张强度法——定量分析。

同一个试样先进行目测分析再进行抗张强度分析，综合这两个检查的结果对试验进行评定。

注：铜试箔可由黄铜试箔和铝试箔来代替，黄铜试箔和铝试箔的腐蚀指标见附录A(表A.1和表A.2)。

10.2 试箔的目测

应检查试箔(正极和负极)与试样直接接触的表面。

用裸眼或5倍的放大镜检查试箔的表面。正电极箔和负电极箔的外观按表1给出的腐蚀指标进行描述，对每一极，取5个试箔中最严重的腐蚀指标作为这种材料的腐蚀特性指标。

注：倘若试验结果有显著差异，应重复试验，以确定这个不同的结果是由于试验的准备或操作不当引起的还是由于受试材料的不均一引起的。

10.3 试箔的抗张强度试验

至少用5个未经暴露试验的试样来测定未经暴露试箔的抗张强度平均值 F_0。不允许有个别值与平均值之差超过2%。如果满足不了这个要求，必须另外再取5个试样进行试验，此第二组的5个试样中个别值也必须与平均值相差不超过2%。如果相差超过2%，必须使用新的试箔。

暴露试验和目测后，小心的将试箔退绕。用与未经暴露试验的试箔同样的方法测定正极试箔的抗张强度 F_1。

注：负极试箔的抗张强度是一个有用的校核，但不是必须的。测定负极试箔的抗张强度减小量不大于未经暴露试箔抗张强度平均值的1%。

受试材料的易腐蚀性按下式计算：

$$易腐蚀系数:K=\frac{F_0-F_1}{F_0}\times 100$$

式中：

F_0——未经暴露试箔的抗张强度平均值；

F_1——经过加压和湿度暴露后测得正极试箔的抗张强度。

易腐蚀系数 K 的中间值作为至少5个正极试箔抗张强度减小的平均值，以百分数表示。对比测得的易腐蚀系数 K 与表1给出的易腐蚀系数(若需要也可以与表A.1和表A.2给出的黄铜试箔和铝试箔的易腐蚀系数进行对比)。

11 铜箔腐蚀的评定

表1 铜箔腐蚀的试验等级

负极			正极			抗张强度易腐蚀系数 $K/\%$	总评
外观	图例	外观腐蚀指标	外观	图例	外观腐蚀指标		
没有变化或试样的接触面有轻微的底色		K1	没有变化或试样的接触面有轻微的底色		A1	$K\leqslant 3$	未腐蚀
50%的接触面有深棕色或黑色斑点，剩余的没有变化或有轻微的退色		K2	50%的接触面失去棕色光泽或单一的显玫瑰红色腐蚀斑点	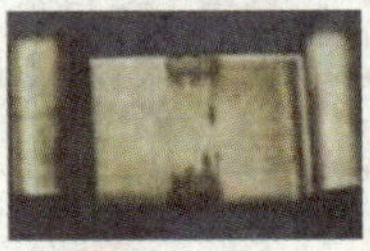	A2	$3<K<15$	轻微腐蚀
全部的接触面和其他面或大部分有黑色斑点	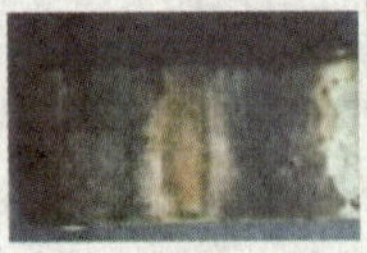	K3	50%～100%的接触面附着棕色(砖红色)沉淀或粉红色腐蚀斑点；表面可能有绿色斑点		A3	$15<K\leqslant 30$	腐蚀
全部的接触面和其他面都有黑色斑点分布连成一片；接触面没有单一黑色或棕色斑点		K4	整个接触面有厚的棕色沉积或有深的玫瑰红色腐蚀斑点，或大量绿色腐蚀物可能腐蚀整个试箔		A4	$K>30$	严重腐蚀

12 试验报告

试验报告至少应包括下列内容：

——产品名称、类型、形状；

——试样的厚度、尺寸；

——试箔的类型(如果是铜试箔以外的)；

——材料中试样的位置；

——试验装置(若第7章所述以外的)；

——如第8章所述的试验条件；

——如第8章和第9章所述的试验持续时间；

——试样数目；

——每个试样的目测和抗张强度的指标；

——特殊的或附加的说明；

——给定试验条件下的偏差；

——试验日期。

附 录 A
（规范性附录）
黄铜试箔和铝试箔的腐蚀评价表

表 A.1 黄铜试箔的腐蚀等级

负极			正极			抗张强度易腐蚀系数 $K/\%$	总评
外观	图例	外观腐蚀指标	外观	图例	外观腐蚀指标		
没有变化或有轻微的退色		K1	没有变化或有轻微的退色	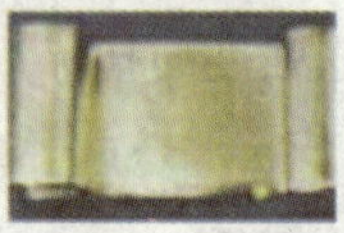	A1	$K\leqslant 3$	未腐蚀
50%的接触面有深棕色斑点		K2	略微显红（开始失锌）和/或接触面的50%有棕色斑点	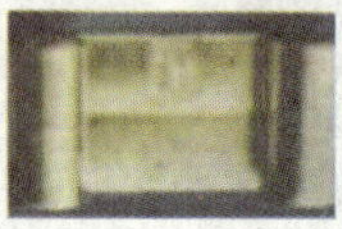	A2	$3<K<15$	轻微腐蚀
全部的接触面和试箔的反面都有黑色的斑点	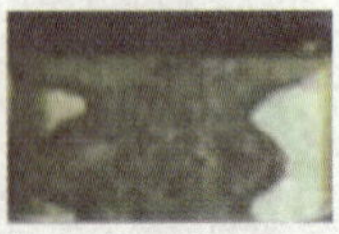	K3	50%～100%的接触面附着白色沉淀和红色斑点		A3	$15<K\leqslant 30$	腐蚀
黑色斑点延伸到接触面外，试箔的反面也有黑色斑点	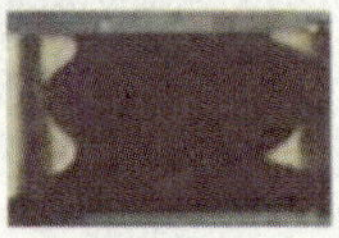	K4	整个接触面严重显红（失锌增加），可能有白色或黑色沉积		A4	$K>30$	严重腐蚀

表 A.2 铝箔的腐蚀等级

负极			正极			抗张强度易腐蚀系数 $K/\%$	总评
外观	图例	外观腐蚀指标	外观	图例	外观腐蚀指标		
没有变化		K1	没有变化		A1	$K\leqslant 3$	未腐蚀
接触面有大面积的白色斑点		K2	50%的接触面都有白色斑点或白色沉积物		A2	$3<K<15$	轻微腐蚀

表 A.2（续）

负极			正极			抗张强度易腐蚀系数 K/%	总评
外观	图例	外观腐蚀指标	外观	图例	外观腐蚀指标		
整个接触面有薄的白色沉积并逐渐扩展到接触面外和试箔的反面		K3	接触面大面积有铝腐蚀物的白色沉积和个别小坑		A3	15<K≤30	腐蚀
整个接触面有厚的铝腐蚀物的白色斑点并逐渐扩展到接触面外，在反面有大量的白色斑点和厚的白色沉积		K4	整个接触面有厚的铝腐蚀物的白色沉积并扩展超过接触面外，有大量深坑，有一些还穿过试箔		A4	K>30	严重腐蚀

附　录　B
（资料性附录）
目测法的注意事项

对于有色金属，如果有轻微的电解腐蚀，就会出现变色现象。例如，在黄铜上出现棕色、黑色或红色（失锌现象）。在严重的电解腐蚀情况下，正极上会出现绿色变色，这些绿色的变色是相当危险的，因为它们表明在阳极有金属腐蚀。例如在线圈中的金属导线，由于直径变小，结果促使断裂。

层压制品和其他绝缘材料的切削边，通常较材料含树脂量高的模压表面，或浸漆或涂敷更好的绝缘材料的表面会产生更为严重的腐蚀。这表明夹入的纸、织物、玻璃毡、木粉或其他填料也会影响电解的过程。绝缘材料的切削边作为试验表面这种试验方法可作为材料的初步检验。为了保证尽可能所有嵌入的材料均包含于切削表面试验，试验表面应该光滑平整，例如经过铣加工。如果用剪刀剪，试样边缘会粗糙不平，将导致试验结果差别太大。

因为杂质，例如由于出汗产生的氯离子，会加速电解过程，所以试样制备后，试样表面不能用手接触。

就电解过程而言，进一步的处理会降低绝缘材料的表面质量，为便于说明表面质量情况，必要时，有关试验表面的细节也应列入试验方法中。

在试验中，电解发生于试样和电极之间的试箔，这些试箔必须具有一个绝对平整、清洁和无任何毛刺的半光泽的表面。弄皱的或有毛刺（由切削产生）的箔将给人假的腐蚀现象。箔在清洁以后，像对试样一样，不应该用裸手接触。因此，应该使用钳子将箔放到位置上去。清洁箔的方法也很重要。为了避免评定和理解错误，在箔已彻底清除油渍以后，尽可能专门制定一个清洁箔的程序。通常最好清洁大量试箔，然后将之储存于一个干燥器中。试样表面的任何凝露现象都应该避免，否则因为滴落下来的液体会产生很严重的电蚀，导致对材料不好的评定。

附 录 C
（资料性附录）
铜导线抗张强度法

C.1 原理

本试验是将两个平行的间隔 6 mm 的铜导线分别作为阳极和阴极，放置于被试材料的表面，在规定的条件下，施加一个直流电压来进行。为了在导线和被试材料之间有良好的接触并同时保证线的平行度，试验表面采用圆柱形。

电解腐蚀作用的大小用测量铜线的抗张强度的方法来评定。

C.2 试样

下面的条款给出了不同试样的情况。

C.2.1 形状

C.2.1.1 概述

试样形状根据提供材料的类型和形式而定。

C.2.1.2 半制品材料（块或片）或模塑部件（压塑、注塑、浇铸等）

试样以圆板形或棒形进行试验，最好直径为 50 mm，厚度 12 mm～75 mm。薄于 12 mm 的产品（例如薄层压制品）可以加压叠装起来，非常薄的、可挠曲的层合材料（通常 0.25 mm 或更薄），可以用与薄膜一样的方法（见 C.2.1.3）试验。

圆板的圆边构成有效试验面。试验面可以是模塑的、浇铸的或干加工形成的表面，即加工时不用任何润滑剂或切削油，除非是为了研究这种润滑剂的影响。当薄材料层叠压在一起时，必须小心防止各边有毛刺。用螺栓把上述的薄材料紧压固定在一起，加工到最终要求的形状。

C.2.1.3 薄膜和薄片，包括浸漆纸和粘带

试样为 150 mm 长、12 mm～75 mm 宽的带。宽度大于 75 mm 的材料须切成 75 mm 宽。对成卷材料，外面三层应弃去。在切开时，用清洁的刀片或剪刀，要十分小心，以免弄脏。当试验薄膜材料时，可紧紧地卷成所要求直径的卷状试样。

C.2.1.4 软管和管

软管和管（包括浸渍织物和挤塑管）切成 150 mm 长。当压平时，软管至少 12 mm 宽。如果规定软管和管可以沿其长度切开，并展成带，至少也必须是 12 mm 宽。

另一种方法，可以用铜导线穿过仍为管状的软管内，将一张铜箔贴于大型的或小型的试验装置的圆柱表面，在此铜线和铜箔之间加上电压进行试验。

C.2.1.5 快干瓷漆和绝缘漆

在室温或低温下干燥的快干瓷漆和漆可以涂于硼硅酸盐的玻璃管或有机玻璃棒的圆表面上，管或棒的直径为 50 mm，长度为 75 mm，若要避免底材的腐蚀作用，可以取比 75 mm 更长一些。也可用经机械加工的圆板，其直径为 50 mm，厚度为 12 mm 或更厚一些。在比较高温度固化的漆可以涂于直径 50 mm，长度 75 mm 的硼硅酸盐玻璃管的曲面上，或涂于一种无填料的环氧树脂浇铸的棒上，这种环氧树脂用本试验已测知只产生微小的或几乎不产生电解腐蚀。对于含有会侵蚀有机玻璃的溶剂的涂敷材料，环氧棒更为适合。

快干瓷漆和漆涂于其他所规定的底材也可以进行评定。例如将漆涂于编织带上评定。但在这种情

况,试样应符合 C.2.1.3。

C.2.2 试验表面的清洁度

在准备和处理试验时,应避免试验表面有任何玷污,例如被手汗玷污。应该只用钳子或无腐蚀性的材料(例如聚乙烯)制成的防护手套接触试验。

C.2.3 试样的数目

试验及确定基准值至少各取 5 个试样。如果结果有相当大的波动,推荐用 10 个或更多的试样。

C.3 试验装置

C.3.1 概述

有两种类型的装置

a) 用于试验 C.2.1.2、C.2.1.4 和 C.2.1.5 所述试样的小型装置;

b) 用于试验 C.2.1.3 和 C.2.1.4 所述试样的大型装置。

C.3.2 小型装置

将直径为 50 mm 被试材料的圆板如图 C.1 所示用不锈钢(或黄铜)螺栓通过圆板中心和不锈钢(或黄铜)端部垫圈安装好。贯穿螺栓用一不锈钢(或镀镍黄铜)框架平放固定。此框架也装有两排与螺栓平行的陶瓷支座绝缘子,每一排中的各个绝缘子之间相互隔开 6 mm。将磷青铜簧片水平的焊接到一排绝缘子上,这样对每一试样两条试验金属线(见 C.3.3)将与圆板的半个圆周相接触,两金属线相互间间距也为 6 mm,在对面的绝缘子上接上磷青铜簧片,其位置要与另一个绝缘子的焊接片位置对应。簧片的弹性在 0.5 N 负荷下至少要能偏转 3 mm。

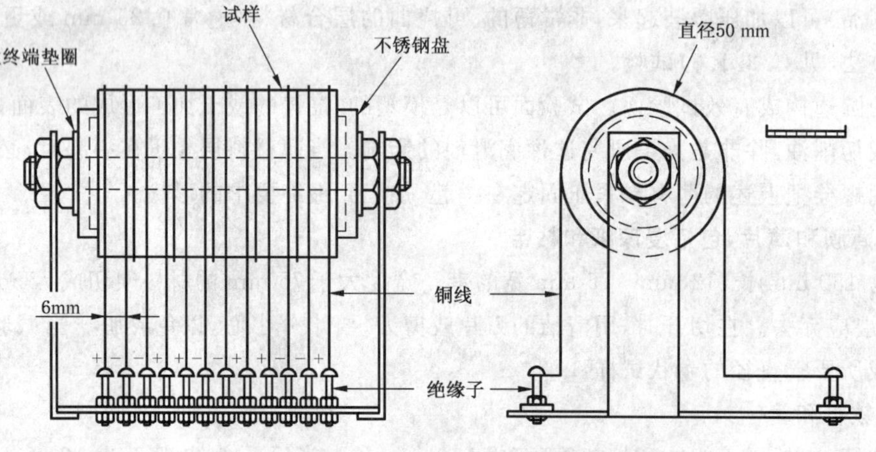

图 C.1 用于测定刚性绝缘材料电解腐蚀的试验装置

C.3.3 大型装置

放置柔性试样的装置(见图 C.2)包括了一个硼硅酸盐玻璃管,其长度约 330 mm,直径约为 90 mm,两端适当的固定到不锈钢(或镀镍黄铜)的框架上。框架把玻璃管支撑在水平位置,并且在框架下部两边平行于玻璃管轴安装了两条电工瓷绝缘板。焊接片(接头)和簧片如 C.3.2 所述连接到绝缘板上。

C.3.4 试验导线

试验中用直径 0.2 mm 精制电解裸铜导线经退火处理,切成长度约 380 mm 作为阳极和阴极,同时也用作测定未经过试验的铜导线的强度的试样,铜线必须平直,无扭折或其他缺陷。为了测试同一种材料,所用的铜线必须是从同一卷上切下来的。

C.3.5 装置和试验铜线的清洁

每次试验之前,试验装置必须清洁,并在安装试样之前把先前试验留下的任何腐蚀残余物清除掉。

金属部件去油污、用热水和蒸馏水彻底清洗，最后用尼龙织物布蘸纯净的甲醇仔细擦净，玻璃管用热水清洗，然后用蒸馏水冲洗再用干净的布擦干净。

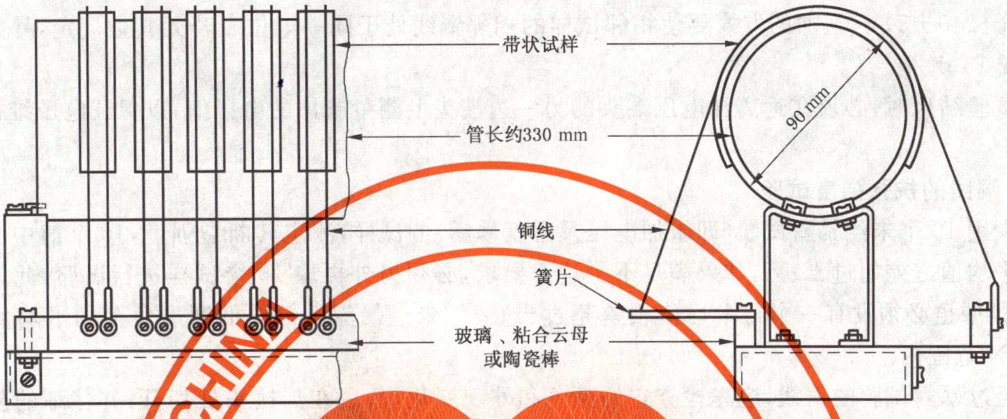

图 C.2　用于测定柔性绝缘材料的电解腐蚀装置

试验铜线如果沾了卷绕油，必须先用尼龙织物蘸低沸点纯净烃类溶剂(例如正己烷)擦拭以清除油污，试验最后用干净的尼龙织物蘸纯净的甲醇擦干净。

C.3.6　张力试验设备

测定试验铜线的抗张强度，使用测金属线的标准抗张强度试验机。最好选用有恒定移动速度的、总负荷能力大约 10 N 的、读数准确度至少为 0.05 N 的试验机。在每次试验时，拉力机移动速度必须保持不变，大约 125 mm/min。

C.3.7　试验条件

试验在一个条件处理的箱体内进行，推荐三种处理条件用于电解腐蚀试验。各材料规范应说明采用下述三种条件中的哪一种及试样在这种条件下的暴露时间。

推荐的三种处理条件如下：

温度：		相对湿度：	
	(22±2)℃		(93±2)%
	(40±2)℃		(93±2)%
	(55±0.5)℃		(93±1)%

当放入试样时，试样温度应比箱温度高一些，防止表面凝露，通常比箱体内的温度高 5 ℃左右是合适的。

C.3.8　电源

用(240±5)V 直流电源，例如干电池。每一试样串接一个 4 700 Ω 的电阻器以限制短路电流。

C.4　试验程序

C.4.1　试样安装

刚性试样用贯穿螺栓和端部垫圈紧固在一起，装于试验框架中，组成一长 75 mm 的棒。

柔性试样环绕并紧贴于玻璃管的上半面。试样的终端用小片压敏粘带固定在玻璃管上。此压敏粘带应是已知不会引起电解腐蚀的。如果试样两面有不同的特性，则必须在两面分别进行试验。

C.4.2　铜线的装配

每一段试验铜线只能用松香焊剂焊接到相应的焊接片上，剩余的焊剂必须用甲醇清除。当铜线位于试样表面时，用一合适的拉力计在试验铜线上施加约 0.5 N 的张力，然后将试验铜线的另一端焊接到簧片上，簧片已弯曲，这样在线上可持有 0.5 N 的张力。第一根铜线固定好后，第二根铜线以同样的方式张紧并位于试样上，使两根铜线在与试样接触的整个长度上相互平行且彼此均匀间隔 6 mm。用合适的定位片在铜线定位时作一些略微调整，但必须十分小心，以免导线玷污及机械损伤。

C.4.3 施加电压和湿度暴露

试验装置先加热到比箱体内温度约高 5 ℃(见 C.3.7)，再放入条件处理箱内。然后在端头上施加试验电压(240±5)V，施加的方式要使相邻试样的相邻铜线处于同一电位。若无其他规定，暴露周期应为 4 d 或 15 d。

在试验结束时，必须在远离加电压端头的另一边端头上测量施加的电压值，以保证电压维持在规定的范围内。

C.4.4 铜线的抗张强度试验

至少用 10 个未经暴露试验(即未加电压及湿度暴露)的试样，测定其断裂强度，10 个值中应该没有一个与平均值之差超过±1%，如果满足不了这个要求，必须另外再取 10 个试样进行试验，此第二组的 10 个试样中也必须没有一个与平均值相差超过±1%。未经暴露的铜线的断裂负荷的平均值必须在 8 N～9 N 范围内。

对经过暴露试验的铜线，应先检查它的颜色和外观变化，然后在焊接头处切开，并仔细的从试验装置上移出来。对正极上的铜线，应仔细检查凹痕或其他腐蚀迹象，然后用与未经暴露试验的铜线一样的方法测定其抗张强度。

同时也应检查试样本身的变色情况，要注意这种变色究竟是一条连续的线还是仅仅为一些斑点。

注：测量负极铜线的抗张强度是一个有用的校核，其减小值不应超过未经暴露铜线的 0.5%。

C.5 评定

受试材料的易腐蚀性按下式计算：

易腐蚀系数

$$K=\frac{F_0-F_1}{F_0}\times 100$$

式中：

F_0——未经暴露试验的铜线抗张强度平均值；

F_1——经过加压和湿度暴露后测得正极铜线的抗张强度。

由此可确定易腐蚀系数的中值。

C.6 试验报告

试验报告应至少包括下列内容：

——产品名称；

——产品类型；

——试样形状，圆柱状板或柔软薄片；

——试样厚度，若试样为几层叠制的，在试样中所用的层数；

——与本推荐标准中所述的条件或程序不同之点；

——试验结束时，试样和试验铜线的目测外观；

——正极铜线的凹痕程度；

——未经暴露试验的试验铜线抗张强度的各个值和中值；

——张力试验时的夹头分离速度；

——计算易腐蚀系数的各个值和中值；

——特殊或附加的说明；

——试验日期。

ICS 71.040.10
N 61

中华人民共和国国家标准

GB/T 10589—2008
代替 GB/T 10589—1989

低温试验箱技术条件

Specifications for low temperature test chambers

2008-06-30 发布　　2009-01-01 实施

中华人民共和国国家质量监督检验检疫总局
中国国家标准化管理委员会　发布

前　言

本标准是“环境试验设备技术条件”系列标准之一。该系列标准由以下几项标准组成：

——GB/T 10586—2006　湿热试验箱技术条件

——GB/T 10587—2006　盐雾试验箱技术条件

——GB/T 10588—2006　长霉试验箱技术条件

——GB/T 10589—2008　低温试验箱技术条件

——GB/T 10590—2006　高低温/低气压试验箱技术条件

——GB/T 10591—2006　高温/低气压试验箱技术条件

——GB/T 10592—2008　高低温试验箱技术条件

——GB/T 11158—2008　高温试验箱技术条件

——GB/T 11159—2008　低气压试验箱技术条件

本标准代替 GB/T 10589—1989《低温试验箱技术条件》。

本标准与 GB/T 10589—1989 的主要变化如下：

——增加了“术语和定义”一章，内容采用 IEC 60068-3-5 的相关部分；

——按 IEC 60068-3-5 的温度波动度的概念，温度波动度指标改为 1 ℃（见表 1）；

——按 IEC 60068-3-5 的温度数据记录要求，改为每分钟记录一次数据（见 6.3）；

——按 IEC 60068-3-5 的升降温速率测试方法修改了升降温速率测试方法（见 6.5）；

——使用环境条件中扩大了大气压的范围（见 4.1）；

——修改了风速要求（见表 1）；

——修改了安全保护要求，增加了电绝缘强度的要求（见 5.3）；

——增加了升降温速率等级（见表 1）；

——测试条件改在空载条件下进行（见 6.2）；

——增加了温度偏差测量不确定度评定方法及其应用的信息（见附录 B）。

本标准的附录 A 和附录 B 为资料性附录。

本标准由中国机械工业联合会提出。

本标准由机械工业实验室仪器及设备标准化技术委员会归口。

本标准负责起草单位：无锡苏南试验设备有限公司、重庆四达试验设备有限公司、上海爱斯佩克环境设备有限公司、成都天宇试验设备有限公司、湖南省计量检测研究院、信息产业部电子第五研究所、机械工业仪器仪表综合技术经济研究所。

本标准主要起草人：倪一明、陈云生、夏亦芬、金旭宾、冯晓升、李庆先、邹苏阳、马林、金丽辉、熊知明。

本标准所代替标准的历次版本发布情况为：

——GB/T 10589—1989。

低温试验箱技术条件

1 范围

本标准规定了低温试验箱(简称“试验箱”)相关的术语和定义、使用条件、技术要求、试验方法、检验规则以及标志、包装、贮存。

本标准适用于对电工、电子及其他产品、零部件、材料进行低温试验的试验箱。

2 规范性引用文件

下列文件中的条款通过本标准的引用而成为本标准的条款。凡是注日期的引用文件,其随后所有的修改单(不包括勘误的内容)或修订版均不适用于本标准,然而,鼓励根据本标准达成协议的各方研究是否可使用这些文件的最新版本。凡是不注日期的引用文件,其最新版本适用于本标准。

GB/T 191—2008 包装储运图示标志(ISO 780:1997,MOD)

GB 14048.1—2006 低压开关设备和控制设备 第1部分:总则(IEC 60947-1:2001,MOD)

JB/T 9512—1999 气候环境试验设备与试验箱 噪声声功率级的测定

JJF 1059—1999 测量不确定度评定与表示

3 术语和定义

下列术语和定义适用于本标准。

3.1

试验箱 test chamber

其中某部分能满足规定试验条件的密闭的箱体和空间。

3.2

温度设定值 temperature setpoint

用试验箱控制装置设定的期望温度。

3.3

实际温度 achieved temperature

稳定后,试验箱工作空间内任意一点的温度。

3.4

温度稳定 temperature stabilization

工作空间内所有点的温度均达到温度设定值并维持在规定的容差范围内。

3.5

温度波动度 temperature fluctuation

稳定后,在规定的任意时间间隔内,工作空间内任一点的最高和最低温度之差。

3.6

工作空间 working space

试验箱内能将规定的条件维持在规定容差范围内的部分。

3.7

温度梯度 temperature gradient

稳定后,在任意时间间隔内,工作空间内任意两点的温度平均值之差的最大值。

3.8

温度变化速率 temperature rate of change

在工作空间中心测得的两个给定温度之间的转变率,以℃/min为单位。

3.9

温度偏差 temperature variation

稳定后,在任意时间间隔内,工作空间中心温度的平均值和工作空间内其他点的温度的平均值之差。

3.10

极限温度 temperature extremes

稳定后,工作空间内所达到的最高和最低温度。

4 使用条件

4.1 环境条件

a) 温度 5 ℃～35 ℃;

b) 相对湿度:不大于 85%RH;

c) 大气压 80 kPa～106 kPa;

d) 周围无强烈振动;

e) 无阳光直接照射或其他热源直接辐射;

f) 周围无强烈气流:当周围空气需强制流动时,气流不应直接吹到箱体上;

g) 周围无强电磁场影响;

h) 周围无高浓度粉尘及腐蚀性物质。

4.2 供电条件

a) 交流电压:220 V±22 V 或 380 V±38 V;

b) 频率:50 Hz±0.5 Hz。

4.3 供水条件

可使用满足下列条件的自来水或循环水:

a) 水温:不高于 30 ℃;

b) 水压:0.1 MPa～0.3 MPa;

c) 水质:符合工业用水标准。

4.4 负载条件

试验箱的负载应同时满足下列条件:

a) 负载的总质量在每立方米工作室容积内放置不超过 80 kg;

b) 负载的总体积不大于工作室容积的 1/5;

c) 在垂直于主导风向的任意截面上,负载面积之和应不大于该处工作室截面积的 1/3,负载置放时不可阻塞气流的流动。

5 技术要求

5.1 产品性能

试验箱性能项目及指标见表 1。

表 1 试验箱性能项目及指标

序 号	性能项目	单 位	规 定 值
1	温度等级	℃	+5、−5、−10、−25、−40、−55、−65
2	温度偏差	℃	±2
3	温度梯度	℃	≤2

表 1（续）

序　号	性能项目	单　位	规　定　值
4	温度波动度	℃	≤1
5	设定值与中心温度平均值之差	℃	±2
6	工作室内壁温度与工作空间温度之差	K	应不高于试验箱温度的 8%。
7	升降温速率[a]	℃/min	≤1、(1±0.2)、(3±0.6)、(5±1)或规定最快升温或降温时间
8	风速[b]	m/s	≤1.7 或可调

[a] 由制造商在产品技术文件中规定最快升温或降温时间。
[b] 由制造商在产品技术文件中规定风速。

5.2　产品结构及外观要求

5.2.1　试验箱内壁应使用耐热不易氧化、耐腐蚀和具有一定机械强度的材料制造。应无影响试验的污染源。

5.2.2　保温材料应具有阻燃性能。保温层应有足够的厚度，能保证试验箱在低温试验及环境温度为 5 ℃～35 ℃、相对湿度≤85%时不应有凝露现象。

5.2.3　加热和制冷器件的热量和冷量不应直接辐射在试验样品上。

5.2.4　工作室应设有观察窗和照明装置。

5.2.5　箱门应密封良好，密封条应有良好的抗高温老化、耐低温硬化性能。

5.2.6　制冷系统不应有漏气、漏水、漏油缺陷。

5.2.7　应有放置或悬挂试验样品的样品架。样品架应有足够的耐低温性能。

5.2.8　应设有引线孔。

5.2.9　外观涂镀层应平整光滑、色泽均匀，不得有露底、起泡、起层或擦伤痕迹。

5.3　安全和环境保护要求

5.3.1　电源接线端子对箱体金属外壳之间

——绝缘电阻值应满足：冷态电阻≥2 MΩ 以上，热态电阻≥1 MΩ；

——应能承受 50 Hz 、1 500 V 交流电压，施压时间为 5 s 的耐电压试验。

5.3.2　保护接地端子应与试验箱外壳有良好的电气联接并能方便牢固地接线，应符合 GB 14048.1—2006 的 7.1.9 的规定。

5.3.3　应有超温、过电流、缺水等保护及报警装置。

5.3.4　整机噪声的 A 计权声功率级不应大于 80 dB。

6　试验方法

6.1　主要测试仪器与装置

6.1.1　风速仪

感应量应不低于 0.05 m/s 的风速仪。

6.1.2　温度计

采用铂电阻、热电偶或其他类似温度传感器组成的并满足下列要求的测温系统：

传感器时间常数：20 s～40 s。

测温系统的扩展不确定度($k=2$)：不大于 0.4 ℃。

6.1.3　表面温度计

采用铂电阻或其他类似传感器组成并满足下列要求的测量系统：

传感器时间常数:20 s～40 s。

测温系统扩展不确定度($k=2$):不大于 1.0 ℃。

6.2 测试条件

6.2.1 测试条件应满足 4.1、4.2 和 4.3 的要求。

6.2.2 测试在空载条件下进行。

6.2.3 进行降温速率试验时,环境温度应不高于 25 ℃,冷却水温度应不高于 30 ℃。

6.3 温度测试方法

6.3.1 测试点的位置及数量

6.3.1.1 在试验箱工作室内定出上、中、下三个水平测试面,简称上、中、下层。上层与工作室的顶面的距离是工作室高度的 1/10,中层通过工作室几何中心,下层在最低层样品架上方 10 mm 处。

注:工作室具有斜顶或尖顶时,顶面为通过斜面与垂直壁面交线的假想水平面。

6.3.1.2 测试点位于三个测试面上,中心测试点位于工作室几何中心,其余测试点到工作室壁的距离为各自边长的 1/10(图 1)。但对工作室容积不大于 1 m^3 的试验箱,该距离不小于 50 mm。

6.3.1.3 测试点的数量与工作室容积大小的关系为:

a) 工作室容积不大于 2 m^3 时,测试点为 9 个,布放位置如图 1 所示。

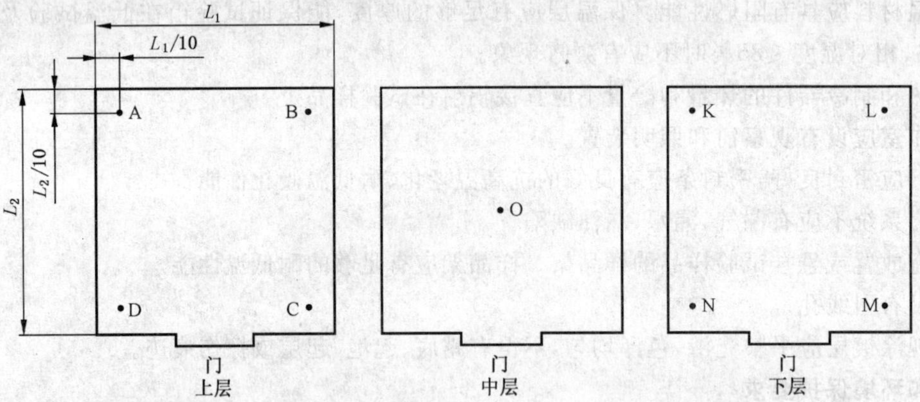

A,B,…,M,N——温度测试点

图 1

b) 工作室容积大于 2 m^3 时,测试点为 15 个,布放位置如图 2 所示。

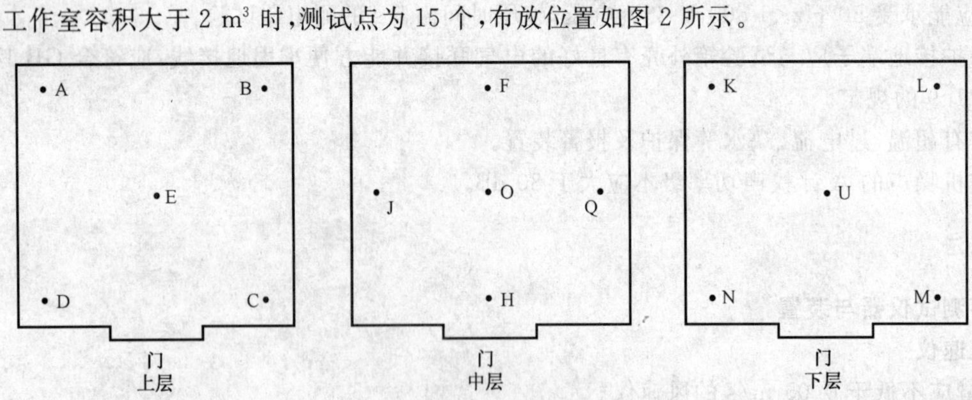

A,B,…,N,U——温度测试点

图 2

c) 当工作室容积大于 50 m^3 时,应适当增加温度测试点的数量。

6.3.2 测试程序

6.3.2.1 在试验箱温度可调范围内,选取最高标称温度和最低标称温度。

6.3.2.2 使试验箱按先低温后高温的程序运行。在工作空间中心点的温度达到测试温度并稳定 2 h

后，在 30 min 内每 1 min 测试所有测试点的温度 1 次，共测 30 次。

6.3.3 **数据处理和试验结果**

6.3.3.1 对测得的温度数据，按测试仪表的修正值进行修正。

6.3.3.2 剔除可疑数据(参考附录 A)。

6.3.3.3 对在温度恒定阶段测得的数据(即 6.3.2.2 测得的数据)，按式(1)计算每点 30 次测得值的平均温度：

$$\overline{T} = \frac{1}{n}\sum_{i=1}^{n} T_i \quad \cdots\cdots (1)$$

式中：

$\overline{T}$——温度平均值，单位为摄氏度(℃)；

T_i——第 i 次测试值，单位为摄氏度(℃)；

n——测量次数。

6.3.3.4 按式(2)计算温度梯度：

$$\Delta T_j = \overline{T}_h - \overline{T}_L \quad \cdots\cdots (2)$$

式中：

ΔT_j——温度梯度，单位为摄氏度(℃)；

$\overline{T}_h$——温度平均值的最大值，单位为摄氏度(℃)；

$\overline{T}_L$——温度平均值的最小值，单位为摄氏度(℃)。

6.3.3.5 按式(3)计算温度波动度：

$$\Delta T_b = T_{ih} - T_{iL} \quad \cdots\cdots (3)$$

式中：

ΔT_b——温度波动度，单位为摄氏度(℃)；

T_{ih}——工作空间第 i 点的最高温度值，单位为摄氏度(℃)；

T_{iL}——工作空间第 i 点的最低温度值，单位为摄氏度(℃)。

6.3.3.6 按式(4)计算温度偏差：

$$\Delta T_i = \overline{T_i} - \overline{T_0} \quad \cdots\cdots (4)$$

式中：

ΔT_i——温度偏差，单位为摄氏度(℃)；

$\overline{T_0}$——工作空间中心点的温度平均值，单位为摄氏度(℃)；

$\overline{T_i}$——工作空间其他点的温度平均值，单位为摄氏度(℃)。

6.3.3.7 按式(5)计算设定值与中心温度平均值之差：

$$\Delta T_s = T_s - \overline{T_0} \quad \cdots\cdots (5)$$

式中：

ΔT_s——设定值与中心温度平均值之差，单位为摄氏度(℃)；

$\overline{T_0}$——工作空间中心点的温度平均值，单位为摄氏度(℃)；

T_s——温度设定值，单位为摄氏度(℃)。

6.3.3.8 以上计算结果均应符合表 1 的规定。

6.3.3.9 根据实际需要，评定测量结果的不确定度(参考附录 B)。

6.4 **工作室内壁与工作空间的温度差的测试方法**

6.4.1 **测试点布放位置及数量**

6.4.1.1 在工作空间几何中心布放 1 个温度传感器，在工作室六面内壁几何中心各布放 1 个表面温度传感器。

6.4.1.2 若工作室内壁中心有引线孔或其他装置，则测试点与孔壁或其他装置的距离应不小于 100 mm。

6.4.2 测试程序

6.4.2.1 在试验箱温度可调范围内，选用最高标称温度和最低标称温度为测试温度。

6.4.2.2 在工作空间几何中心点的温度第一次达到测试温度并稳定 2 h，每隔 2 min 测试所有测试点的温度值 1 次，共测 5 次。

6.4.3 试验结果的计算与评定

6.4.3.1 将测得的温度值按测试仪表的修正值修正。

6.4.3.2 分别计算各测试点温度的算术平均值。

6.4.3.3 将工作室内壁温度与工作空间几何中心测试点温度的平均值代入式(6)：

$$A = \frac{|\overline{T_n} - \overline{T_0}|}{\overline{T_0}} \times 100\% \qquad \cdots\cdots(6)$$

式中：

A——工作室内壁与工作室热力学温度之差的百分比；

$\overline{T_n}$——工作室内壁测试点的平均热力学温度，单位为开尔文(K)；

$\overline{T_0}$——工作空间几何中心测试点的平均热力学温度，单位为开尔文(K)。

其结果应符合表 1 的有关规定。

6.5 升、降温速率测试方法

6.5.1 测试点

测试点为工作空间几何中心点。

6.5.2 测试程序

6.5.2.1 在试验箱温度可调范围内，选取最低温度设定值为最低规定温度，最高温度设定值为最高规定温度。

6.5.2.2 开启冷源，使试验箱在最高规定温度下，稳定 2 h，再调至最低规定温度，检测试验箱温度从温度范围的 90%降到 10%的时间。

6.5.2.3 在升温或降温过程每 1 min 记录温度值一次。

6.5.3 试验结果的计算与评定

6.5.3.1 将测得的温度值按测试仪表的修正值修正。

6.5.3.2 按式(7)计算降温平均速率：

$$\overline{V}_T = \frac{0.8 \times (T_2 - T_1)}{t} \qquad \cdots\cdots(7)$$

式中：

$\overline{V}_T$——升降温平均速率，单位为摄氏度每分钟(℃/min)；

T_1——最低规定温度，单位为摄氏度(℃)；

T_2——最高规定温度，单位为摄氏度(℃)；

t——从温度范围的 10%升到 90%的升温时间，从温度范围的 90%降到 10%的降温时间，单位为分钟(min)。

6.5.3.3 温度按规定温度速率变化的试验箱，在 T_1 到 T_2 的温度范围的 10%到 90%的区间内，每 5 min 的温度变化率按式(8)计算：

$$V_T = \frac{|\Delta T|}{5} \qquad \cdots\cdots(8)$$

式中：

V_T——温度变化速率，单位为摄氏度每分钟(℃/min)；

ΔT——每 5 min 的温度变化值，单位为摄氏度(℃)。

6.5.3.4 其结果应符合表 1 的规定。

6.6 风速测试方法

6.6.1 测试条件

本测试在空载和室温条件下进行。

6.6.2 测试点数量及位置

测试点的数量及位置与6.3.1相同。

6.6.3 测试程序

6.6.3.1 将细棉纱线或其他轻飘物体悬挂于测试点,关闭箱门开启风机,找出各测试点的主导风向。

6.6.3.2 将风速仪置于测试点,关闭箱门后测出各测试点主导风向的风速值。

6.6.4 试验结果的计算与评定

6.6.4.1 将测得的风速值按风速仪的修正值修正。

6.6.4.2 按式(9)计算所有测试点风速的平均值:

$$V=(V_A+V_B+\cdots+V_M)/n \quad \cdots\cdots(9)$$

式中:

V——试验箱风速,单位为米每秒(m/s);

$V_A,\cdots,V_M$——测量点的风速,单位为米每秒(m/s);

n——测量点的数量。

计算结果应符合表1的规定。

6.7 保温性能测试方法

试验箱在最低工作温度稳定2 h后观察外表面的情况。以上结果应符合5.2.2的要求(观察窗框架、引线孔及门框边100 mm范围除外)。

6.8 箱门密封性能测试方法

6.8.1 本标准6.3~6.9的试验开始前及全部结束后各检查一次。

6.8.2 将厚0.1 mm、宽50 mm、长200 mm的纸条垂直地放在门框和箱门密封条之间的任一部位,关闭箱门后,用手轻拉纸条,如不能自由滑动,即符合5.2.5的要求。

6.9 制冷系统密封性能测试方法

用卤素灯或其他方式检查制冷系统管道各接头应无泄漏迹象。

6.10 安全保护性能测试方法

6.10.1 电绝缘及接线端子的测试

6.10.1.1 电源接线端子对箱体金属外壳之间的耐压试验,采用5 kV耐压测试仪,在6.3试验前进行,其结果应符合5.3.1的要求。

6.10.1.2 绝缘电阻及保护性接地端子的测试,采用500 V准确度为1.0级绝缘电阻测量仪,在6.3试验前后各进行一次,其结果均应符合5.3.1和5.3.2的要求。

6.10.2 安全保护装置的测试

6.10.2.1 在试验箱温度可调范围内,按表1的温度范围中任选3个温度作为试验温度。

6.10.2.2 将超温保护及报警温度设定为测试温度,当工作空间的温度到达设定温度时超温保护装置应动作并同时发出报警信号,即符合5.3.3的要求,本试验应连续进行三次。

6.10.2.3 目视检查是否有过电流、缺水等保护及报警装置。在试验过程中,如报警及保护装置每次均动作即符合要求。

6.11 噪声测试方法

见JB/T 9512—1999。其结果应符合5.3.4。

6.12 外观质量测试方法

测试方法为目测,应在6.3~6.11规定的试验前和试验后各检查一次。外观涂镀层应符合5.2.9规定。

7 检验规则

7.1 检验类型

试验箱的检验分型式检验和出厂检验两类。

7.2 检验项目

型式检验和出厂检验的项目见表 2。

7.3 型式检验

7.3.1 应进行型式检验的情形

a) 新产品试制定型鉴定；

b) 正式生产的产品在结构、材料、工艺、生产设备和管理等方面有较大改变，可能影响产品性能时；

c) 国家质量监督检验机构进行质量监督检验时；

d) 出厂试验结果与上次型式试验结果有较大差异时；

e) 产品停产一年以上再生产时；

f) 产品批量生产时，每两年至少一次的定期抽检。

表 2 检验项目

<table>
<tr><th>序号</th><th>检验项目</th><th>技术要求章条号</th><th>试验方法章条号</th><th>型式试验</th><th>出厂检验</th></tr>
<tr><td>1</td><td>外观质量</td><td>5.2.9</td><td>6.12</td><td>○</td><td>○</td></tr>
<tr><td>2</td><td>制冷系统密封性</td><td>5.2.6</td><td>6.9</td><td>○</td><td>○</td></tr>
<tr><td>3</td><td>箱门密封性能</td><td>5.2.5</td><td>6.8</td><td>○</td><td>○</td></tr>
<tr><td>4</td><td>噪声</td><td>5.3.4</td><td>6.11</td><td>○</td><td>—</td></tr>
<tr><td>5</td><td>安全性能</td><td>5.3.1～5.3.3</td><td>6.10</td><td>○</td><td>○</td></tr>
<tr><td>6</td><td>保温性能</td><td>5.2.2</td><td>6.7</td><td>○</td><td>○</td></tr>
<tr><td>7</td><td>温度偏差</td><td>表 1 序号 2</td><td rowspan="4">6.3</td><td rowspan="4">○</td><td rowspan="4">○</td></tr>
<tr><td>8</td><td>温度梯度</td><td>表 1 序号 3</td></tr>
<tr><td>9</td><td>温度波动度</td><td>表 1 序号 4</td></tr>
<tr><td>10</td><td>设定值与中心温度平均值之差</td><td>表 1 序号 5</td></tr>
<tr><td>11</td><td>内壁与工作空间温差</td><td>表 1 序号 6</td><td>6.4</td><td>○</td><td>—</td></tr>
<tr><td>12</td><td>升降温速率或时间</td><td>表 1 序号 7</td><td>6.5</td><td>○</td><td>○</td></tr>
<tr><td>13</td><td>风速</td><td>表 1 序号 8</td><td>6.6</td><td>○</td><td>—</td></tr>
<tr><td colspan="6">注：有“○”者为应检验项目。</td></tr>
</table>

7.3.2 抽样及判定规则

7.3.2.1 成批生产的试验箱，批量在 20 台以上时，抽检 2 台；不足 20 台时，抽检 1 台。

7.3.2.2 抽检样品的型式检验项目应全部合格，否则，对不合格项目加倍抽检。第二次抽检合格时，仅将第一次抽检不合格项目返修，检验合格后允许出厂；如第二次抽检样品中仍有 1 台不合格，则判该批产品不合格，如第二次抽检样品全部合格，则判该批产品合格。

7.4 出厂检验

7.4.1 检验部门

出厂检验由制造厂质量检验部门负责。

7.4.2 检验条件

本检验在空载条件下进行。

7.4.3 **检验项目及检验方法**

7.4.3.1 检验项目及检验方法见表2。

7.4.3.2 除温度梯度及温度偏差采用抽样检验外，其他项目应逐台进行检验，检验项目均应合格。

7.4.4 **抽样及评定规则**

7.4.4.1 温度梯度及温度偏差的出厂抽检量按产品批量的10%计算，但不得少于2台。

7.4.4.2 检验项目应全部合格，如有1台不合格，应加倍抽检；第二次抽检合格时，仅将第一次抽样不合格产品返修，检验合格后允许出厂，如第二次抽检仍有1台不合格，则应对该批产品逐台检验。

8 标志、包装、贮存

8.1 标志

8.1.1 试验箱的铭牌，字迹应清晰耐久，固定牢靠。

8.1.2 产品铭牌的内容应包括：

a) 产品型号、名称；

b) 温度范围；

c) 电源电压、频率及总功率；

d) 制造日期或制造批号；

e) 制造单位名称。

8.2 包装

8.2.1 包装箱的文字及标志应符合GB/T 191—2008的规定。

8.2.2 包装箱应牢固可靠。

8.2.3 包装箱应防雨淋、防潮气聚集。

8.2.4 试验箱的附件、备件和专用工具应单独包装，牢靠的固定在包装箱内。

8.2.5 试验箱的技术文件如装箱清单、产品使用说明书、产品合格证等应密封防潮，固定在包装箱内明显的地方。

8.3 贮存

8.3.1 包装完备的试验箱应贮存在通风良好无腐蚀性气体及化学药品的库房内。

8.3.2 贮存期长达一年以上者，出厂前应重新进行出厂检验，合格后方能出厂。

附 录 A
（资料性附录）
可疑数据判别方法

A.1 对一组修正后的测试数据的某个极大或极小值有怀疑时，应利用专业知识找出原因，在未判明它是否合理前，既不要轻易保留，也不要随意剔除，可用下述方法判别，决定取舍。

A.2 利用式(1)、式(A.1)算出数据的平均值及单次测得值的标准偏差：

$$S(T_i)=\sqrt{\frac{\sum_{i=1}^{n}(T_i-\overline{T})^2}{n-1}} \qquad \cdots\cdots(A.1)$$

式中：

T_i——第 i 次测量值，单位为摄氏度(℃)；

$\overline{T}$——温度平均值，单位为摄氏度(℃)；

$S(T_i)$——单次测得值的标准偏差，单位为摄氏度(℃)；

n——测量次数。

A.3 求格拉布斯准则计算统计量：

$$G(n)=(T_{(n)}-\overline{T})/S(T_i) \qquad \cdots\cdots(A.2)$$

式中：$T_{(n)}$——测量数据的极大值或极小值，单位为摄氏度(℃)。

A.4 对于本标准，取显著水平 $\alpha=0.01$，临界值 $G_{99}(n)$ 为：

当 $n=30$ 时，$G_{99}(n)=3.103$；

$n=29$ 时，$G_{99}(n)=3.085$；

$n=28$ 时，$G_{99}(n)=3.068$；

$n=27$ 时，$G_{99}(n)=3.049$。

当 $|G(n)|>G_{99}(n)$ 时，则舍去该 $T_{(n)}$ 值，并重新按式(1)、式(A.1)和式(A.2)计算剩下数值的平均值及标准偏差和 $G(n)$，按本法检验直到无可疑数据为止。

附 录 B
（资料性附录）
温度偏差的测量不确定度评定

B.1 温度偏差的测量不确定度评定依据为 JJF 1059—1999。

B.2 温度偏差的测量不确定度评定的主要流程如下：

a) 建立数学模型，确定被测量 Y 与输入量 $X_1,\cdots,X_n$ 的关系；

b) 求最佳值，由 X_i 的最佳值 x_i 求得 Y 的最佳值 y；

c) 列出测量不确定度来源；

d) 标准不确定度分量评定：A 类评定和 B 类评定；

e) 计算合成标准不确定度；

f) 评定扩展不确定度；

g) 不确定度报告。

B.3 温度偏差的测量不确定度评定的主要步骤如下：

a) 根据温度偏差的定义，其测量过程的数学模型为式(4)。

b) 求最佳值

T_i的最佳值为工作空间其他点在 30 min 内的温度测量值的算术平均值$\overline{T_i}$，T_0 的最佳值为工作空间中心点在 30 min 内的温度测量值的算术平均值$\overline{T_0}$，均按式(1)计算。

因此，温度偏差的最佳值 ΔT_i就是式(4)。

c) 列出测量不确定度来源

温度偏差的测量不确定度主要来源有：

- 由于各种随机因素影响，工作空间其他点在 30 min 内的温度测量值数据不重复引入的标准不确定度 u_1；
- 测试工作空间其他点的温度时，由于测温系统的不准确引入的标准不确定度 u_2；
- 由于各种随机因素影响，工作空间中心点在 30 min 内的温度测量值数据不重复引入的标准不确定度 u_3；
- 测试工作空间中心点的温度时，由于测温系统的不准确引入的标准不确定度 u_4。

d) 标准不确定度分量评定

- 根据实测数据按 A 类评定，工作空间其他点在 30 min 内的温度测量值的算术平均值 T_i 的实验标准差就是标准不确定度 u_1；工作空间中心点在 30 min 内的温度测量值的算术平均值 T_0 的实验标准差就是标准不确定度 u_3；均按式(A.1)和式(B.1)计算：

$$S(\overline{T}) = \frac{S(T_i)}{\sqrt{n}} \qquad \cdots\cdots\cdots(\text{B.1})$$

- 标准不确定度 u_2应是测温系统测试工作空间其他点温度时的合成标准不确定度，标准不确定度 u_4应是测温系统测试工作空间中心点温度时的合成标准不确定度。

其中，标准不确定度分量 u_1、u_2、u_3 和 u_4 互不相关，不确定度传播律式(B.2)为：

$$u_c^2 = u_1^2 + u_2^2 + u_3^2 + u_4^2 \qquad \cdots\cdots\cdots(\text{B.2})$$

e) 计算合成标准不确定度 u_c，见式(B.3)

$$u_c = \sqrt{u_1^2 + u_2^2 + u_3^2 + u_4^2} \qquad \cdots\cdots\cdots(\text{B.3})$$

f) 评定扩展不确定度 U

按置信水平 $P=0.95$，取包含因子 $k=2$，扩展不确定度式(B.4)为

$$U = 2 \times u_c \qquad \cdots\cdots(B.4)$$

g) 不确定度报告

温度偏差的测量不确定度可用如式(B.5)形式表示：

$$\Delta T_i = \overline{T_i} - \overline{T}_0 \pm U \qquad \cdots\cdots(B.5)$$

例如：上偏差 $\Delta T_{max}=(1.0\pm0.3)$℃，$k=2$；

下偏差 $\Delta T_{min}=(-1.5\pm0.2)$℃，$k=2$。

h) 如果温度偏差的测量不确定度为最大温度偏差值的1/10～1/3时，测量不确定度对判定测试结论的影响可忽略不计。若计算出的温度偏差合格，则说明试验箱的该项技术指标满足要求。

B.4 试验箱其他技术性能的测量不确定度评定亦可参照上述方法进行。

ICS 19.040
N 04

GB

中华人民共和国国家标准

GB/T 10592—2008
代替 GB/T 10592—1989

STANDARDS PRESS OF CHINA

高低温试验箱技术条件

Specifications for low/high temperature test chambers

2008-04-11 发布 2008-11-01 实施

中华人民共和国国家质量监督检验检疫总局
中国国家标准化管理委员会 发布

前言

本标准是"环境试验设备技术条件"系列标准之一。该系列由以下几项标准组成：

——GB/T 10586—2006　湿热试验箱技术条件；

——GB/T 10587—2006　盐雾试验箱技术条件；

——GB/T 10588—2006　长霉试验箱技术条件；

——GB/T 10589—2008　低温试验箱技术条件；

——GB/T 10590—2006　高低温/低气压试验箱技术条件；

——GB/T 10591—2006　高温/低气压试验箱技术条件；

——GB/T 10592—2008　高低温试验箱技术条件；

——GB/T 11158—2008　高温试验箱技术条件；

——GB/T 11159—2008　低气压试验箱技术条件。

本标准代替 GB/T 10592—1989《高低温试验箱技术条件》。

本标准与 GB/T 10592—1989 的主要变化如下：

——增加了"术语和定义"一章，内容采用 IEC 60068-3-5 的相关部分；

——按 IEC 60068-3-5 的温度波动度的概念，温度波动度指标改为 1℃(见 5.1)；

——按 IEC 60068-3-5 的温度数据记录要求，改为每分钟记录一次数据(见 6.3)；

——按 IEC 60068-3-5 的升降温速率测试方法修改了升、降温速率测试方法(见 6.5)；

——扩大了使用环境条件中大气压的范围(见 4.1)；

——修改了风速要求(见表 1)；

——修改了安全保护要求，增加了电绝缘强度的要求(见 5.3)；

——增加了升降温速率等级(见表 1)；

——试验条件改在空载条件下进行(见 6.2)；

——增加了温度偏差测量不确定度评定方法及其应用的信息(见附录 B)。

本标准的附录 A 和附录 B 为资料性附录。

本标准由中国机械工业联合会提出。

本标准由机械工业仪器仪表综合技术经济研究所归口。

本标准负责起草单位：重庆银河试验仪器有限公司、上海实验仪器厂有限公司、信息产业部电子第五研究所、上海爱斯佩克环境设备有限公司。

本标准参加起草单位：重庆万达仪器有限公司、成都天宇试验设备有限公司和无锡苏南试验设备有限公司。

本标准主要起草人：王华斌、冯明康、赖文光、陆礼明、陈云生、蒯正心、倪一明、许清禄。

本标准所代替标准的历次版本发布情况为：

——GB/T 10592—1989。

高低温试验箱技术条件

1 范围

本标准规定了高低温试验箱(简称“试验箱”)相关的术语和定义、使用条件、技术要求、试验方法、检验规则以及标志、包装、贮存。

本标准适用于对电工、电子及其他产品、零部件、材料进行高温或低温试验,以及高低温循环试验的试验箱。

2 规范性引用文件

下列文件中的条款通过本标准的引用而成为本标准的条款。凡是注日期的引用文件,其随后所有的修改单(不包括勘误的内容)或修订版均不适用于本标准,然而,鼓励根据本标准达成协议的各方研究是否可使用这些文件的最新版本。凡是不注日期的引用文件,其最新版本适用于本标准。

GB/T 191—2000 包装储运图示标志(eqv ISO 780:1997)

GB/T 14048.1—2000 低压开关设备和控制设备 总则(eqv IEC 60947-1:1999)

JB/T 9512—1999 气候环境试验设备与试验箱 噪声声功率级的测定

JJF 1059—1999 测量不确定度评定与表示

3 术语和定义

下列术语和定义适用于本标准。

3.1

试验箱 test chamber

密闭的箱体或空间,其中某部分能满足规定的试验条件。

3.2

温度设定值 temperature setpoint

用试验箱控制装置设定的期望温度。

3.3

实际温度 achieved temperature

稳定后,试验箱工作空间内任意一点的温度。

3.4

温度稳定 temperature stabilization

工作空间内所有点的温度均达到温度设定值并维持在给定的容差范围内。

3.5

温度波动度 temperature fluctuation

稳定后,在给定的任意时间间隔内,工作空间内任一点的最高和最低温度之差。

3.6

工作空间 working space

试验箱内能将规定的条件维持在规定容差范围内的部分。

3.7

温度梯度 temperature gradient

稳定后,在任意时间间隔内,工作空间内任意两点的温度平均值之差的最大值。

3.8

温度变化速率　temperature rate of change

在工作空间中心测得的两个给定温度之间的转变率，以℃/min 为单位。

3.9

工作空间的温度偏差　temperature variation in space

稳定后，在任意时间间隔内，工作空间中心温度的平均值和工作空间内其他点的温度的平均值之差。

3.10

极限温度　temperature extremes

稳定后，工作空间内所达到的最高和最低测得温度。

4　使用条件

4.1　环境条件

a）温度：15℃～35℃；

b）相对湿度：不大于 85%；

c）大气压：80 kPa～106 kPa；

d）周围无强烈振动；

e）无阳光直接照射或其他热源直接辐射；

f）周围无强烈气流：当周围空气需强制流动时，气流不应直接吹到箱体上；

g）周围无强电磁场影响；

h）周围无高浓度粉尘及腐蚀性物质。

4.2　供电条件

a）电压：220 V±22 V 或 380 V±38 V；

b）频率：50 Hz±0.5 Hz。

4.3　供水条件

可使用满足下列条件的自来水或循环水：

a）水温：不高于 30℃；

b）水压：0.1 MPa～0.3 MPa；

c）水质：符合工业用水标准。

4.4　负载条件

试验箱的负载应同时满足下列条件：

a）负载的总质量在每立方米工作空容积内放置不超过 80 kg；

b）负载的总体积不大于工作室容积的 1/5；

c）在垂直于主导风向的任意截面上，负载面积之和应不大于该处工作室截面积的 1/3，负载置放时不可阻塞气流的流动。

5　技术要求

5.1　产品性能

试验箱性能项目及指标见表 1。

表 1 试验箱性能项目及指标

序号	性能项目	单位	规定值
1	温度等级	℃	30、40、55、70、85、100、125、155、175、200
			+5、-5、-10、-25、-40、-55、-65
2	温度偏差	℃	±2
3	温度梯度	℃	≤2
4	温度波动度	℃	≤1.0
5	工作室内壁温度与工作空间温度之差	K	高温等级时:应不高于试验箱温度的3% 低温等级时:应不高于试验箱温度的8%
6	升降温速率[a]	℃/min	≤1、(1±0.2)、(3±0.6)、(5±1)或规定最快升温或降温时间
7	风速[b]	m/s	≤1.7或可调

[a] 由制造商在产品技术文件中规定最快升温或降温时间。

[b] 由制造商在产品技术文件中规定风速。

5.2 产品结构及外观要求

5.2.1 试验箱内壁应使用耐热不易氧化和具有一定机械强度的材料制造。应无影响试验的污染源。

5.2.2 保温材料应能耐高温并具有阻燃性能。保温层应有足够的厚度,能保证试验箱外部易触及部位的温度在高温试验时不高于50℃,在低温试验及环境温度为15℃~35℃、相对湿度≤85%时不应有凝露现象。

5.2.3 加热和制冷器件的热量和冷量不应直接辐射在试验样品上。

5.2.4 工作室应设有观容窗和照明装置。

5.2.5 箱门应密封良好,密封条应有良好的抗高温老化、耐低温硬化性能。

5.2.6 制冷系统不应有漏气、漏水、漏油缺陷。

5.2.7 应有放置或悬挂试验样品的样品架。样品架应有足够的耐高温、低温性能。

5.2.8 应设有引线孔。

5.2.9 外观涂镀层应平整光滑、色泽均匀,不得有露底、起泡、起层或擦伤痕迹。

5.3 安全和环境保护要求

5.3.1 接线端子对箱体金属外壳之间的绝缘电阻值应满足:冷态2 MΩ以上,热态1 MΩ以上(用500 V,准确度为1.0级兆欧表测量),并能承受50 Hz交流电压1 500 V、施压时间5 s的耐电压试验。

5.3.2 保护接地端子应与试验箱外壳有良好的电气联接并能方便牢固地接线,应符合GB/T 14048.1—2000的7.1.9的规定。

5.3.3 应有超温、过电流、缺水等保护及报警装置。

5.3.4 整机噪声应不高于80 dB(A)。

6 试验方法

6.1 主要测试仪器与装置

6.1.1 风速仪

感应量应不低于0.05 m/s的风速仪。

6.1.2 温度计

采用铂电阻、热电偶或其他类似温度传感器组成的并满足下列要求的测温系统:

传感器时间常数:20 s~40 s。

测温系统的扩展不确定度(k=2):不大于0.4℃。

6.1.3 **表面温度计**

采用铂电阻或其他类似传感器组成并满足下列要求的测量系统:

传感器时间常数:20 s~40 s。

测温系统扩展不确定度(k=2):不大于1.0℃。

6.2 **测试条件**

6.2.1 测试条件应满足4.1、4.2和4.3的要求。

6.2.2 测试在空载条件下进行。

6.2.3 进行降温速率试验时,环境温度应不高于25℃,冷动水温度应不高于30℃。

6.3 **温度测试方法**

6.3.1 **测试点的位置及数量**

6.3.1.1 在试验箱工作室内定出上、中、下三个水平测试面,简称上、中、下层。上层与工作室的顶面的距离是工作室高度的1/10,中层通过工作室几何中心,下层在最低层样品架上方10 mm处。

6.3.1.2 测试点位于三个测试面上,中心测试点位于工作室几何中心,其余测试点到工作室壁的距离为各自边长的1/10(图1)。但对工作室容积不大于1 m³ 的试验箱,该距离不小于50 mm。

6.3.1.3 测试点的数量与工作室容积大小的关系为:

a) 工作室容积不大于2 m³ 时,测试点为9个,布放位置如图1所示。

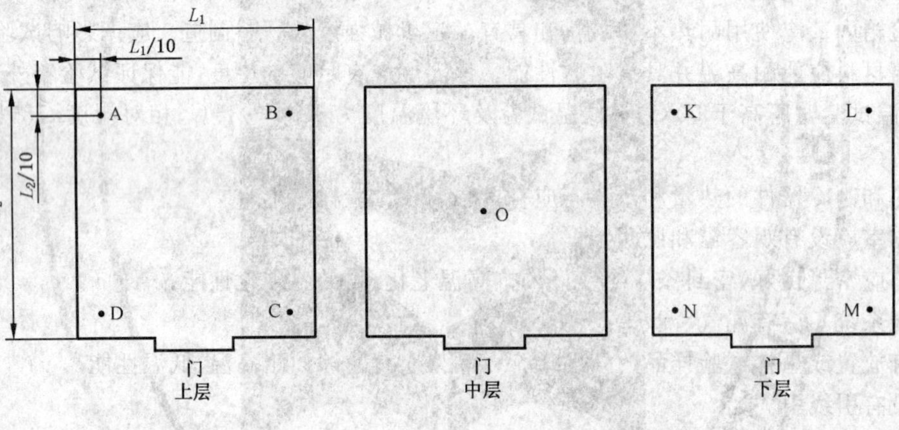

A,B,……,M,N——温度测试点。

图1

b) 工作室容积大于2 m³ 时,测试点为15个,布放位置如图2所示。

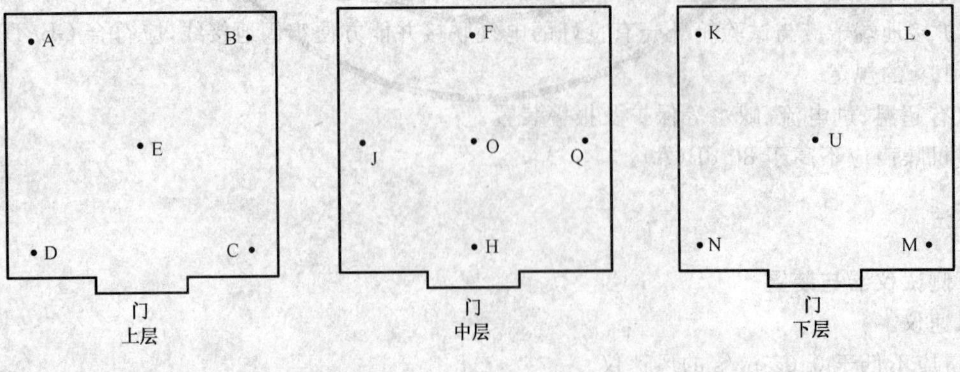

A,B,……,N,U——温度测试点。

图2

c) 当工作室容积大于50 m³ 时,温度测试点的数量可以适当增加。

6.3.2 **测试程序**

6.3.2.1 在试验箱温度可调范围内，选取最高标称温度和最低标称温度。

6.3.2.2 使试验箱按先低温后高温的程序运行。在工作空间中心点的温度达到测试温度并稳定 2 h，在 30 min 内每 1 min 测试所有测试点的温度 1 次，共测 30 次。

6.3.3 **数据处理和试验结果**

6.3.3.1 对测得的温度数据，按测试仪表的修正值进行修正。

6.3.3.2 剔除可疑数据(参考附录 A)。

6.3.3.3 对在温度恒定阶段测得的数据(即 6.3.2.2 测得的数据)，按式(1)计算每点 30 次测得值的平均温度：

$$\overline{T} = \frac{1}{n}\sum_{i=1}^{n} T_i \qquad \cdots\cdots(1)$$

式中：

$\overline{T}$——温度平均值，单位为摄氏度(℃)；

T_i——第 i 次测试值，单位为摄氏度(℃)；

n——测量次数。

6.3.3.4 按式(2)计算温度梯度：

$$\Delta T_{\mathrm{j}} = \overline{T}_{\mathrm{h}} - \overline{T}_{\mathrm{L}} \qquad \cdots\cdots(2)$$

式中：

$\Delta\overline{T}_{\mathrm{j}}$——温度梯度，单位为摄氏度(℃)

$\overline{T}_{\mathrm{h}}$——温度平均值的最大值，单位为摄氏度(℃)；

$\overline{T}_{\mathrm{L}}$——温度平均值的最小值，单位为摄氏度(℃)。

6.3.3.5 接式(3)计算温度波动度：

$$\Delta T_{\mathrm{b}} = T_{i\mathrm{h}} - T_{i\mathrm{L}} \qquad \cdots\cdots(3)$$

式中：

ΔT_{b}——温度波动度，单位为摄氏度(℃)；

$T_{i\mathrm{h}}$——工作空间第 i 点的最高温度值，单位为摄氏度(℃)；

$T_{i\mathrm{L}}$——工作空间第 i 点的最低温度值，单位为摄氏度(℃)。

6.3.3.6 按式(4)计算温度偏差：

$$\Delta T_i = \overline{T}_i - \overline{T}_{\mathrm{O}} \qquad \cdots\cdots(4)$$

式中：

ΔT_i——温度偏差，单位为摄氏度(℃)；

$\overline{T}_{\mathrm{O}}$——工作空间中心点的温度平均值，单位为摄氏度(℃)；

$\overline{T}_i$——工作空间其他点的温度平均值，单位为摄氏度(℃)。

6.3.3.7 试验箱控制仪表的设定值与中心测试值之差应满足表 1 的容许偏差要求。以上计算结果均应符合表 1 的规定。

6.3.3.8 根据实际需要，评定测量结果的不确定度(参考附录 B)。

6.4 **工作定内壁与工作空间的温度差的测试方法**

6.4.1 **测试点布放位置及数量**

6.4.1.1 在工作空间几何中心布放 1 个温度传感器，在工作室六面内壁几何中心各布放 1 个表面温度传感器。

6.4.1.2 若工作室内壁中心有引线孔或其他装置，则测试点与孔壁或其他装置的距离应不小于 100 mm。

6.4.2 测试程序

6.4.2.1 在试验箱温度可调范围内，选用最高标称温度和最低标称温度为测试温度。

6.4.2.2 在工作空间几何中心点的温度第一次达到测试温度并稳定 2 h，每隔 2 min 测试所有测试点的温度值 1 次，共测 5 次。

6.4.3 试验结果的计算与评定

6.4.3.1 将测得的温度值按测试仪表的修正值修正。

6.4.3.2 分别计算各测试点温度的算术平均值。

6.4.3.3 将工作定内壁温度与工作空间温度代入式(5)：

$$A = \frac{|\overline{T}_n - \overline{T}_O|}{\overline{T}_O} \times 100 \qquad \cdots\cdots(5)$$

式中：

A——工作室内壁与工作室热力学温度之差的百分比，%；

$\overline{T}_n$——工作室内壁测试点的平均温度，单位为开(K)；

$\overline{T}_O$——工作空间几何中心测试点的平均温度，单位为开(K)。

其结果应符合表 1 序号 5 的有关规定。

6.5 升、降温速率测试方法

6.5.1 测试点为工作空间几何中心点。

6.5.2 测试程序

6.5.2.1 在试验箱温度可调范围内，选取最低标称温度为最低规定温度，最高标称温度为最高规定温度。

6.5.2.2 开启冷源，使试验箱由室温降到最低规定温度，稳定 2 h，调至最高规定温度，检测试验箱温度从温度范围的 10%升到 90%的时间；使试验箱在最高规定温度下，稳定 2 h，再调至最低规定温度，检测试验箱温度从温度范围的 90%降到 10%的时间。

6.5.2.3 在升温或降温过程每 1 min 记录温度值 1 次。

6.5.3 试验结果的计算与评定

6.5.3.1 将测得的温度值按测试仪表的修正值修正。

6.5.3.2 按式(6)计算升、降温平均速率：

$$\overline{V}_T = \frac{0.8 \times (T_2 - T_1)}{t} \qquad \cdots\cdots(6)$$

式中：

$\overline{V}_T$——升、降温平均速率，单位为摄氏度每分钟(℃/min)；

T_1——最低规定温度，单位为摄氏度(℃)；

T_2——最高规定温度，单位为摄氏度(℃)；

t——从温度范围的 10%升到 90%的升温时间/从温度范围的 90%降到 10%的降温时间，单位为分钟(min)。

6.5.3.3 温度按规定温度速率变化的试验箱，在 T_1 到 T_2 的温度范围的 10%到 90%的区间内，每 5 min 的温度变化率按式(7)计算：

$$V_T = \frac{|\Delta T|}{5} \qquad \cdots\cdots(7)$$

式中：

V_T——温度变化速率，单位为摄氏度每分钟(℃/min)；

ΔT——每 5 min 的温度变化值，单位为摄氏度(℃)。

6.5.3.4 其结果应符合表 1 的规定。

6.6 **风速测试方法**

6.6.1 本测试在空载和室温条件下进行。

6.6.2 测试点的数量及位置与6.3.1相同。

6.6.3 测试程序

6.6.3.1 将细棉纱线或其他轻飘物体悬挂于测试点,关闭箱门开启风机,找出各测试点的主导风向。

6.6.3.2 将风速仪置于测试点,关闭箱门后测出各测试点主导风向的风速值。

6.6.4 试验结果的计算与评定

6.6.4.1 将测得的风速值按风速仪的修正值修正。

6.6.4.2 按式(8)计算所有测试点风速的平均值:

$$V = (V_A + V_B + \cdots\cdots + V_M)/n \qquad \cdots\cdots(8)$$

式中:

V——试验箱风速,单位为米每秒(m/s);

$V_A,\cdots,V_M$——测量点的风速,单位为米每秒(m/s);

n——测量点的数量。

计算结果应符合表1的规定。

6.7 **保温性能测试方法**

试验箱温度稳定在最高工作温度点2 h。用表面温度计检查试验箱外壁的温度,在最低工作温度稳定2 h观察外表面的情况。以上结果应符合5.2.2的要求(观察窗框架、引线孔及门框边100 mm范围除外)。

6.8 **箱门密封性能测试方法**

6.8.1 6.3~6.9的试验开始前及全部结束后各检查一次。

6.8.2 将厚0.1 mm、宽50 mm、长200 mm的纸条垂直地放在门框和箱门密封条之间的任一部位,关闭箱门后,用手轻拉纸条,如不能自由滑动,即符合5.2.5的要求。

6.9 **制冷系统密封性能测试方法**

用卤素灯或肥皂液检查制冷系统管道各接头应无泄漏迹象。

6.10 **安全保护性能测试方法**

6.10.1 电绝缘及接线端子的测试应在6.3试验前后各进行1次,均应符合要求。

6.10.2 安全保护装置的测试程序

6.10.2.1 在试验箱温度可调范围内,在5.1的温度等级中任选3个温度作为试验温度。

6.10.2.2 将超温保护及报警温度设定为测试温度,当工作空间的温度到达设定温度时超温保护装置应动作并同时发出报警信号,即符合5.3.3的要求,本试验应连续进行3次。

6.10.2.3 试验结果的判定

在试验过程中,如报警及保护装置每次均动作即符合要求。

6.11 **噪声测试方法**

见JB/T 9512—1999。其结果应符合5.3.4。

6.12 **外观质量测试方法**

测试方法为目测,应在6.3~6.11规定的试验前和试验后各检查1次。外观涂镀层应符合5.2.9规定。

7 检验规则

7.1 试验箱的检验分型式试验和出厂检验两类。

7.2 型式试验和出厂检验的项目及试验方法见表2。

7.3 型式检验

7.3.1　有下列情况之一时应进行型式检验：

a)　新产品试制定型鉴定；

b)　正式生产的产品在结构、材料、工艺、生产设备和管理等方面有较大改变，可能影响产品性能时；

c)　国家质量监督检验机构进行质量监督检验时；

d)　出厂试验结果与上次型式试验结果有较大差异时；

e)　产品停产一年以上再生产时；

f)　产品批量生产时，每两年至少一次的定期抽检。

表2　检验项目及试验方法

序号	检验项目	技术要求章条号	试验方法章条号	型式试验	出厂检验
1	温度偏差	表1序号2	6.3	○	○
2	温度梯度	表1序号3			
3	温度波动度	表1序号4			
4	内壁与工作空间温差	表1序号5	6.4	○	—
5	升、降温速率或时间	表1序号6	6.5	○	○
6	风速	表1序号7	6.6	○	—
7	保温性能	5.2.2	6.7	○	○
8	箱门密封性能	5.2.5	6.8	○	○
9	制冷系统密封性	5.2.6	6.9	○	○
10	安全性能	5.3.1～5.3.3	6.10	○	○
11	噪声	5.3.4	6.11	○	—
12	外观质量	5.2.9	6.12	○	○
注：有“○”者为应检验项目。					

7.3.2　抽样及判定规则

7.3.2.1　成批生产的试验箱，批量在20台以上时，抽检2台；不足20台时，抽检1台。

7.3.2.2　抽检样品的型式检验项目应全部合格，否则，对不合格项目加倍抽检。第二次抽检合格时，仅将第一次抽检不合格项目返修，检验合格后允许出厂；如第二次抽检样品中仍有1台不合格，则判该批产品不合格，如第二次抽检样品全部合格，则判该批产品合格。

7.4　出厂检验

7.4.1　出厂检验由制造厂质量检验部门负责。

7.4.2　本检验在空载条件下进行。

7.4.3　检验项目及检验方法

7.4.3.1　检验项目及检验方法见表2。

7.4.3.2　除温度梯度及温度偏差采用抽样检验外，其他项目应逐台进行检验，检验项目均应合格。

7.4.4　抽样及评定规则

7.4.4.1　温度梯度及温度偏差的出厂抽检量按产品批量的10%计算，但不得少于2台。

7.4.4.2　检验项目应全部合格，如有1台不合格，应加倍抽检；第二次抽检合格时，仅将第一次抽样不合格产品返修，检验合格后允许出厂，如第二次抽检仍有1台不合格，则应对该批产品逐台检验。

8　标志、包装、贮存

8.1　标志

8.1.1　试验箱的铭牌，字迹应清晰耐久，固定牢靠。

8.1.2 产品铭牌的内容应包括：

a) 产品型号、名称；

b) 温度范围；

c) 电源电压、频率及总功率；

d) 制造日期或制造批号；

e) 制造单位名称。

8.2 包装

8.2.1 包装箱的文字及标志应符合 GB/T 191—2000 的规定。

8.2.2 包装箱应牢固可靠。

8.2.3 包装箱应防雨淋、防潮气聚集。

8.2.4 试验箱的附件、备件和专用工具应单独包装，牢靠地固定在包装箱内。

8.2.5 试验箱的技术文件如装箱清单、产品使用说明书、产品合格证等应密封防潮，固定在包装箱内明显的地方。

8.3 贮存

8.3.1 包装完备的试验箱应贮存在通风良好无腐蚀性气体及化学药品的库房内。

8.3.2 贮存期长达一年以上者，出厂前应重新进行出厂检验，合格后方能出厂。

附 录 A
(资料性附录)
可疑数据判别方法

对一组修正后的测试数据的某个极大或极小值有怀疑时,应利用专业知识找出原因,在未判明它是否合理前,既不要轻易保留,也不要随意剔除,可用下述方法判别,决定取舍。

A.1 利用式(1)、式(A.1)算出数据的平均值及单次测得值的标准偏差:

$$S(T_i)=\sqrt{\frac{\sum_{i=1}^{n}(T_i-\overline{T})^2}{n-1}} \qquad \cdots\cdots\cdots\cdots(\text{A.1})$$

式中:

T_i——第 i 次测量值,单位为摄氏度(℃);

$\overline{T}$——温度平均值,单位为摄氏度(℃);

$S(T_i)$——单次测得值的标准偏差,单位为摄氏度(℃);

n——测量次数。

A.2 求格拉布斯准则计算统计量:

$$G(n)=(T_{(n)}-\overline{T})/S(T_i) \qquad \cdots\cdots\cdots\cdots(\text{A.2})$$

式中:

$T_{(n)}$——测量数据的极大值或极小值,单位为摄氏度(℃)。

A.3 对于本标准,取显著水平 $\alpha=0.01$,临界值 $G_{99}(n)$为:

$n=30$ 时, $G_{99}(n)=3.103$;

$n=29$ 时, $G_{99}(n)=3.085$;

$n=28$ 时, $G_{99}(n)=3.068$;

$n=27$ 时, $G_{99}(n)=3.049$。

当$|G(n)|>G_{99}(n)$时,则舍去该 $T_{(n)}$值,并重新按式(1)、式(A.1)和式(A.2)计算剩下数值的平均值及标准偏差和 $G(n)$,按本法检验直到无可疑数据为止。

附 录 B
（资料性附录）
温度偏差的测量不确定度评定

B.1 温度偏差的测量不确定度评定依据为 JJF 1059—1999。

B.2 温度偏差的测量不确定度评定的主要流程如下：

a） 建立数学模型，确定被测量 Y 与输入量 X_1，……，X_n 的关系；

b） 求最佳值，由 X_i 的最佳值 x_i 求得 Y 的最佳值 y；

c） 列出测量不确定度来源；

d） 标准不确定度分量评定：A 类评定和 B 类评定；

e） 计算合成标准不确定度；

f） 评定扩展不确定度；

g） 不确定度报告。

B.3 温度偏差的测量不确定度评定的主要步骤如下：

a） 根据温度偏差的定义，其测量过程的数学模型为式(4)。

b） 求最佳值：

T_i 的最佳值为工作空间其他点在 30 min 内的温度测量值的算术平均值 $\overline{T}_i$，T_O 的最佳值为工作空间中心点在 30 min 内的温度测量值的算术平均值 $\overline{T}_O$，均按式(1)计算。

因此，温度偏差的最佳值 ΔT_i 就是式(4)。

c） 列出测量不确定度来源

温度偏差的测量不确定度主要来源有：

——由于各种随机因系影响，工作空间其他点在 30 min 内的温度测量值数据不重复引入的标准不确定度 u_1；

——测试工作空间其他点的温度时，由于测温系统的不准确引入的标准不确定度 u_2；

——由于各种随机因系影响，工作空间中心点在 30 min 内的温度测量值数据不重复引入的标准不确定度 u_3；

——测试工作空间中心点的温度时，由于测温系统的不准确引入的标准不确定度 u_4。

d） 标准不确定度分量评定

——根据实测数据按 A 类评定，工作空间其他点在 30 min 内的温度测量值的算术平均值 T_i 的实验标准差就是标准不确定度 u_1，工作空间中心点在 30 min 内的温度测量值的算术平均值 T_O 的实验标准差就是标准不确定度 u_3，均按式(B.1)计算：

$$S(\overline{T}) = \frac{S(T_i)}{\sqrt{n}} \qquad \cdots\cdots(B.1)$$

——标准不确定度 u_2 应是测温系统测试工作空间其他点温度时的合成标准不确定度，标准不确定度 u_4 应是测温系统测试工作空间中心点温度时的合成标准不确定度。

其中，标准不确定度分量 u_1、u_2、u_3 和 u_4 互不相关，不确定度传播律式(B.2)为：

$$u_c^2 = u_1^2 + u_2^2 + u_3^2 + u_4^2 \qquad \cdots\cdots(B.2)$$

e） 计算合成标准不确定度 u_c 见式(B.3)：

$$u_c = \sqrt{u_1^2 + u_2^2 + u_3^2 +{}_4^2} \qquad \cdots\cdots(B.3)$$

f） 评定扩展不确定度 U

按置信水平 $P=0.95$，取包含因子 $k=2$，扩展不确定度式(B.4)为：

$$U = 2 \times u_c \qquad \cdots\cdots(B.4)$$

g) 不确定度报告

温度偏差的测量不确定度可用如式(B.5)形式表示：

$$\Delta T_i = \overline{T}_i - \overline{T}_O \pm U \quad \cdots\cdots(B.5)$$

例如：上偏差 $\Delta T_{max}=(1.0\pm0.3)$℃，$k=2$；

下偏差 $\Delta T_{min}=(-1.5\pm0.2)$℃，$k=2$。

h) 如果温度偏差的测量不确定度为最大温度偏差值的 1/3～1/10 时，测量不确定度对判定测试结论的影响可忽略不计。若计算出的温度偏差合格，则说明试验箱的该项技术指标满足要求。

B.4 试验箱其他技术性能的测量不确定度评定亦可参照上述方法进行。

ICS 73.100.30
D 92

中华人民共和国国家标准

GB/T 10604—2008
代替 GB/T 10604—2003

矿用机械正铲式挖掘机

Mechanical mining shovel

2008-06-03 发布　　2009-01-01 实施

中华人民共和国国家质量监督检验检疫总局
中国国家标准化管理委员会　发布

前 言

本标准代替 GB/T 10604—2003《矿用机械正铲式挖掘机》。

本标准与 GB/T 10604—2003 相比，主要技术内容变化如下：

——产品基本参数和主要工作尺寸表中取消了 WK-2.5 的有关参数；

——产品基本参数和主要工作尺寸表中增加了 WK-35、WK-55 的有关参数；

——产品基本参数和主要工作尺寸表中 WK-28 改为 WK-27，WK-12、WK-20、WK-27 的基本参数略有调整，WK-5、WK-8、WK-12、WK-20、WK-27 的主要工作尺寸（主要是最大挖掘深度）略有调整；

——技术要求的内容有所增加。

本标准由中国机械工业联合会提出。

本标准由全国矿山机械标准化技术委员会（SAC/TC 88）归口。

本标准起草单位：太原重型机械集团有限公司。

本标准主要起草人：李爱峰、王新中、王晓明、张燕平、杨现利。

本标准所代替标准的历次版本发布情况为：

——GB/T 10604—1989、GB/T 10604—2003。

矿用机械正铲式挖掘机

1 范围

本标准规定了矿用机械正铲式挖掘机的术语定义、产品分类、技术要求、检验规则、试验方法、标志、包装、运输和贮存。

本标准适用于矿用机械正铲式挖掘机(以下简称挖掘机)。在其基础上变型的产品,除基本参数和主要工作尺寸外,也可参照使用。

2 规范性引用文件

下列文件中的条款通过本标准的引用而成为本标准的条款。凡是注日期的引用文件,其随后所有的修改单(不包括勘误的内容)或修订版均不适用于本标准,然而,鼓励根据本标准达成协议的各方研究是否可使用这些文件的最新版本。凡是不注日期的引用文件,其最新版本适用于本标准。

GB 755 旋转电机 定额和性能(GB 755—2000,idt IEC 60034-1:1996)

GB 2894 安全标志(GB 2894—1996,neq ISO 3864:1984)

GB/T 4879 防锈包装

GB/T 7679.2 矿山机械术语 第2部分:装载设备

GB/T 13306 标牌

GB 16207 车间空气中大理石粉尘卫生标准

GB 16224 车间空气中白云石粉尘卫生标准

GB 16225 车间空气中呼吸性矽尘卫生标准

GB 16226 车间空气中石灰石粉尘卫生标准

GB 16232 车间空气中石膏粉尘卫生标准

GB 16240 车间空气中稀土粉尘卫生标准

GB 16248 作业场所空气中呼吸性煤尘卫生标准

GB 16710.1 工程机械 噪声限值

GB/T 16710.3 工程机械 定置试验条件下司机位置处噪声的测定

GB/T 16710.5 工程机械 动态试验条件下司机位置处噪声的测定(GB/T 16710.5-1996,eqv ISO 6396:1996)

JB/T 5000.1 重型机械通用技术条件 产品检验

JB/T 5000.2 重型机械通用技术条件 火焰切割件

JB/T 5000.3 重型机械通用技术条件 焊接件

JB/T 5000.4 重型机械通用技术条件 铸铁件

JB/T 5000.5 重型机械通用技术条件 有色金属铸件

JB/T 5000.6 重型机械通用技术条件 铸钢件

JB/T 5000.7 重型机械通用技术条件 铸钢件补焊

JB/T 5000.8 重型机械通用技术条件 锻件

JB/T 5000.9 重型机械通用技术条件 切削加工件

JB/T 5000.10 重型机械通用技术条件 装配

JB/T 5000.11 重型机械通用技术条件 配管

JB/T 5000.12 重型机械通用技术条件 涂装

JB/T 5000.13 重型机械通用技术条件 包装

JB/T 8291　机械挖掘机铲斗　容量标定

3　术语和定义

按 GB/T 7679.2 的规定。

4　型式与基本参数

4.1　型式

适用于露天矿山作业，铲斗标准斗容不小于 4 m^3，由电动机驱动，通过机械传动使转台在 360°范围内任意旋转，由正铲工作装置实现矿物的挖掘、提升、回转和卸料的周期式作业，在机器本身的任何作业循环里无需移动机体，靠履带式行走机构实现移位的自行式单斗挖掘机。推压方式有齿轮齿条推压和钢丝绳推压两种型式，驱动型式有电动机—发电机直流传动、直流传动和交流变频传动。产品结构型式如图 1 所示。

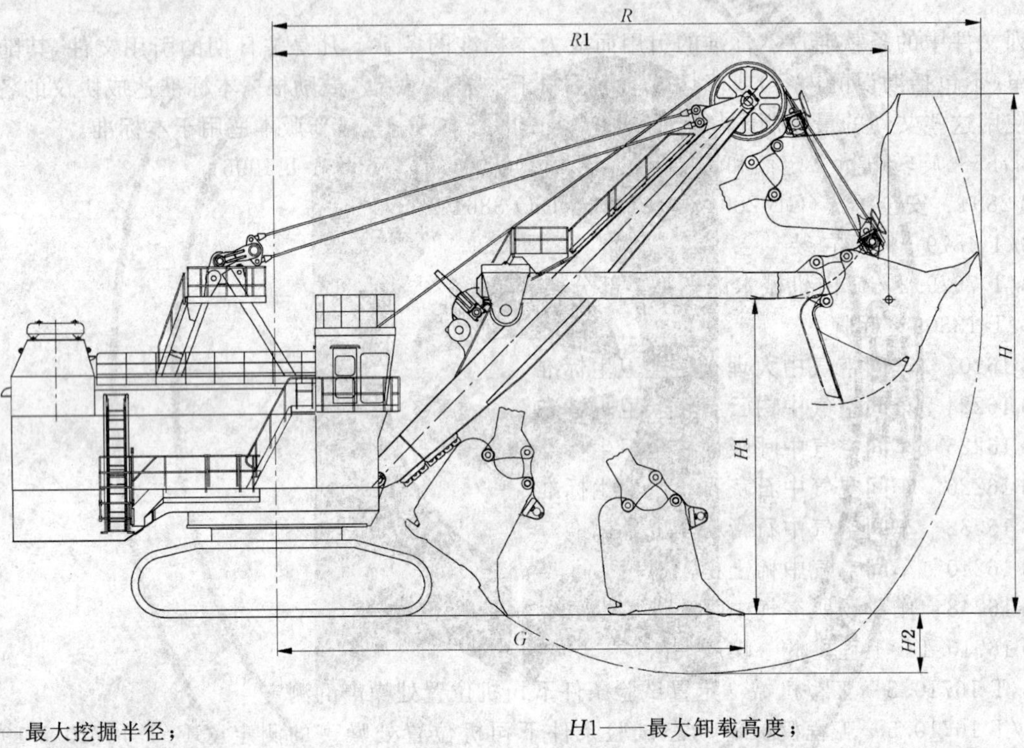

R——最大挖掘半径；
*R*1——最大卸载半径；
H——最大挖掘高度；
*H*1——最大卸载高度；
*H*2——最大挖掘深度；
G——最大清道半径。

图 1　挖掘机结构型式和主要工作尺寸

4.2　型号

产品型号表示方法应符合下列规定。

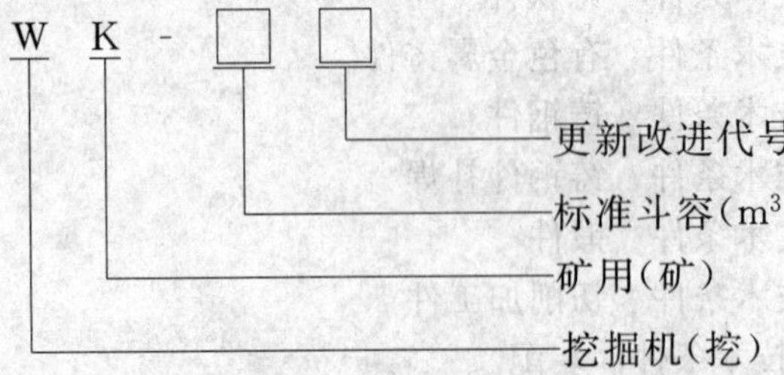

4.3　基本参数

4.3.1　挖掘机斗容的标定应符合 JB/T 8291 的规定。

4.3.2　挖掘机的基本参数和主要工作尺寸应符合表 1 及图 1 的规定。

表 1　挖掘机的基本参数和主要工作尺寸

基本参数名称		单位	WK-5	WK-8	WK-12	WK-20	WK-27	WK-35	WK-55
标准斗容		m^3	5	8	12	20	27	35	55
斗容范围		m^3	4～7	6～10	10～16	17～34	23～46	25～53	35～76
动臂长度		m	10.5～11.5	10.2～12.5	13.0～15.3	15.0～16.0	17.0～18.0	17.5～18.8	19.5～20.5
斗杆有效长度		m	7.0～7.5	8.2～8.7	9.0～9.5	9.0～10.0	10.3～11.0	10.3～11.2	10.3～11.5
动臂倾角		(°)	45	45	45	45	45	45	45
原动机功率或 主变压器容量		kW	250～300	450～550	560～750	—	—	—	—
		kVA	～400	～800	～1 000	1 500～2 000	2 000	2 000	3 000
驱动型式		—	直流/交流变频	直流/交流变频	直流/交流变频	交流变频	交流变频	交流变频	交流变频
电源额定电压		V	3 000/6 000	3 000/6 000	6 000	6 000	6 000	6 000	6 000
回转 90°时作业循环时间		s	24～26	26～28	28～30	30～33	32～34	32～34	32～34
理论生产率		m^3/h	690～750	1 030～1 110	1 440～1 540	2 180～2 400	2 860～3 040	3 700～3 940	5 820～6 190
工作质量		t	200～220	340～385	440～510	600～750	820～950	940～1 080	1 300～1 480
履带平均接地比压力		kPa	210～225	240～290	206～285	245～300	245～345	320～430	340～450
行走速度		km/h	0.4～0.5	0.5～0.7	0.6～0.9	1.0～1.6	0.9～1.72	0.9～1.72	0.9～1.72
爬坡能力		(°)	12	13	13	13	13	13	13
主要工作尺寸	最大挖掘半径	m	14.3～15.5	17.0～18.0	18.5～20.0	20.0～21.5	23.0～24.0	23.5～24.5	23.5～24.5
	最大挖掘高度		10.0～12.0	12.0～13.0	13.5～14.5	14.0～16.0	17.5～18.5	17.5～18.5	18.0～19.0
	最大卸载半径		12.0～13.5	14.0～15.0	16.0～17.5	17.5～19.0	19.5～20.6	20.0～21.5	20.0～22.0
	最大卸载高度		6.3～7.5	7.5～8.0	8.0～9.5	8.5～10.5	9.0～10.0	9.3～10.5	10.0～11.5
	最大清道半径		8.5～9.5	11.0～12.0	13.0～13.5	13.0～15.3	15.5～16.5	15.5～16.5	16.5～17.5
	最大挖掘深度		0.5～1.0	1.2～1.8	1.2～1.8	1.5～1.9	1.6～2.0	1.6～2.0	1.7～2.1

注：理论生产率、工作质量和主要工作尺寸是按标准斗容进行标定的。

5 技术要求

5.1 一般要求

5.1.1 挖掘机的制造及检验应符合 JB/T 5000.1～5000.12 的规定。

5.1.2 电动机应符合 GB 755 的规定。

5.1.3 根据不同的地质条件和挖掘物的物理性质，确定相适应的履带板和铲斗。

5.1.4 根据不同的额定电源电压和频率，确定相适应的控制系统。

5.2 适应环境条件

5.2.1 挖掘机工作的最高环境温度为 40℃，24 h 周期内平均温度不超过 35℃，最低环境温度不低于 −25℃。在不工作时(包括运输或贮存)的最低环境温度不低于 −40℃。

5.2.2 温度 40℃、相对湿度不大于 50％的工作环境；温度低于 40℃、相对湿度大于 50％、无凝露出现的环境。

5.2.3 有以下环境条件之一时，应采取必要措施进行特殊设计。

a) −25℃～−40℃环境温度持续一周以上时间的寒冷地区；

b) 每年持续两个月以上、每昼夜有 12 h 以上如下环境条件的湿热地区：环境温度不低于 20℃、相对湿度不小于 80％；

c) 使用地点的海拔高度超过 1 000 m。

5.3 使用性能要求

5.3.1 三相交流电源电压波动值：

a) 直流驱动不大于±5％；

b) 交流变频驱动不大于＋10％～−15％。

5.3.2 三相交流电源的额定频率为 50 Hz，其偏差不得超过±1％。

5.3.3 挖掘物普氏系数(f)小于 3 时，一般可不经过爆破直接进行挖掘，当普氏系数(f)等于或大于 3 时，爆破后才能进行挖掘。

5.4 安全与卫生要求

5.4.1 挖掘机应按要求设置安全标志并符合 GB 2894 的规定。

5.4.2 梯子、走台、护栏布置应合理、方便，适合矿山环境，符合工作要求和安全要求。

5.4.3 配备相应的防震照明装置。

5.4.4 司机室要求人机关系合理，视野开阔，视线高度要达到装车要求。

5.4.5 操纵机构应灵敏、轻便、动作准确、安全、可靠，所有操纵机构上应装有说明其用途和指示其操作方向的标牌。

5.4.6 电气系统应具有可靠的安全保护装置。

5.4.7 机棚采用正压通风除尘时，内外压差不小于 60 Pa，除尘效率不低于 60％。

5.4.8 司机室装有空调及除尘设施时：

a) 司机室内温度冬季不低于 15℃，夏季不高于 28℃。

b) 司机室内(闭门)空气中粉尘呼吸性矽尘和呼吸性煤尘的卫生标准：

——司机室内空气中大理石粉尘的最高允许浓度应符合 GB 16207 的规定；

——司机室内空气中白云石粉尘的最高允许浓度应符合 GB 16224 的规定；

——司机室内空气中含 10％以上游离二氧化硅呼吸性矽尘最高容许浓度应符合 GB 16225 的规定；

——司机室内空气中石灰石粉尘的最高容许浓度应符合 GB 16226 的规定；

——司机室内空气中石膏粉尘的最高容许浓度应符合 GB 16232 的规定；

——司机室内空气中游离二氧化硅含量在 10%以下的稀土粉尘最高容许浓度应符合 GB 16240的规定；

——司机室内空气中游离二氧化硅含量小于 10%的呼吸性煤尘最高容许浓度应符合 GB 16248的规定。

5.4.9 司机位置处噪声限值应符合 GB 16710.1 的规定。

5.4.10 定置试验条件下司机位置处噪声的测定按 GB/T 16710.3 规定执行。

5.4.11 动态试验条件下司机位置处噪声的测定按 GB/T 16710.5 规定执行。

5.4.12 挖掘机应配备相应的灭火装置。

5.4.13 挖掘机工作时允许的振动条件：振动频率为 10 Hz～150 Hz 时，其最大振动加速度为 0.5 g。

5.5 可靠性

5.5.1 挖掘机首次大修时间间隔不少于 15 000 h(工作小时)。

5.5.2 首次大修前的年可开动率不小于 80%(在执行规定的维修制度和由熟练司机操纵的情况下)。

$$\text{年可开动率} = \frac{\text{日历时间} - \text{机内机电故障停电时间}^{1)}}{\text{日历时间}} \times 100\%$$

5.6 成套性

5.6.1 成套供应范围

a) 按订货合同规定的整机和附加选购的零部件；

b) 随机备件(包括电动机、电控等配套设备的备件)；

c) 随机工具。

5.6.2 随机技术文件

a) 产品合格证明书；

b) 产品使用说明书；

c) 产品安装图样；

d) 产品装箱单；

e) 随机工具、备件、主要易损件和主要外购件清单。

6 检验规则及试验方法

6.1 出厂检验

6.1.1 每台挖掘机需经制造厂检验部门检验合格后方可出厂，并附有证明产品合格的文件。

6.1.2 出厂检验项目包括部件检验、成套性检验和总装空载试验等。对于定型产品，每批至少应抽一台总装进行空载运转试验，空载运转试验应符合 6.3 和 6.4 的要求。

6.2 型式检验

6.2.1 有下列情形之一时，应进行型式检验：

a) 新产品试制、鉴定或定型及老产品转厂生产时；

b) 正常生产后，如结构、材料、工艺等有较大改变，可能影响产品性能时；

c) 正常批量生产时，每 3 年至少进行一次；

d) 订货合同有明确规定时；

e) 国家质量监督机构提出要求时。

6.2.2 型式检验应从出厂检验合格的产品中抽取一台进行。

---

1) 机内机电故障停机时间是指除了停候时间(等待车辆、备件、爆破、停电，因误操作、维护不当停机，管理因素等)和谅解停机时间(维修、换油、更换易损件、不可抗拒因素等)以外的机内故障停机时间。

6.2.3 型式检验项目包括本标准的全部技术内容。

6.3 总装空载运转试验的调整检查

6.3.1 电气系统

产品总装完毕,应对电气系统进行检查、调试和测试,达到电气说明书规定的技术要求;非总装空载运转试验产品,应进行地面调整和测试。

6.3.2 气路系统

6.3.2.1 电气系统调试后启动空气压缩机,压力表、压力继电器和安全阀等应满足产品技术参数规定并起作用。

6.3.2.2 所有制动器打开状态下,气路系统压力下降 98 kPa 的时间应不小于 30 min。

6.3.2.3 在规定的最小工作压力时,各制动器及离合器开闭灵敏、可靠。

6.3.2.4 推压机构配有气囊力矩限制器或盘式力矩限制器时,调压阀必须按规定压力值调整,该处的单向阀工作可靠。

6.3.3 润滑系统

6.3.3.1 油液集中润滑系统

6.3.3.1.1 提升、推压、回转和行走润滑油泵启动后,油路应畅通、密封良好,各系统在 30 min 内无漏油现象。

6.3.3.1.2 提升、推压和回转油泵启动后方可启动相应的电动机和风机;行走油泵启动后方可启动行走电动机。以上电路控制单元应连锁,运行可靠。

6.3.3.1.3 润滑系统各部位按规定注入规定牌号的润滑油。

6.3.3.2 油脂或油液集中自动定时润滑系统

6.3.3.2.1 安装后进行 5 min 加压的密封试验,不得有渗漏现象。

6.3.3.2.2 各部计量阀按要求调整给油量,调准定时器和过载警示自动保护装置。

6.3.4 制动器调整

6.3.4.1 铲斗提升机构制动器:当铲斗快速下降时突然制动,铲斗制动距离为 0.3 m～0.5 m。

6.3.4.2 推压机构制动器:当斗杆垂直下降时突然制动,铲斗下滑距离为 0.2 m～0.4 m。

6.3.4.3 回转机构制动器:当斗杆水平伸出三分之二行程全速回转,突然制动,平台上部制动转角为 10°～15°。

6.4 总装空载运转试验

6.4.1 提升、推压、回转和行走各机构分别操纵,单独动作各不少于 3 次,应无异常现象。

6.4.2 开斗机构试验:

a) 连续开闭斗底 5 次,应灵活可靠;

b) 调整斗底缓冲装置,使斗底摆动不超过 2 次。

6.4.3 复合动作试验,包括提升、推压、回转和开斗应不少于 10 个连续作业循环。

6.4.4 履带行走机构试验:

a) 在履带链松紧适度的情况下,行驶距离大于履带链一周长度,往返各一次,行走正常,无干涉现象;

b) 行驶转弯试验:前进和后退,左、右转弯各不少于 2 次。

7 标志、包装、运输、贮存

7.1 挖掘机产品标牌型式和尺寸应符合 GB/T 13306 规定,并固定在产品的明显位置上。标牌上标注的主要内容包括:

a) 产品型号和名称;

b) 产品出厂编号;

c) 生产日期；

d) 生产企业名称和详细地址；

e) 产品执行标准编号。

7.2 产品的防锈包装应符合 GB/T 4879 中 D 级的规定。

7.3 产品的包装应符合 JB/T 5000.13 的规定。

7.4 运输和贮存过程中散装件的加工面及装入包装箱的零件应不直接受日晒雨淋，不直接接触酸、碱、盐等腐蚀介质，不损坏包装。

ICS 71.120
J 76

中华人民共和国国家标准

GB/T 10606—2008
代替 GB/T 10606.1～10606.6—1989

空气分离设备术语

Terminology of air separation plant

2008-07-09 发布　　2009-02-01 实施

中华人民共和国国家质量监督检验检疫总局
中国国家标准化管理委员会　发布

前　言

本标准代替 GB/T 10606.1～10606.6—1989《空气分离设备术语》。

本标准与 GB/T 10606.1～10606.6—1989 相比，主要变化如下：

——将 GB/T 10606.1～10606.6 进行了整合。

——标准结构按 GB/T 1.1—2000 规定编制。

——增加了部分空气分离设备术语。

——修改了部分术语的表述。

本标准由中国机械工业联合会提出并归口。

本标准起草单位：杭州杭氧股份有限公司。

本标准主要起草人：施金勇、萧晓明、毛荣大、陈浩挺、蔡国成、胡赟。

本标准所代替标准的历次版本发布情况为：

——GB/T 10606.1～10606.6—1989。

空气分离设备术语

1 范围

本标准规定了深冷法空气分离设备(简称空分设备)的基本术语以及空分设备中的单元设备、稀有气体提取设备、低温液体贮运设备、透平膨胀机、低温液体泵的常用术语。

2 基本术语

2.1

标准状态 normal state

指温度为 0 ℃、压力为 101.325 kPa 时的状态。

2.2

空气分离 air separation

用深冷法把空气分离成所需组分。

2.3

空气 air

空气是存在于地球表面的气体混合物。主要由氧(约 20.95%)、氮(约 78.09%)和氩(约 0.932%)组成,另外还含有微量的氢及氖、氦、氪、氙等稀有气体。根据地区条件不同,还含有不定量的二氧化碳、水蒸气及乙炔等碳氢化合物。标准状态下空气的密度为 1.293 kg/m^3。

2.4

原料空气 feed air

用于空气分离而被吸入空压机的空气。

2.5

加工空气 process air

进入空分冷箱内且参加精馏的空气。

2.6

氧气 oxygen

分子式 O_2,相对分子质量 31.999(按 1989 年国际相对原子质量),无色、无味的气体。在标准状态下的密度为 1.429 kg/m^3。在 101.325 kPa 压力下的沸点为 90.17 K。化学性质极活泼,是强氧化剂。不能燃烧,能助燃。

2.7

工业用工艺氧 industrial process oxygen

用空气分离设备制取的工业用工艺氧,其含氧量(体积比)一般小于 98%。

2.8

工业用氧 industrial oxygen

用空气分离设备制取的工业用氧,其含氧量(体积比)大于或等于 99.2%。

2.9

高纯氧 high purity oxygen

用空气分离设备制取的氧气和液氧,其含氧量(体积比)大于或等于 99.995%。

2.10

医用氧　oxygen supplies for medicine

用深冷法分离空气而制取的氧气或液氧，其含氧量(体积比)大于或等于99.5%，并且规定所含杂质(CO、CO_2、气态酸性物质和气态碱性物质，臭氧及其他气态氧化物)，水分含量按露点应不超过－43 ℃(液态氧不规定水分指标)，且无异味的，专供呼吸及医疗用的氧气。

2.11

航空呼吸用氧　breathing oxygen supplies for aircraft

用深冷法分离空气制取的气态氧和液态氧，其含氧量(体积比)大于或等于99.5%，在15 ℃、101.325 kPa条件下，含水量按露点为不超过－63.4 ℃，主要用于航空人员呼吸用。总的污染对使用者不得产生毒性。

2.12

氮气　nitrogen

分子式N_2，相对分子质量28.0134(按1991年国际相对原子质量)，无色、无味的惰性气体。在标准状态下的密度为1.251 kg/m^3。在101.325 kPa压力下的沸点为77.35 K。化学性质不活泼，不能燃烧，是一种窒息性气体。

2.13

工业用氮　industrial nitrogen

用空气分离设备制取的工业用氮，其含氮量(体积比)大于或等于98.5%。

2.14

纯氮　pure nitrogen

用空气分离设备制取的氮气，其含氮量(体积比)大于或等于99.95%。

2.15

高纯氮　high purity nitrogen

用空气分离设备制取的氮气，其含氮量(体积比)大于或等于99.999%。

2.16

超高纯氮　ultra high purity nitrogen

用深冷法分离空气制取的气态氮和液氮，其氮气量(体积比)大于99.999 6%。

2.17

液氧　liquid oxygen

液态氧　liquefied oxygen

液体状态的氧，为天蓝色、透明、易流动的液体。在101.325 kPa压力下的沸点为90.17 K，密度为1 140 kg/m^3。可用空气分离设备制取液态氧或用气态氧加以液化。

2.18

液氮　liquid nitrogen

液态氮　liquefied nitrogen

液体状态的氮，为透明、易流动的液体。在101.325 kPa压力下的沸点为77.35 K，密度为810 kg/m^3。可用空气分离设备制取液态氮或用气态氮加以液化。

2.19

液空　liquid air

釜液　kettle liquid

经下塔(或单塔)精馏后底部的液体，该液空为浅蓝色、易流动的液体。

2.20

富氧液空　oxygen-enriched liquid air

指含氧量(体积比)超过20.95%的液态空气。

2.21

污液氮　waste liquid nitrogen

馏分液氮　liquid nitrogen fraction

在下塔合适位置抽出的、氮含量(体积比)一般为94%至低于产品液氮纯度的液体。

2.22

污氮　waste nitrogen

由上塔上部抽出的、氮含量(体积比)一般为低于产品氮气纯度的氮气。

2.23

废气　waste gas

废液　waste liquid

在高氮塔顶部冷凝蒸发器内的液体为废液,而蒸发后的气体为废气。

2.24

节流　throttling

流体通过锐孔膨胀不作功,同时降低压力的过程。

2.25

等温节流效应　throttling effect

焦耳-汤姆逊效应　Joule-Thomson effect

气体膨胀不作功所产生的温度变化的现象,称之为等温节流效应。

2.26

膨胀　expansion

气体压力降低,同时体积增加的过程,称之为膨胀。

2.27

等熵膨胀效应　isentropic expansion effect

介质在等熵膨胀时,由于压力变化所产生的温度变化同时对外作功的现象,称之为等熵膨胀效应。按介质名称不同,又有空气膨胀、氮气膨胀、废气膨胀和液体膨胀。

2.28

温差　temperature difference

指冷热流体两表面或两环境之间有热量传递时的温度差别。

2.29

热端温差　warm end temperature difference

指冷热流体间在换热器热端的温度差。

2.30

中部温差　middle portion temperature difference

指冷热流体间在换热器中部的温度差。

2.31

冷端温差　cold end temperature difference

指冷热流体间在换热器冷端的温度差。

2.32

升华　sublimation

从固相直接转化为气相的相变过程。

2.33

自清除　self-cleaning

被冻结在切换式换热器(蓄冷器)通道表面上的二氧化碳和水分,下一周期里由返流气体把它们反吹带出设备的过程。它包括冻结和清除两个阶段的过程。这两个过程的现象称为自清除。

2.34

不冻结性 non-freezability

在切换式换热器(或蓄冷器)的切换通道内,返流气体在单位时间内从每一截断面带出二氧化碳和水分的数量大于或等于正流空气通过该截断面带入二氧化碳和水分的数量。使切换式换热器(或蓄冷器)的空气通道不被二氧化碳、水分所冻结而堵塞。冻结和清除两个过程的属性,称为不冻结性。

2.35

环流 circulation

在切换式换热器(或蓄冷器)冷端进入一股返流低温气体,以缩小冷端温差来保证切换式换热器的不冻结性。

2.36

精馏 rectification

在一塔器中,上升的蒸气和下流液体多次间断(或连续)接触,同时进行部分冷凝和蒸发,进行热质交换的过程。

2.37

单级精馏 single rectification

用深冷法把压缩空气通过一压力塔[压力约为0.45 MPa~0.70 MPa(G)]进行一级精馏后,得到产品纯氧或者纯氮的方法。

2.38

双级精馏 double rectification

用深冷法把压缩空气通过一压力塔[俗称下塔,压力约为0.30 MPa~0.50 MPa(G)]进行一级精馏后,得到液氮和液空,再把液氮和液空送至低压塔[俗称上塔,压力约为0.040 MPa~0.060 MPa(G)]进行二次精馏,同时得到产品纯氮和纯液氧的方法。

2.39

低温吸附 cryogenic absorption

在低温条件下,流体以一定的速度通过吸附器,被其内的固体吸附剂除去流体中杂质的过程。

2.40

气液比 liquid-vapour ratio

回流比 reflex ratio

在精馏塔中下流液体量与上升蒸汽量之比。

2.41

漏液 weeping

当喷淋密度和气流速度减少至足够小时,在筛板塔中,液体从塔板上的小孔直接向下一块塔板掉下来;而在填料塔中,液体从填料表面上直接向填料空隙漏下来。这时两者塔中的阻力足够小,精馏遭到破坏的现象。

2.42

液泛 flooding

当喷淋密度和气流速度增加至足够大时:在筛板塔中,塔板下的气流穿过小孔,并夹带液体向上一块塔板冲去;而在填料塔中,气流冲向填料表面上的液体,并夹带液体向上填料空隙冲去。这时两者塔中的阻力足够大,精馏遭到破坏的现象。

2.43

"氮塞"现象 "nitrogen blocking"phenomena

当氩馏分中含氮组分偏高进入粗氩塔进行精馏,经过一段时间后,氮组分在粗氩冷凝器的粗氩侧聚积,而不冷凝,粗氩冷凝器的另一侧液空并不蒸发,液面不断上升,冷凝器工况遭到破坏,粗氩塔的阻力不断下降直至为零,而粗氩塔压力也逐渐升高,塔的精馏工况也遭到破坏的现象。

2.44

液氧循环量　liquid oxygen circulation

由冷凝蒸发器底部抽出一定数量的液氧再回入冷凝蒸发器，称该液氧的数量为液氧循环量。

2.45

入上塔膨胀空气　expanded air to upper column

拉赫曼空气　Lachman air

进入膨胀机绝热膨胀后直接送入上塔参加精馏的空气。

2.46

跑冷损失　cold loss caused by heat inleak

在低于环境温度下工作的设备与周围介质存在的温差所产生的冷量损失。

2.47

复热不足损失　cold loss caused by insufficient warm-up

在换热器热端冷热流体间存在的温差而导致冷量回收不完全的损失。

2.48

冷量损失　loss of refrigeration capacity

指空气分离设备中由于跑冷损失、复热不足损失、吹除损失以及引出液体的冷量损失等的总称。

2.49

提取率　recovery rate

产品组分的总含量与加工空气中该组分的总含量之比。

2.50

单位能耗　specific energy consumption

指空气分离设备生产单位产品所消耗的能量。

2.51

一次节流液化循环　liquefaction cycle with single throttling

林德循环　Linde cycle

以高压节流膨胀为基础的气体液化循环，其特点是循环气体既被液化又起冷冻剂作用。

2.52

带膨胀机的高压液化循环　high pressure liquefaction cycle with expander

海兰德循环　Heyland cycle

对外作功的绝热膨胀与节流膨胀配合使用的气体液化循环，其特点是膨胀机进口的气体状态为高压常温。

2.53

带膨胀机的中压液化循环　medium pressure liquefaction cycle with expander

克劳特循环　Claude cycle

对外作功的绝热膨胀与节流膨胀配合使用的气体液化循环，其特点是膨胀机进口的气体状态为中压低温。

2.54

带膨胀机的低压液化循环　low pressure liquefaction cycle with expander

卡皮查循环　Kapitza cycle

对外作功的绝热膨胀与节流膨胀配合使用的气体液化循环，其特点是膨胀机进口的气体状态为低压低温。

2.55

斯特林循环　Stirling cycle

由两个等温过程和两个等容过程组成的理论热力循环。整个循环通过等温压缩、等容冷却、等温膨胀、等容加热等四个过程来完成。

2.56

单高流程　one-product process

用深冷法制取单一产品氧气或氮气的流程。

2.57

双高流程　two-product process

用深冷法同时制取产品氧气和氮气的流程。

2.58

高压流程　high pressure process

正常操作压力大于5 MPa的工艺流程。

2.59

高低压流程　high-low pressure process

低压流程与高压流程相结合的工艺流程。

2.60

中压流程　medium pressure process

正常操作压力大于1.0 MPa至小于或等于5 MPa的工艺流程。

2.61

低压流程　low pressure process

正常操作压力小于或等于1.0 MPa的工艺流程。

2.62

低纯度流程　low purity process

用深冷法制取氧气的含氧量(体积比)小于或等于95%的空分流程。

2.63

高氮流程　high nitrogen process

用深冷法制取高纯氮气和液氮的流程。

2.64

带切换式换热器的低压流程　low pressure process with reversing heat exchangers

采用切换式换热器来清除压缩空气中水分和二氧化碳及碳氢化合物的低压流程。

2.65

带分子筛吸附器的低压流程　low pressure process with molecular sieve adsorbers

采用分子筛吸附器来清除压缩空气中水分和二氧化碳及碳氢化合物的低压流程。

2.66

全精馏提氩流程　argon separation process with whole rectification

在用深冷法制取氧氮的空分设备流程中，在其上塔某富氩区域抽出氩馏分，经过粗氩塔精馏，得到含氩98.5%左右，含氧量(体积比)小于或等于2×10^{-6}的粗氩，该粗氩以液态或气态进入纯氩塔进行精馏，得到含氩量(体积比)99.999%的高纯度液氩的流程。

2.67

液化流程　liquefied process

用深冷法把气态产品液化成液态产品的流程。

2.68

液氧自增压流程　self-boosting process of liquid oxygen

从主冷凝蒸发器的液氧引出流经液氧增压器，由于液位差提高了液氧压力，液氧再等压蒸发经复热出冷箱的流程。

2.69

外压缩流程　external compression process

用深冷法制取的低压氧气和氮气出冷箱后用氧压机或氮压机加压至所需压力的流程。

2.70

内压缩流程　internal compression process

用深冷法制取的低压液态产品经液体泵加压至所需压力后，又经与正流带压气体进行热交换，复热至常温气态的流程。

2.71

液体流程　liquid process

用深冷法制取液体产品(液氧、液氮、液氩)的流程。

2.72

空气分离设备　air separation plant

制氧机　oxygen plant

用深冷法把空气分离成氧、氮、氩及其他稀有气体的成套设备。

2.73

纯氮设备　pure nitrogen plant

指只生产氮气和液氮的成套空气分离设备。

2.74

小型空气分离设备　small scale air separation plant

指产氧量小于1 000 m^3/h(标准状态)的成套空气分离设备。

2.75

中型空气分离设备　medium scale air separation plant

指产氧量大于或等于1 000 m^3/h至小于10 000 m^3/h(标准状态)的成套空气分离设备。

2.76

大型空气分离设备　large scale air separation plant

指产氧量大于或等于10 000 m^3/h至小于60 000 m^3/h(标准状态)的成套空气分离设备。

2.77

特大型空气分离设备　super-large scale air separation plant

指产氧量大于或等于60 000 m^3/h(标准状态)的成套空气分离设备。

3　单元设备

3.1　精馏塔

3.1.1

精馏塔　rectification column

将多元组分混合物的液体和气体通过热质交换，达到分离的塔。

3.1.2

低温精馏塔　cryogenic rectification column

在低温下进行精馏，将空气分离成氧、氮或其他组分的塔。

3.1.3

单级精馏塔 single rectification column

进行一次精馏的塔，由一个塔和冷凝蒸发器所组成的设备。

3.1.4

双级精馏塔 double rectification column

进行二次精馏的塔，由下塔、上塔和冷凝蒸发器所组成的设备。

3.1.5

下塔 lower column

压力塔 pressure column

在双级精馏中空气进行初步分离的塔。

3.1.6

上塔 upper column

低压塔 low pressure column

在双级精馏中空气进行第二次精馏分离的塔。

3.1.7

氧塔 oxygen column

制取纯氧的精馏塔。

3.1.8

氮塔 nitrogen column

制取纯氮的精馏塔。

3.1.9

筛板塔 sieve tray column

孔板塔 perforated tray column

内装筛孔塔板，上升蒸汽穿过筛孔与液体接触，气液两相间进行传质传热的塔。

3.1.10

泡罩塔 bubble cap tray column

内装泡罩塔板，上升蒸汽穿过泡罩齿缝与液体接触，气液两相间进行传质传热的塔。

3.1.11

填料塔 packed column

内装填料，气液通过填料在填料表面进行传质传热的塔。

3.1.12

精馏段 rectifying section

在上塔中，以液空进料口以上至塔顶，用来不断提高低沸点组分含量的精馏塔段。

3.1.13

提馏段 stripping section

在上塔中，以液空进料口以下至塔底，用来不断提高高沸点组分含量的精馏塔段。

3.1.14

塔板 tray

使气液两相在其上进行传质传热，以达到气液分离、组分变化的盘板。

3.1.15

环流塔板 circular flow tray

液体在其上以圆周方向流入溢流槽的塔板。

3.1.16

对流塔板　counter flow tray

液体在其上以直径方向(相对或相反)流入溢流槽的塔板。

3.1.17

泡罩塔板　bubble cap tray

按规则排列许多泡罩的塔板。

3.1.18

筛孔板　sieve tray

按规则排列布满小孔的塔板。

3.1.19

溢流槽　overflow downcomer

溢流斗

使液体从上一块塔板流入下一块塔板的通道。

3.1.20

单溢流　single overflow

每块塔板上仅有一个溢流槽。

3.1.21

双溢流　double overflow

每块塔板上有两个溢流槽。

3.1.22

多溢流　multi-overflow

每块塔板上有两个以上溢流槽。

3.1.23

溢流堰　overflow weir

为维持塔板上有一定高度的液层,液体从塔板上流入溢流槽前加一块有一定高度的挡板,此挡板称溢流堰。

3.1.24

填料　packing

使气液能在有规则块状或无规则散装物料表面上进行充分接触的物料,以强化传质传热过程,更有效地分离气液和组分变化。

3.1.25

规整填料　structured packing

带有小孔的金属、塑料或其他材料薄片被冲压成波纹元件,将一定数量的该元件按要求排列组成有规则的、有隙的、当量直径小的盘状(或层状)的单元体填料,称为规整填料。

3.1.26

分布器　distributor

能把流体沿着填料塔截面均匀分配的零部件,称为分布器。按流体名称不同,有液体分布器和气体分布器之分。

3.2　换热器

3.2.1

换热器　heat exchanger

热交换器　heat exchanger

用来实现冷热流体间进行换热(热交换)的设备。

3.2.2

管式换热器　tubular heat exchanger

冷热流体间通过管壁传递热量的换热器。

3.2.3

列管式换热器　shell and tube heat exchanger

由许多直列固定在上、下平行两管板间的管子组成管束装在圆筒形壳体内的一种管式换热器。其中一种流体在管内流动,另一种流体在管间流动。

3.2.4

绕管式换热器　coiled pipe heat exchanger

由两端固定在管板上的若干根管子分层盘绕在中心管上,每层盘管间以垫条隔开(垫条厚度确定管间空隙构成气流通道)并且盘管束与外筒紧贴的一种管式换热器。其中一种流体在管内流动,另一种流体在盘管隔层间流动。

3.2.5

板翅式换热器　plate-fin heat exchanger

由隔板、封条、翅片、导流片等基本元件组成,经钎焊成一个整体(板束),并在流体进出口配置封头和接管的一种换热器。

3.2.6

板束　core

由隔板、封条、翅片、导流片等基本元件用不同方式叠置和排列所组成,经钎焊成一个整体。

3.2.7

隔板　partition plate

两流道之间的金属平板,又称一次传热表面。

3.2.8

封条　side bar

为密封而布置在每层流道翅片两侧(端)的金属嵌条。

3.2.9

翅片　fin

冷热两流体间进行换热的翅状金属片,又称二次传热表面。

3.2.10

平直翅片　plain fin

由金属薄片制成光滑的矩形小截面通道的一种翅片。

3.2.11

多孔翅片　perforated fin

冲有孔洞的平直翅片。

3.2.12

锯齿翅片　serrated fin

每隔一定间距翅片被切开并弯折,使流道错开的一种翅片。

3.2.13

波纹翅片　corrugated fin

冲压成波浪形的一种翅片。

3.2.14

导流翅片　distributing fin

把流体均匀地引导到翅片的流道或汇集于封头中的一种大节距多孔翅片。

3.2.15

切换板翅式换热器　plate-fin type reversing heat exchanger

切换式换热器　reversing heat exchanger

空气与污氮气定期切换进行换热，并清除空气中水分和二氧化碳杂质的板翅式换热器。

3.2.16

切换板翅式换热器热段　warm section of plate-fin type reversing heat exchanger

切换板翅式换热器组一般以环流空气出口为界，温度较高的一段称为热段。

3.2.17

切换板翅式换热器冷段　cold section of plate-fin type reversing heat exchanger

切换板翅式换热器组一般以环流空气出口为界，温度较低的一段称为冷段。

3.2.18

主换热器　main heat exchanger

空分冷箱中用来回收产品气体和返流气体的冷量以冷却正流空气的换热器。

3.2.19

过冷器　subcooler

使饱和液体进一步冷却而无相变的换热器。按被过冷流体的名称不同，有液空过冷器、液氮过冷器、液氧过冷器等。有的将液空过冷器和液氮过冷器在结构上做成一体，统称为液空液氮过冷器。

3.2.20

液化器　liquefier

使气体被液化的换热器。利用下塔的空气回收返流流体的冷量，空气被液化，而返流流体被加热的换热器。按返流流体的名称不同，可分为氧液化器、氮液化器、污氮液化器。

3.2.21

冷凝器　condenser

使气体冷凝为液体的换热器。

3.2.22

蒸发器　evaporator

使液体蒸发为气体的换热器。

3.2.23

冷凝蒸发器　condenser-evaporator

是间壁式换热器，一侧为液体在某压力下蒸发，另一侧为气体在另一压力下冷凝，同时出现集态变化的换热器。液侧和气侧间隔排列。

3.2.24

双层冷凝蒸发器　double layer condenser-evaporator

从结构上考虑，把冷凝蒸发器内的板式单元人为分成上下两层，而不改变氮气的冷凝压力和液氧的蒸发压力的设备。

3.2.25

卧式冷凝蒸发器　horizontal condenser-evaporator

从结构上考虑，把冷凝蒸发器的板式单元整齐排列在卧式圆筒内的设备。

3.2.26

液氧增压器　supercharger for liquid oxygen

是一种类似冷凝蒸发器的设备，其冷源仍为液氧，热源为带压的饱和气体。在分馏塔中安装在比主冷凝蒸发器低某一高度 H 值而使液氧增压，其液氧增压的效果取决于该高度 H 值。

3.2.27

贮液器 reservoir

在分馏塔内能贮存某一液体的设备。

3.2.28

蓄冷器 regenerator

以填料作为中间媒介使冷热流体间断进行换热,并清除空气中水和二氧化碳的一种周期性交替的蓄冷式换热器。

3.2.29

蓄热器 heat accumulator

先将热流体通过填料层,把热量贮存在填料内,然后冷流体通过填料层,吸收填料的热量而受热的换热器。

3.2.30

电加热器 electric heater

利用电能加热气体的设备。

3.2.31

蒸汽加热器 steam heater

利用蒸汽加热气体的设备。

3.2.32

气化器 liquid vaporizer

能把液态加热汽化至气态的换热器。

3.2.33

冷却器 cooler

通常用水或空气为冷却剂,用以冷却流体的换热器。

3.2.34

预冷器 precooler

利用返流气体的冷量或外加冷量来预先冷却加工气体的换热器。

3.2.35

液氧喷射蒸发器 liquid oxygen jet evaporator

用氧气直接加热从分馏塔内排出相当1%氧气产量的液氧,使其快速气化的设备。

3.2.36

蒸汽喷射蒸发器 steam jet evaporator

空气喷射蒸发器 air jet evaporator

用蒸汽、空压机出口的压缩空气,或用风机、风扇加压的热空气直接加热从冷箱内排放的液体,使其快速气化的设备。

3.3 净化设备

3.3.1

过滤器 filter

从流体中除去固体微粒和油雾的设备。

3.3.2

空气过滤器 air filter

用来过滤空气中固体微粒的设备。

3.3.3

干带式空气过滤器 dry band air filter

用尼龙丝或棉、毛等纤维织成的长毛绒制成卷片状织物来过滤空气中夹带的尘埃的设备。

3.3.4

袋式空气过滤器　bag air filter

用尼龙丝或棉、毛等纤维织成的长毛绒制成袋状织物来过滤空气中夹带的尘埃的设备。

3.3.5

自洁式空气过滤器　self-cleaning air filter

在正常使用中，能够自动清洁附在过滤元件表面上的机械杂质、灰尘等的空气过滤器，俗称自洁式空气过滤器。

3.3.6

二氧化碳过滤器　carbon dioxide filter

用来过滤来自下塔空气中二氧化碳颗粒的设备。

3.3.7

膨胀空气过滤器　expanded air filter

装在膨胀机前，用来过滤空气中二氧化碳颗粒和固体微粒的设备。

3.3.8

增压空气过滤器　pressured-air filter

装在增压膨胀机增压端前，用来过滤增压空气中的固体微粒的设备。

3.3.9

空气预冷系统　air precooling system

空气预冷设备　air precooling equipment

用来冷却压缩机出口空气的设备。

3.3.10

空气冷却塔　air cooling tower

利用较低温度的水来冷却压缩空气至设定温度的设备。

3.3.11

水冷却塔　water cooling tower

利用空分冷箱中排出来的常温、相对湿度为零的污氮(纯氮)与水在塔内进行充分接触，以降低水温的设备。

3.3.12

空气纯化系统　air purification system

空气纯化设备　air purification equipment

用来净化空气中的水分、CO_2、C_2H_2及部分碳氢化合物的设备(系统)。

3.3.13

纯化器　purifier

用吸附法或催化法净除气体中杂质的设备。

3.3.14

干燥器　drier

内装干燥剂用以除去气体中水分的设备。

3.3.15

吸附器　adsorber

用吸附法净除流体中杂质的设备。按流体名称不同有液空吸附器、液氧吸附器，净除液空、液氧中乙炔，还有二氧化碳吸附器。

3.3.16

分子筛吸附器 molecular sieve adsorber

用分子筛和干燥剂组成的吸附剂，来净除空气中的水分、CO_2、C_2H_2 及部分碳氢化合物的吸附设备。

3.3.17

立式吸附器 vertical adsorber

结构为立式的吸附器。

3.3.18

卧式吸附器 horizontal adsorber

结构为卧式的吸附器。

3.3.19

立式径向流吸附器 vertical radial-flowing adsorber

空气从立式圆筒的底部进入，经整流周向导流，径向穿越吸附剂层后，流向圆心，然后经中心筒从顶部流出的吸附器。

3.3.20

气液分离器 gas-liquid separator

将气流中所含的液滴分离出来的设备。

3.3.21

水分离器 water separator

用来除去压缩气体中水滴和雾状水滴的设备。

3.3.22

油分离器 oil separator

用来除去夹带在气体中的油雾的设备。

3.4 其他

3.4.1

仪表空气系统 instrument air system

用来提供仪表用气的设备。

3.4.2

加温解冻系统 defrosting system

用来提供加温、解冻空分冷箱的干燥的热气体的设备。

3.4.3

冷箱 cold box

内含低于周围环境温度的设备，其间填充绝热材料的箱体。

3.4.4

空分冷箱 air separation cold box

分馏塔 air separation column

把换热设备、精馏设备、机器、管道和阀门放在冷箱内，能使加工空气在其内进行传质传热，最后使各组分分离而获得产品的冷箱，统称空分冷箱，又俗称分馏塔。

3.4.5

液化冷箱 liquefied cold box

把液化设备、机器、管道和阀门放在冷箱内，能使组分气体液化而获得该组分液态产品的冷箱，统称液化冷箱。

3.4.6

消声器　silencer

用以降低气流噪声的设备，壳体多为钢材。

3.4.7

消声塔　muffler column

消声坑

能承受一定压力的消声元件所组成的消声体，装在能承受一定压力的钢筋混凝土上，组成消声塔(坑)，壳体为钢筋混凝土。

4　稀有气体提取设备

4.1　基本概念

4.1.1

稀有气体提取设备　rare gas recovery equipment

用以提取氩、氖、氦、氪、氙等产品的设备。一般附加在空气分离设备中。

4.1.2

稀有气体　rare gas

指氩、氖、氦、氪、氙五种气体。无色、无味，化学性质不活泼。在空气中含量极少。可用低温法从空气中分离和提取的稀有气体。

4.1.3

氩气　argon

分子式 Ar，相对分子质量 39.948(按 1991 年国际相对原子质量)，是一种无色、无味的气体。空气中的体积含量为 0.932%。在标准状态下的密度为 1.784 kg/m^3，沸点为 87.291 K。化学性质不活泼，不能燃烧，也不助燃。主要用于金属焊接、冶炼等。

4.1.4

纯氩　pure argon

指氩含量(体积比)大于或等于 99.99%。

4.1.5

液氩　liquid argon

液体状态的氩，是一种无色、无味、呈透明的液体。

4.1.6

氖气　neon

分子式 Ne，相对分子质量 20.179 7(按 1997 年国际相对原子质量)，是一种无色、无味的气体。空气中的体积含量为 $1.8\times10^{-3}\%$。在标准状态下的密度为 0.871 3 kg/m^3，沸点为 27.09 K。化学性质不活泼，不能燃烧，也不助燃。主要用于照明技术等。

4.1.7

纯氖　pure neon

指氖含量(体积比)大于或等于 99.95%。

4.1.8

液氖　liquid neon

液体状态的氖，是一种无色、无味、呈透明的液体。液氖常用作低温源。

4.1.9

氦气　helium

分子式 He，相对分子质量 4.003(按 1991 年国际相对原子质量)，是一种无色、无味的气体。空气中的体积含量为5.24×10⁻⁴%。在标准状态下的密度为0.176 9 kg/m³，沸点为4.215 K。化学性质不活泼，不能燃烧，也不助燃。主要用于检漏、焊接、低温研究、特种重金属冶炼、色谱分析载气、潜水呼吸气等。

4.1.10

纯氦　pure helium

指氦含量（体积比）大于或等于99.99%。

4.1.11

液氦　liquid helium

将氦气冷却到露点所形成的液态氦，常压下的温度为4.2 K，无色透明，目前是温度最低的液体。

4.1.12

氪气　krypton

分子式Kr，相对分子质量83.80（按1991年国际相对原子质量），是一种无色、无味的气体。空气中的体积含量为1×10⁻⁴%。在标准状态下的密度为3.643 1 kg/m³。沸点为119.79 K。化学性质不活泼，不能燃烧，也不助燃。主要用于电真空及电光源等工业。

4.1.13

纯氪　pure krypton

指氪含量（体积比）大于或等于99.99%。

4.1.14

氙气　xenon

分子式Xe，相对分子质量131.29（按1991年国际相对原子质量），是一种无色、无味的气体。空气中的体积含量为8.0×10⁻⁶%。在标准状态下的密度为5.89 kg/m³。沸点为165.02 K。化学性质不活泼，不能燃烧，也不助燃。主要用于电光源工业，也用于医疗、电真空、激光等领域。

4.1.15

纯氙　pure xenon

指氙含量（体积比）大于或等于99.99%。

4.1.16

氩馏分　argon fraction

从上塔合适部位抽取一股氧、氩、氮混合气作为氩提取的原料气体。其氩含量（体积比）为8%～12%，氮一般小于0.06%，其余为氧。

4.1.17

氩回流液　argon reflux

在粗氩塔中精馏洗涤下来的氧、氩、氮混合液，回流至上塔合适部位，其组分与氩馏分气体成相平衡。

4.1.18

粗氩　crude argon

由粗氩塔塔顶获得的氩含量（体积比）大于或等于96%，其余为氧和氮的混合气体。

4.1.19

工艺氩　process argon

粗氩加氢经除氧后获得的氩含量（体积比）大于或等于96%，其余为氮和氢的混合气体。

4.1.20

余气　residual gas

废气　waste gas

由纯氩塔顶部冷凝器的冷凝侧排放的少部分氩、氮、氢（有的无氢组分）混合气体。

4.1.21

富氧液空蒸汽　oxygen-enriched liquid air vapour

由粗氩冷凝器蒸发侧的液空蒸发形成的蒸汽。

4.1.22

富氧液空回流液　oxygen-enriched liquid air reflux

为避免粗氩冷凝器蒸发侧液空中碳氢化合物的浓缩，排放一部分液空返回上塔。

4.1.23

过量氢　excessive hydrogen

粗氩加氢除氧过程中使氧能完全反应，氢的加入量必须略大于其化学当量数，超出的这部分氢称为过量氢。

4.1.24

氖氦馏分　Ne-He fraction

从主冷凝蒸发器顶部抽取的氖、氦、氮混合气体，作为氖氦提取设备的原料气。

4.1.25

粗氖氦气　crude Ne-He

氖氦馏分经粗氖氦塔分离而获得氖氦浓缩物。其氖和氦的总含量(体积比)为30%～50%(有的可提至60%～65%)，其余为氮及少量氢(有的无氢组分)的混合气体。

4.1.26

氖氦混合气　Ne-He mixture

经除氮氢(有的无氢组分)后所获得的氖氦混合气体，其组分含量(体积比)氖约为75%，氦约为25%。

4.1.27

贫氪氙　poor krypton-xenon

指贫氪塔塔底蒸发器中获得的浓缩物。其氪和氙的总含量(体积比)为0.1%～0.3%(有的可提至0.25%～0.8%)，其余为氧(甲烷含量0.1%～0.3%)的混合气体。

4.1.28

粗氪氙　crude krypton-xenon

指粗氪塔塔底蒸发器中获得的浓缩物。其氪、氙的总含量(体积比)为50%，其余为氧的混合气体(含有少量甲烷)。

4.1.29

工艺氙　process xenon

指粗氪氙气体通过纯氪塔进一步分离后获得的氙气，其氙含量(体积比)为99%左右。

4.2　单元设备

4.2.1

氩提取设备　argon recovery equipment

用以提取纯氩的设备。

4.2.2

粗氩塔　crude argon column

用来精馏氩馏分气体，以提取粗氩的精馏塔。用筛板塔可提取含氩量(体积比)大于或等于96%的粗氩。用填料塔可提取氩含量(体积比)大于或等于98.5%的粗氩。对于填料塔有的分两段制造，俗称为粗氩塔Ⅰ、Ⅱ。

4.2.3

纯氩塔　pure argon column

精氩塔

用来进一步分离粗氩，以提取氩含量(体积比)99.99%～99.999%的精馏塔。

4.2.4

粗氩冷凝器　crude argon condenser

为粗氩塔提供回流液并伴随流体的集态变化(粗氩冷凝、液空蒸发)的换热器。

4.2.5

粗氩液化器　crude argon liquefier

把粗氩气液化成液态的换热器。

4.2.6

纯氩冷凝器　pure argon condenser

为纯氩塔提供回流液并伴随流体的集态变化(液氮蒸发、余气冷凝)的换热器。

4.2.7

纯氩蒸发器　pure argon evaporator

为纯氩塔提供上升蒸气，并伴随流体的集态变化(液氩蒸发、氮气或工艺氩冷凝)的换热器。

4.2.8

氩换热器　argon heat exchanger

把工艺氩预冷至某一个温度的换热器。

4.2.9

氩预冷器　argon precooler

把工艺氩冷却至 5 ℃～10 ℃的换热器。

4.2.10

氩纯化器　argon purifier

触媒炉　catalyst oven

内装催化剂(触媒)，以催化法达到清除某些气体杂质的设备。

4.2.11

阻火器　flame arrester

内装阻火材料以阻止火焰倒入的设备。

4.2.12

氖氦提取设备　Ne-He recovery equipment

用以分离和提取纯氖、纯氦的设备。

4.2.13

粗氖氦塔　crude Ne-He columm

氖氦浓缩塔　Ne-He concentrating column

用分离、精馏的方法使氖氦馏分中的部分氮被分离，以达到浓缩氖氦、制取粗氖氦的精馏塔。

4.2.14

粗氖氦冷凝器　crude Ne-He condenser

为粗氖氦塔提供回流液并伴随流体集态变化(液氮蒸发、氖氦馏分中的部分氮冷凝)的换热器。

4.2.15

粗氖氦除氮器　nitrogen remover for crude Ne-He

用以除去粗氖氦气中的氮，以制取氖氦混合气体的设备。

4.2.16

氖氦分离器　Ne-He separator

把氖氦混合气体分离为单组分的氖气和氦气的设备。

4.2.17

氖纯化器　neon purifier

把未达到产品纯度的氖气用吸附法作进一步的纯化处理，除去氖气中的少量杂质，以获得纯氖气体的设备。

4.2.18

氦纯化器　helium purifier

把未达到产品纯度的氦气用吸附法作进一步的纯化处理，除去氦气中的少量杂质，以获得纯氦气体的设备。

4.2.19

氪氙提取设备　Ke-Xe recovery equipment

用以提取纯氪和纯氙的设备。

4.2.20

贫氪塔　poor krypton column

一氪塔　first krypton column

以液氧或气氧为原料气体进行第一次精馏浓缩，以提取贫氪液体的精馏塔。

4.2.21

粗氪塔　crude krypton column

二氪塔　second krypton column

以贫氪为原料气体进行第二次浓缩，以提取粗氪液体的精馏塔。

4.2.22

纯氪塔　pure krypton column

用来分离粗氪气体以制取纯氪和工艺氙的精馏塔。

4.2.23

纯氙塔　pure xenon column

用工艺氙为原料气体进行分离并提取纯氙的精馏塔。

4.2.24

贫氪蒸发器　poor krypton evaporator

为贫氪塔提供上升蒸汽并伴随流体的集态变化（贫氪蒸发、空气冷凝）的换热器。

4.2.25

贫氪换热器　poor krypton heat exchanger

贫氪气预冷至某一个温度的换热器。

4.2.26

粗氪蒸发器　crude krypton evaporator

为粗氪塔提供上升蒸汽并伴随流体的集态变化（粗氪蒸发、氮气冷凝）的换热器。

4.2.27

粗氪冷凝器　crude krypton condenser

为粗氪塔提供回流液并伴随流体的集态变化（液氮蒸发、贫氪冷凝）的换热器。

5 低温液体贮运设备

5.1 基本概念

5.1.1

普通堆积绝热 conventional accumulation insulation

在需要保温的设备周围填充或包扎一定厚度的绝热材料，以抑制热量的传递。常用的绝热材料有膨胀珍珠岩、泡沫玻璃和超细玻璃纤维等。

5.1.2

高真空绝热 high vacuum insulation

由双层壁构成的绝热结构，双层之间的空气被抽除，达到高真空(真空度小于等于 1.0×10^{-3} Pa)的状态，消除了传热的媒介，此时辐射传热成为热流的主流。

5.1.3

真空粉末绝热 vacuum powder insulation

粉末真空绝热

在夹层空间填充粉末型绝热材料，并抽至某一压力范围的真空即能获得较好的绝热效果的绝热形式。

5.1.4

高真空多层绝热 high vacuum multilayer insulation

多层真空绝热

在低温容器的内胆外侧缠绕具有高反射性能的材料作辐射屏，并以低传导材料作层间间隔物，然后夹层空间抽至真空(压力低于 1.0×10^{-2} Pa)，从而进一步降低由辐射引起的热量传递，以达到高效绝热的绝热形式。

5.1.5

高真空多屏绝热 high vacuum multi-shield insulation

一种将多层绝热辐射屏和蒸汽冷却传导屏相结合的、夹层空间抽至真空的绝热形式。

5.1.6

真空液氮屏绝热 vacuum LN_2-shield insulation

在真空夹层中装置液氮保护屏的绝热形式。液氮屏构成 77 K 辐射壁面，从而可降低热壁温度，提高绝热效果，有效地减少低温液体(液氢、液氦)的蒸发。

5.1.7

几何容积 geometric volume

按设计给定的几何尺寸所确定的容器空间容量，单位为 m^3。

5.1.8

有效容积 effective volume

容器在工作状态下所允许的最大盛液容积，单位为 m^3。

5.1.9

充满率 filling rate

有效容积与几何容积之百分比。

5.1.10

表观导热率 apparent mean conductivity

有效导热率 effective mean conductivity

绝热结构的整体绝热效应(传导、对流、辐射共同作用)，通常由试验方法确定。单位为 W/(m·K)。

5.1.11

蒸发损失量　evaporation loss

由于环境热量导入引起低温液体在单位时间内汽化的液体量。

5.1.12

静态蒸发率　static evaporation rate

低温绝热压力容器在装载大于有效容积 1/2 低温液体时，静置达到热平衡后，24 h 内自然蒸发损失的低温液体质量和容器有效容积下低温液体质量的百分比，换算为标准环境下（20 ℃，101.325 kPa）蒸发率值，单位为%/d。

5.1.13

封结真空度　sealed-off vacuum degree

低温绝热压力容器抽真空结束封结后，在常温状态下夹层压力相对稳定时的夹层真空度，单位为 Pa。

5.1.14

真空夹层漏率　vacuum interspace leak rate

单位时间内漏入真空夹层的气体量，单位为 $Pa \cdot m^3/s$。

5.1.15

真空夹层放气速率　vacuum interspace outgassing rate

真空夹层绝热材料、器壁表面等在单位时间内放出的气体量，单位为 $Pa \cdot m^3/s$。

5.1.16

真空夹层漏放气速率　vacuum interspace outgassing and leak rate

真空夹层漏气速率和放气速率之和，单位为 $Pa \cdot m^3/s$。

5.1.17

无损贮存时间　time of ventless storage

维持时间　holding time

低温液体罐车或罐箱按额定充满率充装低温液体，其气相与大气相通，静置并达到热平衡，补液至额定充满率，且关闭气相阀门后，内容器压力开始上升到安全阀起跳所需经历的时间，且换算为标准环境下（20 ℃，101.325 kPa）的时间，单位为 d。

5.2　低温液体容器

5.2.1

低温液体容器　cryogenic liquid vessel

通常指贮存和运输低温液体的设备。它是杜瓦容器、贮液器、低温液体气瓶、低温液体贮槽的统称。

5.2.2

杜瓦容器　Dewar

以杜瓦命名，以真空绝热贮存低温液体的容器。通常指的是小型低温液体贮存容器。

5.2.3

直口杜瓦容器　cylindrical Dewar

一种颈管与容器内胆是等直径的敞口的低温液体贮存容器。

5.2.4

低温液体气瓶　cryogenic liquid cylinder

一种小型的真空多层绝热的贮存低温液体的容器。

5.2.5

低温液体贮槽　cryogenic liquid tank

贮槽　tank

一种较大型的贮存低温液体的容器。

5.2.6

圆柱形贮槽　cylindrical tank

指容器的结构形状是圆柱形的贮槽。

5.2.7

球形贮槽　spherical tank

指容器的结构形状是球形的贮槽。

5.2.8

子母式贮槽　cluster tank

指多个容器(即子罐)并联组成的内罐,置于一个大型外罐(即母罐)内的贮槽。

5.2.9

平底贮槽　flat bottom tank

指容器的结构形状是平底圆柱形的贮槽。它是常压并大容量的贮槽。

5.2.10

卧式贮槽　horizontal tank

指水平安装的贮槽。

5.2.11

立式贮槽　vertical tank

指垂直安装的贮槽。

5.2.12

固定式贮槽　stationary tank

指安装在生产、使用地附近并固定地点的贮槽。

5.2.13

移动式贮槽　movable tank

指低温液体的贮存和运输设备。它包括公路槽车、贮槽拖车、罐式集装箱和铁路槽车。

5.2.14

公路槽车　road tanker

△△[1]公路槽车　△△[1] road tanker

贮槽固定在汽车底盘上,用于公路运输的低温液体贮运设备。

5.2.15

贮槽拖车　tank trailer

△△[1]贮槽拖车　△△[1] tank trailer

贮槽固定在拖车架上,由牵引车牵引运输的低温液体贮运设备。

5.2.16

铁路槽车　rail tanker

△△[1]铁路槽车　△△[1] rail tanker

贮槽固定在拖车体上,用于铁路长途运输的低温液体贮运设备。

5.2.17

罐式集装箱　tank container

由两个基本部分即单个罐体或多个罐体,以及附在标准集装箱框架组成的用于储运低温液体的移动式贮槽。

---

1) “△△”表示所贮运低温液体的介质符号。

5.2.18

槽车空载行驶试验　no-load running test of tanker

贮槽未装低温液体时，经空载行驶试验检查槽车在运输状态和停车后的性能。

5.2.19

槽车满载行驶试验　full-load running test of tanker

贮槽装满低温液体，经满载行驶试验检查槽车在运输状态和停车后的性能。

5.3 气化设备

5.3.1

气化设备　vaporization equipment

由贮槽、气化器、减压系统、平衡器和送气管道等组成的供气设备。

5.3.2

气化器　vaporizer

把低温液体汽化为气体的换热器。

5.3.3

增压器　pressure building coil (PBU)

利用外界热量汽化少量低温液体为气体，使其返至容器气相空间，以使气体增压的气化器。

5.3.4

移动式气化设备　movable vaporization equipment

指安装在车辆上的或其他可移动装置上的气化设备。

5.3.5

空浴式气化器　air bath vaporizer

用常温空气对低温液体进行加热的气化器。

5.3.6

水浴式气化器　water bath vaporizer

利用水为热传导介质对低温液体进行加热的气化器。

5.3.7

气化充瓶车　tanker with vaporization and cylinder-filling equipment

由移动式贮槽、低温液体泵、气化设备及充灌设备等组成。移动式贮槽将低温液体运往用气地点，由低温液体泵增压输送给气化设备，使其汽化成气态，经充灌设备充入钢瓶。

5.4　低温输液管

5.4.1

低温输液管　cryogenic delivery pipe

输送低温液体的管道。

5.4.2

裸管　bare pipe

光管

无绝热措施的输液管。

5.4.3

普通绝热输液管　delivery pipe with conventional insulation

用普通绝热形式绝热的输液管。

5.4.4

真空绝热输液管　delivery pipe with vacuum insulation

用真空或真空多层绝热的输液管。

5.4.5

挠性绝热输液管 flexible delivery pipe with insulation

用纤维绝热材料缠绕在金属波纹管上，具有挠性的输液管。

5.4.6

真空绝热挠性输液管 flexible delivery pipe with vacuum insulation

内外管为金属波纹管，具有挠性的夹层空间抽至真空的输液管。

5.5 零部件

5.5.1

内容器 inner vessel

指贮存低温液体并能承受一定压力的容器。

5.5.2

外壳 outer shell

外容器

指低温容器的绝热夹套的外壳体。

5.5.3

辐射屏 radiation shield

反射屏

一种具有高反射性并能降低冷热壁面间的辐射热流的屏。通常由铝箔或镀铝涤纶薄膜制作。

5.5.4

冷却传导屏 cooled conduction shield

一种导热性好的材料以低热阻的方法固定在低温容器颈管上，将绝热层中的热流导入颈管为蒸发逸出的冷气所带走，从而降低热壁温度，减少辐射热流的屏。

5.5.5

间隔物 spacer

在多层绝热中采用低导热系数、低放气率、具有一定机械强度和较大接触阻力的材料(如玻璃纤维布、植物纤维纸等)，用以防止辐射屏接触，增大接触热阻的间隔层。

5.5.6

支承 support

容器的承载和连接结构。

5.5.7

内支承 internal support

内容器与外壳体之间的连接支承结构。

5.5.8

外支承 external support

外壳体与基础(对移动式贮槽是车架)之间的连接支承结构。

5.5.9

固定支承 stationary support

采用焊接或螺栓连接的固定连接形式的支承结构。

5.5.10

活动支承 movable support

考虑温度补偿，允许支承部位局部移动或偏转的支承结构。

5.5.11

悬挂支承 suspension support

内支承的一种，常用链、带、杆、管、绳等构件将内容器固定于外壳体中的连接支承结构。

5.5.12

吸附室　adsorption chamber

为保持和提高夹层真空，在低温液体容器的夹层内设置填充吸附剂的腔室。

5.5.13

快装接座　fast connector

用于贮槽充排液口与槽车充排口等快速联接的接头。

6　透平膨胀机

6.1　分类

6.1.1

透平膨胀机　expansion turbine (turbo-expander)

通过流体在喷嘴和工作轮中的膨胀使工作轮旋转，对外作功而降低流体出口温度的机械。

6.1.2

冲动式透平膨胀机　impulse expansion turbine

冲击式透平膨胀机　impulse expansion turbine

反动度为零的透平膨胀机。

6.1.3

反动式透平膨胀机　reaction expansion turbine

反作用式透平膨胀机

反击式透平膨胀机

反动度大于零的透平膨胀机。

6.1.4

单级透平膨胀机　single-stage expansion turbine

由一个导流器、工作轮及其他部件组成的透平膨胀机。

6.1.5

多级透平膨胀机　multistage expansion turbine

包含两个和两个以上的导流器、工作轮的透平膨胀机。

6.1.6

向心径流式透平膨胀机　radial-inflow expansion turbine

流体从工作轮叶片流道的径向进入，径向流出的透平膨胀机。

6.1.7

向心径-轴流式透平膨胀机　radial-axial-flow expansion turbine

流体从工作轮叶片流道的径向进入，轴向流出的透平膨胀机。

6.1.8

低压透平膨胀机　low pressure expansion turbine

进口压力小于 1.6 MPa 的透平膨胀机。

6.1.9

中压透平膨胀机　medium pressure expansion turbine

进口压力大于 1.6 MPa 且小于 10.0 MPa 的透平膨胀机。

6.1.10

高压透平膨胀机　high pressure expansion turbine

进口压力大于 10.0 MPa 且小于 25.0 MPa 的透平膨胀机。

6.1.11

增压机-透平膨胀机　booster expansion turbine

增压透平膨胀机

增压机制动的透平膨胀机。

6.1.12

气体轴承透平膨胀机　gas-bearing expansion turbine

转子采用气体轴承支承的透平膨胀机。

6.1.13

油轴承透平膨胀机　oil-bearing expansion turbine

转子采用油轴承支承的透平膨胀机。

6.1.14

电磁轴承透平膨胀机　magnetic bearing expansion turbine

转子采用电磁轴承支承的透平膨胀机。

6.1.15

风机制动　brake by blower

利用风机消耗膨胀功，使膨胀机稳定运转的制动方法。

6.1.16

增压机制动　brake by booster

压缩机制动　brake by compressor

利用增压机回收膨胀功，使膨胀机稳定运转的制动方法。

6.1.17

电机制动　brake by generator

利用发电机回收膨胀功，使膨胀机稳定运转的制动方法。

6.1.18

油制动　oil brake

利用油制动器消耗膨胀功，使膨胀机稳定运转的制动方法。

6.1.19

节流调节　control by throttling

通过节流改变膨胀机进口压力，调节膨胀机制冷量的方法。

6.1.20

喷嘴组调节　control by nozzle block

副喷嘴调节

部分进气调节

通过关闭部分喷嘴来调节膨胀机制冷量的方法。

6.1.21

转动喷嘴调节　control by adjustable nozzle

可调喷嘴调节

转动喷嘴环叶片角度，改变喷嘴流通面积，以调节膨胀机制冷量的方法。

6.1.22

变高度喷嘴调节　control by changing height of nozzle

改变喷嘴环叶片轴向有效高度，使喷嘴流通面积发生变化，以调节膨胀机制冷量的方法。

6.1.23

水平剖分结构　horizontally split casing

包容转子的主要外围零、部件，如轴承箱等为剖分结构，结合面通过转子轴线并处于水平位置的结构型式。

6.1.24

弹卡结构　cartridge clip

包容转子的主要外围零、部件，如轴承箱、轴承等均为整体结构，轴承箱内各零、部件的安装方式采用插入式定位，沿转子轴向装拆的结构型式。

6.2　性能

6.2.1

标准流量　normal flow

标态流量

在 0 ℃，101.325 kPa 状态下，单位时间内流经膨胀机的流体容积，符号：q_n。

6.2.2

质量流量　mass flow

单位时间内流经膨胀机的流体质量。符号：q_m。

6.2.3

容积流量　volume flow

单位时间内流经膨胀机的流体容积。符号：q_v。

6.2.4

进口压力　inlet pressure

流体进入膨胀机蜗壳时的绝对全压力。符号：p_0。

6.2.5

工作轮进口压力　impeller inlet pressure

间隙压力　clearance pressure

流体进入工作轮时的绝对静压力。符号：p_1。

6.2.6

工作轮出口压力　impeller outlet pressure

流体离开工作轮时的绝对静压力。符号：p_2。

6.2.7

出口压力　outlet pressure

流体离开扩压器时的绝对全压力。符号：p_3。

6.2.8

进口温度　inlet temperature

流体进入膨胀机蜗壳时的温度。符号：T_0。

6.2.9

工作轮进口温度　impeller inlet temperature

喷嘴出口温度　nozzle outlet temperature

流体进入工作轮时的温度。符号：T_1。

6.2.10

工作轮出口温度　impeller outlet temperature

流体离开工作轮时的温度。符号：T_2。

6.2.11

出口温度　outlet temperature

流体离开膨胀机扩压器时的温度。符号：T_3。

6.2.12

特性曲线　characteristic curve

表示膨胀机的效率、流量、反动度、速度比等主要参数之间关系的曲线。

6.2.13

无因次特性曲线　non-dimensional characteristic curve

用无因次参数表示的特性曲线。

6.2.14

级　stage

一个完整通流部分的组合，包括蜗壳、喷嘴、工作轮和扩压器。

6.2.15

转速　speed

透平膨胀机中，转子的旋转速度。符号：N 。

6.2.16

比转数　specific revolution

比速　specific speed

表示膨胀机特性的一个无因次量，它是转速与出口容积流量二次根的乘积除以等熵焓降四分之三次方的商。符号：n_S（或 σ）。

6.2.17

比直径　specific diameter

比径　specific diameter

表示膨胀机特性的一个无因次量，它是工作轮外径与等熵焓降四次根的乘积除以出口容积流量二次根的商。符号：D_S（或 δ_d）。

6.2.18

膨胀比　expansion ratio

级出口绝对全压力与进口绝对全压力之比。符号：ε。

6.2.19

压力比　pressure ratio

压比

级进口绝对全压力与出口绝对全压力之比。符号：$1/\varepsilon$。

6.2.20

理想速度　ideal speed

等熵速度　theoretical isentropic velocity、

级的等熵焓降全部转变为动能时气体所具有的速度。符号：C_S。

6.2.21

速度比　speed ratio

特性比

工作轮进口外缘线速度与理想速度之比。符号：γ 。

6.2.22

反动度 degree of reaction

反作用度

反击度

在理想情况下工作轮的等熵焓降与级的等熵焓降之比。符号:ρ。

6.2.23

轮径比 impeller diameter ratio

倒径比 inverted diameter ratio

对向心径流式工作轮:工作轮叶片出口直径 D_2 与工作轮外径 D_1 之比(见图 1);

对向心径-轴流式工作轮:工作轮叶片出口截面面积平均直径 D_{2m} 与工作轮外径 D_1 之比(见图 1)。符号:μ 。

6.2.24

喷嘴喉部宽度 throat width of nozzle

喷嘴环两相邻叶片之间的最小距离(见图 1)。符号:b_c。

6.2.25

喷嘴轴向宽度 axial width of nozzle

喷嘴叶片两端面间的距离(见图 1)。符号:l_n。

6.2.26

工作轮进口相对宽度 relative width of impeller inlet

工作轮叶片进口轴向宽度与工作轮外径之比。

6.2.27

喷嘴速度系数 nozzle speed factor

喷嘴出口实际速度与理想速度之比。符号:Φ。

6.2.28

工作轮速度系数 impeller speed factor

工作轮出口实际相对速度与理想相对速度之比。符号:ψ。

6.2.29

喷嘴多变指数 polytropic index of nozzle

描述喷嘴中流体多变膨胀过程(包括不可逆绝热膨胀)的物理量,它是绝热指数与喷嘴速度系数的函数。符号:n。

6.2.30

工作轮进口相对速度角 relative velocity angle of flow at impeller inlet

工作轮进口相对速度与工作轮进口圆周速度的夹角(见图 1)。符号:β_1。

6.2.31

工作轮进口绝对速度角 absolute angle of flow at impeller inlet

工作轮进口绝对速度和工作轮进口圆周速度的夹角(见图 1)。符号:α_1。

6.2.32

工作轮出口绝对速度角 absolute velocity angle of flow at impeller outlet

工作轮出口绝对速度与工作轮出口圆周速度反方向的夹角(见图 1)。符号:α_2。

6.2.33

工作轮出口相对速度角　relative velocity angle of flow at impeller outlet

工作轮出口相对速度与该处工作轮圆周速度的夹角(见图1)。符号:β_2。

6.2.34

喷嘴叶片出口安装角　setting angle of vane at nozzle outlet

由工作轮进口绝对速度角和喷嘴环叶栅参数确定的叶片出口位置角(见图1)。符号:α_{1A}。

6.2.35

喷嘴流动偏转角　deflection angle of flow at nozzle outlet

超音速流体在叶片斜切口段继续膨胀引起的偏转角。符号:δ。

6.2.36

喷嘴出口流动角　flow angle at nozzle outlet

喷嘴叶片出口安装角与喷嘴流动偏转角之和。符号:α_1'。

6.2.37

喷嘴出口流动速度　flow velocity at nozzle outlet

流体流出喷嘴时的绝对速度。符号:c_1'。

6.2.38

工作轮进口绝对速度　absolute velocity of flow at impeller inlet

工作轮进口处流体的绝对速度。符号:c_1。

6.2.39

工作轮进口相对速度　relative velocity of flow at impeller inlet

工作轮进口处流体相对于工作轮的速度,它等于该处流体绝对速度矢量减去该处工作轮圆周速度矢量(见图1)。符号:w_1。

6.2.40

工作轮进口圆周速度　peripheral velocity of impeller inlet(tip speed)

工作轮进口处的切向速度,它的大小等于该处半径与工作轮转动角速度的乘积,它的方向为该处转动圆周的切线方向(见图1)。符号:u_1。

6.2.41

工作轮出口绝对速度　absolute velocity of flow at impeller outlet

工作轮出口处流体的绝对速度。符号:c_2。

6.2.42

工作轮出口相对速度　relative velocity of flow at impeller outlet

工作轮出口处流体相对工作轮的速度,它等于该处流体绝对速度矢量减去工作轮出口圆周速度矢量(见图1)。符号:w_2。

6.2.43

工作轮出口圆周速度　peripheral velocity of flow at impeller outlet

对径流式工作轮:工作轮叶片出口处的切向速度(见图1)。符号:u_2。

对径-轴流式工作轮:工作轮叶片出口面积平均直径处的切向速度。符号:u_{2m}。

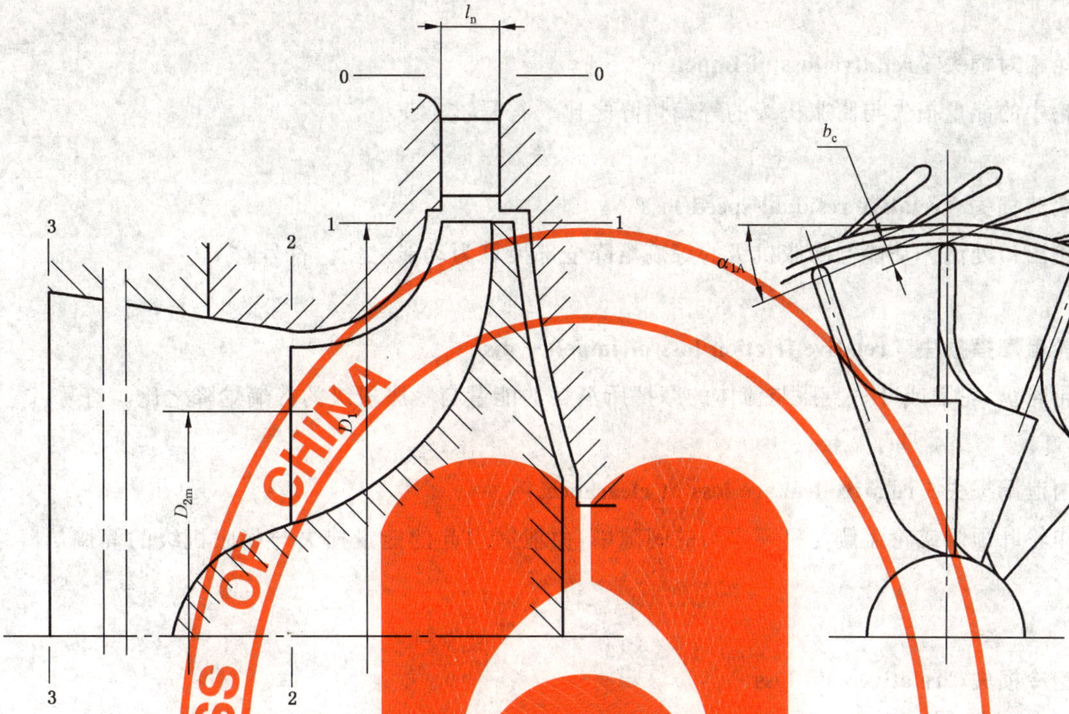

a) 向心径-轴流式

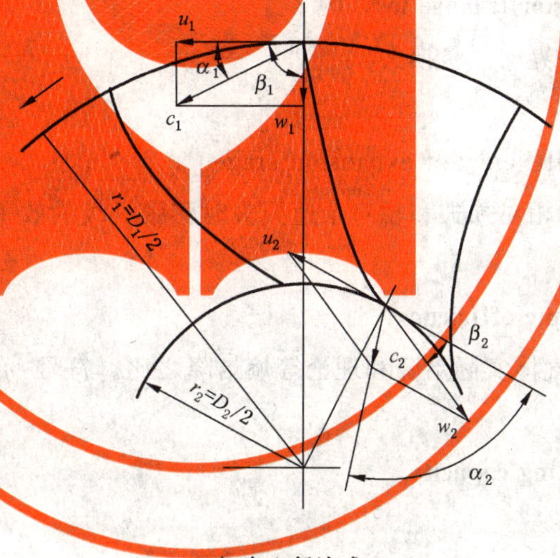

b) 向心径流式

0—0,1—1,2—2,3—3——位置截面。

图 1 透平膨胀机主要几何尺寸代号及速度三角形示意图

6.2.44

喷嘴相对损失 relative loss of nozzle

喷嘴中的能量损失与膨胀机级的等熵焓降之比。符号：ζ_n。

6.2.45

工作轮相对损失　relative loss of impeller

工作轮中的能量损失与膨胀机级的等熵焓降之比。符号：ζ_i。

6.2.46

相对余速损失　relative residual speed loss

工作轮出口处流体动能与膨胀机级的等熵焓降全部换算为动能之比。符号：ζ_r。

6.2.47

相对轮盘摩擦损失　relative friction loss of impeller disk

工作轮轮盘、轮盖或叶片克服与流体的摩擦所消耗的能量与膨胀机级的等熵焓降之比。符号：ζ_f。

6.2.48

相对内泄漏损失　relative leakage loss at clearance

在工作轮叶顶侧或轮盖侧与机壳之间的间隙中，由泄漏引起的能量损失与膨胀机级的等熵焓降之比。符号：ζ_l。

6.2.49

相对跑冷损失　relative cold loss

由膨胀机构件与周围环境间的热传递引起的冷量损失与膨胀机产冷量之比。符号：ζ_c。

6.2.50

外泄漏损失　exterior leakage loss

通过轴封泄漏到外界的气量损失。

6.2.51

流动效率　flow efficiency of expansion stage

只计及通流部分的相对损失和相对余速损失时膨胀机级的效率。符号：η_f。

6.2.52

等熵效率　isentropic efficiency

计及各种损失后，气体实际焓降和理论等熵焓降之比。符号：η_s。

6.2.53

产冷量　refrigerating capacity

制冷量

单位时间内，气体通过膨胀机所产生的冷量。符号：Q_c。

6.2.54

有效机械功率　effective mechanical power

计及机械效率时膨胀机单位时间内输出的机械功。符号：P。

6.2.55

膨胀过程的 H-S 图　expansion process on the h-s diagram

在气体的焓-熵图上表示出某膨胀机的气体膨胀过程中各处气体状态的示意图(见图 2)。

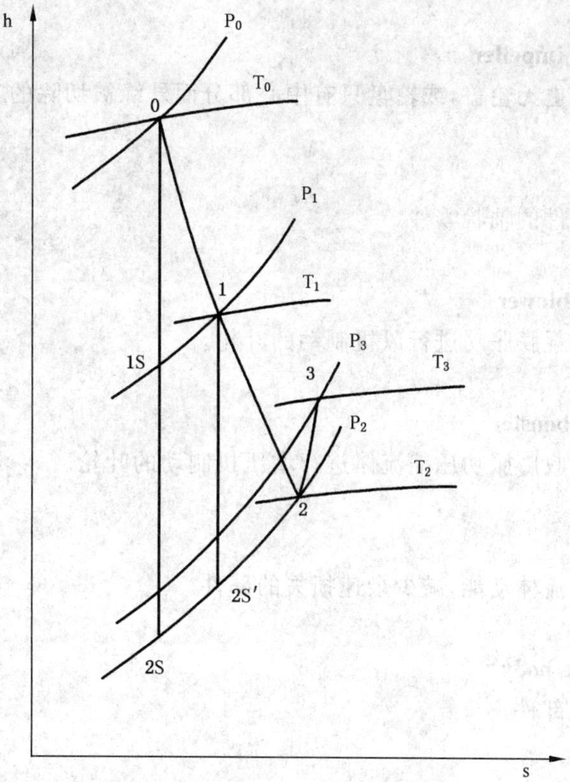

图 2　膨胀过程的 h-s 图

6.3　零、部件

6.3.1

蜗壳　volute

实现对喷嘴环均匀分配流体的部件。

6.3.2

喷嘴环　nozzle ring

导流器　distributor

具有两个端壁的环形叶栅。

6.3.3

叶片　vane

分隔流体通道，组成环形叶栅的单元零件。

6.3.4

转子　rotor

由工作轮、主轴等零件组成的整个旋转部件。

6.3.5

工作轮　impeller

将流体的能量转变为机械功以产生冷量的叶轮。

6.3.6

闭式工作轮　closed impeller

环形叶栅两端分别有轮盘和轮盖的工作轮。

6.3.7

半开式工作轮　semi-opened impeller

仅在环形叶栅一端有轮盘而无轮盖的工作轮。

6.3.8

开式工作轮 opened impeller

环形叶栅两端无轮盘也无轮盖,或轮盘只有中心部分而外缘被切除的工作轮。

6.3.9

主轴 main shaft

安装工作轮等旋转零件的轴状零件。

6.3.10

风机轮 impeller of blower

安装在主轴上用来消耗膨胀功进行风机制动的叶轮。

6.3.11

增压轮 impeller of booster

安装在主轴上用来回收膨胀功压缩流体进行增压机制动的叶轮。

6.3.12

扩压器 diffuser

用以回收工作轮出口流体动能,减少余速损失的部件。

6.3.13

中间体 intermediate body

连接蜗壳和轴承箱的部件。

6.3.14

密封器 sealer

阻止流体泄漏的部件。

6.3.15

风机蜗壳 volute of blower

汇集并导出风机轮压缩气体的部件。

6.3.16

增压机蜗壳 volute of booster

汇集并导出增压轮压缩流体的部件。

6.3.17

轴承箱 bearing box

机身

安装轴承并支承膨胀机转子的部件。

6.3.18

减速箱 reducer casing

齿轮箱 gear box

膨胀机与制动电机间的变速装置。

6.3.19

轴承 bearing

支承转子并确定其相对于其他零件转动位置的部件。

6.3.20

剖分轴承 split bearing

具有水平中分面的轴承。

6.3.21

整体轴承 integral bearing

不具有水平中分面的轴承。

6.3.22

气体轴承　gas bearing

用气体作润滑剂的轴承,工作时轴承中相对滑动的两个精加工表面被气膜所隔开而互不接触或呈悬浮状态。

6.3.23

气体静压轴承　aerostatic bearing

由轴承外部的气源不断地将具有一定压力的气体通过进气孔进入轴承间隙,抬起运动件以建立承载气膜的气体轴承。

6.3.24

气体动压轴承　aerodynamic bearing

由运动件在运转时轴承间隙内的气体自动形成流体动力气膜而产生承载能力的气体轴承。

6.3.25

油轴承　oil bearing

用油做润滑剂的轴承。工作时轴承中相对滑动的两个精加工表面被油膜隔开而互不接触或呈悬浮状态。

6.3.26

电磁轴承　magnetic bearing

由电磁场使转子悬浮在空气中,工作时轴承中相对滑动的表面互不接触。

6.3.27

制动电机　brake generator

回收膨胀功并将电能输入电网的电机。

6.3.28

联轴器　coupling

用来联结主轴、减速箱轴、电机轴并使之一同转动的部件。

6.3.29

供油装置　oil supply unit

供油系统

向轴承箱、减速箱内各轴承提供合格润滑油的装置。

6.3.30

油冷却器　oil cooler

冷却润滑油的热交换器。

6.3.31

主油泵　main oil pump

膨胀机在正常运转时所使用的循环油泵。

6.3.32

辅助油泵　subsidiary oil pump

膨胀机在起动、停车阶段或非常情况时所使用的循环油泵。

6.3.33

油过滤器　oil filter

滤除润滑油中机械杂质的部件。

6.3.34

压油容器　pressure oil tank

压力油箱

非常情况下,利用压缩气体供油的容器。

6.3.35

囊式蓄能器 bladder accumulator

利用油容器中设有的预充有一定压力气体的皮囊，在非正常情况下向机器供油的容器。

7 低温液体泵

7.1 分类

7.1.1

低温液体泵 cryogenic liquid pump

用来输送温度在－100 ℃以下液体的泵。

7.1.2

往复式低温液体泵 reciprocating cryogenic liquid pump

用来输送温度在－100 ℃以下液体的往复泵，简称低温往复泵。

7.1.3

活塞式低温液体泵 piston type cryogenic liquid pump

以活塞作往复运动的低温液体泵，简称低温活塞泵。

7.1.4

柱塞式低温液体泵 plunger type cryogenic liquid pump

以柱塞作往复运动的低温液体泵，简称低温柱塞泵。

7.1.5

立式低温往复泵 vertical reciprocating cryogenic liquid pump

活塞(或柱塞)往复运动轨迹为铅垂线的往复式低温液体泵。

7.1.6

卧式低温往复泵 horizontal reciprocating cryogenic liquid pump

活塞(或柱塞)往复运动轨迹为水平线的往复式低温液体泵。

7.1.7

离心式低温液体泵 centrifugal cryogenic liquid pump

用来输送温度在－100 ℃以下液体的离心泵，简称低温离心泵。

7.1.8

立式低温离心泵 vertical centrifugal cryogenic liquid pump

泵轴为铅直方向结构的离心式低温液体泵。

7.1.9

卧式低温离心泵 horizontal centrifugal cryogenic liquid pump

泵轴为水平方向结构的离心式低温液体泵。

7.1.10

充气迷宫密封 gas-filled labyrinth seal

利用迷宫型式的结构，并在其中通入密封用气体，以防止低温液体沿离心泵轴泄漏的密封方式。

7.1.11

填料密封 gland packing seal

靠压紧填料与活塞杆的外圆表面接触来实现密封的方式。

7.1.12

机械密封 mechanical seal

由垂直于主轴的两个平面间的接触压力达到回转密封作用的一种装置。

7.2 性能

7.2.1

行程容积　stroke volume

单个活塞(或柱塞)在一次排出或吸入行程中所扫过的泵缸容积。符号:V_s。

7.2.2

理论流量　theoretical flow

单位时间内理论上排出的低温液体量。符号:q_T。

7.2.3

实际流量　actual flow

流量　flow

单位时间内实际排出的低温液体量。符号:q_a。

7.2.4

瞬时流量　transient flow

低温往复泵的活塞(或柱塞)在压出行程中任一瞬时起的一小段趋近于零的时间间隔内理论上排出的低温液体量。符号:q_t。

7.2.5

最大流量　maximun flow

低温往复泵在压出行程中的最大瞬时流量。符号:q_{max}。

7.2.6

流量不均匀系数　factor of non-uniform flow

反映低温往复泵流量不均匀程度的系数。符号:λ。

7.2.7

行程　stroke

活塞(或柱塞)运行在两个死点之间的位移。符号:S。

7.2.8

吸入行程　suction stroke

活塞(或柱塞)从一个死点向另一个死点运动使泵缸中容积增大,并伴有介质吸入的过程。符号:S_s。

7.2.9

压出行程　displacing stroke

活塞(或柱塞)从一个死点向另一个死点运动,使泵缸中容积减少,并伴有介质排出的过程。符号:S_d。

7.2.10

往复数　number of reciprocation

单位时间内活塞(或柱塞)往复运动的次数。符号:n。

7.2.11

活塞平均速度　mean speed of piston

柱塞平均速度　mean speed of plunger

活塞(或柱塞)往复运动的平均速度。符号:v。

7.2.12

活塞面积　sectional area of piston

柱塞面积　sectional area of plunger

活塞(或柱塞)横截面面积。符号:A。

7.2.13

活塞力　piston force

介质对活塞(或柱塞)沿运动方向的作用力。符号:F_P。

7.2.14

吸入压力　suction pressure

进口压力　inlet pressure

泵进口处截面介质的静压力。符号:P_S。

7.2.15

排出压力　discharge pressure

出口压力　outlet pressure

出口处截面介质的静压力。符号:P_d。

7.2.16

扬程　pump head

低温离心泵产生的总水头。其值等于泵出口总水头和入口总水头的代数差。符号:H。

7.2.17

比转速　specific speed

低温离心泵中判别动力式泵水力特征的相似准数。符号:n_S。

7.2.18

汽蚀余量　net positive suction (NPSH)

为了保证泵不汽蚀,泵进口处单位重量的液体所必需具有的超过汽化压力的富余能量。符号:Δh_r。

7.3　零、部件

7.3.1

机身　pump body

箱体

支撑曲轴(或主轴)等运动件的部件。

7.3.2

曲轴　crankshaft

将原动机旋转运动转化为活塞的往复运动的零件。

7.3.3

主轴　main shaft

安装凸轮并传递连杆动力的零件。

7.3.4

连杆　connecting rod

传动端曲柄连杆机构中连接曲柄和十字头的部件。

7.3.5

十字头　crosshead

用以连接连杆与活塞杆并传递动力的部件。

7.3.6

凸轮　cam

固定在主轴上并将主轴转动的动力传递给与该轮工作曲面接触的构件并使之运动的曲面轮。

7.3.7

中间体　intemediate body

连接泵缸与机身的零件。

7.3.8

泵缸　pump cylinder

包涵活塞(或柱塞)形成工作腔的部件。

7.3.9

缸套　cylinder jacket

设置在泵缸中用来与活塞(或柱塞)配合形成工作面的桶状零件。

7.3.10

活塞　piston

柱塞　plunger

在泵缸中作往复运动改变工作腔容积的部件。

7.3.11

活塞杆　piston rod

固定活塞并与十字头连接的杆状零件。

7.3.12

活塞环　piston ring

设置在活塞上用以封闭活塞体与缸套间隙的环状零件。

7.3.13

导向环　guide ring

设置在活塞上使活塞轴心线与泵缸轴心线保持重合的环状零件。

7.3.14

密封器　sealer

填料函

防止低温介质沿活塞杆(或柱塞)向外泄漏的部件。

7.3.15

密封圈　seal ring

填料　packing

设置在密封器中起密封作用的零件。

7.3.16

吸入阀　suction valve

设置在泵缸上控制低温介质吸入的部件。

7.3.17

排出阀　discharge valve

设置在泵缸上控制低温介质排出的部件。

7.3.18

进口补偿器　inlet compensator

用以补偿因低温引起的泵进出口部分和吸入管路变形的部件。

7.3.19

阻尼器　damper

清除管路内流量脉动的空气室装置。

7.3.20

出口补偿器　outlet compensator

用以补偿因低温引起的泵出口部分和排出管路变形的部件。

7.3.21

叶轮 impeller

把能量传给低温液体的具有叶片的旋转体。

7.3.22

蜗形体 volute casing

蜗壳

叶轮外圆侧直接形成的具有蜗形的壳体。

7.3.23

诱导轮 inducer

为提高泵的吸入性能,在叶轮前面同轴安装的轴流式叶轮。

7.3.24

叶轮密封环 impeller ring

口环

叶轮与泵体之间的密封环。

7.3.25

闭式叶轮 closed impeller

离心泵或混流泵中具有前、后盖板的叶轮。

7.3.26

开式叶轮 open impeller

离心泵或混流泵中,前后盖板不全的叶轮。其中只有后盖板的叶轮称半开式叶轮;前、后盖板都没有的或只有很短的后盖板的称为全开式叶轮。